高等院校计算机应用技术规划教材

SQL Server 2008 数据库应用技术

（第三版）

主　编　虞益诚
副主编　孙　莉　姜　伟　薛万奉
黄林鹏　陶　然　马宪勇

中国铁道出版社
CHINA RAILWAY PUBLISHING HOUSE

内 容 简 介

SQL Server 2008 是个性能优越、具有多种操作系统平台支持的数据库管理系统，广泛应用于电子商务、银行证券、金融保险等与数据库有关的领域。本书从数据库基础知识、管理技术、应用开发三个层面系统地介绍了数据库基础、SQL Server 2008 数据库及表创建与管理、数据查询方法、数据库系统安全、数据库应用与开发等内容，旨在凸显"卓越教育、课程协同、项目导向、任务驱动、递进有序、内容翔实、夯实基础、强化实践、提升能力、面向应用"的教材特色与导读理念。

本书结构合理、循序渐进、论述严谨、实例丰富、应用性强，内容既有一定的知识深度，也有很多应用实例，是作者长期从事该分支教学与实践研究的心得总结。为便于学习、梳理思绪，每章后均附有小结、思考与实验，供读者领悟与自我测试。教材中还有融合教材主体的数据库应用、课程设计和上机实验环节。本书提供了与教材配套的教学课件、教学大纲、经过精心设计与调试的例题与实例的源代码，以资使用。

本书既可作为高等院校应用型本科的教材，也可作为从事该分支研究的研究生与广大工程技术人员的重要参考书，适合广大 SQL Server 数据库系统管理与应用开发的人士使用。

图书在版编目（CIP）数据

SQL Server 2008 数据库应用技术/虞益诚编著.—3 版.—北京：
中国铁道出版社，2013.2（2018.12重印）
高等院校计算机应用技术规划教材
ISBN 978-7-113-15888-0

Ⅰ. ①S… Ⅱ. ①虞… Ⅲ. ①关系数据库系统—高等
学校—教材Ⅳ. ①TP311.138

中国版本图书馆 CIP 数据核字（2012）第 320068 号

书　　名：SQL Server 2008 数据库应用技术（第三版）
作　　者：虞益诚　主编

策　　划：周海燕
责任编辑：周海燕
编辑助理：赵　迎
封面设计：付　巍
封面制作：白　雪
责任印制：郭向伟

出版发行：中国铁道出版社（100054，北京市西城区右安门西街 8 号）
网　　址：http://www.tdpress.com/51eds/
印　　刷：三河市兴达印务有限公司
版　　次：2004 年 12 月第 1 版　2009 年 9 月第 2 版　2013 年 2 月第 3 版　2018 年 12 月第 3 次印刷
开　　本：787mm×1 092mm　1/16　**印张**：25　**字数**：662 千
印　　数：4 001～5 000 册
书　　号：ISBN 978-7-113-15888-0
定　　价：46.00 元

FOREWORD

第三版前言

SQL Server 2008是一款性能优越的关系型数据库管理系统（DBMS）软件，数据库是计算机科学、工学、管理学、经济学等专业类不可或缺的数据库管理与应用课程，广泛应用于信息管理、电子商务、金融财政等与数据库管理有关的领域，只要有数据信息处理就必然涉及SQL Server数据库管理系统，它是诸多DBMS中的佼佼者，通过提供完整的数据管理、智能分析、解决方案以及面向数据库应用的通用数据处理语言等，SQL Server赢得了学者与业内人士的广泛青睐。

本教材自2004发行迄今，承蒙新老读者的厚爱，先后重印了十多次，选用学校逾130余所，得到了众多学校、业内人士的好评，其间，我们就系统构架与基本内容也进行多次优化，从反馈的信息来看，基于此教材的延伸性教研成效可掬：2009年获上海市高等学校优秀教学成果奖，2010年被列入上海市级专业课程建设项目，2011年获上海市普通高校优秀教材奖（二等奖）等。

近年来，在"十二五"规划及教育部财政部关于"十二五"期间实施"高等学校本科教学质量与教学改革工程"的意见及卓越人才创新能力培养等纲要性文件精神指导下，各高校相继投入了对卓越工程师教育质量提高、高校学生应用创新能力提升的关注，而作为烘托此主题的相关教材建设就显得尤为重要。

本教材依据国家"十二五"规划教材要旨和普通高校教学大纲及精品课程教材要求、基于卓越工程师教育理念和提升读者应用技能的视野，注重理论的严谨性与前沿性、技能的完整性与应用性，力求彰显"卓越教育、课程协同、项目导向、任务驱动、递进有序、内容翔实、夯实基础、强化实践、提升能力、面向应用"的教材特色与导读理念。教材整篇内容通过一个信息管理数据库与学生管理系统来展开，逻辑递进有序、内容层次明晰。本书在保持一、二版特色、梳理同类教材亮点的基础上进行修订，旨在成为表述其内涵、丰富其外延、展示其方法、发挥其技能、体现其应用、反映其发展的高校教材。

本教材的编写秉承提高教学质量与提升人才培养效果的宗旨，在研究了本科院校教育模式的基础上，本着充分培养学生在计算机领域中的综合应用能力与卓越创新理念，是融理性知识与感性知识为一体的21世纪大学计算机应用规划教材，本版教材在上海交通大学、同济大学、华东师范大学、东华大学、上海海洋大学、江西财经大学、上海应用技术学院七所知名高等院校长期从事该分支教学实践与研究的专家、学者的协作下完成编写，在完成版本软件升级的同时，主要涉及的修改如下：

（1）构架调整力求逻辑递进，内容融会贯通。构架上在保持基础知识篇、管理技术篇、应用开发篇三大层次结构的基础上强化了其间的逻辑递进性与协同关联性，将应用最为广泛的、操作中首先用到的数据导入与导出（数据转换）、数据库附加与分离及数据库备份与恢复等内容前置，使得读者在学习伊始就能将外部典型的应用数据载入系统，方便运用SQL Server 2008平台工具，迅速掌握数据库操作方法。

（2）教材注重了对人才培养卓越创新机制的展示，在归结教学过程效果的视野下，将原"第5章数据完整性与第6章表的管理与使用、第15章VB访问SQL Server 2008数据库与第16章VB.Net访问SQL Server 2008数据库、第17章ASP访问SQL Server 2008数据库与第18章ASP.Net访问SQL Server 2008数据库"等进行归类梳理，并对"数据模型、关系数据库基本演算、数据的查询与更新、触发器及其验证、SQL Server 2008安全管理、SQL Server 2008新增数据类型”等教学内容实施优化凝练，使教材更具可读性、有机性、应用性与创新性。

（3）教材撰写融入了课程群的理念，体现了与前期课程（数据库原理及应用、Java程序设计等）和后继课程（VB.Net程序设计、Web数据库开发技术、信息系统分析与设计、电子商务系统设计与分析等）的协同整合。本着强化能力、面向应用的理念，教材优化了常用语言与Web编程技术中访问SQL Server 2008数据库的应用性技能。与此同时，对课内实验环节和课程设计独立实践环节内容归结梳理，从而提升了教材卓越教育、面向应用的特色。

另外，我们还提供了与教材配套的教学课件、经过调试运行的例题与编程实例的源代码可从中国铁道出版社网站上下载，或通过E-mail: yuyich@sina.com与作者联系。

本书由虞益诚总体构架并任主编，孙莉、姜伟、薛万奉、黄林鹏、陶然、马宪勇任副主编。本教材的第1章、第3章由虞益诚、黄林鹏编写，第2章、第5章、第7章、第12章、第17章、第18章、第19章、附录A由虞益诚编写，第4章由孙莉编写，第6章由孙莉、虞益诚编写，第8章由陶然编写，第9章由石秀金编写，第10章由陶然、虞益诚编写，第11章由姜伟编写，第13章由薛万奉编写，第14章由凌韶华、陈忠英编写，第15章由马宪勇、石秀金、陶然编写，第16章由马宪勇编写，附录B由韩欣蔚、闻悦波编写，附录C由陈忠英、凌韶华编写。全书由虞益诚统稿酌定。

在本书的编写过程中，出版社编辑给予了很大的支持；朱德昌、强立伟等也提出了真知灼见；闻悦波、徐丹对本书编写的资料整理提供了帮助，在此一并表示由衷的感谢！

由于作者水平有限、编写时间仓促，且书稿内容涵盖面广，书中的疏漏不当之处敬请广大读者和同仁不吝赐教、拨冗指正。

编　者

2012年12月

FOREWORD 第二版前言

Microsoft SQL Server 2005 是微软公司推出的一个性能优越的网络型关系数据库管理系统（RDBMS），是支持多种网络操作系统的数据库管理平台，该版本扩展了前期低版的性能，提升了可靠性、安全性、可用性、可编程性、易用性等性能，目前正以其集成的商业智能、数据库引擎、分析服务等优异功能广泛地应用于信息管理、电子商务、管理工程等诸多应用领域，成为杰出的企业数据库系统管理的强大支撑平台，通过提供完整的数据管理和分析解决方案及面向数据库的通用数据处理语言规范等亮点赢得了学者与业内人士的青睐。

SQL Server 数据库应用技术在经历了多年的演进与洗礼后已有了长足的发展，而作为一门迅速崛起的高等院校专业类课程仍然在不断地建设和完善中，需要真正能表述其内涵、丰富其外延、展示其方法、发挥其技能、体现其应用、导引其演进的教材来不断充实和提升之。本教材依据普通高校教学大纲和基于同时提升读者应用技能的理念，注重理论的严谨性与完整性、技能的实用性与创新性、实践的应用性与发展性，力求使读者在掌握 SQL Server 数据库技术的同时获得应用设计能力。在上海交通大学、同济大学、华东师范大学、东华大学、江西财经大学、上海应用技术学院多所高等院校长期从事该分支教学实践与研究的专家教授、教师学者的协作下完成了《SQL Server 2005 数据库应用技术（第二版）》一书的心得撰述。

本书自第一版发行迄今已逾 4 年，该书以其结构合理、论述严谨、循序渐进、内容翔实、图文并茂、实例丰富、知识面广、应用性强等特点赢得了用户的赞誉：深感该教材体现了应用先导、实例驱动、知行合一、清晰易懂的编著理念，使得该课程教学环节的理论与实践有机结合，数据库管理与系统应用开发效果得以迅速彰显。承蒙读者厚爱，该教材已连续 9 次印刷，量大而覆盖面广，被全国近百所高校（涵盖各类本科院校和适量的研究生及高专生用书）及众多工程技术人员选定为教材和重要技术参考书。

第二版在保留原教材特点的基础上提升为 SQL Server 2005 版的面向数据库应用技术型的教材，旨在凸显“项目导向、任务驱动、条理明晰、内容新颖、夯实基础、强化实践、提升能力、面向应用”的教材特色与导读理念。通过一个信息管理数据库与学生管理系统来体现项目导向、任务驱动效用，由本教材三篇 21 章的文体构架与任务驱动、实例引领、图文解析向读者呈现了条理明晰、内容新颖的特点；通过基础知识篇、管理技术篇彰显了夯实基础、强化实践的思绪；由应用开发篇形成了提升能力、面向应用的效用。其中主要修改如下：

（1）构架调整力求合理。在构架作了适度调整，力求做到循序渐进与体系严谨，其中，将 Transact-SQL 语言基础这一章提前讲述以作后文基础；将“数据的查询与更新”这一章移至第 9 章视图管理前，可作为视图创建与管理的语句基础；同时通过学生、课程、成绩和班级四个表来有机地覆盖通篇教材的应用实例。

（2）归类梳理面向发展。对原教材归类梳理，将原第 13 章数据备份与恢复、第 14 章数据库复制与第 15 章数据转换合并，且根据具实情增加了应用开发中便捷易用的数据库分离与附加的应用性知识点与实例。根据新版本的特点，在第 12 章等相关章节中增加 SQL Server 2005 的新性能与新内容，如 12-5 管理架构及触发器分类的改进、Create Login、CREATE USER 等语句的使用与 sp_grantlogin、sp_grantdbaccess 等语句的淡化说明。

（3）提升能力突出应用。本着提升能力、面向应用的理念，教材增加了常用语言与 Web 编程技术中访问 SQL Server 2005 数据库的应用性题材，包括了 VB、VB.NET、ASP、ASP.NET、Java、JSP 访问 SQL Server 2005 数据库技术，从而强化了教材任务驱动与面向应用的特色。

当然，还有许多改进性亮点就不一一道来了，留给新老读者逐渐品味与指正！

本教材通篇分为：基础知识篇、管理技术篇、应用开发篇三大部分。全面地介绍了数据库基础、SQL Server 2005 数据库管理、数据查询与更新、数据库安全性管理、系统应用开发等的相关原理、方法和技能。涉及的内容既有一定的知识深度，也充满着应用技能，是作者长期从事该领域教学与实践研究的"心得"。书中配备了大量的操作示例，并辅以通过运行的屏幕画面，可使读者有身临其境之感，易于阅读和理解。每章后均附有选择题、思考与实验题，供读者领悟与自我测试之用，以使读者在学习 SQL Server 2005 数据库应用技术方面得以有所帮助，真正从中觅得真知、夯实基础、提升技能、获取裨益。

基础知识篇涵盖第 1～7 章，系统地阐述了数据库基础知识、数据模型、数据库系统结构、关系数据库、网络数据、SQL Server 的发展、SQL Server 2005 安装技巧与管理工具、SQL Server 2005 系统及服务器管理、系统配置与服务器属性、数据库创建与管理、数据完整性及约束基础、表的创建、修改与删除、表数据管理与索引等。

管理技术篇包括第 8～14 章，扼要地介绍了 Transact-SQL 语言与程序设计基础、程序流控制语句与事务、数据查询方法与操作技巧、视图创建与管理、存储过程和触发器及其应用、游标的使用、SQL Server 2005 安全机制、用户登录名管理、数据库用户管理、角色与权限管理及架构管理、数据的导入与导出、数据库分离与附加、数据库备份与恢复、数据库复制等。

应用开发篇涉及第 15～21 章，概括地解析了 SQL Server 2005 数据库访问与应用开发技术。融合了 VB 与 VB.NET、ASP 与 ASP.NET、Java 与 JSP 访问 SQL Server 2005 数据库的应用开发技术，以及 SQL Server 2005 应用开发与课程设计实例等。

本书提供了与教材配套的教学课件、经过精心设计与调试的例题与编程实例的源代码以资使用，旨在使读者（尤其是教师们）能从繁杂的课件与代码编写中聊以释负，具体可从出版社网站下载，或可通过 E_mail: yuyich@126.com 与作者联系。

本书由虞益诚总体构架。本教材的第 1 章由虞益诚、陈忠英、凌韶华编写，第 2 章、第 3 章、第 7 章、第 12 章、第 13 章、第 19 章、第 20 章、第 21 章、附录 A 由虞益诚编写，第 4 章由马宪勇、胡越明编写，第 5 章、第 6 章由孙莉、虞益诚编写，第 8 章、第 10 章、第 18 章由陶然编写，第 9 章由胡越明编写，第 11 章由凌韶华编写，第 14 章由陈忠英编写，第 15 章由马宪勇、石秀金编写，第 16 章、第 17 章由马宪勇编写，附录 B 由韩欣蔚编写，附录 C 由闻悦波编写。全书由虞益诚校改、统稿酌定。

在本书的编写过程中，出版社秦绪好、崔晓静、王占清在策划编辑中给予很大的支持；朱德昌、强立伟等也提出了真知灼见；闻悦波、徐丹对本书编写的资料整理提供了帮助，在此一并表示由衷的感谢！

由于作者水平有限及本书编辑仓促、涵盖面广，书中的疏漏不当之处在所难免，敬请广大的读者和同仁不吝赐教、拨冗指正。

编　者

2009 年 5 月 1 日

FOREWORD 第一版前言

SQL Server 是美国微软公司推出的一个性能优越的关系型数据库管理系统（Relational Database Management System，RDBMS），也是一个典型的网络数据库管理系统，支持多种操作系统平台、性能可靠、易于使用，是电子商务等应用领域中较佳的上乘数据库产品之一。

SQL Server 2000 版本继承了前期版本（如 SQL Server 7.0 等）的优点，同时又据此增加了许多更先进的功能，具有使用方便、可伸缩性好与相关软件集成程度高等特性，它的可靠性和易用性使其成为一个杰出的数据库平台，可用于大型联机事务处理、数据仓库及电子商务等。它是一种面向数据库的通用数据处理语言规范，能完成提取查询数据，插入修改删除数据，生成修改和删除数据库对象，数据库安全控制，数据库完整性及数据保护控制。

本书为 SQL Server 2000 数据库应用技术，全面地介绍了数据库基础、SQL Server 的安全性管理、SQL Server 2000 数据库系统管理、开发和应用的相关原理、方法和技术。全书分为 18 章节，归结为 5 大部分。涉及的内容既有一定的深度，也充满着应用实例，是作者长期从事该领域教学与实践研究的“心得”。书中配备了大量的操作示例，并辅以通过运行的屏幕画面，可使读者有身临其境之感，易于阅读和理解。每章后均附加小结与习题，供读者领悟与自我测试之用。相信本书会对读者在学习 SQL Server 2000 数据库应用技术方面有较大的帮助，真正从中觅的真知、获取裨益。

第一部分涵盖第 1～3 章，扼要地介绍了 SQL Server 2000 的基础知识。包括了数据库基础知识、数据模型、数据库系统结构、关系数据库、数据仓库、SQL Server 的发展、SQL Server 2000 的特性、SQL Server 2000 的体系结构、结构化查询语言、SQL Server 2000 的安装、企业管理器、服务管理器、查询分析器、SQL Server 2000 的系统组成、SQL Server 服务管理与服务器的注册、SQL Server 服务器的配置等。

第二部分包括第 4～10 章，介绍了 Transact-SQL 语言暨 SQL Server 2000 程序设计技术。涵盖了 Transact-SQL 程序设计基础、事务机制、Transact-SQL 语法规则，SQL Server 2000 的变量和程序控制流语句等；涉及了数据库和数据库对象的管理与使用。主要融会了数据库的存储结构、创建与修改数据库、查看数据库信息、压缩与删除数据库；数据完整性基础、约束、规则、默认值；表和视图的创建、修改与删除、索引与表数据管理；数据查询（SELECT-FROM-WHERE 及其子句数据检索功能的使用）；存储过程与触发器及其应用。

第三部分涵盖第 11～15 章，简捷地介绍了数据库系统的管理和应用。包括了游标；SQL Server 的安全机制、安全认证模式、SQL Server 账户管理、角色与权限；备份类型、备份设备的管理、备份与恢复数据库；数据库复制概述、配置出版与分发、出版与订阅管理；DTS 包、DTS 任务、DTS 连接、DTS 工具和 SQL Server 数据的导入与导出等。

第四部分包括第 16～18 章，主要介绍了 SQL Server 2000 数据库应用技术。涵盖了 SQL Server 数据的网页发布和 ODBC 数据源运用；客户端与 SQL Server 的关联、使用 ADO 控件访问 SQL Server 数据库、使用 ADO 对象访问 SQL Server 数据库；数据库规划与设计、学生管理信息系统（SMIS）的需求分析与功能结构、SMIS 数据结构设计及实现、SMIS 应用程序的编制和 SQL Server 数据库对象设计等。

第五部分包括附录 A、附录 B、附录 C，主要介绍了 SQL Server 2000 教学实验、数据类型、函数等。

本书由上海应用技术学院、东华大学、华东师范大学、同济大学四所高等院校联合编制而成。作者由富有真知卓识的、长期从事教学实践与研究的专家教授、博士和硕士组成。

本书由虞益诚总体构架。本教材的第一章、第二章、第三章、第八章、第十二章、第十四章、第十五章、第十六章、第十八章、附录 A、附录 B 与附录 C 由虞益诚编写，第四章、第五章、第六章由孙莉编写，第七章、第十七章由石秀金编写，第九章、第十章由陶然编写、第十一章由凌韶华编写、第十三章由陈忠英编写。全书由虞益诚统排、校改、定稿。

在本书的编写过程中得到了交通大学白英彩博导、教授，复旦大学周傲英博导、教授，华东理工大学宋国新博导、教授和秦绪好编辑的关心指导，潘明、王宗仁、杨鸣放也提出了若干宝贵意见，在此一并表示由衷的感谢！

本书中所使用到的某些人名、电话号码、通信地址等均为解析所用的虚托，如有雷同，实属巧合，烦请见谅！

为方便广大教师的教学，我们已经编辑了与本书配套使用的多媒体教学课件，可与出版社联系酌情提供。

由于作者水平有限及本书编期仓促、涵盖面广，书中的疏漏不当之处在所难免，敬请广大的读者和同仁批评赐教。

编　者

2004 年 8 月

CONTENTS 目录

基础知识篇

管理技术篇

应用开发篇

基础知识篇

第 1 章　数据库基础

【本章提要】数据库管理系统作为数据管理最有效的手段广泛应用于各行各业中，成为存储、使用、处理信息资源的主要手段，是信息化运作的基石。本章介绍了数据库管理系统、数据库系统、E-R 方法和数据模型、关系数据库及其基本演算、数据仓库和网络数据库基础等。

1.1　数据库管理系统

当今，信息资源已成为社会发展的重要基础和财富，也是实施有效信息处理的信息系统的重要基础与构成要素，尤其是其中代表真实世界的数据更是人们关注的焦点，由此引出了数据库技术理念与蓬勃发展之势。20 世纪 60 年代末，数据库技术开始崭露头角，作为数据管理最有效的手段广泛应用于各行各业中，成为存储、使用、处理信息资源的主要手段，是任何行业信息化运作的基石。而今，各种数据库系统不仅成为办公自动化系统（OAS）、管理信息系统（MIS）和决策支持系统（DSS）的核心，并且已经与计算机网络技术紧密地结合起来，成为电子商务、电子政务及其他各种现代信息处理系统的核心，得到了越来越广泛的应用。

1.1.1　信息、数据、数据库

信息是客观世界在人们头脑中的反映，是客观事物的表征，是可以传播和加以利用的一种知识。而数据（Data）则是信息的载体，是对客观存在实体的一种记载和描述。

数据是描述事物的符号，代表真实世界的客观事物，是指原始（即未经加工的信息）的事实，本身并没有什么价值；信息则是经过加工后的数据，具有特定的价值，是客观事物的特征通过一定物质载体形式的反映。在人们的日常生活中，数据无所不在。数字、文字、图表、图像、声音等都是数据，人们通过数据来认识世界、交流信息。也就是说，对信息的记载和描述产生了数据；反之，对众多相关的数据加以分析和处理又将产生新的信息。

数据库（Database）是指数据存放的地方，在信息系统中数据库是数据和数据库对象（如表、视图、存储过程与触发器等）的集合。数据库中的大量数据必须按一定的逻辑结构加以存储，即结构化概念，数据库中的数据具有较高的数据共享性、独立性、安全性及较低的数据冗余度，能有效地支持对数据进行各种处理，并能保证数据的一致性和完整性。

1.1.2　数据管理技术的发展

数据处理是计算机应用的一个主要领域，其面临着如何管理大量复杂数据，即计算机数据管理的技术问题，其是伴随着计算机软、硬件技术与数据管理手段的不断发展而发展的。计算机数据管理技术主要经历了3个阶段。

1. 人工管理阶段

20世纪50年代中期以前，计算机主要用于科学计算，可使用的外部存储设备只有磁带、卡片、纸带等。而且计算机没有操作系统，没有管理数据的软件，数据处理方式是通过批处理来执行的，所有的数据完全由人工进行管理，程序与数据不具有独立性，同一种数据在不同的程序中不能被共享，因此这个阶段被称为人工管理阶段。该阶段的特点是：数据不保存、应用程序管理数据、数据不共享、数据不具有独立性、各应用程序间存在着大量数据冗余等。

2. 文件管理阶段

文件管理阶段在20世纪50年代后期至20世纪60年代中后期，由于计算机软、硬件技术的发展，大容量的存储设备逐渐被投入使用，操作系统也已诞生，从而为数据管理技术的发展提供了物质条件和工具手段，使得计算机管理的数据可以以文件的形式保留在外存上，这样可以通过数据文件的存储进行数据的查询、插入、修改、删除等多项操作，操作系统则提供了应用程序与相应数据文件之间的接口，使数据和程序之间有了一定的独立性。但对文件数据的访问操作都是以条记录数据按一定排列为单元，而非以表、记录、数据项形式为单位进行。计算机开始大量地运用文件数据管理和处理工作，步入文件管理阶段。

该阶段的特点是：数据物理结构和逻辑结构分离、数据可以长期保存、文件形式管理数据、数据的独立性较差、数据共享性较弱、数据冗余度较大。

3. 数据库管理阶段

从20世纪60年代后期开始至20世纪80年代初期是数据库管理技术的发展成熟时期。20世纪60年代中期之后，为了克服文件管理方式的不足，有关数据库的理论研究和具体应用得到了迅猛发展，进而出现了各种数据库管理系统，致使数据管理技术推进到了一个新的阶段。

数据库管理方式是将大量的相关数据按照一定的逻辑结构组织起来，构成一个数据库，然后借助专门的数据库管理系统软件对这些数据资源进行统一、集中的管理，从而不仅减少了数据的冗余度、节约了存储空间，而且充分地实现了数据的共享，并具有相当好的易维护性和易扩充性，极大地提高了程序运行和数据利用的效率，数据库技术效用凸显出来。

该阶段的特点是：数据由DBMS统一管理和控制、数据结构化、数据独立性高、数据的共享性高、易扩充性、易维护性、冗余度低等。

近年来，数据库管理日臻完善、效用日见彰显。企业需求和数据库技术的成熟导致了数据仓库的产生，数据仓库作为决策支持系统的一种有效、可行的体系化解决方案，包括数据仓库技术（DW）、联机分析处理技术（OLAP）和数据挖掘技术（DM）3方面的内容，形成了以数据仓库为基础，OLAP和DM工具为手段的一整套可操作、可实施的解决方案。

1.1.3 数据库管理系统的概念

数据库管理系统（Database Management System，DBMS）是管理数据库的软件工具，是帮助用户创建、维护和使用数据库的软件系统。它建立在操作系统的基础之上，实现对数据库的统一管理和操作，满足用户对数据库进行访问的各种需要。数据库管理系统具有以下功能：

（1）数据定义功能。数据库管理系统软件具有专门的数据定义语言，用于描述数据库的结构。例如，关系型数据库管理系统的标准语言SQL有CREATE、ALTER、DROP等命令，分别用来创建、修改和删除关系数据库的二维表结构。

（2）数据操作功能。数据库管理系统提供的数据操作功能，可支持用户对数据库中的数据进行查询、追加、插入、删除、修改、更新、统计、排序等操作。不同的数据库管理系统实现数据操作的方法和命令格式不尽相同，然而大多数的数据库管理系统都支持 SQL，因而可通过相应的 SQL 命令来实现各种数据操作功能。

（3）控制和管理功能。数据库管理系统需要具有控制和管理功能，以保障数据源的安全。安全措施包括对数据备份、恢复和转换，对用户身份检查和用户权限控制，以及在多个用户同时操作数据库时进行并发控制等。数据库系统规模越大，这类功能的要求也就越强。

（4）数据字典。数据库管理系统通常提供数据字典功能，以便对数据库中数据的各种描述进行集中管理。数据字典中存放了系统中所有数据的定义和设置信息，如字段的属性、字段间的规则、记录间的规则、数据表间的联系等。用户可以利用数据字典功能，为数据表的字段设置默认值、创建表之间的永久关系等。

总之，数据库管理系统是用户和数据库之间的交互界面，在各种计算机软件中，数据库管理系统软件占有极为重要的位置。用户只需要通过它，就能实现对数据库的各种操作与管理。在其控制之下，在对数据库进行操作时，用户不必关心数据的具体存储位置、存放方式以及命令代码执行的细节等问题，就能完成对各种相关数据的处理任务，而且可以保证这些数据的安全性、可靠性与一致性。目前，广泛运用的大型数据库管理系统软件有 Oracle、Sybase、DB2 等，而在 PC 上广泛应用的则有 SQL Server、Visual FoxPro、Access 等。

1.2 数据库系统

数据库系统（Database System）泛指引入数据库技术后的系统。狭义地讲，是由数据库、数据库管理系统构成；广义而言，是由计算机系统、数据库管理系统、数据库管理员、应用程序、维护人员和用户组成。数据库系统是一个有机体，其在整个计算机系统中的地位如图 1-1 所示。

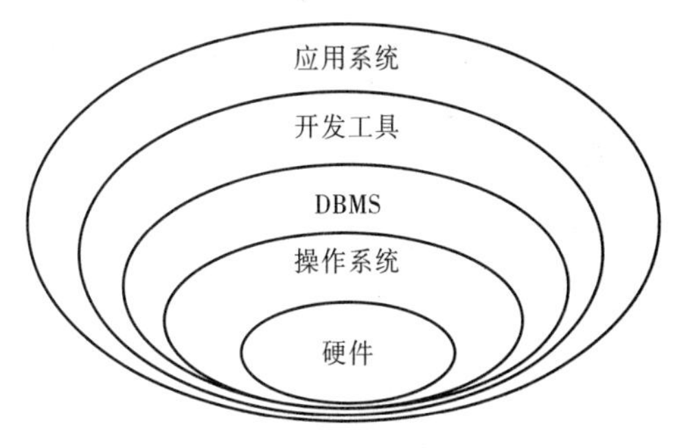

图 1-1 数据库在计算机系统中的地位

1. 数据库系统的组成

人们通常利用数据库可以实现有组织、动态地存储大量相关数据，并提供数据处理和共享的便利手段，为用户提供数据访问和所需的数据查询服务。一个数据库系统通常由 5 个部分组成，包括计算机硬件、数据库集合、数据库管理系统、相关软件和人员。

（1）计算机硬件系统。任何一个计算机系统都需要有存储器、处理器和输入/输出设备等硬件平台，一个数据库系统更需要有足够容量的内存与外存来存储大量的数据，同时需要有足够快的处理器来处理这些数据，以便快速响应用户的数据处理和数据检索请求。对于网络数据库系统，还需要有网络通信设备的支持。

（2）数据库集合。数据库是指存储在计算机外部存储器上的结构化的相关数据集合。数据库不仅包含数据本身，而且还包括数据间的联系。数据库中的数据通常可被多个用户或多个应用程序所共享。在一个数据库系统中，常常可以根据实际应用的需要创建多个数据库。

（3）数据库管理系统。数据库管理系统用来对数据库进行集中、统一的管理，是帮助用户创建、维护和使用数据库的软件系统。数据库管理系统是整个数据库系统的核心。

（4）相关软件。除了数据库管理系统软件之外，一个数据库系统还必须有其他相关软件的支持。这些软件包括：操作系统、编译系统、应用软件开发工具等。对于大型的多用户数据库系统和网络数据库系统，则还需要多用户系统软件和网络系统软件的支持。

（5）人员。数据库系统的人员包括数据库管理员和用户。在大型的数据库系统中，需要有专门的数据库管理员来负责系统的日常管理和维护工作，他们是系统的核心与中坚力量。而数据库系统的用户则可以根据应用程度的不同，分为专业用户和最终用户。

2. 数据库系统的特点

数据库系统的特点包括：数据结构化、数据共享、数据独立性及统一的数据控制功能。

（1）数据结构化。数据库中的数据是以一定的逻辑结构存放的，这种结构是由数据库管理系统所支持的数据模型决定的。数据库系统不仅可以表示事物内部各数据项之间的联系，而且还可以表示事物和事物之间的联系。只有按一定结构（即按一定规律）组织和存放的数据，才便于对它们实现有效的管理。

（2）数据共享。数据共享是数据库系统最重要的特点。数据库中的数据能够被多个用户、多个应用程序所共享。此外，由于数据库中的数据被集中管理、统一组织，因而避免了不必要的数据冗余。与此同时，还带来了数据应用的灵活性。

（3）数据独立性。在数据库系统中，数据与程序基本上是相互独立的，其相互依赖的程度已大大减小。数据结构的修改将不会对程序产生影响或者没有大的影响。反过来，程序的修改也不会对数据产生影响或者没有大的影响。

（4）统一的数据控制。数据库系统必须提供必要的数据安全保护措施，具体如下：

① 安全性控制：数据库系统提供了安全措施，使得只有合法的用户才能进行其权限范围内的操作，以防止非法操作造成数据的破坏或泄密。

② 完整性控制：数据的完整性包括数据的正确性、有效性和相容性。数据库系统可提供必要手段来保证数据库中的数据在处理过程中始终符合其事先规定的完整性要求。

③ 并发操作控制：对数据的共享将不可避免地出现对数据的并发操作，易使数据的完整性遭到破坏，因此必须采用数据锁定的方法对并发操作进行控制和协调。

一般而言，数据库关注的是数据，数据库管理系统强调的是系统软件，数据库系统则是侧重数据库的整个运行系统。

3. 数据库管理员

要想成功地运转数据库，就要在数据处理部门配备数据库管理员（DBA）。DBA 必须具有：熟悉系统性能、充分了解用户需求、明确企业数据用途等素质。DBA 主要职责包括：决定数据库信息结构、设计数据库相关模式；决定数据库的存储结构和存取策略及定义数据库系统的完整性约束条件；监督和控制数据库的使用和运行及数据库系统性能的改进；关注数据库系统的更新重组，即对数据库进行较大的重构，涵盖内模式和模式的修改。

1.3 数据模型

数据模型是用来描述现实世界的数据、数据间的联系、数据的语义和完整性约束的工具。数据模型是描述一个系统中的数据、数据之间关系，以及对数据约束的一组完整性的概念。

各种计算机上实现的 DBMS 软件都是基于某种数据模型的。数据模型应满足 3 方面要求，一是能比较真实地模拟现实世界；二是容易理解；三是便于在计算机上实现。它是对数据库的结构与定义的描述，是对现实世界的抽象，是数据库系统的核心和基础。通俗地讲，数据模型就是现实世界的模拟。数据模型包括概念模型、逻辑模型和物理模型。

1.3.1 概念模型

1. 概念模型基础

概念模型能真实地反映现实世界，包括事物和相互之间的联系，能满足用户对数据的处理要求，是表示现实世界的一个真实模型。概念模型要易于理解、易于扩充和易于向各种类型的逻辑模型转换。概念模型设计的任务是根据需求分析说明书对现实世界进行数据抽象，建立概念模型。概念模型的作用是与用户沟通，确认系统的信息和功能，与 DBMS 无关。

概念模型的设计方法有 4 种，分别是自底向上、自顶向下、逐步扩张和混合策略。自底向上是指先设计局部概念模型，再合并成总体。自顶向下是指先设计概念模型的总体框架，再逐步细化。逐步扩张是指先设计概念模型的主要部分，再逐步扩充。混合策略是指将自顶向下和自底向上相结合，先设计概念模型的总体框架，再根据框架来合并各局部概念模型。

概念模型有实体-联系模型（Entity-Relationship）、面向对象的数据模型、二元数据模型、语义数据模型、函数数据模型等。应用最为广泛、最为通用的是实体-联系模型。

2. E-R 模型

实体-联系模型是用 E-R 图来描述现实世界信息结构体系的概念模型，它是目前描述概念模型最常用的方法，也称 E-R 方法，源于 1976 年。由于这种方法简单、实用，所以应用颇为广泛。E-R 图中包括了实体、属性和联系 3 种基本图素。实体用矩形框表示，属性用椭圆形框表示，联系用菱形框表示，框内填入相应的实体名，实体与属性或实体与联系之间用无向直线连接，多值属性用双椭圆形框表示，派生属性用虚椭圆形框表示。

E-R 图中 3 种基本图素的含义如下：

（1）实体通常是客观存在并可相互区分的事物。实体可以是实际的事物，如一个学生、一本书等；也可以是抽象的事件，如一个创意、一场比赛等。

（2）属性是描述对象的某个特性。例如，关于职工实体可用工号、姓名、性别、出生日期等属性来描述；关于竞赛实体可用竞赛名、时间、地点、竞赛者、举办方等属性来描述。

（3）联系是实体间的相互关系。它反映了客观事物间相互依存的状态。

采用实体-联系模型进行概念模型设计的步骤分为如下两步：

（1）设计局部实体-联系模型。具体任务是确定局部实体-联系模型中的实体、实体的属性、关键字、实体之间的联系和属性，画出局部 E-R 图。

（2）设计与优化全局实体-联系模型。具体任务是合并局部 E-R 图、生成全局 E-R 图、消除局部 E-R 图合并时产生的冲突，删去冗余属性和冗余联系，得到最终的 E-R 图。

E-R 图中实体间的联系有一对一、一对多与多对多 3 种类型。具体如下：

（1）一对一联系：如厂长管理工厂，就是典型的一对一联系，如图 1-2 所示。

（2）一对多联系：如仓库存放货物，仓库与货物两个实体之间积存在着一对多的联系。一对多的联系是最普遍的联系，如图 1-3 所示。

（3）多对多联系：如学生选修课程，即是一种典型的多对多联系，如图 1-4 所示，多对多联系可分解为几个一对多联系来处理。

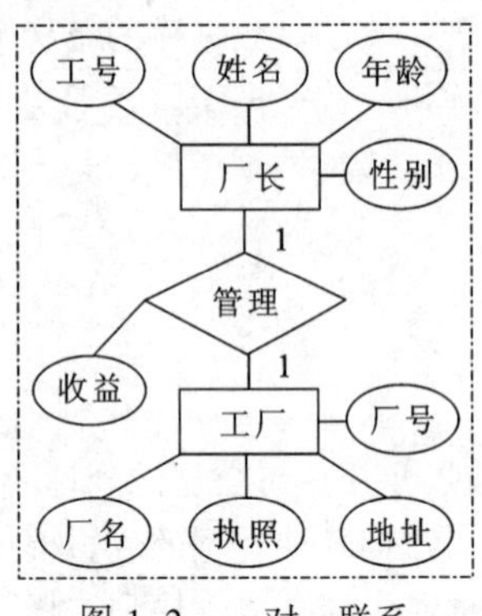

图 1-2　一对一联系

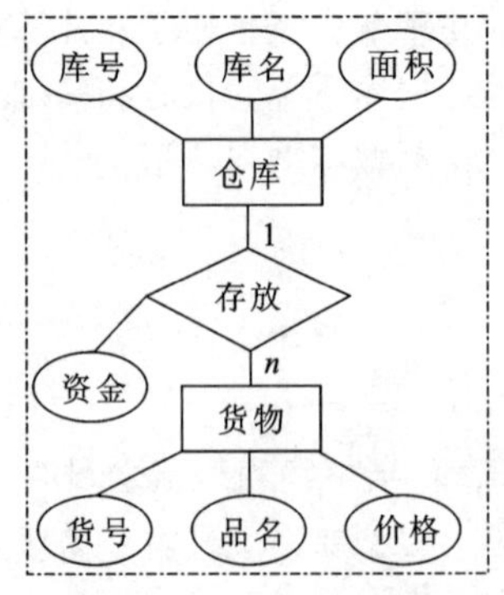

图 1-3　一对多联系

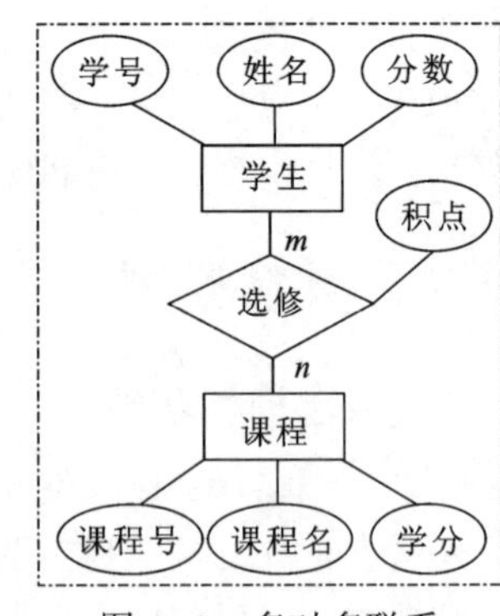

图 1-4　多对多联系

【例 1-1】已知学生实体具有学号、姓名、性别、班级号与年龄属性，班级实体具有班级号、班级名、人数、教室与所属学院属性，试画出它们的 E-R 图并建立其间的联系。

（1）建立两个实体与属性间的联系，如图 1-5（a）与图 1-5（b）所示。

（2）建立实体间的联系，如图 1-5 所示。

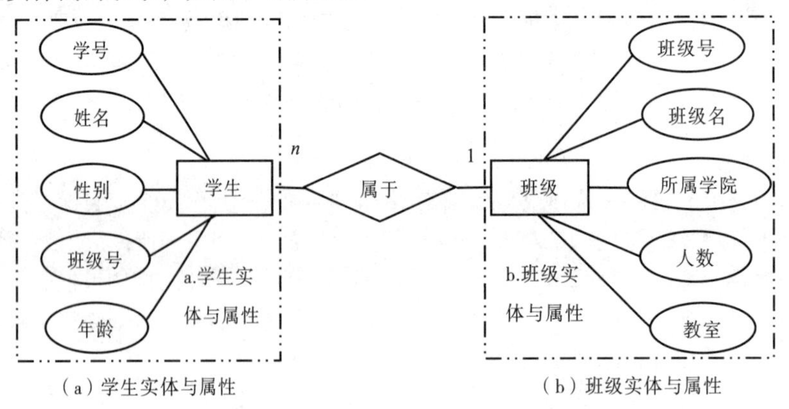

（a）学生实体与属性　（b）班级实体与属性

图 1-5　学生与班级的一对多 E-R 图

3. E-R 模型向关系模型的转换

将 E-R 图转换为关系模型就是将实体及其属性和实体间联系及其属性均转化为关系模式。其中包括实体转换为关系模型和联系转换为关系模型两部分，前者比较简单，需要注意后者。转换中的差异、转换方法及实例如表 1-1 所示。

表 1-1　E-R 模型向独立关系模型的转换

转换形式		关系属性	关系的码	转换实例
实体的转换		实体的属性	实体的码	厂长(工号,姓名,年龄,性别)，以图 1-2 为例
联系转换（实体部分转换不变）	m:n	与该联系相连的各实体的码以及联系本身的属性	各实体码的组合	学生(学号,姓名,分数)；课程(课程号,课程名,学分)；选修关系(学号,课程号,积点)，以图 1-4 为例
	独立 1:n	与该联系相连的各实体的码以及联系本身的属性	n 端实体的码	仓库(库号,库名,面积)；货物(货号,品名,价格)；存放关系(货号,库号,资金)，以图 1-3 为例
	合并 1:n	与 n 端合并，在 n 端关系中加入 1 端关系的码和联系本身的属性	与 n 端对应	仓库(库号,库名,面积)；货物(货号,品名,价格)；存放关系(货号,库号,资金)，以图 1-3 为例
实体转换	独立 1:1	与该联系相连各实体码及联系的属性	每个实体的码均是关系的码	厂长(工号,姓名,年龄,性别)；工厂(厂号,厂名,执照,地址)；管理关系(工号,厂号,收益)，以图 1-2 为例

续表

转换形式		关系属性	关系的码	转换实例
实体转换	合并 1:1	某实体加对应关系码和联系本身的属性	每个实体的码均是关系的码	①厂长(工号,姓名,年龄,性别)；工厂(厂号,厂名,执照,地址,工号,收益)。②厂长(工号,姓名,年龄,性别,厂号,收益)；工厂(厂号,厂名,执照,地址)。以图 1-2 为例

注意：

（1）一个 1:n 联系可转换为一个独立的关系模式，也可与 n 端对应的关系模式合并。

（2）一个 1:1 联系可转换为一个独立的关系模式，也可与任意一端对应的关系模式合并。

1.3.2　逻辑模型

1．逻辑模型基础

概念模型设计结束后，就进入逻辑模型设计阶段。逻辑模型是指数据的逻辑结构体系。逻辑模型通常由数据结构、数据操作和完整性约束组成。其中，数据结构是指表示与数据类型、内容、性质等有关的系统静态特性；数据操作是数据库检索和更新操作的含义、规则和实现的语言；完整性约束条件是逻辑模型中数据及其联系所要遵守的完整性规则的集合。

逻辑模型是数据库系统的核心和基础。逻辑模型设计的要求是把概念模型转换成所选用的数据库管理系统所支持的特定类型的逻辑模型。

2．数据管理模型

数据库中的数据是按一定形式、用数据模型来表示的逻辑结构存放的，任何一个数据库管理系统都是基于某种数据模型的。逻辑模型中比较流行的数据管理模型有 3 种：按图论理念建立起来的层次模型、网状模型及按关系理论建立起来的关系模型。

（1）层次模型。在具有层次模型的数据集合中，数据对象之间是一种依次的一对一或一对多的联系。该模型层次清楚，可沿层次路径存取和访问各数据。层次结构犹如一棵倒置的大树，故也称其为树状结构，层次数据模型如图 1-6 所示。层次模型具有如下特点：

① 有且仅有一个根结点，其层次最高，同层次的结点之间没有联系。

② 一个父结点向下可以有若干子结点，而一个子结点向上只有一个父结点。

③ 结构简单、层次清晰，并且易于实现。但用层次模型不能直接表示多对多的联系，因而难以实现对复杂数据关系的描述。

（2）网状模型。该模型中各数据实体间建立的往往是一种层次不清的一对一、一对多或多对多的联系，此种结构可用来表示数据间复杂的逻辑关系，如图 1-7 所示。

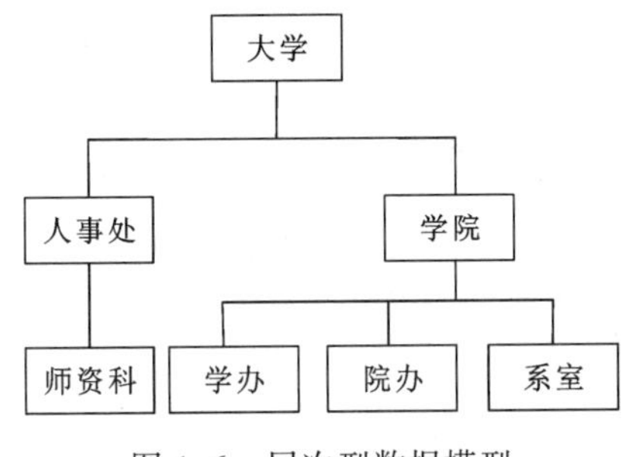

图 1-6　层次型数据模型

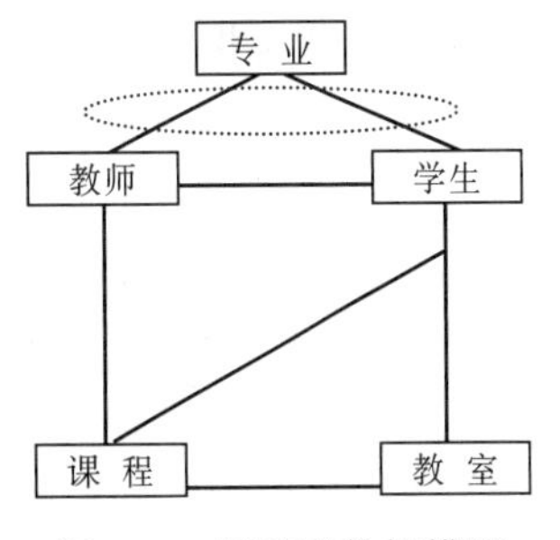

图 1-7　网状型数据模型

网状模型具有如下特点：

① 一个结点可以有多个父结点。

② 可以有一个以上的结点无父结点。

③ 两个结点之间可以有多个联系，且在表示数据间的多对多联系时具有很大的灵活性。

网状模型的主要优点是具有灵活性，但这种灵活性是以数据结构的复杂化为代价的。事实上，网状模型和层次模型在本质上是类似的，它们都是用结点表示实体，用连线表示实体之间的联系。

（3）关系模型。关系模型是一种易于理解并具有较强数据描述能力的数据模型。关系模型用二维表格表示实体及实体之间的联系，即用若干行与若干列构成的表格来描述数据集合以及它们之间的联系，每一个此类表格被称为一个关系。图 1-8 所示的学生数据表格就是一个典型的关系模型数据集合例子。

结果 消息

	学号	姓名	性...	出生日期	班级编号	学分	区域	校名
1	050211	李和强	男	2001-08-03 00:00:00.000	04021111	274.0	西北	东华大学
2	050212	刘华德	男	2002-08-08 00:00:00.000	04021110	405.0	西南	上海师范大学
3	050210	许慧慧	女	2003-11-23 00:00:00.000	04021101	269.0	西北	上海工程技术大学
4	050201	黄一东	男	2001-11-30 00:00:00.000	04021100	287.0	西南	上海应用技术学院
5	050211	叶文倩	女	2001-07-16 00:00:00.000	04021122	243.0	东北	复旦大学
6	050219	王 霞	女	2003-06-12 00:00:00.000	04021115	561.0	东北	华东师范大学
7	050218	林还颐	女	2003-05-23 00:00:00.000	04021123	288.0	东南	同济大学
8	061101	陈 发	男	2004-06-25 00:00:00.000	04021125	378.0	西南	华东理工大学

图 1-8　关系模型数据集合

对于一个符合关系模型的二维表格，通常将其中的每一列称为一个字段（Field），将每一行称为一个记录（Record）。一张二维表格若能构成一个关系模型的数据集合，必须具有：表中不允件有重复的字段名、表中每一列中数据的类型必须相同、在含有主关键字段或唯一性关键字段的表中不应有内容完全相同的数据行、表中行或列的顺序应不影响表中各数据项间的关系等特点。

依据关系模型建立的数据库称为关系数据库（Relation Database），其与层次型、网状型数据库的主要区别在于它描述数据的一致性，把每个数据子集都分别按同一方法描述为一个关系，并且让子集之间彼此独立，而不像后两者那样事先规定子集之间的先后顺序或从属、层次等关系。使用时，通过筛选、投影等关联演算方法，使数据间或子集间按某种关系进行操作。因此，关系数据库具有通用的数据管理功能，数据表示能力较强、易于理解、使用也颇为方便。目前，关系型数据库以其完备的理论基础、简单的关系模型和便捷的使用方法等优点获得了最广泛的应用，本教材后文阐述的数据库模型都是基于关系型数据库展开的。

1.3.3　物理模型

物理模型是对真实数据库的描述。物理模型设计是要选取一个最适合数据库应用环境的物理结构，包括数据库的存储记录格式、记录存储安排和存取方法等。它与系统硬件环境、存储介质性能和 DBMS 有关。

在关系模型数据库中，物理模型主要包括存储记录结构的设计、数据存放位置、存取方法、完整性、安全性和应用程序。其中，存储记录结构包括记录的组成、数据项的类型和长度以及逻辑记录到存储记录的映像。数据存放位置是指把经常访问的数据结合在一起。存取方法是指聚集索引和非聚集索引的使用。完整性和安全性是指对数据库完整性、安全性、有效性和效率等方面进行分析并做出配置等。

1.4　关系数据库

20 世纪 80 年代以来，关系数据库理论日臻完善，并在数据库系统中得到了广泛的应用，是各类数据库中使用最为重要、最为广泛、最为流行的数据库。如 Oracle、SQL　Server、Access 等都是典型的关系模型数据库管理系统。

1.4.1　关系模型的基本概念

1. 关系的术语

在关系理论中，有以下几个常见的关系术语：

（1）关系：就是一个符合一定条件的二维表格。每个关系都有一个关系名，在 SQL Server 2008 中，一个关系被称为一个表（Table）。

（2）记录（元组）：在一个具体的关系（二维表格）中，每一行被称为一个记录或元组。

（3）字段（属性）：在一个具体的关系中，每一列被称为一个字段或属性。

（4）域：就是属性的取值范围，即不同记录（元组）对同一个属性的取值限定的范围。如“性别”属性的域范围为“男”和“女”，“成绩”属性的域是 0 ～100 等。

（5）关键字：在一个关系中有一个或几个这样的字段（属性），其值可以唯一地标识一个记录，便称之为关键字。例如，职工档案表中的“编号”字段就可以作为关键字，而“职称”字段则因其值不唯一而不能作为关键字。

（6）关系模式：对关系的描述称为关系模式。一个关系模式对应于一个关系结构，它是命名的属性集合。其格式为：关系名（属性名 1,属性名 2,…,属性名 *n*）

（7）关系数据库管理系统（RDBMS）：就是管理关系数据库的计算机软件，数据库管理系统使用户能方便地定义和操纵数据，维护数据的安全性和完整性，以及进行多用户下的并发控制和恢复数据库等。

若基于集合论的观点而言，可将关系定义为记录的集合，关系模式是属性的集合，记录（元组）是相关属性值的集合；而一个具体的关系模型则是若干相联系关系模式的集合。

2. 关系的特点

在关系模型中，每个关系都必须满足一定的条件，即关系必须规范化。一个规范化的关系必须具备以下几个特点：

（1）每个属性须是不可分隔的数据单元，或者说，每一个字段不能再细分为若干字段。

（2）属性列是同质的，即每个字段是同一数据类型，同一关系中不能出现相同属性名。

（3）在一个设有主关键字或唯一性关键字的关系中不允许有完全相同的数据行。

（4）在一个关系中任意交换两行或两列的位置不影响数据的实际含义。

1.4.2　关系数据库基本演算

在一个关系中访问所需数据时，务必要对该关系进行一定的关系（有广义与狭义之分）运算。

1. 广义关系运算

广义集合运算或称传统集合运算，包括并、交、差及广义笛卡儿积等运算。设 *R* 和 *S* 都具有 *n* 个属性，即具有相同目（或谓字段）*n* 的两个关系，且相应属性取自同一域，设有两个学生关系 *R* 表（见表 1-2）和 *S* 表（见表 1-3），则 4 种运算定义如下。

表 1-2　学生关系 *R*

学　号	姓　名	学　分
0711061208	李小东	298
0811061115	周芳霞	270
0711061205	王雨农	285

表 1-3　学生关系 *S*

学　号	姓　名	学　分
0811061115	周芳霞	270
0711061205	王雨农	285
0911061125	赵四海	300

（1）并关系运算。关系 R 与关系 S 的并由属于 R 或属于 S 的元组组成，其结果关系仍为 n 目关系，记作 $R\cup S$，运算结果如表 1–4 所示。

（2）差关系运算。关系 R 与关系 S 的差由属于 R 而不属于 S 的所有元组组成，其结果关系仍为 n 目关系，记作 $R-S$，运算结果如表 1–5 所示。

（3）交关系运算。关系 R 与关系 S 的交由既属于 R 又属于 S 的元组组成，其结果关系仍为 n 目关系，记作 $R\cap S$，$R\cap S=R-(R-S)$，运算结果如表 1–6 所示。

表 1-4　$R\cup S$ 结果

学　号	姓　名	学　分
0711061208	李小东	298
0811061115	周芳霞	270
0711061205	王雨农	285
0911061125	赵四海	300

表 1-5　$R-S$ 结果

学　号	姓　名	学　分
0711061208	李小东	298

表 1-6　$R\cap S$ 结果

学　号	姓　名	学　分
0811061115	周芳霞	270
0711061205	王雨农	285

（4）广义笛卡儿积关系运算。两个分别为 n 目和 m 目的关系 F 和关系 G 的广义笛卡儿积是一个$(n+m)$列的元组的集合。元组的前 n 列是关系 F 的一个元组，后 m 列是关系 G 的一个元组。例如，若 F 有 A_1 个元组，G 有 A_2 个元组，则关系 F 和关系 G 的广义笛卡儿积有 $A_1\times A_2$ 个元组，记作 $F\times G$。

【例 1-2】试求两个关系 F（见表 1–7）与 G（见表 1–8）的广义笛卡儿积。

解：F 关系有 3 个属性和 3 个元组，G 关系有 3 个属性和 2 个元组，关系 F 和 G 的广义笛卡儿积如表 1–9 所示，有 5 个属性和 6 个元组。

表 1-7　关系 F

U	V	W
u_1	v_1	w_1
u_2	v_2	w_2
u_3	v_3	w_3

表 1-8　关系 G

X	Y
x_1	y_1
x_2	y_2

表 1-9　$F\times G$ 结果

U	V	W	X	Y
u_1	v_1	w_1	x_1	y_1
u_2	v_2	w_2	x_1	y_1
u_3	v_3	w_3	x_1	y_1
u_1	v_1	w_1	x_2	y_2
u_2	v_2	w_2	x_2	y_2
u_3	v_3	w_3	x_2	y_2

2. 狭义关系运算

狭义关系运算主要应用于关系型数据库中的运算，支持选择、投影、连接及除等运算，其源于关系代数中并、交、差或除、选择、投影和连接等运算，在此仅介绍前 3 种。

（1）选择。从一个关系或二维表格中找出满足给定条件的记录行的操作称为选择。选择是从行的角度对二维表格内容进行的筛选，经过选择运算得到的结果可以形成新的关系，其关系模式不变，并且其中的记录是原关系的一个子集。

【例 1-3】建立一个选择运算。从图 1–8 所示的表中筛选出区域为“东北”的记录，如图 1–9 所示，SQL 语句如下：

```
SELECT  *  FROM 学生 WHERE 区域='东北'
```

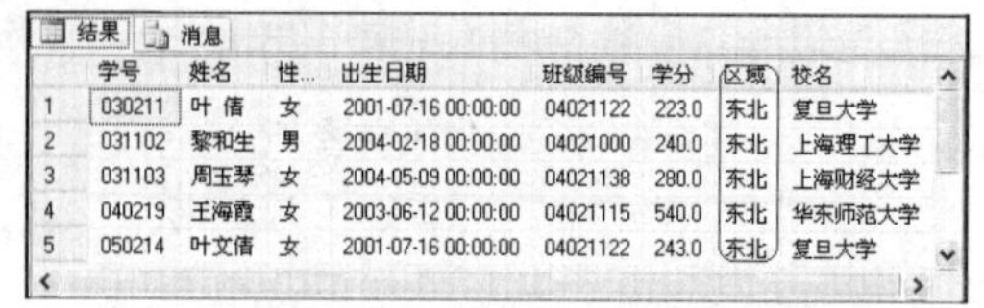
结果　消息

	学号	姓名	性...	出生日期	班级编号	学分	区域	校名
1	030211	叶 倩	女	2001-07-16 00:00:00	04021122	223.0	东北	复旦大学
2	031102	黎和生	男	2004-02-18 00:00:00	04021000	240.0	东北	上海理工大学
3	031103	周玉琴	女	2004-05-09 00:00:00	04021138	280.0	东北	上海财经大学
4	040219	王海霞	女	2003-06-12 00:00:00	04021115	540.0	东北	华东师范大学
5	050214	叶文倩	女	2001-07-16 00:00:00	04021122	243.0	东北	复旦大学

图 1–9　选择运算举例

（2）投影。从一个关系或二维表格中找出若干字段（属性），进而构成新的关系的操作称为投影。投影是从列的角度对二维表格内容进行的筛选或重组，经过选择运算得到的结果也可以形成新的关系，其关系模式所包含的字段（属性）个数往往比原关系少，或者其字段（属性）排列的顺序将有所不同，是原关系的一个子集。

【例 1-4】建立一个投影运算。从图 1-8 所示的表中筛选所需的列（学号，姓名，学分，区域，校名），结果如图 1-10 所示，SQL 语句如下：

```
SELECT 学号,姓名,学分,区域,校名 FROM 学生
```

（3）连接。连接是将两个关系表中的记录按一定的条件横向结合，组成一个新的关系表。最常见的连接运算是自然连接，它是利用两个关系中所共有的一个字段，将该字段值相等的记录内容连接起来，去掉其中的重复字段作为新关系中的一条记录。

连接过程是通过连接条件来控制的，不同关系中的公共字段或者具有相同语义的字段是实现连接运算的纽带，满足连接条件的所有记录将可形成一个新的关系。

【例 1-5】建立一个带条件的成绩表与课程表间连接运算。运行结果如图 1-11 所示，SQL 语句如下：

```
SELECT 成绩.学号,课程.课程号,课程.课程名,成绩.成绩
FROM 课程 INNER JOIN 成绩 ON 课程.课程号=成绩.课程号
WHERE 成绩.课程名 <>'数学'
```

结果　消息

	学号	姓名	学分	区域	校名
1	050211	李和强	274.0	西北	东华大学
2	050212	刘华德	405.0	西南	上海师范大学
3	050210	许慧慧	269.0	西北	上海工程技术大学
4	050201	黄一东	287.0	西南	上海应用技术学院
5	050211	叶文倩	243.0	东北	复旦大学
6	050219	王 霞	561.0	东北	华东师范大学
7	050218	林还颐	288.0	东南	同济大学
8	061101	陈 发	378.0	西南	华东理工大学
9	061102	黎晓明	264.0	东北	上海理工大学
10	061103	周 琴	305.0	东北	上海财经大学
11	061104	周晓杰	316.0	西南	上海交通大学
12	061105	黎晓琼	328.0	西南	华东政法学院
13	061105	林彰哲	287.0	西南	上海中医药大学

图 1-10　投影运算举例

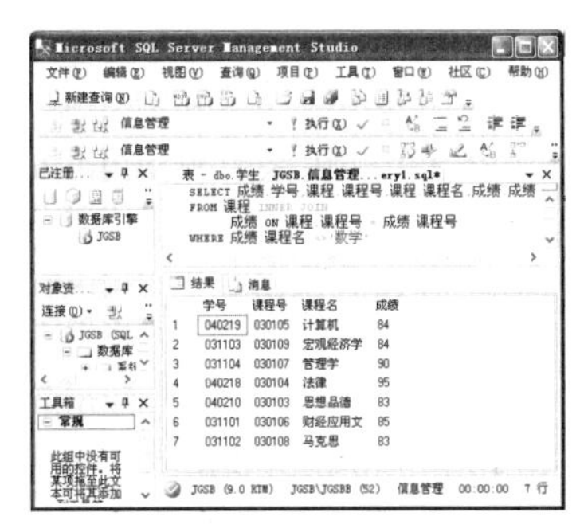

图 1-11　连接运算实例

综上所述可以归结出：选择和投影运算的操作对象通常是一个表，相当于对一个表的数据进行横向或纵向的提取。而连接运算则是对两个或两个以上表进行的操作，如果需要连接操作的是两个以上的表，则应当进行两两关系连接。

总之，在对关系数据库的操作中，利用关系的选择、投影和连接运算，可方便地在一个或多个关系表中提取所需的各种数据，建立或重组新的关系。

1.4.3 关系模型的规范化

关系模型规范化的目的是为了消除存储（即插入、删除等）异常，减少数据冗余性，保证数据的完整性和存储效率。满足不同规律或程序要求的规范化关系模型称为不同范式。

1. 相关概念

（1）函数依赖：设 $R(U)$ 是一个关系模式，U 是 R 的属性集合，X 和 Y 是 U 的子集；对于 $R(U)$ 的任意一个可能的关系 r，如果 r 中不存在两个元组（记录），它们在 X 上的属性值相同，而在 Y 上的属性值不同，则称“X 函数确定 Y”或“Y 函数依赖于 X”，记作 $X\rightarrow Y$。

（2）完全函数依赖：在关系模式 $R(U)$ 中，如果 $X\rightarrow Y$，并且对于 X 的任何一个真子集 X'，不存在 $X'\rightarrow Y$，则称 Y 完全函数依赖于 X，记作 $X\xrightarrow{f}Y$。f 定义为完全依赖关系。

（3）部分函数依赖：在关系模式 $R(U)$中，若 $X \rightarrow Y$，但 Y 不完全函数依赖于 X，则称 Y 部分函数依赖于 X，记作 $X \xrightarrow{P} Y$。P 定义为部分依赖关系。

（4）传递函数依赖：在关系模式 $R(U)$中，如果 $X \rightarrow Y$，$Y \nrightarrow X$，$Y \not\subseteq X$，$Y \rightarrow Z$，则称 Z 传递函数依赖于 X。

例如，在表 1-10 或表 1-11 中，学号列能唯一地标识出学生情况表中的每一行，所以学号列是主关键字。选择不同学号都会有一个姓名与它对应，即姓名完全函数依赖于学号。

表 1-10　学生表（2NF）

学　号	姓　名	性　别	出生时间	专　业
2006030101	关　键	男	1987-02-03	信息管理与信息系统
2006030102	李　明	男	1988-05-15	电子商务
2006030103	王　坤	女	1987-08-22	信息管理与信息系统

表 1-11　成绩表（not 2NF）

学　号	姓　名	课程号	成　绩	学　分
2006030101	关　键	C001	88	3
2006030102	李　明	E001	76	4

又如，在表 1-12 中，若学号和课程号列为组合主关键字，知道学号和课程号就能唯一地确定学生成绩，成绩既依赖于学号又依赖于课程号，是完全依赖于主关键字（学号，课程号）。

而姓名只依赖于主关键字的一部分（即学号），而与课程号无关，则姓名为部分依赖于主关键字（学号，课程号）。在表 1-14 中，课程号列为主键，专业列依赖于专业号列，而专业号列又函数依赖于主键列，所以专业列传递依赖于主键列。

2．范式

根据一个关系满足数据依赖的程度不同，可规范化为第一范式（1NF）、第二范式（2NF）和第三范式（3NF）、BCNF 范式等。

（1）第一范式。若关系 R 的所有属性均为不可再分的简单属性，则称 R 满足第一范式。

（2）第二范式。若关系 R 满足第一范式，且每一个非主属性完全函数依赖于主键，则称 R 满足第二范式。

（3）第三范式。若关系 R 满足第二范式，且每一个非主属性既不部分依赖于主键，也不传递依赖于主键，则称 R 满足第三范式。

例如，表 1-10 满足第二范式，因为其中学号列为主键，其他各列均完全依赖于该列。而表 1-11 不满足第二范式，学号和课程号列为组合主键，姓名列并不完全依赖于主键。删除姓名列后成为表 1-12，它满足第二范式。表 1-13 满足第二范式而不满足第三范式，因为该表中课程号列为主键，专业列传递依赖于主键。删除专业列后，成为表 1-14，它满足第三范式。

表 1-12　成绩表（2NF）

学号	课程	成绩	学分
2006030101	C001	88	3
2006030102	E001	76	4

表 1-13　课　程　表

课程号	课程名	学分	专业号	专业
C001	计算机基础	4	6	信息管理与信息系统
E001	英语	4	6	电子商务

表 1-14　课程表（3NF）

课程号	课程名	学分	专业号
C001	计算机基础	4	6
E001	英语	4	6

（4）BCNF 范式。BCNF 范式是由 Boyce 和 Codd 于 1974 年提出的，在 3NF 基础上又发展了。如果一个关系模式 R 中的所有属性包括主属性和非主属性都不传递依赖于任意候选关键字，则称 R 满足 BCNF 范式，记作 $R \in$ BCNF。BCNF 又称修正的或扩展的第三范式。

1.5　数据仓库与数据挖掘

数据仓库常用于决策支持系统（DSS），是决策支持系统的基础。随着数据库应用的不断拓展，从大量数据中检索、查询出制定市场策略的信息就显得越来越重要了。

1.5.1　数据仓库理念

如何对海量数据进行高速有效的访问，成为人们关注的焦点。据此人们引出了一种新的支持决策的特殊数据仓库（Data Warehouse，DW）理念，即从大量的事务型数据库中抽取数据，并将其处理、转换为新的存储格式，为锁定决策目标而把数据聚合在一种特殊的格式中。

数据仓库是面向主题的、集成的、随时间变化的、但信息本身相对稳定的数据集合。其中，“主题”是指用户使用数据仓库辅助决策时所关心的重点问题，每个主题对应一个客观分析领域，如销售、成本、利润的情况等。所谓“面向主题”，是指数据仓库中的信息是按主题组织和提供信息的。“集成的”是指数据仓库中的数据不是业务处理系统数据的简单拼凑与汇总，而是经过系统地加工整理，是相互一致的、具有代表性的数据。所谓随时间变化是指数据仓库中存储的是一个时间段主要用于进行时间趋势分析的数据。数据仓库包括数据的存储与组织，联机分析技术（OLAP）和数据挖掘技术（DM）。它能管理完备、及时、准确和可理解的业务信息，并把这些信息赋予个人，使之做出相应的决定。

1.5.2　DW 系统构成

数据仓库系统（DWS）由数据源、仓库管理和分析工具 3 部分构成。

（1）数据源：数据仓库的数据来源于多个数据源，包括企业内部数据、市场调查报告及各种文档之类的外部数据。

（2）仓库管理：是基于数据库管理系统的相关功能与实施，包括对数据的安全、归档、备份、维护、恢复等工作管理。整个管理过程是在确定数据仓库信息需求后，进行数据建模、拟定从源数据到数据仓库的数据抽取、清理和转换过程等。元数据是数据仓库的核心，用于存储数据模型和定义数据结构、转换规划、仓库结构、控制信息等。

（3）分析工具：用于完成实际决策问题所需的各种查询检索工具、多维数据的 OLAP 分析工具、数据开采的 DM 工具等，以实现决策支持系统的各种要求。

1.5.3　DW 关键技术

数据仓库中的数据是从操作型系统中集成、转换和载入进去的，通常是不被更新的，因此数据仓库系统基本上没有更新开销。由于数据仓库管理大量的历史数据（明细和汇总数据），数据量比一般环境多得多，约 0.1 TB。为了满足数据仓库处理数据的需求，数据仓库须具备如下关键技术：

（1）海量数据存储管理与实施数据压缩。数据仓库可使用索引寻址、有效溢出管理等方法来管理海量数据，并实施压缩方式存储数据，减少数据的存储空间。

（2）多种介质管理机制。为兼顾成本和效率等因素，应根据数据仓库中数据的重要性和访问速度，将满足不同要求的数据存放在不同层次的存储介质上。

（3）语言接口与多种技术接口。前者提供数据仓库语言接口，以保证能一次访问一条记录或一组数据和具有 SQL 接口。后者是指数据仓库用不同的技术接收和传送数据。

（4）双重粒度几级管理。双重粒度是指数据仓库中不仅包含真实的细节数据（如近来 30 天的业务数据），还存放了综合数据（每月的业务统计数据）。

（5）索引和监视数据。能轻松地筹建索引，以提高数据仓库的访问效率。能监视数据仓库中的数据，观察剩余可用空间的大小、索引是否合适、有多少数据溢出等。

（6）高效载入数据与支持复合键。通过一个语言接口逐一地载入数据，或用一个程序一次性载入全部数据。

（7）并行处理技术。在数据仓库中，用户访问系统的特点是庞大而稀疏，每个查询和统计都很复杂，但访问的频率并不很高，此时系统需要有能力将所有的处理机调动起来为这一个复杂的查询请求服务，并将该请求并行处理，从而克服数据库管理系统瓶颈效应。

1.6 网络数据库基础

数据库是当今网络应用中不可或缺的要素之一。网络数据库是指所有连入网络并提供信息服务的数据库集合。

1.6.1 网络数据库系统基础

网络数据库系统具有跨越计算机单机系统、在网络上建立与运行的数据库系统。与单机数据库不同，网络数据库为数据存储与提取提供了多种路径，这是通过在数据之间建立多种关系而实现的。就本质而言，网络数据库是一种能通过网络通信进行组织、存储、检索的相关数据集合。目前比较流行的关系型数据库产品（Microsoft SQL Server、Oracle 等数据库）都具有网络数据库功能，都可用做网络数据库创建及开发工具。

一般来说，网络数据库系统有网络操作系统、网络数据库管理系统、网络数据库管理员、网络数据库应用程序和网络数据库应用系统 5 个重要组成部分。

网络操作系统是网络数据库系统运行的软件系统环境；网络数据库管理系统是负责组织和管理数据信息的程序；网络数据库管理员是数据库系统不可或缺的重要角色，主要负责数据库的建立、使用和维护工作；网络数据库应用程序是数据库前端程序，即用于浏览、修改数据的应用程序。网络数据库应用系统是信息管理与信息系统的重要支撑，如企业信息系统开发、网站的建设、2010 年上海世博会信息化管理平台等都是网络数据库应用系统的具体实例。

1.6.2 网络数据库系统特点

通常，网络数据库系统主要具有以下特点：

（1）运行环境为网络操作系统，如 Windows Server 200x、Linux Server、UNIX、Solaris 等。具有强大的网络功能，可根据软/硬件和网络环境的不同组成各种工作模式。

（2）支持超大规模数据库技术、Internet 并行在线查询、多线程服务器等。

（3）网络信息资源集成。网络信息资源集成是指数据库应用系统借助互联网或利用超文本技术，在不同的信息资源之间进行通信链接与整合服务。

（4）海量数据信息。Internet 中包含着丰富的信息资源，利用网的功能特征便捷地整合各类数据，使存、取操作优化，只须输入一个检索式即可同时检索数据库中的相关信息。

（5）全天候全方位在线服务。网络数据库借助于互联网运行环境，可 24 小时全天候全方位地通过互联网为世界各地授权终端用户提供便捷、可靠的服务。

（6）Web 浏览器的便捷阅览。网络数据库可通过 Internet Explorer、Netscape 等通用的标准浏览器等进行查阅文档信息，显得相当快捷、方便。

1.6.3　网络数据库系统体系结构

通常，网络数据库系统的体系结构分为：主机-终端体系结构、客户机/服务器（C/S）体系结构和基于 Web 的浏览器/服务器（B/S）体系结构 3 种类型。

1. 主机-终端体系结构

主机-终端体系结构也称单层体系结构，是在大型主机上部署网络数据库应用系统。所有功能和操作集中在主机上，终端仅作为输入和输出设备使用。

2. C/S 体系结构

客户机/服务器（C/S）模式体系结构源于 20 世纪 80 年代，结构有两层与三层之分，如图 1-12 所示。系统被分为为用户提供公共服务的服务器和向服务器提出服务请求的客户机两部分。

（1）二层 C/S 模式。该模式是 C/S 模式最初的基本形态，由数据库服务器和客户机构成，客户机向数据库服务器提交数据服务请求，数据库服务器根据请求将数据返回客户机，客户机收到数据后进行处理并最后把结果显示给用户，如图 1-12（a）所示。

（2）三层 C/S 模式。该模式即客户机/应用服务器/数据库服务器模式，其中客户机驻留在用户端，负责用户与系统间的对话，应用服务器用来处理客户机请求、完成相应业务处理和复杂计算，若有数据库访问，则向数据库服务器读取数据，数据库服务器可保存系统数据，负责管理对数据库数据的读写、查询、更新与存储等任务，如图 1-12（b）所示。

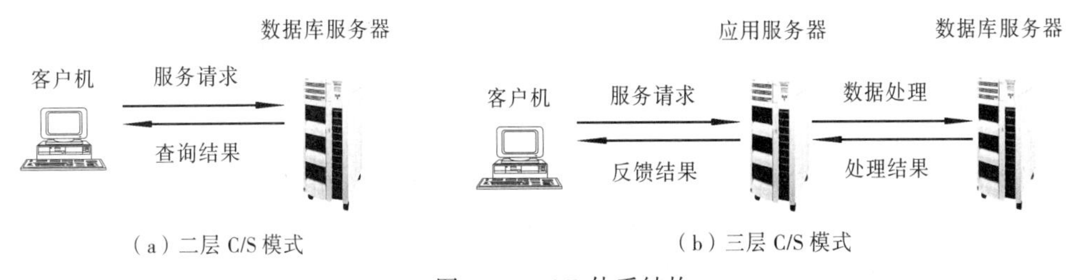

图 1-12　C/S 体系结构

C/S 技术帮助企业提高了工作效率，但随着信息管理的复杂化、网络系统集成的高度化发展，这种模式逐渐显示出它的局限性。

3. B/S 体系结构

20 世纪 90 年代，随着 Web 技术与应用的日趋成熟，基于 Web 技术的 B/S 模式产生了，如图 1-13 所示。该模式包括浏览器/Web 服务器/数据库服务器三层结构，其中 Web 服务器是系统的核心，用户端通过浏览器向 Web 服务器提出服务请

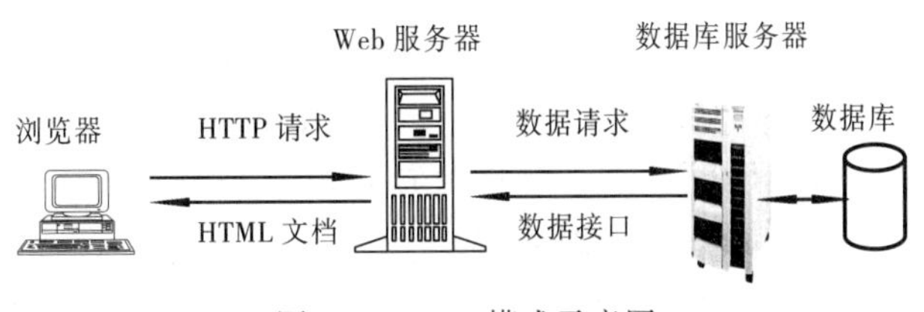

图 1-13　B/S 模式示意图

求，Web 服务器按需向数据库服务器发出服务数据请求，数据库服务器则将处理结果返回 Web 服务器，Web 服务器最终把结果以 HTML 语言格式反馈给浏览器，用户通过客户端浏览器浏览所需结果。该模式可提供稳定、安全、高效的应用环境和连接机制，使客户端与后端数据库紧密连接和集成。

小　　结

本章介绍了数据库的基本概念，数据管理技术的发展、数据库管理系统、常见的数据模型、E-R 方法、关系模型、关系数据库基本演算、数据仓库与数据挖掘等知识，有助于读者理解、掌握以后章节中的内容。

数据库是指数据存放的地方，在信息系统中数据库是数据和数据库对象（如表、视图、存储过程与触发器等）的集合。数据库系统的主要特点包括：数据结构化、数据共享、数据独立性以及统一的数据控制功能。数据模型是描述一个系统中的数据、数据之间关系，以及对数据约束的一组完整性的概念。它是对数据库的结构与定义的描述，是对现实世界的抽象。数据模型大体上可分为两种类型：一种是独立于计算机系统的数据模型，即概念模型；另一种则是涉及计算机系统和数据库管理系统的数据模型。关系型数据库主要支持的 3 种基本关系运算为：选择、投影和连接，其源于关系代数中并、交、差、选择、投影和连接等运算。

传统集合运算包括并、交、差及广义笛卡儿积等运算。关系模型规范化的目的是消除存储（即插入、删除等）异常，减少数据冗余性，保证数据的完整性和存储效率。满足不同规律或程序要求的规范化关系模型称为不同范式。根据一个关系满足数据依赖的程度不同，可规范化为第一范式（1NF）、第二范式（2NF）和第三范式（3NF）。数据仓库系统（DWS）由数据源、仓库管理和分析工具三部分构成。网络数据库系统的体系结构分为：有 3 种类型，主机–终端、客户机/服务器（C/S）和基于 Web 的浏览器/服务器（B/S）体系结构。

思考与练习

一、选择题

1.（　　）是位于用户与操作系统间的管理软件，用于数据建立、使用和维护等管理。

A. DBMS　　B. DB　　C. DBS　　D. DBA

2.（　　）是长期存储在计算机存储器内有序的、可共享的数据集合。

A. DB　　B. INFORMATION　　C. DATA　　D. DBS

3. 目前，（　　）数据库系统已逐渐淘汰了网状数据库和层次数据库而流行应用。

A. 关系　　B. 对象　　C. 分布　　D. 连接

4. 逻辑模型下数据管理模型分为（　　）与网状 3 类。

A. 层次型、关系型　　B. 层次型、网络型

C. 树状、层次型　　D. 星状、关系型

5. 数据库设计中概念结构设计的主要工具是（　　）。

A. 数据模型　　B. E-R 模型　　C. 新奥尔良模型　　D. 概念模型

6. 计算机数据管理技术主要经历了人工管理阶段、文件管理阶段和（　　）3 个阶段。

A. 资源库管理阶段　　B. 数据库管理阶段

C. 文档库管理阶段　　D. 信息管理阶段

7.（狭义）关系运算主要支持：选择、(　　　)及除运算等。

A. 投影、连接　　B. 合并、连接　　C. 合并、投影　　D. 合并、拆分

8. 根据一个关系满足数据依赖的程度不同，可规范化为 1NF、2NF、(　　　)范式等。

A. 3NF 和 7NF　　B. 3NF 和 BCNF　　C. 3NF 和 CBNF　　D. 2NF 和 BGNF

9. 数据仓库系统由数据源、仓库管理和（　　　）3 部分构成。

A. 管理模型　　B. 分析工具　　C. 设计软件　　D. 仓库模型

10. 通常，网络数据库系统的体系结构分为：主机-终端、C/S 和（　　　）3 种体系结构。

A. B/S　　B. C/D　　C. B/D　　D. M/T

11. 网络数据库系指所有连入网络并提供信息服务的（　　　）集合。

A. 数据表　　B. 数据库　　C. 信息库　　D. 合成库

12. 连接是将两个关系表中的记录按一定条件（　　　)，组成一个新的关系表。

A. 条件组合　　B. 纵向结合　　C. 横向结合　　D. 有机结合

13. 消除了部分依赖关系的 1NF 关系模式，必定是（　　　)。

A. 1NF　　B. 2NF　　C. 3NF　　D. 4NF

14. 广义集合运算，不包括（　　　)。

A. 并运算　　B. 交运算　　C. 差运算　　D. 和运算

二、思考与实验

1. 简述信息、数据与数据库的内涵。试问数据管理技术主要经历了哪些阶段？

2. 何谓数据库管理系统？简述数据库管理系统的功能。

3. 通常，数据库系统由哪些部分组成？其在整个计算机系统中的地位又如何？

4. 简述数据库系统的特点。E-R 图中包括哪些基本图素？具体如何表示？联系又有哪几种类型？

5. 目前比较流行的数据模型主要有哪几种？各有何特点？

6. 解释关系、记录、字段、域、关键字、关系模式和关系数据库管理系统的含义。

7. 简述关系必须具备的特点。简述关系型数据库的基本关系运算及其含义。

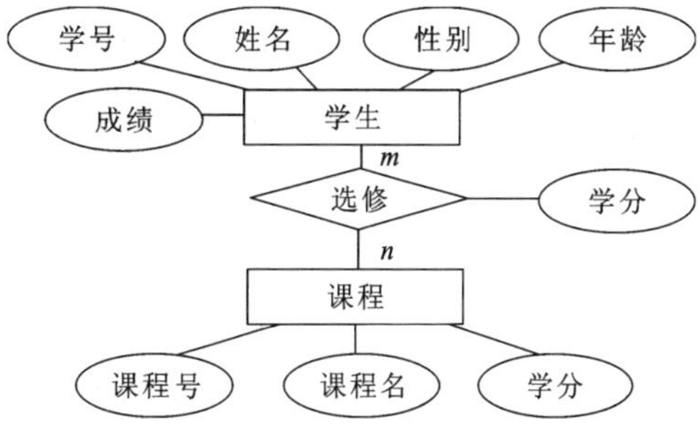

图 1-14　E-R 实例示意图

8. 简述数据仓库系统的组成。简述实施数据仓库所需关注的相关技术。

9. 图 1-14 给出了学生实体和课程实体之间的联系，试写出各个实体的属性及关键字、实体间联系名称与联系类型，并将该 E-R 模型转换成关系模型。

10. 用传统集合运算方法求解表 1-15 和表 1-16 所示的关系 R 与关系 S 的并（$R \cup S$)、交（$R \cap S$)、差（$R-S$）及广义笛卡儿积运算。

表 1-15　学生关系 ***R***

学　　号	姓　名	学　分
0711061208	李小东	298
0811061115	周芳霞	270
0711061205	王雨农	285

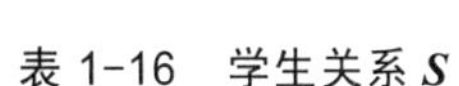

表 1-16　学生关系 ***S***

学　　号	姓　名	学　分
0811061115	周芳霞	270
0711061205	王雨农	285
0911061125	赵四海	300

第 2 章　SQL Server 2008 概述

【本章提要】SQL Server 2008 是一个典型的网络数据库管理系统，是应用最为广泛的 DBMS。本章主要介绍了 SQL Server 的演进、系统的新增功能、SQL Server 2008 平台性能机制、SQL Server 2008 的安装技巧、SQL Server 2008 管理工具等。要求掌握 SQL Server 2008 安装所需环境、SQL Server 2008 管理工具等的使用。

2.1　SQL Server 的演进

SQL Server 是美国微软公司推出的一个性能优越的关系型数据库管理系统（Relational Database Management System，RDBMS），支持多种操作系统平台、性能可靠、易于使用，是电子商务等应用领域中较佳的上乘数据库产品之一。它是一种面向数据库的通用数据处理语言规范，能完成提取查询数据、插入修改删除数据、生成修改和删除数据库对象、数据库安全控制、数据库完整性及数据保护控制。

SQL Server 理论源于 20 世纪 70 年代 IBM 公司的结构化查询语言（SQL）。最初，SQL Server 是由 Microsoft、Sybase 等公司共同开发的系统，于 1988 年推出了第一个基于 OS/2 平台的雏形版本，在 Windows NT 推出后 Microsoft 与 Sybase 在 SQL Server 的开发上就分道扬镳了。本书所介绍的是 Microsoft SQL Server，其后简称 SQL Server 或 MS SQL Server。SQL Server 的具体演进过程如下：

（1）1987 年，赛贝斯公司发布了用于 UNIX 环境的关系型数据库管理系统 Sybase SQL Server 系统。

（2）1988 年，微软公司、Aston-Tate 公司相继参与赛贝斯公司 OS/2 环境下的数据库系统 SQL Server 系统开发。将 SQL Server 移植到 Windows NT 网络操作系统上，开发新的 SQL Server 的 Windows NT 版本。

（3）1989 年，此 3 家公司组织的联合开发团队成功地推出了 SQL Server 1.0 for OS/2 系统。

（4）1990 年，Aston-Tate 公司先行退出联合开发团队，微软公司则终止了 SQL Server for OS/2 系统的开发，而与赛贝斯公司于 1992 年签署了联合开发用于 Windows NT 环境的 SQL Server 系统。

（5）1993 年，微软公司与赛贝斯公司在 SQL Server 系统方面的联合开发正式结束。从此，微软公司致力于用于 Windows 各种版本环境的 SQL Server 系统开发，而赛贝斯公司则集中精力从事用于各种 UNIX 环境的 SQL Server 系统开发。该年，微软公司发布了 SQL Server 4.2 for Windows NT 3.1 系统。至此，微软公司与赛贝斯公司的合作开发趋于终结。由于 SQL Server 系统的功能完善、用户界面良好及网络性能高等特征，使得它一举获得了成功，成为在关系型数据库管理系统中颇具竞争力品牌开发公司。

（6）1995 年，SQL Server 6.0 版亮相，在改写了系统核心模块的基础上，设计了内嵌复制功能的集中管理方式，代号为 SQL 95。

（7）1996 年，Microsoft 公司发布了 SQL Server 6.5 版。

（8）1997 年，Microsoft 公司推出了配置涵盖支持 4 GB RAM、8 微处理器及集群计算机的 SQL Server 6.5 企业版应用版，代号为 Hydra。

（9）1998 年，Microsoft 公司发布了 SQL Server 7.0 版，代号为 Sphinx。其完全修正了核心数据

库引擎和管理结构，同 Windows NT、IIS 及 Site Server 完美集成，具有简单易行的网络发布功能等，可为处理电子贸易提供一个理想的数据库平台。

（10）2000 年，SQL Server 2000 版发布，代号为 Shiloh。该版本增加了许多更先进的功能，具有使用方便、图形处理工具丰富、可伸缩性好、相关软件集成程度高等优点。

（11）2003 年，SQL Server 2000 Enterprise 64 位版发布，代号为 Liberty。

（12）2005 年，SQL Server 2005 版问世，Microsoft 公司对构架等方面做了重大改进，使之更适应各种规模的数据处理与应用开发。诸如集成服务 Integration Service、.NET Framework 等的引入使 Web 下的关系型数据库的网络化应用特性得以发挥与彰显。

（13）2008 年 8 月，SQL Server 2008 版闪亮登场，该版代码名称为 Katmai，可支持微软等各类操作系统。该系统在可用性、安全性、可靠性、易操作性、易管理性、易扩展性和商业智能等方面有了较大改进和提高，对企业的数据存储和应用需求提供了更强大的支持和便利，且加强了可支持性，提供了支持数据的采集、数据备份与压缩数据库镜像、ADO.NET 实体框架、语言级集成查询能力、CLR 集成等方面的性能。

总体而言，SQL Server 2008 在如下几方面有显著提高。

（1）可用性方面，对数据库镜像进行了增强，可以创建热备用服务器，提供快速故障转移，并且保证已提交的事务不会丢失数据。

（2）易管理性方面，系统增加了 SQL Server 审核功能，可对各种服务器和数据库对象进行审核；支持压缩备份；引入了中央管理服务器方法，方便对多个服务器进行管理；引入了基于策略的管理，可降低总拥有成本。

（3）查询编辑方面，新增了一个类似于 Visual Studio 调试器的 Transact-SQL 调试器，便于对 Transact-SQL 语句进行调试；新增了变更数据捕获，对数据仓库有了更强的支持等。

（4）可编程性方面，SQL Server 2008 系统增强的功能包括新数据存储功能（FILEST REAM 存储、新排序规则、分区切换等）、新数据类型（日期、时间、空间、hierarchyid 数据类型、用户定义表类型等）、新全文搜索体系结构（全文目录已集成到数据库中，而不是像以前版本的文件结构）、对 Transact-SQL 所做的改进和增强（新增复合运算符、增强的 CONVERT 函数、增强的日期和时间函数、GROUPING SETS 运算符、增强的 MERGE 语句）等。

（5）安全性方面，SQL Server 2008 系统的增强功能包括新的加密函数、添加的透明数据加密（可以自动加密数据文件）、可扩展密钥管理功能（允许第三方企业密钥管理和硬件安全模块供应商在 SQL Server 中注册其设备）。

2.2　SQL Server 2008 系统新增功能

SQL Server 2005 是用于大规模数据与联机事务处理（OLTP）、数据仓库和电子商务应用的数据库平台，也可运用于数据集成分析和报表处理解决方案的商业智能平台。SQL Server 2008 在 SQL Server 2005 的基础上强化与新增功能主要包括集成服务（SQL Server Integration Services，SSIS）、分析服务（SQL Server Analysis Services，SSAS）、报表服务（SQL Server Reporting Services，SSRS）、全文搜索、服务代理（SQL Server Service Broker，SSBS）、管理工具与开发工具等诸多部分，与 Microsoft Office 2007 完美地结合。

2.2.1　集成服务

SQL Server 2008 集成服务是 SQL Server 2008 优化的组件之一，可用于生成企业级数据集成和数据转换方案的平台。它引入了新的可扩展体系结构和新设计器，提供了构建企业级数据整合应用程序所需的性能。无论是在轻量级的 32 位系统还是在高端的 64 位架构中，它提供的转换引擎性能优势都非常明显。使用该服务可解决复杂的业务问题。

SSIS 是个嵌入式应用程序，用于开发和执行 ETL（解压缩、转换和加载）包，替代了 SQL Server 2000/2005 中的 DTS。整合服务功能既包含实现简单的导入/导出包所必需的 Wizard 导向插件、工具以及任务，又有非常复杂的数据清理功能。SSIS 引擎更加稳定，锁死率更低。SQL Server 2008 对 Lookup 的性能做出很大改进，能处理不同的数据源等。Lookup 是 SSIS 一个常用的获取信息的自集，如从 CustomerID 查找 Customer Name 获取数据集，且能处理 ADO.NET、XML、OLEDB 和其他 SSIS 压缩包等数据源。

SQL Server 2008 可执行 Transact-SQL 的 MERGE 命令。该语句允许用户将一个数据源连接到目标表或视图上，然后在连接后的结果集上执行多种操作。用 MERGE 命令，只需要一个语句就可以对行进行 UPDATE、INSERT 或 DELETE 等更新操作。若非 MERGE 语句，则需要执行两种命令语句才能完成。其一是查找匹配的条件而后更新，其二是查找不匹配项然后插入。从而大大提高系统的操作效率。

MERGE 语句的语法格式如下：

```
MERGE [Into] 目标表 AS Tdb
    USING 源表 AS Sdb ON 匹配条件
        WHEN MATCHED  THEN
        对源表与目标表匹配的项执行的操作
        WHEN NOT MATCHED  THEN
        对源表中存在的,而目标表中不存在的匹配项执行操作
        WHEN NOT MATCHED BY SOURCE THEN
        对目标表中存在的,而源表中不存在的匹配项执行操作
```

MERGE 实例的语句片段如下：

```
MERGE 学生表 AS Tart                    //归并命令
    USING (SELECT 学号,成绩 FROM 成绩表)  AS Srct
        ON Tart.成绩=Srct.成绩
        WHEN MATCHED THEN
            UPDATE SET Tart.成绩=Srct.成绩
        WHEN NOT MATCHED THEN
            INSERT (学号,成绩) VALUES (Srct..学号,Srct..成绩);
```

2.2.2 分析服务

SQL Server 2008 分析服务也得到了大幅完善，引入了优化的管理工具、集成开发环境及与.NET Framework 的集成功能。它是一种核心服务，可支持对业务数据的快速分析，以及为商业智能应用程序提供联机分析处理（OLAP）和数据挖掘功能。Analysis Services 包含创建复杂数据挖掘解决方案所需的功能和工具，为根据统一数据模型构建大量数据提供便捷快速、由上至下的分析，从而可采用多种语言向用户提供数据。Block Computation 也增强了立体分析的性能。

2.2.3 报表服务

SQL Server 2008 的报表服务处理能力和性能得到了改进，其是基于 Web 服务器的报表平台，提供来自关系和多维数据源的综合数据报表，可创建、管理和发布可打印的报表。SSRS 包含处理组件、一整套可用于创建和管理报表的工具以及允许开发人员在自定义应用程序中集成和扩展数据和报表处理的应用程序编程接口（API）。生成的报表可以基于 SQL Server、Analysis Services、Oracle 或任

何 Microsoft.NET Framework 数据访问接口（如 ODBC 或 OLE DB）提供的关系数据或多维数据。还可集中存储和管理报表，安全地访问报表、模型和文件夹，控制报表的处理和分发方式等。SSRS 使得大型报表在报表的设计和完成之间有了更好的一致性。

SQL Server 2008 报表服务又是基于服务器的报表平台的，可用来创建和管理包含关系数据源和多维数据源中的数据的表格、矩阵、图形和自由格式的报表，可通过基于万维网的连接来查看和管理所创建的报表。报表服务包括下列核心组件：

（1）一整套报表工具，可用来创建、管理和查看报表。

（2）一个服务器组件，用于承载和处理各种格式（HTML、PDF、TIFF、Excel 等）的报表。

（3）一个 API 开发人员可在自定义应用程序中集成或扩展报表数据处理和管理。

另外，SSRS 还包含跨越表格和矩阵的 TABLIX。Application Embedding 允许用户单击报表中的 URL 链接调用应用程序。在报表服务中生成的报表包括交互功能和基于 Web 的功能，在外观和功能上超越了传统的报表，支持基于 Web 的内容或资源的链接，支持通过远程或本地 Web 连接安全地集中访问报表。尽管报表服务本身已与 Microsoft 的其他技术进行了集成，但开发人员和第三方供应商也可生成相应的组件，以支持其他报表输出格式、传递格式、数据源类型等。在模块设计中支持可能采用的第三方扩展和集成。

2.2.4　与 Office 2007 完美结合

SQL Server 2008 能够与 Office 2007 完美地结合。例如，SQL Server Reporting Server 能够直接把报表导出为 Word 文档，且可使用 Report Authoring 工具，Word 和 Excel 均可作为 SSRS 报表的模板应用。同时，系统与 Visio 协同，通过使用 Microsoft SQL Server 2008 和 Office 2007 数据挖掘外接程序（数据挖掘外接程序），可呈现共享挖掘模型、决策树、回归树、集群图和依赖关系关联图等。系统可使用 SharePoint 中的功能来订阅报表，创建新版报表和分发报表，也可在 Word 或 Excel 中查看 HTML 版的报表。

2.2.5　增强的 XML 功能

Microsoft 在 SQL Server 2000 中推出了与 XML 相关的功能以及 Transact-SQL 关键字 FOR XML 和 OPENXML，这使得开发人员可以编写 Transact-SQL 代码来获取 XML 流形式的查询结果，并将一个 XML 文档分割成一个 Rowset。SQL Server 2005 显著地扩展了这些 XML 功能，推出了一个支持 XSD Schema 验证、基于 XQuery 的操作和 XML 索引的本地的 XML 数据类型。而 SQL Server 2008 在低版 XML 功能基础上进行了改进与优化，为客户在存储和操纵数据库中的 XML 数据时带来了便捷。其中改进了 Schema 的验证能力、增强了对 XQuery 的支持和增强了 XML 数据操纵语言（DML）的插入功能。

（1）验证功能。SQL Server 2005 中 XML Schema 支持纯 XML Schema 规格的子集，并涵盖常见的 XML 验证氛围。SQL Server 2008 扩展了这个支持，使其包含对 lax 验证的支持，对 Datetime、Time 和 Date 验证及时区信息的完全支持；改进了对 Union 和 List 类型的支持。用户可使用一个或多个 XSD Schema 执行遵从性检查，以此来验证 XML 数据。

（2）Xquery。SQL Server 2008 对 Xquery 的 FOR、WHERE、ORDER BY 和 RETURN 等子句进行了融合，增加了对 LET 条件子句的支持，以此来实施 XQuery 表达式中对变量的赋值。

（3）XML DML。SQL Server 2008 增加了对在一个要执行插入 XML 数据到一个现有的 XML 结构中去的 INSERT 表达式中使用 XML 变量的支持。像使用 XQuery 表达式对 XML 数据执行操作一样，XML 数据类型支持 XML DML 表达式，通过 Modify 方法来执行 INSERT、REPLACE VALUE OF 和 DELETE 操作，还可使用这些 XML DML 表达式来操纵一个 XML 列或变量中的 XML 数据。

2.2.6 管理工具集

SQL Server 2008 提供与优化了一个集成的管理控制台 SQL Server Management Studio，用来管理和监视 SQL Server 关系型数据库、集成服务、分析服务、报表服务、通知服务，以及分布式服务器和数据库上的 SQL Mobile，在很大程度上可以帮助数据库管理员简化管理数据库的复杂度，并可以实现同时执行编写和查询，查看服务器对象，管理对象，监视系统活动，查看在线帮助等任务。

SQL Server 2008 提供的集成管理工具可用于高级数据库管理和优化，同时又可与其他工具集成融合。SQL Server 管理工具集包括一个使用 Transact-SQL、MDX、XMLA 和 SQL Server Mobile 版本等来完成编写、编辑和管理脚本、存储过程的开发环境，也包括一些工具可用来调度 SQL Server Agent 作业和管理维护计划以自动化每日的维护和操作任务。

此外，SQL Server 2008 对 Transact-SQL 语句功能进行了进一步增强，如 Transact-SQL 行构造器、FORCESEEK 提示、GROUPING SETS、兼容性级别的增加、用户自定义表数据类型的强化、表值参数设置等。

2.3 SQL Server 2008 平台性能机制

SQL Server 2008 扩展与提升了 SQL Server 2000/2005 的性能，这使得它能够成为大规模联机事务处理（OLTP）、数据仓库和电子商务应用程序的优秀数据库平台。

2.3.1 SQL Server 2008 平台构架

SQL Server 2008 包含非常丰富的系统特性：通过提供一个更安全、可靠、高效的数据管理平台和先进的应用智能平台来满足众多客户对业务的实时统计分析、监控预测等多种复杂管理需求。SQL Server 2008 平台构架如图 2-1 所示，以此来增强企业组织中用户的管理能力，从而大幅提升了信息系统管理与开发的效率，并降低了风险和成本。

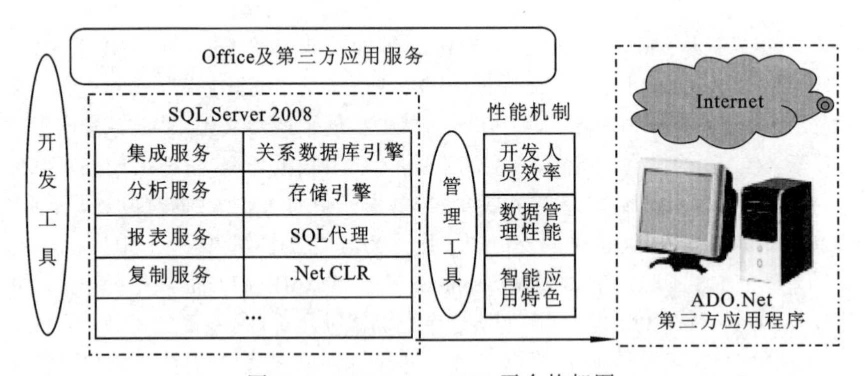

图 2-1　SQL Server 2008 平台构架图

2.3.2 SQL Server 2008 性能机制

SQL Server 2008 通过提供优越的性能机制（开发人员效率机制、数据管理性能机制、智能应用特色机制等）来实现 Internet 数据业务互联，推动着企业管理信息化建设和业务发展；同时，SQL Server 2008 提供了一个极具扩展性和灵活性的开发平台，可不断拓展应用空间，改进的数据访问和 Web Services、开发工具、XML 支持，以获取新的应用发展机遇。

2.4　SQL Server 2008 安装技巧

SQL Server 2008 的成功安装都将产生一个 SQL Server 实例。系统允许在同一台计算机上安装多个 SQL Server 实例。微软的 SQL Server 2008 提供多种版本，可供不同客户根据自己的应用方案选择需要的版本，并进行安装，以供具体的数据库应用服务。

2.4.1　SQL Server 2008 版本介绍

SQL Server 2008 是一个集数据管理、智能应用为一体的数据平台，客户可据此组建诸如数据管理、复制发布、分析服务、报表服务等与数据相关的应用。根据数据库应用环境的不同，SQL Server 2008 分别发行了企业版、标准版、开发版、工作组版、Web 版、移动版及精简版等多种版本，以满足企业和个人不同的性能、运行效率等的需求。SQL Server 2008 各版本的功能及用途如表 2-1 所示。

表 2-1　SQL Server 2008 版本及功能

SQL Server 2008 版本	功　　能	用　　途
1.企业版 Enterprise Edition	该版本是一个全面的数据管理和分析智能平台，为业务应用提供了企业级的数据仓库、集成服务、分析服务和报表服务等技术支持，消除了大部分可伸缩性限制，可整合服务器及运行大规模的在线事务处理，是较全面的版本	是较大型企业级应用取用的 DBMS
2.开发版 Developer Edition	该版本允许开发人员构建和测试基于 SQL Server 的任意类型应用，拥有企业版的特性，但不适用于普通数据库用户，此版上开发的应用程序和数据库用户可以根据需要很容易地升级到企业版	是独立软件供应商、系统集成商等的理想选择
3.标准版 Standard Edition	该版本支持电子商务、数据仓库和业务流解决方案所需的基本功能。具有应用智能和高可用性功能，是个完善的数据管理和分析平台，但逊色于企业版	中小型企业数据管理和应用开发
4.工作组版 Workgroup Edition	该版本是一个可信赖的数据管理和报表平台，可用于部门或分支机构的运营，可作为前端 Web 服务器，可轻松地升级至标准版或企业版	主要用于用户数量上没限制的中小型企业
5.Web 版 Web Edition	该版本主要用于运行在服务器上并要求高可用、面向 Internet Web 环境的应用。可实现低成本、高可用性的 Web 应用，提供了必要的支持工具	是面向网络的 Web 用户的理想选择
6.精简版 Express Edition	该版本是个可网上免费下载的微缩版、易用且便于管理的数据库。但缺少管理工具、高级服务及可用性功能（如故障转移）等，是低端用户的理想选择	是低端用户与 Web 程序非专业应用开发
7.移动版 Mobile Edition	为开发者设计的免费嵌入式 DBMS，旨在为移动设备（Pocket PC、Smart Phone）、桌面和网络客户端创建一个独立适时连网运行的应用程序	允许移动设备用户适时连网运行访问数据库

2.4.2　SQL Server 2008 安装环境

同其他软件一样，SQL Server 2008 DBMS 的安装与运行也有对硬件和软件的最低配置要求。

1．SQL Server 2008 硬件环境

SQL Server 2008 不同版本对计算机硬件环境的要求差别不是很大。通常要求如下：

（1）CPU。要求中央处理器 CPU 为 Pentium Ⅲ 兼容型处理器或速度更高的处理器，即要求处理

器的频率最低为 1.0 GHz，建议 2 GHz 或更高的。

（2）内存。要求内存最小为 512 MB，建议 2 GB 以上。企业版以上对硬件的要求相对较高，尤其是内存，最好在 2 GB 以上。

（3）硬盘。SQL Server 2008 安装自身将占据 1 GB 以上的硬盘空间，因而为确保系统运行具有较高的运行效率，建议配备足够的硬盘空间，即需要 1.7 GB 空间，实际需要的空间在 2 GB 以上。

SQL Server 2008 作为服务器系统软件，在实际使用过程中还需要考虑业务的负荷。若在并发访问用户较多的场合，适当提高服务器的硬件配置是提高系统性能的基础。

2. SQL Server 2008 软件环境

SQL Server 2008（32 位系列）对软件环境要求运行在微软的 Windows 系列上。其中，企业版要求操作系统为服务器环境的操作系统，如 Windows Server 2003、Windows Server 2008 等；标准版除了可以安装于服务器版的操作系统外，还可为 Windows XP、Windows Vista Ultimate/Enterprise/Business 等版本；工作组版、开发版和精简版适用安装在 Windows XP、Windows Vista、Windows Server 2003/2008 等各种版本。若为 64 位的 SQL Server 2008 则要求更高些，Pentium 4 及其以上类型，但如今的计算机配置基本上略做选择均能适应，这里就不再赘述了。

3. SQL Server 2008 约束条件

安装时还需要注意一些系统的约束条件：

（1）预先安装.NET Framework 3.5 SP1 组件（可通过网络在线或下载后安装）。

（2）安装 Microsoft 数据库访问组件（MDAC）2.8 SP1 或更高版本。

（3）要求使用 Microsoft Windows Installer 4.5 及以上版本的程序来支持安装。

（4）确保运行的防病毒软件已被关闭，以及所有和 SQL Server 有依赖关系的服务，如开放数据互连服务（ODBC）已被停止。

（5）关闭了系统的事件查看器和注册表编辑器程序（RegeditXX.exe）。

（6）确保拥有计算机的管理员权限。如果准备在 Windows Server 2003 或 Windows Server 2008 上安装 SQL Server 2008，并计划与其他客户端或主机连接，则需要提前创建字段的使用者账户及密码。

2.4.3 SQL Server 2008 安装过程

SQL Server 2008 有 32 位和 64 位之分，两者安装方法相近，主要基于向导方式进行，即通过安装向导或命令提示符进行安装。以下为使用向导方式进行安装。安装的 SQL Server 版本为 Microsoft SQL Server 2008 企业版（32 位）。在获得 SQL Server 2008 安装光盘或安装文件，并确认计算机的软、硬件配置能够满足安装要求后，即可开始安装（若使用镜像文件安装，则使用虚拟光驱工具将镜像文件载入虚拟光驱）。

（1）将 SQL Server 2008 的安装光盘放入光驱或找到放置安装软件的硬盘（或闪存盘）。双击安装图标，或执行安装程序所在目录下的 Setup.exe 程序，启动 SQL Server 2008 企业版的安装过程。安装程序将首先检测当前的系统环境是否满足安装的要求：若未安装.NET Framework 3.5 SP1 等（必要条件），将提示先安装该软件，如图 2-2 所示，SQL Server 2008 需要.NET Framework 3.5 SP1 的支持（可视为 Visual Studio 2008 SP1）；其间将软件解压，如图 2-3 所示；.NET Framework 3.5 安装协议如图 2-4 所示；若检测到必需的系统补丁并未安装，则会安装补丁软件，如图 2-5 所示；以上过程完毕后，须重启系统。

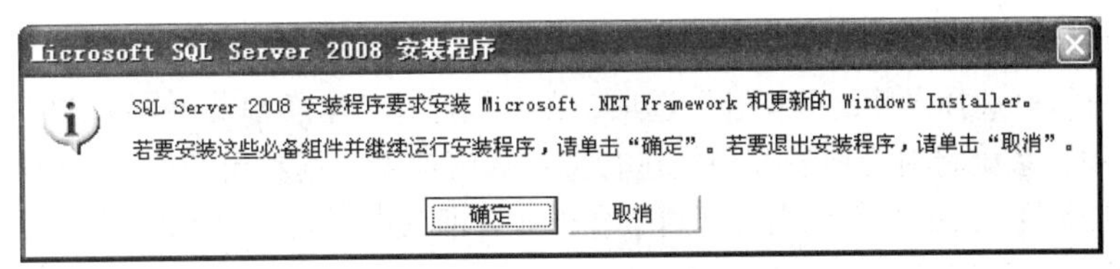

图 2-2　SQL Server 2008 安装约束提示

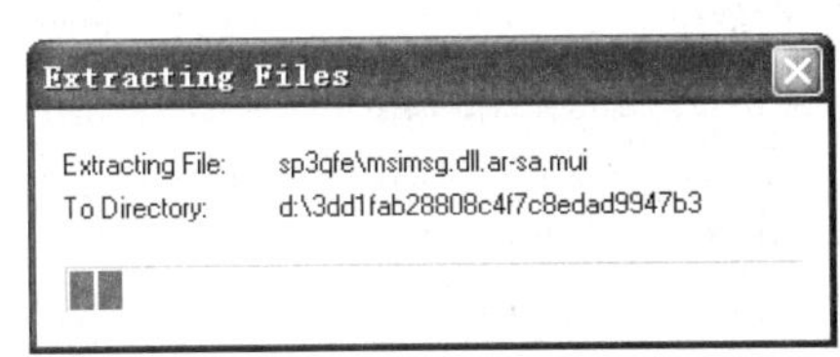

图 2-3　SQL Server 2008 解压过程

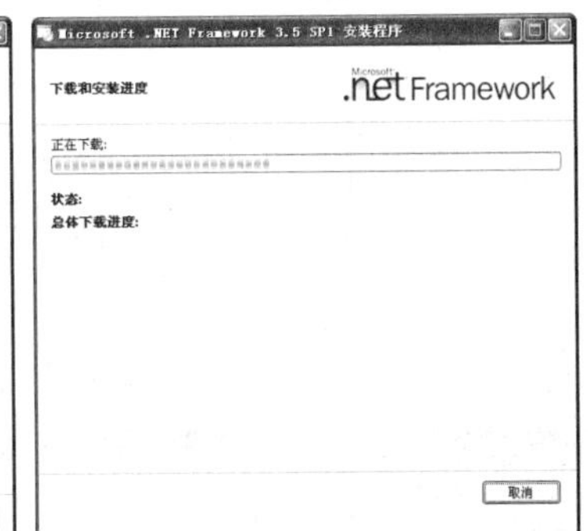

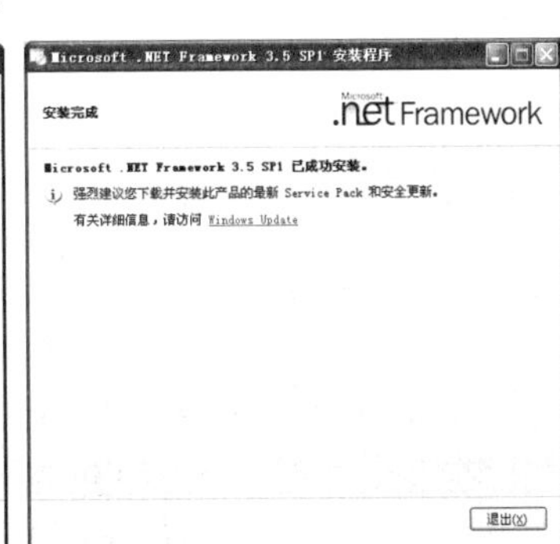

图 2-4　.NET Framework 3.5 安装协议

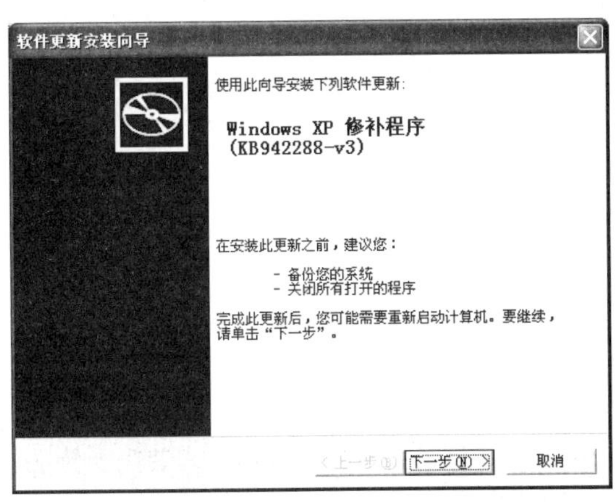

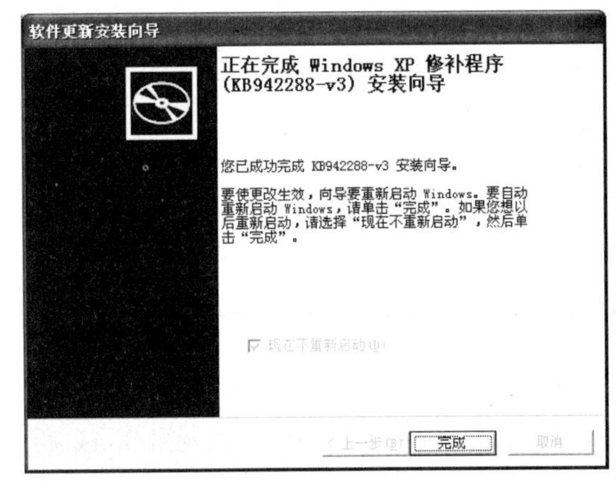

图 2-5　安装 Windows 补丁软件

注意：

Visual Studio 2008 SP1 或.NET Framework 3.5 SP1（后述多为此名）安装约定：

① 若系统未安装过.NET Framework 3.5，则可直接安装 SQL Server 2008，因 SQL Server 2008 内带所需的相应组件。

② 若系统已安装.NET Framework 3.5，则需安装.NET Framework 3.5 SP1 后才能安装 SQL Server 2008，否则执行步骤③。

③ 若不想安装.NET Framework 3.5 SP1，则安装 SQL Server 2008 须手动选择性安装，如不选 SQL Server 的 Analysis Services、Integration Services 等。

（2）系统重启后，再次双击安装光盘图标或执行 Setup.exe 安装程序，启动 SQL Server 2008 安装中心，如图 2-6 所示；选择左侧的“安装”选项，在右侧选择“全新 SQL Server 独立安装或向现有安装添加功能”选项，系统将对当前安装环境进行支持规则检测，判断当前计算机环境是否符合 SQL Server 2008 的安装条件；只有在各规则全部通过检查才能继续进行安装。图 2-7 显示系统通过了检测。单击“确定”按钮，再指定 SQL Server 2008 安装的体系结构，如图 2-8 所示，选择处理器类型与安装目录；而后进入“产品密钥”界面，从中选择所要安装的系统版本，并输入产品密钥，如图 2-9 所示。

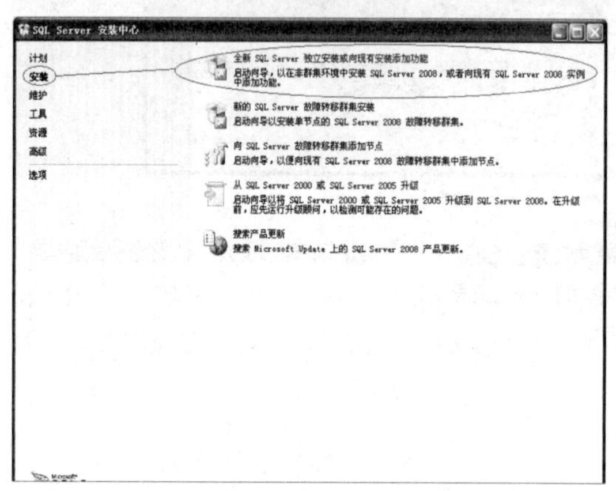

图 2-6　SQL Server 2008 安装中心

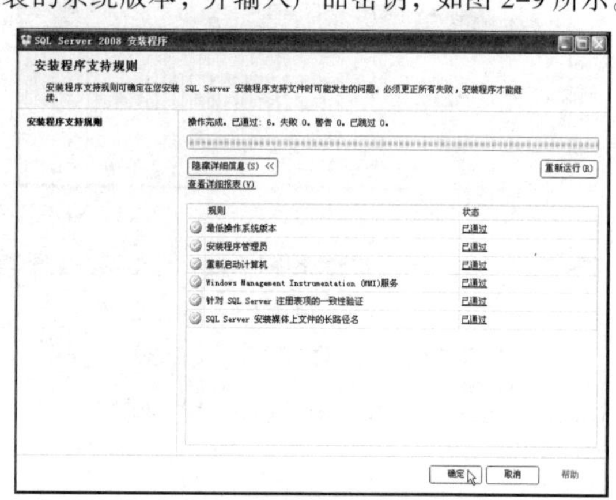

图 2-7　“安装程序支持规则”界面

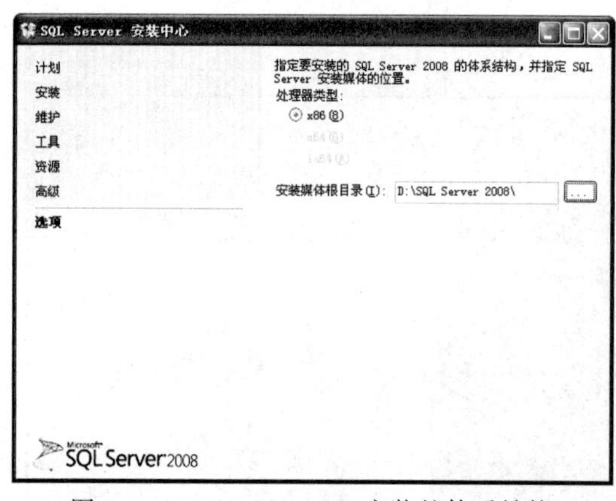

图 2-8　SQL Server 2008 安装的体系结构

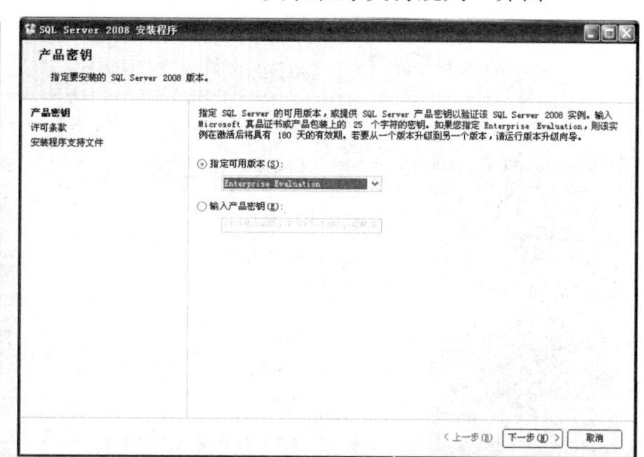

图 2-9　“产品密钥”界面

（3）单击“下一步”按钮，进入“许可条款”界面，如图 2-10 所示；选中“我接受许可条款”复选框；单击“下一步”按钮，进入图 2-11 所示的”安装程序支持文件”界面。安装完支持文件后，单击“下一步”按钮，系统将再次检测安装程序支持规则，再单击“下一步”按钮，进入“功能选择”界面，如图 2-12 所示；该界面将列出系统包含的各个功能组件，可根据实际选择需要安装的功能模块，初学者可单击“全选”按钮，并通过单击“共享功能目录”文本框右侧的⋯按钮改变组件的默认安装目录。

（4）单击“下一步”按钮，进入“实例配置”界面，如图 2-13 所示。此时可设置 SQL Server 服务器的实例名称：若要按默认实例安装，则选择“默认实例”单选按钮；也可选择“命名实例”单选按钮，并在其右侧的文本框中输入实例名称。建议选择“默认实例”单选按钮。单击“下一步”按钮，进入“磁盘空间要求”界面，如图 2-14 所示，该界面罗列了当前 SQL Server 2008 安装实例所需要的硬盘空间大小等。单击“下一步”按钮，进入“服务器配置”界面，如图 2-15 所示，该界面主要用于配置服务的账户、启动类型、排序规则等。

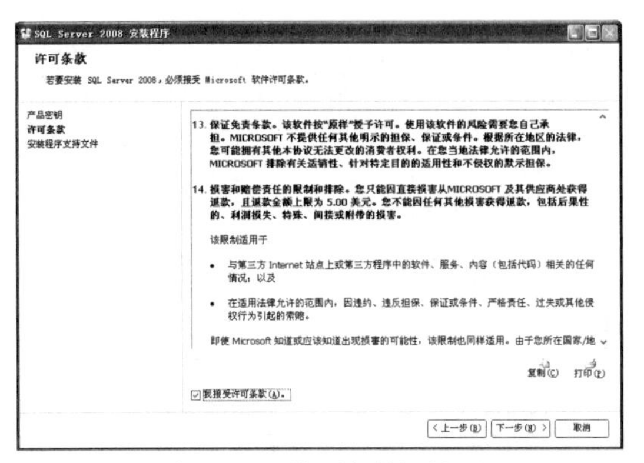

图 2-10　“许可条款”界面

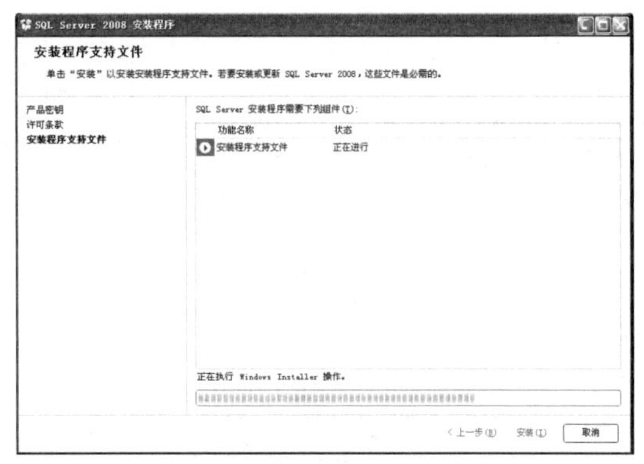

图 2-11　“安装程序支持文件”界面

图 2-12　“功能选择”界面

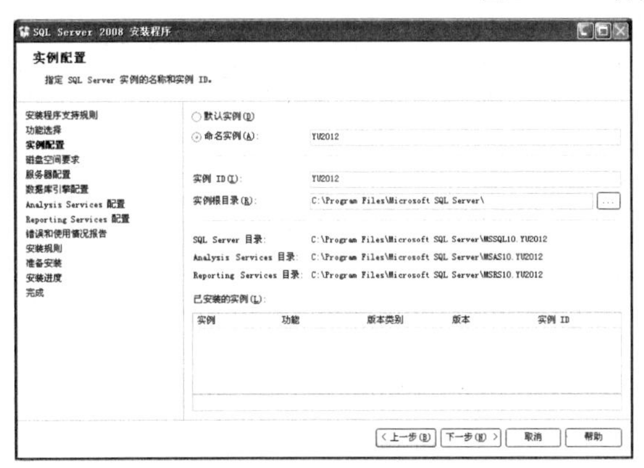

图 2-13　“实例配置”界面

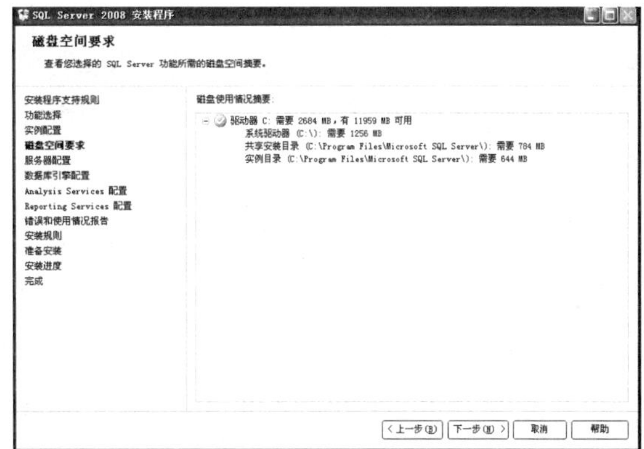

图 2-14　“磁盘空间要求”界面

（5）单击“下一步”按钮，进入图 2-16 所示的“数据库引擎配置”界面，该界面主要用于配置数据库账户、数据库目录及 SQL Server 2008 新增的文件流 FILESTREAM。

注意： 若安装实例与网络中其他服务器不进行交互，可选择内置系统账户。若选择使用域用户账户，需要输入用户名、密码和域名；对于大型网络系统通常选择域用户账户，从而能有效地执行服务器间的交互。

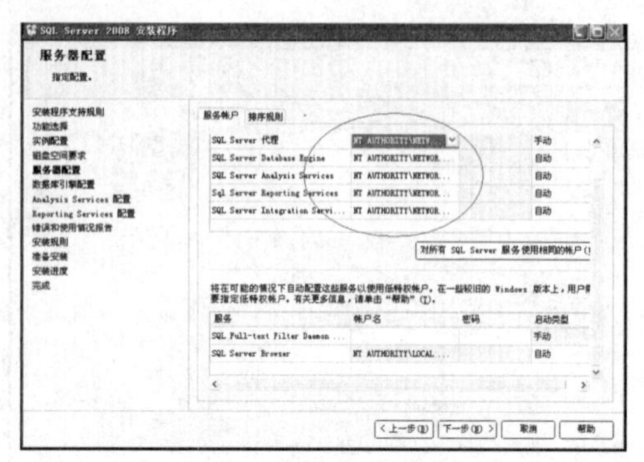

图 2-15 “服务器配置”界面

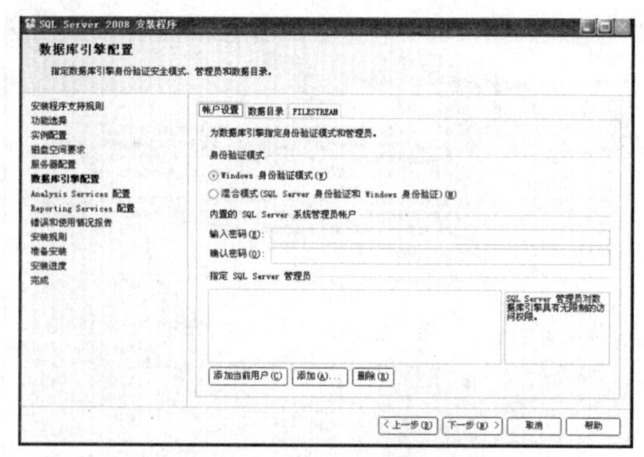

图 2-16 “数据库引擎配置”界面

①“账户设置”选项卡用来选择身份验证模式。在 SQL Server 2008 中有 Windows 身份验证模式和混合模式。前者只允许 Windows 中的账户和域账户访问数据库；后者除了允许 Windows 账户和域账户访问数据库外，还可通过使用在 SQL Server 中配置的用户名与密码来访问数据库。此时通常使用设置密码的系统账户 sa 来登录数据库系统。

②“数据目录”选项卡用来设置数据库文件保存的默认目录。

③ FILESTREAM 选项卡用于系统安装过程中配置和激活文件流。它使得基于 SQL Server 的应用程序可在 NTFS 文件系统中存储非结构化的数据（如 varbinary(max)数据类型设置的文档、图片、音频、视频等数据）。用户可使用 Transact-SQL 语句对表中的数据进行插入、更新、删除和选择等操作。

此处选择“Windows 身份验证模式”单选按钮，若单击“添加当前用户”按钮，可将当前 Windows 用户添加为 SQL Server 引擎的账户；如果要添加其他用户，则单击“添加”按钮，进入“选择用户或组”界面，从用户列表中选择要添加的账户。

（6）单击“下一步”按钮，进入图 2-17 所示的“Analysis Services 配置”界面，使用与数据库引擎配置类似方法为该服务配置用户和数据目录。单击“下一步”按钮，进入“Reporting Services 配置”界面，如图 2-18 所示，该界面提供了“安装本机模式默认配置”、“安装 SharePoint 集成模式默认配置”、“安装但不配置报表服务器”3 个单选按钮。如果需要集成 SharePoint 的报表服务，则选择“安装 SharePoint 集成模式默认配置”单选按钮；通常使用第一个默认选项即可。

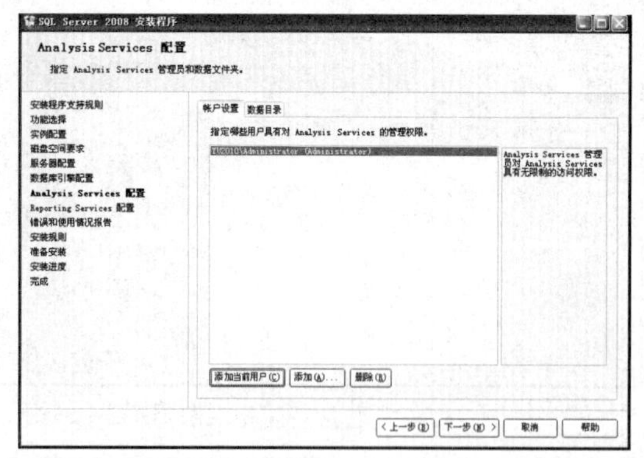

图 2-17 “Analysis Services 配置”界面

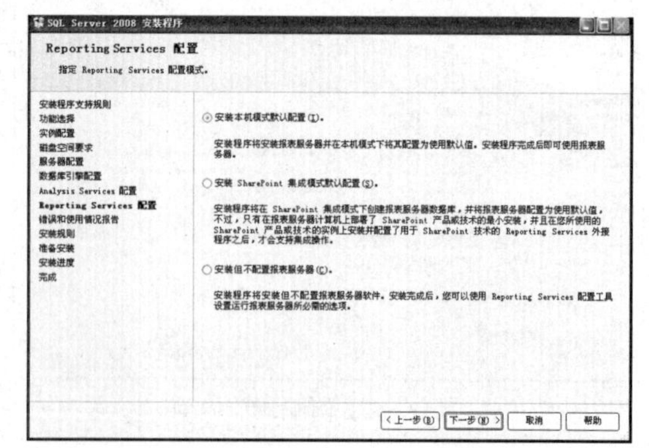

图 2-18 “Reporting Services 配置”界面

（7）单击“下一步”按钮，进入图 2-19 所示的“错误和使用情况报告”界面，设置发送错误信息和使用情况报告的方式，通常不选择任何选项。单击“下一步”按钮，让系统检测前面的配置是否满足 SQL Server 的安装规则，如图 2-20 所示；如果规则未全通过，则需要根据系统提示修改数据库或服务器中的不当配置，直到全部规则都通过检测为止。

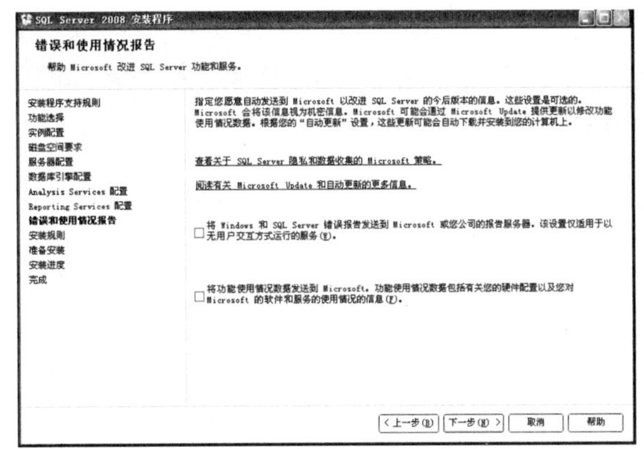

图 2-19　“错误和使用情况报告”界面

图 2-20　“安装规则检查”界面

（8）单击“下一步”按钮，进行 SQL Server 2008 安装过程并显示进度，如图 2-21 所示。当安装全部完成后，会显示成功安装的组件，单击“下一步”按钮，进入“完成”界面，如图 2-22 所示；单击“关闭”按钮，即可完成 SQL Server 2008 系统的全部安装。

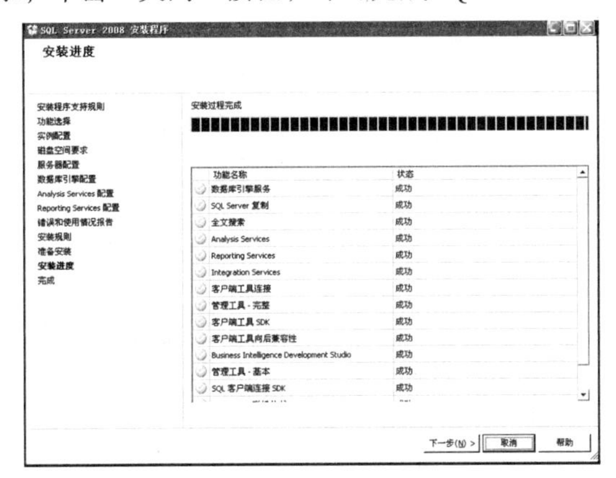

图 2-21　“安装进度”界面

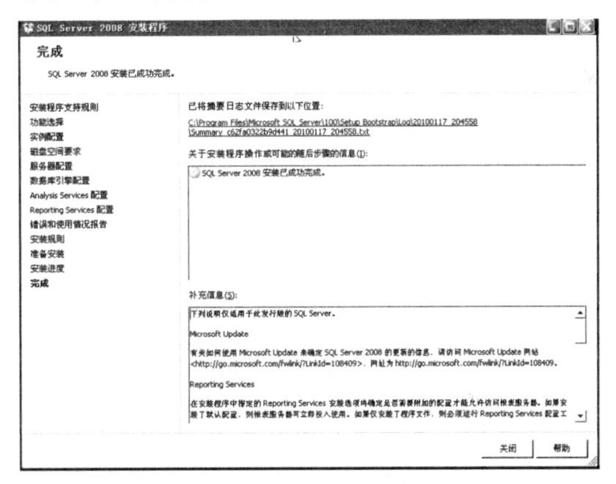

图 2-22　系统安装完成

2.4.4　SQL Server 2008 安装验证

SQL Server 2008 安装结束后，可通过 SQL Server 配置管理器（SQL Server Configuration Manager）启动 SQL Server 2008 服务来确定系统所有安装的服务组件是否可用来验证安装成功与否。启动服务的方法是：

（1）选择“开始”→“所有程序”→Microsoft SQL Server 2008→“配置工具”→“SQL Server 配置管理器”命令，打开“SQL Server 配置管理器”窗口。

（2）选中要进行操作的主要服务对象，查看能否启动运行或停止等操作，从而可验证 SQL Server 2008 安装成功与否。

2.4.5　升级到 SQL Server 2008

SQL Server 2008 除了直接安装外，也允许低版本升级，即可通过升级顾问（Upgrade Advisor）工具软件将 SQL Server 2000 或 SQL Server 2005 升级到 SQL Server 2008。

（1）首先需要安装升级顾问软件，操作步骤如下：插入 SQL Server 2008 升级顾问安装光盘，然后双击 setup.exe 文件，或双击下载的可执行的安装程序。在打开的“SQL Server 安装中心”窗口中单击“安装升级顾问”超链接，打开“Microsoft SQL Server 2008 升级顾问安装程序”窗口，单击“下一步”按钮，在打开的窗口中选中“我同意许可协议中的条款”单选按钮，再单击“下一步”按钮，采用 Step by Step 方式进行安装，直至完成安装。

（2）选择“开始”→“所有程序”→Microsoft SQL Server 2008→“SQL Server 2008 升级顾问”命令，启动升级顾问分析向导（见图 2-23）、升级顾问报表查看器和升级顾问帮助工具。首次使用升级顾问时应运行升级顾问分析向导来分析 SQL Server 组件、使用升级顾问报表查看器查看生成的报表。每个报表中均有指向升级顾问帮助信息的链接，以帮助修复或减少已知问题的影响。在“Microsoft SQL Server 2008 升级顾问”界面中，单击“启动升级顾问分析向导”超链接，在打开的窗口中单击“下一步”按钮，打开图 2-24 所示的窗口，在该窗口中通过单击“检测”按钮来分析 SQL Server 组件。

图 2-23 “SQL Server 2008 升级顾问”界面

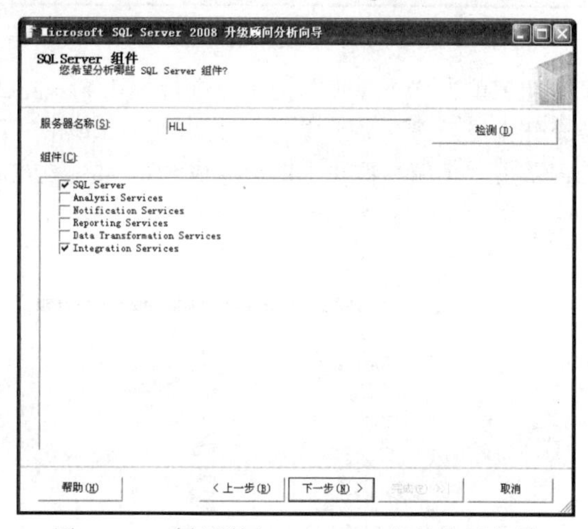

图 2-24 升级顾问 SQL Server 组件分析向导

（3）单击“下一步”按钮，在打开的窗口中设置连接的参数信息。然后单击“下一步”按钮，打开图 2-25 所示的窗口，在该窗口中设置 SQL Server 分析的参数。单击“下一步”按钮，在打开的窗口中设置参数。然后单击“下一步”按钮，确认升级顾问设置后，单击“运行”按钮进行分析。分析完成后显示结果如图 2-26 所示。

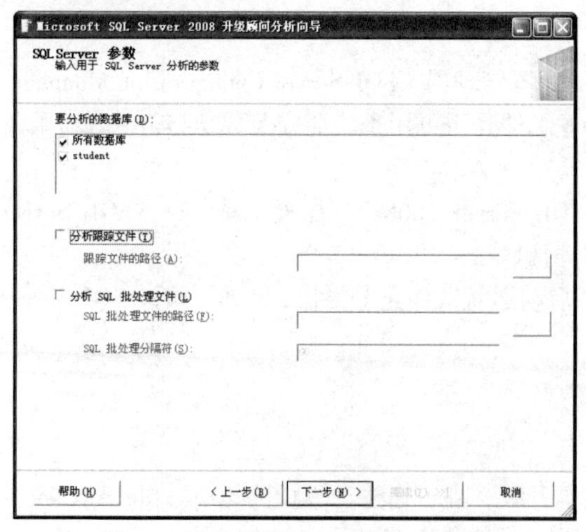

图 2-25 分析设置 SQL Server 参数

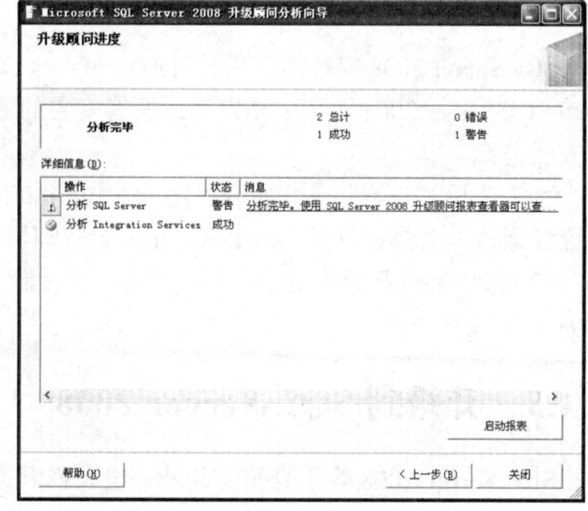

图 2-26 升级顾问显示分析结果

（4）可通过单击图 2-26 中的“启动报表”按钮查看报表信息，也可通过在图 2-23 中单击“启动升级顾问报表查看器”超链接查看报表信息。若升级顾问在分析升级过程中未发现问题，即可执行安装程序，在打开的“SQL Server 安装中心”窗口中选择“安装”选项，再单击“从 SQL Server 2000 或 SQL Server 2005 升级”超链接即可完成升级。

2.4.6　卸载 SQL Server 2008

通常在卸载 SQL Server 2008 前，若有多个 SQL Server 2008 实例，SQL Server Browser 将在删除 SQL Server 2008 的最后一个实例后自动卸载，建议先停止所有 SQL Server 服务，然后再卸载 SQL Server 组件。卸载 SQL Server 2008 主要通过“添加或删除程序”来完成。有的版本需要附加系统注册表的编辑来完成。卸载 SQL Server 2008 简要的步骤如下：选择“开始”→“设置”→“控制面板”命令，打开“控制面板”窗口，单击“添加或删除程序”标签，在弹出的对话框中选择要卸载的 SQL Server 组件，然后单击“更改/删除”按钮，在弹出的对话框中按照提示信息要求递进完成。同时，对于有的版本可执行 Regedit.exe 或 Regedit32.exe，通过手动方式删除有关信息即可。

2.5　SQL Server 2008 管理工具

安装程序完成 Microsoft SQL Server 2008 的安装后，系统可提供丰富的管理工具来实现对系统进行快速、高效的管理。SQL Server 2008 常用工具及其功能如表 2-2 所示。其中，SQL Server Management Studio 是 SQL Server 2008 数据库产品中最重要的组件工具。

表 2-2　SQL Server 2008 的管理工具

工　具	功　能
SQL Server Management Studio（SSMS）	用于编辑和执行查询，并用于启动标准向导与管理数据系统
SQL Server 配置管理器	管理服务器和客户端网络配置设置
数据库引擎优化顾问	可以协助创建索引、索引视图和分区的最佳组合
SQL Server Profiler（事件探查器）	SQL Server Profiler 提供了图形用户界面，用于监视 SQL Server 数据库引擎实例或 Analysis Services 实例
SQL Server 安装程序	安装、升级到或更改 SQL Server 2008 实例中的组件
Business Intelligence Development Studio	用于 Analysis Services 和 Integration Services 解决方案的集成开发环境
Import and Export Data	提供一套用于移动、复制及转换数据的图形化工具和可编程对象
命令提示实用工具	从命令提示符管理 SQL Server 对象

2.5.1　SQL Server Management Studio

SQL Server Management Studio（SSMS）又称 SQL Server 管理平台，是 SQL Server 2008 的管理控制台。它是一个建立数据库、实施解决方案的集成环境，可用于访问、配置和管理所有 SQL Server 组件。它组合了大量图形工具和丰富的脚本编辑器，是 SQL Server 2008 中最重要的管理工具组件，为数据库管理人员提供了集成的实用工具，使用户能够通过便捷易用的图形化工具和丰富的脚本来完成任务，无论是数据库的管理与维护，还是数据的查询与更改，SSMS 都能够得心应手地完成。

SQL Server 管理平台提供了一个开发环境，可在其中使用 Transact-SQL、多维表达式、XML for Analysis 和 SQL Server Mobile Edition 来编写、编辑和管理脚本及存储过程，并可方便地与源代码控制集成在一起。SQL Server Management Studio 还包括一些工具，可用来调度 SQL Server 代理作业和管理维护计划，以自动执行日常维护和操作任务。

1．SQL Server Management Studio 的启动与关闭

启动和关闭 SQL Server Management Studio 的方法如下：

（1）如图 2-27 所示，选择“开始”→“所有程序”→Microsoft SQL Server 2008→Server Management Studio 命令，即可启动 SQL Server 管理平台。

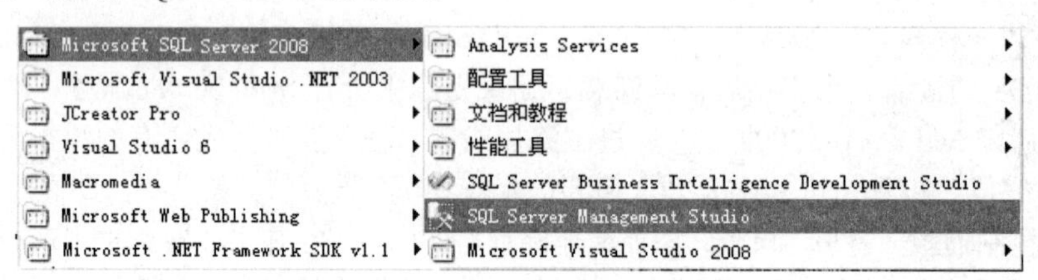

图 2-27　启动 SQL Server Management Studio

（2）出现 Management Studio 窗体，弹出图 2-28 所示的“连接到服务器”对话框。在该对话框中，可采用默认设置（Windows 身份验证），再单击“连接”按钮即可连接登录到服务器。

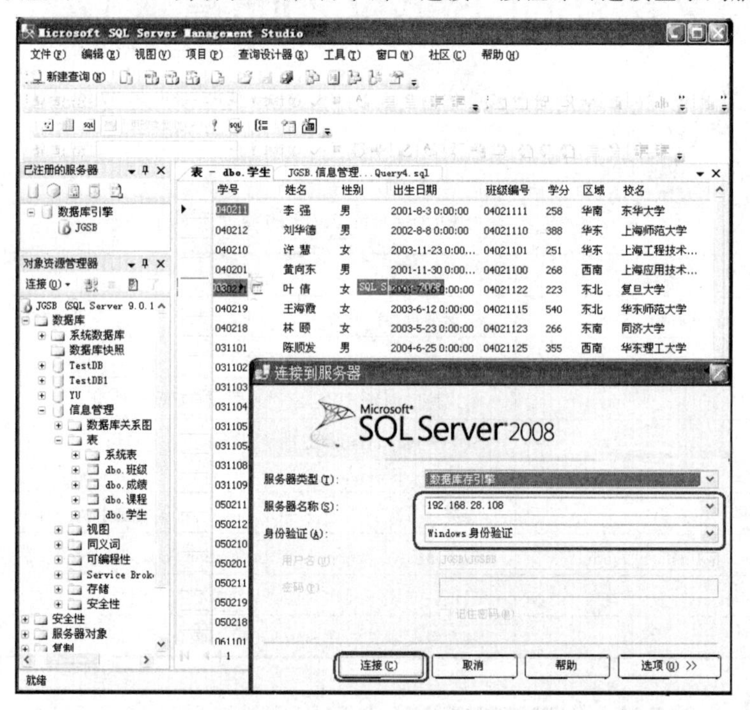

图 2-28　打开与连接 SQL Server Management Studio 示意图

（3）只要单击 SQL Server 管理平台右上角的**×**按钮，即可关闭 SQL Server Management Studio。

2．SQL Server Management Studio 组件介绍

默认情况下，SQL Server 管理平台启动后将显示 3 个组件：“已注册的服务器组件”任务窗格、“对象资源管理器”任务窗格和文档组件窗口，如图 2-29 所示。

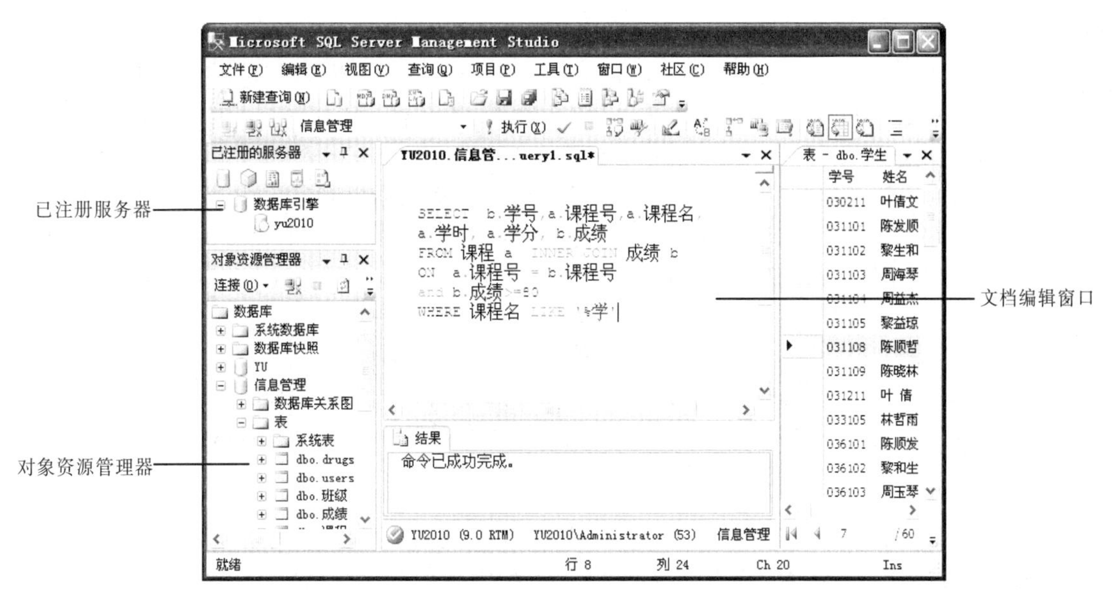

图 2-29　SQL Server Management Studio 的窗体布局

1）“已注册的服务器”任务窗格

“已注册的服务器”任务窗格列出的是经常管理的服务器，可在此列表中添加和删除服务器。已注册的服务器和后述的对象资源管理器与 SQL Server 2000 中的企业管理器类似，但具有更多的功能。“已注册的服务器”任务窗格可完成连接到服务器，其工具栏包含用于数据库引擎、Analysis Services、Reporting Services、SQL Server Mobile 和 Integration Services 的按钮，可以注册上述任意服务器类型，以便管理。

例如，注册“信息管理”数据库，步骤如下：

（1）在“已注册的服务器”工具栏中单击“数据库引擎”。

（2）右击“数据库引擎”，在弹出的快捷菜单中选择“新建”→“服务器注册”命令，弹出“新建服务器注册”对话框。

（3）在“服务器名称”文本框中输入 SQL Server 实例的名称；在“已注册的服务器名称”文本框中输入信息管理，在“连接属性”选项卡的“连接到数据库”列表框中选择信息管理，再单击“保存”按钮。

以上操作说明可以通过选择的名称组织服务器更改默认的服务器名称。

2）“对象资源管理器”任务窗格

对象资源管理器是服务器中所有数据库对象的树状视图，此树状视图可以包括 SQL Server Database Engine、Analysis Services、Reporting Services、Integration Services 和 SQL Server Mobile 的数据库，对象资源管理器包括与其连接的所有服务器的信息。对象资源管理器可完成如下一些操作：

（1）注册服务器、启动和停止服务器；配置服务器属性、配置和管理复制、创建登录账户。

（2）创建数据库以及创建表、视图、存储过程等数据库对象。

（3）生成 Transact-SQL 对象创建脚本、管理数据库对象权限。

（4）监视服务器活动、查看系统日志等。

“对象资源管理器”任务窗格可与对象资源管理器连接。与已注册的服务器类似，对象资源管理器也可以连接到数据库引擎、Analysis Services、Integration Services、Reporting Services 和 SQL Server Mobile。方法如下：

（1）在对象资源管理器的工具栏中单击“连接”下拉列表，显示可用连接类型，选择“数据库引擎”选项。系统将弹出“连接到服务器”对话框。

（2）在“服务器名称”文本框中输入 SQL Server 实例的名称。

（3）单击“选项”按钮，可以浏览各选项；单击“连接”按钮，连接到服务器。如果已经连接，则将直接返回到对象资源管理器，并将该服务器设置为焦点。

连接到 SQL Server 的某个实例时，对象资源管理器会显示外观和功能与 SQL Server 2000 企业管理器中的控制台根结点非常相似。增强功能包括在浏览数以千计的数据库对象时可具有更大的伸缩性。使用对象资源管理器，可管理 SQL Server 安全性、SQL Server 代理、复制、数据库邮件及 Notification Services。

3）文档组件窗口

文档组件窗口是 SQL Server Management Studio 中的最大部分。文档组件窗口可包含查询编辑器和浏览器窗口。默认情况下，将显示已与当前计算机上的数据库引擎实例连接的摘要页。

3. 查询编辑器的使用

SQL Server Management Studio 是一个集成开发环境，查询编辑器可用于编写 Transact-SQL、MDX、XMLA、XML、SQL Server 2008 Mobile Edition 查询和 SQLCMD 命令，是个用于编写 Transact-SQL 语句等的组件，与以前版本的 SQL Server 查询分析器类似，其中集成了用于编写 Transact-SQL 语句的查询编辑器。在 SQL Server Management Studio 中，单击工具栏中的“新建查询”按钮，在右下方可打开查询编辑器代码窗口，输入 SQL 语句，执行的结果即可显示在查询结果窗口，如图 2-30 所示。

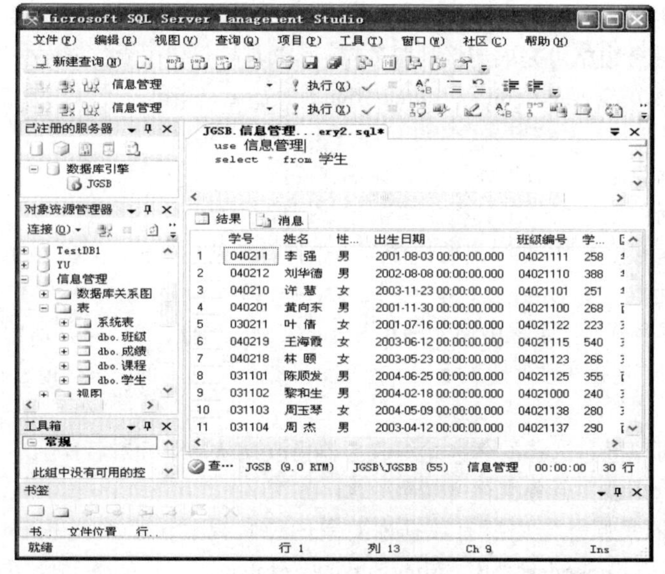

图 2-30　查询编辑器

1）查询编辑器的新增功能

SQL Server 管理平台的查询编辑器与低版的查询分析器相比新增了如下功能：

（1）最大化查询编辑器窗口。单击“查询编辑器”窗口中的任意位置可完成最大化操作。按【Shift+Alt+Enter】组合键，可在全屏显示模式和常规显示模式之间进行切换。

（2）自动隐藏所有工具窗口。单击“查询编辑器”窗口中的任意位置，在弹出的“窗口”菜单中选择“自动全部隐藏”命令，即可自动隐藏工具窗口。若要还原工具窗口，则打开每个工具，再单击窗口上的“自动隐藏”按钮来打开此窗口。

（3）注释部分脚本。使用鼠标选择要注释的文本，在弹出的“编辑”菜单中选择“高级”命令，再单击“注释选定内容”。所选文本将带有破折号，表示已完成注释。

2）查询编辑器的按钮说明

在开发数据库应用系统时，经常要在 SQL Server 2008 中编写代码。编写代码是在查询编辑器中实现的。下面就对查询编辑器中工具栏中的相关按钮进行说明。

（1）　，依次为：新建、打开、保存、全部保存 SQL 脚本文件。

（2）　，依次为：显示已注册服务器、摘要、对象资源管理器、模板资源管理器、属性窗口。

（3）master　，依次为：连接、断开连接、更改连接、连接数据库。

（4）　，依次为：将结果以文本格式显示、以网络格式显示、将结果保存到文件。

（5）　，依次为：对当前选中脚本行进行注释、取消注释、减少缩进、增加缩进。

（6）! 执行(X) ✓　，依次为：执行脚本、分析脚本、停止执行、显示执行计划。

3）查询编辑器多代码窗口运用

系统可配置多代码窗口，即以多种方式同时显示和操作多个代码窗口，方法如下：

（1）在“SQL 编辑器”工具栏中单击“新建查询”按钮，打开第二个查询编辑器窗口，若要水平显示两个查询窗口并同时查看两个代码窗口，则右击查询编辑器的标题栏，选择“新建水平选项卡组”命令即可。

（2）单击查询编辑器窗口将其激活，再单击“新建查询”按钮 新建查询(N)，打开第三个查询窗口。该窗口将显示为上面窗口中的一个选项卡。

（3）单击“窗口”菜单或在右击相应的选项卡，在弹出的菜单中选择“移动到下一个选项卡组”命令。第三个窗口将移动到下面的选项卡组中。

（4）若要关闭相关查询窗口，只要单击该对话框的✕按钮即可。

4）查询编辑器的连接与代码执行

SQL Server 管理平台允许当与服务器断开连接时编写代码，用户可更改查询编辑器与 SQL Server 实例的连接，而无须打开新的查询编辑器窗口或重新输入代码。连接到服务器运行代码的方法是：

（1）在 SQL Server Management Studio 工具栏中单击“数据库引擎查询”按钮，打开查询编辑器。

（2）输入代码。在代码编辑器中输入 Transact-SQL 语句：SELECT * FROM 学生。

注意：单击“连接”、“执行”、“分析”或“显示估计的执行计划”按钮可连接到 SQL Server 实例，查询菜单、查询编辑器工具栏或在查询编辑器窗口中右击时显示的快捷菜单中均提供了这些选项。

代码程序语句编写技巧如下：

① 注释脚本行或取消注释。利用工具栏中的注释脚本行按钮可以为当前选中的脚本行加上注释；也可利用取消注释来为已经加上注释的脚本取消注释。

② 减少缩进或增加缩进。代码的层次缩进是增进代码可读性的重要措施。在查询编辑器中，可以利用工具栏中的按钮为当前选中的行增加缩进或减少缩进。

（3）分析代码。分析代码主要是检查代码中的语法错误。

（4）执行代码。按【F5】键或单击工具栏中的执行按钮，就可执行脚本代码。另外，如果选中多行代码，则只执行选中部分的代码。代码运行结果见图 2-30。

4．模板资源管理器

SQL Server Management Studio 附带了用于许多常见任务的模板，模板的真正作用在于它能为必须频繁创建的复杂脚本创建自定义模板。这些模板是包含必要表达式的基本结构的文件，以便在数据库中新建对象，如图 2-31 所示。通过选择“视图”→“模板资源管理器”命令打开“模板资源管理器”窗口。

若要查看不同类型服务的语法模板，可以通过“模板资源管理器”窗口最上方的工具行进行切换，共有 3 种不同的语法模板：SQL Server 模板、Analysis Services 模板和 SQL Mobile 模板，如图 2-32 右侧所示。

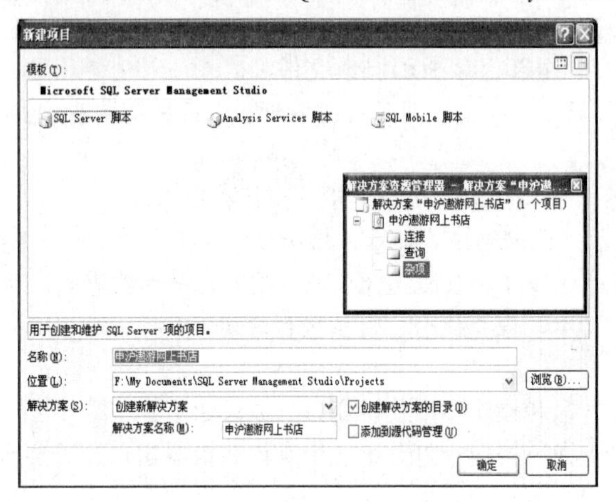

图 2-31 “新建项目”对话框

图 2-32 模板资源管理器

若用户对 Transact-SQL 不太熟悉，为完成某项任务可查找预先提供的模板，通过修改部分内容来完成任务。SQL Server 2008 提供丰富的模板，模板的原始定义位于 Windows 登录账号的 Documents and Settings 文件夹的 Application Data\Microsoft\Microsoft SQL Server\90\Tools\Shell\Templates 目录中。

SQL Server 2008 下解决方案、项目和各类型的程序代码编辑环境都可以使用模板。利用模板创建数据库、数据表、视图、索引、存储过程、触发器、统计数据和函数等对象，还有一些模板可创建 Analysis Services 和 SQL Server Mobile 的扩充属性、连接服务器、登录、角色、用户等。

5. 更改环境布局

SQL Server Management Studio 的各组件会占用屏幕空间。为了腾出更多空间，可以关闭、隐藏或移动其对应组件。

1）关闭和隐藏组件

（1）在“已注册的服务器”任务窗格中单击已注册的服务器右上角的☒按钮（见图 2-33），将其关闭隐藏。“已注册的服务器”任务窗格随即关闭。

（2）在“对象资源管理器”任务窗格中单击带有“自动隐藏”工具提示的“图钉”按钮，如图 2-34 所示。对象资源管理器将被最小化到屏幕的左侧，“图钉”按钮相应变形。

图 2-33 “已注册的服务器”关闭按钮图

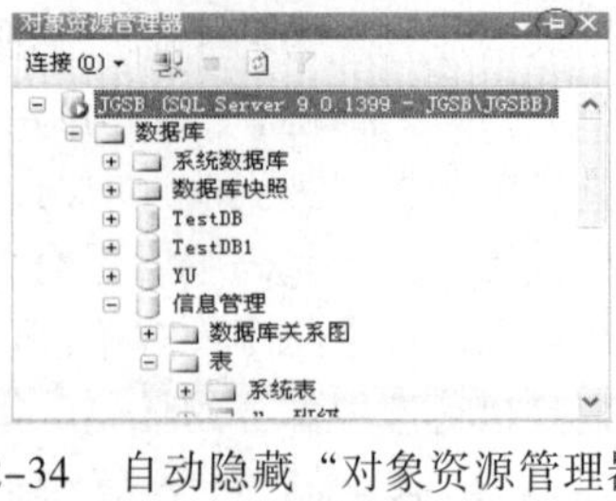

图 2-34 自动隐藏“对象资源管理器”

（3）重复单击“图钉”按钮，使对象资源管理器驻留在打开的位置。

（4）在“视图”菜单中单击“已注册的服务器”，对其进行打开还原。

注意：读者可尝试对“对象资源管理器”关闭隐藏，对“已注册的服务器”自动隐藏，然后再恢复它们。

2）移动组件

SSMS 的承载环境允许用户移动组件并将它们移动至各种配置中。单击“已注册的服务器”标题栏，并将其拖动到文档窗口中间，在拖动过程中呈现图 2-35 所示的状态。如果将已注册的服务器与对象资源管理器交换位置，就将“已注册的服务器”标题栏拖动到窗体框架上部即可。当然，也可拖动已注册的服务器的标题栏到屏幕的其他位置，如窗体框架下部、窗体框架左部、窗体框架右部、窗体框架中心（代表选项卡方式）。

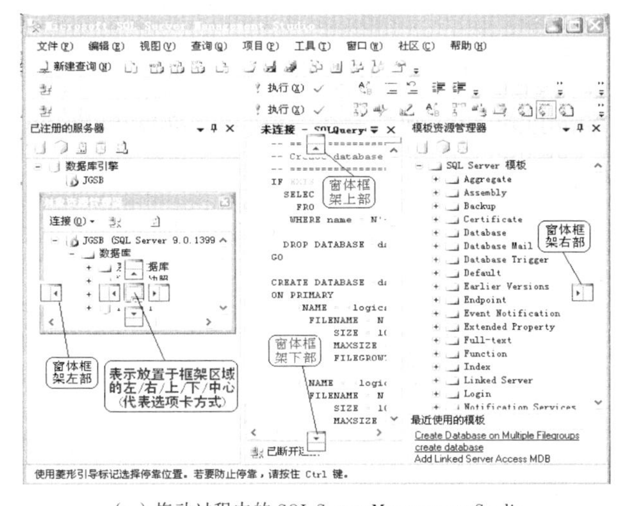

（a）拖动过程中的 SQL Server Management Studio

（b）右键菜单

图 2-35　移动组件

拖动时如果出现箭头，则表示组件放在该位置将使窗口停靠在框架的顶部、底部或一侧。将组件移到箭头处会导致目标位置的基础屏幕变暗。如果出现中心圆，则表示该组件与其他组件共享空间。若把可用组件放入该中心，则该组件显示为框架内部的选项卡。当拖动到窗体框架上部时，界面分为上下结构；当拖动到右边文档窗口的中心时，界面又分为左右结构等。

3）MDI 环境模式的布局设置

【例 2-1】试将环境布局设置为“MDI 环境”方式。操作步骤如下：

（1）在 SQL Server Management Studio 的“工具”菜单中选择“选项”命令，弹出“选项”对话框。在该对话框中展开“环境”结点，再选中“常规”选项，如图 2-36 所示。

（2）在“环境布局”选项组中选择“MDI 环境”单选按钮（默认为选项卡式文档），再单击“确定”按钮。此时，各查询子窗口分别浮动在文档窗口中，相当于 SQL Server 2000 的查询分析器的查询窗口，如图 2-37 所示。

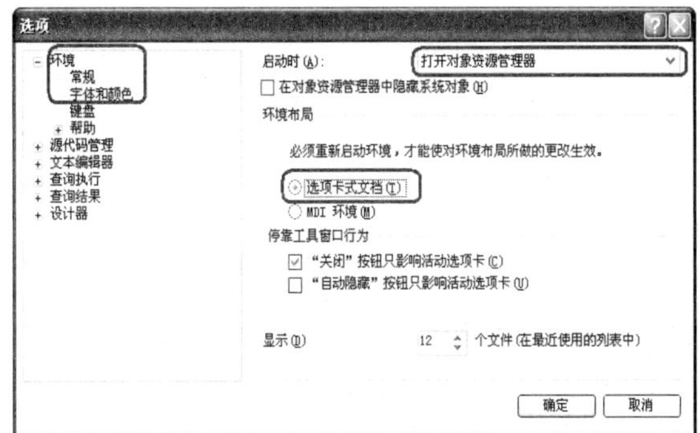

图 2-36　“选项”对话框

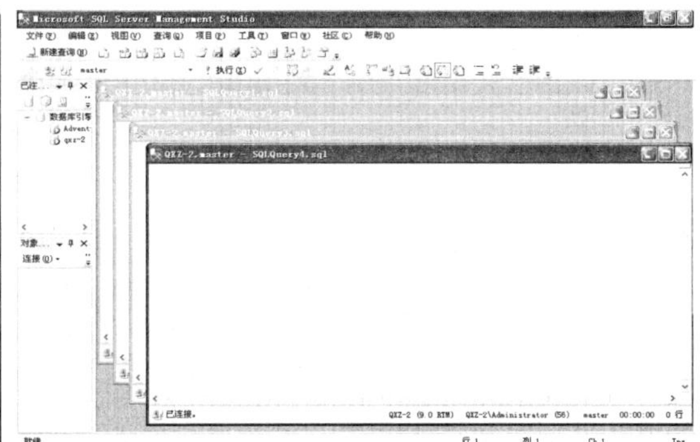

图 2-37　文档窗口的 MDI 形式

2.5.2 SQL Server 配置管理

SQL Server 2008 引入了 SQL Server 配置管理器（SQL Server Configuration Manager），用于管理与 SQL Server 相关联的服务、配置 SQL Server 使用的网络协议及对 SQL Server 客户机的配置管理等，可启动、暂停、恢复或停止服务与查看或更改服务属性等。在 Microsoft SQL Server 2008 系统中，可以通过“计算机管理”工具或“SQL Server 配置管理器”查看和控制 SQL Server 的服务。SQL Server 配置管理器主要包含如下功能：

（1）管理服务。使用配置管理器可启动、暂停、恢复或停止服务，还可查看或更改服务属性，此服务也可通过选择“控制面板”→“管理工具”→“计算机管理”命令来管理服务。

（2）更改服务使用的账户。使用 SQL Server 配置管理器可以管理 SQL Server 服务。

（3）管理服务器和客户端网络协议。使用 SQL Server 配置管理器可管理服务器和客户端网络协议，包括强制协议加密、启用、禁用网络协议，可创建或删除别名、查看别名属性或启用/禁用协议等，可配置服务器和客户端网络协议及连接选项等功能。

1. 网络协议与配置分类

SQL Server 2008 安装程序提供了智能安装服务。在安装默认功能的基础之上，还实现了自动配置功能，以便用户在成功地安装了 SQL Server 2008 数据库后，可方便地直接登录和使用 SQL Server 2008，其中包括 SQL Server 服务器的网络连接配置。尽管如此，有些 SQL Server 2008 的用户仍可因地制宜，按需选择网络协议、更改或配置服务器的网络连接。

（1）SQL Server 网络协议基础。SQL Server 网络协议也称网络库。SQL Server 2008 服务器为网络数据库应用连接提供了多种网格协议。其中包括 TCP/IP、命令管道（Named Pipes，NP）、共享内存（Shared Memory，SM）、VIA 等。

① Shared Memory（共享内存）协议。Shared Memory 是可供使用的最简单协议，没有可配置的设置。当客户端与 SQL Server 数据服务器位于同一台计算机上时，使用这种网络协议实现二者间的通信是较为安全的方法，但对于大多数数据库活动而言却没有明显的实用意义。如果怀疑其他协议配置有误，请使用 Shared Memory 协议进行故障排除。

② Named Pipes（命名管道）协议。命名管道是为局域网而开发的协议，其核心思想是在客户端与服务器间建立连接时，不需要考虑各自使用的网络协议细节，而直接使用 Network Provider 重定向器实现二者间的连接。因而启用了 SQL Server 2008 数据库服务器上的 Name Pipes 功能，那么客户端将可以使用多种不同的网络协议，当在与服务器建立连接时，只需要按照命名规则提供相应的路径名或管理名即可以直接访问 SQL Server 数据库服务器。采用此协议具有很大的灵活性，也正因如此，默认情况下，只有本地命名管道被启用。

③ TCP/IP。TCP/IP 是 Internet 上广泛使用的通用协议，它解决了互联网中软/硬件的异构通信问题。它包括路由网络流量的标准，并能够提供高级安全功能。它是目前在商业中最常用的协议之一。TCP/IP 是客户端用于访问服务器的标准，即通过这种协议，客户端可以用访问某一 IP 地址的方式访问一台 SQL Server 数据库服务器，显然此时 SQL Server 数据库服务器与所在计算机的 IP 地址相绑定，系统默认情况下该协议处于“禁用”状态。

④ VIA（Virtual Interface Adapter，即虚拟接口适配器协议），主要用于高速网络。

（2）启用协议。网络协议必须在客户端和服务器上都启用才能正常工作。因而，启用协议是指在客户端和服务器上都启用工作的协议。服务器可同时监听所有已启用协议的请求。客户端可选取一个协议，或按 SQL Server 配置管理器中列出的顺序选择。

（3）SQL Server Configuration Manager 配置分类。系统为提供了 3 类配置，具体如下：

① SQL Server 2008 服务，主要用于配置 SQL Server 2008 提供的各项服务，如数据库服务（SQL Server）、数据库分析服务（SQL Server Analysis Services）和数据库报表服务（SQL Server Reporting Services）等。通常其侧重于数据库服务。

② SQL Server 2008 网络配置，用于配置数据库服务器使用的网络协议。

③ SQL Native Client 配置，主要用于完成数据库客户端的配置工作。

2. SQL Server 2008 网络配置管理

SQL Server 2008 网络配置即 SQL Server 2008 网络服务器端配置，网络配置任务包括选择启动协议、修改协议使用的端口或管道、配置加密、在网络上显示或隐藏数据库引擎以及注册服务器主体名称等。通常情况下，无须更改服务器网络配置即可使用。系统网络配置管理可使用 SQL Server 配置管理器来进行设置。

1）网络协议启用与禁用

【例 2-2】启动 TCP/IP 网络协议。

操作步骤如下：

（1）启动 SQL Server 配置管理器，选择“开始”→“所有程序”→Microsoft SQL Server 2008→SQL Server Configuration Manager 命令，打开 SQL Server 配置管理器。

（2）在 SQL Server 配置管理器中展开“SQL Server 2008 网络配置”结点，选中“MSSQLSERVER 的协议”选项，在右侧窗格中双击某网络协议，如 TCP/IP，可修改协议属性，如图 2-38 所示。使 SQL Server 侦听特定的网络协议、端口或管道，进而完成 SQL Server 2008 下的网络配置管理。

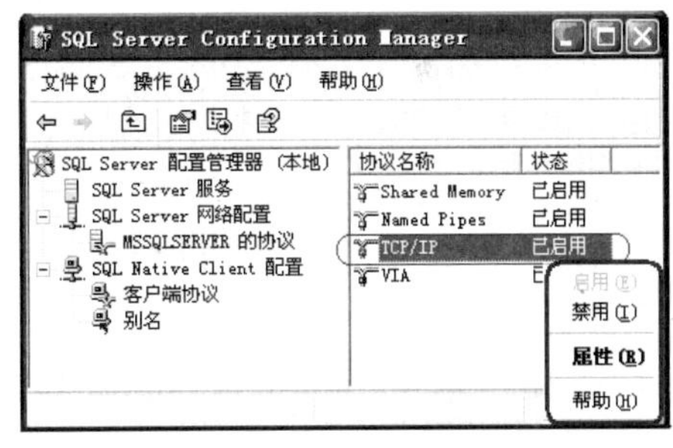

图 2-38　SQL Server 配置管理器 TCP/IP 状态

2）TCP/IP 配置管理

在 SQL Server Configuration Manager 中配置网络库协议的工作较简单，只需要双击相应的协议选项即可对其进行配置。其中，使用最为广泛的 TCP/IP 的配置相对复杂一些。

（1）双击该协议对话框中的 TCP/IP 选项，弹出“TCP/IP 属性”对话框。该对话框为 TCP/IP 的属性设置提供了两类配置选项，即与协议有关的配置选项和与 IP 地址相关的配置选项。

（2）选择属性对话框中的“协议”选项卡，弹出图 2-39 所示的对话框。其中：

①“保持活动状态”选项：用于指定 TCP 检查空闲连接是否仍保持原样的步骤。

②“全部侦听”选项：用于指定 SQL Server 是否侦听所有与计算机网卡相绑定的 IP 地址。若设置为“否”，则使用每个 IP 地址各自的属性对话框对各个 IP 地址进行配置。若设置为“是”，则 TCP/IP 属性框的设置将应用于所有的 IP 地址。默认情况下该值被设置为“是”。

③“无延迟”选项：用于设置连接是否允许延迟。

（3）选择“TCP/IP 属性”对话框中的“IP 地址”选项卡，如图 2-40 所示。其中：

①“IP 地址”选项：用于查看或更改此连接使用的 IP 地址及 IP127.0.0.1 本机地址。

②“TCP 动态端口”选项：该选项设置为 0 时用于建立 TCP 连接时使用动态端口。

③ 若决定启用指定的端口作为建立 TCP 连接的侦听端口，可在“TCP 端口”选项中设置该端口的值。默认情况下，SQL Server 数据库服务器使用 TCP 侦听端口号为 1433。

④“活动”选项：用于指示所选的 IP 地址是否处于活动状态。

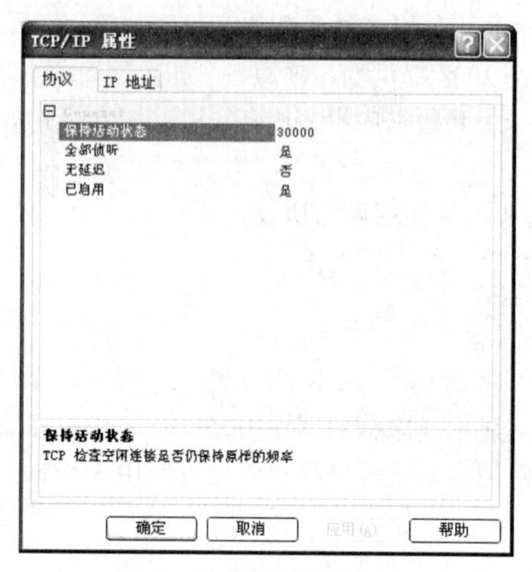

图 2-39 “协议”选项卡

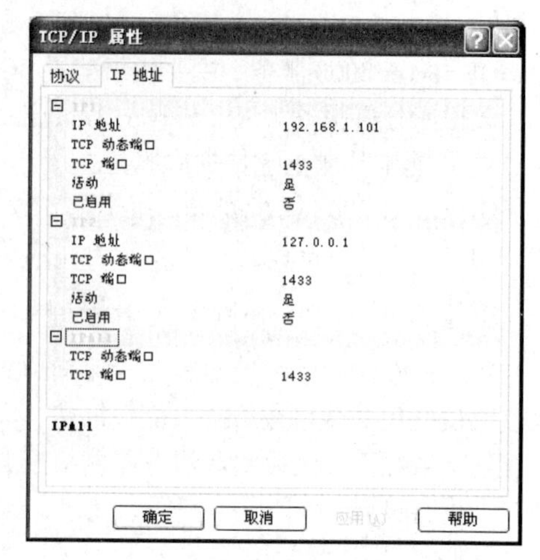

图 2-40 “IP 地址”选项卡

注意：SQL Server 配置管理器会自动根据当前实际情况显示连接 SQL Server 可用的 IP 地址。若要添加或删除网卡、动态分配的 IP 地址过期、重新配置网络结构或计算机的物理位置发生改变，则可用的 IP 地址也会随之改变。若要更改 IP 地址，可以编辑“IP 地址”文本框，然后重新启动 SQL Server。

3. SQL 客户端网协议配置

SQL 客户端网协议配置即 SQL Native Client 配置管理。SQL Native Client 中的设置将在运行客户端程序的计算机上使用。在运行 SQL Server 的计算机上配置这些设置时，它们只影响那些运行在服务器上的客户端程序。客户机安装了客户端网络库（SQL Native Client）后，客户端即可准备与数据库引擎实例连接。通常，SQL Server 2008 客户端不需要任何特殊配置便可以与数据库引擎实例连接。客户端应用程序必须提供计算机名和实例名。

1）客户端协议的启用与禁用

【例 2-3】启用客户端 TCP/IP 网络协议，而后将其再度禁用。

操作步骤如下：

（1）启动 SQL Server 配置管理器，选择“开始”→“所有程序”→Microsoft SQL Server 2008→SQL Server Configuration Manager 命令。

（2）在打开的 SQL Server 配置管理器（见图 2-41）中展开“SQL Native Client 配置”结点，右击“客户端协议”并在弹出的快捷菜单中选择“属性”命令（或在右侧窗格中右击某个协议，再在弹出的快捷菜单中选择“顺序”命令。在此可查看和启用或禁用客户端协议。

（3）单击某个协议（如 TCP/IP），再单击“启用”（后用“禁用”）按钮，可将所选协议移到“启用的协议”列表框（后为“禁用的协议”列表框）中，如图 2-42 所示。

（4）单击“确定”按钮，完成客户端协议的启用与禁用。

注意：

① 协议的使用顺序与其列出的顺序相同，首先尝试使用第一个列出的协议进行连接，然后使用第二个列出的协议，依此类推。通过单击“向上键”和“向下键”按钮，可以在“启用的协议”列表框中向上或向下移动协议。

② 从该计算机上的客户端连接到 SQL Server 时，将始终先尝试使用“共享内存”协议（如果已启用）。

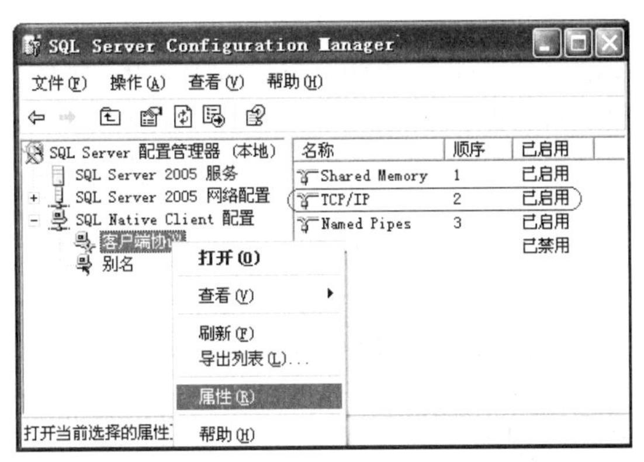

图 2-41　SQL Native Client 配置

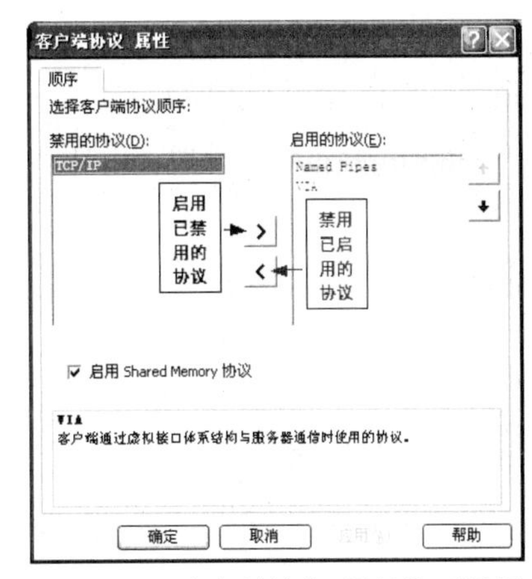

图 2-42　“客户端协议 属性”对话框

2）创建别名

别名是可用于进行连接的备用名称。别名封装了连接字符串所必需的元素，并使用户按所选择的名称显示这些元素。创建别名所涉及的信息如下：

（1）别名：用于引用此连接的别名名称。

（2）协议：连接所用的协议。

（3）服务器：与别名所关联的 SQL Server 实例的名称。

（4）管道名称/端口号/VIA 参数：连接字符串的有关信息，如管道名称、端口号等。

此框的名称随所选协议的不同而变化。创建别名的过程如下：

（1）启动 SQL Server 配置管理器，选择“开始”→“所有程序”→Microsoft SQL Server 2008→SQL Server Configuration Manager 命令。

（2）打开图 2-43 所示的 SQL Server 配置管理器，展开“SQL Native Client 配置”结点，右击“别名”并在弹出的快捷菜单中选择“新建别名”命令。

（3）在弹出的图 2-44 所示的“别名-新建”对话框中，可以指定别名连接字符串的元素。单击“确定”按钮，完成客户端别名的创建。

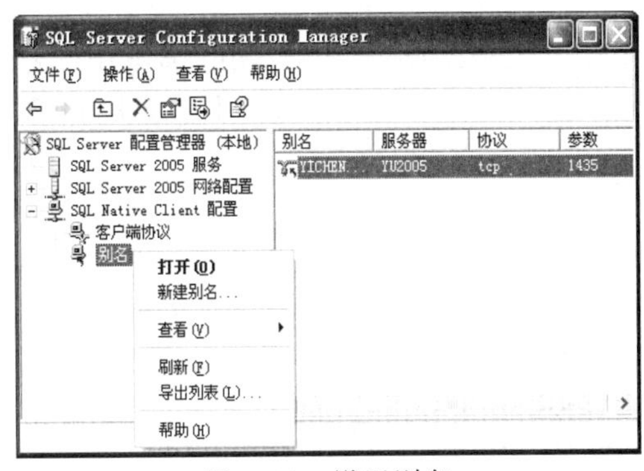

图 2-43　设置别名

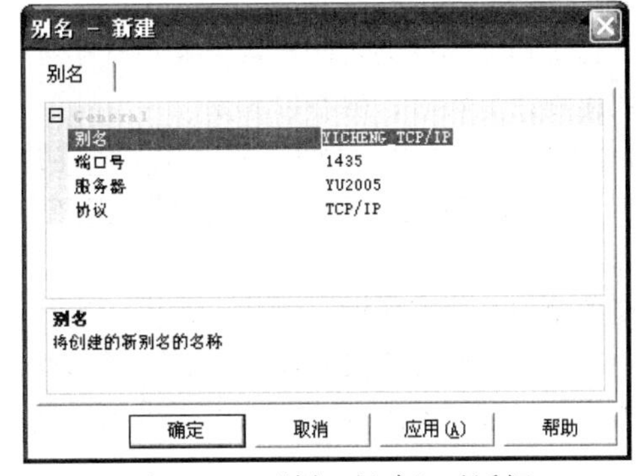

图 2-44　“别名-新建”对话框

【例 2-4】创建别名为 YULink 的 TCP/IP 连接，端口号为 1433，服务器的 IP 地址为 127.0.0.1。

操作步骤如下：

① 启动 SQL Server 配置管理器。在 SQL Server Configuration Manager 左侧窗格中展开“SQL Native Client 10.0 配置”结点，右击“别名”并在弹出的快捷菜单中选择“新建别名”命令，弹出图 2-45 所示的“别名-新建”对话框。

② 在“别名”文本框中输入别名 YULink；在“端口号”文本框中输入 1688；在“服务器”文本框中输入服务器的 IP 地址 127.0.0.1；在“协议”下拉列表框中选择用于该别名的 TCP/IP；单击“确定”按钮，完成别名的创建。在 SQL Server Configuration Manager 窗口中展开“SQL Native Client 10.0 配置”结点，选择“别名”选项，可在右侧窗格中看到新建别名 YULink 的详细信息，如图 2-46 所示。

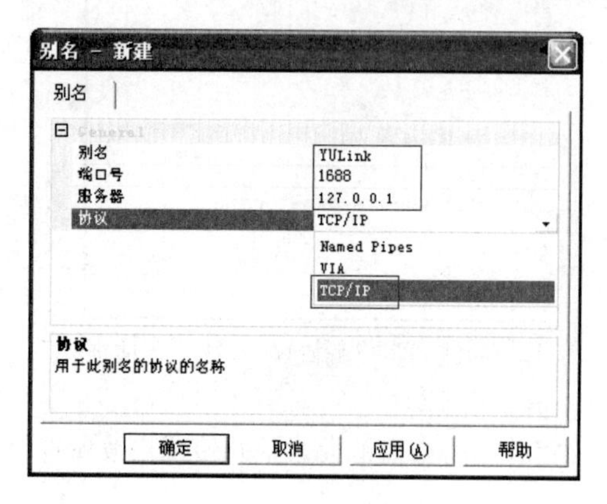

图 2-45　新建别名

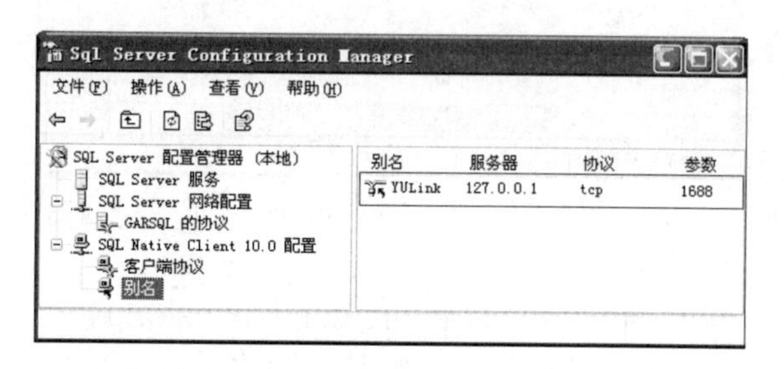

图 2-46　别名为 YULink 的连接信息

4. 配置客户端远程服务器

SQL Server 2008 提供的远程服务器功能使得客户端可通过网络访问指定的 SQL Server 服务器，以便在没有建立单独的连接的情况下在其他 SQL Server 实例上执行存储过程。

客户端访问服务器过程原理如下：客户端通过网络访问指定的 SQL Server 服务器，客户端所连接的服务器接受客户端的请求，并代表客户端将该请求发送到远程服务器。远程服务器处理请求，并将所有结果返回到原始的服务器。服务器再将那些结果传递给客户端。

注意： Remote Access 控制远程服务器的登录。为能进行远程访问，须在本地和远程计算机上将 Remote Access 配置选项设置为 1（默认值）。可通过使用 Transact-SQL sp_configure 存储过程或 SQL Server Management Studio 设置此配置选项。

通常，配置客户端（远程）服务器包括启用远程连接和连接远程服务器两个过程。SQL Server 2008 本地计算机和远程计算机的默认配置将自动支持远程服务器连接。但当变更系统设置或用户需要个性化或应用性设置时，则不可或缺。

1）使用 SQL Server 管理平台启用远程连接

SQL Server Management Studio 启用远程连接功能的具体方法如下：

方法一：启动 SQL Server Management Studio，右击对象资源管理器中的数据库服务器，在弹出的快捷菜单中选择“属性”命令，选择“选择页”选项组中的“连接”选项，选中右侧“连接”选项组中的“允许远程连接到此服务器”复选框，如图 2-47 所示。

方法二：通过 SQL Server 2008 提供的系统存储过程来启动远程连接功能。通过单击工具栏中的按钮新建一个“查询编辑器”窗口，在其窗口中输入如下 Transact-SQL 语句：

```
EXEC sp_configure 'remote access',1
RECONFIGURE
GO
```

然后，单击“执行”按钮执行上述 Transact-SQL 语句，显示结果如图 2-48 所示。

注意： 若想禁用远程服务器配置，防止用户访问本地服务器，可采取相反的设置，在此不再赘述。

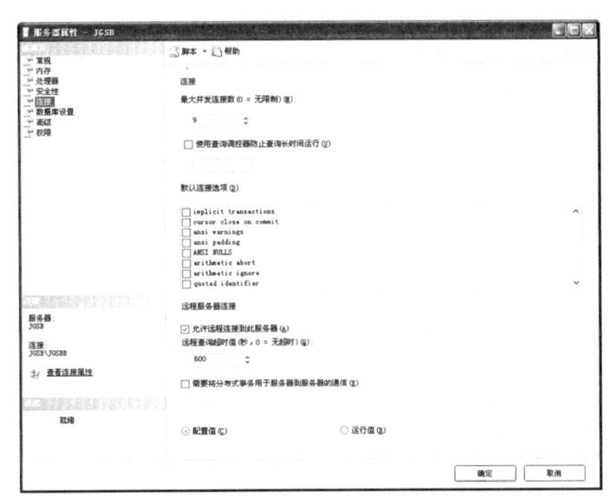

图 2-47　设置“连接”选项

图 2-48　存储过程语句启动远程连接功能示意图

2）连接远程服务器

在上述配置基础上可使用 SQL Server Management Studio 连接远程服务器。具体步骤如下：

（1）选择“开始”→“程序”→Microsoft SQL Server 2008→SQL Server Management Studio 命令，启动 SQL Server Management Studio，在其“连接到服务器”对话框中的“服务器名称”文本框中输入相应连接的远程服务器 IP 地址，以及该 SQL Server 服务器用于侦听的端口号（默认值为 1433）。

（2）分别在“登录名”和“密码”文本框中输入需要登录数据库服务器的登录账号及对应的密码，如图 2-49 所示。单击“连接”按钮即可登录指定的远程数据库服务器。

倘若成功登录远程数据库服务器，显示效果如图 2-50 所示，即可像浏览本地数据库服务器一样，通过 SQL Server Management Studio 来访问远程数据库服务器。

图 2-49　“连接到服务器”对话框

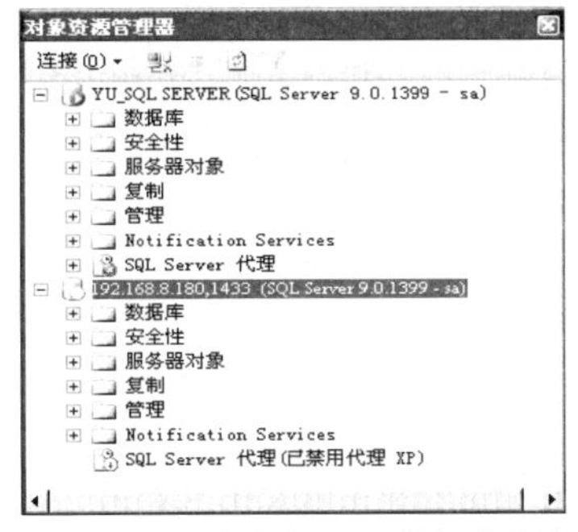

图 2-50　登录指定的远程数据库服务器

2.5.3　数据库引擎优化顾问

SQL Server 2008 的数据库引擎优化顾问（Database Engine Tuning Advisor）是分析数据库上工作负荷性能效果的工具，可以优化数据库、提高查询处理性能。

工作负荷是对要优化的数据库执行的一组 Transact-SQL 语句，数据库引擎优化顾问在分析数据库的工作负荷效果后，会提供在数据库中添加、删除或修改物理设计结构（包括聚集索引、非聚集索引、索引视图和分区）的建议，以降低工作负荷的开销。数据库引擎优化顾问会推荐一组物理设计结构，可在 SSMS 中使用查询编辑器创建 Transact-SQL 脚本工作负荷，或通过使用 SQL Server Profiler 中的优化模板来创建跟踪文件和跟踪表工作负荷。现介绍几种常用的数据库引擎优化顾问启动方式。

（1）通过“开始”菜单启动数据库引擎优化顾问。选择“开始”→“所有程序”→Microsoft SQL Server 2008→“性能工具”→“数据库引擎优化顾问”命令，打开图 2-51 所示的窗口。

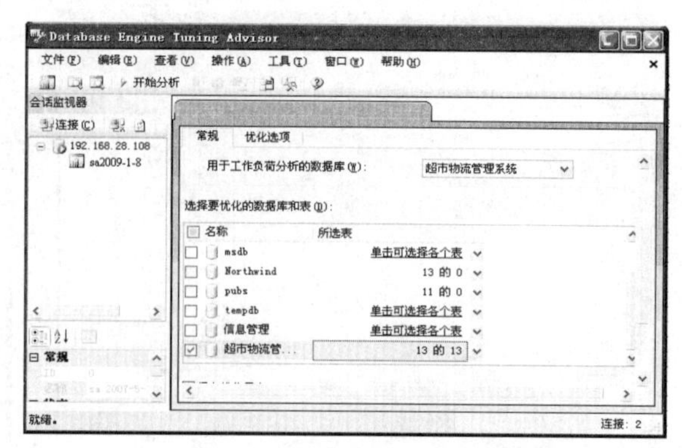

图 2-51　启动数据库引擎优化顾问

（2）使用 SQL Server Management Studio 启动数据库引擎优化顾问。在 SQL Server Management Studio 中选择“工具”→“数据库引擎优化顾问”命令即可。

（3）在 SQL Server Profiler 中启动数据库引擎优化顾问。在 SQL Server Profiler 中选择“工具”→“数据库引擎优化顾问”命令。

（4）在 SQL Server 管理平台的查询编辑器中启动数据库引擎优化顾问。在查询编辑器中选择一个 Transact-SQL 查询或选择整个脚本，右击选定的内容并在弹出的快捷菜单中选择“在数据库引擎优化顾问中分析查询”命令，打开数据库引擎优化顾问图形用户界面，并将该脚本作为 XML 文件工作负荷导入。可指定会话名称和优化选项，以对选定的 Transact-SQL 查询作为负荷进行优化。

2.5.4　SQL Server Profiler

SQL Server Profiler 又称 SQL Server 事件查看器，是跟踪与捕获 SQL Server 2008 事件的图形用户工具，用于监视数据库引擎或 SQL Server Analysis Services 的实例，可捕获每个事件的信息，并可将这些信息数据保存到跟踪文件或数据表中，供将来重现与分析。使用 SQL Server Profiler 可以执行：创建基于可重用模板的跟踪；当跟踪运行时监视跟踪结果；将跟踪结果存储在表中；根据需要启动、停止、暂停和修改跟踪结果；重播跟踪结果等操作。例如，可对工作环境、死锁进程的数量、致命错误等事件进行监视，了解哪些存储过程由于执行速度太慢而影响了系统的性能等。SQL Server Profiler 的使用方法如下：

（1）选择“开始”→“所有程序”→Microsoft SQL Server 2008→“性能工具”→SQL Server Profiler 命令，在弹出的对话框中选择“文件”→“新建跟踪”命令，并连接上服务器，弹出“跟踪属性”对话框，如图 2-52 所示。

（2）在“跟踪名称”文本框中输入本次跟踪的名称；在“使用模板”下选择由 SQL Server Profiler 提供的跟踪模板；可选择“保存到文件”复选框，将跟踪情况存储到文件中，以便查看与分析；选择“启用跟踪停止时间”复选框，设置跟踪停止时间。设完后单击“运行”按钮，出现图 2-53 所示的显示跟踪结果窗口，可根据结果来分析解决问题。

【例 2-5】使用 SQL Server 2008 下的 SQL Server Profiler 工具新建一个名为“事件查看测试”的事件跟踪文件。设定跟踪的停止时间为 2015-3-28，9:30。操作步骤如下：

① 选择“开始”→“所有程序”→Microsoft SQL Server 2008→“性能工具”→SQL Server Profiler 命令，在弹出的对话框中选择“文件”→“新建跟踪”命令，并连接上服务器，弹出“跟踪属性”对话框。

② 选择“常规”选项卡，在“跟踪名称”文本框中输入“事件查看测试”；选中“保存到文件”复选框，并命名跟踪文件的路径与名称；调整“启用跟踪停止时间”右侧的日期与时间控件为 2015-3-28，9:30。单击“运行”按钮，打开 SQL Server Profiler 窗口；同时名为“事件查看测试”的文件自动创建，并开始记录捕捉的事件。

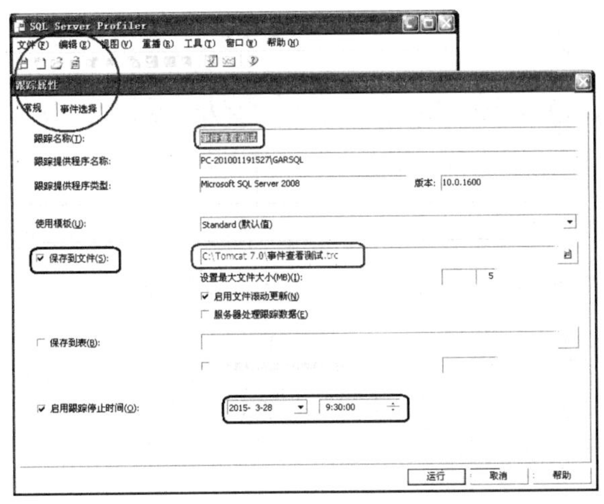

图 2-52　SQL Server Profiler 及跟踪属性对话框

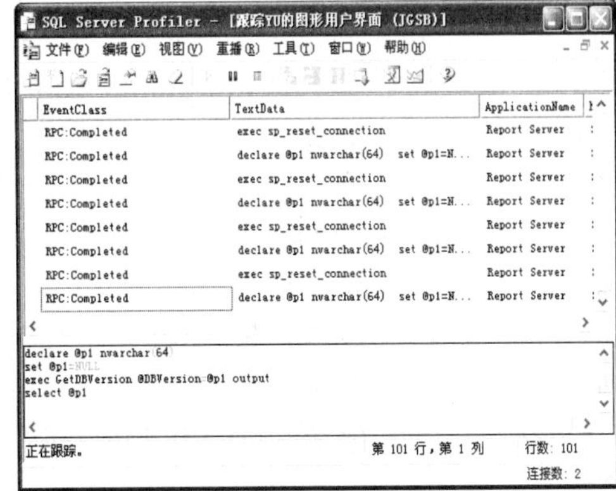

图 2-53　跟踪结果窗口

2.5.5　Business Intelligence Development Studio

SQL Server Business Intelligence Development Studio（BIDS，商业集成开发平台）是用于包括 SQL Server 集成服务（Integration Services）、SQL Server 分析服务（Analysis Services）、SQL Server 报表服务（Reporting Services）等项目在内的商业分析解决方案的集成开发环境。BIDS 是个专门为商业集成开发人员设计的集成开发环境，它构建于 Visual Studio 2005 及其高版本上，该平台所有组件的调试、源代码管理以及脚本和代码的开发都是可用的。并为每个项目类型都提供了用于创建商业集成智能解决方案所需的模板，以及用于处理这些项目对象的设计器、工具和向导。

启动 BIDS 的方法是：在 Windows 桌面上选择“开始”→“所有程序”→Microsoft SQL Server 2008→SQL Server Business Intelligence Development Studio 命令，打开 BIDS 窗口，如图 2-54 所示，在此基础上可集成分析报表服务等，由于篇幅有限，这里就不再赘述。

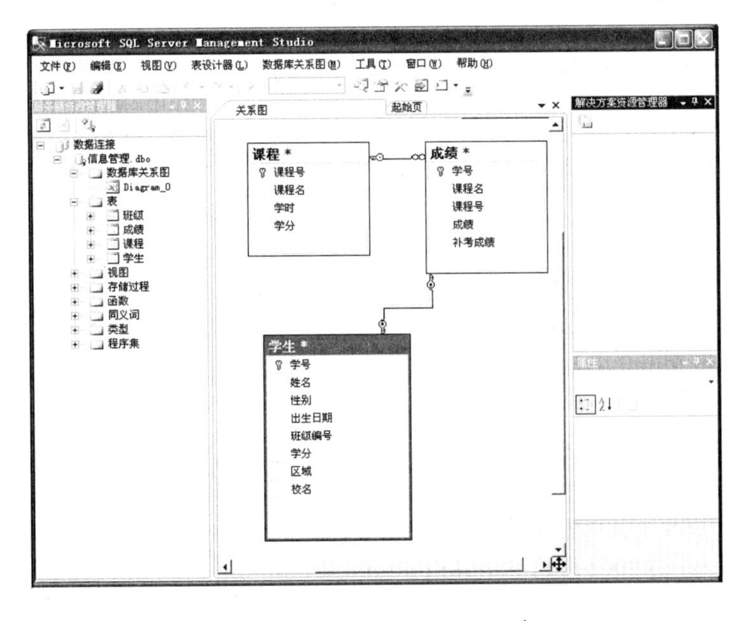

图 2-54　SQL Server 2008 BIDS 窗口

2.5.6 Reporting Services 配置管理

SQL Server 2008 Reporting Services 配置工具可用于配置和管理 SQL Server 的报表服务器，进而在该平台上可创建和管理包含关系数据源和多维数据源中数据的表格、矩阵、图形，报表乃至自由格式的报表。倘若在安装报表服务器时使用了“仅安装文件”选项，则安装后才能使用此工具来配置报表服务器，否则服务器将不可用。Reporting Services 配置工具还可用来配置本地或远程报表服务器实例，必要条件是用户必须对要配置报表服务器的计算机拥有本地系统管理员权限。配置 Reporting Services 的步骤如下：

（1）在 Windows 桌面上选择“开始”→“所有程序”→SQL Server 2008→“配置工具”→“Reporting Services 配置”命令，弹出图 2-55 所示的“Reporting Services 配置连接”对话框。

（2）在该对话框中根据需要选择服务器的名称，并指定要配置的报表服务器实例对象；单击“连接”按钮，打开图 2-56 所示的“Reporting Services 配置管理器”窗口。

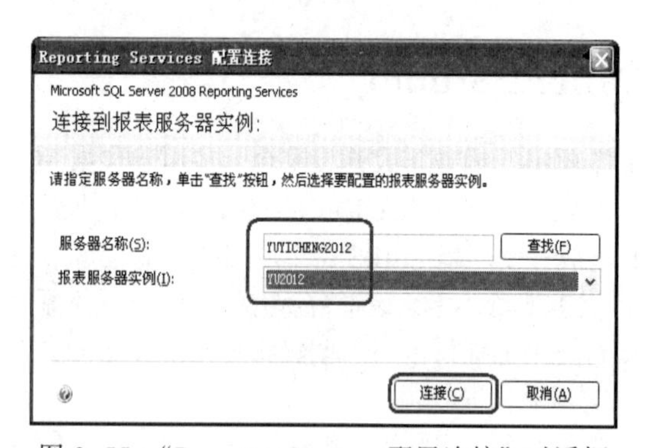

图 2-55 “Reporting Services 配置连接”对话框

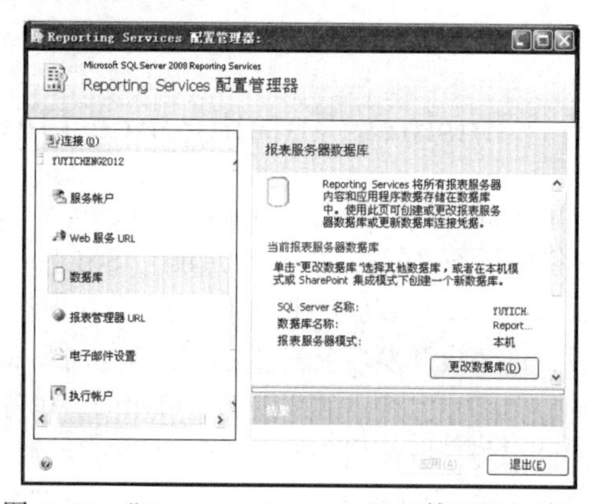

图 2-56 “Reporting Services 配置管理器”窗口

（3）在报表服务配置管理器中，可根据用户的具体需求进行相关表格、矩阵、图形、报表乃至自由格式的报表等的配置与设计，包括基于 Web 的报表功能设计等。

2.5.7 SQL Server 2008 联机丛书

联机丛书是 SQL Server 2008 的主要文档，用户可以获取相关的帮助，了解 SQL Server 2008 的功能及特性，用户可方便地学习使用 SQL Server 2008 系统。联机丛书涉及系统安装和升级、新增功能信息，SQL Server 2008 的技术和功能的概念性说明，SQL Server 2008 系统各种功能的使用性主题；完成常见任务的相关教程；SQL Server 2008 支持的图形工具、命令提示实用工具、编程语言和应用程序编程接口的参考文档；对 SQL Server 2008 示例数据库和应用程序的说明等。用户若安装了 SQL Server 2008 联机帮助，就可以随时获取帮助信息，SQL Server 2008 联机丛书界面如图 2-57 所示。

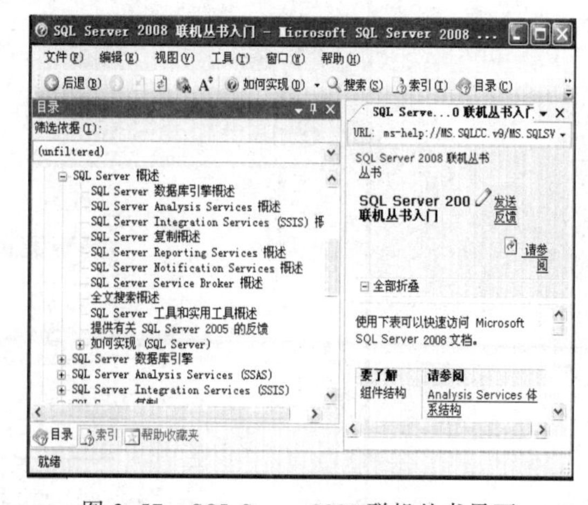

图 2-57 SQL Server 2008 联机丛书界面

2.5.8　SQL Server 2008 命令行实用工具

SQL Server 2008 提供了丰富的命令行工具实用程序，如导入/导出大容量数据的 bcp.exe，分析性能的 dta.exe，与 SSIS 相关的 dtexec.exe、dtutil.exe，与报表服务相关的 rs.exe、rsconfig.exe、rskeymgmt.exe 等。常用命令提示实用工具如表 2-3 所示，在表中的盘符 x 代表用户安装 SQL Server 2008 的实际盘符。

表 2-3　SQL Server 2008 实用命令行工具

命令实用工具	功 能 说 明	命令文件位置
sqlcmd 实用工具	用于在命令提示符下输入系统过程、Transact- SQL 语句和脚本文件	x:\Program Files\Microsoft SQL Server\90\ Tools\Binn
bcp 实用工具	用于在 SQL Server 实例和用户指定的数据文件之间复制数据	x:\Program Files\Microsoft SQL Server\90\ Tools\Binn
dta 实用工具	用于分析工作负荷以优化服务器性能	x:\Program Files\Microsoft SQL Server\90\ Tools\Binn
dtexec 实用工具	用于配置并执行 SQL Server Integration Services（SSIS）包	x:\Program Files\Microsoft SQL Server\90\ DTS\Binn
dtutil 实用工具	用于管理 SQL Server Integration Services（SSIS）包	x:\Program Files\Microsoft SQL Server\90\ DTS\Binn
msmdsrv 实用工具	将 Analysis Services 项目部署到 Analysis Services 实例	x:\Program Files\Microsoft SQL Server\ MSSQL.2\OLAP\bin
nscontrol 实用工具	创建删除和管理 Notification Services 实例	x:\Program Files\Microsoft SQL Server\90\ Notification Services\n.n.nnn\bin
osql 实用工具	在命令提示符下输入系统过程、Transact-SQL 语句和脚本文件	x:\Program Files\Microsoft SQL Server\90\ Tools\Binn
profiler90 实用工具	在命令提示符下启动 SQL Server Profiler	x:\Program Files\Microsoft SQL Server\90\ Tools\Binn
rs 实用工具	用于运行专门管理 Reporting Services 报表服务器的脚本	x:\Program Files\Microsoft SQL Server\90\ Tools\Binn
rsconfig 配置工具	配置报表服务器连接	x:\Program Files\Microsoft SQL Server\90\ Tools\Binn
sac 实用工具	用于在 SQL Server 2008 实例之间导入或导出外围应用配置器设置	x:\Program Files\Microsoft SQL Server\90\ Shared
sqlagent90 应用程序	在命令提示符下启动 SQL Server 代理	x:\Program Files\Microsoft SQL Server\ <instance_name>\MSSQL\Binn
sqlmaint 实用工具	用于执行以前版本的 SQL Server 创建的数据库维护计划	x:\Program Files\Microsoft SQL Server\ MSSQL.1\MSSQL\Binn
sqlserver 应用工具	用于在命令提示符下启动和停止数据库引擎实例以进行故障排除	x:\Program Files\Microsoft SQL Server\ MSSQL.1\MSSQL\Binn
sqlwb 实用工具	在命令提示符下启动 SQL Server Management Studio	x:\Program Files\Microsoft SQL Server\90\ Tools\Binn\VSShell\Common7\IDE

命令 SqlCmd 通过 OLE DB 数据访问界面与 SQL Server 数据引擎沟通，可让用户互动地执行 SQL 语句或指定 Transact-SQL 脚本文件交互执行，可周期性在后台批处理地执行，一些日常营运维护等工作将会用此方式完成。SqlCmd 命令语句有众多选择参数与功能可用，如图 2-58 所示，部分语法格式如下：

```
sqlcmd [{{-U login_id [ -P password ]}|-E}][-S server_name [\ instance_name]][-H
wksta_name]
[-d db_name][-l time_out][-t time_out][-h headers][-s col_separator ] …[-?]]
```

注意：图 2-58 所示为对参数与设置格式进行的简单说明，限于篇幅，具体请参见 SQL Server 2008 联机丛书或相关参考书籍。

使用 SqlCmd 的第一步是启动该实用工具。启动 SqlCmd 时，可指定连接的 SQL Server 实例，也可不指定，通过选择“开始”→“所有程序”→“附件”→“命令提示符”命令，打开“命令提示符”窗口，闪烁的下画线字符即为命令提示符。在命令提示符处输入 SqlCmd 命令。例如，若要使用 SqlCmd 连接到当前 SQL Server 实例，进入到 SqlCmd 公用程序后，1>是 SqlCmd 提示符，可以指定行号。每按一次【Enter】键，显示的数字就会加 1。顺序显示的数字代表曾使用的几个命令，而 GO 命令会把累积下来可执行的 SQL 命令传递到服务器端并返回结果。具体实例运行语句及结果如图 2-59 所示。

图 2-58　SqlCmd 命令参数与功能示意图

```
C:\>sqlcmd
1> use 信息管理
2> select * from 学生 where 校名='上海交通大学'
3> go
已将数据库上下文更改为 '信息管理'。
学号    姓名      性别 出生日期                班级编号      学分
区域    校名
------ -------- -- ----------------------- ----------- -----
031104 周　杰     男   2003-04-12 00:00:00 04021137      290.0 西南   上海交通大学
061104 周晓杰     男   2003-04-12 00:00:00 04021137      316.0 西南   上海交通大学
040831 姚蓝      男   1981-01-17 05:00:00 04021110       42.0 西南   上海交通大学
040111 关　梅     女   1905-05-13 08:01:00 04021110      485.0 西南   上海交通大学
080201 何　青     男   1985-02-27 18:01:00 08021110       58.0 西南   上海交通大学

(5 行受影响)
1>
```

图 2-59　SqlCmd 命令实例运行示意图

小　　结

SQL Server 2008 扩展了其前低版本的性能、它的可靠性和易用性使其成为个杰出的数据库平台，功能强大、操作简便。本章介绍了 SQL Server 的演进过程。SQL Server 2008 系统的特征功能主要包括：数据库引擎、分析服务（Analysis Services）、集成服务（Integration Services）、复制服务、报表服务（Reporting Services）、通知服务（Notification Services）、全文搜索、服务代理（Service Broker）、管理工具与开发工具等诸多部分。SQL Server Management Studio 提供了一个开发环境，可在其中使用多维表达式、Transact-SQL、XML for Analysis 和 SQL Server Mobile Edition 来编辑和管理脚本和存储过程。

SQL Server Management Studio 可方便地与源代码控制集成在一起，可用来调度 SQL Server 代理作业和管理维护计划，以自动执行日常维护和操作任务。管理和脚本编写集成在单一工具中，同时，该工具具有管理所有类型的服务器的能力，为数据库管理员提供了更强的生产效率。SQL Server 配置管理器用于管理与 SQL Server 相关联的服务、配置 SQL Server 使用的网络协议及从 SQL Server 客户端计算机管理网络连接配置等。

SQL Server 2008 的数据库引擎优化顾问（Database Engine Tuning Advisor）是分析数据库上工作负荷的性能效果的工具，可以优化数据库、提高查询处理性能。

Microsoft SQL Server 2008 管理工具可提供丰富的图形工具来实现了对系统进行快速、高效的管理。SQL Server 2008 常用工具及其功能如表 2-2 所示，其中，SQL Server Management Studio 是 SQL Server 2008 数据库产品中最重要的组件工具。

思考与练习

一、选择题

1. 分析服务引入了新管理工具、集成开发环境及与（　　）的集成功能。

A. .NET Framework　　B. VB.NET　　C. ADO　　D. ASP. NET

2. SQL Server 2008 提供的集成管理工具可用于高级数据库（　　）。

A. 设置与管理　B. 管理和优化　C. 优化与配置　D. 处理与优化

3. SQL Server 2008 发布了（　　）版本。

A. 4 个　B. 5 个　C. 2 个　D. 6 个

4. 配置管理器用于管理与 SQL Server 相关联服务、配置 SQL Server 使用（　　）等。

A. 网络协议　B. 网络操作系统　C. 操作协议　D. 开发协议

5. 数据库引擎优化顾问是分析数据库上（　　）的性能效果的工具。

A. 工作效果　B. 工作容积　C. 工作负荷　D. 数据容量

6. SQL Server Management Studio 是 SQL Server 2008 的（　　）等。

A. 管理控制台　B. 管理软件　C. 工作控制室　D. 优化管理器

7. SQL Server 管理平台可用于（　　）和管理所有 SQL Server 2008 组件。

A. 访问、管理　B. 管理、优化　C. 访问、配置　D. 访问、连接

8. 对象资源管理器是服务器中所有数据库对象的（　　）。

A. 管理容器　B. 树状视图　C. 有形视图　D. 总控制台

9. 查询编辑器是个可用于编写 Transact-SQL 等语句的组件，但不包括（　　）。

A. MDX　B. XML　C. SQLCMD　D. PING

10. SQL Server 配置管理器可停止服务与查看或更改服务属性等，但不包括（　　）。

A. 启动服务　B. 运行程序　C. 恢复服务　D. 暂停服务

二、思考与实验

1. 简述 SQL Server 的演进过程和 SQL Server 2008 系统的新增功能。
2. 简述 SQL Server 2008 的平台构架和 SQL Server 管理平台及其作用。
3. 试问 SQL Server 2008 包括哪些不同的版本？简述其主要概念与用途。
4. 试述安装、运行 SQL Server 2008 的软件需求。
5. 简述 SQL Server 2008（32/64 位）6 个版本处理器型号、速度及内存需求。
6. 何谓数据库引擎优化顾问？
7. 简述其启动方式和 SQL Server 2008 所包括的管理工具。
8. 试问查询编辑器的新增功能？
9. 简述对象资源管理器连接到数据库引擎等方法。
10. 试完成 SQL Server 2008 安装实验，若无此环境，可以利用“模拟机软件”来虚构硬盘安装该软件。
11. 试完成 SQL Server Management Studio 启动与关闭实验。
12. 试完成已注册的服务器组件窗口的使用实验。
13. 试完成对象资源管理器组件窗口的使用实验。
14. 试完成查询编辑器的掌握使用实验。
15. 试完成查询编辑器多代码窗口的熟悉使用实验。
16. 试完成模板资源管理器的掌握使用实验。
17. 简述并完成 SQL Server Management Studio 下移动组件和配置管理器的实验。
18. 试完成 SQL Server 配置管理器的掌握使用实验。

第3章　SQL Server 2008 系统及服务器管理

【本章提要】SQL Server 2008 系统及服务器管理是系统赖于运作的基础。本章主要介绍了 SQL Server 2008 系统数据库、示例数据库、数据库对象、SQL Server 服务的启停管理、服务器连接管理、SQL Server 2008 配置管理、服务器属性配置与结构化查询语言 SQL 基础等。

3.1　SQL Server 2008 数据库及其对象

SQL Server 2008 在安装过程中，自动创建了 4 个系统数据库（Master、Model、Tempdb、Msdb）和另外 3 个示例数据库，其中的数据表格定义了运行和使用 SQL Server 的规则。

3.1.1　SQL Server 系统与示例数据库

SQL Server 2008 系统与示例数据库是 SQL Server 2008 运行的基础，支撑着系统的操作与管理、演练与分析等。

1. Master 主数据库

Master 主数据库用于记录 SQL Server 2008 中所有的系统级信息，是最重要的数据库。这包括实例范围的元数据（如登录账户）、端点、链接服务器和系统配置设置。Master 数据库还记录了所有其他数据库的存在与否、数据库文件的位置及 SQL Server 的初始化信息。因此，若 Master 数据库不可用，SQL Server 将无法启动。Master 数据文件为 master.mdf，日志文件为 mastlog.ldf。

不能在 Master 数据库中创建任何用户对象（如表、视图），即不能在 Master 数据库中执行下列操作：添加文件或文件组，更改排序规则，更改数据库所有者，创建全文目录或全文索引，在数据库的系统表上创建触发器，删除数据库，从数据库中删除 guest 用户，参与数据库镜像，删除主文件组、主数据文件或日志文件，重命名数据库或主文件组。执行创建、修改或删除数据库，更改服务器或数据库的配置值，修改或添加登录账户等操作后，系统管理员应经常对 Master 数据库进行备份，以防不测。使用 Master 数据库时应注意：

（1）执行创建、修改或删除数据库、更改服务器或数据库的配置值，修改或添加登录账户后要尽快备份；且始终有一个 Master 数据库的当前备份可用。

（2）不要在 Master 中创建用户对象。否则，必须更频繁地备份 Master。

（3）系统对象不再存储在 Master 数据库中，而是存储在 Resource 数据库中。

2. Model 模型数据库

Model 模型数据库是建立新数据库的模板，用于在 SQL Server 实例上创建所有数据库的模板。因为每次启动 SQL Server 时都会创建 Tempdb，所以 Model 数据库必须始终存在于 SQL Server 系统中。Model 数据文件是 model.mdf，日志文件是 modellog.ldf。

例如，当发出 CREATE DATABASE 语句时，将通过复制 Model 数据库中的内容来创建数据库的

第一部分，然后用空白页填充新数据库的剩余部分。Model 数据库中的所有用户定义对象都将复制到所有新创建的数据库中，可以向 Model 数据库中添加任何对象（如表、视图、存储过程和数据类型），将这些对象包含到所有新创建的数据库中。修改 Model 数据库之后，创建的所有数据库都将继承这些修改。

3．Tempdb 临时数据库

Tempdb 临时数据库是一个全局资源，可供连接到 SQL Server 实例的所有用户使用，用于存放所有的临时工作表格和临时存储过程等。Tempdb 数据文件是 tempdb.mdf，日志文件是 templog.ldf。

Tempdb 可用于保存显式创建的临时用户对象、SQL Server 2008 数据库引擎创建的内部对象、由使用已提交读的数据库中数据修改事务生成的行版本（由数据修改事务实现的联机索引操作、多个活动的结果集 MARS 以及 AFTER 触发器等功能而生成的行版本等工作的记录）。Tempdb 中的操作是最小日志记录操作，这将使事务产生回滚。在 Tempdb 数据库中存放的所有数据信息都是临时的，Tempdb 数据库在每次启动 SQL Server 时自动重建，而每当连接断开时，所有的临时表格和临时存储过程都将自动丢弃。

4．Msdb 调度数据库

Msdb 调度数据库是 SQL Server 2008 代理服务使用的数据库，为警报和作业任务调度和相关操作等提供的存储空间，也可为 Service Broker 和数据库邮件等使用。Msdb 主要被 SQL Server Agent 用于进行复制、调度作业、管理报警及排除故障等活动，其中存储了处理作业和警告所需的信息。用户不能直接修改 Msdb 数据库，只能通过用户接口生成、修改和删除 SQL Server Agent 对象。Msdb 数据文件是 MSDBData.mdf，日志文件是 MSDBLog.ldf。

5．Resource 数据库

Resource 数据库是只读数据库，它包含 SQL Server 2008 实例使用的所有系统对象。在每个数据库中，它被逻辑呈现为 sys 架构，常规数据库操作中不可访问 Resource 数据库。Resource 数据库不包含任何用户数据或元数据，而是包含所有系统对象的结构和描述。这种设计只需把现有的 Resource 数据库替换为一个新的 Resource 数据库即可。

Resource 数据库依赖于 Master 数据库的位置。如果移动 Master 数据库，则必须也将 Resource 数据库移动到相同的位置，SQL Server 不能备份 Resource 数据库。通过将 mssqlsystemresource.mdf 文件作为二进制（.exe）文件而不是作为数据库文件，可以执行用户自己的基于文件的备份或基于磁盘的备份，但是不能使用 SQL Server 还原数据库，只能手动还原 mssqlsystemresource.mdf 的备份副本。

6．Northwind 和 Pubs 数据库

默认情况下，SQL Server 2008 与低版本不同，系统中不安装 Northwind 和 Pubs 示例数据库。这些数据库可从 Microsoft 下载中心下载安装。Northwind 数据库是模仿经营世界各地风味食品的进出口贸易公司的数据库，其中包含与公司经营有关的众多数据，如雇员（Employees）、顾客（Customers）、运输商（Shipper）、供货商（Suppliers）、订单（Order）及一些记录各表间状态关系的表等。Pubs 数据库是一个基于图书出版公司模式而建立的数据库模型，其中包含大量的样本表和样本数据，有出版者（Publishers）、出版物（Titles）、作者（Authors）、书店（Stores）等。

7．AdventureWorks 示例数据库

AdventureWorks 是 SQL Server 中虚拟的示例数据库，它模拟一家生产金属和复合材料的、产品远销北美、欧洲和亚洲市场的大型跨国自行车生产公司。该示例数据库可从微软开源站点 CodePlex（www.codeplex.com）获得。从中可搜索编写本书时可用的 3 个示例数据库：AdventureWorks2008（模

拟 OLTP 数据库)、AdventureWorksLT2008 和 AdventureWorksDW2008(示例数据仓库等)。若初装过程中没有安装该示例数据库，可另行安装，简要步骤如下：

(1)打开“控制面板”窗口，单击“添加或删除程序”标签，选择 Microsoft SQL Server 2008 选项，然后单击“更改/删除”按钮，按照“Microsoft SQL Server 2008 维护”向导中的步骤操作。

(2)从“选择组件”中选择“工作站组件”，然后单击“下一步”按钮，在“欢迎使用 SQL Server 安装向导”中单击“下一步”按钮，在“系统配置检查”中单击“下一步”按钮。

(3)从“更改或删除实例”中单击“更改已安装的组件”，在“功能选择”中展开“文档”→“示例和示例数据库”结点，选择“示例代码和应用程序”选项。再展开“示例数据库”结点，选择要安装的示例数据库。单击“下一步”按钮，按照提示安装附加示例数据库等。

最后选择要安装示例数据库和示例的 SQL Server 实例，完成向导中的步骤。

3.1.2 SQL Server 2008 的数据库对象

在 SQL Server 2008 的数据库管理中，数据库对象是数据库的重要组成部分，也是编程的主要依据。数据库对象主要包括表、视图、索引、关系图、主键、外键、规则、默认值、存储过程、触发器与同义词等，具体作用如表 3-1 所示。

表 3-1 SQL Server 2008 的数据库对象

对　象	作　　用
表	表(Table)是包含 SQL Server 数据库中的所有数据的对象。每个表代表一类对其用户有意义的对象。例如，在学生表中包含学号、姓名、性别、出生日期、班级编号、学分、区域、校名等数据列
视图	视图和表一样，是从一个或多个表(物理表)中导出的虚拟表而非物理表，是用户查看数据库表中数据的一种方式，视图是由查询数据表产生的，能简化数据的显示，只显示需要的数据信息
索引	索引(Index)是根据指定的数据库表列建立起来的顺序。它提供了快速访问数据的途径并且可监督表的数据，使其索引所指向的列中的数据不重复，具体详见后文所述
关系图	关系图是以图形化方式来描述表间的关系，图 3-1 为主键与外键关系，描述了学生表分别与成绩、课程、班级 3 个表构成了主表与从表间的关系。学号在学生表中是主键，而在成绩表中是外键，是引用学生表中的学号列的，依此类推
主键	主键(Primary Key)是表中一列或多列的组合，它可以唯一标识与指定表中的一行记录，通过它可实施数据的实体完整性。每个表中只能有一列被指定为主键。表本身并不要求一定要有主键，但应养成给表定义主键的良好习惯
外键	外键(Foreign Key)定义了表间的关系。当一个表中的一个列或多个列的组合和其他表中的主键定义相同时，就可将这些列或列的组合定义为外键，通过它可以实施参照完整性及关联。它可在另一个表(主表)中唯一地标识一行记录，在另一个表中它是主键
规则	规则(Rule)就是创建一套准则，是对数据库表中数据信息的限制，它限定的是表的列，可将其结合到表的列或用户自定义数据类型上，添加完后它会检查添加的数据或者对表所做的修改是否满足所设值的条件，它是实现约束的重要手段
默认值	默认值(Default)是一种数据库对象，当在表中创建列或插入数据时对没有指定其具体值的列或列数据项赋予预设好的值，默认值可绑定到一列或者多列上或用户自定义数据类型上，如新增学生表其“区域”列的默认值是“西南”，当不输入修改具体值时则为西南
存储过程	存储过程(Stored Procedure)是为完成特定的功能而汇集在一起的一组 SQL 语句和可选控制流语句的预编译集合，经编译后存储在数据库中的 SQL 程序，相当于其他语言中的可执行程序
触发器	触发器(Trigger)是一种特殊的存储过程，它与表紧密相连，基于表而建立，可视做表的一部分。用户创建触发器后，就能控制与触发器关联的表。当表中的数据发生插入、删除或修改时，触发器自动运行。触发器是一个用户定义的 SQL 事务命令的集合

续表

对　象	作　　用
架构	为了便于管理，SQL Server 2008 起引入了架构，从而可对数据库对象进行分组，对架构中所有对象应用安全策略等。例如，创建名为 Information 的架构，并将课程表和存储过程放入该架构，对该架构应用安全策略，允许对所含对象使用两部分名称进行访问。dbo 是数据库的默认架构，该架构中的课程表表示为“dbo.课程表”，表名是架构中唯一的；在 Information 架构中课程表访问表示为“Information.课程”。查询示例为：SELECT 课程号, 课程名 FROM Information.课程
同义词	SQL Server 2008 引入了同义词的概念，它是架构范围内对象的另一名称。通过使用同义词，客户端应用程序可使用由一部分组成的名称来引用基对象，而不必使用由多部分组成的名称对这些数据库对象操作与管理，既可利用 Management Studio 来进行管理，也可使用 Transact-SQL 语句进行操作

3.2 SQL Server 2008 服务器管理

SQL Server 2008 系统安装完成后，可使用图形管理工具来连接管理服务器及管理 SQL Server 2008 系统服务等。

3.2.1 SQL Server 服务的管理

SQL Server 2008 服务的管理包括启动、停止、暂停和重新启动 SQL Server 服务。完成此类操作涉及 SQL Server Management Studio、SQL Server 2008 配置管理器和操作系统管理工具下的计算机管理等多种方法。

1. 使用 SQL Server 配置管理器

使用用 SQL Server 配置管理器启动、停止、暂停和重新启动 SQL Server 服务的步骤如下：

（1）选择“开始”→“所有程序”→Microsoft SQL Server 2008→“配置工具”→SQL Server Configuration Manager 命令，打开 SQL Server 配置管理器，如图 3-2 所示。在右侧的窗格中可以看到本地所有的 SQL Server 服务，包括不同实例的服务。

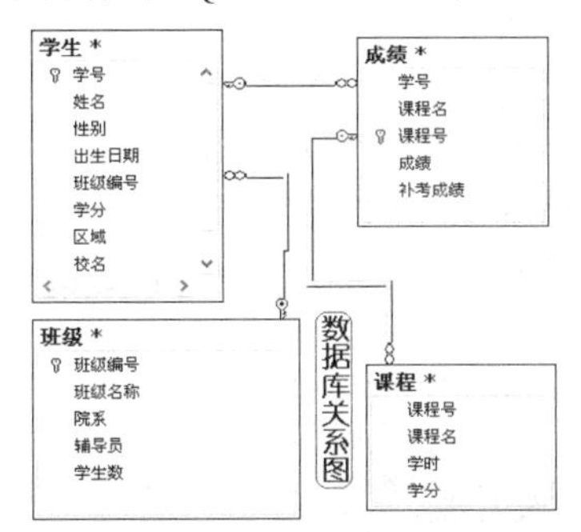

图 3-1　学生学习过程中表间的关系图

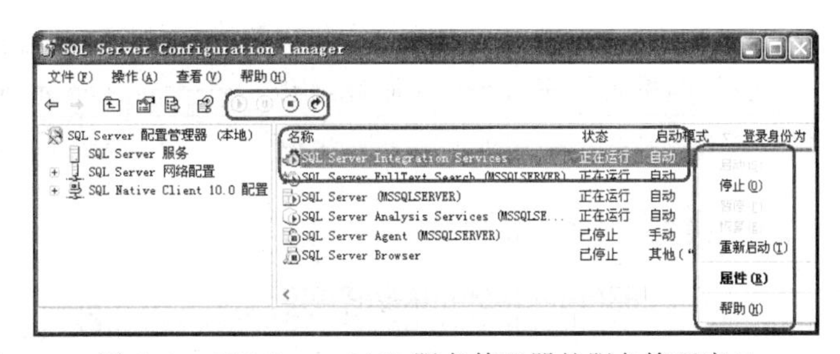

图 3-2　SQL Server 2008 服务管理器的服务管理窗口

（2）若要启动、停止、暂停或重新启动 SQL Server 服务，可右击服务名称，在弹出的快捷菜单中选择“启动”、“停止”、“暂停”或“重新启动”命令。

【例】用配置管理器停止当前已启动的 SQL Server Integration Services 服务。

操作步骤如下：

① 在 Windows 桌面上选择“开始”→“所有程序”→Microsoft SQL Server 2008→“配置工具”→“SQL Server 配置管理器”命令，打开 SQL Server 配置管理器窗口。

② 在窗口右侧的窗格中显示出 SQL Server 的各种服务，选中要进行操作的服务对象 SQL Server

Integration Services。选择“操作”→“停止”命令（或右击选中的服务对象，在弹出的快捷菜单中选择“停止”命令），使该服务停止。

2．使用 SQL Server Management Studio

在 SQL Server Management Studio 中也可完成 SQL Server 服务的启停管理操作，具体步骤如下：

（1）启动 SQL Server Management Studio，连接到 SQL Server 服务器。

（2）出现图 3-3 所示窗口，右击服务器名，在弹出的快捷菜单中选择“启动”、“停止”、“暂停”或“重新启动”命令即可。

3．使用管理工具下的服务

可在管理工具下的“服务”窗口中进行启动、停止、暂停和重新启动服务的操作。

选择“开始”→“所有程序”→“管理工具”→“服务”命令，在打开的图 3-4 所示的“服务”窗口中，右击 SQL Server（MSSQLSERVER）选项，在弹出的快捷菜单中选择“启动”、“停止”、“暂停”或“重新启动”命令即可。

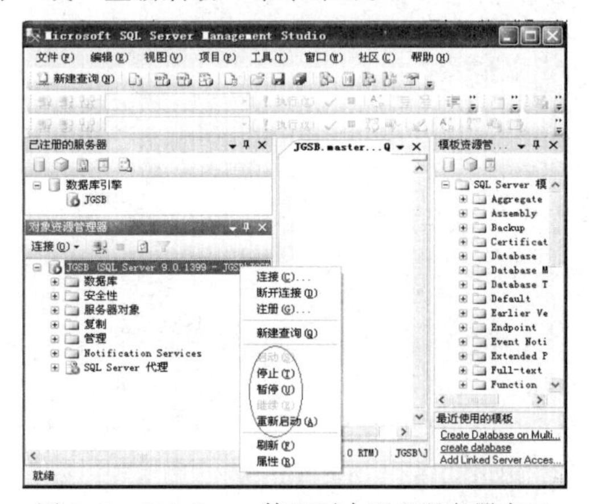

图 3-3　SQL Server 管理平台配置服务器窗口

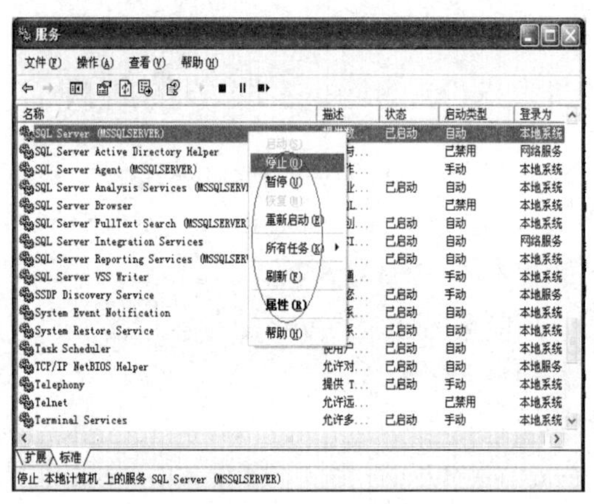

图 3-4　“服务”窗口配置示意图

4．使用命令提示符

选择“开始”→“运行”命令，在弹出的“运行”对话框中输入命令 net start mssqlserver，单击“确定”按钮即可启动 SQL Server 服务。输入命令 net stop mssqlserver、net pause mssqlserver 和 net continue mssqlserver 可以分别停止、暂停和恢复 SQL Server 服务。

3.2.2　创建服务器组

服务器组是用来把比较相似的 SQL Server 服务器实例组织在一起的一种方式，可以便于对不同类型和用途的 SQL Server 服务器进行管理。

在 SQL Server Management Studio 中创建服务器组的步骤如下：

（1）在“已注册的服务器”任务窗格中选择指定的服务器类型，右击并在弹出的快捷菜单中选择“新建”→“服务器组”命令，弹出图 3-5 所示的“新建服务器组”对话框。

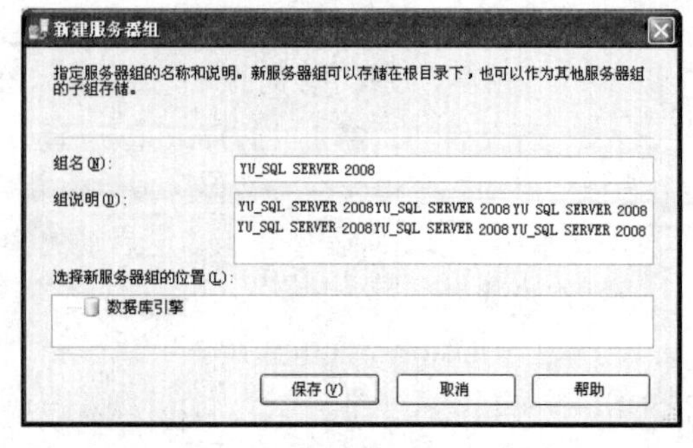

图 3-5　“新建服务器组”对话框

（2）在“组名”文本框中输入新建的服务器组的名称，在“组说明”文本框中输入服务器组的描述信息。“选择新建服务器组的位置”中可以是顶级服务器组，或者是某一个服务器组的子服务器组（选择某一个服务器组）。单击“保存”按钮完成对应的服务器组的创建。

注意：

① 若要改变一个服务器所属的组，可在服务器或服务器组上右击，在弹出的快捷菜单中选择“移到”命令，在弹出的对话框中为服务器或服务器组指定新的位置。

② 若要删除某一个服务器组，只须右击服务器组，在弹出的快捷菜单中选择“删除”命令即可。

3.2.3 服务器连接管理

在安装 SQL Server Management Studio 之后首次启动时，将自动注册 SQL Server 的本地实例，也可以使用 SQL Server Management Studio 完成注册连接服务器（选择网络上所需的服务器实例）、连接到注册服务器（注册基础上的对象资源管理器关联）、断开与已注册服务器的连接（断开对象资源管理器与服务器的连接）等多种操作。

1. 注册服务器

注册服务器即注册连接服务器，通过在 SQL Server Management Studio 的“已注册的服务器”任务窗格中注册服务器，完成选择连接网上所需的服务器实例。既可以在连接前注册服务器，也可以在通过对象资源管理器进行连接时注册服务器。注册服务器过程如下：

在完成 SQL Server Management Studio 启动时的“连接到服务器”对话框后，即可在 SQL Server Management Studio 的工具栏中选择“已注册的服务器”命令，在窗体左侧出现“已注册的服务器”任务窗格，右击“数据库引擎”，在弹出的快捷菜单中选择“新建”→“服务器注册”命令，如图 3-6 所示，在弹出的“新建服务器注册”对话框中选择输入相应信息，如图 3-7 所示。

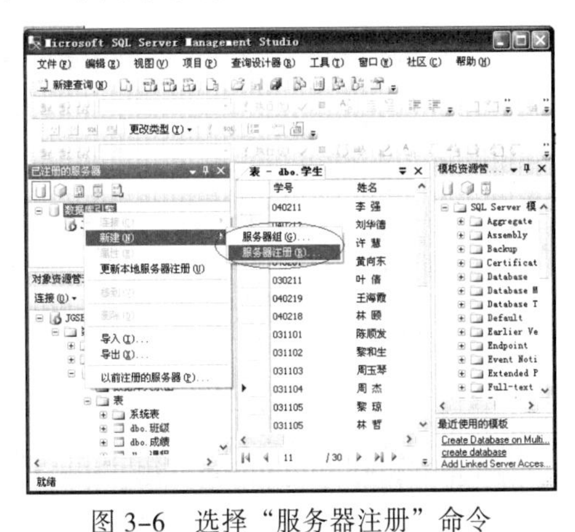

图 3-6 选择“服务器注册”命令

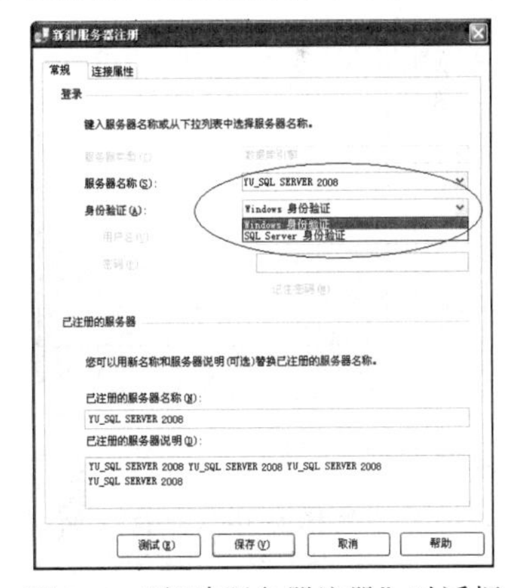

图 3-7 “新建服务器注册”对话框

在注册服务器时必须指定下列选项：

（1）服务器的类型。在 Microsoft SQL Server 2008 中，可以注册下列类型的服务器：数据库引擎、Analysis Services、Reporting Services、Integration Services 和 SQL Server Mobile。要注册相应类型的服务器，在“已注册的服务器”任务窗格中选择指定的类型，然后右击对应的类型名，在弹出的快捷菜单中选择“新建”命令。

（2）服务器名称和身份验证。在“服务器名称”下拉列表框中选择要注册的服务器实例名称（若多个服务器实例，则可选择其中所需的）。登录到服务器时使用的身份验证的类型应尽可能使用

Windows 身份验证，如果选择 SQL Server 身份验证，为了在使用时获得最高的安全性，应该尽可能选择提示输入登录名和密码。

（3）指定用户名和密码（如果需要）。当使用 SQL Server 验证机制时，SQL Server 系统管理员必须定义 SQL Server 登录账户和密码。当用户要连接到 SQL Server 实例时，必须提供 SQL Server 登录账户和密码。

（4）已注册的服务器名称和说明（可选）。默认值是服务器名称，但可以在“已注册的服务器名称”文本框中用其他名称替换它。在“已注册的服务器说明”文本框中输入服务器组的描述信息。

用户还可为正在注册的服务器选择连接属性。如图 3–8 所示，在“连接属性”选项卡中可以指定如下连接选项：

① 服务器默认情况下连接到的数据库、连接到服务器时所使用的网络协议。

② 要使用的默认网络数据包大小、连接超时设置、执行超时设置与加密连接信息等。

在 SQL Server 管理平台中注册了服务器之后，可取消该服务器的注册。方法如下：在 SQL Server Management Studio 中右击服务器名，在弹出的快捷菜单中选择“删除”命令。

2. 连接注册服务器

连接注册服务器是在注册基础上与对象资源管理器关联。在已注册的服务器中，右击一个服务器，如图 3–9 所示，选择“连接”→“对象资源管理器”命令，即可完成连接注册服务器过程。

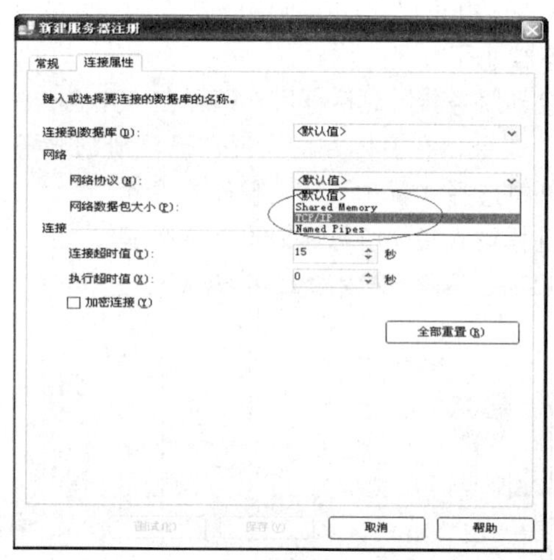

图 3–8 “连接属性”选项卡

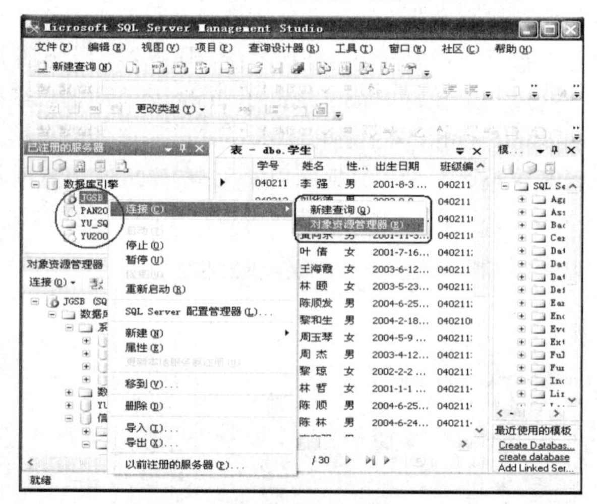

图 3–9 选择所连接的注册服务器

3. 断开注册服务器

断开注册服务器是指断开与已注册服务器的连接。用户可随时断开对象资源管理器与已注册服务器的连接。只须在对象资源管理器中右击服务器，在弹出的快捷菜单中选择“断开连接”命令，或在对象资源管理器工具栏中单击“断开连接”图标，即可完成断开与已注册服务器的连接。

3.2.4 服务启动模式配置

SQL Server 2008 中有多种服务，有些服务默认是自动启动的，如 SQL Server 等；有些服务默认是停止的，如服务器代理（SQL Server Agent，若服务器代理启动则可帮助管理员完成很多事先预设好的作业，在规定时间中自动完成）等，它们均可设置为自动、手动与已禁用模式。下面列举 SQL Server 实例启动模式实施探究。

设置 SQL Server 实例启动模式。将 SQL Server（MSSQLSERVER）设为自动启动的方法有两种：一种是在“SQL Server 配置管理器”中设置；另一种是在“服务”中设置。

1. 在 SQL Server 配置管理器中设置

（1）启动 SQL Server 配置管理器，在左侧的窗口中单击“SQL Server 服务”，在右侧的窗口中右击 SQL Server（MSSQLSERVER），如图 3-10 所示，在弹出的快捷菜单中选择“属性”命令。

（2）弹出“SQL Server（MSSQLSERVER）属性”对话框，如图 3-11 所示，选择“服务”选项卡，单击“启动模式”右侧的下拉列表框，选择“自动”选项即可。

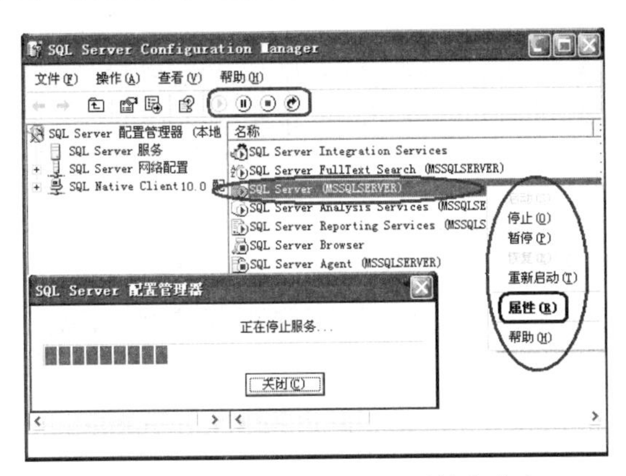

图 3-10　选择“SQL Server 属性”命令

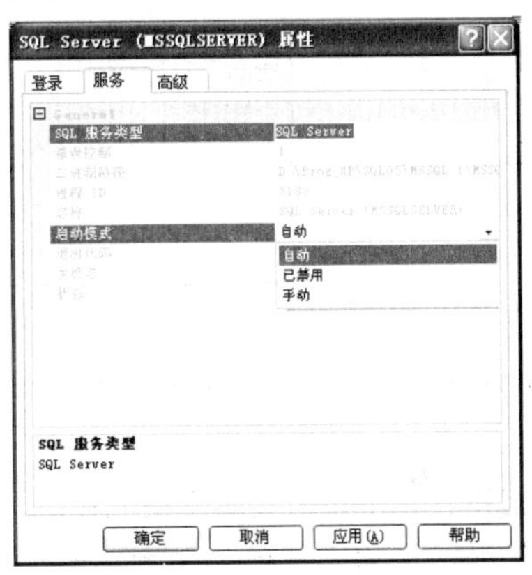

图 3-11　“SQL Server 属性”对话框

2. 在管理工具的服务命令中设置

（1）选择“开始”→“所有程序”→“管理工具”→“服务”命令，在打开的“服务”窗口中右击 SQL Server（MSSQLSERVER）选项，再在弹出的快捷菜单中选择“属性”命令。

（2）在“SQL Server（MSSQLSERVER）属性（本地计算机）”对话框中选择“常规”选项卡，单击“启动类型”下拉列表框，选择“自动”选项。

设置 SQL Server Agent 等的启动模式与此类似，请读者自己尝试。

3.3 配置 SQL Server 服务器属性

本节将介绍一些用于维护 SQL Server 2008 数据库性能参数设置的 SQL Server 服务器属性，该属性设置主要有两种方法：一是通过 SQL Server Management Studio 进行设置；二是使用 SQL Server 2008 提供的系统存储过程 sp_configure 来完成。在此仅介绍前者。

3.3.1 服务器常规属性

用户可使用 SQL Server Management Studio 查看、设置 SQL Server 服务器属性，利用其提供的选项，进行管理服务器属性设置。具体操作步骤如下：

（1）打开 SQL Server Management Studio，在“对象资源管理器”任务窗格中右击需要配置的数据库服务器，在弹出的快捷菜单中选择“属性”命令，打开“服务器属性”窗口。该窗口中提供了与该数据库服务器相关的 8 项配置参数，以供查看和设置。

（2）在“服务器属性”窗口中的“选择页”选项组中选择“常规”选项，其右侧的窗口中给出了与 SQL Server 数据库服务器相关的常规属性，如图 3-12 所示。

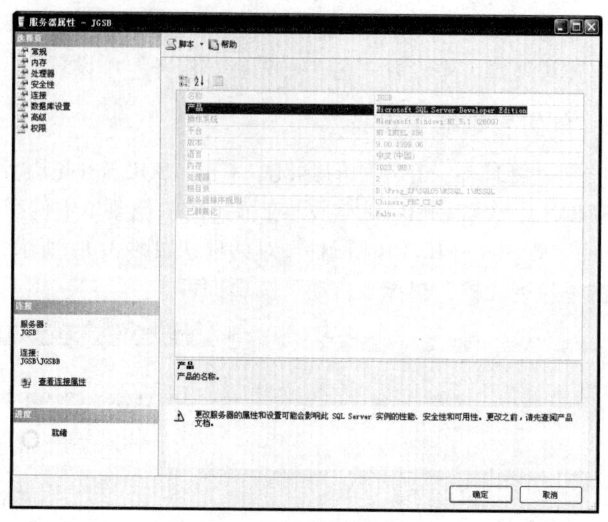

图 3-12 “服务器属性”窗口

服务器“常规”属性可查看所选服务器的属性，如服务器名称、服务器操作系统等，下面具体介绍：

① 名称：显示服务器实例的名称。

② 产品：显示当前运行的 SQL Server 的版本。

③ 操作系统：显示当前运行的 Microsoft Windows 操作系统。

④ 平台：说明运行 SQL Server 的操作系统和硬件。

⑤ 版本：显示当前运行的 SQL Server 版本的版本号。

⑥ 语言：显示正在运行的 SQL Server 实例支持的语言。

⑦ 内存：列出服务器上安装的内存量。

⑧ 处理器：显示安装的 CPU 数。

⑨ 根目录：显示实例所在位置的路径，通常为 C:\Program Files\Microsoft SQL Server。

⑩ 服务器排序规则：显示服务器支持的排序规则。排序规则指定用于 Unicode 数据和非 Unicode 数据的特定代码页和排序顺序。

服务器内存属性如图 3-13 所示，服务器处理器属性如图 3-14 所示。

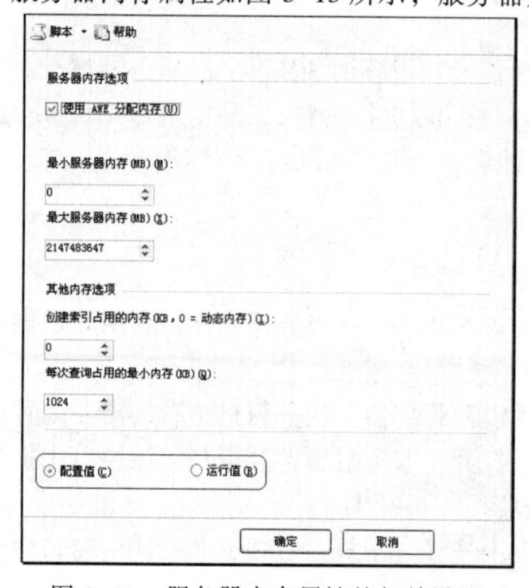

图 3-13 服务器内存属性的相关设置

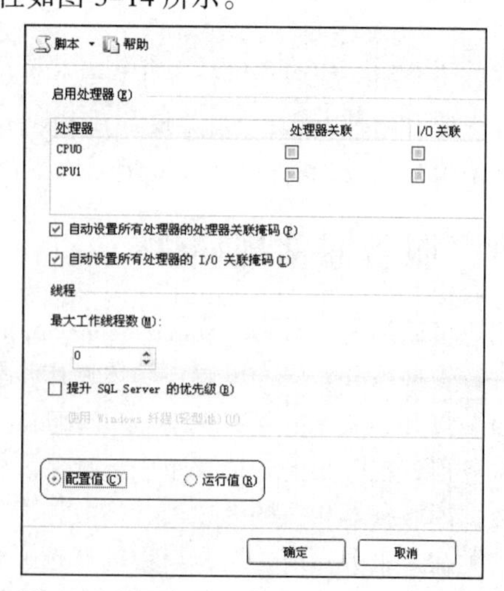

图 3-14 服务器处理器属性的相关设置

3.3.2　服务器安全属性

服务器安全属性比较重要。选择“服务器属性”窗口中“选择页”选项组的“安全”选项，在其右侧给出了与 SQL Server 数据库服务器相关的安全属性内容，如服务器身份验证（Windows 安全验证与 SQL Server 和 Windows 身份验证模式）、登录审核、服务器代理账户、选项等，如图 3-15 所示。详细可参阅 SQL Server 2008 联机丛书有关部分。

图 3-15　服务器安全属性的相关设置

服务器连接属性如图 3-16 所示，服务器高级属性如图 3-17 所示。

图 3-16　服务器连接属性的相关设置

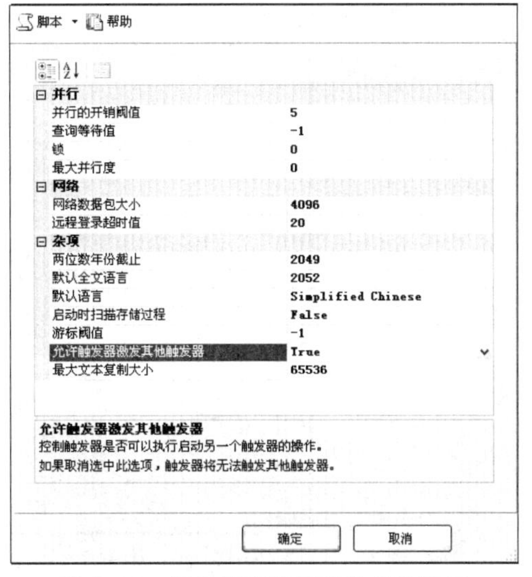

图 3-17　服务器高级属性的相关设置

3.3.3 服务器数据库属性

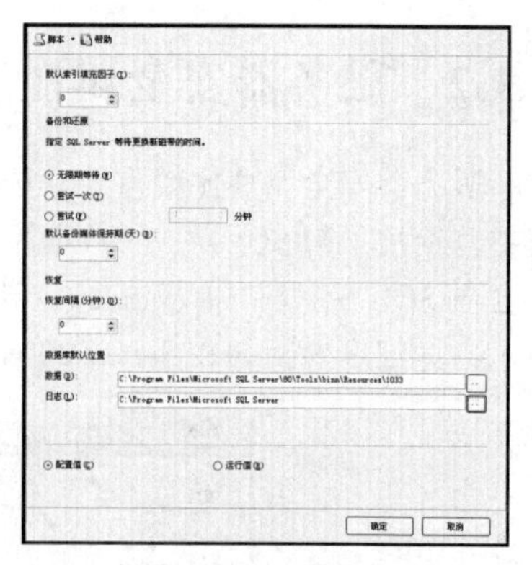

图 3-18 服务器数据库属性的相关设置

选择“服务器属性”窗口中“选择页”选项组中的“数据库”选项，在其右侧给出了与 SQL Server 数据库服务器相关的数据库属性内容，如默认索引填充因子、无限期等待、尝试的分钟数、默认备份媒体保持期(天)、恢复间隔(分钟)、日志、配置值与运行值等，如图 3-18 所示。详细内容可参阅 SQL Server 2008 联机丛书，获取相关的帮助。

3.3.4 服务器权限属性

图 3-19 服务器权限属性的相关设置

选择“服务器属性”窗口中“选择页”选项组的“权限”选项，在其右侧给出了与 SQL Server 数据库服务器相关的权限性内容，如图 3-19 所示。详细内容用户可参阅 SQL Server 2008 联机丛书有关部分，获取相关的帮助。

3.3.5 使用 sp_configure 服务器属性设置

此外，SQL Server 2008 系统还向用户提供了使用系统存储过程（基于 Transact-SQL 方式）：sp_configure 来设置数据库服务器的相关属性。方法是在 SQL Server Management Studio 图形化工具的“查询编辑器”窗口中输入 sp_configure，然后单击“执行”按钮，该存储过程将列出部分可以进行设置的数据库服务器参数和它们的当前值，如图 3-20 所示。详细内容用户可参阅 SQL Server 2008 联机丛书有关部分，获取相关的帮助。

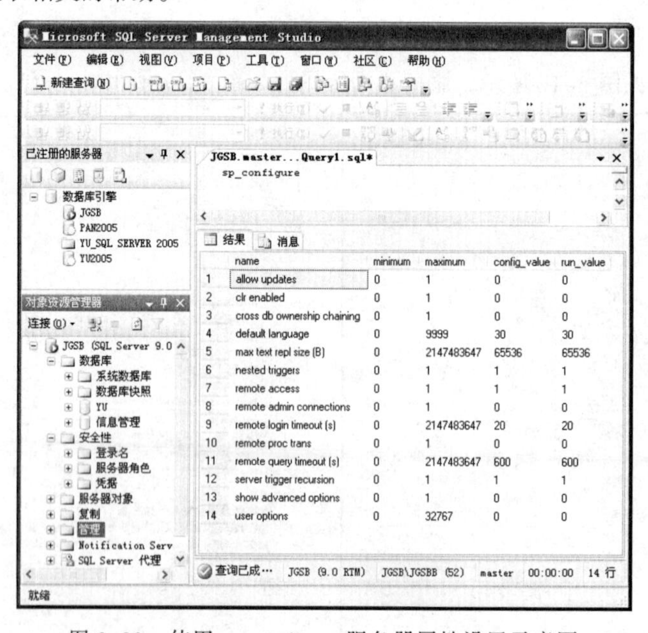

图 3-20 使用 sp_configure 服务器属性设置示意图

3.4 使用日志阅览服务器运行状况

SQL Server 2008 提供了类似于 Windows 事件查看器功能的 SQL Server 日志工具，用于记录 SQL Server 数据库服务器中的事件。通常，SQL Server 2008 会将某些系统事件和用户自定义事件同时记录到 SQL Server 日志和 Windows 应用程序日志（由 Windows 事件查看器阅览）。使用 SQL Server Management Studio 的日志文件查看器可将 SQL Server、SQL Server 代理和 Windows 日志集成到一个列表中，从而使读者可以轻松了解相关的服务器事件和 SQL Server 事件。启用 SQL Server 日志功能的方法如下：

（1）在“对象资源管理器”任务窗格中，展开“管理”→“SQL Server 日志”结点，该结点下保存着当前可以查看的 SQL Server 日志记录。若想查看指定的日志文档，可双击该日志文档，即可打开“日志文件查看器”窗口。该窗口中包含 SQL Server、SQL 代理、Windows NT 以及数据库邮件选项中出现的事件，如图 3-21 所示。该窗口可见日志文件中的日志记录非常多，此时也可根据需要设置相应的筛选条件对日志记录进行筛选。

（2）若要进行筛选则单击“查看筛选设置”按钮，弹出“筛选设置”对话框。用户可根据需要设置相应的筛选条件。例如，若想查看所有与“信息管理”数据库相关的事件记录，可在“消息包含文本”文本框中输入“信息管理”，然后选中“应用筛选器”复选框，如图 3-22 所示。单击“确定”按钮，即可从当前日志文档中找到所有与信息管理相关的日志记录。此外，使用日志文件查看器对话框还可加载外部日志，或将当前的日志查询结果导出。

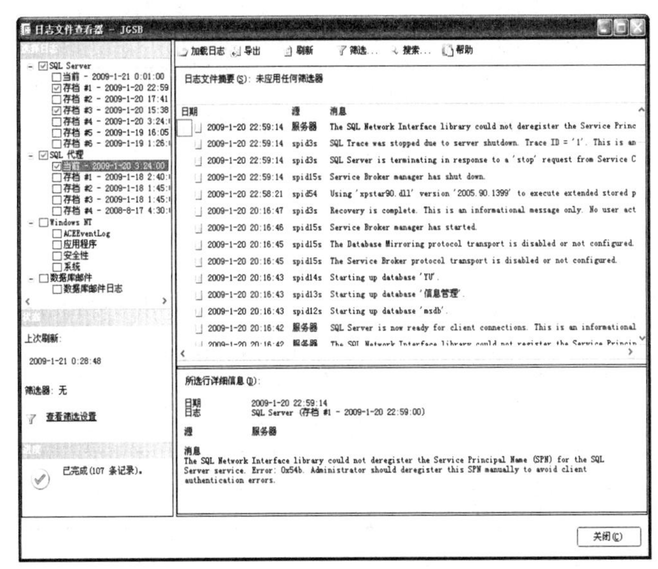

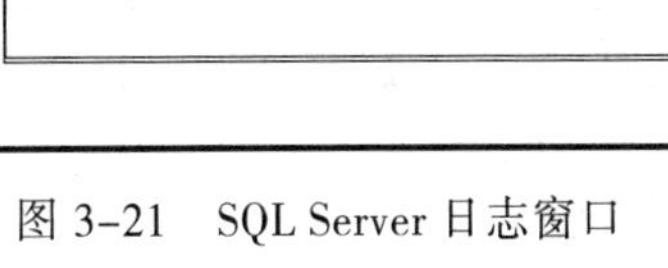

图 3-21 SQL Server 日志窗口

图 3-22 “筛选设置”对话框

3.5 结构化查询语言 SQL

SQL（Structure Query Language）是一个通用的功能极强的关系数据库语言，用于查询（Query）、操纵（Manipulation）、定义（Definition）和控制（Control）关系型数据库中的数据，受到 RDBMS 系统集成商的广泛支持，是目前使用最为广泛的数据库查询语言。

3.5.1 SQL 的发展

SQL 于 1974 年由 Boyce 公司和 Chamberlin 公司提出，于 1975—1979 年间在 IBM 公司 San Jose 研究实验室研制，产生了关系数据库管理系统（原形系统 System R 实现了这种语言）。由于它功能丰富、语言简洁、使用方式灵活，因此备受用户和计算机业内人士的青睐，被众多计算机公司和软件公司采用，经过多年的发展，SQL 已成为关系数据库的标准语言。1986 年，美国国家标准局（ANSI）数据库委员会批准 SQL 作为关系数据库语言的美国标准，此后，被国际标准化组织（ISO）接受。

当前最新的标准是 1992 年发布的 SQL-92。SQL 既可以作为独立语言供终端用户使用，也可以作为宿主语言嵌入某些高级程序设计语言中使用。

3.5.2 SQL 的组成

SQL 作为关系数据库语言主要由数据定义语言（Data Definition Language，DDL）、数据操纵语言（Data Manipulation Language，DML）、数据控制语言（Data Control Language，DCL）、其他语言要素（Additional Language Elements）几部分组成，SQL 主要语句如表 3-2 所示。

表 3-2 主要的 SQL 语句

语　　句	功　　能	语　　句	功　　能
1.数据操作			
SELECT	从数据库表中检索数据行和列	INSERT	向数据库表添加新数据行
DELETE	从数据库表中删除数据行	UPDATE	更新数据库表中的数据
2.数据定义			
CREATE TABLE	创建一个数据库表	DROP TABLE	从数据库中删除表
ALTER TABLE	修改数据库表结构	CREATE VIEW	创建一个视图
DROP VIEW	从数据库中删除视图	CREATE INDEX	为数据库表创建一个索引
DROP INDEX	从数据库中删除索引	CREATE PROCEDURE	创建一个存储过程
DROP PROCEDURE	从数据库中删除存储过程	CREATE TRIGGER	创建一个触发器
DROP TRIGGER	从数据库中删除触发器	CREATE SCHEMA	向数据库添加一个新模式
DROP SCHEMA	从数据库中删除一个模式	CREATE DOMAIN	创建一个数据值域
ALTER DOMAIN	改变域定义	DROP DOMAIN	从数据库中删除一个域
3.数据控制			
GRANT	授予用户访问权限	DENY	拒绝用户访问
REVOKE	解除用户访问权限		
4.事务控制			
COMMIT	结束当前事务	ROLLBACK	中止当前事务
SET TRANSACTION	定义当前事务数据访问特征		
5.程序化 SQL			
DECLARE	为查询设定游标	EXPLAN	为查询描述数据访问计划
OPEN	检索查询结果打开一个游标	FETCH	检索一行查询结果
CLOSE	关闭游标	PREPARE	为动态执行准备 SQL 语句
EXECUTE	动态地执行 SQL 语句	DESCRIBE	描述准备好的查询

3.5.3　Transact-SQL 的特点

Transact-SQL 是微软公司对 SQL 的扩展，是一种交互式语言，它对标准的 SQL 语句完全兼容。Transact-SQL 与 SQL 语句类似（与表 3-2 相融通），不过做了许多扩充，功能更加完善。Transact-SQL 具有如下特点：

（1）一体化的功能，集数据定义、数据操纵语言、数据控制语言为一体。

（2）二种使用方式，其一为交互式使用方式，可供非数据库专业人员或用户使用；其二是嵌入高级语言的使用方式，为数据库专业人员所使用。

（3）非过程化语言与类人的思维习惯，使得语句的操作过程有系统自动完成，且整个过程易于理解和掌握。

小　　结

Master 主数据库用于记录 SQL Server 2008 中所有的系统级信息，是最重要的数据库。Model 模型数据库是建立新数据库的模板，用于在 SQL Server 实例上创建所有数据库的模板。Tempdb 临时数据库系统数据库是一个全局资源，可供连接到 SQL Server 实例的所有用户使用，用于存放所有的临时工作表格和临时存储过程等。Msdb 调度数据库是 SQL Server 代理服务使用的数据库，为警报和作业任务调度和相关操作等提供的存储空间等。在 SQL Server 2008 的数据库管理中，数据库对象是数据库的重要组成部分，也是数据库编程的主要对象。它主要包括表视图、视图、索引、关系图、主键、外键、规则、默认值、存储过程、触发器与同义词等对象。SQL Server 服务的启停管理包括启动、停止、暂停和重新启动 SQL Server 服务。注册服务器即注册连接服务器，通过在 SQL Server Management Studio 已注册的服务器组件中注册服务器，完成选择连接网上所需的服务器实例。SQL Server 系统还向用户提供了使用系统存储过程 sp_configure 来设置数据库服务器的相关属性。SQL 是一个通用的功能极强的关系数据库语言，用于查询、操纵、定义和控制关系型数据库中的数据。

思考与练习

一、选择题

1. SQL Server 2008 在安装中所创建的系统数据库不包括（　　）。

A. Master　　B. Model　　C. Msdb　　D. XXGL

2. 在 SQL Server 2008 数据库中，下列不属于数据库对象是（　　）。

A. 视图　　B. 表格　　C. 规则　　D. 存储过程

3. 索引（Index）是根据指定的数据库表列建立起来的（　　）。

A. 规则　　B. 排列　　C. 协议　　D. 顺序

4. 配置管理器用于管理与 SQL Server 相关联服务、配置 SQL Server 使用（　　）等。

A. 网络协议　　B. 网络操作系统　　C. 操作协议　　D. 开发协议

5. 主键是表中一列或多列的组合，每个表中只能有（　　）被指定为主键。

A. 一列　　B. 一组　　C. 一行　　D. 最多二列

二、思考与实验

1. 试述 SQL Server 2008 所包括的系统库及其效用，并通过实验体验系统所包括的示例库。
2. 试问在 SQL Server 2008 的系统中主要包括哪些对象？简述其作用。
3. 试完成多种方法启动服务器的实验。
4. 试问用注册服务器向导可以完成哪些工作？
5. 简述 SQL Server 2008 所包含的网络库协议和简述客户端协议的启用与禁用过程。
6. SQL Server Configuration Manager 为数据库用户提供了哪些配置，试通过实验体现。
7. 简述 SQL Server 2008 属性设置包括的选项卡及主要内容。
8. 试问 SQL 关系数据库语言主要由包括哪些组成部分？简述 Transact-SQL 的特点。

第 4 章　数据库管理

【本章提要】数据库是存储数据的仓库，即 SQL Server 中存放数据和数据对象（如表格、索引、存储过程等的容器）。对数据库的管理是数据库管理系统中十分关键的环节。本章将介绍管理和操作数据库的基本知识，包括如何规划、创建、修改、查看、压缩和删除数据库。

4.1　数据库的存储结构

在 SQL Server 2008 中，可以把数据库分为系统数据库、用户数据库、数据库快照 3 种类型。本章主要关注用户数据库。数据库的存储结构分为逻辑存储结构和物理存储结构两种。

数据库的逻辑存储结构是指数据库是由哪些性质的信息所组成。实际上，SQL Server 2008 的数据库是由各种不同的数据库对象（如表、视图、索引等）组成。数据库的物理存储结构是讨论数据库文件如何在磁盘上存储的。数据库在磁盘上是以文件为单位存储的，由数据文件和事务日志文件组成，一个数据库至少应该包含一个数据文件和一个事务日志文件。

4.1.1　数据库规划

创建数据库之前必须对数据库进行规划，以适应客户的需求，一个合理的数据库可以提高客户的工作效率、节省数据库的存储空间、减少数据输入错误的机会，提高数据库的运行性能等。规划数据库需要了解客户需要、收集信息、确定对象、建立对象模型、确定对象之间的关系。数据库的规划工作大致可以分为两个阶段：

第一阶段：收集完整、必要的数据项，并转换成数据表的字段形式。

第二阶段：将收集的字段作适当的分类后，归入不同的数据表中，建立数据表间的关联。表间关系的逻辑要注意规范化，这可在排序、查询、创建索引时提高数据操作的性能。

4.1.2　数据库文件和文件组

在 SQL Server 中，数据库文件由一组操作系统文件组成，数据库中所有的数据、对象（如表、索引、视图等）和数据库事务日志都存储在这些操作系统文件中。

采用主、辅数据文件来存储数据的好处是数据库的大小可以无限制的扩充而不受操作系统文件大小的限制。另外，人们可以将这些文件保存在不同的磁盘上，这样就可同时对硬盘做访问，提高了数据处理的效率。SQL Server 中数据文件的最大值为 32 GB；事务日志文件最大值为 4 GB，最小为 512 KB。

文件组就是将构成数据库的数个数据文件集合起来成为一个群体，分为主文件组、默认文件组和用户自定义文件组，如表 4-1 所示。可控制各个文件的存放位置，每个文件建立在不同的硬盘驱动器上，用户可将数据库中经常被使用且工作负荷较重的表创建在一个组中，其他表则放在另外的组内，分门别类管理、提高执行性能，每个文件组都有一个组名。当用户在数据库上创建数据库对象时，可特别指定要将某些对象保存在某一特定的组中。

建立文件和文件组时应该遵守以下规则：

（1）文件或文件组不能被多个数据库使用，每个文件也只能成为一个文件组的成员。

（2）日志文件是独立的，不能放在任何文件组中，即日志文件和数据文件总是分开的。

表 4-1 SQL Server 2008 数据库文件与文件组对象

分类	对象	作用
文件	主数据文件	主数据文件（Primary Data File）用于存储数据库的系统表及所有对象的启动信息，是所有数据库文件的起点。主数据文件也是用来存储数据的文件，所有的数据库有且仅有一个主数据文件，其保存时的扩展名为.mdf
	辅数据文件	辅数据文件（Secondary Data File）用于存储主数据文件中未存储的数据和数据库对象。辅数据文件是可选的，若想要将数据库文件延伸到多个硬盘上，就必须使用辅数据文件。一个数据库可有一个或多个辅数据文件，其存储时的扩展名为.ndf
	事务日志文件	事务日志文件（Transaction Log File），即数据库，用来存储进行数据库恢复和记录数据库操作情况的事务日志信息，只要对数据库执行的 INSERT、ALTER、DELETE、UPDATE 等命令操作都会记录在该文件中。每个数据库至少有一个事务日志文件，其存储时的扩展名为.ldf
文件组	主文件组	主文件组（Primary File Group）包含主数据文件和所有没有被包含在其他文件组中的文件，同时该数据库所属的所有的系统表也是创建在主文件组中
	默认文件组	默认文件组（Default File Group）容纳所有在创建时没有指定文件组的表、索引，以及 text、ntext 和 image 数据类型的数据
	自定义文件组	自定义文件组（User Define File Group）包含所有在使用 CREATE DATABASE 或 ALTER DATABASE 时用 FileGroup 关键字进行约束的文件

（3）一旦一个文件作为数据库的一部分被创建，就不能被移动到另外一个文件组中。如果用户希望移动文件，必须删除然后再重新创建文件。

（4）SQL Server 中的数据文件和事务日志文件无法存放在压缩文件系统（Compressed File System）或共享的网络目录中。

4.1.3 数据库文件的空间分配

SQL Server 日志文件由一系列日志记录组成；而数据文件则划分为不同的页面和区域。

（1）页是 SQL Server 存储数据的基本单位。根据所存储信息的不同，可分为以下 5 类：

① 数据页面：存储数据行中除 text、ntext 和 image 列数据以外的数据。

② 文本/图像页面：存储数据行中 text、ntext 和 image 列数据。

③ 索引页面与自由空间页面：前者存储索引项后者存储文件中可用空白页面信息。

④ 全局分配映射页面：后者存储数据文件的区域分配信息。

⑤ 索引分配映射页面：存储表或索引所使用的区域信息。

每个页的大小为 8 KB，即 8 192 B，前 96 个字节为页头，用来存储页面类型信息、页面中自由存储空间和占用该页面的对象标识等系统信息。每页可以包含至少表中的一行，单一行不能超过页的长度。每页只能存储一个表中的数据，因为也属于一个特定的表。在需要空间时，为避免因分配许多单个页而增加系统开销，空间又被分成很多单元区域。

（2）区域是 SQL Server 每次申请空间时可分配的最小单元，是 8 个连续的页，即 64 KB。为节省数据库的空间，库中的每个对象都不分配一个完整的区域，而是用两种不同的区域：

① 混合型。一个混合型区域中的页可以组成 8 个不同的对象。

② 统一型。一个统一型区域中所有的页必须属于同一个对象。

当第一次建立一个对象时，SQL Server 在一个混合型区域为它分配空间。如果这个对象增加到包含 8 个页或更多时，SQL Server 便会将现有数据库转移到一个统一型区域中。

4.2　创建数据库

创建数据库的过程就是确定数据库的名称，大小及用于存储数据的文件和文件组。不是任何用户都可创建数据库，只有 SQL Server 2008 系统管理员（即 SA 或者已经添加的 sysadmin 和 dbcreator 角色）才有创建数据库的权限。创建数据库的用户就自动成为该数据库的所有者。在 SQL Server 2008 中，一个数据服务器实例理论上可以创建 32 767 个数据库，数据库的名称必须遵循标识符命名规则。SQL Server 2008 中创建数据库有两种方法：

（1）使用 SQL Server Management Studio 工具创建数据库。

（2）使用 Transact-SQL 创建数据库。

4.2.1　使用 SQL Server 管理平台创建数据库

创建数据库是确定数据库名称、文件名称、数据文件大小、数据库的字符集、是否自动增长以及如何自动增长等信息的过程。

使用 SQL Server Management Studio 是创建数据库较容易的一种方法，甚至使用默认的选项建立数据库时，只要提供一个数据库名称就可以了。下面将用 SQL Server Management Studio 工具创建一个名为 TestDB 的数据库。创建数据库的具体步骤如下：

（1）启动 SQL Server Management Studio 工具，此时屏幕上会弹出“连接到服务器”对话框，使用默认设置，再单击“连接”按钮。如选择要进行连接的服务器名称 YANGYANG2008，再将身份验证设为 Windows 身份验证，如图 4-1 所示。

（2）在启动好的 SQL Server Management Studio 窗口中选择对象资源管理器，或在“视图”菜单中单击对象资源管理器。右击“数据库”选项并在弹出的快捷菜单中选择“新建数据库”命令，如图 4-2 所示。

图 4-1　SQL Server 连接到服务器的对话框

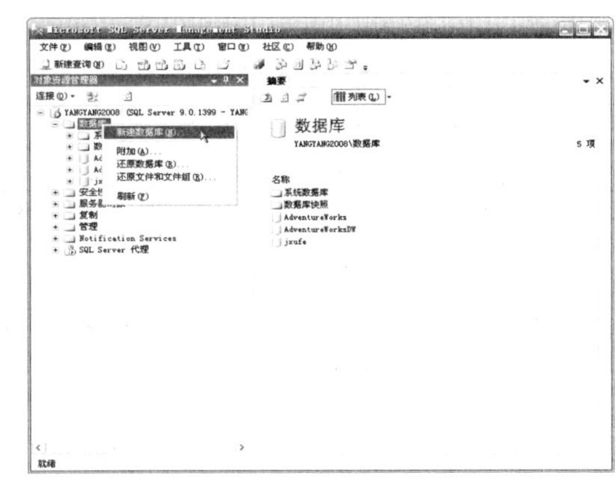

图 4-2　新建数据库

（3）此时会出现“新建数据库”窗口，显示“常规”选项卡，如图 4-3 所示。在“数据库名称”文本框中输入新数据库的名称“信息管理”。SQL Server 会自动创建主数据文件（Primary Data File）与事务日志文件（Transaction Log File），并以数据库名称为主数据库文件和日志文件的前缀，如信息管理.mdf 与信息管理_log.ldf，数据库的数据文件和日志文件按照服务器属性中指定的默认数据库文件位置来放置，数据文件的默认大小是 3 MB，日志文件的默认大小是 1 MB。该数据库的数据文件和日志文件都自动增长，人们可在数据库文件的文本框中修改数据文件的默认属性。其中第一行输入主数据文件，其余各行用于输入辅数据文件，也可使用添加按钮来添加文件，添加的文件一般都属于 Primary 组，人们可以自己新建组名称。

① 在“逻辑名称”属性输入主（从）数据文件的名称，在“路径”属性中输入主（从）数据文件的路径，在“初始大小 MB”项中输入主（从）文件的初始大小，以 MB 为单位。

②“自动增长”属性中 Pimary 组的数据文件增量为 1 MB，不限制自动增长，而日志文件增量为 10%，增长的最大限制为 2 097 152 MB。

（4）单击“确定”按钮，完成数据库的创建。创建完成一个最简单的数据库，用户创建的数据库将出现在对象资源管理器的数据库列表中，如图 4-4 所示。

图 4-3 “新建数据库”窗口

图 4-4 创建的数据库出现在列表中

说明：如果要理解数据库的运行特征，就需要了解数据库的选项，设置数据库选项是定义数据库状态或特征的方式，例如可以设置数据库的自动收缩为 true，可以优化数据在运行以后能自行自动收缩，防止长期使用数据库无节制的自动变大。每个数据库都有许多选项，使用 Microsoft SQL Server Management Studio 工具只能设置其中大多数的选项。在 Microsoft SQL Server 2008 系统中，共有大约 40 个数据库选项，这些选项可以分为 14 个类型。人们可以使用 ALTER DATABASE 语句中的 SET 子句来设置这些数据库选项。

4.2.2 使用 Transact-SQL 创建数据库

对于熟练的用户来说，使用 Transact-SQL 创建数据库是一种习惯的方法，而且这样创建的数据库便于复制。创建数据库使用 CREATE DATABASE 语句。

CREATE DATABASE 基本语法如下：

```
CREATE DATABASE database_name                                  --设置数据库名称
[ON [PRIMARY]                                                  --设置库的数据文件与主文件组
[<filespec>[,...n]]                                            --定义文件
[,<filegroupspec>[,...n]]][LOG ON{<filespec>[,...n]}]          --设置文件组与设置日志文件
[COLLATE collation_name][FOR LOAD|FOR ATTACH]                  --设置排序规则名与载入新库
[WITH <external_access_option>]]                               --设置外部访问
```

其中<filespec>的语法如下：

```
<filespec>::=
( NAME=logical_file_name,
```

```
FILENAME='os_file_name'[,SIZE=size][,MAXSIZE={max_size|UNLIMITED}]
[,FILEGROWTH=growth_increment])[,...n])
<filegroupspec>::=FILEGROUP filegroup_name<filespec>[,...n]     --组语法格式
<external_access_option>::={DBCHAINING{ON|OFF}|TRUSTWORTHY{ON|OFF}}
                                                                 --外部访问选项
```

参数含义说明：

（1）database_name：新数据库的名称，数据库的名称必须在服务器内唯一，并且符合标识符的规则。数据库名称不能超过 128 个字符，由于系统会在其后添加 5 个字符的逻辑扩展名，因此实际能指定的字符数为 123 个。

（2）ON：指定存放数据库的数据文件信息并将在其后分别定义<filespec>项，用来定义主文件组的数据文件，且其后可跟以逗号分隔的用以定义用户文件组及其文件的<filegroup>。

（3）PRIMARY：指明主文件组中的文件。主文件组的第一个<filespec>条目被认为是主数据文件。如果没有 PRIMARY 项，则命令中列出的第一个文件将被默认为主文件。

（4）LOG ON：指定生成日志文件的地址和文件长度。

（5）COLLATE：指定数据库的默认排序规则。collation_name 可以是 Windows 排序规则的名称，也可以是 SQL 排序规则的名称。默认规则为 SQL Server 设置的。

（6）FOR LOAD：此选项是为了与 SQL Server 7.0 以前版本兼容而设定的，表示计划将备份直接载入新数据库。RESTORE 命令可以更好地实现此项功能。

（7）FOR ATTACH：表示在一组已经存在的操作系统文件中建立一个新的数据库。

（8）NAME：为由<filespec>定义的文件组指定逻辑名称，这是数据库在 SQL Server 中的标识符，必须唯一。当使用 FOR ATTACH 选项时就不需要使用 NAME 选项了。

（9）FILENAME：指定<filespec>定义的文件在操作系统中存储的路径和文件名称。

（10）SIZE：指定<filespec>定义的文件初始容量大小。若未提及，则默认其与 Model 库中的主文件大小一致。若次要数据文件和日志文件未提及，则默认为 1 MB，单位 KB、MB、GB、TB。

（11）MAXSIZE：指定<filespec>中定义的文件的最大容量，如果没有指定 MAXSIZE，则文件可以不断增长直到充满硬盘。

（12）UNLIMITED：指明<filespec>中定义的文件的增长无容量限制。

（13）FILEGROWTH：指定<filespec>中定义的文件每次增加的容量大小，可用 KB、MB 或%来设置增加的百分比。默认为 MB，最小为 1 MB。若为指定 FILEGROWTH，则默认值为 10%。

（14）<external_access_option>：控制外部与数据库之间的双向访问。

（15）DB_CHAINING { ON | OFF }：当指定为 ON 时，数据库可以为跨数据库所有权链的源或目标。反之不然。若 cross db ownership chaining 服务器选项为 0（OFF），SQL Server 将可识别此设置，为 1（ON）时，则所有用户数据库都可参与跨数据库所有权链。可以使用 sp_configure 设置此选项。Master、Model 和 Tempdb 不能设置此选项。

（16）TRUSTWORTHY { ON | OFF }：当指定 ON 时，使用模拟上下文的数据库模块，可以访问数据库以外的资源，默认值为 OFF。

使用 Transact-SQL 创建数据库注意的几个问题：SIZE MAXSIZE 和 FILEGROWTH 参数中不能指定小数；如果在 CREATE DATABASE 语句中没有指定附加参数，数据库将默认器设置与 Model 数据库相同大小。

【例 4-1】使用 Transact-SQL 创建一个数据库，包括 3 个数据文件，分别属于不同的文件组和 3 个事务日志文件。

使用 Transact-SQL 创建数据库的步骤：

① 在视图菜单中找到工具栏，选中标准工具，单击“新建查询”，自动生成一个主机名.数据库

名称.SQLQuary.sql 的输入框，直接输入 SQL 语句。或者在数据库上右击“新建查询”。

② 输入完成后，单击菜单中的“执行”按钮，即可完成数据库的创建。

```
CREATE DATABASE Test_DB
ON PRIMARY
(NAME='Test_DB_data1',FILENAME='C:\ProgramFiles\MicrosoftSQLServer\MSSQL.1\
MSSQL\DATA\Test_DB_data1.mdf',SIZE=3,MAXSIZE=unlimited,FILEGROWTH=10%),
FILEGROUP data2
(NAME='Test_DB_data2',FILENAME='C:\ProgramFiles\MicrosoftSQLServer\MSSQL.1\
MSSQL\DATA\Test_DB_data2.mdf',SIZE=3,MAXSIZE=100,FILEGROWTH=1),
FILEGROUP data3
(NAME='Test_DB_data3',FILENAME='C:\ProgramFiles\MicrosoftSQLServer\MSSQL.1\
MSSQL\DATA\Test_DB_data3.mdf',SIZE=3,MAXSIZE=50,FILEGROWTH=500KB)
LOG ON
(NAME='Test_DB_log1',FILENAME='C:\ProgramFiles\MicrosoftSQLServer\MSSQL.1\
MSSQL\DATA\Test_DB_log1.ldf',SIZE=1MB,MAXSIZE=25MB,FILEGROWTH=10%),
(NAME='Test_DB_log2',
FILENAME='C:\ProgramFiles\MicrosoftSQLServer\MSSQL.1\MSSQL\DATA\Test_DB_log2
.ldf',
SIZE=1MB,MAXSIZE=10MB,FILEGROWTH=10%),
(NAME='Test_DB_log3',
FILENAME='C:\ProgramFiles\MicrosoftSQLServer\MSSQL.1\MSSQL\DATA\Test_DB_log3
.ld f',
SIZE=1MB,MAXSIZE=5MB,FILEGROWTH=512KB)
```

4.3 修改数据库

创建数据库后，在使用中常常会对原来的设置进行修改。修改包括：扩充或缩小数据文件和事务日志文件空间、添加或删除数据文件和事务日志文件、创建一文件组、更改默认文件组、更改数据库设置、添加新的数据库或删除不用的数据库、更改数据库名、更改数据库所有者。SQL Server 2008 通常使用 SQL Server Management Studio 工具修改数据库和使用 Transact-SQL 修改数据库两种方法对数据库进行修改。

4.3.1 使用 SQL Server 管理平台修改数据库

1. 修改数据名称

数据库创建之后，一般情况下不要更改数据库的名称，因为许多应用程序都可能使用了该数据库的名称。数据库名称更改之后，需要修改相应的应用程序。如果确实需要更改数据库名称，使用前可以在对象资源管理器窗口中右击用户要修改的数据库，在弹出的快捷菜单中选择“重命名”命令，输入数据的数据库名称。这种更改只是更改了数据库的逻辑名称，对于该数据库的数据文件和日志文件没有任何影响。

2. 修改数据属性

若要在 SQL Server 管理平台工具中修改数据库的属性或文件设置，只要打开数据库属性对话框即可。先在对象资源管理器窗口中右击用户要修改的数据库，在弹出的快捷菜单中选择“属性”命令，打开数据的属性窗口，如图 4-5 所示。该窗口包括如下几个选项卡：

（1）“常规”选项卡。通过“常规”选项卡，用户可以查看数据库的名称、一般信息、数据库备份信息以及使用的排序规则名称等。

（2）“文件”选项卡。在“数据库文件”选项卡中可修改或新增数据库的数据库文件逻辑名称、初始大小和自动增长值。该窗口中数据库文件的各个属性同创建数据库时介绍的相同，用户可以对其中某些文件的某些属性进行修改。其中，“删除”按钮可以删除选中的数据文件，但是主数据文件无法删除。还可以更改数据库的所有者，如图 4-6 所示。

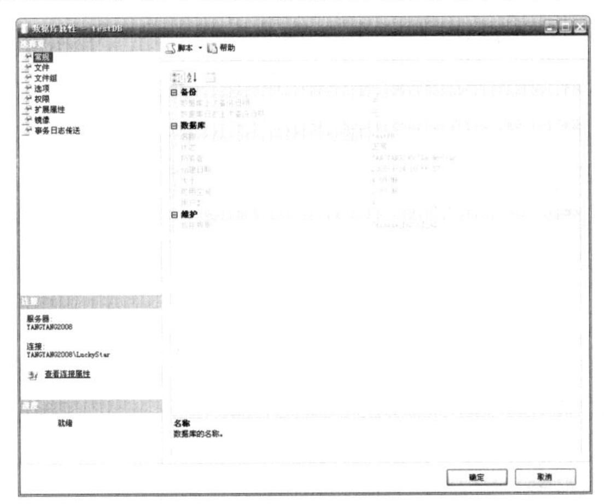

图 4-5　“数据库属性”窗口

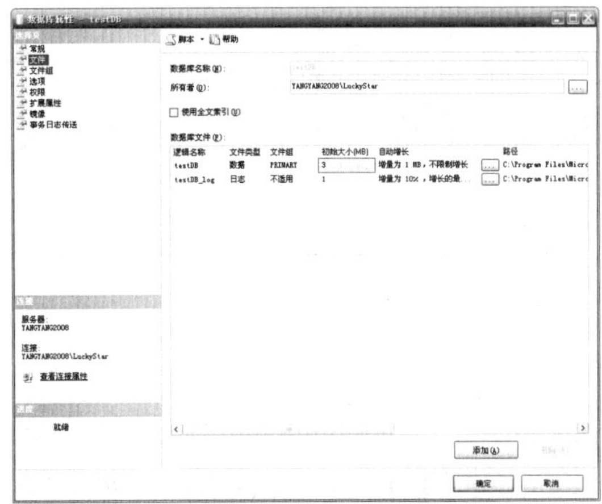

图 4-6　“文件”选项卡

（3）“文件组”选项卡。在“文件组”选项卡中可指定默认文件组，修改、添加文件组。

①“名称”选项：用户可以在该框中输入新文件组的名称。

②“只读”选项：选中此项，文件组中的文件不能被修改（主文件组不能设为只读）。

③“默认值”选项：选中此项将文件组设为默认文件组（默认文件组不能设为只读）。

④“删除”选项：此按钮可以删除文件组，但必须先将文件组中的数据文件全部删除，如图 4-7 所示。

（4）“选项”选项卡。在“选项”选项卡中可对一些常用数据库选项进行设置，如图 4-8 所示。

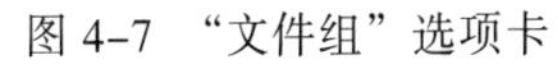

图 4-7　“文件组”选项卡

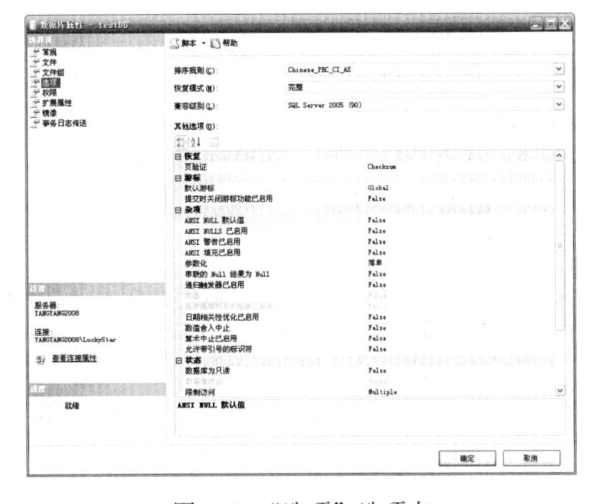

图 4-8　“选项”选项卡

（5）“权限”选项卡。该选项卡用来设置用户、角色、数据库角色、应用程序角色对数据库的使用权限，如图 4-9 所示。

（6）“扩展属性”选项卡。使用扩展属性，可向数据库对象添加自定义属性。使用此页可查看或修改所选对象的扩展属性。该选项卡对所有类型数据库对象都是相同的，如图 4-10 所示。

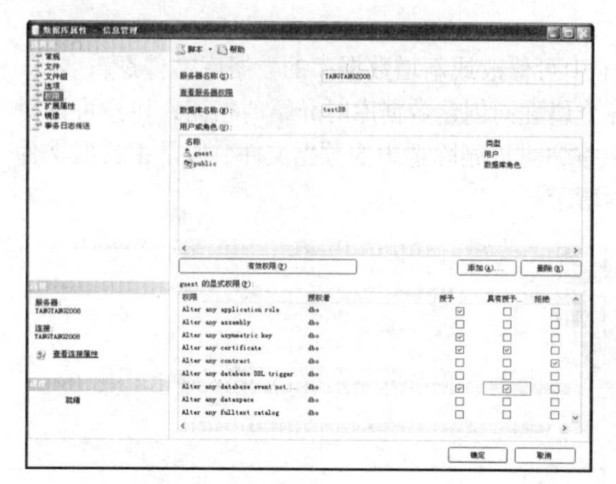

图 4-9 “权限”选项卡

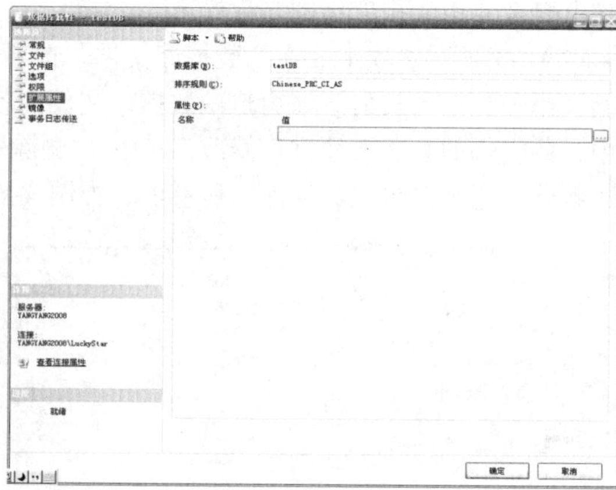

图 4-10 “扩展属性”选项卡

（7）“镜像”选项卡。根据默认设置，数据库镜像当前已被禁用。

（8）“事务日志传送”选项卡。使用此页可以配置和修改数据库的日志传送属性。

4.3.2 使用 Transact-SQL 修改数据库

Transact-SQL 中修改数据库的语句为 ALTER DATABASE 语句，其完整的语法格式如下：

```
ALTER  DATABASE  databasename
{ADD FILE<filespec>[,...n][TO FILEGROUP filegroup_name]
   |ADD LOG FILE<filespec>[,...n]|REMOVE FILE logical_file_name
   |ADD FILEGROUP filegroup_name|REMOVE FILEGROUP filegroup_name
   |MODIFY FILE<filespec>|MODIFY NAME=new_name
   |MODIFY FILEGROUP filegroup_name {filegroup_property}}
```

这段语法可用来对数据库的文件和文件组进行增加或删除其中的某一参数。参数说明如下：

（1）databsename：表示要修改的数据库的名称。

（2）ADD FILE < filespec > [,...n] [TO FILEGROUP filegroup_name]：表示向指定的文件组里添加新的文件。

（3）ADD FILE LOG：向数据库添加事务日志文件。

（4）REMOVE FILE：从数据库及其系统表中删除指定的文件的定义，并且删除其物理文件，文件只有为空时才能被删除。

（5）ADD FILEGROUP：向数据库添加文件组。

（6）REMOVE FILEGROUP：从数据库中删除指定文件组的定义，并且删除其包括的所有数据库文件。文件组为空时才能被删除。

（7）MODIFY FILE：修改指定文件的文件名、容量大小、最大容量、文件增容方式等属性，但一次只能修改文件的一个属性。文件名由<filespec>中的 NAME 参数指定；如果文件大小已经确定，那么新定义的 size 必须比当前的文件容量大；FILENAME 只能指定在 tempdb database 中存在的文件，并且新的文件名只有在 SQL Server 重新启动后才发生作用。

（8）MODIFY FILEGROUP：修改文件组及其属性。文件组属性的可取值如下：

① READONLY：指定文件组为只读。主文件组不能指定为只读。只有对数据库有独占访问权限的用户才可以将一个文件组标志为只读。

② READWRITE：使文件组为可读写。只有对数据库有独占访问权限的用户才可以将一个文件

组标志为读写。

③ DEFAULT：指定文件组为默认文件组。一个数据库只能由一个默认文件组。

【例 4-2】在 4.3 节内容中创建的数据库里增加一个包含 2 个文件的文件组和 2 个日志文件，增加以后在删除一个数据文件。源程序如下：

```
ALTER DATABASE Test_DB  ADD FILEGROUP data4
GO
ALTER DATABASE Test_DB  ADD FILE
(NAME='\Test_DB_Data4',FILENAME='C:\Program Files\Microsoft SQL Server\MSSQL.1\
MSSQL\Data\Test_DB_Data4.ndf',SIZE=4MB,MAXSIZE=100MB,FILEGROWTH=5MB),
(NAME='Test_DB_Data5',FILENAME='C:\ProgramFiles\MicrosoftSQLServer\MSSQL.1\
MSSQL\Data\Test_DB_Data5.ndf',SIZE=5MB,MAXSIZE=25MB,FILEGROWTH=2MB)
TO  FILEGROUP data4
GO
ALTER DATABASE Test_DB  ADD LOG FILE
(NAME='Test_DB_Log4',FILENAME='C:\ProgramFiles\MicrosoftSQLServer\MSSQL.1\
MSSQL\Data\Test_DB_Log4.ldf',SIZE=5MB,MAXSIZE=100MB,FILEGROWTH=4MB),
(NAME='Test_DB_Log5',FILENAME='C:\ProgramFiles\MicrosoftSQLServer\MSSQL.1\
MSSQL\Data\Test_DB_Log5.ldf',SIZE=6MB, MAXSIZE=50MB,FILEGROWTH=4MB)
GO
ALTER DATABASE Test_DB REMOVE FILE Test_DB_Data4
GO
```

使用 Transact-SQL 还可以更改数据库的名称，在重命名数据库之前应该确保没有用户使用该数据库，而且数据库应该设置为“单用户”模式。重命名需要使用 sp_renamedb 存储过程，其语法结构如下：

```
sp_renamedb[@old_name=]'old_name',[@new_name=]'new_name'
```

【例 4-3】将“电子商务”数据库名称更改为“信息管理”数据库。

```
sp_renamedb '电子商务','信息管理'
```

运行结果是：数据库名称已更名为‘信息管理’了。

注意：命令使用前应将要更名的数据库的访问选项设为单用户并关闭，更名称后在 SQL Server Management Studio 工具中看到的还是原来的数据库的名。只有选择数据库在单击工具栏中的“刷新”按钮或者重新启动后才能看到更改后的数据库的名称。

使用 ALTER DATABASE 语句也可以更改数据库名称，语法形式如下：

```
ALTER DATABASE databasename MODIFY NAME=new_databasename
```

4.4　查看数据库信息

使用数据库、修改数据库、为数据库排除故障，经常需要了解数据库的信息，此时可以用 SQL Server Management Studio 工具或 Transact-SQL 命令来实现。

4.4.1　使用 SQL Server 管理平台查看数据库信息

在 SQL Server Management Studio 工具中，可利用 4.3 节介绍的打开数据库属性窗口，查看数据库的基本信息（常规）、文件信息、文件组信息、选项信息、权限信息以及有关字符排序规则、镜像和事务日志等信息，如图 4-11 所示。

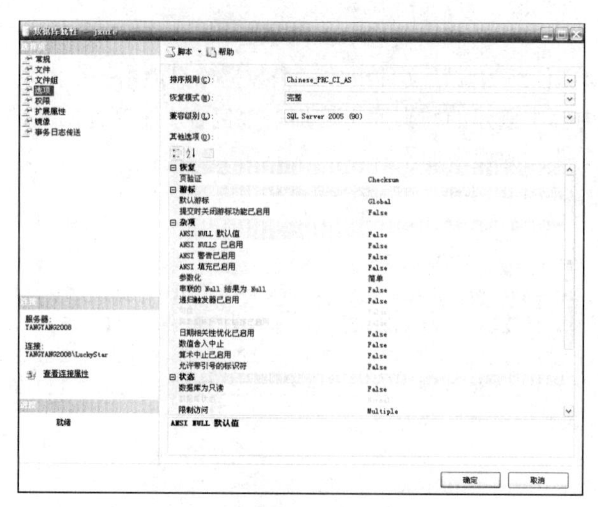

图 4-11　查看数据库信息窗口

4.4.2　使用 Transact-SQL 查看数据库信息

在 SQL Server 2008 系统中，可使用一些目录视图、函数、存储过程查看有关数据库的基本信息。sys.databases 数据库和文件目录视图可查看有关数据库的基本信息，sys.database_files 可查看有关数据库文件的信息，sys.filegroups 可查看有关数据库文件组的信息，sys.master_files 可查看数据库文件基本信息和状态信息。

1. 查看数据库定义信息

SQL Server 2008 每创建一个数据库，系统将在 Master 数据库的 sys.databases 系统表中添加一条记录。查看数据库定义信息起始就是检索 sys.databases 系统表，使用存储过程 sp_helpdb 可以实现这一功能。

sp_helpdb 的语法结构如下：

```
sp_helpdb[[@dbname=]'name']
```

参数含义说明：[[@dbname=] 'name']是需要查看的数据库名称，如果没有指明数据库名，将会列出所有 master 数据库的 sys.databases 系统表中所有的数据库信息。如果指定了数据库名，还将返回该数据库文件和文件组的信息。

【例 4-4】显示 Master 数据库下 sys.databases 系统表中所有数据库信息。

```
EXEC sp_helpdb
```

运行结果如图 4-12 所示。

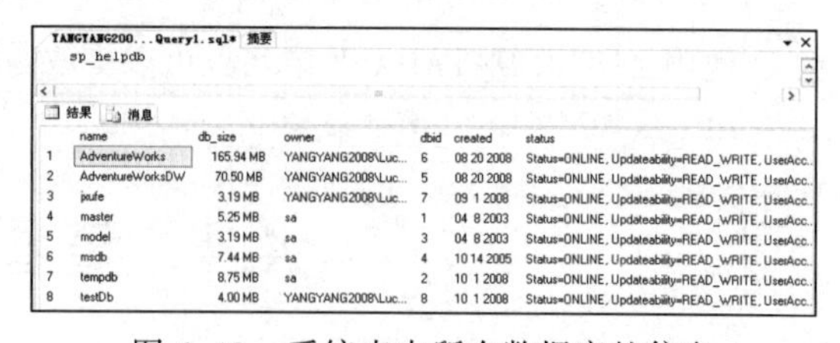

	name	db_size	owner	dbid	created	status
1	AdventureWorks	165.94 MB	YANGYANG2008\Luc...	6	08 20 2008	Status=ONLINE, Updateability=READ_WRITE, UserAcc...
2	AdventureWorksDW	70.50 MB	YANGYANG2008\Luc...	5	08 20 2008	Status=ONLINE, Updateability=READ_WRITE, UserAcc...
3	jxufe	3.19 MB	YANGYANG2008\Luc...	7	09 1 2008	Status=ONLINE, Updateability=READ_WRITE, UserAcc...
4	master	5.25 MB	sa	1	04 8 2003	Status=ONLINE, Updateability=READ_WRITE, UserAcc...
5	model	3.19 MB	sa	3	04 8 2003	Status=ONLINE, Updateability=READ_WRITE, UserAcc...
6	msdb	7.44 MB	sa	4	10 14 2005	Status=ONLINE, Updateability=READ_WRITE, UserAcc...
7	tempdb	8.75 MB	sa	2	10 1 2008	Status=ONLINE, Updateability=READ_WRITE, UserAcc...
8	testDb	4.00 MB	YANGYANG2008\Luc...	8	10 1 2008	Status=ONLINE, Updateability=READ_WRITE, UserAcc...

图 4-12　系统表中所有数据库的信息

【例 4-5】显示数据库 testDb 的信息，运行结果如图 4-13 所示。

```
EXEC sp_helpdb testDb
```

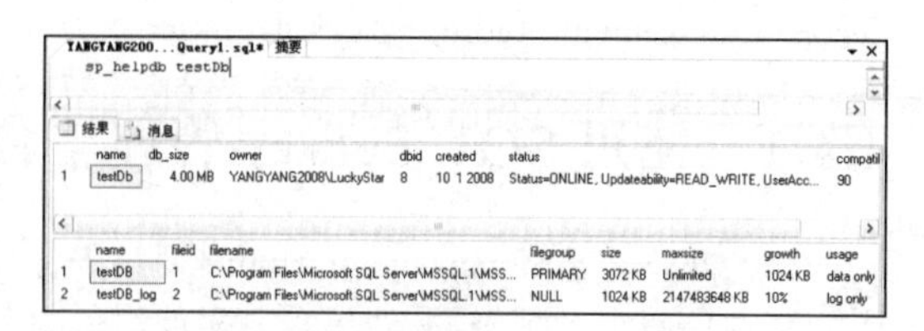

	name	db_size	owner	dbid	created	status	compatil
1	testDb	4.00 MB	YANGYANG2008\LuckyStar	8	10 1 2008	Status=ONLINE, Updateability=READ_WRITE, UserAcc...	90

	name	fileid	filename	filegroup	size	maxsize	growth	usage
1	testDB	1	C:\Program Files\Microsoft SQL Server\MSSQL.1\MSS...	PRIMARY	3072 KB	Unlimited	1024 KB	data only
2	testDB_log	2	C:\Program Files\Microsoft SQL Server\MSSQL.1\MSS...	NULL	1024 KB	2147483648 KB	10%	log only

图 4-13　查看数据库 testDb 的信息

2. 查看数据库数据空间

管理员经常需要查看服务器的数据库空间使用、增长情况，这些信息的查询可以通过存储过程 sp_spaceused 来实现。sp_spaceused 的语法结构如下：

```
sp_spaceused [[@objname=]'name'][,[@updateusage=]'updateusage']
```

参数含义说明：

（1）[@objname=] 'name'：数据库中的表名，显示系统分配给表的空间机器使用情况（包括保留和分配的空间），不指定 objname 参数，系统默认统计当前数据库的数据空间信息。

（2）[@updateusage=]'updateusage']：说明是否在统计数据库使用空间情况前执行 DBCC UPDATEUSAGE 语句，其默认值为 FALSE，若将其值设为 TRUE，系统将对数据库执行 DBCC UPDATEUSAGE 语句，这将花费更多的时间，但是所得到的空间使用信息也将更准确。

3. 查看数据库日志空间

sp_spaceused 只能查询数据库文件空间，而不能查询日志文件空间使用情况。管理员经常需要检索数据库日志文件，以决定是否备份事务日志，或扩大日志文件。查看数据库日志文件可以使用 DBCC SQLPERF 语句。

DBCC SQLPERF 语句的语法结构如下：

```
DBCC SQLPERF(LOGSPACE)
```

【例 4-6】查看数据库 TestDb 日志空间信息。运行结果如图 4-14 所示。

```
use TestDb
DBCC SQLPERF(LOGSPACE)
```

YANGYANG200...Query1.sql*　摘要

```
use TestDb
DBCC SQLPERF(LOGSPACE)
```

结果　消息

	Database Name	Log Size (MB)	Log Space Used (%)	Status
1	master	1.242188	41.50943	0
2	tempdb	0.7421875	65.78947	0
3	model	0.9921875	50.3937	0
4	msdb	1.992188	37.84314	0
5	AdventureWorksDW	1.992188	35.29412	0
6	AdventureWorks	1.992188	40	0
7	jxufe	0.9921875	51.1811	0
8	testDb	0.9921875	43.79921	0

图 4-14　查看数据库的事务日志信息

4. 查看数据库的文件信息

可以使用系统存储过程 sp_helpfile 来显示当前数据库中的文件信息。其语法结构如下：

```
sp_helpfile [[@filename=]'name']
```

参数含义说明：[@filename =]'name'是查看的文件名称。若不指定，则显示当前库中所有文件信息。

【例 4-7】查看数据库 testDb 中 data2 的信息，运行结果如图 4-15 所示。

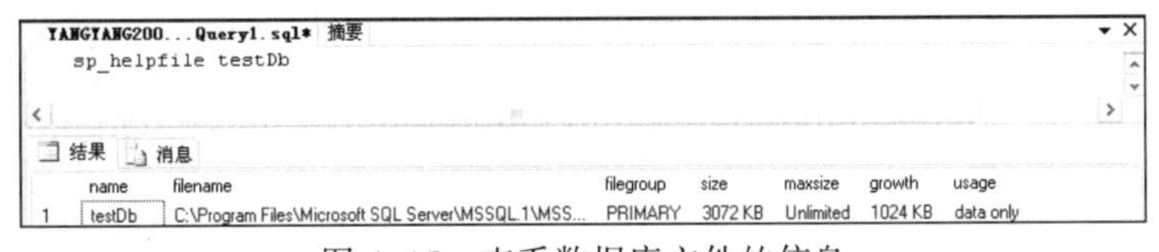

YANGYANG200...Query1.sql*　摘要

```
sp_helpfile testDb
```

结果　消息

	name	filename	filegroup	size	maxsize	growth	usage
1	testDb	C:\Program Files\Microsoft SQL Server\MSSQL.1\MSS...	PRIMARY	3072 KB	Unlimited	1024 KB	data only

图 4-15　查看数据库文件的信息

```
use testDb
sp_helpfile testDb_data2
```

5. 查看数据库的文件组信息

可以使用存储过程 sp_helpfilegroup 来显示当前数据库中文件组信息。其语法结构如下：

```
sp_helpfilegroup [[@filegroupname=]'name']
```

参数含义说明：[@filegroupname=]'name'是查看的文件组名称。如果不指定，则显示当前数据库中所有的文件组信息。

【例 4-8】显示数据库 testDb 中所有文件组的信息，运行结果如图 4-16 所示。

```
use testDb
sp_helpfilegroup
```

【例 4-9】显示数据库 TestDB 中的 data3 文件组的信息，运行结果如图 4-17 所示。

```
use TestDB
sp_helpfilegroup data3
```

图 4-16　显示 testDb 库中所有文件组信息

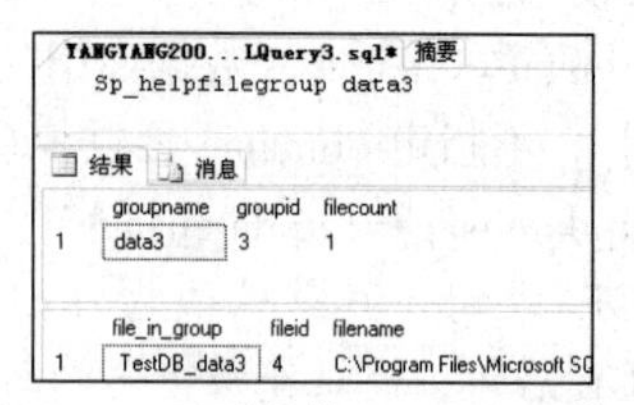

图 4-17　显示文件组 data3 的信息

4.5　压缩数据库

数据库在使用一段时间后，时常会出现因数据删除而造成数据库中空闲空间太多的情况，SQL Server 允许压缩数据库中的每个文件删除未使用的页。当数据库中没有数据时，用户可以直接修改文件的属性改变其占用空间，但当数据库中有数据时，会破坏数据。数据库压缩并不能把一个数据库压缩到比它创建时还小，即使数据库中的数据都删除了也不行。压缩活动在后台进行，并且不影响数据库内的用户活动。数据库可以设置为按给定的时间间隔自动压缩，也可以进行手工压缩。手工压缩数据库有以下两种方式：使用 SQL Server 管理平台和使用 Transact-SQL 语句。

4.5.1　使用 SQL Server 管理平台压缩数据库

如果数据库的设计容量过大，或者删除了数据库中的大量数据，这时数据库会白白浪费大量的磁盘资源。根据用户的实际需要，可以收缩数据库的大小。使用 SQL Server Management Studio 工具既可以收缩整个数据库的大小，也可以收缩指定的数据文件的大小。

（1）从指定的 SQL Server 实例中右击 testDb 数据库，在弹出的快捷菜单中选择“任务”→“收缩”命令，如图 4-18 所示，弹出“收缩数据库”对话框。可以通过该对话框完成收缩 testDb 数据库指定文件和收缩方式的操作。

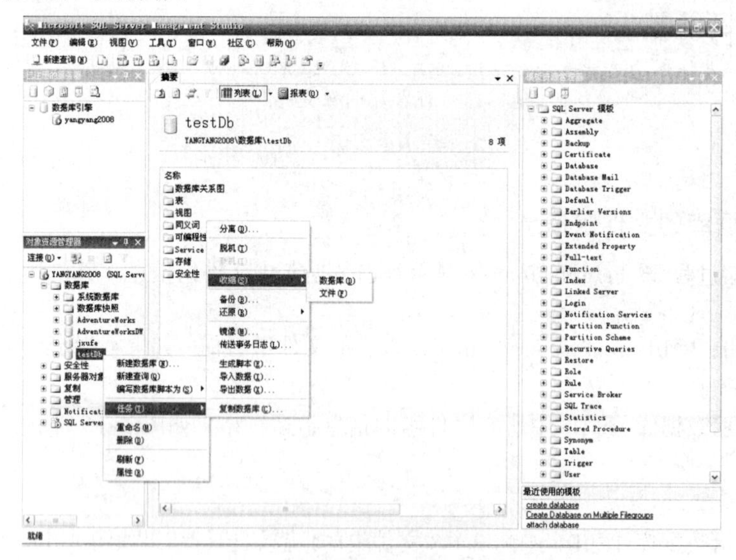

图 4-18　“收缩数据库”窗口

（2）单击“确定”按钮，SQL Server 开始压缩数据库文件。

4.5.2　使用 Transact-SQL 压缩数据库

可以使用 DBCC SHRINKDATABASE 和 DBCC SHRINKFILE 命令来压缩数据库。其中，DBCC SHRINKDATABASE 命令对数据库进行压缩，DBCC SHRINKFILE 命令对数据库中指定的文件进行压缩。

（1）使用 DBCC SHRINKDATABASE 命令压缩数据库，其语法结构如下：

```
DBCC SHRINKDATABASE (database_name
[,target_percent][,{NOTRUNCATE|TRUNCATEONLY}])
```

参数含义说明：

① database_name：要进行压缩的数据库的名称。

② target_percent：是数据库压缩后，数据库文件中所剩余可用空间的百分比。如果用户指定的参数超过数据库目前可用空间的百分比，则无法压缩数据库。

③ NOTRUNCATE：数据库压缩后所释放的空间保留在库文件中，不返回给操作系统。

④ TRUNCATEONLY：数据库压缩后所释放的文件空间返回给操作系统，并将文件压缩到上一次所分配的大小。如果选用本选项，target_percent 所指定的参数变为无效。

DBCC SHRINKDATABASE 命令是一种比自动收缩数据库更加灵活收缩数据库的方式，可对整个数据库进行收缩，但是使用该命令不能将数据库的大小收缩至低于其初始创建时的大小。

【例 4-10】将数据库 Test_Db 的可用空间压缩到数据库大小的 20%。

```
DBCC SHRINKDATABASE (Test_Db,20,NOTRUNCATE)
```

运行结果：

```
-------------------------------
DBCC 执行完毕。如果 DBCC 输出了错误信息，请与系统管理员联系。
```

（2）使用 DBCC SHRINKFILE 压缩当前数据库中的文件，其语法结构如下：

```
DBCC SHRINKFILE({file_name|file_id}{[,target_size]|
[,{EMPTYFILE|NOTRUNCATE|TRUNCATEONLY}]})
```

参数含义说明：

① file_name | file_id：分别表示要压缩的数据库文件的名称和鉴别号（Identification number，ID）。文件的 ID 号可以通过 FILE_ID()函数得到。

② target_size：压缩之后的实际大小，以 MB 为单位且为整数值，如果不输入则会尽量减少数据文件空间。

③ EMPTYFILE：表示此数据文件将不再使用，此文件中的所有数据将会被移至同一文件组的其他文件，执行完此项命令就可以将该文件删除，因为 SQL Server 2008 不允许删除存有数据的数据库文件。

④ NOTRUNCATE 与 TRUNCATEONLY：代表含义与数据库压缩所用的参数意义相同。

注意：只有 db_owner 中的成员或者具有 sysadmin fixed database 角色的用户才有权执行 DBCC SHRIKFILE 命令，而且权限不能转移。需要注意的是，收缩数据库文件只能是收缩未使用的空间，不能收缩数据正在使用的空间。

【例 4-11】压缩数据库 Test_Db 中的数据库文件 TestDB_data3 的大小到 3 MB。

```
use Test_Db
DBCC SHRINKFILE(TestDB_data3,3)
```

4.6 删除数据库

当数据库不再被使用或者因为数据库有损坏而无法正常运行时，用户可按需要从数据库系统中删除数据库。删除数据库的操作很简单，但是删除数据库一定要慎重，因为删除数据库后，与数据库有关联的文件及存储在系统数据库中的关于该数据库的所有信息都会从服务器上的磁盘中被永久删除。除此以外，删除数据库还应该注意以下几点：

（1）数据库所有者 DBO 和数据库管理员 DBA 有权操作，此权限不能授予其他用户。

（2）系统数据库（Msdb、Master、Model、Tempdb）是不能被删除的。当数据库处于数据库正在被使用、数据库正被恢复、数据库中的部分表格是发布的表格状态时不能被删除。

（3）删除数据之后，如果某些登录的默认数据库是被删除的数据库，那么此登录的默认数据库将会被改为 Master 数据库。

（4）为了确保整个系统的安全，在删除数据库后，请立即备份 Master 数据库。

4.6.1 使用 SQL Server 管理平台删除数据库

（1）启动连接到 SQL Server 数据库引擎，在对象资源管理器中展开选定的数据库结点，右击要删除的数据库，在弹出的快捷菜单中选择“删除”命令，如图 4-19 所示。

（2）打开“删除对象”窗口，可以选择是否同时删除数据库备份及历史记录。单击“是”按钮即可删除数据库，如图 4-20 所示。

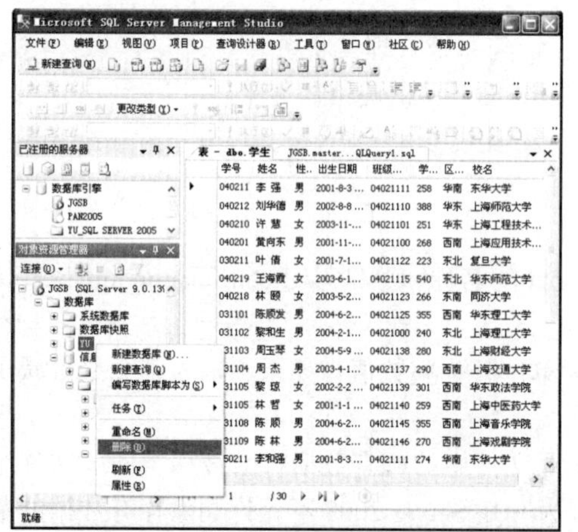

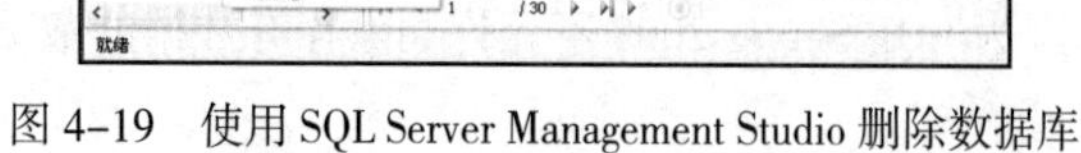

图 4-19　使用 SQL Server Management Studio 删除数据库

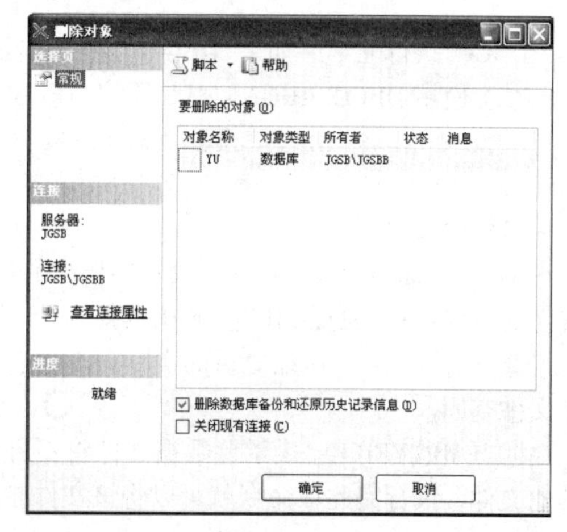

图 4-20　删除数据库的确认窗口

4.6.2 使用 Transact-SQL 删除数据库

Transact-SQL 中用于删除数据库的语句为 DROP DATABASE 语句。DROP DATABASE 命令可以从 SQL Server 中一次删除一个或几个数据库，其语法结构如下：

```
DROP DATABASE database_name1,database_name2...
```

【例 4-12】先创建一个数据库 TestDrop，然后再将它删除（运行过程如图 4-21、图 4-22 所示）。程序代码如下：

```
CREATE  DATABASE  TestDrop
ON PRIMARY
(NAME=TestDrop_data1,FILENAME='D:\Prog_XP\SQL05\MSSQL.1\MSSQL\Data\
```

```
TestDrop.mdf',SIZE=3,MAXSIZE=unlimited,FILEGROWTH=10%)
LOG ON
(NAME='TestDrop_log1',FILENAME='D:\Prog_XP\SQL05\MSSQL.1\MSSQL\Data\
TestDrop_log1.ldf',SIZE=1MB,MAXSIZE=25MB,FILEGROWTH=10%),
(NAME='TestDrop_log2',FILENAME='D:\Prog_XP\SQL05\MSSQL.1\MSSQL\Data\
TestDrop_log2.ldf',SIZE=1MB,MAXSIZE=10MB,FILEGROWTH=10%)
GO
DROP DATABASE TestDrop
```

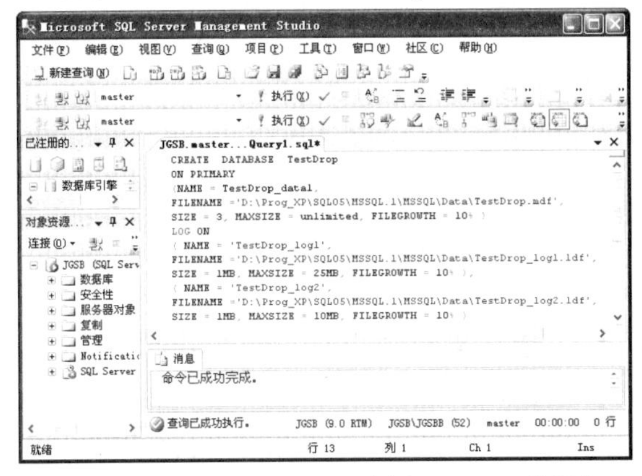

图 4-21　使用 Transact-SQL 创建 TestDrop 数据库

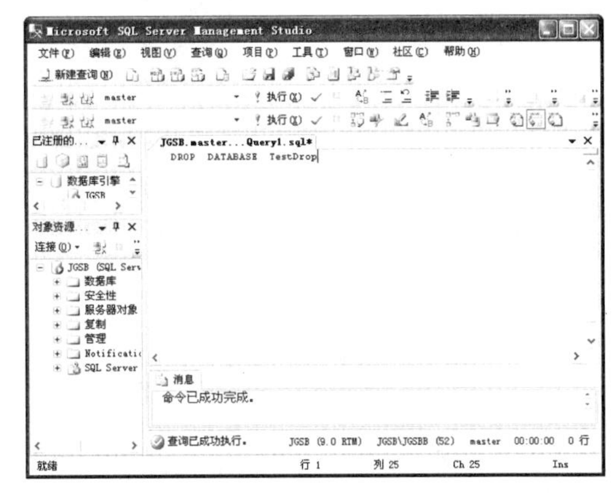

图 4-22　使用 Transact-SQL 删除 TestDrop 数据库

4.7　管理数据库快照

数据库快照是源数据库的只读、静态视图。多个快照可以位于一个源数据库中，并且可以作为数据库始终驻留在同一服务器实例上。数据库快照是在数据页上进行的，当创建了某个源数据库的数据库快照时，数据库快照使用一种稀疏文件维护源数据页。

倘若源数据库中数据页上的数据没有更改，那么对数据库快照的读操作实际上就是读源数据库中这些未更改的数据页上的数据。如果源数据库中某些数据页上的数据被更改了，那么更改前的源数据页就被复制到数据库快照的稀疏文件中了，对这些数据的读操作实际上就是读取稀疏文件中复制过来的数据页。如果源数据库中的数据更改频繁，那么数据库快照中的稀疏文件大小增长过快。为了避免数据库快照中的稀疏文件过大，可以通过创建新的数据库快照来解决这种问题。

数据库快照虽然是源数据库的影像，但是与源数据库相比，快照存在下面一些限制：

（1）必须与源数据库在相同的服务器实例上创建数据库快照。

（2）数据库快照捕捉开始创建快照的时刻点，不包括所有未提交的事务。

（3）数据库快照是只读的，不能在数据库快照中执行修改操作。

（4）不能修改数据库快照的文件，不能附加或分离数据库快照。

（5）不能对数据库快照执行备份或还原操作。

（6）不能创建基于 Model、Master、Tempdb 等系统数据库的快照。

（7）数据库快照不支持全文索引，因此源数据库中的全文目录不能传输过来。

（8）数据库快照继承快照创建时源数据库的安全约束。但是由于快照是只读的，源数库中对权限的修改不能反映到快照中。

（9）数据库快照始终反映创建该快照时的文件组状态。

在 Microsoft SQL Server 2008 系统中，可以使用 CREATE DATABASE 语句创建数据库快照。创建

数据库快照的基本语法形式如下：

```
CREATE DATABASE databasesnapshotname ON
(name=sourcedatabaselogicalfilename,filename='osfilename')
as snapshot of sourcedatabasename
```

在上述语法中，databaseshapshotname 参数是数据库快照名称，该名称应该符合数据库名称的标识符规范，并且在数据库中是唯一的。数据库快照对应的逻辑文件名称是源数据库的数据文件的逻辑名称，由 name 关键字指定。数据库快照的稀疏文件的物理名由 filename 关键字来指定。as snapshot of 子句用于指定该数据库快照对应源数据库名称。

【例 4-13】在图 4-23 所示的示例中，创建了一个名为 AdventureWorkssnapshot 的数据库快照（源库为 AdventureWorks），可使用该快照执行有关数据库的只读操作，其代码如下：

```
CREATE DATABASE AdventureWorkssnapshot ON
(name=AdventureWorks_Data,filename='C:\Program Files\Microsoft SQL Server\ MSSQL.1\
MSSQL\Data\AdventureWorkssnapshot.snp')
as snapshot of AdventureWorks
GO
```

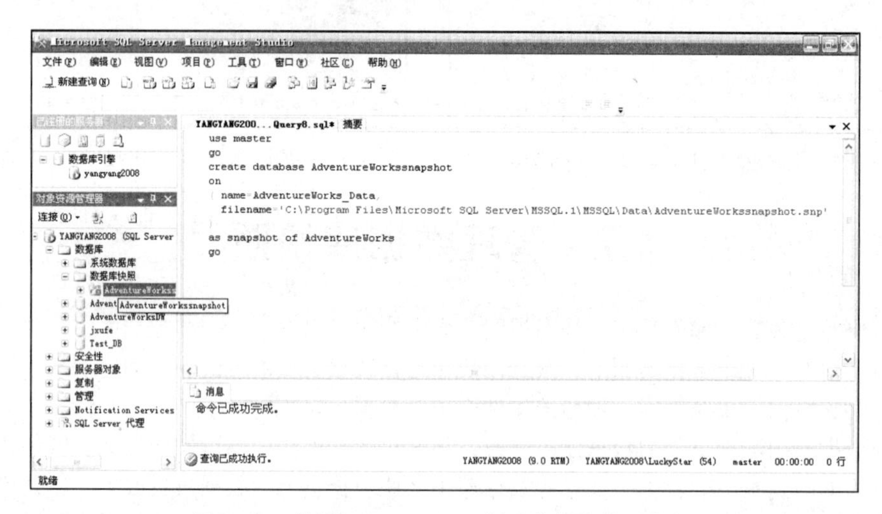

图 4-23 使用 Transact-SQL 创建数据库快照窗口

如果数据库快照不再需要了，可以使用 DROP DATABASE 语句，就像删除数据库一样删除数据库快照。删除数据库快照将删除该快照的稀疏文件，但是对源数据库没有影响。删除数据库快照的语法形式是：

```
DROP DATABASE databasesnapshotname
```

小 结

SQL Server 2008 提供了主文件组、自定义文件组、默认文件组 3 种文件组类型，也提供了主数据文件、辅数据文件、事务日志文件 3 种文件类型。

SQL Server 2008 中创建、修改、查看、数据库、压缩与删除数据库等均有使用 SQL Server Management Studio 工具和使用 Transact-SQL 完成两种方法。数据库的存储结构分为逻辑存储结构和物理存储结构两种。数据库快照是源数据库的只读、静态视图。多个快照可以位于一个源数据库中，并且可以作为数据库始终驻留在同一服务器实例上。

在 SQL Server 2008 系统中，可使用 sys.databases 数据库和文件目录视图可查看有关数据库的基本信息、sys.database_files 可查看有关数据库文件的信息、sys.filegroups 可查看有关数据库文件组的信息、sys.master_files 可查看数据库文件基本信息和状态信息。

思考与练习

一、选择题

1. 关于 SQL Server 2008 文件组的叙述正确的是（　　）。

A. 一个数据库文件不能存在于两个或两个以上的文件组中

B. 日志文件可任属于某个文件组

C. 文件组可以包含不同数据库的数据文件

D. 一个文件组只能放在同一个存储设备中

2. 关于 SQL Server 2008 实例描述正确的有（　　）。

A. 每个实例只能有一个数据库　　B. 实例和数据库是同一个概念

C. 每个实例可以有多个数据库　　D. 实例启动时都会启动固定个数的进程

3. 关于 SQL Server 2008 缩小数据库的操作叙述正确的是（　　）。

A. 数据文件和日志文件都可以缩小　　B. SQL Server 不可进行压缩数据库

C. 数据库可以缩得比初始创建的数据库小　　D. 日志文件的收缩不受任何的限制

4. 关于 SQL Server 2008 数据库快照描述正确的是（　　）。

A. 每个数据库只能创建一个数据库快照　　B. 数据库快照是只读的

C. 能够在数据库快照中执行修改操作　　D. 可以附加或分离数据库快照

5. Transact-SQL 中用于删除数据库的关键字是：（　　）DATABASE。

A. ALTER　　B. KILL　　C. DELETE　　D. DROP

6. 在 SQL Server 2008 中，可把数据库分为系统数据库、用户数据库与（　　）3 类。

A. 数据库映射　　B. 数据库备份　　C. 数据库快照　　D. 数据库复制

7. 在 SQL Server 2008 中，系统数据库是：Master、Msdb、（　　）。

A. Model 和 Tempdb　　B. Resource 和 Pubs

C. AdventureWorks 和 Pubs　　D. Northwind 和 Model

8. 在 SQL Server 2008 中，文件分为主数据文件、（　　）和事务日志文件。

A. 复制数据文件　　B. 备用数据文件　　C. 辅数据文件　　D. 辅佐数据文件

9. 在 SQL Server 2008 中，文件组分为主要文件组、用户定义文件组和（　　）。

A. 备用文件组　　B. 默认文件组　　C. 辅助文件组　　D. 复制文件组

10. 数据库快照受到的限制是：不能（　　）数据库快照的文件。

A. 修改　　B. 删除　　C. 插入　　D. 复制

11. 可使用（　　）数据库和文件目录视图可查看有关数据库的基本信息。

A. sys.database_files　　B. sys.filegroups　　C. sys.master_files　　D. sys.databases

12. 可使用（　　）查看有关数据库文件的信息。

A. sys.database_files　　B. sys.filegroups　　C. sys.master_files　　D. sys.databases

13. 可使用（　　）查看有关数据库文件组的信息。

A. sys.database_files　　B. sys.master_files　　C. sys.filegroups　　D. sys.databases

14. 可使用（　　）可查看数据库文件基本信息和状态信息。

A. sys.database_files　B. sys.master_files　C. sys.filegroups　D. sys.databases

二、思考与实验

1. 使用 CREATE DATABASE 创建一个 student 数据库，所有参数均取默认值。

2. 创建一个 Student1 数据库，该数据库的主文件逻辑名称为 Student1_data，物理文件名为 Student1.mdf，初始大小为 10 MB，最大为无限大，增长速度为 10%；数据库的日志文件逻辑名称为 Student1_log，物理文件名为 Student1.ldf，初始大小为 1 MB，最大为 5 MB，增量为 1 MB。

3. 试完成实验：创建一个指定多个数据文件和日志文件的数据库。该数据库名称为 students，有 1 个 10 MB 和 1 个 20 MB 的数据文件、2 个 10 MB 的事务日志文件。数据文件逻辑名称为 student1 和 student2，物理文件名为 student1.mdf 和 student2.ndf。主文件是 student1，由 primary 指定，两个数据文件的最大分别为无限大和 100 MB，增量分别为 10%和 1 MB。事务日志文件的逻辑名为 studentlog1 和 studentlog2，物理文件名为 studentlog1.ldf studentlog2.ldf，最大为 50 MB，文件增量为 1 MB。

4. 试完成实验：利用 SQL Server Management Studio 工具向数据库 Student1 中添加一个文件组，其包括两个数据文件：它们的逻辑名称为 Student1_data1、Student1_data2，物理文件名为 Student1_1.ndf、Student1_2.ndf。初始大小都为 5 MB，最大为 50 MB，增量为 2 MB。并将其设置为默认文件组。

5. 试完成实验：利用 Transact-SQL 对数据库 students 进行修改。将事务日志文件的大小增加到 15 MB，将数据文件 student1 和 student2 分别增加到 15 MB 和 30 MB。同时增加两个文件组 data1 和 data2，分别包含一个数据文件，逻辑文件名为 student3 和 student4，物理文件名为 student3.ndf 和 student4.ndf，它们初始大小都为 20 MB，最大无限制，增量为 15%；增加一个 10 MB 事务日志文件，最大无限制，增量为 10%。

6. 试完成实验：使用 SQL Server Management Studio 工具查看数据库 Student1 的基本信息；使用 Transact-SQL 查看 students 中所有文件组和文件的信息。

7. 试完成实验：使用 SQL Server Management Studio 工具删除数据库 student；使用 Transact-SQL 同时删除数据库 Student1 和 students。

8. 试完成实验：利用 Transact-SQL 完成对数据库 students 进行修改数据库快照的建立。

第 5 章　数据转换及数据库加载备份管理

【本章提要】SQL Server 2008 为支持企事业决策中浩瀚数据的处理，提供了令人欣慰的数据转换服务、数据库分离与附加、数据库备份和恢复组件及其复制技术等。本章将主要介绍数据转换服务、数据库的分离与附加、数据库的备份和恢复技术与方法等。

5.1　数 据 转 换

在一个颇具规模的信息处理系统中，经常会涉及源于不同地点、以不同格式存储并隶属于不同数据库管理系统软件开发的数据信息，这些都极大地妨碍了数据的集中处理，影响着系统的正常运行。据此，在 SQL Server 2008 中，为了支持企事业决策中浩瀚的数据处理，提供了数据转换服务（Data Transformation Services，DTS）。

5.1.1　数据转换服务

数据转换服务主要介绍了 DTS、DTS 连接的数据源、DTS 数据传输方法。

1. DTS

数据转换服务（DTS）是一组图形工具组件，包含多个处理工具，并提供了接口来实现在不同地点、基于不同数据库管理系统、不同数据源间数据的导入/导出或传输。这意味着通过 DTS 组件不仅可以在 SQL Server 数据源间进行数据的存储，而且可以将 Sybase、Oracle、Informix、DB2、Visual FoxPro、Access 等中的数据传输到 SQL Server 2008，反之亦然。其中，DTS 包将数据导入、导出或传输归结成可存储的对象，DTS 是 SQL Server 提供的具体数据传输服务。利用 DTS 可以完成以下任务：

（1）数据的导入与导出。数据的导入与导出是指在不同应用之间按普通格式读取数据，从而实现数据出入的交换过程。例如，将文本文件或 OLE DB 数据源（如 Access 2008 数据库）导入到 SQL Server 数据库中，也可以把数据从 SQL Server 导出到任何 OLE DB 数据源或 ODBC 数据源中。DTS 还允许将数据从文本文件高速装载到 SQL Server 表。

（2）转换数据格式。转换数据格式涉及数据传输。数据传输是指在数据未到达目标数据源前而对数据采取的一系列操作。系统允许用户将数据在实现数据传输前进行数据格式转换。例如，DTS 允许从源数据源的一列或多列计算出新的列值，然后将其存储在目标数据库中。

（3）传输数据库对象。基于 DTS 用户除了可传输数据之外，还能传输索引、视图、登录、存储过程、触发器、规则、默认值、约束、用户定义数据类型及生成脚本以复制数据库对象。例如，用户可以得心应手地将一个 SQL Server 2008 数据库中的表以及建立在表上的所有存储过程、触发器和约束等全部传输到另外一个数据库中。

（4）用户或包间的消息收发。DTS 包含一个发送邮件任务，可在包步骤成功或失败时发送电子邮件。DTS 中执行包（Execute Package）允许一个包将另一个包作为一个包步骤来运行，DTS 还包含一个消息队列任务，使用户得以使用消息队列发送和接收包间消息。

2. DTS连接的数据源

SQL Server 2008中DTS支持数据源连接与转换类型为SQL Server 2008及其兼容版的数据库、Oracle系列数据库、Microsoft Access数据库、Microsoft Visual FoxPro数据库、DBase或Paradox数据库、Microsoft Excel 电子表格、ODBC Date数据源、IBM DB2等。

3. DTS数据传输方法

SQL Server 2008中可完成的数据传输方法包括SQL Server管理平台、Bcp 命令、BULK INSERT和 INSERT... SELECT * FROM OPENROWSET(BULK...) 语句几种形式。

（1）Bcp。Bcp（bcp.exe）大容量复制程序是通过Bcp命令完成大容量数据传输的命令行工具，提供了一些开关，可指定数据文件的数据类型和其他信息，可执行下列任务：

① 将大容量数据从 SQL Server 表导出到数据文件中。

② 将大容量数据从数据文件导入到 SQL Server 表中。

③ 生成格式化文件与从查询导出大容量数据。

④ 可将数据从其他DBMS导入到系统数据库中。

（2）BULK INSERT 语句。BULK INSERT 将数据从数据文件加载到表中，此功能类似于Bcp命令的 in 选项，但是数据文件是由 SQL Server 进程读取的，可处理用户模拟。

（3）INSERT... OPENROWSET函数。该函数通过 OLE DB 访问接口连接到远程数据源并从该数据源访问远程数据。SQL Server 2008 在 OPENROWSET 函数中引入了大容量行集提供程序，可以方便地读取数据文件。INSERT 语句可以按以下格式调用 SELECT 语句：INSERT ... SELECT * FROM OPENROWSET(BULK...)。

（4）SQL Server管理平台。SQL Server管理平台可图形化地完成数据传输，是本教材关注的重点。

SQL Server 2008中可完成大容量数据传输的工具方法如下：

① INSERT ... SELECT * FROM OPENROWSET(BULK...)，可导出。

② Bcp命令与Microsoft SQL Server 2008 Integration Services (SSIS)，可导出。

③ BULK INSERT（Transact-SQL）；XML大容量加载等。

5.1.2 导入数据

下面将通过一个将Microsoft Access数据库（信息管理_sql05book.mdb）导入到SQL Server 2008系统的信息管理数据库的实例来描述整个数据导入过程，具体SQL Server 2008导入数据的过程叙述如下：

（1）启动SQL Server管理平台，连接到SQL Server 数据库引擎，在对象资源管理器中展开选定的数据库结点，右击具体数据库，在弹出的快捷菜单中选择“任务”→“导入数据”命令（见图5-1），打开图5-2所示的“欢迎使用SQL Server导入和导出向导”窗口。单击“下一步”按钮，进入图5-3所示的“选择数据源”窗口，选择要从中导入的数据源数据库类型。

（2）在“数据源”下拉列表框中选择要导入的数据源，这里选择Microsoft Access数据库，在“文件名”文本框中输入数据库所在的文件标识，或单击“浏览”按钮进行选择，并输入用户名和密码（可以不输入），单击“下一步”按钮，打开图5-4所示的“选择目标”窗口。在该窗口中指定将数据导入到何处，选择SQL Native Client数据库，在“服务器名称”下拉列表框中选择具体的服务器及身份验证方法。若身份验证为“使用SQL Server身份验证”，则要输入用户名和密码。在“数据库”下拉列表框中选择具体的数据库，若无反应，可单击“刷新”按钮，这里选择“信息管理”选项，单击“下一步”按钮，进入“指定表复制或查询”窗口。

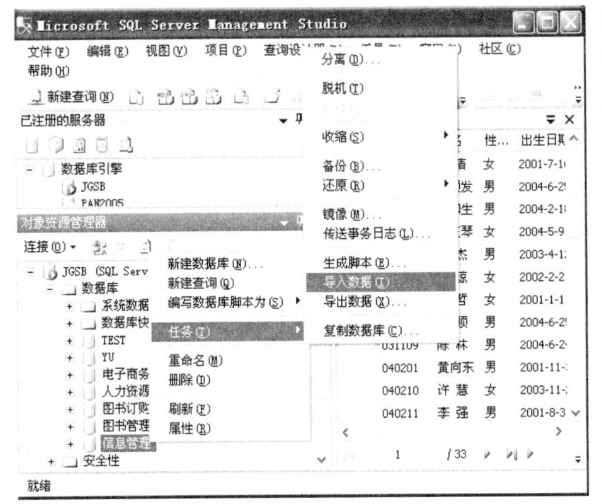

图 5-1　数据导入菜单

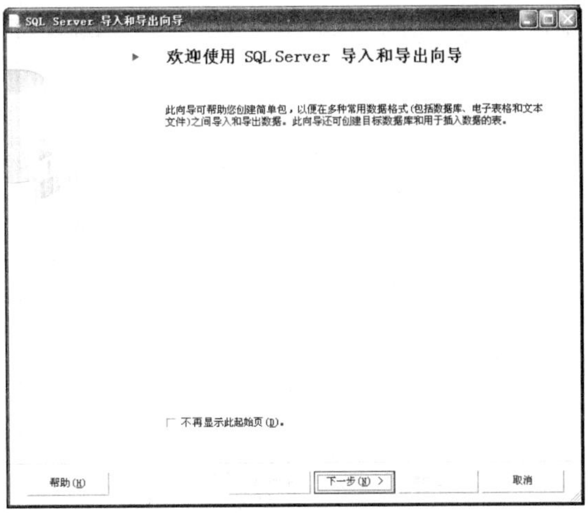

图 5-2　SQL Server 导入和导出向导窗口

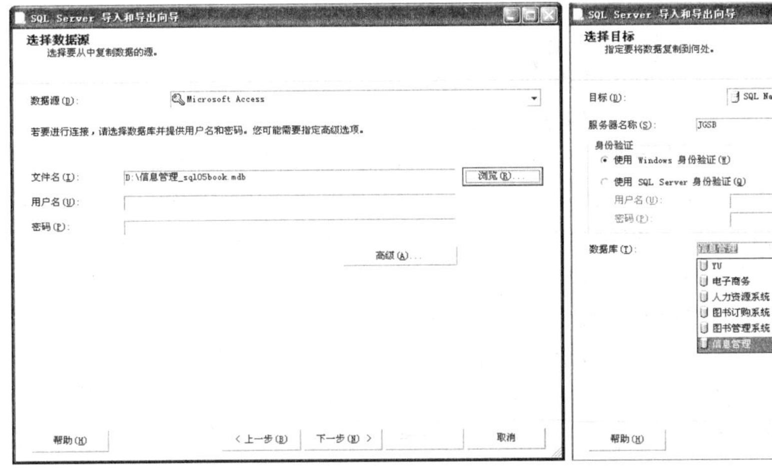

图 5-3　“选择数据源”窗口

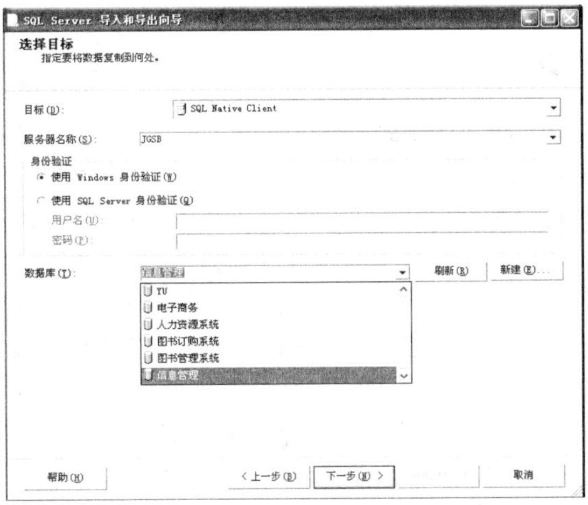

图 5-4　“选择目标”窗口

（3）在该窗口中指定表复制还是从数据源在复制查询结果，单击“下一步”按钮，在打开的图 5-5 所示的“选择源表和源视图”窗口中选择一个或多个所列要复制的源表或源视图，这里选择学生、课程、成绩、班级 4 个数据表，单击“下一步”按钮，进入“保存并执行包”窗口。

（4）在“保存并执行包”窗口中指示是否保存 SSIS 包或立即执行，既可选择“立即执行”复选框，也可按需要选择另一复选框（保存 SSIS 包）。当选择“保存 SSIS 包”复选框时，会弹出“包保护级别”对话框，可按提示执行并单击“完成”按钮。然后单击“下一步”按钮，进入“完成该向导”窗口。

（5）在该窗口中验证向导选择的选项，单击“完成”按钮，进入图 5-6 所示的“执行成功”窗口。在此过程中可以看到系统将会运行导入过程成功的信息（若出错，则有出错提示信息），系统通过操作、状态、消息 3 列来提示具体信息。单击“关闭”按钮即可结束整个 DTS 导入数据过程。

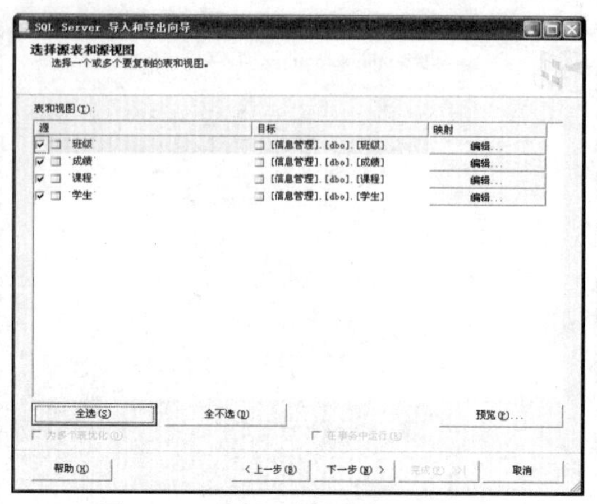
图 5-5 “选择源表和源视图”窗口

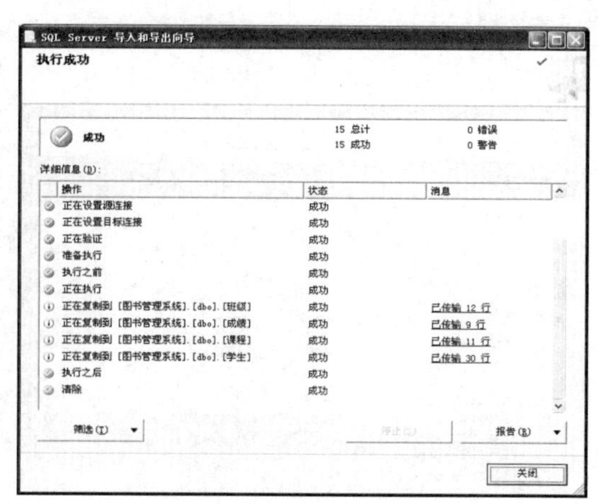
图 5-6 “执行成功”窗口

5.1.3 导出数据

同样，这里将通过一个将 SQL Server 2008 系统下信息管理数据库导出至 Access 数据库（YUSQL 2008.mdb）的实例来描述整个数据导入过程。SQL Server 2008 导出数据的过程如下：

（1）启动 SQL Server 管理平台，连接到 SQL Server 数据库引擎，在对象资源管理器中展开选定的数据库结点，右击具体的数据库，在弹出的快捷菜单中选择“任务”→“导出数据”命令，打开图 5-2 所示的“欢迎使用 SQL Serve 导入和导出向导”窗口。单击“下一步”按钮，进入图 5-7 所示的“选择数据源”窗口，选择要从中导入的数据源数据库类型。

（2）在“数据源”下拉列表框中选择要导入的数据源为 SQL Native Client 数据库，在“服务器名称”下拉列表框中选择具体的服务器并设置身份验证方法。若身份验证为“使用 SQL Server 身份验证”，则要输入用户名和密码。在数据库列表中选择具体的数据库，若无反应，则单击“刷新”按钮，这里选择“信息管理”选项，单击“下一步”按钮，打开图 5-8 所示的“选择目标”，指定将数据复制到何处。在“目标”下拉列表框中选择 Microsoft Access 数据库，在“文件名”中输入数据库所在的文件标识，或单击“浏览”按钮进行选择，并输入用户名和密码（可以不输入）。单击“高级”按钮，指定数据库并进行连接测试。

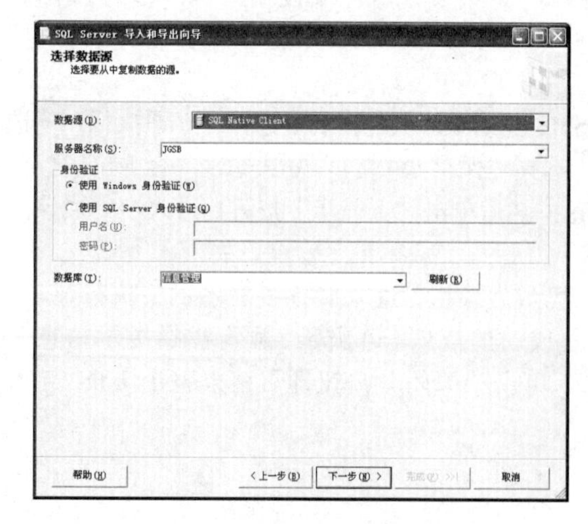
图 5-7 导出数据选择数据源

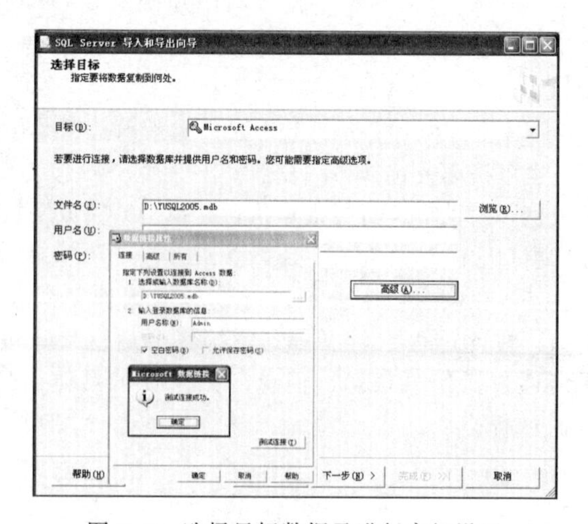
图 5-8 选择目标数据及进行高级设置

（3）单击“下一步”按钮，进入图 5-9 所示的“指定表复制或查询”窗口。在该窗口中指定表复制还是从数据源在复制查询结果，单击“下一步”按钮，进入图 5-10 所示的“选择源表和源视图”窗口，选择一个或多个所列要复制的源表或源视图，这里选择学生、课程、成绩、班级 4 个数据表及相关视图，单击“预览”按钮，即可浏览详细信息。单击“下一步”按钮，进入图 5-11 所示的“保存 SSIS 包”窗口。

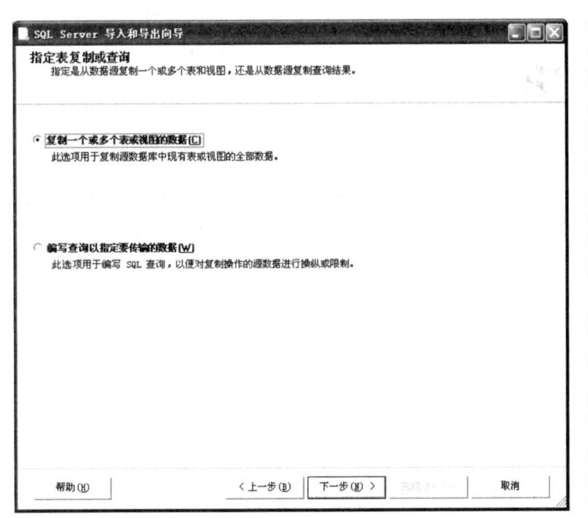

图 5-9　“指定表复制或查询”窗口

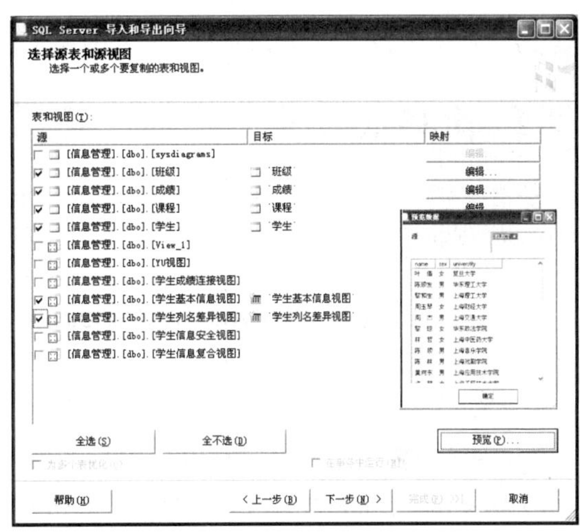

图 5-10　“选择源表和源视图”窗口

（4）在“保存 SSIS 包”窗口中指示是否保存 SSIS 包或立即执行。既可选择“立即执行”复选框，也可按需要选择另一复选框（保存 SSIS 包）。当选择“保存 SSIS 包”复选框时，弹出“包保护级别”对话框，可按提示执行并单击“完成”按钮。然后单击“下一步”按钮，进入“完成该向导”窗口。

（5）在该窗口中验证向导选择的选项，单击“完成”按钮，进入图 5-12 所示的“执行成功”窗口。在此过程中可以看到系统将会运行导出过程成功的信息（若出错，则有出错提示信息），系统通过操作、状态、消息 3 列来提示具体信息。单击“报告”按钮即可查看详细报告信息。单击“关闭”按钮即可结束整个 DTS 导出数据过程。

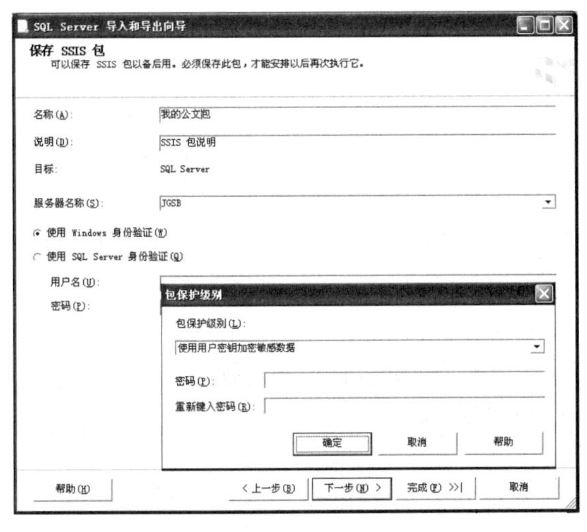

图 5-11　“保存 SSIS 包”窗口

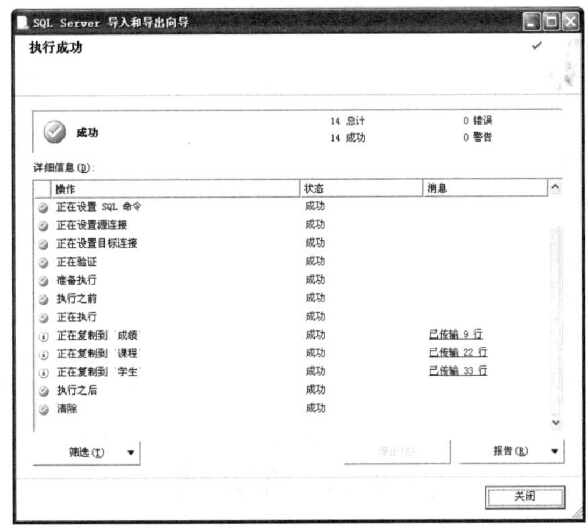

图 5-12　“执行成功”窗口

5.2 数据库分离与附加

现代数据库应用开发系统中，经常会将应用项目工作于不同的专用服务器上，SQL Server 2008系统则可充当此重任，能从系统中分离数据库的数据和事务日志文件，然后将它们重新附加到同一或其他 SQL Server 实例。若将数据库更改到同一计算机的不同 SQL Server 实例或要移动数据库到其他不同服务器，分离和附加数据库会很有应用价值，也是应用开发中广泛使用的，相当便捷、可靠。

5.2.1 分离数据库

分离数据库是指将数据库从 SQL Server 2008 实例中删除，但保持组成该数据库及其中的对象、数据文件和事务日志文件完好无损。然后就可以通过附加将这些将数据库文件添加到任何 SQL Server 2008 实例上，提供数据库支持。影响数据库分离的约束如下：

（1）已复制并发布的数据库，否则需要运行 sp_replicationdboption 禁用发布后才行。

（2）数据库中存在数据库快照或数据库处于可疑状态。

分离数据库有 SQL Server 管理平台与 Transact-SQL 语句两种方法。

1. SQL Server 管理平台分离数据库

SQL Server 管理平台分离 YU 数据库实例的过程如下：

（1）启动 SQL Server 管理平台，连接到 SQL Server 数据库引擎，在对象资源管理器中展开“数据库”结点，右击要分离的用户数据库的名称，在弹出的快捷菜单中选择“任务”→“分离”命令（见图 5-13（a）），打开图 5-13（b）所示的“分离数据库”窗口。

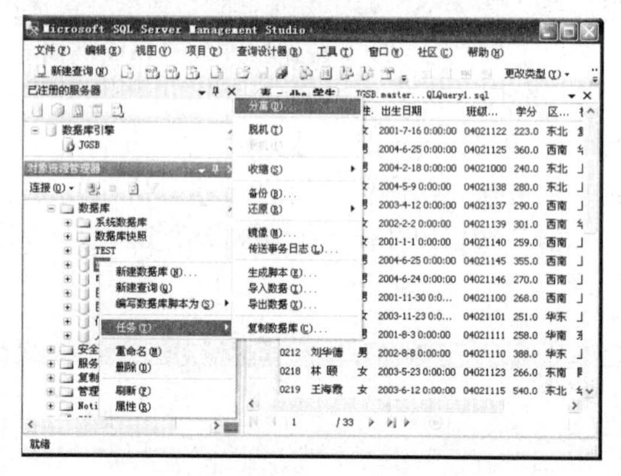

（a）选择“任务”→“分离”命令

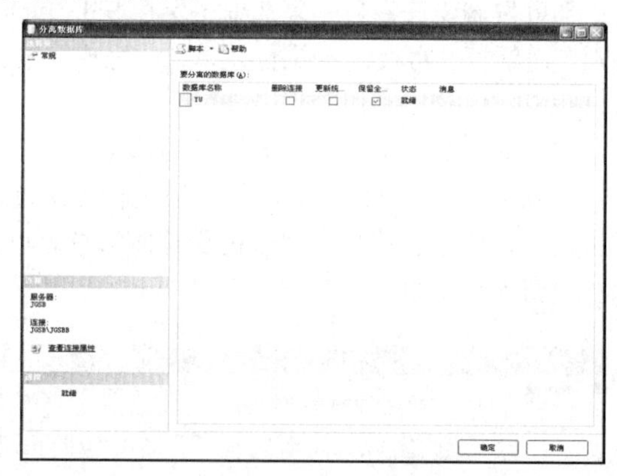

（b）“分离数据库”窗口

图 5-13 SSMS 分离数据库过程

（2）选中要分离的数据库，网格将显示数据库名称列中选中的数据库名称。验证这是否为要分离的数据库。默认情况下，将在分离数据库时保留过期的优化统计信息；若要更新现有的优化统计信息，则选中“更新统计信息”复选框。默认情况下，分离操作保留所有与数据库关联的全文目录。若要删除全文目录，则取消选择“保留全文目录”复选框。“状态”列将显示当前数据库“就绪状态”。分离数据库准备就绪后，单击“确定”按钮即可完成分离数据库。

2. Transact-SQL 语句分离数据库

Transact-SQL 语句方法格式为：

```
sp_detach_db 数据库名
```

例如：使用 T-SQL 语句方法分离“信息管理”数据库。

语句为：sp_detach_db '信息管理'

语句执行效果如图 5-14 所示。

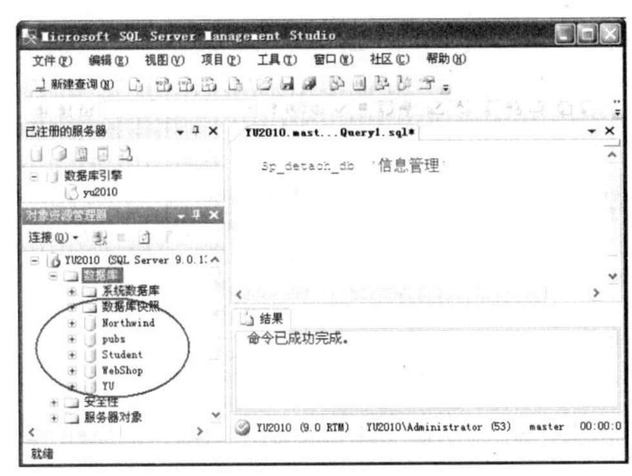

图 5-14　语句执行效果

5.2.2　附加数据库

用户可以实施分离数据库的逆向操作，完成附加复制或分离 SQL Server 2008 数据库，数据库包含的全文数据文件将随数据库一起附加，所有数据文件（.mdf 文件和.ndf 文件）必须完整可用。如果存在的数据文件的路径不同于首次创建数据库或上次附加数据库时的路径，则必须指定文件的当前路径。附加数据库时会将数据库重置为它分离或复制时的状态。若所附加的主数据文件为只读，附加数据库则也是只读的。分离再重新附加只读数据库后，会丢失差异基准信息。这会导致 Master 数据库与只读数据库不同步。

附加数据库有 SQL Server 管理平台和 Transact-SQL 语句两种方法。

1. SQL Server 管理平台附加数据库

SQL Server 管理平台附加 YU 数据库实例的过程如下：

（1）启动 SQL Server 管理平台，连接到 SQL Server 数据库引擎，在对象资源管理器中右击“数据库”结点。

（2）选择“附加”命令，打开图 5-15（a）所示的窗口。

（3）若要指定要附加的数据库，则单击“添加”按钮，然后在“定位数据库文件”窗口中选择该数据库所在的磁盘驱动器，展开目录树以查找和选择该数据库的.mdf 文件（本例假设该数据库已分离）。若要指定以不同名称附加数据库，则在“附加数据库”窗口的“附加为”列中输入名称。附加数据库准备就绪后，单击“确定”按钮即可完成附加数据库。

2. Transact-SQL 语句附加数据库

Transact-SQL 语句附加数据库方法格式为：

```
sp_attach_db [@dbname=] 'dbname',[ @filename1= ] 'filename_n' [,…16]
```

参数说明如下：

（1）[@dbname=] ' dbname '：要附加到该服务器的数据库的名称。该名称必须是唯一的。dbname 的数据类型为 sysname，默认值为 NULL。

（2）[@filename1=] ' filename_n '：数据库文件的物理名称，包括路径。filename_n 的数据类型为 nvarchar(260)，默认值为 NULL。最多可以指定 16 个文件名。参数名称从 @filename1 开始，一

直增加到@filename16。

（3）文件名列表至少必须包括主文件。主文件中包含指向数据库中其他文件的系统表。该列表还须包括在数据库分离之后移动的所有文件。

例如：使用 Transact-SQL 语句方法附加信息管理数据库。

语句为：sp_attach_db '信息管理', 'C:\信息管理.mdf','C:\信息管理_log.ldf'

语句执行效果如图 5-15（b）所示。

（a） SSMS 附加数据库窗口

（b） Transact-SQL 附加数据库窗口

图 5-15 “附加数据库”窗口

5.3 数据库备份与恢复

SQL Server 2008 系统提供了内置的安全性和数据保护机制，可通过数据库备份和恢复来防止非法登录者或非授权用户对 SQL Server 数据库或数据造成破坏、应对合法用户的数据操作不当或存储媒体受损及系统运行的服务出现崩溃性出错等现象。

5.3.1 备份和恢复概述

1. 备份基础

备份和恢复组件是 SQL Server 的重要组成部分，为存储在 SQL Server 数据库中的关键数据提供重要的保护手段。通过适当设置，可以从多种故障中恢复所备份的数据。引起系统故障与数据损失的因素主要包括：存储介质故障、服务器崩溃故障、用户错误操作、硬件故障与自然灾害等。备份是对 SQL Server 数据库或事务日志进行复制，数据库备份记录了在进行备份这一操作时，数据库中所有数据的状态，如果数据库因意外而受损，这些备份文件将在数据库恢复时被用来恢复数据库。但在备份过程中切勿执行以下操作：

（1）创建或删除数据库文件，创建索引与执行非日志操作。

（2）自动或手工缩小数据库或数据库文件大小。

倘若系统准备进行备份与以上各种操作正在进行中，则备份处理将被终止；倘若正在备份过程中，打算执行以上任何操作，则操作将失败，而备份继续进行。

2. 备份类型

在 SQL Server 2008 中有 3 种方法备份数据库中的数据，它们彼此间的联合使用可获得较好的备份效果，备份类型的具体叙述如表 5-1 所示。

表 5-1　数据库备份类型

类　　型		特　　　　点
备份	完整数据库备份	该类型是指对数据库所有数据及其对象的完整备份，首先将事务日志写到磁盘上，然后创建相同的数据库和数据库对象及复制数据。此类型不仅速度较慢，而且将占用大量磁盘空间。备份时，所有未完成的事务或者发生在备份过程中的事务都将被忽略，所以尽量在一定条件下才使用这种备份类型。通常在进行完整数据库备份时常将其安排在晚间或系统闲暇之时，以提高数据库备份的速度
	差异数据库备份	差异数据库备份只记录自上次数据库备份（最近一次数据库备份）后发生更改的数据，即是一种增量数据库备份，由于备份的数据量较小，所以备份和恢复所用的时间较短。同时使用事务日志备份可恢复到精确的故障点。在下列情况下可考虑使用差异数据库备份：①自上次数据库备份后数据库中只有相对较少的数据发生了更改；②使用的是简单恢复模型且希望进行更频繁的备份
	事务日志备份	该备份是自上次备份事务日志后对数据库执行的所有事务的一系列记录，可将数据库恢复到特定的即时点或故障点。事务日志备份比完整数据库备份使用的资源少。因而可比数据库备份更经常地创建事务日志备份。经常备份将减少丢失数据的危险。以下情况下人们常选择事务日志备份：①不允许在最近一次数据库备份后发生数据丢失或损坏现象；②存储备份文件的磁盘空间很小或者留给进行备份操作的时间有限；③准备把数据库恢复到发生故障的前一点；④数据库变化较为频繁。由于事务日志备份仅对数据库事务日志进行备份，所以其需要的磁盘空间和备份时间都比完整数据库备份少得多。因而人们时常采用此策略：即每天进行一次数据库备份而以一个或几个小时的频率备份事务日志，这样利用事务日志备份就可以将数据库恢复到任意一个创建事务日志备份的时刻
恢复模型	简单恢复模型	该模型允许将数据库恢复到最新的备份，即恢复到上次备份的即时点，但无法将数据库还原到故障点或特定的即时点。若要还原到这些点，则应选择完整恢复或大容量日志记录恢复。简单恢复的备份策略包括完整数据库备份和差异备份
	完整恢复模型	完整恢复允许将数据库恢复到故障点状态，可使用数据库备份和事务日志备份提供对媒体故障的完整防范。若一个或多个数据文件损坏，则媒体恢复可还原所有已提交事务，正在进行的事务将回滚。为保证恢复程度，包括大容量操作（SELECT INTO、CREATE INDEX 和大容量装载数据等）在内的所有操作都将完整地记入日志
	大容量日志恢复模型	大容量日志记录恢复模型允许大容量日志记录操作，提供对媒体故障的防范，并对某些大规模或大容量复制操作提供最佳性能和最少的日志使用空间。这些大容量复制操作的数据丢失程度要比完整恢复模型严重。虽然在完整恢复模型下记录大容量复制操作的完整日志，但在大容量日志记录恢复模型下，只记录这些操作的最小日志，而且无法逐个控制这些操作。数据文件损坏也可能导致必须手工重做工作。大容量日志记录恢复的备份策略包括完整数据库备份、差异备份和日志备份

3. 恢复模型

恢复就是把遭受破坏、丢失数据或出现错误的数据库恢复到原来的正常状态。该状态的效果是由备份决定的，但是为了维护数据库的一致性，在备份中未完成的事务并不进行恢复。在 SQL Server 2008 中数据库恢复有 3 种恢复模型以供选择，进而确定如何备份数据以及能承受何种程度的数据丢失。下面是可以选择的 3 种恢复模型，如何合理地选择 3 种恢复模型，表 5-2 陈述了 3 种恢复模型的比较。

表 5-2　3 种恢复模型的比较

参　　数	特　　点	恢　复　态　势	工　作　损　失　状　况
简单恢复模型	允许高性能大容量复制操作，可收回日志空间	可恢复到任何备份的尾端，随后需要重做更改	必须重做自最新的数据库或差异备份后所发生的更改
完整恢复模型	数据文件损失不导致工作损失，可恢复到任意即时点	可恢复到任意即时点	正常情况下无损失。若日志损坏，则需要重做自最新的日志备份后所发生的更改
大容量日志记录恢复模型	允许高性能大容量复制操作，大容量操作使用最小的日志空间	可恢复到任何备份的尾端，随后需要重做更改	若日志损坏或自最新的日志备份后发生操作，则需要重做自上次备份后所做的更改，否则将丢失工作数据

5.3.2 备份设备

备份设备是用来存储数据库事务日志或文件和文件组备份的存储介质（可以是硬盘、磁带或管道等），在进行备份数据库前先介绍一下备份设备及其创建。

1. 物理设备与逻辑设备

SQL Server 2008 使用物理设备名称或逻辑设备名称来标识备份设备。

（1）物理备份设备是操作系统用来标识备份设备名称与引用管理备份设备的，如 C:\Backups \Accounting\bf.bak。

（2）逻辑备份设备是用简单、形象的名称来有效地标识物理备份设备的别名或公用名。

逻辑设备名称永久地存储在 SQL Server 内的系统表中。使用逻辑备份设备的优点是引用它比引用物理设备名称简单。例如，逻辑设备名称可以是 bf _Backup，而物理设备名称则是 C:\Backups\Accounting\ bf.bak，显得相对累赘。

2. 创建与管理备份设备

使用 SQL Server 管理平台和 Transact-SQL 可以方便地管理数据库备份与恢复操作。在进行数据库备份前得首先创建备份设备。

1）使用 SQL Server 管理平台创建备份设备

在 SQL Server 中使用 SQL Server 管理平台创建备份设备的步骤如下：

（1）启动 SQL Server 管理平台，连接到 SQL Server 数据库引擎，在对象资源管理器中展开“服务器名称”结点，右击“备份设备”选项，在弹出的快捷菜单中选择“新建备份设备”命令。

（2）打开图 5-16 所示的“备份设备”窗口，在“设备名称”文本为框中输入设备名称，若要确定目标位置，单击文件浏览器窗口，选择文件及完整路径。

（3）最后单击“确定”按钮，完成备份设备的创建。

注意：在创建备份设备后，也可通过 SQL Server 管理平台查看或删除该备份设备。只要在 SQL Server 管理平台中右击“服务器名称”结点下具体的备份设备，在弹出的快捷菜单中选择“属性”或“删除”命令，即可实施查看或删除指定备份设备。也可以使用存储过程语句 sp_helpdevice 查看备份设备上的信息。

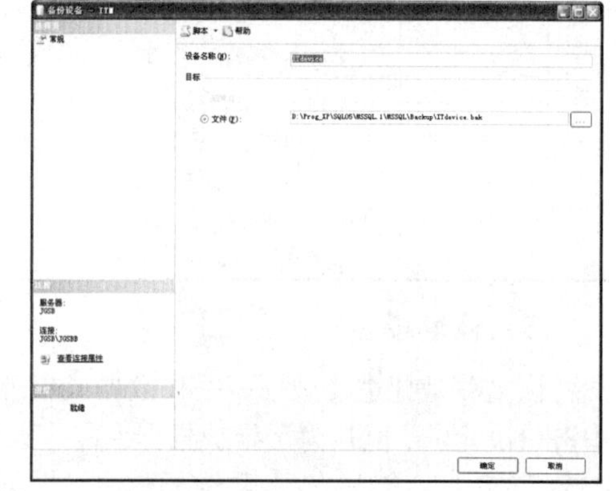

图 5-16 创建备份设备窗口

2）使用 Transact-SQL 创建备份设备

在 SQL Server 2008 中，可以使用系统存储过程 sp_addumpdevice 实现创建数据库备份设备，其语法格式如下：

```
sp_addumpdevice[@devtype=]'device_type',[@logicalname=]'logical_name',
[@physicalname=] 'physical_name'
```

部分参数含义说明如下：

（1）[@devtype=]'device_type'：表示设备类型，其值可以为 disk（磁盘）、pipe（命名管道）和 tape（磁带设备）。

（2）[@logicalname =] 'logical_name'：表示设备的逻辑名称，该逻辑名称用于 BACKUP 和 RESTORE 语句中。

（3）[@physicalname =] 'physical_name'：表示备份设备的物理名称，使用不同的备份介质其名称格式不同。物理名称必须遵照操作系统文件名称的规则或者网络设备的通用命名规则，并且必须包括完整的路径。

注意：系统存储过程 sp_addumpdevice 不允许在事务中执行。

【例 5-1】创建一个名为 xxgl 的磁盘备份设备。

```
use master
EXEC sp_addumpdevice 'disk','xxgl','c:\xxgl.bak'
```

【例 5-2】创建远程磁盘备份设备。

```
EXEC sp_addumpdevice 'disk','networkdevice','\\servername\sharename\path\
filename. bak'
```

在 SQL Server 2008 中，可以使用系统存储过程 sp_dropdevice 来删除备份设备。

sp_dropdevice 语法格式如下：

```
sp_dropdevice [@logicalname=]'device',[[@delfile=]'delfile']
```

其中：

① @logicalname 表示备份设备逻辑名。

② @delfile 表示相对应的物理备份设备文件。

【例 5-3】删除名为 xxgl 的磁盘备份设备。

```
EXEC sp_dropdevice'xxgl'
GO
```

【例 5-4】查看所有备份设备信息，结果如图 5-17 所示。

```
EXEC sp_helpdevice
```

图 5-17　查看备份设备信息对话框

5.3.3　备份数据库

1. 使用 SQL Server 管理平台备份数据库

使用 SQL Server 管理平台备份信息管理数据库的步骤如下：

（1）启动 SQL Server 管理平台，连接到 SQL Server 数据库引擎，在对象资源管理器中展开选定的数据库结点，右击具体的数据库，在弹出的快捷菜单中选择“任务”→“备份”命令。

（2）打开图 5-18 所示的“备份数据库”窗口，在“数据库”下拉列表框中选择“信息管理”数据库，验证恢复模式是否符合（若不符合则退出，再右击数据库，在弹出的快捷菜单中选择“属性”命令，在“选项页”选项组中单击“选项”，再在“恢复模式”中选择“完整”、“大容量日志”、“简单”中的一项，此处选择完整，如图 5-19 所示）。

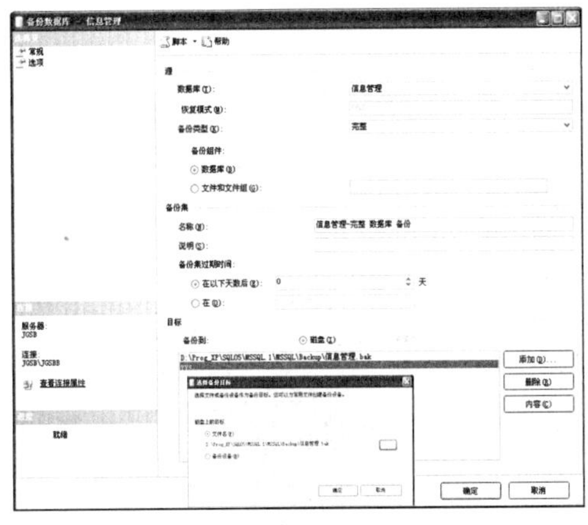

图 5-18　“备份数据库”窗口

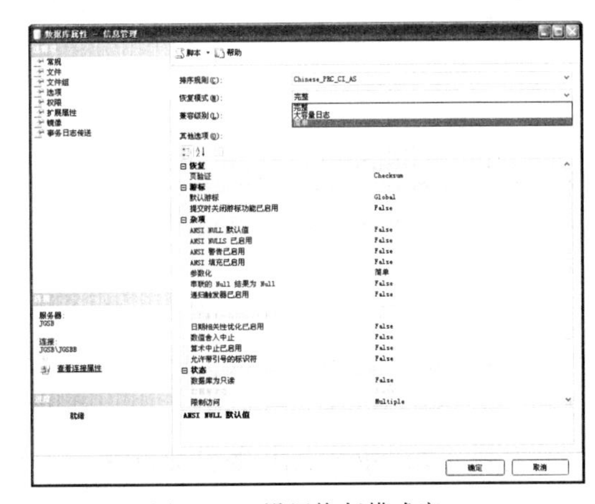

图 5-19　设置恢复模式窗口

（3）然后在“备份类型”下拉列表框中，选择“完整”、“差异”和“事务日志”中的一项，则可分别完成完整数据库备份或差异数据库备份和事务日志备份。创建完整数据库备份后可创建差异数据库备份。在“备份组件”选项组中选择“数据库”单选按钮。用户可以使用“名称”文本框中默认的备份集名称，也可为备份集输入其他名称。在“说明”文本框中，输入备份集的说明。

（4）指定备份集过期时间，若要使备份集在特定天数后过期，则选择“在以下天数后”单选按钮（默认项）；若要使备份集在特定日期过期，则选择“在”单选按钮，并在其后的文本框中输入备份集具体过期日期。

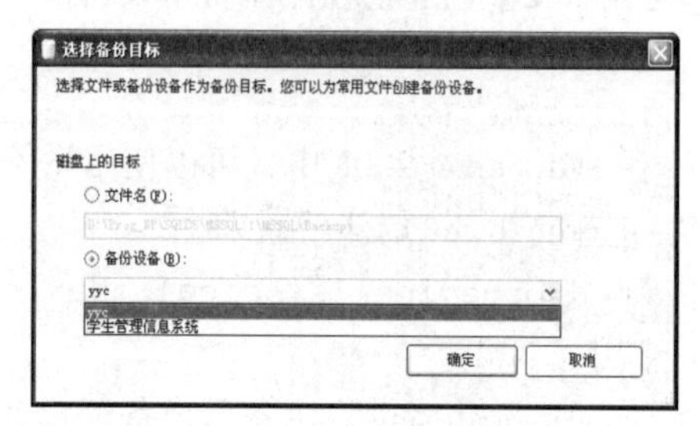

图 5-20　“选择备份目标”对话框

（5）设置备份目标的类型。若要删除默认备份目标并添加自选目标文件或备份设备，可单击“删除”按钮后再单击“添加”按钮进行添加，在弹出的“选择设备目标”对话框中选择具体的文件或备份设备，如图 5-20 所示；若要查看备份目标的内容，则选择该备份目标并单击“内容”按钮；若要查看或选择高级选项，则单击窗口左侧“选项页”选项组中的“选项”，如图 5-21 所示，且完成如下操作过程：

① 在“覆盖媒体”选项组中选择“备份到现有媒体集”单选按钮，其中可设置“追加到现有备份集”或“覆盖所有现有备份集”，完成初始化新设备或覆盖现有设备。

② 或者在“覆盖媒体”选项组中选择“检查媒体集名称和备份集过期时间”复选框，并在“新建媒体集名称”文本框中输入名称（可选）及其后的相关说明。

③ 在“可靠性”中可根据需要选择“完成后验证设备”复选框或“写入媒体前检查校验和”复选框等，核对实际数据库与备份副本，并保持备份后的一致性。

（6）在上面诸多操作完成后，单击“确定”按钮，完成备份数据库过程。

现在已经完成了整个信息管理数据库的备份过程，倘若要验证是否真正完成数据库的备份，可展开“服务器名称”结点，右击“备份设备”选项，在弹出的快捷菜单中选择“属性”命令。打开图 5-22 所示窗口，选择“媒体内容”页面，可以查看到“信息管理”数据库完整的备份信息。

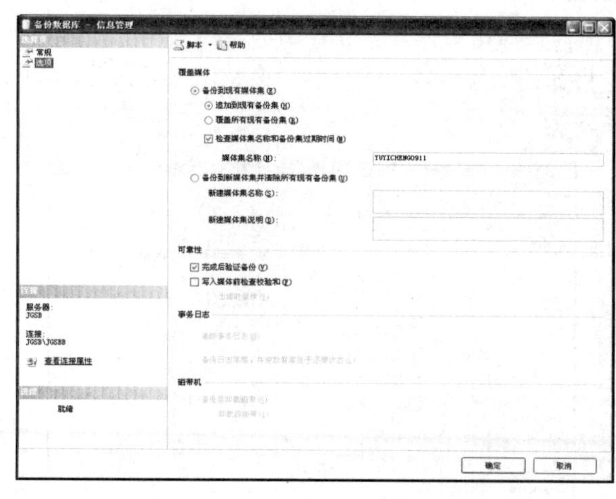
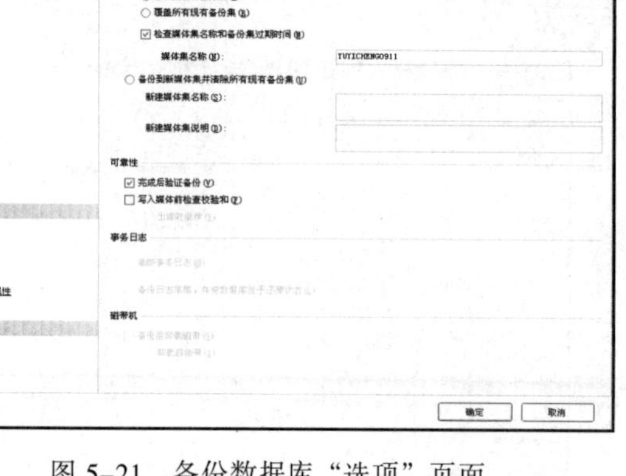

图 5-21　备份数据库“选项”页面

图 5-22　查看数据库备份中备份设备内容

2. 使用 Transact-SQL 备份数据库

在 SQL Server 2008 中，也可以使用 Transact-SQL 下的 BACKUP 命令来进行数据库备份。

（1）数据库备份的 BACKUP 命令的语法格式如下：

```
BACKUP DATABASE{database_name|@database_name_var} <file_or_filegroup>[,...f]
TO <backup_device>[,...n] [WITH
[[,]DIFFERENTIAL][[,]DESCRIPTION={'text'|@text_variable}][[,]{INIT|NOINIT}]
[[,]NAME={backup_set_name|@backup_set_name_var}][[,]COPY_ONLY]]
<file_or_filegroup>::={FILE ={logical_file_name|@logical_file_name_var}|
FILEGROUP={logical_filegroup_name|@logical_filegroup_name_var}|
READ_WRITE_FILEGROUPS}
```

其中，部分参数含义说明如下：

① database_name | @database_name_var：database_name 用来备份事务日志、部分数据库或完整的数据库时所用的源数据库；@database_name_var 是数据库字符型局部变量名。

② < backup_device >：指定备份操作时要使用的逻辑或物理备份设备。

③ <file_or_filegroup>：用来定义进行备份时的文件或文件组。

④ WITH DIFFERENTIAL：指定备份应只包含上次完整备份后更改的部分。

⑤ DESCRIPTION = {'text'}：指定备份的自由格式文本，最长为 255 个字符。

⑥ INIT | NOINIT：INIT 是指定应覆盖所有备份集和保留媒体标头，NOINIT 则不然。

⑦ NAME = { backup_set_name | @backup_set_var }：指定备份集的名称。

（2）日志文件备份的 BACKUP 命令的语法格式如下：

```
BACKUP LOG {database_name|@database_name_var}
TO<backup_device>[,...n][WITH
[[,]NAME={backup_set_name}][[,]DESCRIPTION=
{'text'}][[,]{INIT|NOINIT}[[,]NO_TRUNCATE]
```

其中：WITH NO_TRUNCATE 表示完成事务日志备份后，并不清空原有日志的数据，故而可允许在数据库损坏时备份日志。

【例 5-5】创建两个备份设备 jjgl 和 jjglLog1，继而利用该备份设备 jjgl、jjglLog1 对“经济管理”数据库及其日志进行备份。结果如图 5-23 所示。

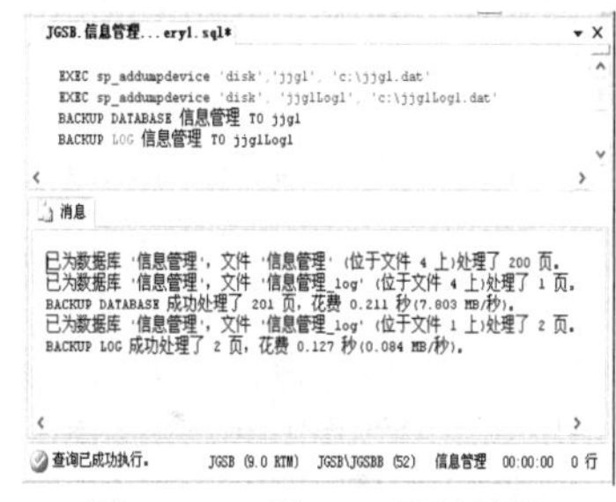

图 5-23　例 5-5 运行结果

```
EXEC sp_addumpdevice 'disk','jjgl','c:\jjgl.dat'
   EXEC sp_addumpdevice'disk','jjglLog1','c:\jjglLog1.dat'
BACKUP DATABASE 经济管理 TO jjgl
    BACKUP LOG 经济管理 TO jjglLog1
```

5.3.4　恢复数据库

1. 使用 SQL Server 管理平台恢复数据库

在 SQL Server 2008 中使用 SQL Server 管理平台恢复信息管理数据库的步骤如下：

（1）启动 SQL Server 管理平台，连接到 SQL Server 数据库引擎，在对象资源管理器中展开并右击数据库结点，在弹出的快捷菜单中选择“还原数据库”命令。

（2）打开图 5-24 所示的“还原数据库”窗口，单击“选项页”中的“常规”选项，在“还原的目标”选项组的“目标数据库”下拉列表框中选择所需还原的数据库，在“目标时间点”文本框中可保留默认值“最近状态”，也可单击“浏览”按钮，打开图 5-25 所示的“时点还原”窗口，选择具体日期和时间。

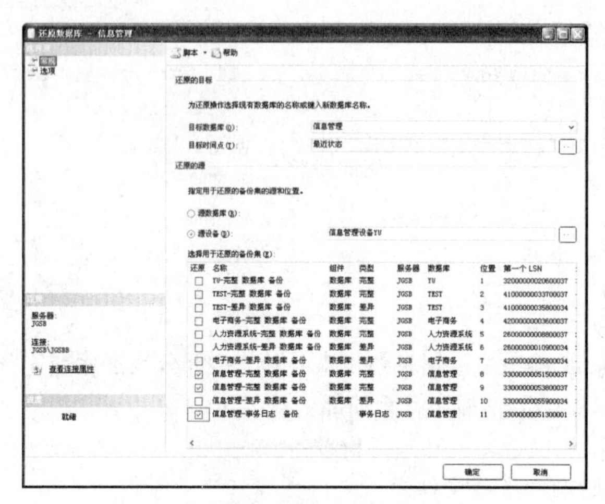

图 5-24　还原数据库的“选项”页面

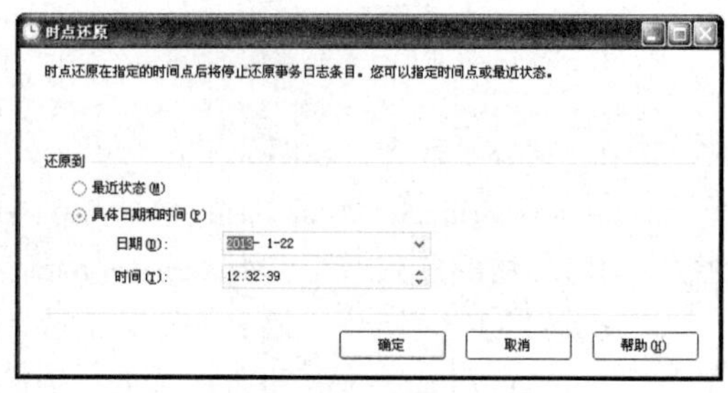

图 5-25　“时点还原”窗口

（3）然后指定要还原的备份集的源和位置，若选择“源数据库”单选按钮，则在右侧的下拉列表框中输入数据库名称；若选择“源设备”单选按钮，则单击“浏览”按钮，打开“指定备份”对话框，如图 5-26 所示，在“备份媒体”下拉列表框中选择一种。若要为“备份位置”下拉列表框选择或删除设备，可单击“添加”或“删除”按钮，选择备份设备，然后单击“确定”按钮返回“还原数据库”窗口，如图 5-27 所示。

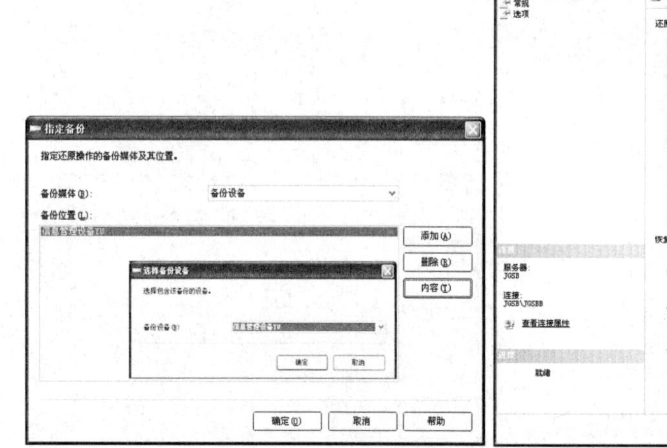

图 5-26　选择指定设备备份对话框

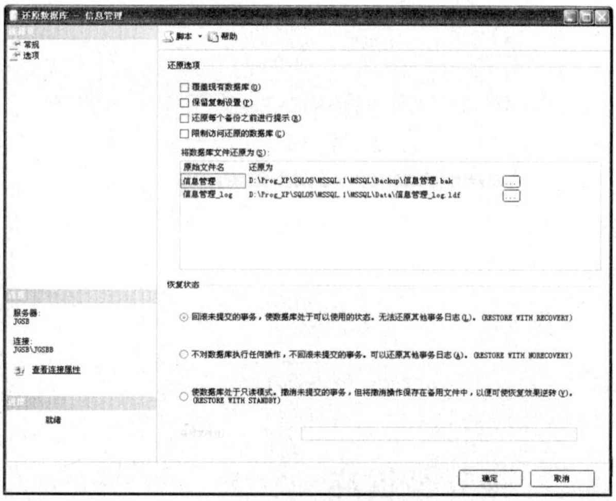

图 5-27　还原数据库“常规”页面

（4）在“选择用于还原的备份集”列表框中选择用于还原的 3 种备份（至少一种）。

（5）若要查看或选择高级选项，则选中“选项页”选项组中的“选项”，如图 5-26 所示，在“还原选项”中进行设置。

（6）在“恢复状态”选项中，可指定还原操作后的数据库状态，这里选择“回滚未提交的事务，使数据库处于可以使用的状态。无法还原其他事务日志。（RESTORE WITH RECOVERY）”单选按钮，用户可按需要进行设置。

（7）上述设置完后，单击“确定”按钮，稍等片刻即可完成整个还原数据库过程。

2. 使用 Transact-SQL 恢复数据库

同备份数据库一样，使用 Transact-SQL 也可以完成数据库的恢复操作。在 SQL Server 2008 中，基于不同的恢复方式，可以引用不同的恢复语句，在此仅进行通用性表述，更具体的可参阅 SQL Server 2008 联机帮助。

（1）数据库恢复的 RESTORE 命令的语法格式是：

```
RESTORE DATABASE{database_name|@database_name_var}<file_or_filegroup>[...n]
  [FROM<backup_device>[...n]][WITH[[,]NORECOVERY|RECOVERY][[,]REPLACE]]
```

（2）日志文件恢复的 RESTORE 命令的语法格式是：

```
RESTORE LOG{database_name|@database_name_var}[FROM<backup_device>[,...n]]
    [WITH [[,]NORECOVERY|RECOVERY][[,]STOPAT={date_time|@date_time_var}]
```

两种语句部分参数选项的含义说明如下：

① DATABASE：表示进行数据库备份而不是事务日志备份。

② database_name | @database_name_var：进行备份的数据库名称或变量。

③ LOG：指定对该数据库应用事务日志备份。

④ NORECOVERY| RECOVERY：表示还原操作是否回滚任何未提交的事务，默认为 RECOVERY（回滚）。如果需要应用另一个事务日志，则必须指定 NORECOVERY 等选项。当还原数据库备份和多个事务日志时，或在需要多个 RESTORE 语句时（如在完整数据库备份后进行差异数据库备份），在除最后的 RESTORE 语句外的所有其他语句上使用 WITH NORECOVERY 选项。

⑤ REPLACE：表示还原操作是否将原来的数据库或数据文件、文件组删除并替换掉。

⑥ STOPAT = date_time | @date_time_var：使用事务日志进行恢复时，指定将数据库还原到其在指定的日期和时刻的状态。

⑦ <file_or_filegroup>：用来定义进行备份时的文件或文件组。例如，

<file_or_filegroup> ::={FILE={logical_file_name | @logical_file_name_var}|FILEGROUP = {logical_filegroup_name | @logical_filegroup_name_var} }

【例 5-6】 创建磁盘备份设备，备份数据库和日志文件（将数据库差异备份到称为 xxgl 的逻辑备份设备上，并将日志备份到称为 xxglLog1 的逻辑备份设备上），最后还原数据库。

```
EXEC sp_addumpdevice  'disk','xxgl','c:\test\xxgl.dat'  /*创建备份设备*/
BACKUP DATABASE 信息管理 TO xxgl  WITH DIFFERENTIAL      /*备份数据库*/
RESTORE DATABASE 信息管理 from xxgl                      /*还原数据库*/
GO
EXEC sp_addumpdevice'disk','xxglLog1','c:\test\xxglLog1.dat'
                                                        /*创建事务日志备份设备*/
BACKUP LOG 信息管理 TO xxglLog1                          /*备份事务日志*/
RESTORE  LOG 信息管理  FROM  xxglLog1                    /*还原日志文件*/
GO
```

小　　结

数据转换服务（DTS）是一组图形工具组件，包含多个处理工具，并提供了接口来实现在不同地点、基于不同数据库管理系统的不同数据源间数据的导入、导出或传输。DTS 是 SQL Server 提供的数据传输服务：数据的导入与导出、转换数据格式、传输数据库对象、用户或包间的消息收发。DTS 支持 SQL Server 2008 数据库、Oracle 系列数据库、ODBC Date 数据源、Access 数据库、Visual FoxPro 数据库、DBase 或 Paradox 数据库、Excel 电子表格和 ASCII 定长字段（列）文本文件等的连接与转

换。SQL Server 2008 系统能从系统中分离数据库的数据和事务日志文件，然后将它们重新附加到同一或其他 SQL Server 实例。

备份和恢复组件是 SQL Server 的重要组成部分，为存储在 SQL Server 数据库中的关键数据提供重要的保护手段。通过适当设置，可以从多种故障中恢复所备份的数据。备份和恢复是数据库管理员维护数据库安全性和完整性的主要操作。使用 SQL Server 管理平台、Transact-SQL 和向导可以很方便地管理数据库备份与恢复操作。

思考与练习

一、选择题

1. SQL Server 2008 中 DTS 所支持的数据源不包括（　　）数据库。

A. .NET DB　　B. SQL Server　　C. Oracle　　D. IBM DB2

2. SQL Server 2008 中可完成的数据传输方法不包括（　　）。

A. Bcp 命令　　B. Open Move　　C. BULK INSERT　　D. INSERT... SELECT

3. 数据的导入是指在不同应用间按（　　）读取数据而完成数据输入的交换过程。

A. 特殊效果　　B. 特殊格式　　C. 普通文件　　D. 普通格式

4. 分离数据库是将数据库从 SQL Server 2008 实例中（　　），但保持组成该数据库及其中的（　　）、数据文件和事务日志文件完好无损。

A. 删除、对象　　B. 删除、文件　　C. 移动、对象　　D. 移动、文件

5. SQL Server 中有（　　）数据库备份和事务日志备份 3 种备份方法。

A. 一组与差异　　B. 通用与部分　　C. 完整与差异　　D. 相同与差异

6. 备份设备是用来存储数据库事务日志等备份的（　　）。

A. 存储介质　　B. 通用硬盘　　C. 存储纸带　　D. 外围设备

7. sp_addumpdevice 是用来创建（　　）的存储过程语句。

A. 外围设备　　B. 通用设备　　C. 复制设备　　D. 备份设备

二、思考与实验

1. 简述 SQL Server 2008 中引起系统故障与数据损失的主要因素。
2. 试问在 SQL Server 2008 中有哪 3 种方法备份数据库？
3. 简述 SQL Server 2008 中的恢复模型。
4. 完成实验：创建一个名为“财务管理”的磁盘备份设备，事后并删除该备份设备。
5. 完成实验：创建一个“会计”备份设备，继而对“会计管理”数据库及日志进行备份。
6. 完成实验：创建一个“统计”备份设备，继而对“信息管理”数据库进行备份，然后修改信息管理数据库（增、删数据库中的表），将备份的数据库还原。
7. 何谓数据转换服务（DTS）？使用 DTS 可以完成哪些任务？
8. 为了完成数据转换服务操作，SQL Server 2008 主要提供哪些工具？
9. SQL Server 2008 下 DTS 支持哪些数据源的连接与转换？
10. 简述 DTS 导入向导的运作过程与简述 DTS 导出向导的运作过程。
11. 简述影响数据库分离的约束及附加数据库实例的过程。
12. 试完成 Access 数据库“信息管理”表导入 SQL Server“学生管理”数据库的实验过程。
13. 试完成 SQL Server“学生管理”数据库先分离后附加的实验过程。

第 6 章 表的管理与使用

【本章提要】表是 SQL Server 中一种重要的数据库对象，它存储数据库中的所有数据，管理好表也就管理好数据库的关键，而数据完整性可使数据库中的数据更加严谨。本章主要介绍数据完整性、主键约束、外键约束、唯一性约束、检查约束、默认值约束；表的创建、修改和删除，表数据的插入、修改和删除。另外，还将介绍对表数据的管理和索引的创建、查看、删除等方面的知识。

6.1 数据完整性

6.1.1 数据完整性概述

数据完整性是指存放在数据库中数据的一致性和准确性，它是衡量数据库中数据质量的重要标志，通俗地讲，就是限制数据库表中可输入的数据。它是为了防止数据库中存在不符合语义规定的数据和防止因错误信息的输入/输出造成无效操作或错误信息而提出的。

例如，学生表中已存在一条学号为 203575 的学生信息，则当用户输入一位新学生的基本信息时，数据库将不允许这位新学生的学号为 203575，道理很简单，因为任何不同学生的学号不应相同的。若用户的数据库不能做到此项检验，显然违背数据完整性中的正确性内涵。又如，字段“成绩”用来存放学生的考试成绩，且学校规定学生的成绩的范围应该为 0～100，则数据库不应允许用户输入这个范围以外的数据。

6.1.2 数据完整性分类与实施

根据数据完整性措施所作用的数据库对象和范围不同，数据完整性可以分为 4 种类型：实体完整性（Entity Integrity）、域完整性（Domain Integrity）、参照完整性（Referential Integrity）、用户定义的完整性（User-defined Integrity）。

1. 数据完整性分类

在 SQL Server 2008 中数据完整性分类及其所涉及的约束如表 6-1 所示。不同的关系数据库系统根据其应用环境的不同，往往还需要一些特殊的约束条件。用户定义的完整性是针对某个特定约束条件的，它反映某一具体应用所涉及的数据必须满足的语义要求。例如，要求字段 B 中值要大于字段 A 值，这种限制无法使用前面的 3 种完整性实现，而必须自行使用存储过程、触发器进行检验，或是客户端应用程序用程序代码进行控制。

2. 数据完整性的实施

在 SQL Server 中，数据完整性可以通过下列两种形式来实施：

（1）声明式数据完整性（Declarative Data Integrity）。该完整性是将数据所需符合的条件融入对象定义中，系统会自动确保数据符合事先制定的条件。这是实施数据完整性的首选。

表 6-1　完整性分类表与所涉及的约束

类　　型	数据完整性功能	涉及的约束	约 束 功 能
域完整性	域完整性也称列完整性，用于限制用户向列中输入的内容。主要包括在数据类型、列值格式、列值范围实施限制	DEFAULT	指定列的默认值
		CHECK	指定列的约束允许值
		FOREIGN KEY	指定须存在且关联的值
		NULL	是否为空值
实体完整性	实体完整性也称行完整性，是规定表中每一行在表中表示唯一的实体，即表记录都有个非空且没有重复的标识字段，以确保数据库中任何事物均不存在重复性。可通过建立唯一性索引、PRIMARY KEY、UNIQUE 约束及列的 IDENTITY 来实施	PRIMARY　KEY	每行的唯一性标识值
		UNIQUE	不允许有重复 KEY 值
参照完整性	参照完整性是指两个表的主键和外键数据应关联一致，通过 FOREIGN KEY 约束和 CHECK 约束保证表间数据的一致性，防止数据丢失或无意义数据的存在。其作用表现为：禁止往外键列中插入主键列中没有的值，禁止修改外键列而不修改主键列的值，禁止先从主键列所属表中删除数据行	FOREIGN KEY	指定须存在且关联的值
		CHECK	指定列的约束允许值
用户定义完整性	用户定义完整性允许用户定义不属于其他任何完整性分类的特定规则，所有其他的完整性类型都支持用户定义完整性	DEFAULT	指定列的默认值
		CHECK	指定列的约束允许值

（2）程序化数据完整性（Procedural Data Integrity）。若数据所需符合的条件及该条件的实施均通过所编写的程序代码完成，则这种形式的数据完整性称为程序化数据完整性。如级联删除或级联更新就非常适合使用程序化数据完整性。程序化数据完整性具有以下特点：

① 程序化数据完整性可以通过相关的程序语言及工具在客户端或服务器端实施。

② SQL Server 可以使用存储过程或触发器实施程序化数据完整性。

通常，实施数据完整性的形式和方法有约束（Constraint）、默认（Default）、存储过程（Stored Procedure）、触发器（Trigger）。在实际应用时，如何选取实施数据完整性的具体方法主要要考虑各种方法的功能和系统开销。

6.1.3　约束

1. 约束概要

约束是 SQL Server 提供的自动保持数据库完整性的一种方法，它是通过限制列中数据、行中数据和表之间数据来保持数据完整性。

（1）约束及约束机制。约束是独立于表结构的，作为数据库定义部分在 CREATE TABLE 语句中声明，可在不改变表结构的基础上，通过 ALTER TABLE 语句添加或者删除，随表的存在而存在。SQL Server 中主要有下列 5 种约束机制：主键约束（Primary Key Constraint）、外键约束（Foreign Key Constraint）、唯一性约束（Unique Constraint）、检查约束（Check Constraint）、默认值约束（Default Constraint）。

（2）约束的语法格式。在 SQL Server 2008 中，既可以使用 SQL Server 管理平台创建约束，也可以使用 Transact-SQL 语句创建约束。而后者既可以使用 CREATE TABLE 语句在创建表时定义约束，也可以使用 ALTER TABLE 语句在修改表时设计约束。

约束定义或设计的语法格式如下：

```
[CONSTRAINT constraint_name]{[NULL|NOT NULL]
    {PRIMARY KEY|UNIQUE}[CLUSTERED|NONCLUSTERED](column[ASC|DESC][,...n])
        [WITH FILLFACTOR=fillfactor[WITH(<index_option>[,...n])]
        [ON{partition_scheme_name(partition_column_name...)|filegroup |"default"}]
        |FOREIGN KEY(column[,...n])REFERENCES referenced_table_name[(ref_ column
        [,...n])]
        [ON DELETE{NO ACTION|CASCADE|SET NULL|SET DEFAULT}]
        [ON UPDATE{NO ACTION|CASCADE|SET NULL|SET DEFAULT}]
        [NOT FOR REPLICATION]
        |DEFAULT constant_expression FOR column[WITH VALUES]|
        CHECK[NOT FOR REPLICATION](logical_expression)}
```

部分参数含义说明如下：

① NULL | NOT NULL：指定列可否设置“空”值。

② CONSTRAINT constraint_name：定义约束开始的标识关键字及约束的名称。

③ PRIMARY KEY：通过唯一索引对指定列强制实体完整性约束。每表只能创建一个。

④ UNIQUE：通过唯一索引对指定一列或多列强制实体完整性约束。每表可有多个。

⑤ CLUSTERED | NONCLUSTERED：指定为 PRIMARY KEY 或约束创建聚集或非聚集索引。前者 PRIMARY 默认为 CLUSTERED，UNIQUE 默认则相反。

⑥ ASC | DESC：指定列的排序升、降序。默认值为 ASC。

⑦ WITH FILLFACTOR = fillfactor：指定存储索引数据时应对每个索引页填充的程度。

⑧ ON 项：若指定 filegroup，则将在命名文件组内创建索引；若指定 default 或者根本没有指定 ON，将对创建了表的同一个文件组创建索引。

⑨ FOREIGN KEY REFERENCES：为存在于引用表列中数据提供引用完整性约束。

⑩ referenced_table_name：FOREIGN KEY 约束所引用的表。

⑪ ref_column：新 FOREIGN KEY 约束引用列（置于括号中）。

⑫ ON DELETE：若指定更改表中行具有引用关系，而被引用行已从父表中删除，则将对该行采取的操作。默认值为 NO ACTION（错误时回滚对父表行的删除操作）。

⑬ ON UPDATE：若发生更改表中行有引用关系且引用行在父表中被更新，则这些行将发生的操作。默认值为 NO ACTION。

⑭ NOT FOR REPLICATION：可为 FOREIGN KEY 和 CHECK 约束指定该参数。若含此子句，则当复制代理执行插入、更新或删除操作时，将不会强制执行此约束。

⑮ DEFAULT constant_expression：指定列的默认值，可为文字值、NULL 或系统函数。

⑯ WITH VALUES：只在 ADD 列子句中指定了 DEFAULT 的情况下才使用。

⑰ CHECK：通过限制可输入列中的可能值，强制实现域完整性约束。

⑱ logical_expression：用于 CHECK 约束的逻辑表达式，返回 TRUE 或 FALSE。

注意该约束定义语法格式包括上述 5 种约束，请读者熟练掌握，后面就不再一一描述了。

2. 主键约束

主键约束指定表的一列或几列组合的值在表中具有唯一性且能唯一地标识一行记录。通过它可以实施数据的实体完整性。每个表中只能有一列被指定为主键，不允许为 NULL。表设计者最好养成给表定义主键的良好习惯。在规范化的表中，每行中的所有数据值都完全依赖于主键。当创建或更改表时可通过定义 PRIMARY KEY 约束来创建主键约束。通常，可使用 SQL Server 管理平台创建主键约束，也可使用 Transact-SQL 语句创建主键约束。

（1）使用 SQL Server 管理平台创建主键约束。在此，以创建学生表中学号主键约束为例，叙述使用 SQL Server 管理平台创建过程。

① 启动 SQL Server 管理平台，在对象资源管理器中选择要新建表的数据库。右击“表”并在弹出的快捷菜单中选择“新建表”命令，出现表设计器窗口，如图 6-1 所示。

② 在打开的表设计器中设计好“学号”、“姓名”、“性别”、“出生日期”、“班级编号”、“学分”、“区域”、“校名”列；若该表已经建立，则可以采用修改的方式打开表设计器（关键在于打开表设计器）。

③ 右击“学号”行，在弹出的快捷菜单中选择“设置主键”命令或直接使用工具栏中的“设置主键”按钮来设置主键约束，可自动完成名为“PK_学生（即 PK_后跟表名）”设置。

④ 查看所设置的主键约束。右击“学号”行，在弹出的快捷菜单中选择“索引/键”命令，则弹出图 6-2 所示的“索引/键”对话框，可对该主键进行浏览与设计等操作，单击“关闭”按钮，则结束主键的浏览与设计操作。

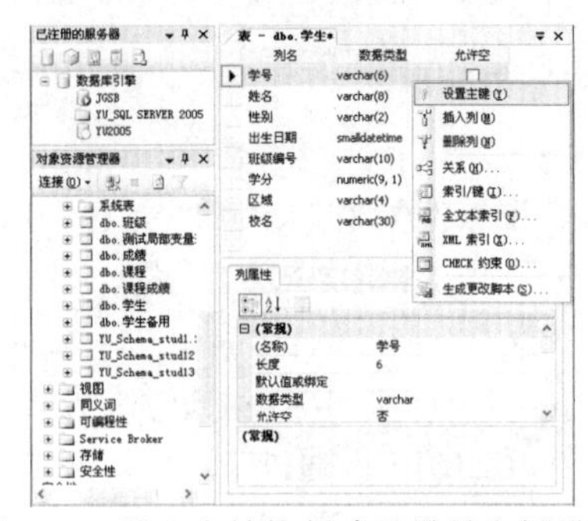

图 6-1 学生表结构创建及学号主键设置

（2）Transact-SQL 语句创建主键约束实例。

【例 6-1】分别创建以学号为主键的学生表和以班级编号为主键的班级表，结果如图 6-3 所示。

```
CREATE TABLE 学生(
    学号 char(6) NOT NULL,           姓名 char(8) NOT NULL,
    性别 char(2) NOT NULL,           出生日期 smalldatetime NOT NULL,
    班级编号 char(10) NOT NULL,      学分 numeric(8,1) NOT NULL,
    区域 char(4)  NOT NULL,          校名 char(24)  NOT NULL
    CONSTRAINT PK_student_id  PRIMARY KEY(学号)
 ) ON [PRIMARY]
GO
CREATE TABLE 班级(
    班级编号 char(10) NOT NULL,班级名称 char(10) NOT NULL,
    院系 varchar(30) NOT NULL,辅导员 varchar(8) NOT NULL, 学生数 Numeric(8)
    CONSTRAINT PK_class_id  PRIMARY KEY  (班级编号) ON [PRIMARY]
GO
```

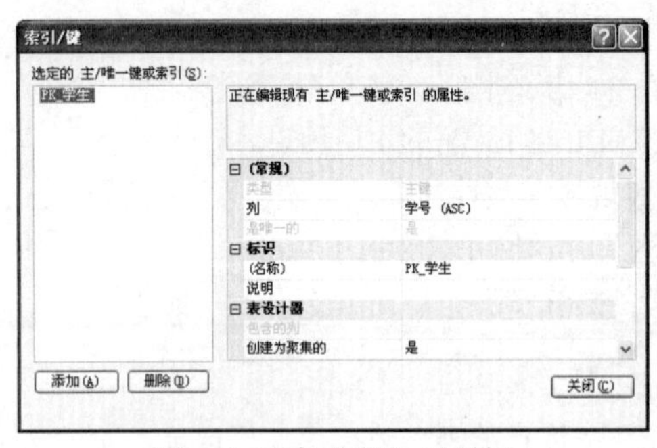

图 6-2 “索引/键”对话框

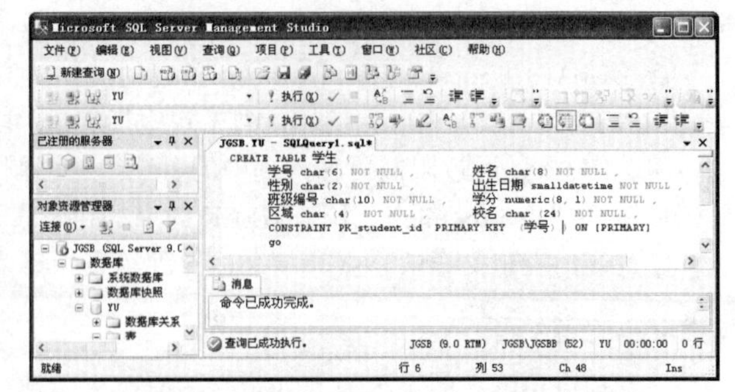

图 6-3 创建学号主键约束实例示意图

3. 外键约束

外键约束定义了表之间的关系，如图 6-4 所示。当一个表中的一个列或多个列的组合和其他表中的主键定义相同时，就可以将这些列或列的组合定义为外键，通过它可以实施参照完整性。这样，当在定义主键约束的表中更新列值时，其他表中与之相联的外键约束的列也将被进行相同的更新。外键约束的作用还体现在限制插入表中被约束列的值必须在被参照表中已经存在。实施外键约束时，要求被参照表中定义了主键约束或者唯一性约束。

【例 6-2】创建一个课程表，然后创建一个成绩表与前面创建的学生表和课程表建立关联，结果如图 6-5 所示。

```
CREATE TABLE 课程(
  课程号 char(12) NOT NULL,课程名 char(12) NOT NULL,学时 char(10) NOT NULL,
  学分 char(10)NOT NULL,CONSTRAINT PK_course_id  PRIMARY KEY(课程号))ON[PRIMARY]
CREATE TABLE 成绩(
  学号 char(6) NOT NULL,课程号 char(12) NOT NULL,课程名 char(12) NOT NULL,
   成绩 int NOT NULL,补考成绩 int NOT NULL
CONSTRAINT PK_grade_id  PRIMARY KEY(学号),
CONSTRAINT FK_course_id  FOREIGN KEY(课程号) REFERENCES 课程(课程号))ON [PRIMARY]
```

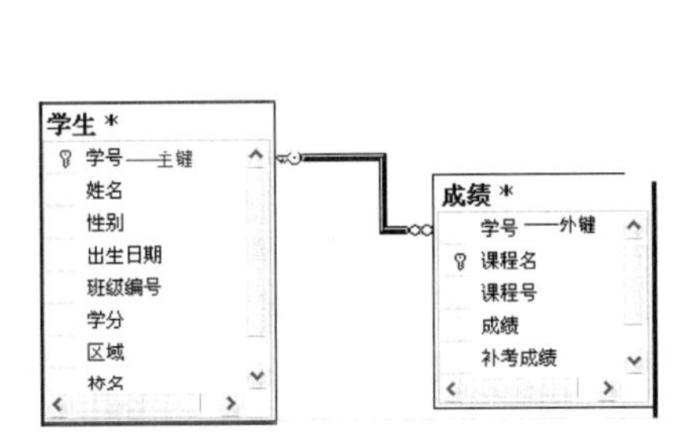

图 6-4　主-外键约束关系示意图

```
关系图 - JGSB...Diagram_0*   JGSB.tempdb...Query1.sql*
CREATE TABLE 课程(
  课程号 char(12) NOT NULL,课程名 char(12) NOT NULL,学时  char(10) NOT NULL,
  学分  char(10) NOT NULL,CONSTRAINT PK_course_id  PRIMARY KEY(课程号)
  )ON [PRIMARY]
CREATE TABLE 成绩(
  学号 char(6) NOT NULL, 课程号 char(12) NOT NULL,课程名 char(12) NOT NULL,
   成绩   int NOT NULL,补考成绩 int NOT NULL
CONSTRAINT PK_grade_id  PRIMARY KEY  (学号),
CONSTRAINT FK_course_id  FOREIGN KEY  (课程号)REFERENCES 课程(课程号)
)ON [PRIMARY]

消息
命令已成功完成。

查询已成功执行。    JGSB (9.0 RTM)  JGSB\JGSBB (52)  tempdb  00:00:00  0 行
```

图 6-5　例 6-2 实例示意图

【例 6-3】为学生表增加一个与班级表关联的“班级编号”外键约束。

```
ALTER TABLE 学生 ADD
    CONSTRAINT FK_class_id FOREIGN KEY(班级编号) REFERENCES 班级(班级编号)
```

注意：外键提供了单列和多列参照完整性，外键句中的列数量和数据类型须和 REFERANCES 子句中的类数量和数据类型匹配。一个表最多可参照 253 个不同的表；外键约束不能用于临时表和不同的数据库间；用户至少具有外键约束参照表的 SELECT 或 REFERANCES 权限。

4. 唯一性约束

唯一性约束指定一个或多个列的组合的值具有唯一性，以防在列中输入重复的值，可以通过它实施数据实体完整性。每个唯一性约束要建立一个唯一索引。

由于主键值具有唯一性，因此主键列不能再实施唯一性约束。与主键约束不同的是，一个表可以定义多个唯一性约束，但是只能定义一个主键约束；另外，唯一性约束指定的列可以设置为（NULL），但是不允许有一行以上的值同时为空，而主键约束不能用于允许空值的列。

【例 6-4】创建一个唯一性约束。

```
ALTER TABLE 课程 ADD
     CONSTRAINT u_course_name  UNOQUE  NONCLUSTERED(课程名)
```

在上面的示例中，在课程表中的课程名列上创建一个唯一性约束。这样就不能在表中插入课程名与已经存在的课程名相同的数据了。

5. 检查约束

检查约束限制输入到一列或多列中的可能值，只有符合特定条件和格式的数据才能存到字段中，从而保证SQL Server数据库中数据的域完整性。在检查约束中可以包含搜索条件和逻辑表达式，但不能包含子查询。

【例6-5】为成绩表增加一个检查约束，成绩字段取值范围是1～100。

```
ALTER TABLE 成绩 ADD
    CONSTRAINT ch_grade CHECK(成绩>=0 AND 成绩<=100)
```

除了使用Transact-SQL创建检查约束，还可使用SQL Server管理平台创建CHECK约束。步骤如下：在SQL Server管理平台中，利用“修改”打开图6-6所示对话框进行约束设置。

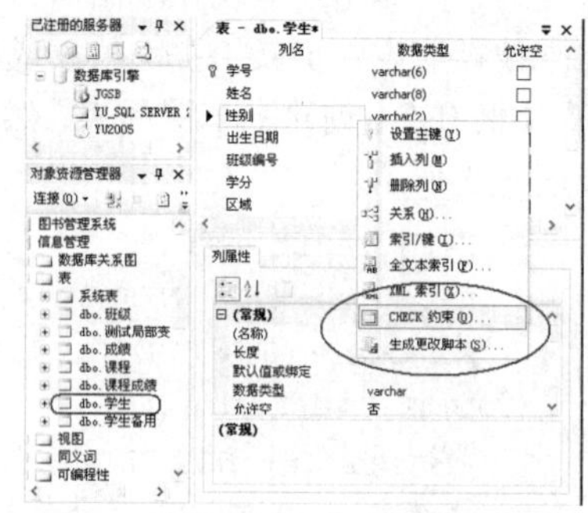

图6-6 创建CHECK约束对话框

6. 默认值约束

使用默认值约束后，用户在插入新的数据行时，若没为某列指定数据，系统将默认值赋给该列，默认值约束所提供的默认值可以是常量、函数、空值（NULL）等。系统推荐使用默认值约束，而不使用定义默认值的方式来指定列的默认值。

在使用默认值约束时，还应该注意以下一些问题：

（1）每一列中只能定义一个默认值约束，默认值约束只能用于INSERT语句。

（2）默认值约束表达式不能用于数据类型为timestamp的列和IDENTITY属性的列上。

（3）对于用户自定义数据类型列，如果已经将默认数据库对象与该数据类型相关联，不能对此列使用默认值约束。

（4）约束表达式不能参照表中的其他列或者其他表、视图或存储过程。

（5）若不允许空值且没有指定默认值约束，就必须明确指定列值；否则，返回错误信息。

【例6-6】对学生表中的“性别”字段增加默认值约束。

```
ALTER TABLE 学生 ADD CONSTRAINT sex DEFAULT '女' FOR 性别
```

该示例中对学生表中的性别字段增加了一个默认值约束，当没有为性别提供一个字段时，那么系统将自动采取默认值：“女”。

6.2 创 建 表

SQL Server 2008数据库的所有数据都存放在数据表中，数据表按行与列的格式组织。行表示一条记录，列表示记录中的一个字段。实际上，创建表的过程就是创建这个表列集合的过程。在创建列时，要为列指定列名、数据类型等属性。

表是SQL Server中最为常用的数据库对象，SQL Server中的数据表分为永久表和临时表两种。永久表在创建后，除非用户删除，否则将一直存储在数据库文件中；而临时表则会在用户退出或者进行系统修复的时候被自动删除。

创建表的过程就是定义表中列的各种属性（即表字段的数据类型，数据类型内容具体可参阅附录B）的过程，创建表的方法一般有两种：使用SQL Server管理平台创建表和使用Transact-SQL创建表。

6.2.1　按需规划数据表

在此，将在第 4 章已建的“信息管理”数据库中规划、设计与创建 4 个名为学生、课程、成绩和班级的数据表。

（1）学生：存储学生基本信息表。

（2）课程：存储课程数据信息表。

（3）成绩：存储成绩情况信息表。

（4）班级：存储班级概貌信息表。

从教材与应用的系统性出发，规划、设计各表的结构，分别如表 6-2～表 6-5 所示。

表 6-2　学生基本信息表结构：学生

列　　名	数据类型与长度	空　　否	说　　明
学号	varchar(6)	Not Null	学生学籍编号
姓名	varchar(8)	Not Null	学生姓名
性别	Char(2)	Not Null	学生性别
出生日期	Smalldatetime	Not Null	学生出生日期
班级编号	varchar(10)	Not Null	学生所在班级编号
学分	Numeric(9,1)	Null	学生所获得的学分
区域	varchar(4)	Null	学校所在区域
校名	varchar(30)	Not Null	学生所在校名

表 6-3　课程数据信息表结构：课程

列　　名	数据类型与长度	空　　否	说　　明
序号	int	Not Nul	记录编号，IDENTITY 应用
课程号	varchar(8)	Not Null	课程的编号
课程名	varchar(30)	Not Null	课程的名称
学时	Numeric(8)	Not Null	课程的学时数
学分	Numeric(9,1)	Not Null	课程的学分数

表 6-4　成绩情况信息表结构：成绩

列　　名	数据类型与长度	空　　否	说　　明
学号	varchar(6)	Not Null	学生学籍编号
课程号	varchar(8)	Not Null	课程的编号
课程名	varchar(30)	Not Null	课程的名称
成绩	Numeric(8,1)	Not Null	该课程获得的成绩
补考成绩	Numeric(8,1)	Null	该课程获得的补考成绩

表 6-5　班级概貌信息表结构：班级

列　　名	数据类型与长度	空　　否	说　　明
班级编号	varchar(10)	Not Null	班级的编号
班级名称	varchar(30)	Not Null	班级的名称
院系	varchar(30)	Not Null	所属学院或系
辅导员	varchar(8)	Not Null	辅导员姓名
学生数	Numeric(8)	Not Null	班级包含的学生个数

6.2.2 使用 SQL Server 管理平台创建表

在了解数据表的基本结构后，就可以创建数据表了。使用 SQL Server 管理平台创建表的具体步骤如下：

（1）启动 SQL Server 管理平台，在对象资源管理器中选择要新建表的数据库。右击“表”，在弹出的快捷菜单中选择“新建表”命令，出现表设计器窗口，如图 6-7 所示。

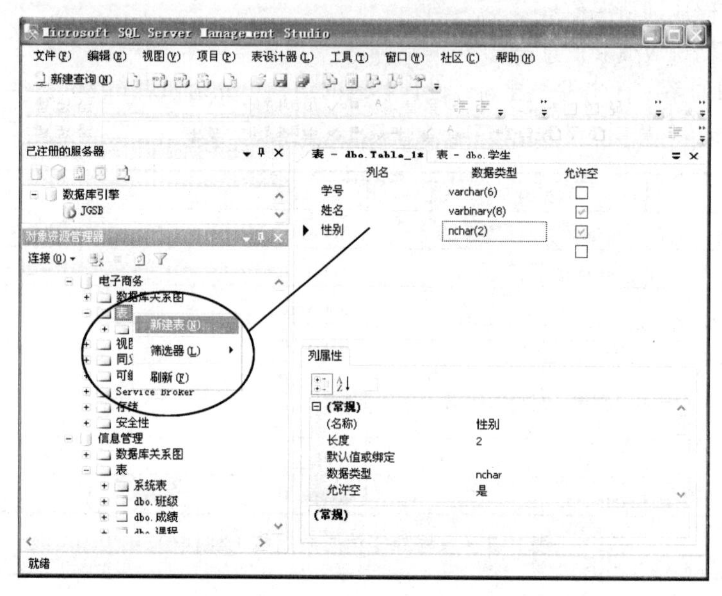

图 6-7 使用 SQL Server 管理平台创建表过程示意图

（2）在打开的表设计器中根据设计好的表结构输入各个字段的名称、数据类型、长度、精度和是否为空，结果分别如图 6-8～图 6-11 所示。在服务器资源管理器中选择列后，“属性”窗口中将显示属性说明，具体如下：

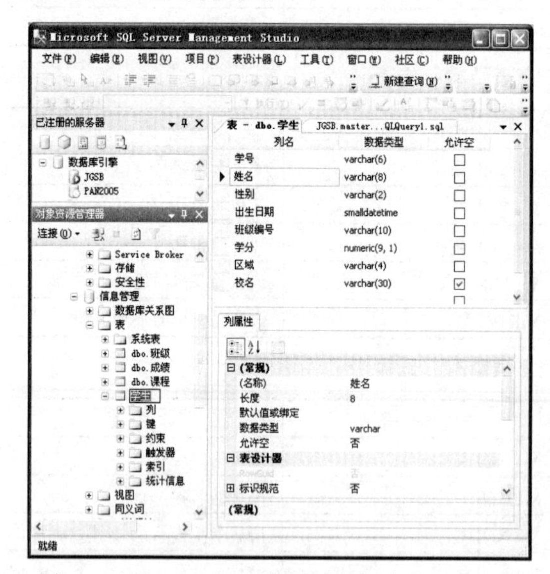

图 6-8 用 SQL Server 管理平台创建学生表结构

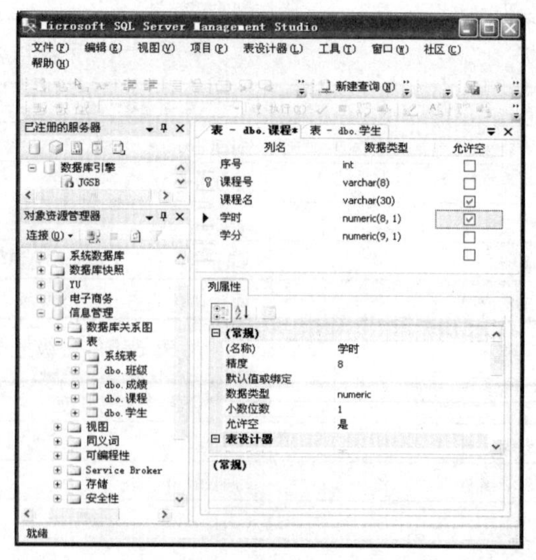

图 6-9 用 SQL Server 管理平台创建课程表结构

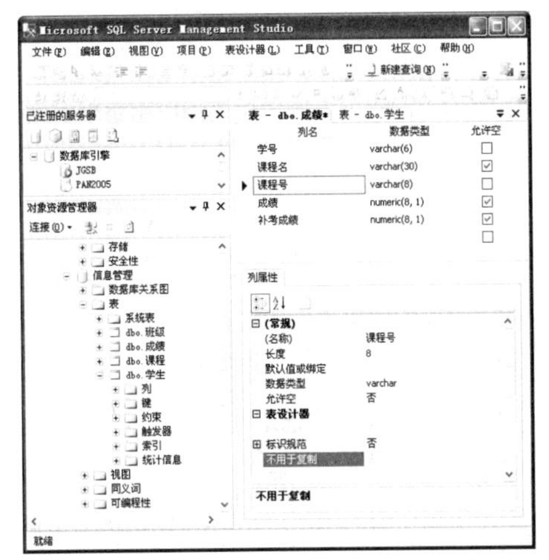

图 6-10　用 SQL Server 管理平台创建成绩表结构

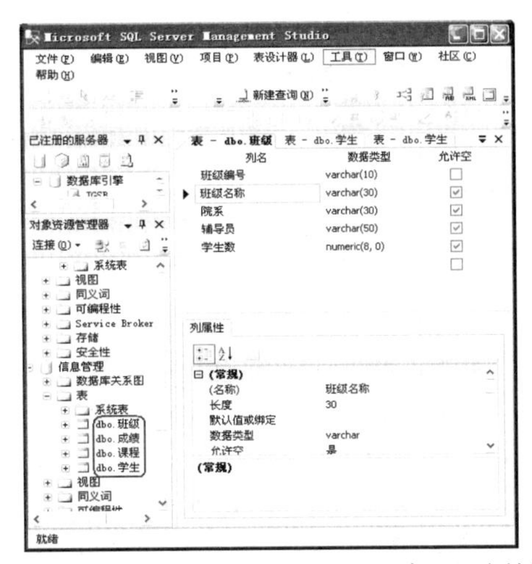

图 6-11　用 SQL Server 管理平台创建班级表结构

① 允许空：决定该列在输入时是否允为空，选中表示允许，反之不然，主键不可为空。

② 标识类别：展开此项可显示“名称”和“数据库”属性。

③ 名称：显示列的名称。

④ 杂项类别：展开此项可显示剩余的属性。

⑤ 数据库：显示所选列的数据源的名称，仅适用于 OLE DB。

⑥ 可为空值：显示列是否允许空值。

⑦ 数据类型：显示所选列的数据类型。

⑧ 标识增量：显示标识列各后续行的“标识”将增加的增量。

⑨ 标识种子：显示分配给表中标识列第一行的种子值。

⑩ 是标识：显示所选列是否为表的标识列。

⑪ 长度：显示基于字符的数据类型所允许的字符数。

⑫ 精度：显示数值数据类型所允许的最大位数。对于非数值数据类型，此属性显示 0。

⑬ 小数位数：显示数值数据类型的小数点右侧可显示的最大位数。此值必须小于或等于精度。对于非数值数据类型，此属性显示 0。

（3）使用工具栏“设置主键”按钮来设置主键约束，单击工具栏中的“保存”按钮，即可弹出图 6-12 所示的“选择名称”对话框。

图 6-12　“选择名称”对话框

（4）输入新表名后，单击“确定”按钮，即可分别将表保存到信息管理数据库中，如图 6-11 左下侧所示。

（5）表建立后，可以根据需要对相应的列属性进行设置，可创建各种约束与索引。

6.2.3　使用 Transact-SQL 创建表

Transact-SQL 中使用 CREATE TABLE 语句创建表，其语法格式如下：

```
CREATE TABLE[database_name.[schema_name].|schema_name.]table_name --表名
      ({<column_definition>|<computed_column_definition>}          --列定义
       [<table_constraint>][,...n])                                --表约束
[ON{partition_scheme_name(partition_column_name)|filegroup|"default"}]
                                                      --存表数据区或文件组
```

```
[{TEXTIMAGE_ON{filegroup|"default"}}[;]
<column_definition> ::=column_name[type_schema_name.]type_name[( precision[,scale])]
    [COLLATE collation_name][NULL|NOT NULL][[CONSTRAINT constraint_name]DEFAULT
constant_expression]|[IDENTITY[(seed,increment)][NOT FOR REPLICATION]]
[ROWGUIDCOL][<column_constraint>[...n]]
```

参数含义说明：

（1）database_name：指定新建表所置于的数据库名，若该名不指定就会置于当前数据库中。

（2）schema_name：新表所属架构的名称，可选项。

（3）table_name：新建表名称，必填项。需要遵循标识符规则，表名长度不超过 128 个字符，临时表则长度不超过 116 个字符。

（4）column_name：表中列的名称，列名必须遵循标识符规则，并在表中唯一。

（5）computed_column_expression：计算列表达式，不能作 DEFAULT/FOREIGN KEY。

（6）ON { <partition_scheme>| filegroup | DEFAULT }：指定存储新建表的数据库文件组名称。若使用 DEFAULT 或省略了 ON 子句，则新建表会存储在数据库的默认文件组中。若指定了 <partition_scheme>，则该表将成为所指定文件组集合中的已分区表。

（7）[type_schema_name.]type_name：指定列的数据类型以及该列所属的架构。数据类型可以是 SQL Server 2008 数据类型、别名类型、CLR 用户定义类型等。

（8）PERSISTED：指定数据类型精度。依赖的任何其他列发生更新时同步更新。

（9）Scale：是指定数据类型的小数位数。

（10）partition_scheme_name：分区架构名，定义将已分区表的分区映射到的文件组。

（11）partition_column_name：指定对已分区表进行分区所依据的列。该列必须在数据类型、长度和精度方面与 partition_scheme_name 所使用的分区函数中指定的列相匹配。

（12）TEXTIMAGE_ON：指定 TEXT、NTEXT 和 IMAGE 列数据存储数据库文件组。

（13）CONSTRAINT：可选关键字，表示 PRIMARY KEY、NOT NULL、UNIQUE、FOREIGN KEY 或 CHECK 等的约束定义。

（14）constraint_name：约束的名称，必须唯一。

（15）NULL | NOT NULL：说明列值是否允许为空值 NULL。

（16）IDENTITY：指定列为一个表中只能有一个的标识列，当用户向数据表中插入新数据行时，系统将为该列赋予递增的值。IDENTITY 列通常与 PRIMARY KEY 一起使用，该列值不能由用户更新，不能为空值，也不能绑定默认值和 DEFAULT 约束。

（17）seed：指定 IDENTITY 列的初始值，默认值为 1。

（18）increment：指定 IDENTITY 列的列值增量，默认值为 1。

（19）NOT FOR REPLICATION：指定列的 IDENTITY 属性，在把从其他表中复制的数据插入到表中时不发生作用。

（20）ROWGUIDCOL：指示新列是行 GUID 列，并不强制列中所存储值的唯一性。

【例 6-7】使用 Transact-SQL 创建学生表、课程表和成绩表，同时定义表的约束。

```
CREATE TABLE 学生(学号 char(6) NOT NULL,姓名 char(8) NOT NULL,性别 char(2) NOT NULL,
出生日期 smalldatetime NOT NULL,班级编号 char(10) NOT NULL,学分 numeric(8,1) NOT NULL,
区域 char(4)NOT NULL,校名 char(24) NOT NULL,CONSTRAINT PK_student_id PRIMARY
KEY(学号)
   ) ON [PRIMARY]
CREATE TABLE 课程(序号 int NOT NULL IDENTITY(1,1),课程号 char(8) NOT NULL,课程名
char(30) NOT NULL,学时 char(10) NOT NULL DEFAULT 0,学分 char(10) NOT NULL,
```

```
CONSTRAINT PK_course_id  PRIMARY KEY(课程号)) ON [PRIMARY]
CREATE TABLE 成绩(学号 char(6) NOT NULL,课程号 char(8) NOT NULL,课程名 char(30)
NOT NULL,成绩 int NOT NULL,补考成绩 int  NOT  NULL
    CONSTRAINT FK_student_id  FOREIGN KEY(学号)  REFERENCES 学生(学号)
                      ON DELETE CASECADE,
    CONSTRAINT FK_course_id  FOREIGN KEY(课程号)  REFERENCES 课程(课程号)
                      ON UPDATE CASECADE) ON [PRIMARY]
```

6.3 修 改 表

建立一个表后，在使用过程中经常会发现原来创建的表可能存在结构、约束等方面的问题。在这种情况下，如果用一个新表替换原来的表，将造成表中数据的丢失。SQL Server 允许对表的结构进行修改，例如添加、修改、删除列以及添加、删除各种约束。

注意： 应该尽可能在表中没有数据时修改表。如果增加列到有数据的表中，就必须保证增加的列允许空值。如果修改已经含有数据的列的数据类型，就必须保证数据类型兼容。如果数据类型不相符，将会导致修改失败。

修改表结构可使用两种方法：使用 SQL Server 管理平台和使用 Transact-SQL 修改表。

6.3.1 使用 SQL Server 管理平台修改表

启动 SQL Server 管理平台，在对象资源管理器中展开其中的树状目录，选择要进行修改的表，右击并在弹出的快捷菜单中选择管理修改表的相关功能（修改表列的数据类型，添加、删除列，重命名表，设置表的主关键字与约束等）。具体如下：

（1）若要修改数据表名，可右击数据表，在弹出的快捷菜单中选择“重命名”命令。

（2）若在弹出的快捷菜单中选择“修改”命令，则出现图 6-13 所示的表设计器。在表设计器中可对表中的字段进行插入、删除等操作。

① 若想在某一字段前插入一字段，则右击此字段，在弹出的快捷菜单中选择“插入列”命令，并输入要插入的字段名与类型。

② 若要删除某个字段，则右击此字段，在弹出的快捷菜单中选择“删除列”命令即可。

③ 若要修改字段数据类型，直接在表设计器的“数据类型”处修改。同样，可通过右击该字段，在弹出的快捷菜单中通过选择设置相应的命令主键、索引/键、关系、CHECK 约束等，完成修改数据表，如图 6-14 所示。

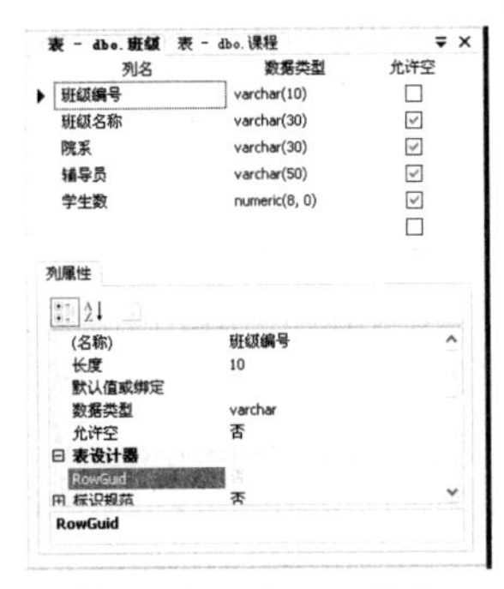

图 6-13 修改表结构

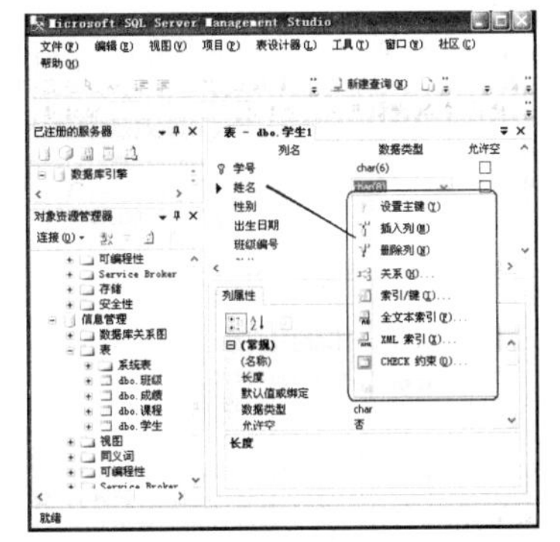

图 6-14 表设计器结构设计快捷菜单

（3）若要修改数据表属性，可右击此数据表，在弹出的快捷菜单中选择“属性”命令。可在“表设计器”窗口中选择“属性”命令，在打开的窗口中进行常规、权限、扩大属性等的修改，如图 6-15、图 6-16 所示。

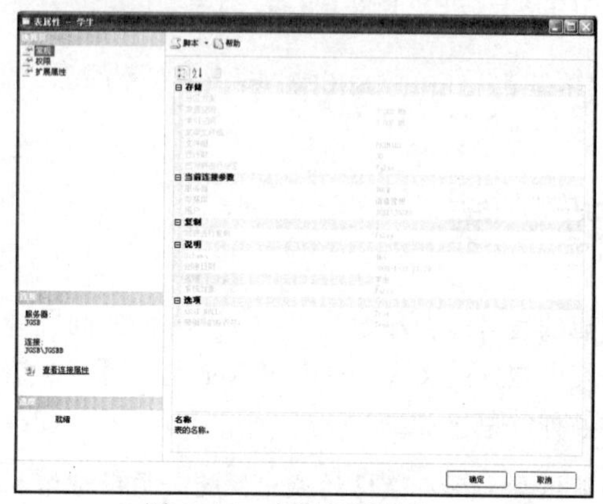

图 6-15　表常规属性窗口

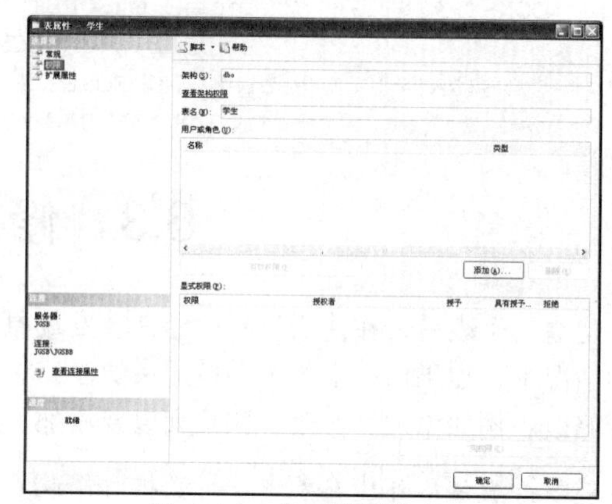

图 6-16　表权限属性窗口

6.3.2　使用 Transact-SQL 修改表

Transact-SQL 中修改表结构的语句是 ALTER TABLE 语句，其语法格式如下：

```
ALTER TABLE [database_name.[schema_name].|schema_name.]table_name
{ALTER COLUMN column_name                                --要修改的字段名
{[type_schema_name.] type_name [({precision[,scale]|max|xml_schema_collection})]
                                                         --修改后的数据类型
 [NULL|NOT NULL][COLLATE collation_name]                 --设置空否与排序规则
|{ADD|DROP}{ROWGUIDCOL|PERSISTED}}                       --添加或删除 ROWGUIDCOL 属性
|[ WITH{CHECK|NOCHECK}] ADD{<column_definition>|<table_constraint>}[,...n]
|DROP{[CONSTRAINT]constraint_name [WITH ( <drop_clustered_constraint_option> [,...n])
                                                         --删除约束
]|COLUMN column_name} [,...n]                            --删除字段
|[WITH { CHECK | NOCHECK} ] {CHECK | NOCHECK } CONSTRAINT { ALL | constraint_name [ ,...n ] }
|{ENABLE|DISABLE}TRIGGER{ALL|trigger_name[,...n]}
drop_clustered_constraint_option>::=                     --设置聚集约束选项
{MAXDOP=max_degree_of_parallelism|ONLINE={ON|OFF}
|MOVE TO{partition_scheme_name(column_name)|filegroup|"default"}}
```

参数含义说明：

（1）database_name：更改表所在数据库的名称。

（2）schema_name：表所属架构的名称。

（3）table_name：要更改的表的名称。若表不在当前数据库或架构中，则必须指明。

（4）ALTER COLUMN：指定要更改命名列。

（5）column_name：要更改、添加或删除的列的名称。

（6）precision：指定新数据类型的精度。

（7）scale：指定新数据类型的小数位数。

（8）xml_schema_collection：仅应用于 XML 数据类型，以便将 XML 架构与类型相关联。

（9）NULL | NOT NULL：指明列是否允许 NULL 值。

（10）WITH CHECK|WITH NOCHECK：指定表中数据是否新添加的，或者重新启用的 FOREIGN KEY 或 CHECK 约束进行验证，新加的默认为 WITH CHECK。

（11）ADD：添加一个或多个列、计算列或表约束的定义。

（12）DROP{[CONSTRAINT] constraint_name|COLUMN column_name：指定从表中删除 constraint_name 或 column_name，可列出多个列或约束。若兼容级小于等于 65，则不允许 DROP COLUMN。若存在 XML 索引，则不能删 PRIMARY KEY 约束。

（13）{ CHECK | NOCHECK} CONSTRAINT：启用或禁用某约束。

（14）{ENABLE | DISABLE} TRIGGER：启用或禁用触发器。当触发器禁用后，在表上执行 INSERT、UPDATE 或者 DELETE 语句时将不起作用，但是它对表的定义依然存在。ALL 选项启用或禁用所有的触发器。trigger_name 为指定触发器名称。

【例 6-8】修改前面创建的学生表，向表中增加一“院系”列，然后再删除该列。并将“区域”列（原数据类型为 char(4)）修改为允许空值，修改“学分”列的数据类型为 int。

```
ALTER TABLE 学生 ADD 院系 char(10) NULL
ALTER TABLE 学生 DROP COLUMN 院系
ALTER TABLE 学生 ALTER COLUMN 区域 char(4) NULL
ALTER TABLE 学生 ALTER COLUMN 学分 int
```

【例 6-9】在学生表中修改字段“院系”，使其类型为 nvarchar (10)，不能为空，并设排序规则为 Chinese_PRC_CI_AS。

```
ALTER TABLE 学生
ALTER COLUMN  院系 nvarchar(10) COLLATE Chinese_PRC_CI_AS  NOT NULL
```

6.4　删　除　表

当数据库中的某些表失去作用时，可以删除表，以释放数据库空间，节省资源。删除表的同时，也就从数据库中永久的删除了表的结构定义、数据、全文索引、约束和索引。

如果要删除通过 FOREIGN KEY 和 UNIQUE 或者 PRIMARY KEY 约束相关的表时，必须先删除具有 FOREIGN KEY 约束的表。删除表一般使用两种方法：使用 SQL Server 管理平台删除表和使用 Transact-SQL 删除表。

6.4.1　使用 SQL Server 管理平台删除表

使用 SQL Server 管理平台删除表过程如下：

（1）启动 SQL Server 管理平台，连接到本地数据库实例。

（2）在对象资源管理器中，展开树状目录，选取要删除的数据表所在的数据库及表，右击要删除的表，在弹出的快捷菜单中选择“删除”命令，如图 6-17 所示。

（3）在弹出的“删除对象”对话框中会出现要删除的数据表，单击“确定”按钮即可。

注意：若出现“删除失败”的消息，则表示目前不能删除该数据表，原因可能是该数据表正在被使用，或与其他表存在约束关系。此时可在“删除对象”对话框中单击“显示依赖关系”按钮，在弹出的“依赖关系”对话框中可看到该表的依赖关系。若存在依赖关系，例如外键依赖等，则删除依赖于该数据表的关系即可。

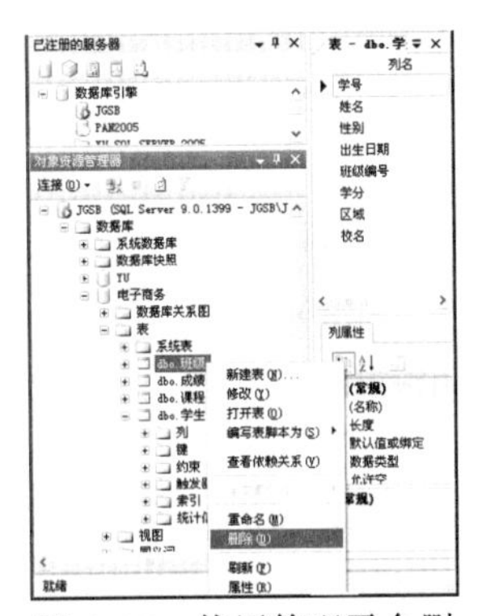

图 6-17　使用管理平台删除表

6.4.2 使用 Transact-SQL 删除表

Transact-SQL 中删除表的语句为 DROP TABLE 语句，DROP TABLE 命令可以删除一个表和表中的数据及与表有关的所有索引、触发器、约束等对象。其语法如下：

```
DROP  TABLE  [database_name.[schema_name].
 |schema_name.]  table_name [,...n][;]
```

部分参数含义说明如下：

（1）database_name：待删除表所在数据库名。

（2）schema_name：待删除表所属架构的名称。

（3）table_name：被删除表的名称。被删表若非当前数据库，则需要指明所属数据库名。

说明：DROP TABLE 语句不能删除系统表。不能删除被 FOREIGN KEY 约束引用的表（需要先删除引用 FOREIGN KEY 约束等）。

【例 6-10】试删除“信息管理”数据库中的学生表。

```
DROP TABLE 信息管理.dbo.学生
```

6.5 表属性与更名

1. 查看表属性

（1）使用 SQL Server 管理平台查看表属性。

在 SQL Server 管理平台中右击要查看属性的表，在快捷菜单中选择“属性”命令，则会弹出“表属性”对话框，在该对话框中可进行常规、权限、扩大属性等的浏览。

（2）读者可使用 Transact-SQL 中的 sp_help 查看表的定义信息。它返回的内容包括表的结构定义、所有者、创建时间、各种属性、约束和索引等信息。其语法格式如下：

```
sp_help [@objname=]name
```

参数含义说明：name 为要查看表的名称。

【例 6-11】查看学生表的信息，运行结果如图 6-18 所示。

```
sp_help 学生
GO
```

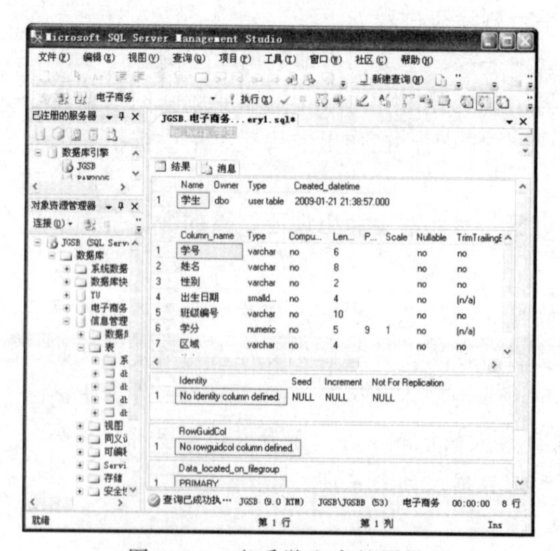

图 6-18 查看学生表的属性

2. 更改表的名称

人们可以使用 Transact-SQL 中的 sp_rename 存储过程修改表名，其语法格式如下：

```
sp_rename[@objname=]'object_name',[@newname=]'new_name'[,[@objtype =]'object_type']
```

参数含义说明：[@objtype =]'object_type'用来指定要改名的对象的类型，其值可为 COLUMN、DATABASE、INDEX、USERDATATYPE、OBJECT。OBJECT 指代了系统表 sysobjects 中的所有对象，如表、视图、存储过程、触发器、规则、约束等。OBJECT 值为默认值。

【例 6-12】将学生表的名称改为 xuesheng。

```
sp_rename '学生','xuesheng'
```

还可在 SQL Server 管理平台中修改表的名称，右击用户要修改的表，在弹出的快捷菜单中选择“重命名”命令，即可为表重新命名。

6.6　数 据 管 理

创建表的目的在于储存数据，以备应用。最需要做的是在表中进行数据管理。表数据管理主要包括表数据的插入、修改和删除。通常，表或视图数据管理可使用 SQL Server 管理平台和 Transact-SQL 两种方法来完成。表数据管理主要包括插入、修改和删除。

前者可通过启动 SQL Server 管理平台，在对象资源管理器中逐层展开其中的树状目录，在“信息管理”数据库下选择要数据管理的具体表（如学生、课程、成绩和班级），右击并在弹出的快捷菜单中选择“打开表”命令，然后即可进行表数据的添加、更新与删除，操作比较直观、便捷。后文将具体介绍使用 Transact-SQL 进行数据管理并对前者略做介绍。

6.6.1　数据插入

Transact-SQL 中主要使用 INSERT 语句向表或视图中插入新的数据行。既可用于查询的 SELECT 语句，也可用于向表中插入数据。

1. 基本语法格式

插入表数据的语法格式如下：

```
[ WITH <common_table_expression> [...n]]  INSERT  [TOP(expression)  [PERCENT]][INTO]
{[server_name.database_name.schema_name.|database_name.[schema_name].|schema_
name.]table_or_view_name
|rowset_function_limited[WITH(<Table_Hint_Limited>[...n])]}{[( column_list )]
[<OUTPUT Clause>]
 {VALUES ({DEFAULT|NULL|expression}[,...n ])
 |derived_table|execute_statement }}|DEFAULT VALUES[;]
```

参数含义说明：

（1）WITH <common_table_expression>：指定在 INSERT 语句作用域内定义的临时命名结果集（也称公用表表达式）。结果集源自 SELECT 语句。

（2）TOP(expression)[PERCENT]：指定插入随机行的数目或百分比。

（3）INTO：一个可选的关键字。可以将它用在 INSERT 和目标表之间。

（4）table_or_view：要接收数据的表或视图的名称。

（5）column_list：新插入的列名，说明 INSERT 语句只能为指定列插入数据。

（6）VALUES：为新插入行中 column_list 所指定列提供数据（可为常量、表达式等）。

（7）DEFAULT：强制数据库引擎加载为列定义的默认值，DEFAULT 对标识列无效。

（8）Expression：一个常量、变量或表达式，不包含 SELECT 或 EXECUTE 语句。

（9）derived_table：任何有效的 SELECT 语句，返回时将加载到表中的数据行。

（10）OUTPUT 子句：将插入行作为插入操作的一部分返回。

（11）DEFAULT VALUES：说明向表中所有列插入其默认值。

（12）execute_statement：任何有效的 EXECUTE 语句。

2. 基本格式插入实例

【例 6-13】使用 INSERT 语句向学生表中插入两条记录。

```
INSERT INTO 学生(学号,姓名,性别,出生日期,班级编号,学分,区域,校名)
   VALUES('040202','关键','男',1982-1-17,'04021110',45,'东北','复旦大学')
INSERT INTO 学生(学号,姓名,性别,出生日期,班级编号,学分,区域,校名)
  VALUES('040203','姚蓝','男',1981-1-17,'04021110',42,'西南','上海交通大学')
```

指令执行、运行结果及打开表数据验证过程如图 6-19 所示。

另外，还可使用 SQL Server 管理平台进行数据的插入。展开 SQL Server 管理平台，右击需要插入数据的表，在弹出的快捷菜单中选择“打开表”命令，即可出现图 6-19 所示的输入数据的表格。输入一条记录，单击新一行，继续输入记录。重复操作，直到输入全部记录。

3. 省略 INSERT 子句列表

从表数据的插入的语法格式中可以看出，INSERT INTO 子句后可以不带列名，但若不带指定列的列表，输入值的顺序必须与表或视图中的列顺序一致，数据类型、精度和小数位数必须与列的列表中对应列一致，或可隐式转换为列表中对应列。

【例 6-14】使用省略 INSERT 子句列表方法插入两条数据，结果如图 6-20 所示。

```
INSERT INTO 学生
   VALUES('080201','何  青','男',1985-2-27,'08021110',58,'西南','上海交通大学')
INSERT INTO 学生
   VALUES('090203','姚幕亮','男',1988-5-18,'09021110',55,'西南','上海应用技术学院')
```

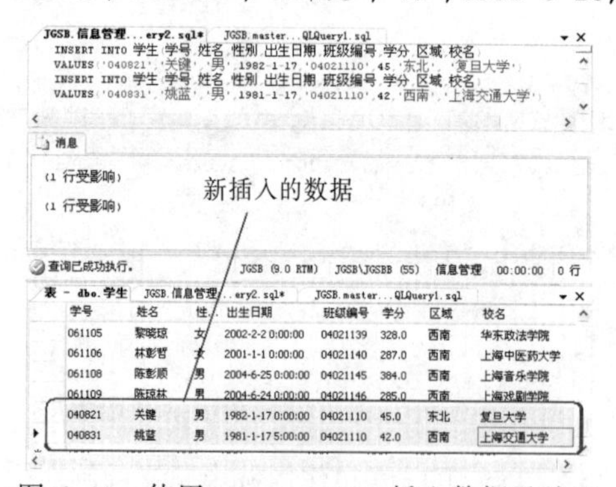

图 6-19 使用 Transact-SQL 插入数据及验证

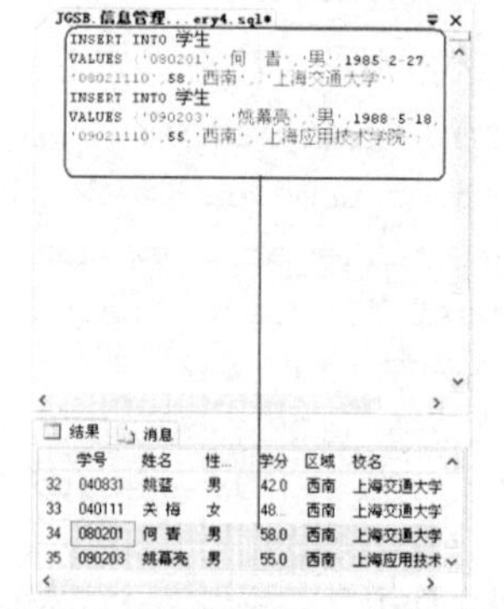

图 6-20 省略列表插入数据对话框

4. 使用 INSERT...SELECT 语句

INSERT...SELECT 语句利用 SELECT 子句的结果集与 INSERT 语句结合使用，可以将结果集数据插入到指定的表中，该方法可以将一条或多条数据插入表中，也可用于将一个或多个其他表或视图的值添加到表中。

【例 6-15】先建立学生备用表，然后使用 INSERT...SELECT 语句方法插入数据，结果如图 6-21 所示。设计语句过程如下：

（1）新建学生备用数据表。

```
CREATE TABLE 学生备用
    (学号 char(6) NOT NULL,姓名 char(8)  NOT  NULL,性别 char(2) NOT NULL,
       出生日期 smalldatetime NOT NULL,班级编号 char(10) NOT NULL,
       学分 numeric(8,1) NOT NULL,区域 char(4)  NOT NULL,校名 char(24)
          NOT NULL,CONSTRAINT PK_student_id
       PRIMARY KEY(学号)) ON [PRIMARY]
```

（2）在建立学生备用表的基础上利用 INSERT...SELECT 语句插入数据。

```
INSERT INTO 学生备用(学号,姓名,性别,出生日期,班级编号,学分,区域,校名)
   SELECT 学号,姓名,性别,出生日期,班级编号,学分,区域,校名
      FROM 学生 WHERE 区域='西南'
```

（3）分析：分段执行上述语句后，由图 6-21 可见，在建立学生备用表结构后，利用 SELECT...FROM...WHERE 语句添加数据信息就显得相当便捷，而且正确性也高。

注意：该方法在应用时，未输入的列系统会作为空值 NULL 输入，某些带约束的列在执行时会产生差错，导致 INSERT 失败。

例如：

```
INSERT INTO 学生备用(学号,姓名,性别,学分, 区域, 校名)
SELECT 学号,姓名,性别,学分,区域,校名 FROM 学生 WHERE 区域='东北'
```

该段语句逻辑上正确，但运行时提示如下：

不能将值 NULL 插入列'出生日期'，表'信息管理.dbo.学生备用'；列不允许有空值。INSERT 失败。
语句已终止。

5. 使用 SELECT...INTO 语句

INSERT...SELECT 语句利用 SELECT 子句的结果集与 INSERT 语句结合使用，可以将结果集数据插入到指定的新表中，还可把导入数据纳入到新表中，该方法可以将一条或多条数据插入表中，也可用于将一个或多个其他表或视图的值添加到表中。

【例 6-16】使用 SELECT...INTO 语句完成新建“课程成绩”表的同时插入数据，结果如图 6-22 所示。设计 Transact-SQL 语句如下：

```
SELECT 成绩.学号,课程.课程号,课程.课程名,课程.学时,课程.学分,成绩.成绩
       INTO 课程成绩
   FROM 课程 INNER JOIN 成绩 ON  课程.课程号=成绩.课程号 AND 成绩.成绩>=80
   WHERE 课程.课程名 LIKE '%学'
```

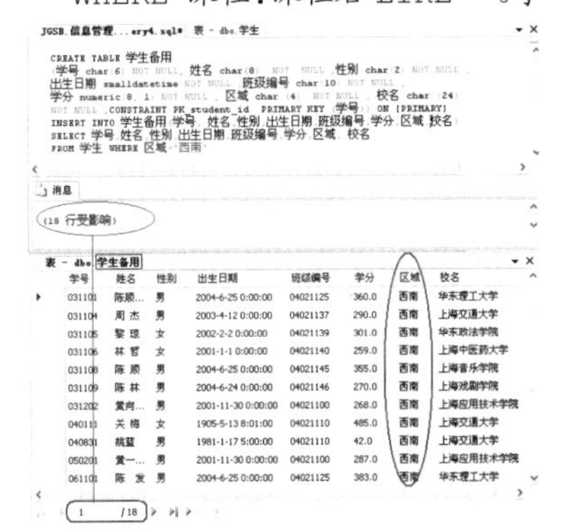

图 6-21　使用 INSERT...SELECT 语句插入数据运行对话框

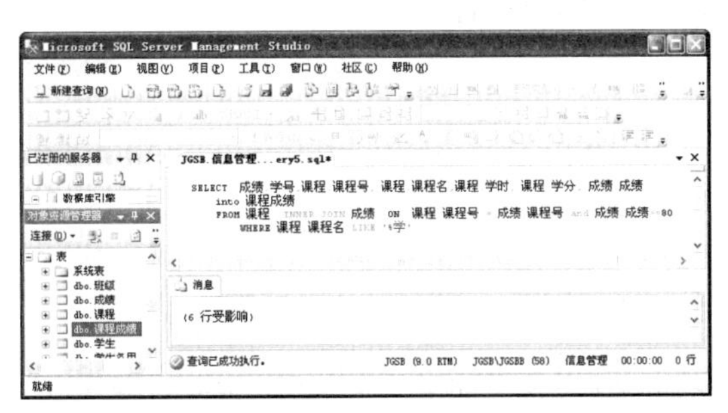

图 6-22　使用 SELECT...INTO 语句新建表并插入数据运行对话框

6.6.2 数据更新

Transact-SQL 中的 UPDATE 语句用于更新修改表中的数据，该语句可以一次修改表中一行或多行数据，其语法格式如下：

```
[WITH<common_table_expression>[...n]]UPDATE[TOP(expression)[PERCENT]]
{[server_name.database_name.schema_name.|database_name.[schema_name].|schema_
name.]table_or_view_name
}  SET  {column_name={expression|DEFAULT|NULL}
|{udt_column_name.{{property_name=expression|field_name=expression}
 |method_name(argument[,...n])}}|column_name{.WRITE(expression,@Offset,@Length)}
 |@variable=expression|@variable=column=expression[,...n]},...n][<OUTPUT Clause>]
 [FROM{<table_source>}[,...n]][WHERE{<search_condition>}][OPTION(<query_hint>
[,...n])][;]
```

部分参数含义说明如下：

（1）table_or_view：待修改表或视图名称，格式和含义与 INSERT 语句中的该参数相同。

（2）SET：指定要更新的列或变量名称的列表。

（3）column_name：包含要更改的数据的列，必须已存在于 table_or view_name 中。

（4）expression：返回单个值的变量、文字值、表达式或嵌套 SELECT 语句（加括号）。

（5）DEFAULT：指定用为列定义的默认值替换列中的现有值。

（6）FROM：该子句引出另一个表，它为 UPDATE 语句的数据修改操作提供条件。

（7）WHERE：指定需要进行修改的行。省略该子句则对表或视图中的所有行进行修改。

（8）search_conditions：说明 UPDATE 语句的修改条件，即表或视图需要修改条件。

【例 6-17】使用 UPDATE 语句将学生表中的所有学生的“区域”改为“东南”。

```
UPDATE 学生
    SET  区域='东南'
```

【例 6-18】试将学生表中“班级编号”为 04021110 的学生学分统一加上 5。

```
UPDATE 学生  SET 学分=学分+5
    WHERE  班级编号='04021110'
```

同样，也可使用 SQL Server 管理平台修改表中的数据，方法与插入数据的一样，先将要进行修改的表打开，然后对指定的数据进行修改。使用 SQL Server 管理平台只能一条一条地修改记录，可以直观地看到原有数据和修改后的数据。但是如果修改量很大时，采用这种方式非常耗费时间。因此，在针对大量数据进行修改时，一般还是使用 Transact-SQL 语句。

6.6.3 数据删除

Transact-SQL 中的 DELETE 和 TRUNCATE TABLE 语句均可删除表中的数据。

（1）DELETE 的语法格式如下：

```
[WITH<common_table_expression>[...n]]DELETE [TOP(expression) [PERCENT]][FROM]
{[server_name.database_name.schema_name.|database_name.[schema_name].|schema_
name.]table_or_view_name
}}[<OUTPUT Clause>][FROM<table_source>[,...n]][WHERE{<search_condition>}]
```

语句含义说明如下：

DELETE 语句结构与 UPDATE 类似，也包含 FROM 和 WHERE 子句。WHERE 子句为数据删除操作指定条件。不使用 WHERE 子句时，DELETE 语句将把表或视图中所有的数据删除。FROM 子句是 Transact-SQL 在 ANSI 基础上对 DELETE 语句的扩展，它指定要连续的表名，提供与相关子查询相似的功能。部分参数含义与 INSERT 和 UPDATE 语句相近。

（2）TRUNCATE TABLE 语句的语法格式如下：

```
TRUNCATE TABLE [{database_name.[schema_name].|schema_name.}]table_name[;]
```

参数含义说明：table_name 为要删除数据的表的名称。

TRUNCATE TABLE 语句说明如下：

① TRUNCATE TABLE 语句可删除指定表中的所有数据行，表结构及其所有索引继续保留，为该表所定义的约束、规则、默认值和触发器等仍然有效。

② 与 DELETE 语句相比，TRUNCATE TABLE 语句删除速度更快。因为 DELETE 语句在每删除一行时都要把删除操作记录到日志中，而 TRUNCATE TABLE 语句则是通过释放表数据页面的方法来删除表中数据，它只在释放页面后做一次事务日志。

③ 使用 TRUNCATE TABLE 语句删除数据后，这些行是不可恢复的，而 DELETE 操作则可回滚，能够恢复原来数据。

④ TRUNCATE TABLE 语句不作操作日志，它不能激活触发器，所以 TRUNCATE TABLE 语句不能删除一个被其他表通过 FOREIGN KEY 约束所参照的表。

下面举例说明 DELETE 语句和 TRUNCATE TABLE 语句的使用方法。

【例 6-19】使用 DELETE 语句删除课程表中学时小于 4 的课程。

```
DELETE  FROM  课程
   WHERE 学时<4
```

【例 6-20】使用 TRUNCATE TABLE 语句删除成绩表中的剩余数据。

```
TRUNCATE TABLE 成绩
```

同样，也可以使用 SQL Server 管理平台删除数据。打开要删除数据的表，右击要删除的数据，在弹出的快捷菜单中选择“删除”命令即可将数据永久删除。

6.7 索　　引

用户对数据库最频繁的操作是进行数据查询，如果对一个未建立索引的表执行查询操作，SQL Server 2008 将逐行扫描表中的数据行，从中挑选出符合条件的数据行。当一个表中有很多行时，可以想象用这种方式执行一次查询操作所费的时间是多么漫长，这就造成了服务器的资源浪费。为了提高检索能力，数据库引入了索引机制。

6.7.1 索引的特点和用途

索引是一个单独、物理的数据库结构，它能够对表中的一个或者多个字段建立一种排序关系，以加快在表中查询数据的速度。对于较小的表来说，有没有索引对查找的速度影响不大，但对于一个很大的表来说，建立索引就显得十分必要了。对表的某个字段建立索引后，在这个字段上查找数据的速度会大大加快。建立索引不会改变表中记录的物理顺序。

索引是依赖于表建立的，它提供了数据库中编排表数据的内部方法。一个表的存储是由两部分组成的，一部分用来存放表的数据页面，另一部分存放索引页面。索引就存放在索引页面上。通常，索引页面相对于数据页面来说小得多。当进行数据检索时，系统先搜索索引页面，从中找到所需数据的指针，再直接通过指针从数据页面中读取数据。从某种程度上，可把数据库视为一本书，把索引视为书的目录，通过目录查找书中的信息，显然便捷得多。

6.7.2 索引分类

SQL Server 2008 中，就其微观原理而言可包括多种可用的索引类型，如表 6-6 所示。

表 6-6 SQL Server 2008 索引类型

索引类型	特征说明
聚集索引	根据数据行的键值在表或视图中排序和存储这些数据行，每个表只能有一个聚集索引，聚集索引按 B 树索引结构实现快速检索。只有当表索引定义中包含聚集索引列时，表中的数据行才按排序顺序存储。对表创建、删除或重建现有聚集索引时，要求数据库具有额外的可用工作区来存放。索引定义中包含聚集索引列
非聚集索引	具有独立于数据行的结构，既可以使用聚集索引来为表或视图定义非聚集索引，也可以根据堆来定义非聚集索引。非聚集索引中的每个索引行都包含非聚集键值和行定位符。此定位符指向聚集索引或堆中包含该键值的数据行。索引中的行按索引键值的顺序存储，但是不保证数据行按任何特定顺序存储，除非对表创建聚集索引
唯一索引	确保索引键不包含重复的值，因而表或视图中的每行在某种程度上是唯一的。索引也可以不是唯一的，即多行可以共享同一键值。每当修改了表数据后，都会自动维护表或视图的索引。如果存在唯一索引，数据库引擎会在每次插入操作添加数据时检查重复值。聚集索引和非聚集索引都可以是唯一索引
索引视图	视图是一个虚拟的数据表，本身不存储数据，但如果为视图创建索引，则视图的索引将具体化视图，并将结果集永久存储在唯一的聚集索引中，而且其存储方法与带聚集索引的表的存储方法相同。创建聚集索引后，可以为视图添加非聚集索引
包含性列索引	是一种非聚集索引，在创建索引时，将其他非索引字段包含在该索引中，一并起到索引的作用。可见，包含性列索引扩展后不仅包含键列，还包含非键列
全文索引	一种特殊类型的基于标记的功能性索引，由 SQL Server 全文引擎（MSFTESQL）服务创建和维护，用于帮助在字符串数据中搜索复杂的词
XML	是在 XML 字段上建立的索引，XML 数据类型列中 XML 二进制大型对象（BLOB）的已拆分持久表示形式

通常在创建索引之前，SQL Server 2008 应该考虑的若干约束机制：

（1）表中索引约束，每个表只能创建 1 个聚集索引，249 个非聚集索引。

（2）权限限制，只有表的拥有者才能在表上创建索引权限。

（3）索引量化的限制，索引最大键列数为 16，索引键最大为 900 B，需要考虑兼顾。

此外，在创建聚集索引时还要考虑到数据库剩余空间的问题，创建聚集索引时所需的可用空间是数据库表中数据量的 120%。若空间不足会降低性能，导致索引操作失败。

在创建唯一性索引时，应该保证创建索引的列不包括重复的数据，并且没有两个或更多的空值。因为创建索引时会将两个空值视为重复数据，需要将其删除，否则索引将创建失败。

6.7.3 创建索引

SQL Server 中可以使用 SQL Server 管理平台创建索引，也可以使用 Transact-SQL 创建索引。下面分别介绍这两种方法。

1. 使用 SQL Server 管理平台创建索引

使用 SQL Server 管理平台创建索引是一种人机交互的方式，也是一种比较灵活的索引创建方式。在大多数情况下，都可以采用这种方法建立索引。SQL Server 2008 创建索引是在表设计器中完成的。使用 SQL Server 管理平台创建索引的步骤如下：

（1）打开 SQL Server 管理平台，展开库与表结点，并找到要创建表的数据库。

（2）选择要创建索引的表，右击并在弹出的快捷菜单中选择“修改”命令（若建表时创建索引，则右击表，在弹出的快捷菜单中选择“新建表”命令），打开表设计器，如图 6-23 所示。

（3）在对话框中要创建索引的字段行上右击，在弹出的快捷菜单中选择“索引/键”或“设置主键”命令（后者直接完成，在此以前者为例）。

（4）在“索引/键”对话框中单击“添加”按钮，输入新索引名称并进行相关的设置，此处分别建立图 6-24 和图 6-25 所示的学号与级编学号索引。

（5）单击“关闭”按钮，完成索引的创建。

按照以上方法，在表设计器中，用户可以相继建立关系、全文索引、XML 索引、CHECK 约束等。

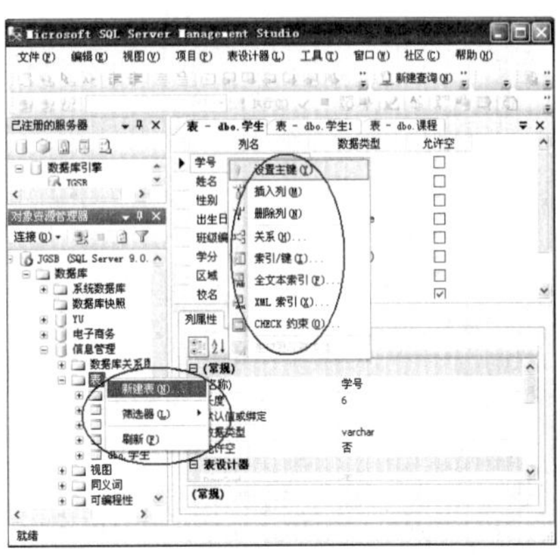

图 6-23　新建表及打开表设计器

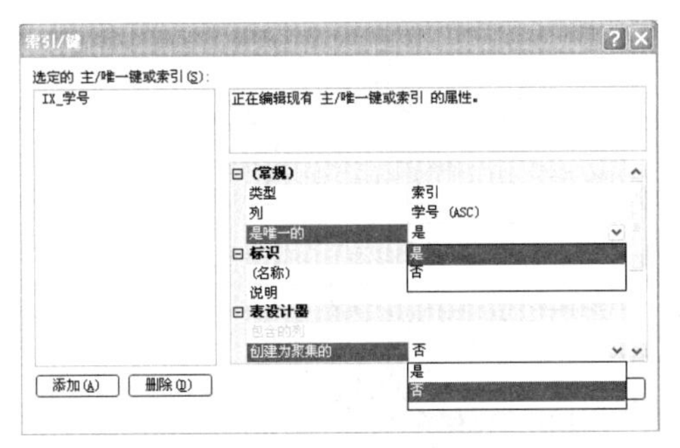

图 6-24　用“索引/键”建立学号索引

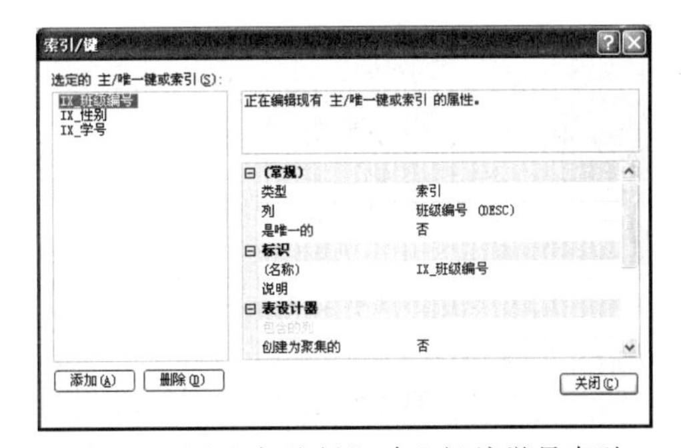

图 6-25　用“索引/键”建立级编学号索引

2. Transact-SQL 创建索引

使用 Transact-SQL 创建索引也是一种常用方法。在 Transact-SQL 中一般有两种方法创建索引：其一，在调用 CREATE TABLE 语句创建表或执行 ALTER TABLE 语句修改表时，建立 PRIMARY KEY 或唯一性约束时，使 SQL Server 自动为这些约束创建索引；其二，使用 CREATE INDEX 语句对一个已存在的表建立索引。

在此，仅介绍使用 CREATE INDEX 语句创建索引，其语法格式如下：

```
Create Relational Index CREATE[UNIQUE][CLUSTERED|NONCLUSTERED]INDEX index_name
ON {[database_name.[schema_name].|schema_name.]table_or_view_name}
    (column[ASC|DESC][,...n])[INCLUDE(column_name[,...n])]
[WITH(<relational_index_option>[,...n])]
[ON{partition_scheme_name(column_name)|filegroup_name|default}][;]
<relational_index_option>::={PAD_INDEX={ON|OFF}|FILLFACTOR=fillfactor
  |SORT_IN_TEMPDB={ON|OFF}|IGNORE_DUP_KEY={ON|OFF}
  |STATISTICS_NORECOMPUTE={ON|OFF}|DROP_EXISTING={ON|OFF}
  |ONLINE={ON|OFF}|ALLOW_ROW_LOCKS={ON|OFF}
  |ALLOW_PAGE_LOCKS={ON|OFF}|MAXDOP=max_degree_of_parallelism}
```

部分参数说明如下：

（1）UNIQUE：为表或视图创建的唯一索引，不允许两行具有相同的索引键值。

（2）CLUSTERED：创建索引时，键值的逻辑顺序决定表中对应行的物理顺序。若未指定 CLUSTERED（默认），则创建非聚集索引。NONCLUSTERED 则与之相反。

（3）index_name：索引名称，在表或视图中必须唯一，但在相同或不同库中可以重复。

（4）table_or_view_name：要为其建立索引的表或视图名称。

（5）index_name：索引名。索引名称在表或视图中必须唯一，但在数据库中不必唯一。

（6）Column；索引基于的列（最多 16 个）。指定多列名可为指定列组合值创建组合索引。在 table_or_view_name 后括号中按排序优先级列出组合索引中要包括的列。

（7）ASC | DESC：指定特定的索引列的排序方式。默认值是升序 ASC。

（8）INCLUDE (column [,... n])：指定要添加到非聚集索引叶级的非键列。

（9）ON partition_scheme_name (column_name)：指定映射到的文件组的分区方案。

（10）ON filegroup_name：为指定文件组创建指定索引。如果未指定位置且表或视图尚未分区，则索引将与基础表或视图使用相同的文件组。

（11）ON default：为默认文件组创建指定索引。

（12）<relational_index_option>::=：指定创建索引时要使用的选项。

（13）FILLFACTOR=fillfactor：指定在创建索引的过程中，各索引页叶级的填充程度。

（14）IGNORE_DUP_KEY：指定对唯一聚集索引或唯一非聚集索引执行多行插入操作时出现重复键值的错误响应。默认值为 OFF。

（15）SORT_IN_TEMPDB：指定是否在 Tempdb 中存储临时排序结果。默认值为 OFF。

（16）DROP_EXISTING：指定应删除并重新生成原存聚集索引、非聚集索引或 XML 索引。默认值为 OFF。

（17）STATISTICS_NORECOMPUTE：指定分布统计不自动更新。需要手动执行不带 NORECOMPUTE 子句的 UPDATE STATISTICS 命令。

（18）SORT_IN_TEMPDB：指定用于创建索引的分类排序结果将被存储到 Tempdb 中。

使用 Transact-SQL 创建索引的参数很多，但一般情况下只需要使用其中一小部分就可以了。

【例 6-21】在学生表的“学号”字段上创建一个名称为“学号_INDEX”的非簇索引，使用降序排序，填满率为 60%。

```
USE 信息管理
CREATE INDEX 学生_INDEX  ON 学生(学号 DESC) WITH FILLFACTOR=60
```

6.7.4 查看索引

SQL Server 中可以使用 SQL Server 管理平台查询索引，也可以使用 Transact-SQL 查看索引。

1. 使用 SQL Server 管理平台查询索引

（1）在 SQL Server 管理平台的对象资源管理器中展开数据库和表结点，选择要查看的包含索引所属的数据库表。

（2）选择表对象下索引项，就会出现这个表中所有的索引的名称，如图 6-26 所示。

2. 使用 Transact-SQL 查询索引

Transact-SQL 中的 sp_helpindex 存储过程可以返回表的所有索引的信息，其语法如下：

```
sp_helpindex [@objname=]'name'
```

参数含义说明：[@objname =]‘name’用来指定当前数据库中的表的名称。

【例 6-22】查看学生表与成绩表的索引信息，运行结果如图 6-27 所示。

```
EXEC sp_helpindex 学生
     EXEC sp_helpindex 成绩
```

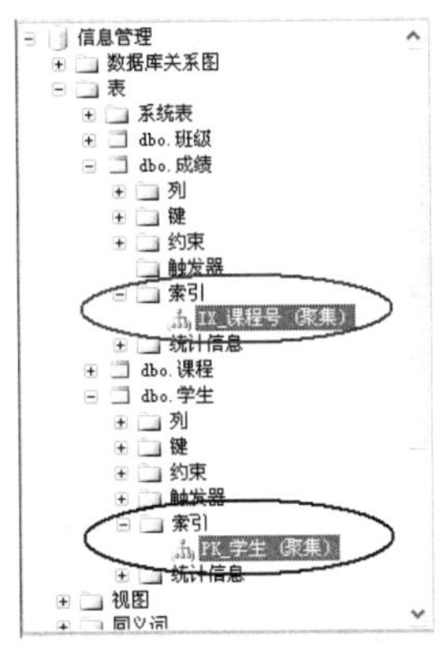

图 6-26　用对象资源管理器查看索引

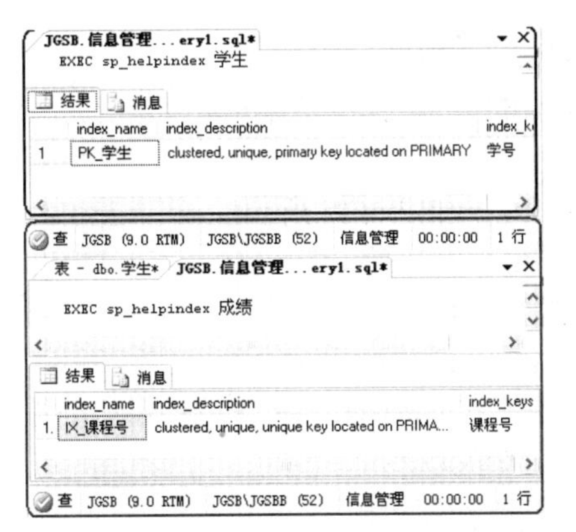

图 6-27　使用 sp_helpindex 存储过程查看索引

6.7.5　修改索引

在 SQL Server 2008 的具体应用中，经常会对已存在的索引进行修改，以完善应用。通常有两种方法：使用 SQL Server 管理平台提供可视化操作与使用 Transact-SQL 语句。

由于使用 SQL Server 管理平台修改索引几乎和使用 SQL Server 管理平台查询索引相差无几，请读者在实验环节中互行尝试并写出详细的操作过程。

1. 修改索引的内容

在此，就侧重于使用 Transact-SQL 语句修改索引。修改索引需要用到 ALTER INDEX 语句，其基本语法格式如下：

```
ALTER INDEX{index_name|ALL}
ON<{[database_name.[schema_name].|schema_name.]table_or_view_name}>
    {REBUILD[[WITH(<rebuild_index_option>[,...n])]
 |[PARTITION=partition_number[WITH(<single_partition_rebuild_index_option> [,...n])]]]
|DISABLE|REORGANIZE[PARTITION=partition_number]
[WITH(LOB_COMPACTION={ON|OFF})]|SET(<set_index_option>[,...n])}[;]
```

部分参数含义如下：

（1）index_name：索引的名称。索引名称在表或视图中必须唯一，符合标识符的规则。

（2）ALL：指定与表或视图相关联的所有索引，而不考虑是什么索引类型。若有一或多个索引脱机或不允许对一个或多个索引类型执行只读文件组操作，则指定 ALL 导致语句失败。

（3）REBUILD：指定使用相同的列、索引类型、唯一性属性和排序顺序重新生成索引。

（4）DISABLE：将索引标记为已禁用，从而不能由 Database Engine 使用。

（5）REORGANIZE：指定将重新组织的索引叶级。

（6）PARTITION：指定只重新生成或重新组织索引的一个分区。

（7）WITH：指定压缩所有包含大型对象（LOB）数据的页。LOB 数据类型包括 image、text、ntext、varchar(max)、nvarchar(max)、varbinary(max) 和 xml，默认值为 ON。

（8）ON 为压缩所有包含大型对象数据的页；OFF 为不压缩包含大型对象数据的页。

（9）SET：指定不重新生成或重新组织索引的索引选项。不能为已禁用索引指定 SET。

【例 6-23】 修改“学生”表中的“PK_学号”索引，使其重新生成单个索引。

```
ALTER INDEX PK_学号 ON 学生 REBUILD
```

2. 修改索引的名称

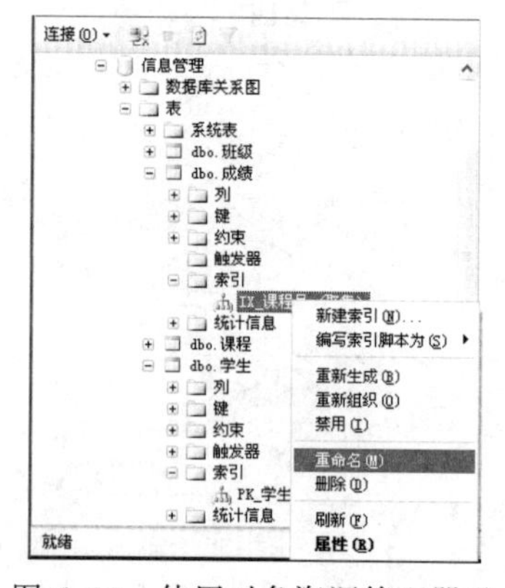

图 6-28　使用对象资源管理器重命名索引

可以使用 SQL Server 管理平台来修改索引的名称，右击表下要更名的索引，在弹出的快捷菜单中选择“重命名”命令，然后输入新的名称即可，如图 6-28 所示。

Transact-SQL 语句中的 sp_rename 存储过程也可以修改索引的名称，其语法格式如下：

```
sp_rename  oldname,newname
```

参数含义说明：oldname 为需更改的索引的原名。newname 为更改后的索引名称。

【例 6-24】将学生表中的名称为“学生_index”的索引更名为“学生_index_01”。

```
sp_rename '学生_Index','学生_Index_01'
```

6.7.6　删除索引

1. 使用 SQL Server 管理平台删除索引

在 SQL Server 管理平台的对象资源管理器所展开的结点中，右击表下要修改的索引，在弹出的快捷菜单中选择“删除”命令，如图 6-29 所示，然后在弹出的对话框中单击“确定”按钮即可。

2. 使用 Transact-SQL 语句删除索引

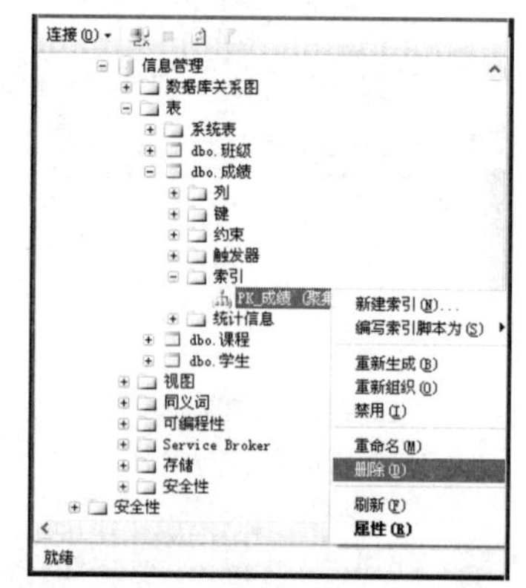

图 6-29　使用 SQL Server 管理平台删除索引

Transact-SQL 删除索引的语句是 DROP INDEX 命令。它可以删除一个或多个当前数据库中的索引，其语法如下：

```
DROP INDEX 'tablename.indexname' [,...n]
```

DROP INDEX 命令不能删除由 CREATE TABLE 或 ALTER TABLE 命令创建的 PRIMARY KEY 或 UNIQUE 约束索引，也不能删除系统表中的索引。

注意：删除索引后将无法撤销操作，且不保存对数据库关系图所做的所有其他更改。若要撤销该操作，则不要保存更改，即关闭当前的数据库关系图和所有其他打开的数据库关系图以及表设计器窗口。

【例 6-25】删除学生表中名称为“学生_index_01”的索引。

```
DROP INDEX  学生.学生_index_01
```

小　　结

本章介绍了数据完整性、SQL Server 数据库中的表管理和索引管理 3 部分内容。数据完整性是指存放在数据库中数据的一致性和准确性，它是衡量数据库中数据质量的重要标志，通俗地讲，就是限制数据库表中可输入的数据。SQL Server 2008 中主要包括主键、外键、唯一性、检查、默认值 5 种约束。在表管理部分，读者应该能够熟练地使用 SQL Server 管理平台和 Transact-SQL 语句来创建表、修改表、删除表；了解修改表的一些属性和名称的方法；重点掌握使用 Transact-SQL 语句进行表数据的插入、修改和删除。

在索引管理部分读者首先应该理解索引的概念和用途，然后理解几种不同的索引的区别，能够分别使用 SQL Server 管理平台和 Transact-SQL 语句创建索引、查看和删除索引。

思考与练习

一、选择题

1. 在 SQL Server 2008 中，建立表用的命令关键字是（　　）。

A. CREATE SCHEMA　B. CREATE TABLE　C. CREATE VIEW　D. CREATE INDEX

2. SQL 中，删除表中数据的命令关键字是（　　）。

A. DELETE　B. DROP　C. CLEAR　D. REMOVE

3.（　　）标识列是当数据表中插入新数据行时，系统将为该列自动赋予递增的值。

A. CONSTRAINT　B. IDENTITY　C. ROWGUIDCOL　D. REMOVE

4. 使用（　　）语句关键字可向表或视图中插入新的数据行。

A. UPDATE　B. SELECT　C. INSERT　D. ADDDATA

5. 索引是依赖于（　　）建立的，它提供了（　　）数据库中编排表数据的内部方法。

A. 表、视图　B. 数据库、视图

C. 表、存储过程　D. 表、数据库

6. sp_helpindex 存储过程可以返回表的所有（　　）的信息。

A. 索引　B. 主键　C. 外键　D. 排序

7. 使用 Transact-SQL 语举句删除索引的命令关键字是（　　）INDEX。

A. DROP　B. DELETE　C. CLEAR　D. KILL

8.（　　）存储过程语句可完成数据表名称的更改。

A. Alter　B. Rename　C. REM　D. sp_rename

9. 数据完整性是指存放在数据库中数据的一致性和（　　）。

A. 完整性　B. 可靠性　C. 准确性　D. 安全性

10. 外键约束定义了表之间的（　　）。

A. 否定　B. 约束　C. 关系　D. 连接

二、思考与实验

1. 试完成实验：使用 SQL Server 管理平台创建名称为“成绩”和“课程”的表，表的字段和属性如表 6-2 和表 6-3 所示。

2. 试完成实验：用 Transact-SQL 语句创建名称为学生和班级的表，要求如表 6-1 和表 6-4 所示。

3. 试完成实验：使用 Transact-SQL 语句创建一名称为“员工表”的表，表的字段和属性如表 6-7 所示。其中“Empid（员工号）”为主关键字，“Gongling（工龄）”为计算列，它是“当前的日期”减去“Startdate（雇佣日期）”。

表 6-7　员工表的字段和属性

列　名	数据类型与长度	能否为空	说　明
Empid	Int	Not Null	员工编号
Name	Varchar(10)	Not Null	员工姓名
Department	Varchar(20)	Null	员工出生日期

续表

列　名	数据类型与长度	能 否 为 空	说　明
Job	Varchar(20)	Null	员工所做的工作名称
Startdate	Date	Not Null	员工的雇佣日期
Gongling	Int	Not Null	员工的工龄
Tel	Varchar(11)	Null	员工电话号码

4. 试完成实验：使用 SQL Server 管理平台向“课程”表中插入 4 条数据，数据如表 6-8 所示。

表 6-8　课程表中的数据

课 程 号	课 程 名	学　时	学　分
030110	面向对象数据库技术	32	2.5
030111	计算机网络	32	2.5
030113	近世代数	16	2.5
030114	计算机高新技术	16	3.0

5. 试完成实验：使用 Transact-SQL 语句向“成绩”表中插入 6 条数据，数据自定。

6. 简述索引的作用，索引有哪几种类型以及它们之间的区别。

7. 试完成实验：在成绩表上创建一名为“课程号学号_Ind”的索引，选取学号和课程号两个字段，学号在前，再创建一个名为“成绩_Ind”的索引，以“成绩”字段作为索引关键字。

8. 使用存储过程 sp_helpindex 查看成绩表的索引信息。并将习题 7 中创建的两个索引名称分别改为“成绩_Index01”和“成绩_Index02”。

9. 何谓数据完整性？简述数据完整性的分类与实施数据完整性的方法。

10. 试问 SQL Server 中主要包括哪些种约束机制，使用默认值约束时应注意的问题。

11. 完成实验：创建“产品”数据库表，产品(产品号 char(6)，产品名称 char(20)，供应商号 char(6)，价格 decimal(10,2)，库存量 int)；主键为“产品号”，外键为“供应商号”，供应商号的约束为[100001，200001)，库存量的默认值为 0，每个字段都非空。

12. 创建“供应商”数据库表：供应商(供应商号 char(6)，供应商名称 char(28)，城市 varchar(50)，电话 char(8))。主键为“供应商号”，该字段非空，其余可空，城市字段建立唯一性约束。

电话的约束为(64580000,93880818]，且在“供应商号”上建立与上题的联系并完成实验。

13. 简述实体完整性、域完整性、参照完整性与用户定义的完整性的内涵和涉及的约束。

管理技术篇

第 7 章　Transact-SQL 基础

【本章提要】Transact-SQL 程序设计对于 SQL Server 2008 系统而言是至关重要的，是使用 SQL Server 2008 的主要形式。本章主要介绍了 Transact-SQL 程序设计基础、事务机制、Transact-SQL 语法规则，SQL Server 2008 的变量和程序控制流语句等。

7.1　程序设计基础

Transact-SQL 提供了丰富的编程结构，使用 Transact-SQL 进行程序设计是 SQL Server 2008 的主要分支之一。不论是普通的客户机/服务器应用程序，还是支撑电子商务网站运行的 Web 应用程序，都需要向服务器发送 Transact-SQL 语句才能实现与 SQL Server 2008 的通信。SQL Server 2008 中的编程语言就是 Transact-SQL，这是一个非过程化的高级语言，人们可以使用 Transact-SQL 语句编写服务器端的程序。

通常，一个程序是由：注释与批处理；程序中使用的变量；改变批处理中语句执行顺序的流控制语言；错误和消息的处理要素组成。

7.1.1　注释语句

注释（注解）是程序代码中非执行的内容，不参与程序的编译。使用注释可对代码进行说明，可提高程序代码的可读性，使程序代码日后更易于维护，注释也可用于描述复杂计算或解释编程方法。

SQL Server 2008 支持两种形式的注释语句：

（1）“--”（双连字符）：表示单行注释，从双连字符开始到行尾均为注释。这些注释字符可与要执行的代码处在同一行，也可另起一行。对于多行注释，必须在每个注释行的开始使用双连字符。

（2）/* ... */（正斜杠+星号对）：用于多行（块）注释。这些注释字符可与要执行的代码处在同一行，也可另起一行，甚至插在可执行代码内。从开始注释对（/*）到结束注释对（*/）之间的全部内容均视为注释部分。对于多行注释，须置于开始注释（/*）和结束注释（*/）中。

【例 7-1】两种注释使用实例。

```
USE 电子商务              --选择数据库
GO                        --批处理结束
  -- First line of a multiple-line comment.
  -- Second line of a multiple-line comment.
SELECT * FROM 班级
```

```
GO
  /* First line of a multiple-line comment.
  Second line of a multipl-line comment. */
SELECT  * FROM 学生
GO
  -- Using a comment in a Transact-SQL statement  during diagnosis.
SELECT EmployeeID,/*FirstName, */ LastName
FROM Employees
  -- Using a comment after the code on a line.
USE Northwind
GO
UPDATE Products
SET UnitPrice=UnitPrice *0.9      -- Try to build market share.
GO
```

注意：多行/*...*/注释不能跨越批处理。整个注释必须包含在一个批处理中。如 GO 命令标志批处理的结束，当实用工具在一行的前两个字节中读到 GO 时，则把从上一个 GO 命令开始的所有代码作为一个批处理发送到服务器。若 GO 出现在/* 和 */ 分隔符间的一行行首，则每个批处理都发送不匹配的注释分隔符，从而导致语法错误。

【例 7-2】注释跨越批处理的语法错误。

```
USE Northwind
SELECT  *  FROM Employees
  /* The                                  // GO将出现在/*和*/分隔符间的行首
  GO     in this comment causes it to be broken in half */
SELECT * FROM  Products
  GO
```

7.1.2 批处理

批处理是从客户机传递到服务器上的一组完整的数据和 SQL 指令。在一个批处理中，可以包含一条 SQL 指令，也可以包含多条 SQL 指令。批处理的所有语句被视为一个整体，而被成组地分析、编译和执行。可以想象，如果在一个批处理中存在着一个语法错误，那么所有的语句都无法通过编译。有几种指定批处理的方法：

（1）程序作为一个执行单元发出的所有 SQL 语句构成批处理，并生成单个执行计划。

（2）存储过程或触发器中的所有语句构成一个批处理。这些都编译为一个执行计划。

（3）由 EXECUTE 语句执行的字符串是一个批处理，并编译为一个执行计划。

（4）由 sp_executesql 系统存储过程执行的字符串是个批处理，并编译为一个执行计划。

所有的批处理命令都使用 GO 作为结束的标志。当编译器读到 GO 时，它就会把 GO 前面所有的语句当做一个批处理，而打包成一个数据包发送给服务器。GO 本身并不是 Transact-SQL 的语句组成部分，它只是一个用于表示批处理结束的前端指令。

批处理在使用中需注意如下规则：

（1）CREATE DEFAULT、CREATE PROCEDURE、CREATE RULE、CREATE TRIGGER 和 CREATE VIEW 语句不能在批处理中与其他语句组合使用。批处理必须以 CREATE 语句开始。所有跟在其后的其他语句将被解释为第一个 CREATE 语句定义的一部分。

（2）不能在同一个批处理中更改表，然后引用新列。

（3）如果 EXECUTE 语句是批处理中的第一句，则不需要 EXECUTE 关键字。如果 EXECUTE 语句不是批处理中的第一条语句，则需要 EXECUTE 关键字。

【例 7-3】创建一个视图的批处理。

```
USE pubs
GO                    /* Signals the end of the batch */
CREATE VIEW auth_titles
AS
SELECT *
FROM authors
GO                    /* Signals the end of the batch */
SELECT *
FROM auth_titles
GO                    /* Signals the end of the batch */
```

通常，只执行一部分的批处理操作会产生一些无用的垃圾数据。为避免这种情况的发生，常需要使用事务来保证所有 SQL 指令要么全部执行成功，要么全部执行不成功。

【例 7-4】将几个批处理组合成一个事务。

```
BEGIN TRANSACTION
USE pubs
GO
 CREATE TABLE mycompanies
 (id_num int IDENTITY(100,5),
  company_name nvarchar(100))
GO
INSERT mycompanies (company_name)  VALUES ('New Moon Books')
INSERT mycompanies (company_name)  VALUES ('Binnet & Hardley')
INSERT mycompanies (company_name)  VALUES ('Algodata Infosystems')
INSERT mycompanies (company_name)  VALUES ('Five Lakes Publishing')
INSERT mycompanies (company_name)  VALUES ('Ramona Publishers')
INSERT mycompanies (company_name)  VALUES ('GGG&G')
INSERT mycompanies (company_name)  VALUES ('Scootney Books')
INSERT mycompanies (company_name)  VALUES ('Lucerne Publishing')
SELECT *  FROM mycompanies
ORDER BY company_name ASC
COMMIT
GO
```

BEGIN TRANSACTION 和 COMMIT 语句分隔事务边界。BEGIN TRANSACTION、USE、CREATE TABLE、SELECT 和 COMMIT 语句都包含在它们各自的单语句批处理中。所有的 INSERT 语句包含在一个批处理中。

7.1.3　GOTO 语句

GOTO 语句用来改变程序执行的流程，使程序跳到标有标识符的指定的程序行再继续。其可使 Transact-SQL 批处理执行跳转到标签处，不执行 GOTO 语句和标签之间的语句。GOTO 语句和标签可在过程、批处理或语句块中的任何位置使用。GOTO 语句可嵌套使用。但现今的程序开发中 GOTO 语句使用不多，逐渐淡化。GOTO 语句语法格式如下：

```
GOTO label
```

标签（label）是 GOTO 的目标，它标识了跳转的位置。

注意：尽量少使用 GOTO 语句。过多使用 GOTO 语句可能会使 Transact-SQL 批处理的逻辑难于理解。使用 GOTO 实现的逻辑几乎完全可以使用其他控制流语句实现。GOTO 最好用于跳出深层嵌套的控制流语句。

【例 7-5】 用 GOTO 代替 WHILE 循环的示例，这里未定义 tnames_cursor 游标。

```
USE pubs
GO
DECLARE @tablename sysname
SET @tablename=N'authors'
table_loop:
  IF (@@FETCH_STATUS<>-2)
  BEGIN
    SELECT @tablename=RTRIM(UPPER(@tablename))
    EXEC ("SELECT """+@tablename+"""=COUNT(*)FROM"+@tablename)
    PRINT""
  END
  FETCH NEXT FROM tnames_cursor INTO @tablename
IF (@@FETCH_STATUS<>-1)  GOTO table_loop
GO
```

7.1.4 RETURN 语句

RETURN 语句用于在任何时候从过程、批处理或语句块中结束当前程序、无条件退出，而不执行位于 RETURN 之后的语句，返回到上一个调用它的程序，在括号中可指定一个返回值。RETURN 语句的语法格式如下：

```
RETURN [integer_expression]
```

参数 integer_expression 返回整型值，存储过程可给调用过程或应用程序返回整型值。

注意：除非特别指明，所有系统存储过程返回 0 值表示成功，返回非零值则表示失败，具体信息如表 7-1 所示。

表 7-1 RETURN 命令返回的默认值

返回值	含　义	返回值	含　义	返回值	含　义
0	程序执行成功	-1	找不到对象	-2	数据类型错误
-3	死锁	-4	违反权限原则	-5	语法错误
-6	用户造成的一般错误	-7	资源错误如磁盘空间不足	-8	非致命的内部错误
-9	已达到系统的极限	-10，-11	致命的内部不一致性错误	-12	表或指针破坏
-13	数据库破坏	-14	硬件错误		

当用于存储过程时，RETURN 不能返回空值。如果过程试图返回空值（例如，使用 RETURN @status 且 @status 是 NULL），将生成警告信息并返回 0 值。

在执行当前过程的批处理或过程中，可以在后续 Transact-SQL 语句中包含返回状态值，但格式输入必须是：

```
EXECUTE @return_status=procedure_name
```

【例 7-6】 从过程返回。

其一：显示如果在执行 findjobs 时没有给出用户名作为参数，RETURN 则将一条消息发送到用户的屏幕上然后从过程中退出。如果给出用户名，将从适当的系统表中检索由该用户在当前数据库内创建的所有对象名。

```
CREATE PROCEDURE findjobs @nm sysname=NULL
AS
IF @nm IS NULL
   BEGIN PRINT 'You must give a username' RETURN END
ELSE
   BEGIN
      SELECT o.name, o.id, o.uid  FROM sysobjects o INNER JOIN master..syslogins l
ON o.uid=l.sid
      WHERE l.name=@nm
```

其二（某过程中的 RETURN 语句）:

```
DECLARE @x int,@y int
SELECT @x=3,@y=5
PRINT @x;print @y;print @y+@x
IF @x>@y
RETURN
ELSE
PRINT 'my god!!'
```

7.1.5　PRINT 命令

将用户定义的字符串作为一个消息返回客户端或应用程序，该语句接受任何字符串表达式。PRINT 语句的语法格式如下：

```
PRINT 'any ASCII text'|@local_variable|@@FUNCTION|string_expression
```

PRINT 命令向客户端返回一个用户自定义的信息，即显示一个字符串、局部变量或全局变量，如果变量值不是字符串，必须先用数据类型转换函数 CONVERT 将其转换为字符串。其中，string_expression 是可返回一个字符串的表达式。

【例 7-7】有条件地返回消息。

```
USE 电子商务
    IF EXISTS(SELECT 课程名 FROM 课程  WHERE 课程名='计算机')
    PRINT '您所选的课程为计算机'
    GO
```

【例 7-8】声明变量，有条件地返回消息。

```
DECLARE  @m char(10),@n char(10)
    SELECT  @m='SQL',@m='Server'
    PRINT '微软公司'
    PRINT @m+@n
```

运行结果如下：

```
微软公司
SQL Server
```

7.2　Transact-SQL 语法规则

保留字（Reserved Word）又称关键字，是指在 SQL Server 中已经定义的可用于分析和理解 Transact-SQL 语句和批处理标识符，使用者不能再将这些字作为变量名、函数名、列名或过程名使用。SQL Server 2008 中使用保留字来定义、操作或访问数据库。

7.2.1 保留字

在 Transcat-SQL 语句或脚本中所有常量、变量、运算符、函数、列名等标识符切勿使用保留字。尽管 Transact-SQL 不限制将保留关键字用做变量和存储过程参数的名称，允许保留关键字用做数据库或数据库对象（如表、列、视图等）的标识符或名称（使用带引号的标识符或分隔标识符），但仍然建议尽可能规避。SQL Server 2008 保留字如表 7-2 所示。

表 7-2 SQL Server 2008 保留字（关键字）

ADD	ALL	ALTER	AND	ANY	AS
AUTHORIZATION	ASC	BACKUP	BEGIN	BETWEEN	BREAK
BROWSE	BULK	BY	CASCADE	CASE	CHECK
CHECKPOINT	CLOSE	CLUSTERED	COALESCE	COLLATE	COLUMN
COMMIT	COMPUTE	CONSTRAINT	CONTAINS	CONTINUE	CONVERT
CONTAINSTABLE	CREATE	CROSS	CURRENT	CURSOR	CURRENT_USER
CURRENT_TIMESTAMP	CURRENT_DATE	DATABASE	DEFAULT	DECLARE	DBCC
CURRENT_TIME	DEALLOCATE	DISTRIBUTED	DELETE	DENY	DESC
DISK	DISTINCT	DOUBLE	DROP	DUMMY	DUMP
ELSE	END	ERRLVL	ESCAPE	EXCEPT	EXEC
EXECUTE	EXISTS	EXIT	FETCH	FILE	FOR
FREETEXTTABLE	FILLFACTOR	FOREIGN	FREETEXT	FROM	FULL
FUNCTION	GOTO	GRANT	GROUP	HAVING	IF
IDENTITY_INSERT	HOLDLOCK	IDENTITY	IDENTITYCOL	IN	INDEX
INNER	INSERT	INTERSECT	INTO	IS	JOIN
KEY	KILL	LEFT	LIKE	LINENO	LOAD
NONCLUSTERED	NATIONAL	NOCHECK	NOT	NULL	NULLIF
OPENDATASOURCE	OF	OFF	OFFSETS	ON	OPEN
OPENQUERY	OPENROWSET	OPENXML	OPTION	OR	ORDER
OUTER	OVER	PERCENT	PLAN	PRIMARY	PRINT
PRECISION	PROCEDURE	PROC	PUBLIC	READ	READTEXT
RECONFIGURE	RAISERROR	RESTORE	RESTRICT	RETURN	REVOKE
REFERENCES	REPLICATION	RIGHT	ROLLBACK	ROWCOUNT	RULE
ROWGUIDCOL	SAVE	SCHEMA	SELECT	SET	SETUSER
SESSION_USER	SHUTDOWN	SOME	STATISTICS	TO	TOP
SYSTEM_USER	TABLE	TEXTSIZE	THEN	TRAN	TRIGGER
TRANSACTION	TRUNCATE	TSEQUAL	UNION	USE	USER
UPDATETEXT	UNIQUE	UPDATE	VALUES	VARYING	VIEW
WAITFOR	WRITETEXT	WHERE	WHILE	WITH	WHEN

7.2.2　语法规则

Transact-SQL 语句中，包含关键字、标识符及各种参数等，它采用不同的书写格式来区分这些内容，Transact-SQL 语法格式具体约定如表 7-3 所示。

表 7-3　Transact-SQL 语法格式说明

<table>
<tr><th>规　范</th><th>功　能</th></tr>
<tr><td>大/小写字母</td><td>大写字母表示 Transact-SQL 保留的关键字；小写字母表示对象标识符、表达式等</td></tr>
<tr><td>斜体字母</td><td>表示用户提供的参数</td></tr>
<tr><td>竖线：|</td><td>表示参数间为只能从中选择一个的逻辑“或”关系</td></tr>
<tr><td>方括号：[]</td><td>所列项为可选语法项目，可按需选择使用，方括号不必输入</td></tr>
<tr><td>大括号：{}</td><td>必选单元参数，含多个用“|”分隔的选项，可从中选择一项，大括号不输入</td></tr>
<tr><td>尖括号：<></td><td>必须输入内容，尖括号不输入</td></tr>
<tr><td>省略号：…</td><td>表示重复前面的语法单元</td></tr>
<tr><td>[,…n]</td><td>表示前面的项可重复 n 次。每一项由逗号分隔</td></tr>
<tr><td>[…n]</td><td>表示前面的项可重复 n 次。每一项由空格分隔</td></tr>
<tr><td><标签> ::=</td><td>语法块的名称，用于对可在语句中的多个位置使用的过长语法或语法单元部分进行分组和标记，由括在尖括号内的标签表示：<标签></td></tr>
</table>

7.3　常量与变量

常量与变量是 Transact-SQL 中不可或缺的，是 Transact-SQL 的基础，两者在使用时必须先定义。

7.3.1　常量

常量是指在程序运行过程中始终固定不变的量，而变量则是在程序运行过程中其值可以变化的数据，是表示一个特定数据值的符号。常量的格式取决于它所表示的值的数据类型。在 SQL Server 2008 的 Transact-SQL 中，常量类型如表 7-4 所示。

表 7-4　SQL Server 2008 中的常量类型

常量类型	常量表示说明	范　例
字符串	包括在单引号或双引号中，由字母数（a～z、A～Z）、数字字符（0～9）以及特殊字符（如感叹号!、 @和数字号#）等组成	'Management','China','O','Brien'
Unicode	Unicode 字符串格式与普通相似，但它前面有一个 N 标识符	' N 大学城'
二进制	具有前缀 0x 并且是十六进制数字字符串，且不使用引号括起	0xAE,0x2Ef, 0xD010E
bit	使用 0 或 1 表示，且不括在引号中。若值大于 1，则转换为 1	0,1
datetime	使用特定格式的字符日期值来表示，并被单引号括起来	'04/15/99' , '14:30:24'
integer	由不以引号括起来且不含小数点的整数数字表示	125478,25
decimal	由不以引号括起来并且包含小数点的数字来表示	189.12,258.8
money	以前缀为可选小数点或货币符号的数字来表示且不用引号括起	$8523.4, $5420
float 和 real	float 和 real 常量使用科学计数法来表示	2.55E5,0.5E-2
uniqueidentifier	用来表示 GUID 字符串。可使用字符或二进制字符串格式指定	0xf19,'17FD'

Transact-SQL 中常量使用示例如下：

（1）`SELECT 学号,姓名 FROM 学生 WHERE 学分>=245`

（2）`SELECT sl=179.21;SET je=$255.28;SELECT price=218.88;SET rq='20080808:20:08:08'`

（3）`UPDATE Sales.SalesPerson SET Bonus=6000;CommissionPct=0.10;SalesQuota=NULL`

（4）`DECLARE @datevar DATETIME;SET @datevar='12/31/1998';SELECT @datevar AS DateVar`

7.3.2 局部变量

变量是 SQL Server 2008 中由系统或用户定义并可对其赋值的实体，可分为两种：一种是全局变量（Global Variable），一种是局部变量（Local Variable）。

全局变量由系统定义和维护，局部变量由用户定义和赋值。变量的类型与常量一样，应注意变量名的约束。

局部变量是用户可自定义的变量，它的作用范围仅在程序内部（作用域局限在一定范围的Transact-SQL 对象）。一般来说，局部变量在一个批处理（也可在存储过程或触发器）中被声明或定义，然后这个批处理内的 SQL 语句就可以设置这个变量的值，或者是引用这个变量已经被赋予的值。当这个批处理结束后，这个局部变量的生命周期也就随之消亡。在程序中通常用来储存从表中查询到的数据或当做程序执行过程中暂存的变量。

1. 声明局部变量

使用局部变量名称前必须以单“@”开头，而且必须先用 DECLARE 命令声明，而后才可使用。具体语法格式如下：

```
DECLARE {{@变量名 [AS] 变量类型}|{@cursor_variable_name CURSOR}
    | { @table_variable_name TABLE ( { < column_definition > | < table_constraint >}
    [,...])}}[,...n]
```

其中，部分参数说明如下：

（1）变量类型：可以是 SQL Server 2008 支持的除 text、ntext 或者 image 类型外所有的系统数据类型和用户自定义数据类型。

（2）@cursor_variable_name：游标变量名称，其须以@开头规则标识符。

（3）@table_variable_name：table 类型的变量的名称，必须以@开头规则标识符。

（4）< table_constraint >：表约束定义。

（5）CURSOR：指定变量是局部游标变量。

（6）< column_definition >：表中的列的定义。

注意：*若无特殊用途，建议在应用时尽量使用系统提供的数据类型，可以减少维护应用程序的工作量。另外，变量名的形式必须符合 SQL Server 标识符的命名方式。*

【例 7-9】声明局部变量 gh、rq、xb。

```
DECLARE @gh char(4),@rq datetime,@xb bit
```

2. 局部变量的赋值

在 Transact-SQL 中局部变量的赋值不同于一般程序语言的形式（变量=变量值），而必须使用SELECT 或 SET 命令来给局部变量赋值，其语法如下：

```
SELECT @局部变量=变量值
SET @局部变量=变量值
```

【例 7-10】声明局部变量 gh、xm 并赋值，并引申各种赋值形式。

```
DECLARE @gh char(4),@xm char(8)
```

```
    SELECT @gh='0014'
    SET  @xm='上官云珠'
    GO
```

变量也可以通过选择列表中当前所引用的值赋值。如果在选择列表中引用变量，则它应当被赋予标量值或者 SELECT 语句应仅返回一行。例如：

```
USE Northwind
DECLARE @EmpIDVariable INT
SELECT @EmpIDVariable=MAX(EmployeeID) FROM  Employees
GO
```

又如：使用查询给变量赋值。

```
USE Northwind
GO
DECLARE  @rows int
SET @rows=(SELECT COUNT(*)  FROM Customers)
```

如果 SELECT 语句返回多行而且变量引用一个非标量表达式，则变量被设置为结果集最后一行中表达式的返回值。例如，在此批处理中将 @EmpIDVariable 设置为返回的最后一行的 EmployeeID 值，此值为 1。

```
USE Northwind
GO
DECLARE @EmpIDVariable INT
SELECT @EmpIDVariable=EmployeeID  FROM Employees ORDER BY EmployeeID DESC
SELECT @EmpIDVariable
GO
```

【例 7-11】查询编号为 10010001 的员工姓名和工资，分别赋予变量 name 和 wage。

```
USE 信息管理
DECLARE @name char 30,@wage money
SELECT @name=e_name,@wage=e_wage  FROM employee  WHERE emp_id='10010001'
SELECT @name AS e_name @wage AS e_wage
```

运行结果如下：

```
e_name    e_wage
-----------------------
张三    8000.00
```

注意： 数据库语言和编程语言有一些关键字，为避免冲突和产生错误在命名表列变量以及其他对象时，应避免使用关键字。

7.3.3 全局变量

全局变量是 SQL Server 系统内部使用的由 SQL Server 系统提供并赋值的变量，是用来记录 SQL Server 服务器活动状态的一组数据，通常存储一些 SQL Server 的配置设定值和效能及统计等，用户可在程序中用全局变量来测试系统的设定值或 Transact-SQL 命令执行后的状态值。其作用范围并不局限于某一程序，而是任何程序均可随时调用的。

用户不能建立全局变量，也不能使用 SET 语句修改全局变量的值。全局变量的名称由双@字符开头。大多数全局变量的值是报告本次 SQL Server 启动后发生的系统活动。通常应该将全局变量的值赋值给在同一个批中的局部变量，以便保存和处理。

SQL Server 提供的全局变量分为两类：

（1）每次同 SQL Server 连接和处理相关的全局变量。例如，@@ROWCOUNT 表示返回受上一语句影响的行数。

（2）内部管理所要求的关于系统内部信息有关的全局变量。例如，@@VERSION 表示返回 SQL Server 当前安装的日期、版本和处理器类型。

除@@ROWCOUNT 和@@VERSION 外，SQL Server 提供的全局变量达 30 多个。在此仅对常用的进行介绍，其余可参阅联机丛书等相关书籍。

（1）@@SERVERNAME：返回运行 SQL Server 2008 本地服务器的名称。例如：

```
SELECT  @@SERVERNAME  AS 本地服务器
```

返回结果是：

```
    本地服务器
--------------------------------
    YU2005
```

（2）@@REMSERVER：返回登录记录中记载的远程 SQL Server 服务器的名称。例如：

```
SELECT  @@ REMSERVER  AS 远程服务器
```

返回结果是：

```
    远程服务器
--------------------------------
    DH2005
```

（3）@@CONNECTIONS：返回自上次启动 SQL Server 以来连接或试图连接的次数，用其可让管理人员方便地了解今天所有试图连接本服务器的次数。如下显示了迄今（包括时间）为止，试图登录的次数。

```
SELECT GETDATE()  AS  'Today's Date and Time',
        @@CONNECTIONS AS  'Login Attempts'
        go
```

返回结果是：

```
    Today's Date and Time        Login Attempts
--------------------------------------------------------------
    2012-05-09 14:28:46.940           18
```

（4）@@CURSOR_ROWS：返回最后连接上并打开的游标中当前存在的合格行的数量。为提高性能，SQL Server 可以异步填充静态游标等。通过调用它以确定当它被调用时，取出符合游标的行的数目。例如：

```
SELECT @@CURSOR_ROWS as Y_CURSOR
DECLARE authors_cursor  CURSOR FOR
SELECT au_lname FROM authors
OPEN authors_cursor
FETCH NEXT FROM authors_cursor
SELECT @@CURSOR_ROWS  Y_CURSOR
CLOSE authors_cursor
DEALLOCATE authors_cursor
```

返回结果是：

```
Y_CURSOR
----------------
    0
(1 row(s) affected)
au_lname
---------------
White
```

```
(1 row(s) affected)
Y_CURSOR
----------------
    -1
(1 row(s) affected)
```

（5）@@ERROR：返回最后执行的 Transact-SQL 语句的错误代码。

注意：当 SQL Server 完成 Transact-SQL 语句的执行时，若语句执行成功，则@@ERROR 设置为 0；若出现错误，则返回一条错误信息。@@ERROR 返回此错误信息代码，直到另一条 Transact-SQL 语句被执行。用户可以在 sysmessages 系统表中查看与 @@ERROR 错误代码相关的文本信息。

由于@@ERROR 在每一条语句执行后被清除并且重置，应在语句验证后立即检查它，或将其保存到一个局部变量中以备事后查看。例如：

```
USE pubs
GO
UPDATE authors SET au_id='172 32 1176'
WHERE au_id="172-32-1176"
IF @@ERROR=547
   PRINT "A check constraint violation occurred"
```

（6）@@ROWCOUNT：返回受上一语句影响的行数，任何不返回行的语句将这一变量设置为 0。例如：

```
UPDATE authors SET au_lname='Jones'
   WHERE au_id='999-888-7777'
      IF @@ROWCOUNT=0
      PRINT 'Warning: No rows were updated'
```

（7）@@VERSION：返回 SQL Server 当前安装的日期、版本和处理器类型。例如：

下面的示例返回当前安装的日期、版本和处理器类型。

```
SELECT @@VERSION 安装信息
```

返回结果是：

```
安装信息
--------------------------------------------------------------------
Microsoft SQL Server  2008 - 8.00.194 (Intel X86)
Aug  6 2005 00:57:48
Copyright (c) 1988-2005 Microsoft Corporation
Personal Edition on Windows 4.10 (Build 2222:  A )
(所影响地行数为 1 行)
```

（8）其余全局变量。其余全局变量说明如表 7-5 所示。

表 7-5　部分全局变量说明

运　算　符	可操作的数据类型
@@CPU_BUSY	返回自 SQL Server 最近一次启动以来 CPU 的工作时间，单位为 ms
@@DATEFIRST	返回使用 SET DATEFIRST 而指定的每周的第一天是星期几
@@DBTS	返回当前数据库的时间戳值必须保证数据库中时间戳的值是唯一的
@@FETCH_STATUS	返回上一次 FETCH 语句的状态值
@@IDENTITY	返回最后插入行的标识列的列值
@@IDLE	返回自最近一次启动以来 CPU 处于空闲状态的时间长短，单位为 ms
@@IO_BUSY	返回自最后一次启动以来 CPU 执行输入输出操作所花费的时间（ms）

续表

运 算 符	可操作的数据类型
@@LANGID	返回当前所使用的语言 ID 值
@@LANGUAGE	返回当前使用的语言名称
@@LOCK_TIMEOUT	返回当前会话等待锁的时间长短，其单位为 ms
@@MAX_CONNECTIONS	返回允许连接到 SQL Server 的最大连接数目
@@MAX_PRECISION	返回 decimal 和 numeric 数据类型的精确度
@@NESTLEVEL	返回当前执行的存储过程的嵌套级数，初始值为 0
@@OPTIONS	返回当前 SET 选项的信息
@@PACK_RECEIVED	返回 SQL Server 通过网络读取的输入包的数目
@@PACK_SENT	返回 SQL Server 写给网络的输出包的数目
@@PACKET_ERRORS	返回网络包的错误数目
@@PROCID	返回当前存储过程的 ID 值
@@SERVICENAME	返回正运行于哪种服务状态之下，如 MS SQL Server、MSDTC、SQL Server Agent
@@SPID	返回当前用户处理的服务器处理 ID 值
@@TEXTSIZE	返回 SET 语句定义的 TEXTSIZE 选项值，text 和 image 数据类型最大长度单位为字节
@@TIMETICKS	返回每一时钟的微秒数
@@TOTAL_ERRORS	返回磁盘读写错误数目
@@TOTAL_READ	返回磁盘读操作的数目
@@TOTAL_WRITE	返回磁盘写操作的数目
@@TRANCOUNT	返回当前连接中处于激活状态的事务数目

7.4 运算符与表达式

运算符是一种符号，用来指定要在一个或多个表达式中执行的操作，执行列、常量或变量的数学运算和比较操作。SQL Server 2008 中的运算符包括：算术运算符、位运算符、比较运算符、逻辑运算符、赋值运算符、字符串串联运算符和一元运算符。

7.4.1 算术运算符

算术运算符用于执行数字型表达式的算术运算，系统支持的算术运算及其可操作的数据类型如表 7-6 所示。加（+）和减（-）运算符也可用于对 datetime 及 smalldatetime 值执行算术运算。

表 7-6 算术运算符

运 算 符	含 义	可操作的数据类型
+（加）	加法或正号	bit、tinyint、smallint、int、bigint、real、float、decimal、numeric、 datetime、smalldatetime
-（减）	减法或负号	同上
*（乘）	乘法	同上。但不包括 datetime、smalldatetime
/（除）	除法	同*（乘法运算符）
%（模）	返回余数	tinyint、smallint、int、bigint。如：22 % 5 = 2

7.4.2 位运算符

位运算符可以对整型或二进制字符数据进行按位与（ & ）、按位或（ | ）、按位异或（ ^ ）与求反（ ~ ）运算。位运算符的具体含义如表 7-7 所示。

表 7-7 位运算符类型与含义

运 算 符	含 义	运 算 符	含 义
&（AND）	按位 AND（两个操作数）	|（OR）	按位 OR（两个操作数）
^（XOR）	按位互斥 XOR（两个操作数）	~（NOT）	按位求反 NOT 运算（单目运算）

位运算符的操作数可以是整型或二进制字符串数据类型分类中的任何数据类型（但 image 数据类型除外），其中按位与（ & ）、按位或（ | ）、按位异或（ ^ ）运算需要两个操作数，这两个操作数不能同时是二进制字符串数据类型中的某种数据类型。这两个操作数可以配对的数据类型如表 7-8 所示。求反（ ~ ）运算是个单目运算，它只能对 int、smallint、tinyint 或 bit 类型的数据进行求反运算。

表 7-8 可以配对的位运算数据类型

运算符左边操作数	运算符右边操作数	运算符左边操作数	运算符右边操作数
binary	int、smallint 或 tinyint	smallint	int、smallint、tinyint、binary 或 varbinary
bit	int、smallint, tinyint 或 bit	tinyint	int、smallint、tinyint、binary 或 varbinary
varbinary	int、smallint 或 tinyint	int	int、smallint、tinyint、binary 或 varbinary

7.4.3 比较运算符

比较运算符用来比较两个表达式的大小。它们能够比较除 text、ntext 和 image 数据类型之外的其他数据类型表达式。SQL Server 2008 支持的比较运算符包括：

（1）>：大于。

（2）=：等于。

（3）<：小于。

（4）> =：大于或等于。

（5）< =：小于或等于。

（6）< >（!=）：不等于。

（7）!>：不大于。

（8）!<：不小于。

其中，!=、!>和!<为 SQL Server 2008 在 ANSI 标准基础上新增加的比较运算符。比较表达式的返回值为布尔数据类型，即 True、False 或 Unknown。如果比较表达式的条件成立，则返回 True；否则，返回 False。和其他 SQL Server 数据类型不同，不能将布尔数据类型指定为表列或变量的数据类型，也不能在结果集中返回布尔数据类型。

当 SET ANSI_NULLS 为 ON 时，带有一个或两个 Null 表达式的运算符返回 Unknown。而当 SET ANSI_NULLS 为 OFF 时，如果两个表达式都为 Null，那么等号运算符返回 True。例如：若 SET ANSI_NULLS 是 OFF，那么 Null = Null 就返回 True。

【例 7-12】设计一个用比较表达式作为过滤条件，列出 Northwind 数据库 Products 表中所有 ProductID 等于 10 的产品记录。其中，在 WHERE 子句中使用带有布尔数据类型的表达式，可以筛选出符合搜索条件的行。

```
USE Northwind
DECLARE @MyProduct int
SET @MyProduct=10
IF(@MyProduct<>0)
   SELECT *  FROM Products  WHERE ProductID=@MyProduct
GO
```

7.4.4 逻辑运算符

逻辑运算符用来测试逻辑条件进行测试，以获得其真实情况。它与比较运算符一样，根据测试结果返回布尔值：True、False 或 Unknown。逻辑运算符有：AND、OR、NOT、BETWEEN 和 LIKE 等，运算内涵与结果如表 7-9 所示。

表 7-9 逻辑运算内涵与运算结果

运算符	含义	运算符	含义
AND	若两布尔表达式都为 True，则为 True	BETWEEN	若操作数在某个范围内，则为 True
OR	若两布尔表达式中一个为 True，则为 True	EXISTS	若子查询包含一些行，则为 True
NOT	对任何其他布尔运算符的值取反	LIKE	若操作数与一种模式匹配，则为 True
ALL	若一系列的比较都为 True，则为 True	SOME	若在系列比较中有 True，则为 True
ANY	若比较中任一个为 True，则为 True	IN	若操作数在表达式列表中，则为 True

（1）AND：对两个布尔表达式的值进行逻辑与运算。当两个布尔表达式的值都为 True 时，返回 True；如果其中有一个为 False，则返回 False；如果其中有一个 True，另一个为 Unknown，或两个都为 Unknown 时，则返回 Unknown。其真值表如表 7-10 所示。

（2）OR：对两个布尔表达式进行逻辑或运算。当两个布尔表达式的值都为 False 时，返回 False；如果其中一个为 True，则返回 True；如果其中一个为 False，一个为 Unknown，或两个都为 Unknown，则返回 Unknown。其真值表如表 7-11 所示。

表 7-10 AND 运算的真值表

And	True	False	Unknown
True	True	False	Unknown
False	False	False	False
Unknown	Unknown	False	Unknown

表 7-11 OR 运算的真值表

Or	True	False	Unknown
True	True	True	True
False	True	False	Unknown
Or	True	False	Unknown

（3）NOT：对布尔表达式的值进行取反运算，即当布尔表达式的值为 True 时返回 False，其值为 False 时返回 True，但当布尔表达式的值为 Unknown 时返回 Unknown。

（4）[NOT] BETWEEN：范围运算符，用来测试某一表达式的值是否在指定的范围内。其语法格式是：

```
test_expression[NOT]BETWEEN begin_expression AND end_expression
```

其中：

① test_expression：测试的表达式。test_expression 与 begin_expression 和 end_expression 具有相同的数据类型。

② begin_expression：指出测试数据的范围。 test_expression 大于或等于 begin_expression 的值，BETWEEN 表达式返回 True，NOT BETWEEN 返回 False；而当 test_expression 小于 begin_expression 或大于 end_expression 的值，BETWEEN 表达式返回 False，NOT BETWEEN 返回 True。

（5）[NOT] LIKE：[NOT] LIKE 称为模式匹配运算符，常用于模糊条件查询，它判断测试表达式的值是否与指定的模式相匹配，测试表达式的值是否与指定的模式相匹配，可用于 char、varchar、text、nchar、nvarchar、ntext、datetime、smalldatetime 等数据类型。模式通配符的语法格式是：

```
match_expression [NOT] LIKE pattern [ESCAPE escape_character]
```

其中：

① match_expression：是有效的字符串数据类型表达式。

② escape_character：说明匹配模式中的转义字符，它只能是单个字符。

③ pattern：要 SQL Server 查找的匹配模式。

在 SQL Server 2008 中可使用的通配字符有以下几种：

① 百分号（%）：可匹配任意类型和长度的字符。

② 下画线（_）：可匹配任意单个字符，常用来限制表达式的字符长度。

③ 方括号[ ]：指定一个字符、字符串或范围，要求所匹配对象为它们中的任意一个。

④ [^]：其取值与[ ]相同，但它要求所匹配对象为指定字符以外的任意一个字符。

在使用模式匹配搜索时，需要搜索的字符中可能有与 SQL Server 通配符相同的字符。在这种情况下，可使用 ESCAPE 子句指定转义字符。转义字符告诉 SQL Server，其后的字符作为常规搜索字符，而不是作为通配符使用。

（6）[NOT] IN：称为列表运算符，它们测试表达式的值是否在列表项之内。其语法格式是：

```
test_expression [NOT] IN (subquery|expression[,…n])
```

其中：

① test_expression：为被测试的表达式。

② subquery：为子查询语句，它返回某列的结果集合。

③ expression：为 SQL Server 的表达式，提供列表集合数据。

列表运算符 IN 所指定的搜索条件也可用等于比较运算符（=）和 OR 逻辑运算符来表达，而 NOT IN 所指定的搜索条件则可用不等于运算符和 AND 逻辑运算符表达。当有多个列表项时，使用列表运算符会 IN 使语句变得更加简洁，否则会使语句显得冗长。

（7）ALL、SOME、ANY：分别用于判断一个表达式的值与一个子查询结果集合中的所有、部分或任一个值间的关系是否满足指定的比较条件。

7.4.5　字符串连接符

字符串连接符（+）用于实现字符串之间的连接操作（如将 'abc' + 'def' 存储为'abcdef'）。这个加号也被称为字符串连接运算符，字符串之间的其他操作都是通过字符串函数（如 SUBSTRING）来实现的。SQL Server 中，字符串连接符可操作的数据类型有 char、varchar、text、nchar、nvarchar、ntext 等。

7.4.6　赋值运算符

SQL Server 2008 中的赋值运算符为等号（=），附加 SELECT 或 SET 命令来进行赋值，它将表达式的值赋给一个变量，或为某列指定列标题。例如，在下面的示例中创建了@MyCounter 变量，然后赋值运算符将@MyCounter 设置成一个由表达式返回的值。

```
DECLARE @MyCounter INT
SET @MyCounter=22%5
```

也可以使用赋值运算符在列标题和为列定义值的表达式之间建立关系。下面的示例显示名为FirstColumnHeading 和 SecondColumnHeading 的两个列标题。前者所有行都显示字符串“计算机网络”，后者列出来自 Products 表中的每个产品 ID。

```
USE Northwind
SELECT FirstColumnHeading='计算机网络',SecondColumnHeading=ProductID
   FROM Products
GO
```

7.4.7 运算符的优先级

SQL Server 中运算符具有不同的优先级，同一表达式中包含有不同运算符时，运算符的优先级决定了表达式的计算和比较操作顺序。SQL Server 中各种运算符的优先级顺序是：

（1）括号：( )。

（2）正、负或取反运算符：+、-、~。

（3）乘、除、求模运算符：*、/、%。

（4）加、减、字符连接运算符：+、-、+。

（5）比较运算符：=、>、<、>=、<=、<>、!=、!>、!<。

（6）位运算符：^、&、|。

（7）逻辑非运算符：NOT。

（8）逻辑与运算符：AND。

（9）ALL、ANY、BETWEEN、IN、LIKE、OR、SOME 等运算符。

（10）赋值运算符：=。

上面列表中，排在最上面的优先级最高。在较低等级的运算符之前先对较高等级的运算符进行求值。当一个复杂的表达式有多个运算符时，运算符优先性决定执行运算的先后次序。执行的顺序会影响所得到的值。

当一个表达式中的两个运算符有相同的运算符优先等级时，基于它们在表达式中的位置来对其从左到右进行求值。例如如下示例，在 SET 语句使用的表达式中，在加号运算符之前先对减号运算符进行求值。

```
DECLARE @MyNumber int
SET @MyNumber=4-2+27     -- Evaluates to 2 + 27 which yields an expression result
                            of 29.
SELECT @MyNumber
```

在表达式中可以使用括号替代所定义的运算符的优先性。首先对括号中的内容进行求值，从而产生一个值，然后括号外的运算符才可以使用这个值。

【例 7-13】利用 SET 语句和优先权进行赋值（分别讨论表达式的多种形式）。

```
DECLARE @MyNumber int
   SET @MyNumber=2*4+5  -- Evaluates to 8 + 5 which yields an expression result of 13.
   SELECT @MyNumber
```

在下面 SET 语句示例中，括号使得首先执行加法。表达式结果是 18。

```
   DECLARE @MyNumber int
   SET @MyNumber=2*(4+5)   -- Evaluates to 2 * 9 which yields an expression result of 18.
   SELECT @MyNumber
```

如果表达式有嵌套的括号，那么首先对嵌套最深的表达式求值。下例中包含嵌套的括号，表达式结果是 12。

```
DECLARE @MyNumber int
SET @MyNumber=2*(4+(5-3))    -- Evaluates to 2 * (4 + 2) which further evaluates
                                to 2 * 6, and yields an expression result of 12.
SELECT @MyNumber
```

7.4.8 表达式

在 SQL Server 2008 中，表达式与运算符都是构成语句的基础，通过它们可以形成相关的 Transact-SQL 语句，演绎出不同复杂程度的各类应用与管理程序。

表达式是由操作数和运算符按一定的语法形式组成的符号序列，表达式由常量、变量、运算符、函数、列名、子查询、CASE 等组成。表达式包括简单表达式与复杂表达式两种类型。表达式可用运算符将两个或更多的简单表达式连接起来组成复杂表达式。每个表达式经过运算之后都会产生一个确定类型的值。

一个常量或一个变量名字是最简单的表达式，其值即该常量或变量的值；表达式的值还可以用作其他运算的操作数，形成更复杂的表达式。表达式还可以是计算，例如：

```
(price*1.5)或(price+len(sales_tax));
SELECT 学号,SUBSTRING('This is a long string',11,11),学分*2.8  FROM 学生;
```

7.5 程序流控制语句

流控制语句用于控制 Transact-SQL 语句、语句块或存储过程的执行流程，它与常见的程序设计语言类似。SQL Server 2008 中提供的流控制语句及功能如表 7-12 所示。

表 7-12 SQL Server 2008 流程控制语句及功能

语　句	功　能
BEGIN...END	定义语句块
IF...ELSE	条件选择语句，条件成立执行 IF 后语句（第一个分支），否则执行 ELSE 后语句
CASE 表达式	分支处理语句，表达式可根据条件返回不同值
WHILE	循环语句，重复执行命令行或程序块
WAITFOR	设置语句执行的延迟时间
BREAK	循环跳出语句
CONTINUE	重新启动循环语句。跳过 CONTINUE 后语句，回到 WHILE 循环的第一行命令
GOTO	无条件转移语句
RETURN	无条件退出（返回）语句

7.5.1 IF...ELSE 语句

在 SQL Server 2008 中，为了控制程序的执行方向，引进了 IF...ELSE 条件判断结构。

IF...ELSE 的语法格式如下：

```
IF {<条件表达式>}
    {<SQL 语句或语句块 1>}
[ELSE
    {<SQL 语句或语句块 2>}]
```

其中，<条件表达式>可以是各种表达式的组合，但表达式的值必须是逻辑值“真”或“假”。IF...ELSE 用来判断当条件表达式成立时执行某段程序（SQL 语句或语句块 1），条件不成立时执行另一段程序（SQL 语句或语句块 2）或不执行（当无 ELSE 选项时）。

ELSE 与其中的条件表达式子句是可选的，最简单的 IF 语句可没有 ELSE 子句部分，如果不使用程序块，IF 或 ELSE 内只能执行一条命令，IF...ELSE 可以进行嵌套使用（在 Transact-SQL 中最多可嵌套 32 级）。

IF...ELSE 结构可以用在批处理和存储过程中（经常使用这种结构测试是否存在着某个参数）及特殊查询中。

【例 7-14】 IF...ELSE 结构实例：判断数值大小，打印运算结果。

```
DECLARE  @q int,@r int,@s int
SELECT  @q=4,@r=5,@s=6
IF  @q>@r
PRINT 'q>r'        -- 打印字符串"q>r"
ELSE  IF @r>@s
      PRINT 'r>s'
      ELSE PRINT 's>r'
```

运行结果如下：

```
---------------------
s>r
```

【例 7-15】 IF 语句块嵌套使用示例。

```
USE pubs
IF(SELECT AVG(price)  FROM titles  WHERE type='mod_cook')< $15
  BEGIN
   PRINT 'The following titles are excellent mod_cook books:'
   PRINT ' '
   SELECT SUBSTRING(title,1,35)  AS  Title
   FROM titles
   WHERE type='mod_cook'
  END
ELSE
   IF(SELECT AVG(price)  FROM titles  WHERE type='mod_cook')>$15
  BEGIN
   PRINT 'The following titles are expensive mod_cook books:'
   PRINT ' '
   SELECT SUBSTRING(title,1,35) AS Title
   FROM titles
   WHERE type='mod_cook'
  END
```

运行结果如下：

```
  -----------------------------------------------------------------
  The following titles are excellent mod_cook books:
  (所影响的行数为 2 行)
```

该例中，如果表中书的平均价格低于$15，那么就显示文本“The following titles are excellent mod_cookbooks:”；如果书的平均价格高于$15，则显示书价昂贵的信息“The following titles are expensive mod_cook books:”；而当平均价格等于$15 时，无提示信息。

【例 7-16】用条件语句统计联校区域为西南片的学生平均学分。运行结果如 7-1 所示。

```
USE 信息管理
  IF(SELECT AVG(学分)  FROM 学生  WHERE 区域='西南')>250
     BEGIN
        PRINT '他们是优秀学生!!'
   SELECT  姓名+校名,AVG(学分)  AS 平均分 FROM 学生  WHERE 区域='西南'
        GROUP BY  姓名+校名
        ORDER BY AVG(学分)
     END
```

7.5.2 BEGIN...END 语句

BEGIN...END 用来定义一个语句块（类似于其他高级语言中的复合句），位于 BEGIN 和 END 之间的 Transact-SQL 语句都属于这个语句块，可视为一个单元来执行。BEGIN...END 经常在条件语句（如 IF...ELSE）中使用，在 BEGIN...END 中可嵌套，使用另外的 BEGIN END 来定义另一程序块。典型实例如图 7-1 所示。语法格式如下：

```
BEGIN
      <SQL 语句或语句块>
END
```

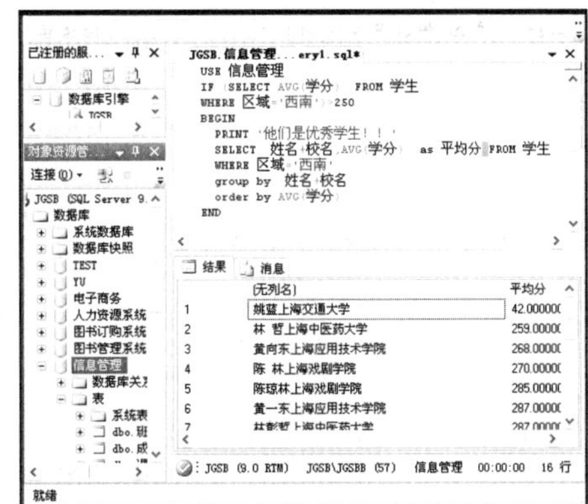

图 7-1　使用 IF...ELSE 和 BEGIN...END 实例图

【例 7-17】用 BEGIN 和 END 定义一段一起执行的 Transact-SQL 语句。

IF 条件仅使 ROLLBACK TRANSACTION 执行，并不返回打印信息（You can't delete a title with sales）。

```
USE pubs
GO
CREATE TRIGGER deltitle
ON titles
FOR delete
AS
IF (SELECT COUNT(*) FROM deleted,sales WHERE sales.title_id=deleted.title_id)>0
 BEGIN
   ROLLBACK TRANSACTION
   PRINT 'You can't delete a title with sales.'
END
```

7.5.3 CASE 结构

CASE 结构提供了比 IF...ELSE 结构更多的条件选择，且判断功能更方便、更清晰明了。CASE 结构用于多条件分支选择，可完成计算多个条件并为每个条件返回单个值。SQL Server 2008 的 CASE 多分支结构包括都支持可选 ELSE 参数的两种格式：

（1）简单 CASE 表达式。该表达式将某表达式与一组简单表达式进行比较以确定结果。

（2）搜索 CASE 表达式。搜索计算一组布尔表达式以确定结果。

1. 简单 CASE 表达式

简单 CASE 表达式将一个测试表达式与一组简单表达式进行比较，如果某个简单表达式的值相等，则返回相应表达式的值。简单 CASE 表达式的格式如下：

```
CASE <表达式>
    WHEN <表达式1> THEN <表达式1>
    [[WHEN <表达式2> THEN <表达式2>][…]]
    [ELSE <表达式>]
END
```

简单 CASE 表达式的执行过程是：计算 CASE 后表达式的值，然后按指定顺序与每个 WHEN 子句中的值比较，如果两者相等，则返回 THEN 后的表达式，跳出 CASE 语句体；否则，返回 ELSE 后的表达式。ELSE 子句是可选项，若 CASE 语句后无 ELSE 子句，且所有比较失败时，CASE 语句体将返回 NULL 值。

执行 CASE 子句时只运行第一个匹配的子句，CASE 语句可以嵌套到 SQL 命令中。

【例 7-18】用 CASE 结构的 SELECT 语句更改图书分类显示。运行结果如图 7-2 所示。

```
USE pubs
SELECT Category=
      CASE type
         WHEN 'popular_comp' THEN '通用计算'
         WHEN 'mod_cook' THEN '现代烹饪'
         WHEN 'business' THEN '商务'
         WHEN 'psychology' THEN '心理学'
         WHEN 'trad_cook' THEN '传统烹饪'
         ELSE '尚未分类'
      END,
   CAST(title AS varchar(25)) AS 'Shortened Title',
   price AS Price
FROM titles  WHERE price IS NOT NULL
ORDER BY type,price
COMPUTE AVG(price) BY type
GO
```

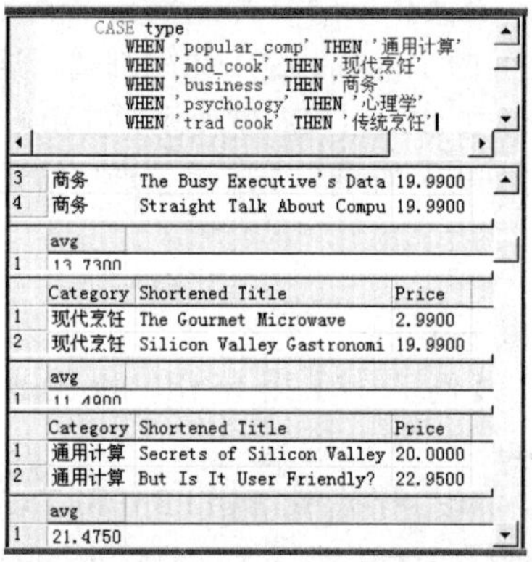

图 7-2　简单 CASE 表达式的执行示意图

【例 7-19】调整员工工资，工作岗位为 1 的上调 8%工作岗位为 2 的上调 7%，工作岗位为 3 的上调 6%，其他上调 5%。

```
USE 信息管理
UPDATE 工资
SET e_wage=
CASE
    WHEN 工作岗位=' 1'  THEN e_wage*1.08
    WHEN 工作岗位=' 2'  THEN e_wage*1.07
    WHEN 工作岗位=' 3'  THEN e_wage*1.06
    ELSE e_wage*1.05
END
```

2. 搜索 CASE 表达式

搜索 CASE 表达式的格式如下：

```
CASE
    WHEN <布尔表达式1> THEN <运算式1>
    [[WHEN <布尔表达式2> THEN <表达式2>][…]]
    [ELSE <运算式>]
END
```

搜索 CASE 表达式与简单 CASE 表达式相比，具有两个特征：其一为 CASE 关键字后未跟任何表达式；其二是各个 WHEN 关键字后都是布尔表达式。布尔表达式可以是逻辑运算符，也可以使用比较运算符，而 THEN 后的表达式与简单 CASE 表达式相同。

搜索 CASE 表达式的执行过程为：按指定顺序首先测试第一个 WHEN 子句后的布尔表达式，如果为真（True），返回 THEN 后的表达式；否则测试下一个 WHEN 子句后的布尔表达式。如果所有布尔表达式的值为假，则返回 ELSE 后的表达式。若 CASE 语句后未带 ELSE 子句，CASE 语句体将返回 NULL 值。

【例 7-20】从信息管理数据库的学生表与成绩表中将成绩划分为 5 个等级（详见程序），并输出结果。运行结果如图 7-3 所示。

```
USE 信息管理
SELECT a.学号,姓名,校名,学分, b.课程名,b.成绩,
成绩等级=
CASE WHEN 成绩<60  THEN '不及格'
     WHEN 成绩>=60  AND 成绩<70  THEN '及格'
     WHEN 成绩>=70  AND 成绩<80  THEN '中'
     WHEN 成绩>=80  AND 成绩<90  THEN '良'
     WHEN 成绩>=90  THEN '优'
END
FROM 学生 AS a,成绩 AS b WHERE a.学号=b.学号
GO
```

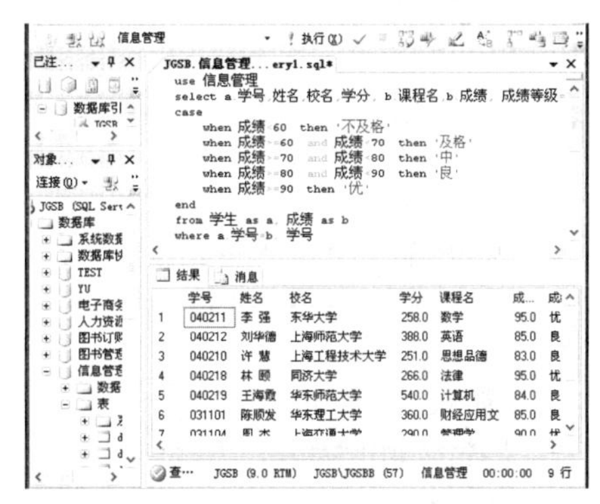

图 7-3 搜索 CASE 表达式的执行示意图

7.5.4 WHILE 循环结构

WHILE 语句通过布尔表达式设置重复执行 SQL 语句或语句块的循环条件。WHILE 命令在设定的条件成立时会重复执行 SQL 语句或程序块，可使用 BREAK 和 CONTINUE 关键字在循环内部控制 WHILE 循环中语句的执行，WHILE 语句也可嵌套。

WHILE 循环的语法格式如下：

```
WHILE  <布尔表达式>
    BEGIN
        <SQL 语句或程序块>
         [BREAK]
         [CONTINUE]
         [SQL 语句或程序块]
    END
```

WHILE 循环的执行过程是：当指定的条件为真，就可在循环体内重复执行语句，只有在循环条件为假（False，不成立）时退出循环体，执行其后的语句。CONTINUE 命令可以让程序跳过 CONTINUE 命令之后的语句，回到 WHILE 循环的第一行命令。BREAK 命令则让程序完全跳出循环，结束 WHILE 命令的执行。

【例 7-21】使用循环计算所给局部变量的变化值。

```
DECLARE @r int,@s int,@t int
SELECT @r=2,@s=3
WHILE @r<5
  BEGIN
  PRINT @r                          --打印变量 x 的值
  WHILE @s<5
```

```
    BEGIN
    SELECT @t=100*@r+@s
    PRINT @t                          --打印变量t的值
    SELECT @s=@s+1
    END
  SELECT @r=@r+2
  SELECT @s=1
  END
```

运行结果如下：

```
-------------------
2
203
204
4
401
402
403
404
```

【例7-22】在下例语句中，若没有查询到书价超过$30的情况下，通过WHILE反复执行BEGIN…END语句块中的内容：先将所有书价提高50%，并在存在的最高书价超过$50的情况下跳出循环，并打印一条消息。

```
USE pubs
GO
WHILE (SELECT AVG(price) FROM titles)<$30
  BEGIN
  UPDATE titles
    SET price=price*2
  SELECT MAX(price) FROM titles
  IF(SELECT MAX(price) FROM titles)>$50 BREAK
  ELSE CONTINUE
  END
  PRINT '该教材太贵了，难以承受!!'
```

7.5.5 WAITFOR语句

WAITFOR 语句指定延迟一段时间（时间间隔或一个时刻）来执行（触发）一个 Transact-SQL 语句、语句块、存储过程或事务。

WAITFOR 语句的语法格式如下：

```
WAITFOR {DELAY<'时间'>|TIME<'时间'>
                 |ERROREXIT|PROCESSEXIT|MIRROREXIT}
```

WAITFOR 语句用来暂时停止程序执行，直到所设定的等待时间已到或已过才继续往下执行，其中时间必须为 DATETIME 类型的数据。如 11:15:27，但不能包括日期。

各关键字的含义如下：

（1）DELAY：用来设定等待的时间段，最多可达 24 小时。

（2）TIME：用来设定等待结束的时间结点。

（3）ERROREXIT：直到处理非正常中断。

（4）PROCESSEXIT：直到处理正常或非正常中断。

（5）MIRROREXIT：直到镜像设备失败。

【例 7-23】等待 18 小时 18 分零 18 秒后才执行 SELECT 语句。

```
USE 信息管理
WAITFOR DELAY  '18:18:18'
   SELECT *  FROM 学生
```

【例 7-24】等到 11 点 28 分后才执行 SELECT 语句。

```
WAITFOR time '11:28:00'
   SELECT  *  FROM 课程
```

【例 7-25】使用 WAITFOR TIME 语句，设定晚上 10:18 执行存储过程 EXEC_PROCD。

```
WAITFOR TIME '22:18'
  EXECUTE EXEC_PROCD
```

7.5.6　TRY...CATCH 语句

TRY...CATCH 语句是 SQL Server 2005 新引入的，用于实现类似于 C#和 C++语言中的异常处理的错误处理。Transact-SQL 语句组可以包含在 TRY 块中。如果 TRY 块内部发生错误，则会将控制传递给 CATCH 块中包含的另一个语句组。

TRY...CATCH 语句的语法格式如下：

```
BEGIN TRY
     {sql_statement|statement_block}
END TRY
BEGIN CATCH
     {sql_statement|statement_block}
END CATCH
[;]
```

关键字说明如下：

（1）sql_statement 指任何 Transact-SQL 语句；statement_block 指 Transact-SQL 语句块。

（2）TRY 块后必须紧跟相关联的 CATCH 块。在 END TRY 和 BEGIN CATCH 语句之间放置任何其他语句都将生成语法错误。

（3）TRY...CATCH 构造不能跨越多个批处理。TRY...CATCH 构造不能跨越多个 Transact-SQL 语句块。

在 CATCH 块的作用域中，可使用以下系统函数来获取导致的错误消息：

（1）ERROR_NUMBER()：返回错误号。

（2）ERROR_SEVERITY()：返回严重性。

（3）ERROR_STATE()：返回错误状态号。

（4）ERROR_PROCEDURE()：返回出现错误的存储过程或触发器的名称。

（5）ERROR_LINE()：返回导致错误的例程中的行号。

（6）ERROR_MESSAGE()：返回错误消息的完整文本。

【例 7-26】显示 SELECT 语句将生成被零除错误与程序跳转执行情况。

```
USE AdventureWorks;
BEGIN TRY
     SELECT 1/0;                -- Generate a divide-by-zero error.
```

```
END TRY
        BEGIN CATCH
            SELECT
                ERROR_NUMBER() AS ErrorNumber,
                ERROR_SEVERITY() AS ErrorSeverity,
                ERROR_PROCEDURE() AS ErrorProcedure,
        END CATCH;
GO
```

7.5.7 EXECUTE 语句

SQL Server 2008 中，EXECUTE 语句用于执行 Transact-SQL 中的命令字符串、系统存储过程、用户定义存储过程、标量值用户定义函数或扩展存储过程等。

EXECUTE 语句的语法格式如下：

```
[{EXEC|EXECUTE}]
{{module_name[;number]|@module_name_var}
[,...n]}[;]
```

参数说明：module_name 是要调用的存储过程、标量值用户定义函数的名称。

【例 7-27】创建一个包含 SELECT 语句的存储过程，并运行该存储过程，结果如图 7-4 所示。

图 7-4 例 7-27 运行结果示意图

```
USE 信息管理
CREATE Proc  SexProg
@para00  char(2)='女%'
   AS  SELECT 学号,姓名,性别  FROM 学生  WHERE 性别=@para00
EXECUTE  SexProg
```

7.6 事　　务

事务是一种机制，它体现为一个不可分割的工作逻辑单元，类似于操作系统中的原语。在数据库系统上执行并发操作时，事务是作为最小的控制单元来使用的。

7.6.1 事务基础

1．事务内涵

事务（Transaction）是 SQL Server 中并发控制的基本单位（一个不可分割的工作单位），它是一个操作序列，包含一组数据库操作命令，所有的命令被视为一个整体进行，一起向系统提交运行或撤销操作，请求要么都执行要么都不执行这些操作。如库存统计：从一个仓库中取出并销售出相关货物，则使库存减少、销售增加，这两个操作同步执行，故而视其为一个事务。事务是数据库维护数据一致性的单位，在每个事务结束时，都能保持数据一致性。

2．事务属性

事务具有以下 4 个属性：

（1）原子性：事务须是最小的原子工作单元；修改数据时，要么全都执行，要么全都不执行。

（2）一致性：事务在完成时，必须使所有的数据都保持一致状态。在相关数据库中，所有规则都必须应用于事务的修改，以保持所有数据的完整性。事务结束时，所有的内部数据结构（如 B 树索引或双向链表）都必须是正确的。

（3）隔离性：由并发事务所做的修改必须与任何其他并发事务所作的修改隔离。事务查看数据时数据所处的状态，要么是另一并发事务修改它之前的状态，要么是另一事务修改它之后的状态，事务不会查看中间状态的数据，即可串行性，因为它能够重新装载起始数据，并且重播一系列事务，以使数据结束时的状态与原始事务执行的状态相同。

（4）持久性：事务完成之后，它对于系统的影响是永久性的，对库的修改将一直保持。

7.6.2 事务模式

SQL Server 的事务模式可以分为显式事务、隐式事务与自动提交事务 3 种模式，具体表述如下。

1. 显式事务

每个显式事务均可由用户来定义其开始与结束，以 BEGIN TRANSACTION 语句开始，以 COMMIT 或 ROLLBACK 语句结束。SQL Server 的显式事务语句可包括：

（1）BEGIN TRANSACTION：标识显式事务的起始点。

（2）COMMIT TRANSACTION 或 COMMIT WORK：标识事务的结束，事务占用的资源将被释放。若没有遇到错误，可使用该语句成功地结束事务。该事务中的所有数据修改在数据库中都将永久有效。

（3）ROLLBACK TRANSACTION 或 ROLLBACK WORK：标识事务执行过程中有错，用此来清除遇到错误的事务。该事务修改的所有数据都返回到事务开始时的状态，事务占用的资源将被释放。

（4）显式事务语法如下：

```
BEGIN TRAN[SACTION] [transaction_name|@tran_name_variable]
   COMMIT [TRAN[SACTION] [transaction_name|@tran_name_variable]]
```

注意：其中 BEGIN TRANSACTION 可缩写为 BEGIN TRAN，COMMITTRANSACTION 可以缩写为 COMMIT TRAN 或 COMMIT。transaction_name 为指定事务的名称（可省略，只有前 32 个字符会被系统识别），@tran_name_variable 用变量来指定事务的名称。

【例 7-28】 删除表信息。

```
DECLARE @tran_name varchar(32)
SELECT @tran_name='Transaction_delete'
BEGIN transaction @tran_name
   USE 信息管理
   GO
   DELETE FROM 学生  WHERE 学号='040218'
   GO
   DELETE FROM 成绩  WHERE 学号='040218'
   GO
COMMIT transaction Transaction_delete
GO
```

2. 隐式事务

隐式事务指当前事务在提交或回滚后自动启动新事务，即 SQL Server 将在提交或回滚当前事务后不需要描述事务的开始（即不需要使用 BEGIN TRANSACTION 语句来标识显式事务的开始），只需要提交或回滚每个事务（只要用 COMMIT TRANSACTION、COMMIT WORK 与 ROLLBACK TRANSACTION 或 ROLLBACK WORK 来标识事务的结束与提交或回滚）。隐式事务模式生成连续的事务链。

通过 SET Implicit_Trasaction ON/OFF 可将隐式事务模式打开或关闭。在连接将隐式事务模式设置为打开后，当 SQL Server 首次执行表 7-13 所示的语句时，会自动启动一个事务。

表 7-13　SQL Server 中自动启动事务的语句

所有的 CREATE	所有的 DROP	OPEN	ALTER TABLE
UPDATE	INSERT	DELETE	REVOKE
SELECT	FETCH	GRANT	TRUNCATE TABLE

【例 7-29】插入表信息。

```
SET Implicit_Trasaction ON
USE 信息管理
GO
SELECT  *  FROM 学生  WHERE 学号='040258'
COMMIT TRANSACTION
SET Implicit_Trasaction OFF
```

3. 自动提交事务

自动提交模式是 SQL Server 的默认事务管理模式。每条单独的语句都是一个事务，Transact-SQL 语句在完成时，都被提交或回滚。如果一个语句成功地完成，则提交该语句；如果遇到错误，则回滚该语句。只要自动提交模式没有被显式或隐性事务替代，SQL Server 连接就以该默认模式进行操作。

4. 事务回滚

事务回滚是指当事务中的某一语句执行失败时将恢复到事务执行前或某个指定位置（某个保存点）。事务回滚使用 ROLLBACK TRANSACTION 可返回事务开始时所处的状态，并释放由事务占用的资源。ROLLBACK TRANSACTION 命令语法如下：

```
ROLLBACK [TRAN[SACTION] [transaction_name|@tran_name_variable
                        |savepoint_name|@savepoint_variable]]
```

其中，savepoint_name 和@savepoint_variable 参数用于指定回滚到某一指定位置，如果要让事务回滚到指定位置，则需要在事务中设定保存点。其中，保存点名称由 SAVE TRANSACTION {savepoint_name | @savepoint_variable}语句设定。保存点是指定其所在位置之前的事务语句，不能回滚的语句，即此语句前面的操作被视为有效。

【例 7-30】删除表信息。

```
BEGIN transaction my_transaction_delete
    USE 信息管理
    GO
    DELETE FROM 学生 WHERE 学号='040218'
      SAVE transaction after_delete
    DELETE FROM 成绩  WHERE 学号='040298'
    IF @@error!=0 OR @@rowcount=0 THEN
      BEGIN
        ROLLBACK tran after_delete /*回滚到保存点 after_delete
```

```
        如果使用 rollback my_transaction_delete 则会回滚到事务开始前*/
    COMMIT tran
    PRINT '更新员工信息表时产生错误'
    RETURN
  END
COMMIT transaction my_transaction_delete
GO
```

若不指定回滚的事务名称或保存点，则 ROLLBACK TRANSACTION 命令会将事务回滚到事务执行前，若事务是嵌套的则会回滚到最靠近的 BEGIN TRANSACTION 命令前。

小　结

SQL Server 2008 中运用 Transact-SQL 可进行一系列的程序设计，其中涉及用于说明的注释语句、由一组 Transact-SQL 语句组成的批处理、用来改变程序执行流程的 GOTO 语句、返回语句（RETURN）、PRINT 命令、事务机制、Transact-SQL 语法规则等。SQL Server 2008 的变量和程序控制流语句（IF...ELSE 条件判断结构、BEGIN...END 语句块、CASE 结构、WHILE 循环结构与 WAITFOR 延迟等待语句）可用于数据类型设置、变量与函数的设置运用及控制 Transact-SQL 语句、语句块或存储过程的执行流程。

在 SQL Server 2008 中，每个列、局部变量、表达式和参数都有一个相关的数据类型，数据类型是指以数据的表现方式和存储结构来划分的数据种类（具体见附录）。在 SQL Server 中数据有两种表示特征：类型和长度。本章讲述了运算符和两种变量（局部变量和全局变量）。运算符是一种符号，用来指定要在一个或多个表达式中执行的操作，执行列、常量或变量的数学运算和比较操作。运算符包括算术运算符、位运算符、比较运算符、逻辑运算符、赋值运算符、字符串运算符和一元运算符等。

思考与练习

一、选择题

1. 使用局部变量名称前必须以（　　）开头。

A. @　　B. @@　　C. local　　D. ##

2. 局部变量必须先用（　　）命令声明。

A. INT　　B. DECLARE　　C. PUBLIC　　D. ANNOUCE

3. SQL Server 2008 中支持的注释语句为（　　）。

A. /* ... */　　B. /! ...!/　　C. /# ... #/　　D. ==

4. SQL 语言中，不是逻辑运算符号的是（　　）。

A. AND　　B. NOT　　C. OR　　D. NOR

5. IF...ELSE 语句具有（　　）功能。

A. 智能判断　　B. 产生别的　　C. 循环测试　　D. 多分支赋值

6. SQL 语言中，BEGIN...END 用来定义一个（　　）。

A. 过程块　　B. 方法块　　C. 语句块　　D. 对象块

二、思考与实验

1. 简述一个程序是应该由哪些要素组成？何谓批处理？简述其作用。

2. 何谓事务？简述其效用及其属性和模式？何谓数据类型？简述其分类。

3. 试问日期的输入格式可分为哪几类？简述其具体内容。

4. 试述变量的分类及局部变量的定义和赋值。简述运算符的内涵与分类。

5. @Z 是使用 DECLARE 语句声明的变量，试问其是全局变量还是局部变量，能对该变量赋值的语句为下列哪一个？

A. @Z=789　　B. SET @Z=456　　C. LET @Z=123　　D. SELECT @Z=100

6. 简述全局变量@@ERROR、@@ SERVERNAME、@@VERSION、@@ROWCOUNT、@@REMSERVER、@@CONNECTIONS 的含义。

7. 试计算下列函数的值：SUBSTRING("计算机世界",5,4)、LEN("计算机")、ASC("S")、SIGN(–56)、LOWER (MYGOD)、STR(478.4,5)、upper('sun')、char(66)、ascii('g')、right('SQL Server',5)、left(right('SQL Server',6),4) 。

8. 试述 SQL Server 2008 中提供的主要流控制语句及功能。

9. 简述下列程序的运行结果，并完成实验验证。

```
DECLARE  @x int,@y int,@z int
    SELECT  @x=2,@y=3,@z=5
    IF  @x>@y PRINT'x>y'
    ELSE IF @y>@z PRINT 'y>z'
    ELSE PRINT 'z>y'
```

10. 简述 CASE 结构分类及执行过程。

11. 简述下列程序的运行结果，并完成实验验证。

```
DECLARE @r int,@s int,@t int
    SELECT @r=3,@s=4
    WHILE @r<6
    BEGIN
    PRINT @r                                --打印变量 x 的值
    WHILE @s<5
        BEGIN   SELECT @t=100*@r+@s
        PRINT @t                            --打印变量 t 的值
        SELECT @s=@s+1
        END
    SELECT @r=@r+2
    SELECT @s=1
    END
```

12. 简述 WAITFOR 语句的内涵与作用，并举例和完成实验验证。

第 8 章　数据查询操作

【本章提要】本章主要介绍了对数据库内容进行操作时经常要用到的几个 SQL 语句：查询、插入、删除和修改。首先给出了 SQL Server 2008 中用于数据查询的 SELECT 语句的语法格式，然后介绍了如何在查询设计器和查询编辑器中设计、编辑和执行 SELECT 语句，进而对 SELECT 语法中各主要子句进行分析，最后介绍了用于数据更新的 INSERT、UPDATE 和 DELETE 语句。

8.1　SELECT 语句基础

在数据库应用中，数据查询是通过 SELECT 语句来完成的，SELECT 语法提供了强大的查询操作能力，可以查询一个或多个表；对查询列进行筛选、计算；对查询行进行分组、分组过滤、排序；甚至可以在一个 SELECT 语句中嵌套另一个 SELECT 语句。当然，每一项功能都要有相应的参数来完成，因此，SELECT 完整的语法比较复杂。

对于数据库开发人员来说，随时可以通过联机手册查阅此 SELECT 语法，同时可以借助于查询编辑器辅助生成、编辑和执行 SELECT 语句。一开始，人们只要能够借助于查询编辑器辅助生成 SELECT 语句，能够看懂它，并能够在本书或其他资料的帮助下按照需要进行修改就可以了。下面先给出完整的 SELECT 语法参考，然后分析主要子句，再通过一些相对独立的实例来逐条解析 SELECT 语法。

8.1.1　SELECT 语句的语法格式

SELECT 语句从数据库中检索行，并允许从一个或多个表中选择一个或多个行或列。

其比较完整的语法结构如下：

```
[WITH expression_name [(column_name[,...n])] AS (CTE_query_definition) [,...n]]
 {SELECT [ALL|DISTINCT][TOP expression [PERCENT][WITH TIES]] <select_list>
[INTO new_table]
[FROM {<table_source>}[,...n]][WHERE <search_condition>][GROUP BY [ALL] group_
by_expression [,...n]
[WITH {CUBE|ROLLUP}]][HAVING < search_condition>][ORDER BY {order_by_expression|
column_position
[ASC|DESC]}[,...n]][COMPUTE {{AVG|COUNT|MAX|MIN|SUM}(expression)}[,...n][BY expression
[,...n]] ]
[<FOR Clause>][OPTION(<query_hint>[,...n])]
```

各子句及部分参数简介如表 8-1 所示。

表 8-1　SELECT 语句子句及部分参数简介

子句及部分参数	功　　能
SELECT 子句	指定由查询返回的列。select_list 描述结果集以逗号分隔的列，每个选择列通常是源表或视图列的引用，也可为表达式、常量或函数，*表示返回源表所有列

续表

子句及部分参数	功　　能
INTO 子句	指定使用结果集来创建新表。new_table 新表名称，结果将被输出到该表中
FROM 子句	指定一个或多个源表，如果是多个表可以指定连接条件，是两维数据的集合
WHERE 子句	指定行过滤条件，以限制返回符合 search_condition 条件行的输出
GROUP BY 子句	指定分组条件。根据 group_by_list 列中的值将结果集分成组。如学生表在“区域”列中有 5 个值。“GROUP BY 区域”子句将结果集分成 5 组对应区域值。若采用 HAVING 子句，则可对分组结果进行分组过滤
HAVING 子句	指定分组过滤条件，即从 SELECT 语句的中间结果集对行进行再度筛选，该子句与 GROUP BY 子句连用，若不使用 GROUP BY 子句，其结果与 WHERE 同
ORDER BY 子句	指定结果集排序，ASC（默认）和 DESC 用于指定行是按升序还是按降序排序
COMPUTE 子句	生成合计作为附加的汇总列出现在结果集最后。当带 BY 时在结果集内生成分类汇总。当查询内 COMPUTE BY 和 COMPUTE 共用，则明细分类合计共同出现
UNION 运算符	将两个或更多查询的结果组合为单个结果集（包含联合查询中的所有查询的全部行），所有查询中的列数和列的顺序必须相同，数据类型必须兼容
WITH expression_name…	指定临时命名的结果集（公用表表达式：CTE），该表达式源自简单查询，且在 SELECT、INSERT、UPDATE 或 DELETE 语句的执行范围内定义。公用表表达式可以包括对自身的引用。这种表达式称为递归公用表表达式
FOR 语句	指定数据的返回形式为 BROWSE 或 XML，两者是无关的选项
OPTION 子句	指定应在整个查询中使用所指定的查询提示

显然，SELECT 语句的完整语法较复杂，但其主要子句语法可归纳如下：

```
SELECT select_list  [INTO new_table]
[FROM table_source][WHERE search_condition]
    [GROUP BY group_by_list][HAVING search_condition]
       [ORDER BY order_expression[ASC|DESC]]
```

8.1.2　SELECT 语句的执行方式

可以借助于 SQL Server 2008 自带的查询编辑器辅助生成和执行 SELECT 语句，现仅以前者为例展开，具体过程如下：

（1）选择“开始”→“所有程序”→Microsoft SQL Server 2008→SQL Server Management Studio 命令，打开 SQL Server 管理平台，依次展开对象资源管理器中的“数据库”→“信息管理”→“表”结点，将看到图 8-1 所示的管理平台窗口界面。

其中，“信息管理”是教材实例数据库，班级、成绩、课程、学生 4 个表是教材实例表。

（2）选中管理平台右侧窗口中的“班级”表，执行图 8-2 所示的操作，将显示查询编辑器窗口。

（3）通过查询编辑器窗口可以新建查询、连接数据库、执行 SQL 语句；结果可以以网格或文本格式显示；其主要工具按钮如图 8-3 所示。若单击图 8-3 查询编辑器窗口中的“执行”按钮，窗体中以网格形式显示“班级”表中的数据。在查询编辑器主窗口中，除了菜单和工具栏，左侧为对象资源管理器，右上部为 SQL 窗格，右下部为结果窗格。

（4）单击图中“在编辑器中设计查询”工具按钮，或右击右窗格并在弹出的快捷菜单中选择“在编辑器中设计查询修改”命令，将显示图 8-4 所示的查询设计器窗口。查询设计器由 3 个窗格组成：从上到下依次为关系图窗格、网格窗格及 SQL 窗格。

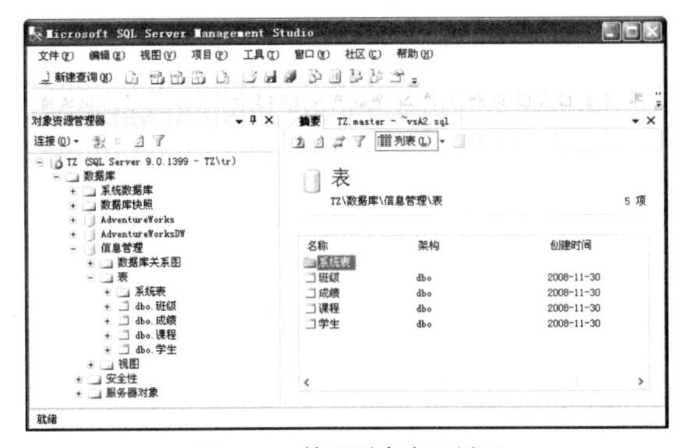

图 8-1　管理平台窗口界面

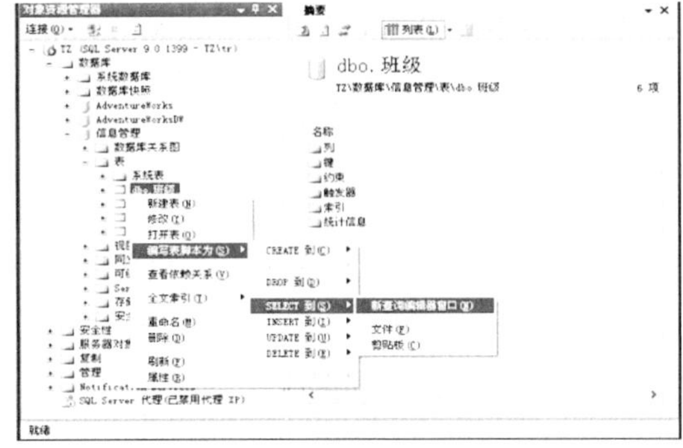

图 8-2　打开查询编辑器图

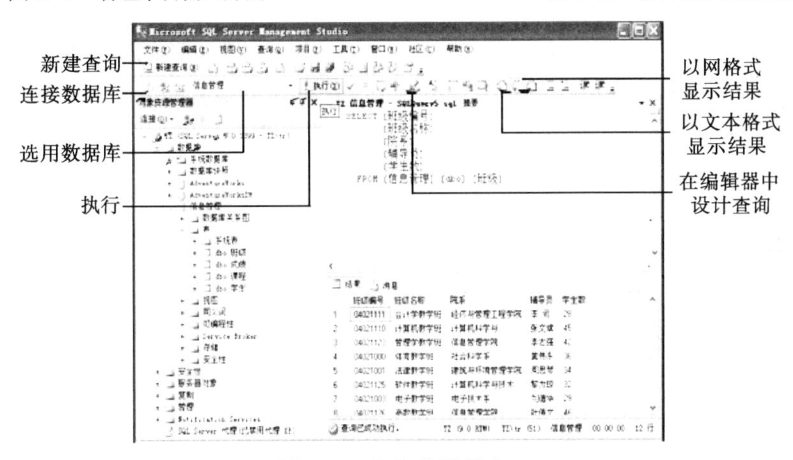

图 8-3　查询编辑器窗口

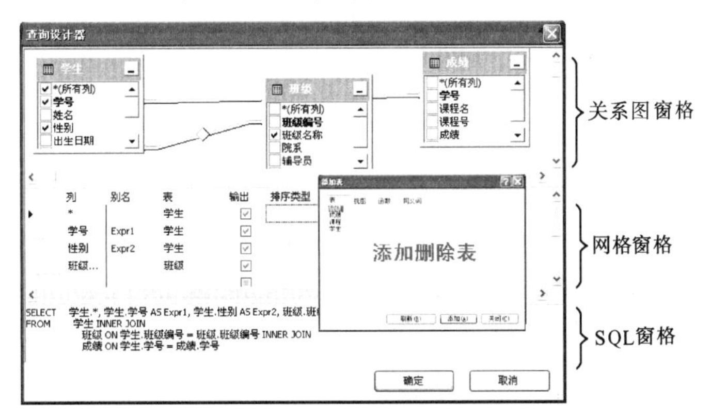

图 8-4　查询设计器及其查询设计对话框

①“网格窗格”包含一个类似电子表格的网格，用户可以在其中指定选项，如要显示哪些数据列、要选择什么行、如何对各行进行分组等。

②“SQL 窗格”显示用于查询或视图的 SQL 语句。可对设计器所创建的 SQL 语句进行编辑，也可输入自己的 SQL 语句。对于不能用关系图窗格和网格窗格创建的 SQL 语句（如联合查询），可在此输入 SQL 语句。

注意：当运行时会出现运行结果窗格。

（5）通过查询设计器可以用图形化方式设计查询，可以通过鼠标右键添加和删除表，进而在查询设计器中设计查询。如在关系图窗格中选择可用的数据列，在网格窗格中则会显示出对应的字段列，而在 SQL 窗格中也会显示查询或视图的 SQL 语句。

由上述可见，可以在任意窗格中进行操作以创建查询，如果在关系图窗格中选择某列，该列将被输入到网格窗格中，同时 SQL 窗格中 SQL 语句会有相应的变化。关系图窗格、网格窗格和 SQL 窗格是同步的运行。当在某一窗格中进行更改时，其他窗格会自动作出相应的更改。

至此，人们对查询设计器有了初步认识。借助于查询设计器可以直观地生成 SELECT 语句。

设计完查询后，单击图 8-4 在查询设计器中设计查询窗口中的“确定”按钮，可以将 SELECT 语句结果插入到 SQL Server 2008 的查询编辑器主窗口中，并可在其中执行显示。

8.1.3 简单查询

虽然 SELECT 语句的完整语法比较复杂，但是大多数 SELECT 语句都描述结果集的 4 个主要属性：

（1）结果集中的列的数量和属性。对于每个结果集列来说，必须定义下列属性：

① 列的数据类型、列的大小以及数值列的精度和小数位数。

② 返回到列中的数据值的源。

（2）结果集从中检索数据的表，以及这些表之间的所有逻辑关系。

（3）为了符合 SELECT 语句的要求，源表中的行所必须符合达到的条件，否则将忽略。

（4）结果集行的排列顺序。

【例 8-1】用查询编辑器辅助生成 SELECT 语句，要求设计一个查找学分超过 300 的学生学号、姓名及学分，并按学分升序排列，产生的 SQL 语句如下，结果如图 8-5 所示。

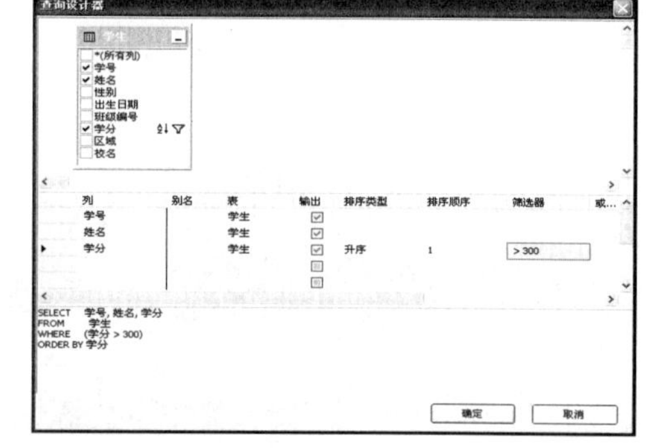

图 8-5 用查询编辑器设计查询示意图

```
SELECT 学号,姓名,学分
FROM 学生  WHERE (学分>300)  ORDER BY 学分 ASC
```

说明：在 SELECT 关键字之后所列出的列名（学号，姓名和学分）形成选择列表。它指定结果集有 3 列，并且每一列都具有学生表中相关列的名称、数据类型和大小。因为 FROM 子句仅指定了一个表，所以 SELECT 语句中的所有列名都引用该表中的列。FROM 子句仅列出学生这一个表，该表作为数据源被用来检索数据。WHERE 子句指定在学生表中，只有学分列中的值超过 300 学分，该值所在的行才符合这一 SELECT 语句的要求。ORDER BY 子句指定结果集将基于学分列中的值按照升序进行排序。

8.2 使用 FROM 子句

在每一条要从表或视图中检索数据的 SELCET 语句中都需要使用 FROM 子句。FROM 子句可以：

（1）列出选择列表和 WHERE 子句中所引用的列所在的表和视图。可用 AS 子句为表和视图的名称指定别名。

（2）连接类型。这些类型由 ON 子句中指定的连接条件限定。

FROM 子句的简单语法格式如下：

```
FROM {<table_source>}[,...n]
```

说明：<table_source>用来指定 SELECT 语句的表和连接表。FROM 子句是用逗号分隔的表名、视图名和 JOIN 子句的列表。FROM 子句可以指定一个或多个表或视图。

【例 8-2】SELECT 语句中 FROM 的单表或视图应用。

```
SELECT * FROM 学生
```

【例 8-3】两个表或视图之间的连接应用，结果如图 8-6 所示。

```
SELECT  学生.姓名,成绩.课程名,成绩.成绩
FROM  学生 INNER JOIN  成绩 ON 学生.学号=成绩.学号
```

注意：可用 AS 子句为表和视图的名称指定别名，也可以为列指定别名。

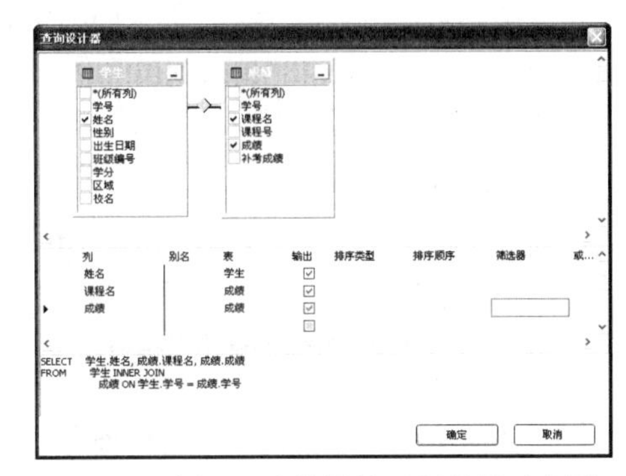

图 8-6　例 8-3 查询设计运行结果示意图

```
SELECT  学生信息.姓名,成绩.课程名,成绩.成绩 AS 当前成绩
FROM  学生 AS 学生信息 INNER JOIN 成绩 ON 学生信息.学号=成绩.学号
```

用鼠标在两表的学号字段间拖动，可形成表间关系，如图 8-6 所示。

8.3　SELECT 子句

最简单的访问数据库的 SELECT 语法如下：

```
SELECT select_list FROM table_list
```

典型 SELECT 子句语法格式如下：

```
SELECT [ALL|DISTINCT][TOP  expression [PERCENT][WITH TIES]]
{* |{table_name|view_name|table_alias}.*|{column_name|[]expression|$IDENTITY
|$ROWGUID}|udt_column_name[{.|::}{{property_name|field_name}
|method_name(argument[,...n])}][[AS]column_alias]|column_alias=expression}
[,...n]
```

部分参数含义说明如下：

（1）ALL：指定在结果集中可以显示重复行。ALL 是默认设置。

（2）DISTINCT：指定在结果集中只能显示唯一行。此处空值被认为相等。

（3）TOPexpression/PERCENT：指定只从查询结果集中输出前 expression 行，介于 0～4 294 967 295 之间的整数。PERCENT 则只从结果集中输出前百分数（0～100 之间的整数）行。

（4）如果查询包含 ORDER BY 子句，将输出由 ORDER BY 子句排序的前 *n* 行（或前百分之 *n* 行）。如果查询没有 ORDER BY 子句，行的顺序将任意。

（5）WITH TIES：指定从结果集中返回附加行，若含 ORDER BY，则只能为 TOP...WITH TIES。

（6）select_list：是一个逗号分隔的表达式列表，每个表达式定义结果集中的一列。表达式通常是对 FROM 子句中指定数据源（表或视图）的列的引用，但也可能是其他表达式，如常量或 Transact-SQL 函数。该表达式列表在选择列表中使用。

（7）*：表达式指定返回由 FROM 子句指定的数据源的所有列。

（8）table_name | view_name | table_alias.*：将*的作用域限制为指定的表或视图。

（9）column_name：要返回的列名。

（10）expression：是列名、常量、函数以及由运算符连接的列名、常量和函数的任意组合，或者是子查询。

（11）IDENTITYCOL：返回标识列。如果 FROM 子句中的多个表内有包含 IDENTITY 属性的列，

则必须用特定的表名（如 T1.IDENTITYCOL）限定 IDENTITYCOL。

（12）ROWGUIDCOL：返回行全局唯一标识列。如果在 FROM 子句中有多个表具有 ROWGUIDCOL 属性，则必须用特定的表名（如 T1.ROWGUIDCOL）限定 ROWGUIDCOL。

（13）column_alias：是查询结果集内替换列名的可选名，即别名。如为名为 quantity 的列指定 Quantity to Date，别名的作用是为表达式结果指定名称。

1. 选择所有列

在 SELECT 语句中，星号（*）具有特殊的意义：

当未使用限定符指定时，星号解析为对 FROM 子句中所指定的所有表或视图中的所有列的引用。如检索“学生”表中的所有学生信息：

```
SELECT * FROM 学生
```

当使用表或视图名称进行限定时，星号解析为对该表或视图中所有列的引用。如使用星号来引用成绩表中的所有列（成绩表由学号、课程名、课程号、成绩、补考成绩 5 列组成）：

```
SELECT  学生.班级编号,学生.姓名,成绩.*
FROM  学生 INNER JOIN  成绩
ON 学生.学号=成绩.学号
```

运行结果如图 8-7 所示。

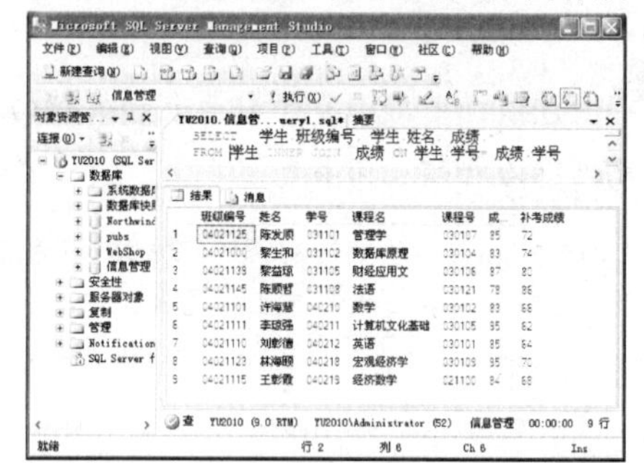

图 8-7　选择所有列实例运行结果示意图

2. 选择指定输出列

如果把上面查询的“SELECT 学生.班级编号,学生.姓名,成绩.*”改为“SELECT * ”，则结果集为学生表的 8 列加成绩表的 5 列共 13 列。实际应用中，可根据需要在 SELECT 子句中指定列名来只选择需要的列，各列之间用逗号分隔，查询结果中数据的排列顺序为列名的列表顺序。例如：

```
SELECT  学生.班级编号,学生.姓名,成绩.课程名,成绩.成绩
FROM  学生 INNER JOIN  成绩 ON 学生.学号=成绩.学号
```

在选择列表中，对列的指定还可包括指定别名（例如，班级编号 AS “班级 编号”）或其他表达式，例如，成绩=成绩 * 1.15 或 SUM(成绩)。

3. 在查询结果集中加入常量

当字符列串联起来时，为了保证正确的格式和可读性，需要在其中包含字符串常量。如下示例将课程号和课程名列合并成一列。在合并后的新列中，字符串“-”将名称的两个部分分开。

```
SELECT 课程号+'-'+课程名 AS 课程信息  FROM 成绩
```

4. 选择列表中的计算表达式

选择列表可包含通过对一个或多个简单表达式应用运算符而创建的表达式。这使结果集中得以包含基表中不存在，但是由存储在基表中的值计算而来的值。这些结果集列被称为导出列，并且包括：

（1）对数字列或常量使用算术运算符或函数进行的计算和运算。

```
SELECT 学号,课程名,ROUND((成绩*1.05),-1) AS 期望成绩
FROM 成绩
```

（2）数据类型转换（CAST 为数据类型显式转换）。

```
SELECT 学号,(课程名+CAST(成绩 AS VARCHAR(4))) AS 课程成绩
FROM 成绩
```

（3）CASE 函数。

```
SELECT *,
   CASE 课程号
      WHEN 030101 THEN ROUND((成绩*1.03),-1)
      WHEN 030102 THEN ROUND((成绩*1.04),-1)
      WHEN 030105 THEN ROUND((成绩*1.05),-1)
      ELSE ROUND((成绩*1.01),-1)
   END
AS 期望成绩  FROM 成绩
```

（4）子查询。

```
SELECT 学号,姓名,
      (SELECT AVG(成绩.成绩)
       FROM 成绩
       WHERE 成绩.学号=学生.学号)
AS 平均成绩 FROM 学生
```

通过在带有算术运算符、函数、转换或嵌套查询的选择列表中使用数字列或数字常量，对数据进行计算和运算。如算术运算符（+、-、/、*、%）表示进行加、减、除、乘和取模。执行加、减、除和乘的算术运算符可用于任何数字列或表达式（int、smallint、tinyint、decimal、numeric、float、real、money 或 smallmoney）中。模运算符只能用于 int 列、smallint 列、tinyint 列或表达式中。也可使用日期函数或常规加或减数学运算符对 datetime 和 smalldatetime 列进行算术运算。

5. 指定别名

在 SELECT 列表语句中，可以为所选择列指定别名。其格式为如下：

```
列表达式 AS 列别名
```

或

```
列表达式  列别名
```

或

```
列别名=列表达式
```

列别名是一个标识符，若该名称是遵循标识符规则的常规标识符，那么就不需要分隔。否则，必须使用方括号（[]）、双引号（" "）或单引号（''）对其进行分隔。

【例 8-4】试用成绩表设计一例包含指定别名的 3 种格式的应用，结果如图 8-8 所示。

```
SELECT 学号 学生学号,(课程名+CAST(成绩 AS VARCHAR(4))) AS 课程成绩,二次考试成绩=补考成绩
FROM 成绩
```

6. 使用 DISTINCT 消除重复行

SELECT 子句中的 ALL 与 DISTINCT 选项用于指定显示所有行或指定在结果集中不显示重复行。从下面两条 SELECT 语句执行结果可以看出 DISTINCT 的作用。

“SELECT 区域, 姓名 FROM 学生”与“SELECT DISTINCT 区域 FROM 学生”是不同的，前者返回的行数是学生表的行数，不会清除重复行，后者仅显示不同的，结果如图 8-9 所示。对于 DISTINCT 关键字来说，各空值将被认为是相互重复的内容。当 SELECT 语句中包括 DISTINCT 时，不论遇到多少个空值，在结果中只返回一个 NULL。

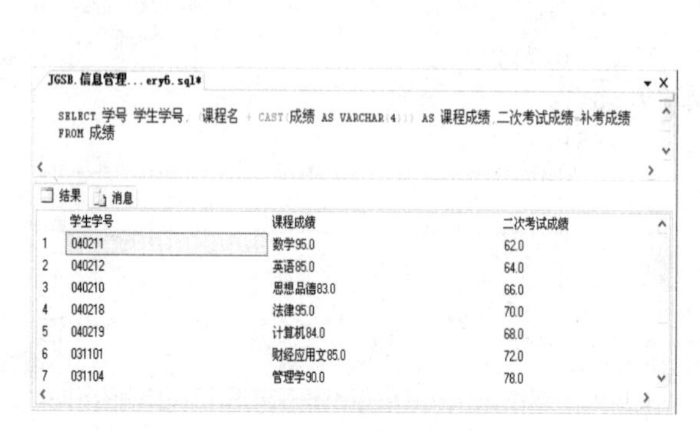

图 8-8　例 8-4 运行结果对话框

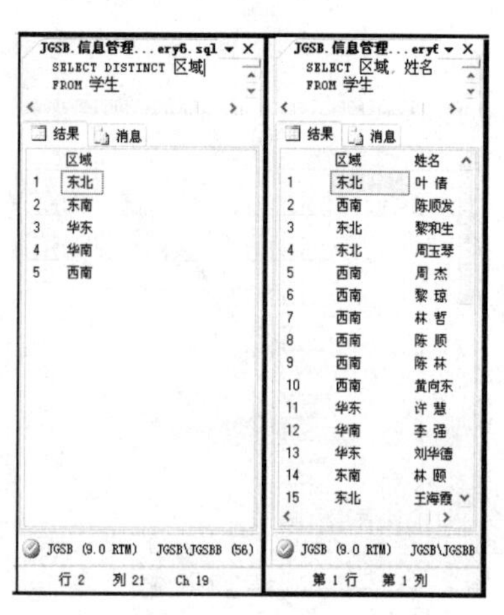

图 8-9　DISTINCT 执行结果比较

7. TOP 和 PERCENT 的限制效用

SELECT 子句中的 TOP expression [PERCENT]选项用于指定只从查询结果集中输出前 expression 行。*n* 是介于 0～4 294 967 295 之间的整数。如果还指定了 PERCENT，则只从结果集中输出前百分之 *n* 行。当指定时带 PERCENT 时，*n* 必须是介于 0～100 之间的整数。如果查询包含 ORDER BY 子句，将输出由 ORDER BY 子句排序的前 *n* 行（或前百分之 *n* 行）。如果查询没有 ORDER BY 子句，行的顺序将任意。

【例 8-5】比较 TOP 和带 PERCENT 运行差异，结果如图 8-10 所示。

```
SELECT TOP 10  PERCENT 学号,姓名,班级编号,学分 FROM 学生        --带 PERCENT 语句
SELECT TOP 10 学号,姓名,班级编号,学分 FROM 学生
```

如果查询包含 ORDER BY 子句和 TOP 子句，WITH TIES 将非常有用。如果设置该选项，并且截止在 ORDER BY 子句中具有相同值的一组行中间，则查询将扩大范围直到包含所有这样的行，实例比较如图 8-11 所示，语句如下：

```
SELECT Top 4 WITH TIES * FROM 学生 ORDER BY 区域
```

图 8-10　例 8-5 比较带 PERCENT 差异对话框

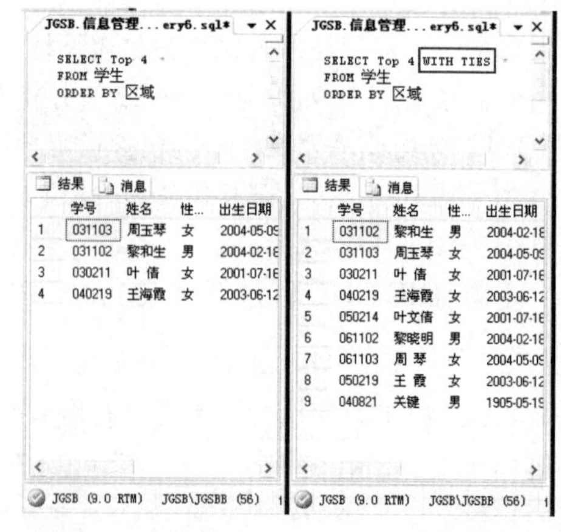

图 8-11　比较带 WITH TIES 差异的对话框

8. 无 FROM 子句的 SELECT 语句

不带 FROM 子句的 SELECT 语句是那些不从数据库的任何表中选择数据的 SELECT 语句，仅从局部变量或不对列进行操作的 Transact-SQL 函数中选择数据。

【例 8-6】不带 FROM 子句的 SELECT 语句实例，假设局部变量已说明。

```
SELECT 1+2
SELECT @MyIntVariable
SELECT @@VERSION
SELECT DB_ID('Northwind')
```

8.4 WHERE 子句的使用

SELECT 语句中的 WHERE 子句是筛选选项。WHERE 子句指定一系列搜索条件，只有那些满足搜索条件的行才用来构造结果集。人们称满足搜索条件的行符合参与行集的限定条件。

基本语法格式如下：

```
SELECT select_list [FROM table_source][WHERE search_condition]
```

例如，下列 SELECT 语句中的 WHERE 子句将限定只选择区域为华东的行。

```
SELECT * FROM 学生 WHERE (区域='华东')
```

WHERE 子句中的搜索条件或限定条件如表 8-2 所述。

表 8-2 WHERE 子句使用中限定条件

条件类别	运算符	说明
比较运算符	=、>、<、>=、<=、<>	表达式间比较，包括数字、字符、日期型比较
逻辑运算符	AND、OR、NOT	对两个表达式进行与、或、非的运算
范围运算符	BETWEEN、NOT BETWEEN	搜索值是否在范围内
列表运算符	IN、NOT IN	查询值是否属于列表值之一
模糊匹配符	LIKE、NOT LIKE	字符串进行模糊匹配
空值运算符	IS NULL、IS NOT NULL	查询值是否为 NULL 等

下面将详细介绍表 8-2 中的条件类别在 WHERE 子句中的使用方法与功能特征。

1. 比较运算符

比较运算符部分概念与方法详见第 7 章及表 8-2。形式如 =、<>、< 和 >等。

【例 8-7】从课程表中检索学分大于等于 48 的行。

```
SELECT * FROM 课程 WHERE 学分>=48
```

2. 逻辑表达式

逻辑运算符为 AND、OR 和 NOT，具体陈述如下：

（1）AND 和 OR 用于连接 WHERE 子句中的搜索条件。NOT 用于反转搜索条件的结果。

（2）AND 连接两个条件，只有当两个条件都符合时才返回 TRUE。

（3）OR 也用于连接两个条件，只要有一个条件符合便返回 TRUE

【例 8-8】检索学生表中学分大于 388，或 03 年级（学号以 03 开头）且区域在西北（区域 ='西北'）求学的学生信息，结果如图 8-12 所示。

```
SELECT * FROM 学生
WHERE (学分>388) OR (区域='西北' AND 学号 LIKE '03%')
```

3. 范围运算符

范围运算符包括 BETWEEN 与 NOT BETWEEN，使用 BETWEEN 表达式进行查询的效果类似于使用了>=和<=（或 NOT BETWEEN 则相反）逻辑表达式来代替。其语法格式如下：

```
WHERE expression [NOT] BETWEEN begin_expression AND end_expression
```

【例 8-9】从学生表中检索学分范围在 300～425 之间的行，结果如图 8-13 所示。

```
SELECT  *  FROM  学生
WHERE  学分 BETWEEN  300  AND  425
```

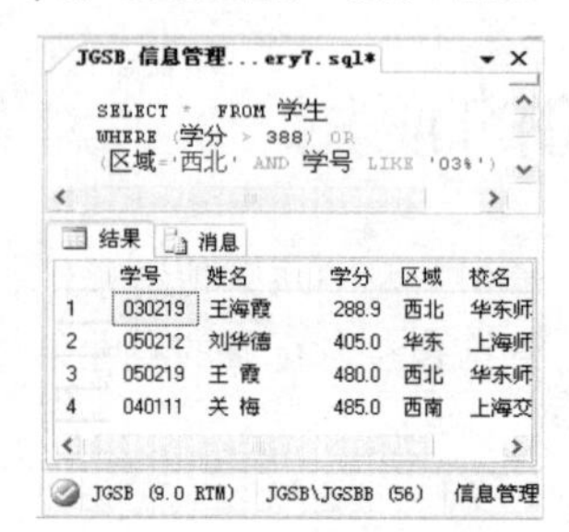

图 8-12　例 8-8 运行结果对话框

图 8-13　例 8-9 运行结果对话框

4. 列表运算符

列表运算符包括 IN 与 NOT IN，IN 是确定给定值是否与子查询或列表中的值相匹配。其语法格式如下：

```
WHERE  expression  [NOT] IN (subquery|expressionlist)
```

【例 8-10】从学生课程表中检索学分与列表中某学分匹配的行，结果如图 8-14 所示。

```
SELECT  * FROM  学生
      WHERE  学分 IN (360,388,405)
```

5. 模糊匹配符

模糊匹配符包括 LIKE 和 NOT LIKE。LIKE 关键字用于搜索与指定模式匹配的字符串、日期或时间值。LIKE 关键字使用常规表达式包含值所要匹配的模式。模式包含要搜索的字符串，字符串中可包含 4 种通配符及其的任意组合。LIKE 的 4 种通配符含义如表 8-3 所示，在具体使用中需将通配符和字符串用单引号括起来，如表 8-4 所示。

表 8-3　与 LIKE 一起使用的通配符

通　配　符	含　　义
_（下画线）	任何单个字符
%（百分号）	包含 0 个或多字符的任意字符串
[]	在指定范围（例如 [a-f]或[abcdef]）内的任何单个字符
[^]	不在指定范围（例如 [^a-c]或[^abc]）内的任何单个字符

表 8-4　LIKE 通配符的运用

实　　例	效　　果
LIKE 'Mc%'	将搜索以字母 Mc 开头的所有字符串（如 McBadden）
LIKE '%inger'	将搜索以字母 inger 结尾的所有字符串（如 Ringer、Stringer）
LIKE '%en%'	将搜索在任何位置包含字母 en 的所有字符串（如 Bennet、Green、McBadden）
LIKE '_heryl'	将搜索以字母 heryl 结尾的所有 6 个字母的名称（如 Cheryl、Sheryl）
LIKE [CK]ars[eo]n'	将搜索下列字符串：Carsen、Karsen、Carson 和 Karson（如 Carson）
LIKE '[M-Z]inger'	将搜索以字符串 inger 结尾、以从 M～Z 的任何单个字母开头的所有名称（如 Ringer）
LIKE 'M[^c] %'	将搜索以字母 M 开头，并且第二个字母不是 c 的所有名称（如 MacFeather）

【例 8-11】从课程表中检索出课程名末尾字符为“学”的课程，结果如图 8-15 所示。

```
SELECT * FROM 课程  WHERE 课程名 LIKE '%学'
```

6. 空值运算符

空值范围运算符包括空值 NULL 和非空 NOT NULL。空值通常表示未知、不可用或将在以后添加的数据。空值不同于零和空格，它不占任何存储空间。空值用以区分输入的是零（数值列）、或空白（字符列）还是未输入数据，NULL 可用于数字列和字符列。

通常没有为一个列输入值时，该列的值就是空值。例如，某些学生选课后没有参加考试，有选课记录，但没有考试成绩，考试成绩为空值，这有别于参加考试但成绩为零分的。

若要测试查询中的数据是否为空值，可在 WHERE 子句中使用 IS NULL 或 IS NOT NULL 条件。

【例 8-12】从学生表中检索姓名不为 NULL 的行，运行结果如图 8-16 所示。

```
SELECT * FROM 学生
WHERE 姓名 IS NOT NULL
```

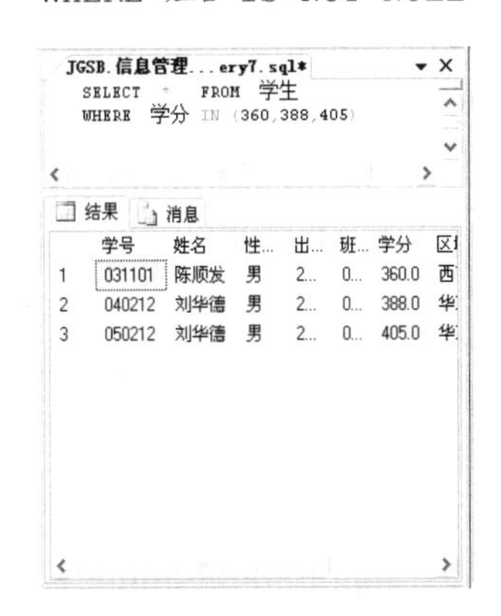

图 8-14　例 8-10 运行对话框

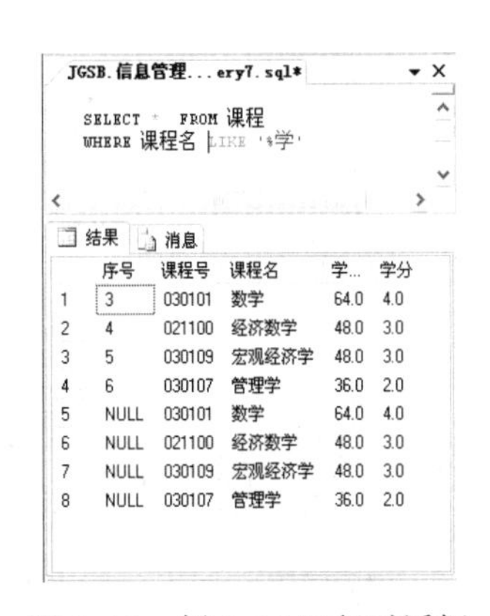

图 8-15　例 8-11 运行对话框

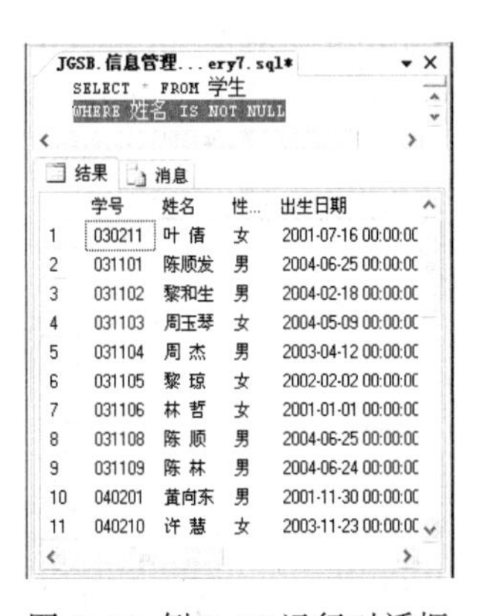

图 8-16　例 8-12 运行对话框

8.5　ORDER BY 排序子句

当需要对查询结果排序时，应该在 SELECT 语句中使用 ORDER BY 子句。ORDER BY 子句包括了一个或以逗号分隔的多个用于指定排序顺序的列名，排序方式可以指定，可以是升序的（ASC），也可以是降序的（DESC）。默认为升序 ASC。

注意： ORDER BY 子句必须出现在其他子句之后，ORDER BY 子句支持使用多列时查询结果将先按指定的第一列进行排序，然后再按指定的下一列进行排序。

ORDER BY 子句语法格式如下：

```
ORDER  BY  order_by_expression [ASC|DESC]
```

【例 8-13】按学号升序排列输出学生表中学号、姓名、学分。

```
SELECT 学号,姓名,学分 FROM 学生  ORDER BY 学号
```

【例 8-14】设计语句，对学生表中的输出行进行排序：首先按出区域降序排列，然后在各区域范围内按学号升序排列，运行结果如图 8-17 所示。

```
SELECT  区域,学号,姓名,学分  FROM 学生
ORDER BY  区域 DESC,学号
```

说明：不能对数据类型为 text 或 image 的列使用 ORDER BY。同样，在 ORDER BY 列表中也不允许使用子查询、聚合和常量表达式，不过可以使用在 SELECT 子句中出现的聚合或表达式的别名。

【例 8-15】对计算函数使用别名进行排序输出，运行结果如图 8-18 所示。

```
SELECT 学生.姓名,成绩.课程名,成绩.成绩+5  AS 理想成绩
FROM 成绩 INNER JOIN  学生 ON 成绩.学号=学生.学号
ORDER BY  理想成绩 DESC
```

图 8-17　例 8-14 运行对话框

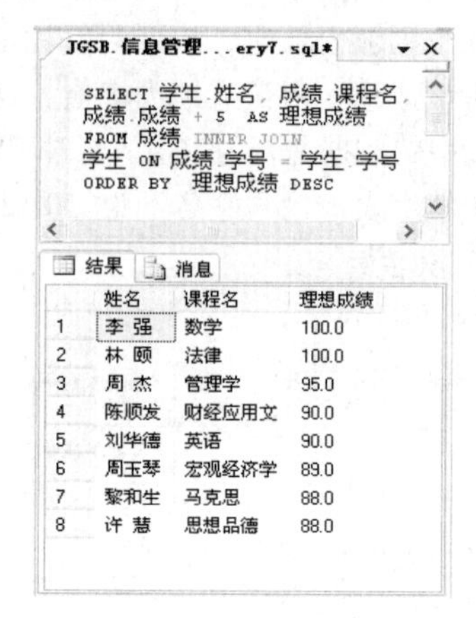

图 8-18　例 8-15 运行对话框

8.6　分 类 汇 总

在 SELECT 语句中，可以使用统计函数、GROUP BY 子句和 COMPUTE BY 子句对查询结果进行分类汇总。

8.6.1　常用统计函数

为了有效地进行数据集分类汇总、求平均值等统计，SQL Server 2008 提供了一系列统计函数（也称聚合函数），如 SUM、AVG 等，通过它们可在查询结果集中生成汇总值。统计函数（除 COUNT(*)以外）处理满足条件所有行的单个列的全部值，并生成一个统计结果。常用统计函数如表 8-5 所示。统计函数的使用方法几乎相同，通过 SELECT 语句来运行。

表 8-5　SQL Server 2008 的常用统计函数

函　数　名	函　数　功　能
SUM([ALL | DISTINCT] expression)	返回一个数字列或计算列的总和
AVG([ALL | DISTINCT] expression)	对一个数字列或计算列求平均值
MIN(expression)	返回一个数字列或计算列的最小值
MAX(expression)	返回一个数字列或计算列的最大值
COUNT([ALL | DISTINCT] expression)	返回满足 SELECT 语句中指定条件的记录值。ALL 针对组中每行记录计算并返回非空值数目，ALL 是默认值；DISTINCT 针对组中每行记录计算列或表达式中不同的值并返回唯一非空值数目
COUNT(*)	计算符合查询限制条件的总行数

如果没有限定子句，统计函数统计表中所有行，并生成一行汇总值。例如：

```
SELECT COUNT(*)  AS 学生数  FROM  学生
```

则返回学生表中的行数，也就是学生数，结果只有 1 行。

如果查询中有 WHERE 子句，则只统计满足条件的行；如果查询中有 GROUP BY 子句，则每组行都将生成一行统计值。

【例 8-16】统计各区域学生数。注意 COUNT(*)与 COUNT(distinct 区域)的区别，运行结果如图 8-19 所示。代码如下：

```
SELECT 区域  COUNT(*)  AS 区域学生数  FROM 学生 GROUP BY 区域
SELECT 区域  COUNT(distinct 区域)  AS 学生数 FROM 学生 GROUP BY 区域
SELECT 区域  COUNT(区域)  AS 学生数 FROM 学生 GROUP BY 区域
```

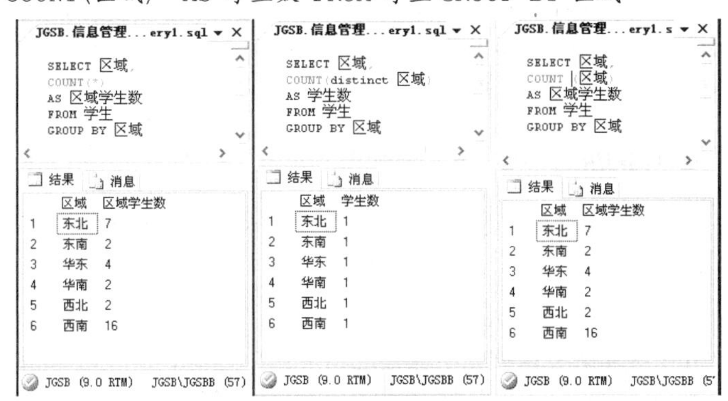

图 8-19 例 8-16 运行对话框

【例 8-17】查询并返回商务书籍预付款平均值和 year-to-date 的销售额总和。

```
USE  pubs
SELECT AVG(advance),SUM(ytd_sales) FROM titles WHERE type='business'
```

8.6.2 GROUP BY 分组子句

在使用 SELECT 语句进行数据查询时，可以使用 GROUP BY 子句对某列数据的对查询结果进行值进行分类（分组），形成结果集，分组后每一组对应查询结果中的一行。

如果 SELECT 子句中包含统计函数，则计算每组的汇总值。指定 GROUP BY 时，选择列表中任一非统计表达式内的所有列都应包含在 GROUP BY 列表中，或者 GROUP BY 表达式必须与选择列表表达式完全匹配。当 SELECT 子句后的目标列中有统计函数，如果查询语句中有分组子句，则统计为分组统计，否则为对整个结果集统计。

GROUP BY 子句的语法格式如下：

```
GROUP BY [ALL] group_by_expression [,...n]
[WITH{CUBE|ROLLUP}][HAVING<search_condition>]
```

只有在 SELECT 语句包括 WHERE 子句时，ALL 关键字才有意义。如果使用 ALL 关键字，那么查询结果将包括由 GROUP BY 子句产生的所有组，即使某些组没有符合搜索条件的行；无 ALL 关键字，包含 GROUP BY 子句的 SELECT 语句将不显示不符合条件的组。当 GROUP BY 子句的和 WHERE 子句一起使用时。在进行任何分组之前，将消除不符合 WHERE 子句条件的行。参数说明如下：

（1）ALL：包含所有组和结果集，甚至包含不满足 WHERE 子句条件的组和结果集，并对汇总列返回空值不能用 CUBE 或 ROLLUP 运算符指定 ALL。

（2）group_by_expression：是对其执行分组的表达式，不含 text、ntext 和 image 类型列。

（3）CUBE：指定在结果集中不仅包含由 GROUP BY 提供的正常行，还包含汇总行。

（4）ROLLUP：指定在结果集中不仅包含由 GROUP BY 提供的正常行，还包含附加的汇总行。按层次结构顺序，从组中的最低级别到最高级别汇总组。

【例 8-18】按区域、校名及平均学分分类查询满足学分>228 的行记录，结果如图 8-20 所示。具体语句如下：

```
SELECT 区域,校名,AVG(学分) AS 平均学分
FROM 学生 WHERE 学分>228
GROUP BY 区域,校名 ORDER BY 区域
```

图 8-20 例 8-18 运行对话框

8.6.3 HAVING 筛选子句

GROUP BY 子句后可以带上 HAVING 子句表达组选择条件，组选择条件为带有函数的条件表达式，它决定着整个组记录的取舍条件。

HAVING 子句对 GROUP BY 子句设置条件的方式与 WHERE 子句和 SELECT 语句交互的方式类似。WHERE 子句搜索条件在进行分组操作之前应用行过滤，决定每一行的取舍；而 HAVING 搜索条件在进行分组操作之后应用分组过滤，决定每一组的取舍。HAVING 语法与 WHERE 语法类似，但 HAVING 可以包含统计函数。HAVING 子句可以引用选择列表中出现的任意项。

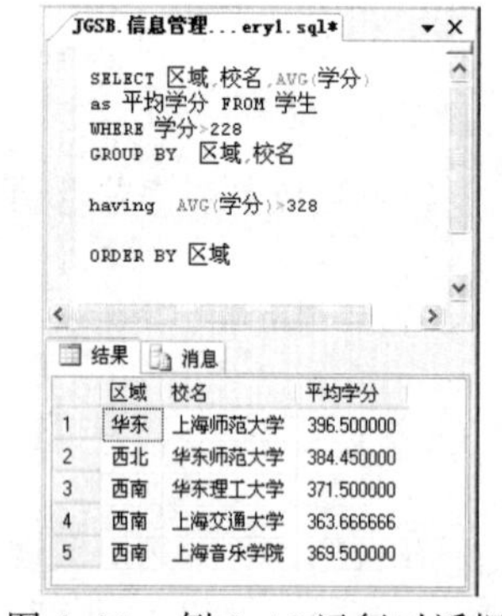

图 8-21 例 8-19 运行对话框

如果分组列包含一个空值，那么该行将成为结果中的一个组。如果分组列包含多个空值，那么这些空值将放入一个组中。

【例 8-19】按区域、校名及平均学分分类查询满足学分>228 的行记录，并分组过滤平均学分>328 的记录。运行结果如图 8-21 所示。

```
SELECT 区域,校名,AVG(学分) AS 平均学分
FROM 学生 WHERE 学分>228
GROUP BY 区域,校名 HAVING AVG(学分)>328 ORDER BY 区域
```

8.6.4 使用 COMPUTE BY 汇总

COMPUTE 子句包括 COMPUTE 和带可选项（BY）的 COMPUTE BY 两种。COMPUTE BY 子句使用户得以用同一 SELECT 语句既查看明细行，又查看分类汇总行；而 COMPUTE 子句使用户得以用同一 SELECT 语句既查看明细行，又查看总计行。

COMPUTE 子句需要下列信息：

（1）可选的 BY 关键字，该关键字可对一列计算指定的行统计。

（2）行统计函数名称；例如，SUM、AVG、MIN、MAX 或 COUNT。

（3）作用在要对其执行具体行统计函数的列。

可以计算整个结果集的汇总值，也可以计算子组的汇总值。

【例 8-20】统计成绩表中成绩的汇总值：注意 COMPUTE 与 COMPUTE BY 及两者叠加使用的区别，运行结果如图 8-22 所示。代码如下：

```
SELECT TOP 10 学号,课程名,成绩 FROM 成绩
    ORDER BY 课程名 COMPUTE sum(成绩)
SELECT TOP 10 学号,课程名,成绩 FROM 成绩 ORDER BY 课程名
    COMPUTE  sum(成绩)  BY  课程名
SELECT TOP 10 学号,课程名,成绩 FROM 成绩 ORDER BY 课程名
    COMPUTE sum(成绩)  COMPUTE  sum(成绩)  BY  课程名
```

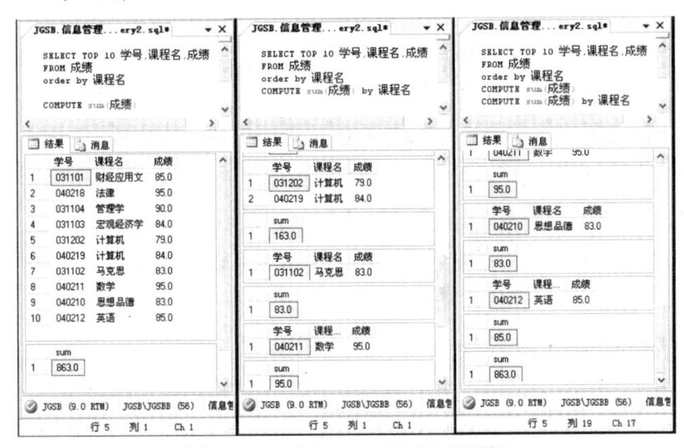

图 8-22　例 8-20 运行对话框

8.7　多表连接查询

通过连接可以根据各个表之间的逻辑关系从多个表中检索数据。连接表示如何使用一个表中的数据来选择另一个表中的行。

多表连接查询的条件通过以下方法定义两个表在查询中的关联方式：

（1）指定每个表中要用于连接的列。可在一表中指定外键，在另一表中指定关联键。

（2）指定比较各列的值时要使用的逻辑运算符（=、<> 等）。

（3）SELECT 子句列前包括所用基表名，FROM 子句中包括所有基表，WHERE 子句应定义等同连接。

通常，多表操作时的连接方式就是在 SELECT 语句列中引用多个表的字段，其 FROM 子句中用半角逗号将不同的基本表隔开。等同连接条件可在 FROM 或 WHERE 子句中指定，建议在 FROM 子句中指定连接条件，这样有助于将连接条件与 WHERE 子句中可能指定的其他搜索条件分开。等同连接是指第一个基表中的一个或多个列值与另一基表中对应的一个或多个列值相等的连接。

多表连接查询语法格式分析如下：

前文 FROM{<table_source>}[,...n]中：

```
<table_source>::=table_name[[AS]table_alias]|<joined_table>;
```

则连接查询语法格式是：

```
<joined table>::={<table source>
 [INNER|{{LEFT|RIGHT}[OUTER]}]JOIN <table_source> ON <search_condition>
|<table_source>{CROSS|JOIN}<table_source>|left_table_source{CROSS|OUTER}right_
table_source}
```

join_type 指定连接类型：内连接、外连接或交叉连接。join_condition 定义连接条件。例如，在 FROM 子句中指定连接条件是：

```
SELECT 学生.学号,学生.姓名,成绩.课程名,成绩.成绩
FROM 成绩 INNER JOIN 学生 ON 成绩.学号=学生.学号
```

又如，查询包含连接条件相同，但该连接条件在 WHERE 子句中指定（不推荐）：

```
SELECT 学生.学号,学生.姓名,成绩.课程名,成绩.成绩  FROM 成绩,学生
WHERE 成绩.学号=学生.学号
```

当单个查询引用多个表时，所有列引用都必须明确。在查询所引用的两个或多个表之间，任何重复的列名都必须用表名限定。如果某个列名在查询用到的两个或多个表中不重复，则对这一列的引用不必用表名限定。

连接的选择列表可以引用连接表中的所有列或列的任何子集。选择列表不必包含连接中的每个表的列。例如，在三表连接中，只能用一个表连接另外两个表，而选择列表不必引用此中间表中的任何列。虽然连接条件通常使用相等比较（=），但也可以像指定其他谓词一样指定其他比较或关系运算符。

大多数使用连接的查询可以用子查询（嵌套在其他查询中的查询）重写，反之亦然。但无法在 ntext、text 或 image 列上直接连接表。连接可分为内连接、外连接和交叉连接。

（1）内连接。内连接运算使用“=”或“<>”之类的比较运算符来匹配两个表中的行，包括自然连接等。例如，检索“学生”和“成绩”表中学号相同的所有行。

（2）外连接。外连接可以是左向外连接、右向外连接或完整外部连接。在 FROM 子句中指定外连接时，可以由下列几组关键字中的一组指定：

① 左向外连接（LEFT JOIN 或 LEFT OUTER JOIN）：通过左向外联接引用左表的所有行。如果左表的某行在右表中没有匹配行，则将为右表返回空值。

② 右向外连接（RIGHT JOIN 或 RIGHT OUTER JOIN）：通过右向外联接引用右表的所有行。如果右表的某行在左表中没有匹配行，则将为左表返回空值。

③ 完整外部连接（FULL JOIN 或 FULL OUTER JOIN）：返回两个表中的所有行。当某行在另一个表中没有匹配行时，则另一个表的选择列表列包含空值。如果表之间有匹配行，则整个结果集行包含基表的数据值。

（3）交叉连接。交叉连接返回左表中的所有行，左表中的每一行与右表中的所有行组合。交叉连接也称笛卡儿积。

8.7.1 内连接

内连接是用比较运算符来比较要连接列值间差异的连接,是比较常用的一种数据连接查询方式。内连接使用比较运算符进行多个基表间数据的比较操作，并列出这些基表中与连接条件相匹配的所有的数据行。一般用 INNER JOIN 或 JOIN 关键字来指定内连接，它是连接查询默认的连接方式，又可分为等值连接、非等值连接等。

1. 等值连接

等值连接是在连接条件中用比较运算符中等值号（=）来比较连接列的值，并返回两个或多个表的连接列中具有相等值的行，且包括重复列。

【例 8-21】用等值连接完成一个课程与成绩表的内连接查询，结果如图 8-23 所示。

```
SELECT  b.学号,a.课程号,a.课程名,a.学时,a.学分,b.成绩
FROM 课程 a  INNER JOIN 成绩 b  ON  a.课程号=b.课程号
```

2. 非等值连接

非等值连接是在连接条件中使用比较运算符中非等值号来比较连接列的值，并返回两个或多个表连接成功结果值的行。可以使用的比较运算符有>、<、>=、<=、<>，也可以使用范围比较运算符，如 BETWEEN 和 NOT BETWEEN 等。

【例 8-22】用非等值连接完成一个课程与成绩表的内连接查询，运行如图 8-24 所示。

```
SELECT  b.学号,a.课程号,a.课程名,a.学时,a.学分,b.成绩
FROM 课程 a  INNER JOIN 成绩 b  ON  a.课程号=b.课程号 AND b.成绩>=85
```

【例 8-23】用非等值连接完成一个课程与成绩表的内连接查询，并要求课程名末尾包括“学”字符的，运行结果如图 8-25 所示。

```
SELECT  b.学号,a.课程号,a.课程名,a.学时,a.学分,b.成绩
FROM 课程 a  INNER JOIN 成绩 b  ON  a.课程号=b.课程号 AND b.成绩>=80
WHERE 课程名 LIKE '%学'
```

	学号	课程号	课程名	学...	学...	成绩
1	040219	030105	计算机	48.0	2.0	84.0
2	040211	030101	英语	64.0	4.0	95.0
3	040211	030101	数学	64.0	4.0	95.0
4	031103	030109	宏观经济学	48.0	3.0	84.0
5	031104	030107	管理学	36.0	2.0	90.0
6	040218	030104	法律	30.0	2.0	95.0
7	040210	030103	思想品德	30.0	2.0	83.0
8	031101	030106	财经应用文	30.0	2.0	85.0
9	031102	030108	马克思	30.0	2.0	83.0
10	040219	030105	计算机	48.0	2.0	84.0
11	040211	030101	英语	64.0	4.0	95.0
12	040211	030101	数学	64.0	4.0	95.0
13	031103	030109	宏观经济学	48.0	3.0	84.0
14	031104	030107	管理学	36.0	2.0	90.0
15	040218	030104	法律	30.0	2.0	95.0

图 8-23　例 8-21 运行对话框

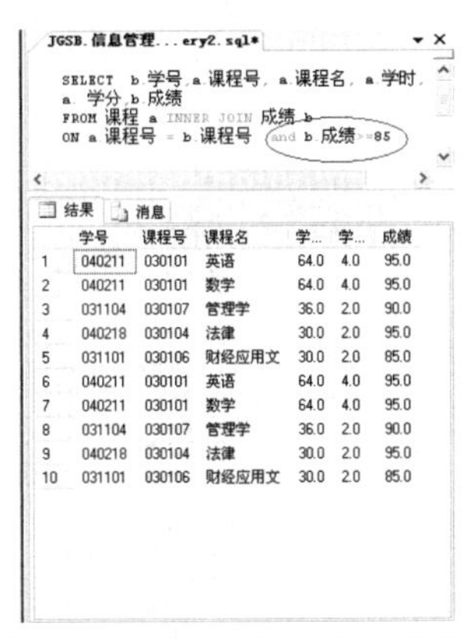

	学号	课程号	课程名	学...	学...	成绩
1	040211	030101	英语	64.0	4.0	95.0
2	040211	030101	数学	64.0	4.0	95.0
3	031104	030107	管理学	36.0	2.0	90.0
4	040218	030104	法律	30.0	2.0	95.0
5	031101	030106	财经应用文	30.0	2.0	85.0
6	040211	030101	英语	64.0	4.0	95.0
7	040211	030101	数学	64.0	4.0	95.0
8	031104	030107	管理学	36.0	2.0	90.0
9	040218	030104	法律	30.0	2.0	95.0
10	031101	030106	财经应用文	30.0	2.0	85.0

图 8-24　例 8-22 运行对话框

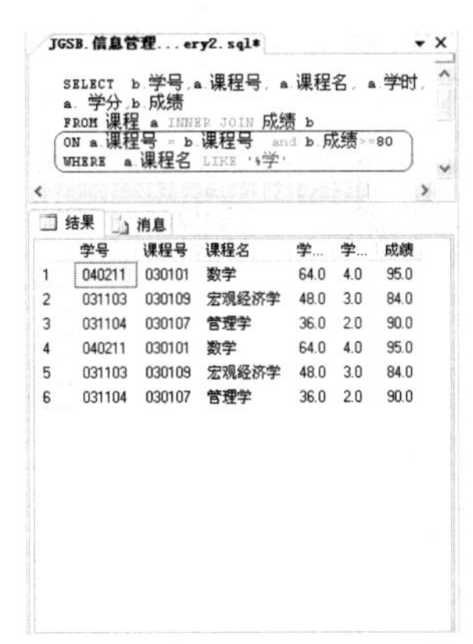

	学号	课程号	课程名	学...	学...	成绩
1	040211	030101	数学	64.0	4.0	95.0
2	031103	030109	宏观经济学	48.0	3.0	84.0
3	031104	030107	管理学	36.0	2.0	90.0
4	040211	030101	数学	64.0	4.0	95.0
5	031103	030109	宏观经济学	48.0	3.0	84.0
6	031104	030107	管理学	36.0	2.0	90.0

图 8-25　例 8-23 运行对话框

8.7.2　外连接

内连接是仅当至少有一个同属于两表的行符合连接条件时才返回行，消除了与另一个表中的任何不匹配的行。而外连接会返回 FROM 子句中涉及的至少一个表或视图的所有行，只要这些行符合任何 WHERE 或 HAVING 搜索条件。

外连接应用通过左向外连接引用左表的所有行；通过右向外连接引用右表的所有行；完整外部连接则返回两个表中的所有行。

1. 左向外连接

左向外连接的结果集包括 LEFT JOIN 或 LEFT OUTER JOIN 子句中指定的左表的所有行，而不仅是连接列所匹配的行。如果左表的某行在右表中没有匹配行，则在相关联的结果集行中右表的所有选择列表列均为空值。

【例 8-24】用左向外连接完成课程与成绩表的外连接查询，运行结果如图 8-26 所示。

```
SELECT 课程.课程号,课程.课程名,学号,成绩.课程名 AS 成绩课程名,成绩
   FROM 课程 LEFT OUTER JOIN
      成绩 ON 课程.课程号=成绩.课程号
```

2. 右向外连接

右向外连接是左向外连接的反向连接，它的结果集返回 RIGHT JOIN 或 RIGHT OUTER JOIN 子句中指定的右表的所有行，而不仅是连接列所匹配的行。如果右表的某行在左表中没有匹配行，则将为左表返回空值。

【例 8-25】用右向外连接完成课程与成绩表的外连接查询，运行结果如图 8-27 所示。

```
SELECT 课程.课程号,课程.课程名,学号,成绩.课程名 AS 成绩课程名,成绩
```

```
FROM 课程 RIGHT OUTER JOIN 成绩
  ON 课程.课程号=成绩.课程号
```

3. 完整外部连接

若要在连接结果中保留不匹配的行，即完整外部连接。使用 FULL JOIN 或 FULL OUTER JOIN 语句可完成完整外部连接。不管另一个表是否有匹配的值，结果接都包括两个表中的所有行。

【例 8-26】用完整外连接完成课程与成绩表的外连接查询，运行结果如图 8-28 所示。

```
SELECT 课程.课程名 AS 课程课程名,学号,成绩.课程名 AS 成绩课程名,成绩
FROM 课程 FULL OUTER JOIN 成绩
    ON 课程.课程号=成绩.课程号
```

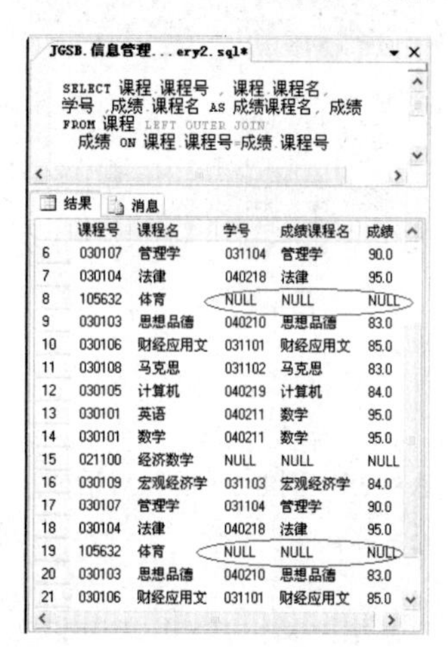

	课程号	课程名	学号	成绩课程名	成绩
6	030107	管理学	031104	管理学	90.0
7	030104	法律	040218	法律	95.0
8	105632	体育	NULL	NULL	NULL
9	030103	思想品德	040210	思想品德	83.0
10	030106	财经应用文	031101	财经应用文	85.0
11	030108	马克思	031102	马克思	83.0
12	030105	计算机	040219	计算机	84.0
13	030101	英语	040211	数学	95.0
14	030101	数学	040211	数学	95.0
15	021100	经济数学	NULL	NULL	NULL
16	030109	宏观经济学	031103	宏观经济学	84.0
17	030107	管理学	031104	管理学	90.0
18	030104	法律	040218	法律	95.0
19	105632	体育	NULL	NULL	NULL
20	030103	思想品德	040210	思想品德	83.0
21	030106	财经应用文	031101	财经应用文	85.0

图 8-26　例 8-24 运行对话框

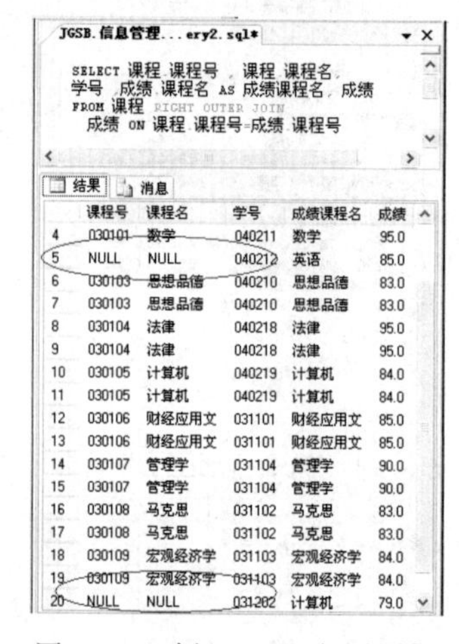

	课程号	课程名	学号	成绩课程名	成绩
4	030101	数学	040211	数学	95.0
5	NULL	NULL	040212	英语	85.0
6	030103	思想品德	040210	思想品德	83.0
7	030103	思想品德	040210	思想品德	83.0
8	030104	法律	040218	法律	95.0
9	030104	法律	040218	法律	95.0
10	030105	计算机	040219	计算机	84.0
11	030105	计算机	040219	计算机	84.0
12	030106	财经应用文	031101	财经应用文	85.0
13	030106	财经应用文	031101	财经应用文	85.0
14	030107	管理学	031104	管理学	90.0
15	030107	管理学	031104	管理学	90.0
16	030108	马克思	031102	马克思	83.0
17	030108	马克思	031102	马克思	83.0
18	030109	宏观经济学	031103	宏观经济学	84.0
19	030109	宏观经济学	031103	宏观经济学	84.0
20	NULL	NULL	031202	计算机	79.0

图 8-27　例 8-25 运行对话框

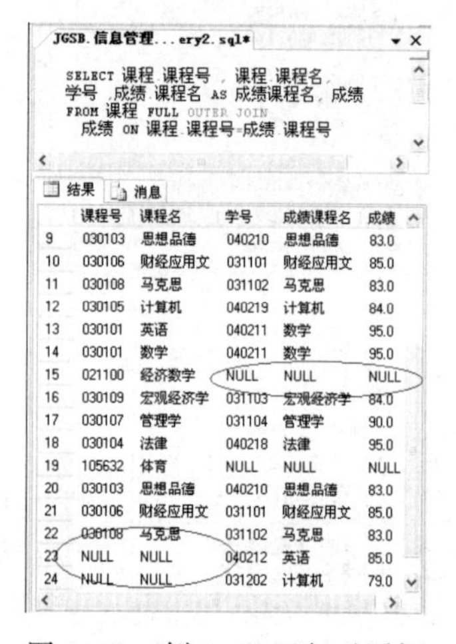

	课程号	课程名	学号	成绩课程名	成绩
9	030103	思想品德	040210	思想品德	83.0
10	030106	财经应用文	031101	财经应用文	85.0
11	030108	马克思	031102	马克思	83.0
12	030105	计算机	040219	计算机	84.0
13	030101	英语	040211	数学	95.0
14	030101	数学	040211	数学	95.0
15	021100	经济数学	NULL	NULL	NULL
16	030109	宏观经济学	031103	宏观经济学	84.0
17	030107	管理学	031104	管理学	90.0
18	030104	法律	040218	法律	95.0
19	105632	体育	NULL	NULL	NULL
20	030103	思想品德	040210	思想品德	83.0
21	030106	财经应用文	031101	财经应用文	85.0
22	030108	马克思	031102	马克思	83.0
23	NULL	NULL	040212	英语	85.0
24	NULL	NULL	031202	计算机	79.0

图 8-28　例 8-26 运行对话框

8.7.3　交叉连接

交叉连接是在没有 WHERE 子句连接时，将生成来自这两个基表各行的所有可能组合，即产生连接所涉及表的“笛卡儿积”，以第一个表的行数乘以第二个表的行数等于笛卡儿积结果集的大小。一般用 CROSS JOIN 关键字来指定交叉连接。

【例 8-27】试用交叉连接完成课程与成绩表的连接查询。

```
SELECT 课程.课程号,课程.课程名,学号,成绩.课程名 AS 成绩课程名,成绩
  FROM 课程 CROSS JOIN 成绩
```

分析：结果集包含 36 行（课程表有 4 行，成绩表有 9 行；4 乘以 9 等于 36）。

不过，如果添加一个 WHERE 子句，则交叉连接的作用将同内连接一样。

例如，下面的查询得到相同的结果集：

```
SELECT 课程.课程号,课程.课程名,学号,成绩.课程名 AS 成绩课程名,成绩
  FROM 课程 CROSS JOIN 成绩
    WHERE 课程.课程号=成绩.课程号
```

或

```
SELECT 课程.课程号,课程.课程名,学号,成绩.课程名 AS 成绩课程名,成绩
  FROM 课程 INNER JOIN 成绩 ON 课程.课程号=成绩.课程号
```

8.7.4　多表连接

前面介绍的多为两个表间的连接，虽然每个连接规范只连接两个表，但 FROM 子句可包含多个连接规范。这样一个查询可以连接若干（3 个或 3 个以上）个表。

【例 8-28】设计一个从 3 个表中查找学生学习信息的多表连接查询，运行结果如图 8-29 所示。

```
SELECT 学生.姓名,成绩.课程名,成绩.成绩,课程.学分
  FROM 学生 INNER JOIN 成绩
    ON 学生.学号=成绩.学号 INNER JOIN 课程
       ON 成绩.课程号=课程.课程号
```

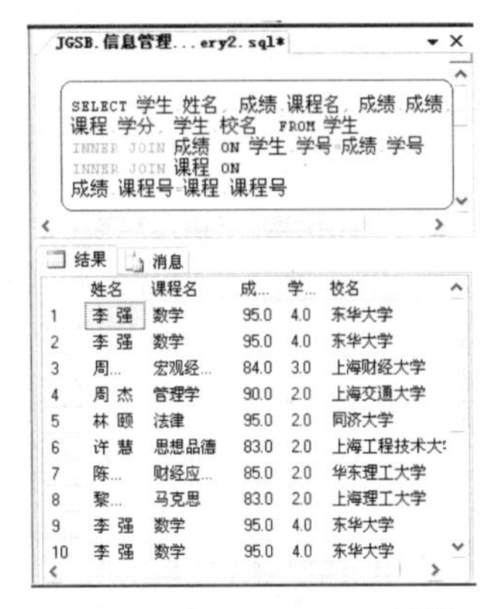

图 8-29　例 8-28 运行对话框

8.7.5　联合查询

倘若有多个不同的查询结果，但又希望将它们连接在一起，组成一组数据。SQL Server 2008 中提供的联合查询子句 UNION 子句可以完成上述议题。

用 UNION 关键字，可以在一个结果表中包含两个 SELECT 语句的结果。任意 SELECT 语句返回的所有行都可合并到 UNION 表达式的结果中。

联合查询可以将两个或更多的查询结果集组合为一个单个结果集，该结果集包含任意 SELECT 语句返回的所有行。联合查询不同于对两个表中列进行的连接查询，是组合两个表中的行记录，而对两个表中列进行连接查询是匹配两个表中的列数据。

使用 UNION、INTERSECT 或 EXCEPT 运算符合并的所有查询必须在其目标列表中有相同数目与兼容类型的表达式。

【例 8-29】基于 UNION 子句设计一个三表（学生表、课程表、成绩表）联合查询实例，运行结果如图 8-30 所示。

```
SELECT  top 6  学号,校名,学分 FROM  学生 UNION
SELECT  top 6  课程号,课程名,学时 FROM  课程  UNION
SELECT  top 6  辅导员,班级编号,学生数  FROM  班级
```

图 8-30　例 8-29 运行对话框

8.8　子查询的运用

子查询是可以嵌套在外部 SELECT、INSERT、UPDATE 或 DELETE 语句的 WHERE 或 HAVING 子句内，或者其他子查询中的查询。任何允许使用表达式的地方都可以使用子查询。SQL Server 2008 中允许多达 32 层嵌套，使用表达式的地方都可以使用子查询。

8.8.1　子查询基础

子查询也称内部查询或内部选择，包含子查询的语句也称外部查询或外部选择。子查询分为多行子查询与单值子查询。前者在通过 IN 或由 ANY 或 ALL 修改的比较运算符引入的列表上操作和通过 EXISTS 引入的存在测试；后者通过未修改的比较运算符引入返回单个值，包括子查询的条件语

句。通常采用以下格式中的一种：

（1）WHERE expression [NOT] IN (subquery)

（2）WHERE expression comparison_operator [ANY|ALL](subquery)

（3）WHERE [NOT] EXISTS (subquery)

下面通过一个作用在 SELECT 子句上的简单子查询实例来说明：

```
SELECT 学号,姓名,
    (SELECT  MIN(成绩.成绩)  FROM 成绩
        WHERE 成绩.学号=学生.学号) AS 最低成绩
        FROM 学生
```

其中，括号内的子查询产生一列最低成绩作为输出列，而后无条件产生 3 列输出结果。子查询受以下条件的限制：

（1）通过比较运算符引入的子查询的选择列表只能包括一个表达式或列名称（分别对 SELECT * 或列表进行 EXISTS 和 IN 操作除外）。

（2）如果外部查询的 WHERE 子句包括某个列名，则该子句必须与子查询选择列表中的该列在连接上兼容。

（3）由于必须返回单个值，所以由无修改的比较运算符（指其后未接关键字 ANY 或 ALL）引入的子查询不能包括 GROUP BY 和 HAVING 子句。

（4）包括 GROUP BY 的子查询不能使用 DISTINCT 关键字。

（5）不能指定 COMPUTE 和 INTO 子句。由子查询创建的视图不能更新。

（6）只有同时指定了 TOP，才可以指定 ORDER BY。

（7）通过 EXISTS 引入的子查询输出选择列表由星号（*）组成，而不使用单个列名。由于通过 EXISTS 引入的子查询进行了存在测试，并返回 TRUE 或 FALSE 而非数据，所以这些子查询的规则与标准选择列表的规则完全相同。

8.8.2 多行子查询

多行子查询或谓组值，是指执行查询语句获得的结果集中返回了多行（一组）数据信息的子查询，在子查询中可以使用 IN 关键字、EXISTS 关键字和比较操作符（SOME 与 ANY）等来连接表数据信息。

1. IN 子查询

IN 子查询可以用来确定指定的值是否与子查询或列表中的值相匹配。通过 IN（或 NOT IN）引入的子查询结果是一列值。子查询返回结果之后，外部查询将利用这些结果。IN 在使用时，有时与 OR 有相似之处，但前者更灵活。

【例 8-30】利用子查询完成查询所有成绩大于 84 分的学生的学号和姓名，设计语句如下：

```
SELECT 学号,姓名 FROM 学生
WHERE 学号 IN (SELECT 学号 FROM 成绩  WHERE 成绩>84)
```

上述语句执行或验证时，首先执行括号内（嵌套内层）子查询产生的列，然后运行外层，可以按照设计要求输出运行结果。

【例 8-31】比较子查询中 IN 与 NOT IN 的差异，运行结果如图 8-31 所示。

```
SELECT *  FROM 学生
WHERE 学号 (not) IN
```

```
(SELECT 学号  FROM 成绩
WHERE 课程名='计算机')
```

2. EXISTS 子查询

EXISTS 表示存在量词，在子查询中用来测试行是否存在，子查询实际上不产生任何数据，它只返回 TRUE 或 FALSE 值。使用 EXISTS 关键字引入一个子查询时，它的作用仅在 WHERE 子句中测试子查询返回的行是否存在，就相当于进行一次存在测试。当子查询的查询结果集合为非空时，外层的 WHERE 子句返回真值，否则返回假值。

使用 EXISTS 引入的子查询语法如下：

```
WHERE [NOT] EXISTS (subquery)
```

【例 8-32】用 EXISTS 设计一个嵌套子查询语句程序，运行结果如图 8-32 所示。

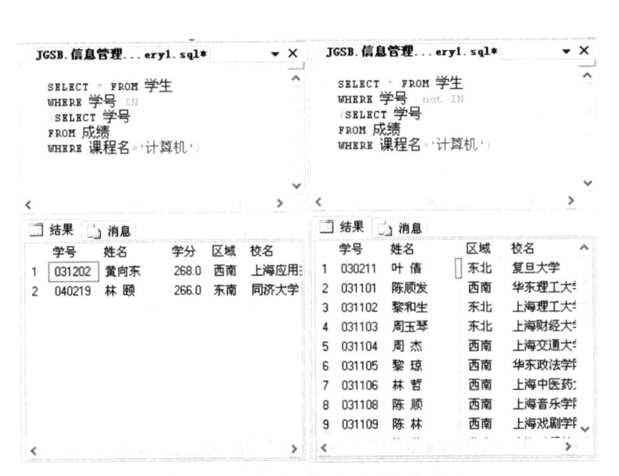

图 8-31 例 8-31 运行对话框

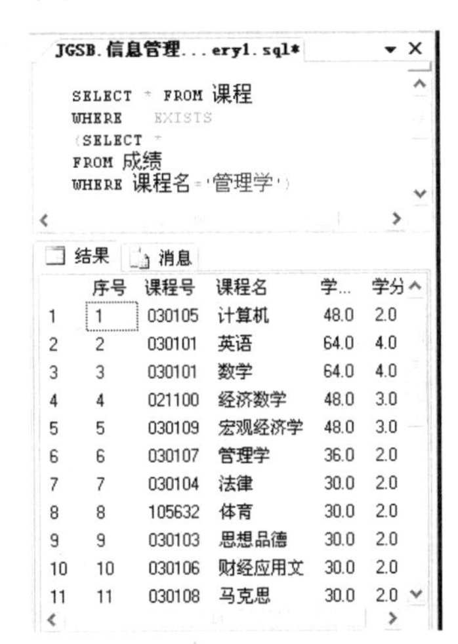

图 8-32 例 8-32 运行对话框

```
SELECT * FROM 课程
WHERE  EXISTS
      (SELECT *  FROM 成绩  WHERE 课程名='管理学')
```

又如，查询查找所有成绩大于 84 分的学生的学号和姓名：

```
SELECT 学号,姓名 FROM  学生
     WHERE  not  EXISTS  (SELECT *  FROM 成绩  WHERE 学号 = 学生.学号 AND 成绩>84)
```

3. ANY & ALL 子查询

SQL Server 2008 中，ANY、SOME、ALL 都是支持在子查询中进行比较的关键字，又称比较运算符，是比较标量值和单列集中的值。

可以用 ALL 或 ANY（SOME 是与 ANY 等效的）关键字修饰引入子查询的比较运算符。二者在功效上并不相同，因此使用时需要注意。

（1）ALL 表示所有。>ALL 表示大于每一个值，即大于条件中的最大值。例如，>ALL(5, 8, 13,21)，表示大于 21。该式在应用时表示必须大于子查询所返回记录集中的所有比较值。显然，此时必须大于子查询集中最大的那个比较值，或大于子查询返回值列表中的每个值。

（2）ANY 表示任何（SOME 表示一些，功效等同）。>ANY/SOME 表示至少大于一个值，即大于最小值即可。因此，>ANY(8, 13,21,34)表示只要大于 8 就行。该式表示要使某一行满足外部查询中指定的条件，引入子查询的列中的值必须至少大于子查询返回值列表中的一个值。

注意：关键字 IN 与“=ANY”是等价的，相应的 NOT IN 与“<> ALL”表示的意思相同。<>ANY 运算符则不同于 NOT IN。< >ANY 表示不等于 a，或者不等于 b，或者不等于 c；NOT IN 表示不等于 a、不等于 b 且不等于 c。<>ALL 与 NOT IN 表示的意思相同。

【例 8-33】查询成绩表中课程名为数学同学的学号、姓名、区域、校名，运行结果如图 8-33 所示。

```
SELECT 学号,姓名,区域,校名  FROM 学生
  WHERE 学号=ANY
    (SELECT  学号  FROM 成绩  WHERE 课程名='数学')
```

【例 8-34】查询成绩表中成绩大于所有/任何课程名末尾包含“学”的同学的成绩，并输出学号、姓名、班级编号、课程名、成绩、校名，运行结果如图 8-34 所示。

```
① SELECT a.学号,a.姓名,a.班级编号,b.课程名,b.成绩,a.校名
     FROM 学生 a  INNER  JOIN 成绩 b  ON  a.学号=b.学号  WHERE  b.成绩>all
       (SELECT  成绩 FROM 成绩 WHERE 课程名 LIKE '%学')
② SELECT a.学号,a.姓名,a.班级编号,b.课程名,b.成绩,a.校名
     FROM 学生 a  INNER  JOIN 成绩 b  ON  a.学号=b.学号  WHERE  b.成绩>any
       (SELECT  成绩 FROM 成绩 WHERE 课程名 LIKE '%学')
```

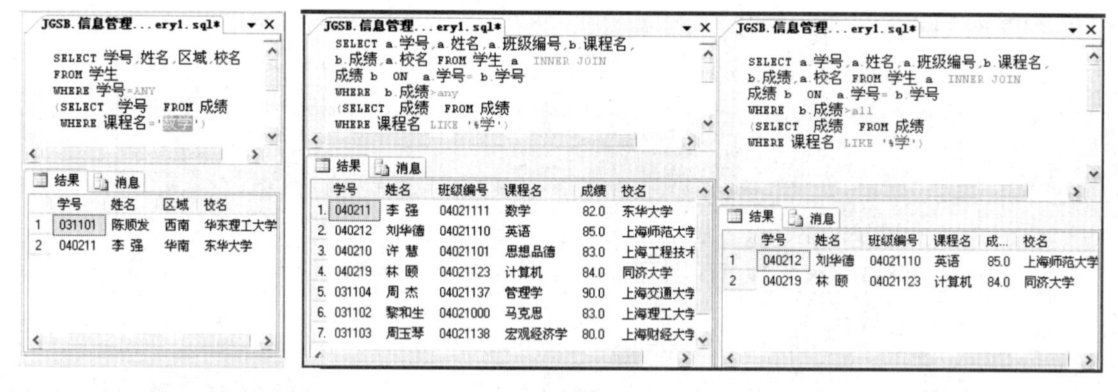

图 8-33 例 8-33 运行对话框　　　　图 8-34 例 8-34 运行对话框

8.8.3 单值子查询

单值子查询是指执行子查询语句获得的结果返回值是单值（即只有一个）的，然后将一列值与子查询返回的值进行比较，完成外层查询处理。当子查询的返回值只有一个时，可以使用比较运算符（=、>、<、>=、<=、!=）将父查询和子查询连接起来。

倘若子查询的返回值不止一个，而是一个集合时，则不能直接使用比较运算符，可以在比较运算符和子查询之间插入 ANY 或 ALL 等，诸如多行子查询中所述的。

【例 8-35】查询学生表中学号等于成绩表中课程名为“管理学”的学号，且按学号、姓名输出行记录信息。程序代码如下：

```
SELECT 学号,姓名  FROM 学生
  WHERE 学号=(SELECT 学号 FROM 成绩
    WHERE 课程名='管理学')
```

8.8.4　子查询多层嵌套及应用

子查询能以多层嵌套的形式出现，嵌套查询是指在一个 SELECT 查询语句中再次使用另一个 SELECT 查询语句查询的作法，即在某一查询结果集的基础上实现另外一个查询。嵌套查询也被称为子查询，但需要注意，子查询中不能有 ORDER BY 分组语句。对于一些复杂的数据查询处理或实际的应用开发，往往要用到查询的多层嵌套。

1. 子查询的多层嵌套

【例 8-36】多层（5 层）嵌套查询应用。若要完成查看哪些有关客户订购了 Bigfoot Breweries 的产品时，可使用嵌套查询方法与技巧来开发。程序运行结果如图 8-35 所示，程序代码如下：

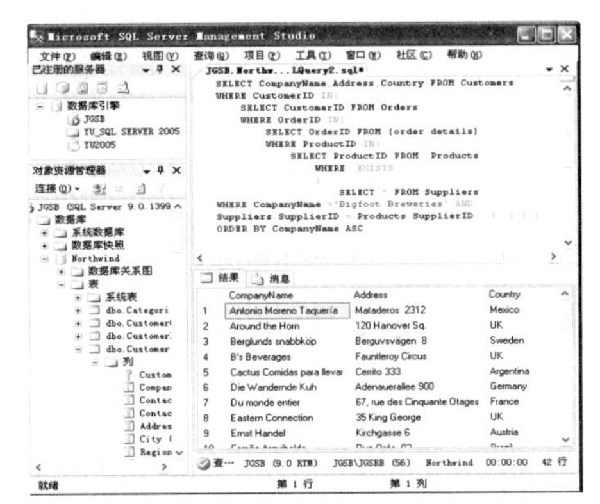

图 8-35　例 8-36 运行对话框

```
SELECT CompanyName FROM Customers
WHERE CustomerID IN(
    SELECT CustomerID FROM Orders
    WHERE OrderID IN(
        SELECT OrderID FROM [order details]
        WHERE ProductID IN(
            SELECT ProductID FROM  Products
                WHERE  EXISTS
                 (SELECT * FROM Suppliers
                           WHERE CompanyName='Bigfoot Breweries' AND Suppliers.
                           SupplierID=Products.SupplierID))))
ORDER BY CompanyName ASC
```

2. 子查询的灵活运用

大多数使用连接的查询可用子查询（嵌套在其他查询中的查询）重写，且大多数子查询可重写为连接。

【例 8-37】基于不同方法完成以自我连接方式从成绩库中检索数学的学号、课程名、名次，程序运行结果如图 8-36 所示，程序代码如下：

```
SELECT 成绩.学号,成绩.课程名,COUNT(*) AS 名次
    FROM 成绩 INNER JOIN  成绩成绩_1 ON 成绩.成绩<=成绩_1.成绩
    WHERE (成绩.课程名='数学') AND (成绩_1.课程名='数学')
    GROUP BY 成绩.学号,成绩.课程名
    ORDER BY 名次
```

【例 8-38】利用嵌套子查询和学生与成绩表完成：检索课程名末尾包含“学”且区域为“东北”或“西南”及学号前两位包括 03 的数据记录，并选择输出学号、姓名、班级编号、课程名、成绩、区域、校名，程序运行结果如图 8-37 所示，程序代码如下：

```
SELECT  学生.学号,学生.姓名,学生.班级编号,成绩.课程名,成绩.成绩,学生.区域,学生.校名
  FROM  学生 INNER JOIN  成绩 ON 学生.学号=成绩.学号
  WHERE  学生.学号 LIKE '03%' AND 学生.学号 IN
         (SELECT 学生.学号  FROM 学生
              WHERE (学生.区域='东北' OR 学生.区域='西南') AND 学生.学号 IN
                         (SELECT 学号 FROM 成绩  WHERE  课程名 LIKE '%学'))
```

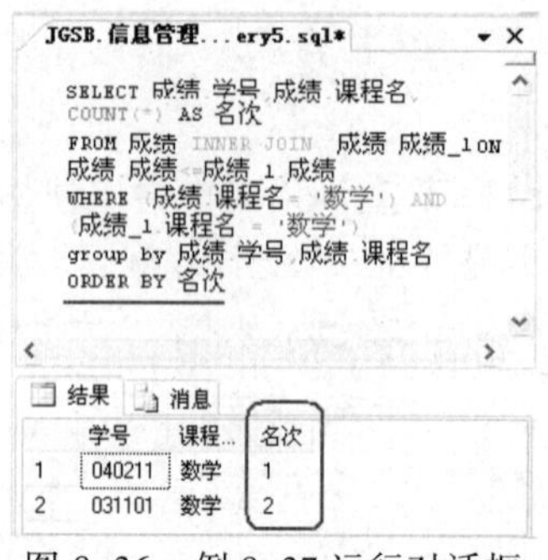
图 8-36　例 8-37 运行对话框

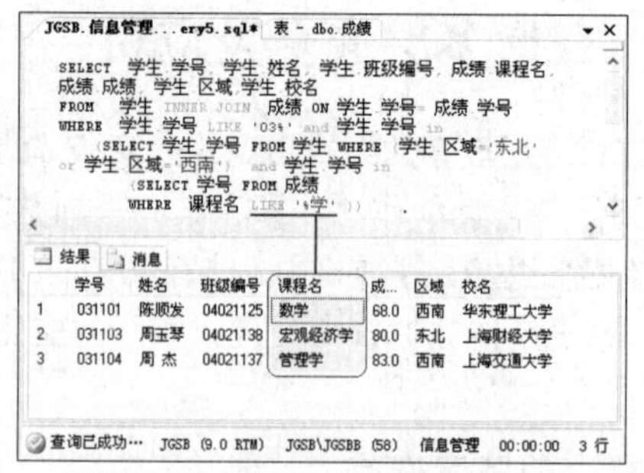
图 8-37　例 8-38 运行对话框

【例 8-39】要求与例 8-38 类似，但必须使用 EXISTS 子句，程序运行结果如图 8-38 所示，请分析例 8-38 与例 8-39 间的差异，有何启示？

```
SELECT  学生.学号，学生.姓名，学生.班级编号，成绩.课程名，成绩.成绩，学生.区域,学生.校名
  FROM  学生 INNER JOIN  成绩 ON 学生.学号=成绩.学号  WHERE  EXISTS
        (SELECT  *  FROM  学生
         WHERE  学生.学号 LIKE '03%'  AND  学生.学号 IN
        (SELECT 学生.学号 FROM 学生
           WHERE (学生.区域='东北'  OR 学生.区域='西南') AND 学生.学号 IN
                 (SELECT 学号 FROM 成绩  WHERE  课程名 LIKE '%学')))
```

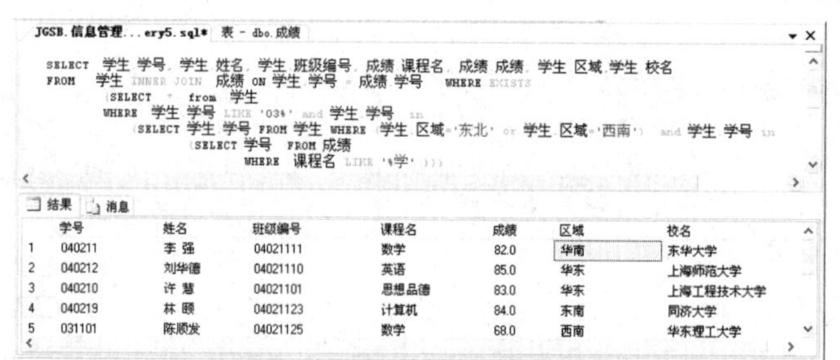
图 8-38　例 8-39 运行对话框

使用嵌套查询时应注意以下问题：

（1）由谓词 EXISTS 引出的子查询 SELECT 之后通常使用通配符*。

（2）不能在 ORDER BY、GROUP BY 或 COMPUTE BY 之后使用子查询。

（3）LOB（大对象数据）类型的字段不能作为子查询的比较条件。

（4）子查询中不能使用 UNION 关键字，子查询最大嵌套层数不宜超过 16 层。

8.9　数 据 更 新

SQL Server 2008 中对数据库内容进行更新包括添加新数据行、更改现有行中的数据和删除行，相应的 SQL 语句分别是插入（INSERT）、更改（UPDATE）和删除（DELETE）。同时，SELECT-FROM-WHERE 语句下数据更新更方便了。部分内容可参阅第 6 章中表数据的管理。

8.9.1　使用 INSERT 插入行

INSERT 语句可给表添加一个或多个新行。INSERT 语句在简单的情况下有如下形式：

```
INSERT [INTO] table_or_view [(column_list)] data_values
```

此语句将使 data_values 作为一行或者多行插入已命名的表或视图中。column_list 是由逗号分隔的列名列表，用来指定为其提供数据的列。如果没有指定 column_list，表或者视图中的所有列都将接收数据。如果 column_list 没有为表或视图中的所有列命名，将在列表中没有命名的任何列中插入一个 NULL 值（或者在默认情况下为这些列定义的默认值）。在列的列表中没有指定的所有列都必须允许 NULL 值或者指定的默认值。

由于 SQL Server 自动为以下类型的列生成值，INSERT 语句将不为这些类型的列指定值：

（1）计算列及具有 IDENTITY 属性的列，该属性为列生成值。

（2）有默认值的列，该列用 NEWID 函数生成一个唯一的 GUID 值。

所提供的数据值必须与列的列表匹配。数据值的数目必须与列数相同，每个数据值的数据类型、精度和小数位数也必须与相应的列匹配。有多种插入行数据方法，具体如下：

（1）使用 INSERT...VALUES 插入行。VALUES 关键字为表的某一行指定值。值被指定为逗号分隔的标量表达式列表，表达式的数据类型、精度和小数位数须与列表对应一致。若未指定列的列表，顺序须与表或视图中列顺序一致。例如，用 VALUES 子句为 bj 表插入数据。

```
INSERT INTO bj(班级编号,班级名称) VALUES(00001112,'自动化')
```

（2）使用 SELECT INTO 插入行。SELECT INTO 语句可创建一个新表，并用 SELECT 的结果集填充该表。新表的结构由选择列表中表达式的特性定义。例如：

```
SELECT * INTO 成绩1 FROM 成绩 WHERE (成绩>=80)
```

（3）使用 INSERT...SELECT 插入行。INSERT 语句中的 SELECT 子查询可用于将一个或多个其他表或视图的值添加到表中。使用 SELECT 子查询可同时插入多行。例如：

```
INSERT INTO 成绩1(学号,课程名,课程号,成绩,补考成绩)
SELECT 学号,课程名,课程号,成绩,补考成绩 FROM 成绩 WHERE (成绩<80)
```

子查询的选择列表必须与 INSERT 语句列的列表匹配。如果没有指定列的列表，选择列表必须与正向其插入的表或视图的列匹配。

8.9.2　使用 UPDATE 更新数据

UPDATE 语句可更改表或视图中单行、行组或所有行的数据值。引用某个表或视图的 UPDATE 语句每次只能更改一个基表中数据。UPDATE 语句包括 SET、WHERE 和 FROM 这 3 个主要子句。

（1）使用 SET 子句更改数据。SET 子句指定要更改的列和列表（用逗号分隔），格式为 column_name=expression。表达式提供的值包含多项，如常量、从其他表或视图的列中选择值或使用复杂表达式计算出来的值。

对所有符合 WHERE 子句搜索条件的行，将使用 SET 子句中指定的值更新指定列中的值。如果没有指定 WHERE 子句，则更新所有行。如将“成绩 1”表中所有成绩都调整为 90 分：

```
UPDATE 成绩1 SET 成绩=90
```

也可在更新中使用计算值。如将“成绩”表的所有成绩提高 6 分：

```
UPDATE 成绩1 SET 成绩=成绩+6
```

（2）使用 WHERE 子句更改数据。WHERE 子句执行指定要更新的行。

例如，用 UPDATE 语句更改满足条件运输商的名称：

```
UPDATE 成绩1 SET 成绩=95
WHERE 课程名='高等数学'
```

（3）使用 FROM 子句更改数据。FROM 子句指定为 SET 子句中的表达式提供值的源表或源视图，以及各个源表或视图间可选的连接条件。使用 FROM 子句可将数据从一个或多个表或视图引入要更新的表中。例如：

```
UPDATE 成绩1 SET 成绩=成绩.成绩 FROM 成绩
WHERE 成绩1.学号=成绩.学号 AND 成绩1.课程名=成绩.课程名 AND 成绩1.课程名='高等数学'
```

8.9.3 使用 DELETE 删除行

DELETE 语句可删除表或视图中的一行或多行。DELETE 语法的简化形式如下：

```
DELETE table_or_view FROM table_sources WHERE search_condition
```

table_or_view 指定要从中删除行的表或视图。table_or_view 中所有符合 WHERE 搜索条件的行都将被删除。如果没有指定 WHERE 子句，将删除 table_or_view 中的所有行。

FROM 子句指定删除时用到的额外的表或视图及连接条件，WHERE 子句限定要从 table_or_view 中删除的行。该语句不从 FROM 子句指定的表中删除行，而只从 table_or_view 指定的表中删除行。例如，删除成绩 1 中课程名是高等数学的所有行：

```
DELETE FROM 成绩1 WHERE 成绩1.课程名='高等数学'
```

DELETE 语句不带 WHERE 条件将删除表中所有行，如：

```
DELETE  成绩1
```

DELETE 只从表中删除行，表结构仍保留在数据库中，要从数据库中删除表，需要使用 DROP TABLE 语句。

小　　结

SELECT 语句可以查询一个或多个表；对查询列进行筛选、计算；对查询行进行分组、分组过滤、排序；甚至可以在一个 SELECT 语句中嵌套另一个 SELECT 语句。虽然 SELECT 语句的完整语法较复杂，但只要掌握了 SELECT 主要子句的执行顺序及功能就基本掌握了 SELECT 语句。SELECT 子句指定输出列（字段）；INTO 子句将检索结果存储到新表中；FROM 子句用于指定检索数据的来源；WHERE 指定选择行（记录）的过滤条件；GROUP BY 子句对检索到的记录进行分组；HAVING 子句指定记录辅助过滤条件（需要与 ORDER BY 子句一起用）；ORDER BY 子句是对检索到的记录进行排序。

INSERT 语句可给表添加一个或多个新行。UPDATE 语句可以更改表或视图中单行、行组或所有行的数据值。DELETE 语句可删除表或视图中的一行或多行。

利用 Transact-SQL（T-SQL）和利用企业管理器进行数据的查询与更新各有利弊。使用企业管理器比较直观。如利用企业管理器中的查询设计器可以很直观地生成简单的 SELECT 语句，如果操作不正确，企业管理器会显示错误信息或是提供建议。而使用 Transact-SQL 更灵活一些，同时可以保留一份 Transact-SQL 操作记录。

思考与练习

一、选择题

1. SQL 中，条件年龄 BETWEEN 12 AND 38 表示年龄在 12～38 之间，且（　　）。

A. 包括 12 岁和 38 岁　　B. 不包括 12 岁和 38 岁

C. 包括 12 岁但不包括 38 岁　　D. 包括 38 岁但不包括 12 岁

2. FROM 子句指定一个或多个（　　）。

A. 源视图　　B. 源表　　C. 源数据库　　D. 源地址

3. 外连接应用通过左向外连接引用（　　）的所有行。

A. 左表　　B. 右表　　C. 左视图　　D. 右视图

4. EXISTS 在子查询中用来测试（　　）。

A. 数据是否存在　　B. 列是否存在　　C. 表是否存在　　D. 行是否存在

5. SQL 中，表达式“>ANY(10, 13,25,65)”表示（　　）。

A. 大于 10　　B. 大于 65　　C. 大于自然数　　D. 存在大于数

6. SQL 中，表达式“>ALL(15,28, 33,59)”表示（　　）。

A. 大于 25　　B. 大于 59　　C. 大于任何数　　D. 存在条件数

7. COMPUTE BY 子句使可以产生既有明细行，又有（　　）。

A. 分类汇总行　　B. 汇总行　　C. 合计数　　D. 计算机数

8. 在 SQL 的 SELECT 语句中，实现投影操作的子句为（　　）。

A. FROM　　B. SELECT　　C. WHERE　　D. ORDER

9. 在 SQL 语言的 SELECT 语句中，实现选择操作的子句为（　　）。

A. FROM　　B. SELECT　　C. WHERE　　D. ORDER

10. 左向外连接的结果集包括（　　）JOIN 子句中指定的左表的所有行。

A. LEFT OUTER　　B. RIGHT OUTER　　C. INNER　　D. LEFT

二、思考与实验

1. 简述 SELECT 主要子句的功能。没有 FROM 子句的 SELECT 语句有什么作用?

2. 在查询分析器中，选择信息管理数据库的成绩表中所有学生的学号和高等数学成绩。

3. 举例说明如何在 SELECT 和 FROM 子句中为列和表指定别名。

4. 举例说明 WHERE 和 HAVING 子句的相同点和不同点。

5. 举例说明内连接、外连接、交叉连接和自连接的具体应用。

6. 举例说明 GROUP BY 子句的运用。举例说明 COMPUTER BY 子句的应用。

7. 试完成实验：使用多种方法实施 INSERT 语句插入行和使用 UPDATE 语句更新表数据。

8. 试完成实验：举例使用 UPDATE 语句更新数据表数据。

9. 试完成实验：先用一条命令删除成绩表中所有数据，再用一条命令删除成绩表。

10. 设学生数据库包含：学生、课程、成绩和班级表，结构见表 6-2～表 6-5。即：学生（学号，姓名，性别，出生日期，班级编号，学分，区域，校名）；课程（序号，课程号，课程名，学时，学分）；成绩（学号，课程号，课程名，成绩，补考成绩）；班级（班级编号，班级名称，院系，辅导员，学生数）。试用 Transact-SQL 语句完成下列实验过程：

（1）检索出校名为“复旦大学”学生的学号、姓名、校名、学分。

（2）检索出学分在 30～41 之间的学生的学号、姓名、校名、学分。

（3）检索出院系为“经济与管理学院”学生的学号，姓名、班级编号、班级名称、学生数。

（4）检索出学号为 031105 学生的学号、课程号、成绩、补考成绩、院系、辅导员。

第9章 视图管理

【本章提要】本章主要介绍 SQL Server 2008 中视图（View）的创建、修改、删除和使用。要求重点掌握使用 Transact-SQL 创建视图以及使用视图操纵表数据，如对表数据的插入、修改和删除等。

9.1 视图的概述

视图是从一个或多个表（物理表）中导出的虚拟表（简称虚表）。和表一样，视图包括数据列和数据行，这些数据列和数据行来源于其所引用的表（称为视图的基表），用户通过视图来浏览表中感兴趣的部分或全部数据，而数据的物理存放位置仍然在视图所引用的基表中，视图中保存的只是 SELECT 查询语句，视图是用户查看数据库表中数据的一种方式。

9.1.1 视图的优点

一个视图可以派生于一个或多个基表，也可以从其他视图中派生。视图和检索查询是用相同的语句（SQL SELECT 语句）定义的，因此很相似，但在查询和视图之间也有重大的差别。它们的不同之处是：视图存储为数据库设计的一部分，而查询则不是；视图可以加密，但查询则不能。通常，查询主要用来浏览表中的数据，而对视图中的数据进行修改时，相应基表的数据会发生变化，同时，若基表的数据发生变化也可自动地反映到视图中。

对视图中的数据可以像表一样进行查询、修改、删除等操作。视图具有简化数据操作、提供安全保护功能、定制数据、有利于数据交换操作、易于合并或分割数据等优点。

9.1.2 视图的分类

SQL Server 2008 中的视图包括标准视图、索引视图和分区视图、布式分区视图等类型，功能如表 9-1 所示。

表 9-1　SQL Server 2008 中视图类型

类　型	功　　能
标准视图	标准视图组合了一个或多个表中的数据，用户可获得使用视图的大多数好处，包括将重点放在特定数据上及简化数据操作
索引视图	索引视图是经过计算并存储的被具体化了的视图，可以为视图创建一个唯一的聚集索引。索引视图可显著提高某些类型查询的性能
分区视图	分区视图在一台或多台服务器间水平连接一组成员表中的分区数据。这样，数据看上去如同来自于一个表。连接同一实例中成员表的视图是一个本地分区视图
分布式分区视图	若视图在服务器间连接表中的数据，则它是分布式分区视图，主要用于实现数据库服务器分开管理的有机联合，它们相互协作分担系统的处理负荷

9.2 创建视图

SQL Server 2008 提供了使用 SQL Server 管理平台和 Transact-SQL 命令两种方法来创建视图。在创建或使用视图时，应该注意如下准则：

（1）视图名称必须遵循标识符的规则，对每个架构都必须唯一，该名称不得与该架构包含的任何表的名称相同。SQL Server 2008 允许嵌套视图，但嵌套不得超过 32 层。

（2）不能在规则、默认值的定义中引用视图或与视图相关联。

（3）不能将 AFTER 触发器与视图相关联，仅 INSTEAD OF 触发器则不然。

（4）视图定义不能包含 COMPUTE 子句、COMPUTE BY 子句或 INTO 关键字。

（5）视图定义不包含 ORDER BY 子句，除非 SELECT 语句的选择列表中有 TOP 子句。

（6）不能为视图定义全文索引与创建临时视图，也不能对临时表创建视图。

（7）不能删除参与到使用 SCHEMABINDING 子句创建的视图中的视图、表或函数，除非该视图已被删除或更改而不再具有架构绑定。

（8）视图定义可以包含全文查询和引用全文索引表，仍然不能对视图执行全文查询。

（9）下列情况下必须指定视图中每列的名称：

① 视图中的任何列都是从算术表达式、内置函数或常量派生而来。

② 在视图定义包含连接时，视图中有两列或多列原应具有相同名称。

③ 希望为视图中的列指定一个与其源列不同的名称。

默认情况下，由于行通过视图进行添加或更新，当其不再符合定义视图的查询的条件时，它们即从视图范围中消失。在建立视图时，SQL Server 2008 为视图保存当前会话的 QUOTED_IDENTIFIER 和 ANSI_NULLS 设置选项。当下次使用视图时，SQL Server 自动恢复它们，而忽略这两个会话选项在客户端应用程序中的当前设置状态。

9.2.1 使用 SQL Server 管理平台创建视图

使用 SQL Server 管理平台创建视图的步骤如下：

（1）启动 SQL Server 管理平台，在对象资源管理器中展开选定的数据库结点，右击“视图”并在弹出的快捷菜单中选择“新建视图”命令。打开的视图设计器界面布局共有 4 个窗格：关系图窗格、条件窗格（列区）、SQL 语句窗格和运行结果窗格，如图 9-1 所示。

（2）在弹出的图9-2所示的“添加表”对话框中有当前数据库内的表（Tables）和视图（Views）等，选择新视图的基表（或视图）后单击“添加”按钮进行添加（可以重复添加：学生、成绩、课程多个表）。

（3）当添加了两个或两个以上表时，如果表之间存在相关性，则表间会自动加上连接线。如果手工连接表，则直接拖动第一个表中的连接列名放到第二个表相关列上。

（4）选择输出的字段。选中表格字段左侧的复选框，可以选择在视图中被引用的字段，也可以在“条件窗格”中选择将包括在视图的数据列。

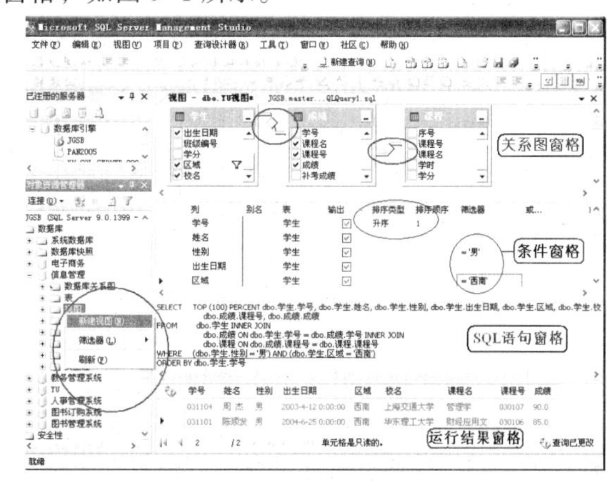

图 9-1　视图设计器界面布局

（5）限制输出的记录。在“条件窗格”的“筛选”准则中可以直接输入限制条件，在定义视图的查询语句中，该限制条件对应于 WHERE 子句。“或...”可用于复合添加条件。

（6）可通过选择“添加分组依据”命令来增加视图的分组设置，如图 9-3 所示。

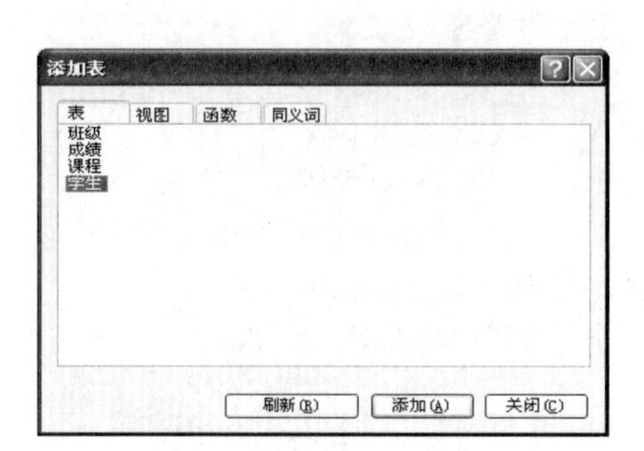

图 9-2 “添加表”对话框

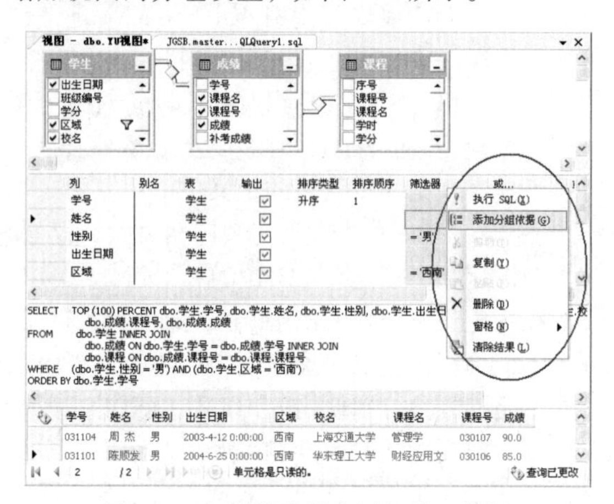

图 9-3 视图设计器中添加分组依据

（7）验证与显示视图的数据运行结果。可以右击“条件窗格”，在弹出的快捷菜单中选择“验证 SQL 句法”和“执行 SQL”命令，也可以单击工具栏中的 ! 按钮。在最下面的“运行结果窗格”中会显示按视图定义语句生成的视图结果。

（8）单击“保存”按钮，在弹出对话框中输入视图名，再单击“保存”按钮完成视图的创建。

9.2.2 使用 Transact-SQL 创建视图

在 Transact-SQL 中，可以用 CREATE VIEW 语句来创建视图。

1. CREATE VIEW 语句语法格式

CREATE VIEW 语句的语法格式如下：

```
CREATE VIEW [schema_name.]view_name [(column[,...n])]
    [WITH{[ENCRYPTION][SCHEMABINDING][VIEW_METADATA]}[,...n]]
      AS select_statement[;][WITH CHECK OPTION]
```

参数含义说明：

（1）schema_name：视图所属架构的名称。

（2）view_name：视图名称，其必须符合标识符规则。可选择是否指定视图所有者名称。

（3）column：视图列名，当视图列由算术表达式、函数或常量等产生的计算列时，或 SELECT 子句所返回结果集中有多列因连接具有相同的列名时，须在创建视图时指出列名，还可在 SELECT 语句中指派列名。省略该参数时则同名。n 表示多列。

（4）AS：是视图要执行的操作。

（5）select_statement：构成视图文本的主体，是定义视图的 SELECT 语句。视图不必是具体某个表的行和列的简单子集，可以用具有任意复杂性的 SELECT 子句，可以使用函数、多个由 UNION 分隔的 SELECT 语句及多个表或其他视图来创建视图。

（6）WITH CHECK OPTION：强制视图上执行的所有数据修改语句都必须符合由 select_statement 设置的准则。这样就可保证修改后的数据通过视图仍然可以看到。

（7）WITH ENCRYPTION：表示在存储 CREATE VIEW 语句文本时对它进行加密。

（8）SCHEMABINDING：将视图绑定到基础表的架构。如果指定了 SCHEMABINDING，则不能按照将影响视图定义的方式修改基表或表。

（9）VIEW_METADATA：若某查询中引用该视图并且要求返回浏览模式的元数据时，系统向 DB-LIB、ODBC 和 OLE DB API 返回视图元数据信息，而不是返回基表或表。

对于视图定义中的 SELECT 子句有以下几个限制：

（1）定义视图的用户需具有查询语句参照对象（表或视图）的 SELECT 权限。

（2）包含 ORDER BY 子句，除非在 SELECT 语句的选择列表中也含 TOP 子句。

（3）不能包含 COMPUTE 或 COMPUTE BY 子句。

（4）不能包含 INTO 关键字和不允许引用临时表或表变量。

2. CREATE VIEW 语句应用实例

（1）简单的 CREATE VIEW 语句。

【例 9-1】基于学生表建立用来显示学号、姓名、性别、校名等信息的“学生视图 09”。

```
CREATE  VIEW 学生视图 09 AS
SELECT 学号,姓名,性别,校名  FROM 学生
```

单击工具栏中的“新建查询”按钮，将语句在查询窗口中编辑（注意，在数据库窗口中选择相应数据库），运行结果如图 9-4 所示。

【例 9-2】使用不同于基表中的列名建立“学生列名差异视图”，视图的内容同上，运行结果如图 9-5 所示。

```
CREATE  VIEW 学生列名差异视图(name,sex,universtity) AS
SELECT 姓名,性别,校名 FROM 学生
```

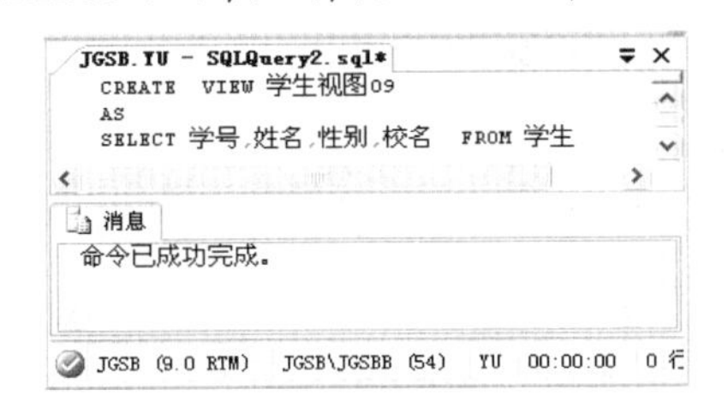

图 9-4　例 9-1 视图对话框

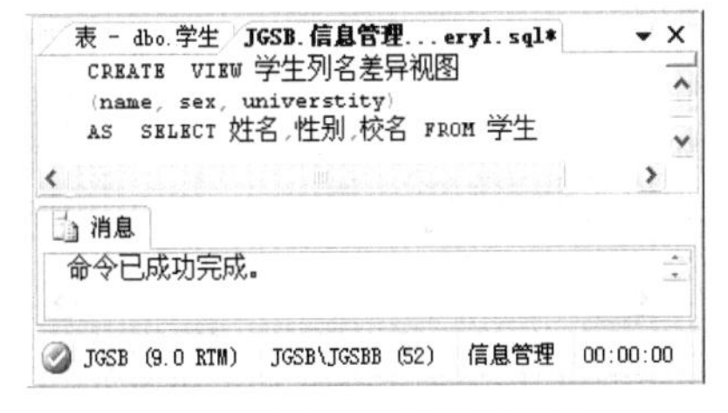

图 9-5　例 9-2 视图对话框

【例 9-3】基于学生和成绩两个表建立“学生成绩连接视图”，显示学生姓名、课程名、成绩、校名，如图 9-6 所示。

```
CREATE VIEW  学生成绩连接视图  AS
SELECT a.姓名,b.课程名,b.成绩,a.校名  FROM 学生 a,成绩 b  WHERE a.学号=b.学号
```

【例 9-4】基于“学生成绩连接视图”建立“学生信息复合视图”，结果如图 9-7 所示。

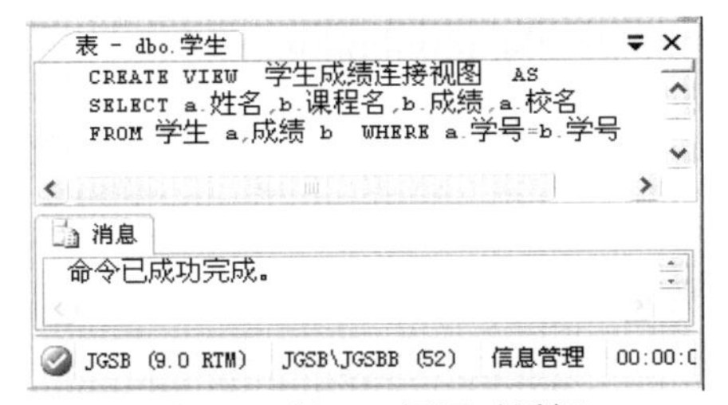

图 9-6　例 9-3 视图对话框

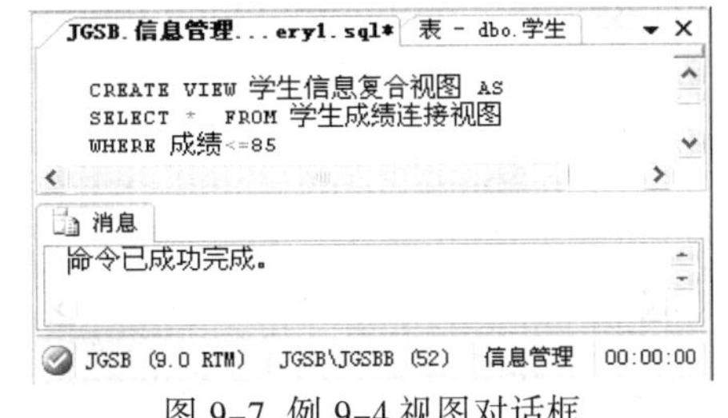

图 9-7　例 9-4 视图对话框

```
CREATE VIEW 学生信息复合视图 AS
SELECT * FROM 学生成绩连接视图 WHERE 成绩<=85
```

（2）使用 WITH ENCRYPTION。

【例 9-5】建立名为“学生信息安全视图”的视图，并对视图定义文本进行加密存储，结果如图 9-8 所示。

```
CREATE VIEW 学生信息安全视图 WITH  ENCRYPTION
AS  SELECT a.姓名,b.班级名称  FROM 学生 a,班级 b  WHERE a.班级编号=b.班级编号
```

（3）使用 WITH CHECK OPTION。

【例 9-6】建立“学生条件视图”，修改成绩>85 的数据。

```
CREATE VIEW 学生条件视图  AS  SELECT * FROM 成绩  WHERE 成绩>85
     WITH CHECK OPTION
```

（4）在视图中使用内置函数。

【例 9-7】按照区域计算各个区域学生的平均学分。

注意：使用函数时，必须在 CREATE VIEW 语句中为派生列指定列名。

```
CREATE VIEW 平均学分视图 AS
     SELECT 区域,AVG(学分) AS 平均学分  FROM 学生 GROUP BY 区域
```

3. 视图存储过程语句

在 SQL Server 中有 3 个关键存储过程有助于了解视图信息，分别为 sp_depends、sp_help 和 sp_helptext。

存储过程 sp_depends 通过查看 sysdepends 表来确定有关数据库对象相关性的信息。该系统表指出某对象所依赖的其他对象，但不报告对当前数据库以外对象的引用。除视图外，这个系统过程可以在任何数据库对象上运行。其语法格式如下：

```
sp_depends 数据库对象名称
```

【例 9-8】显示“学生信息安全视图”依赖的对象，如图 9-9 所示。

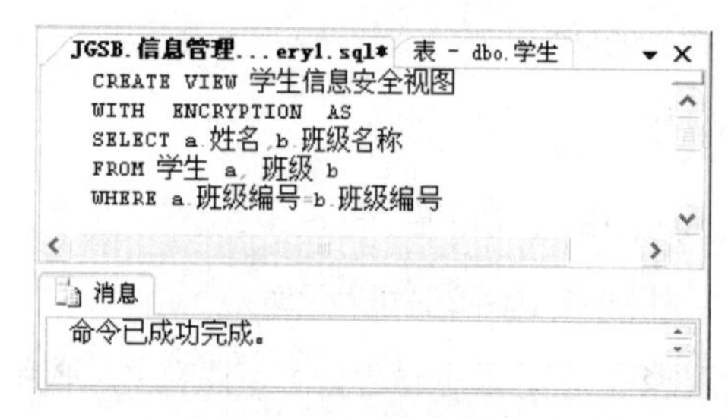

图 9-8　例 9-5 视图对话框

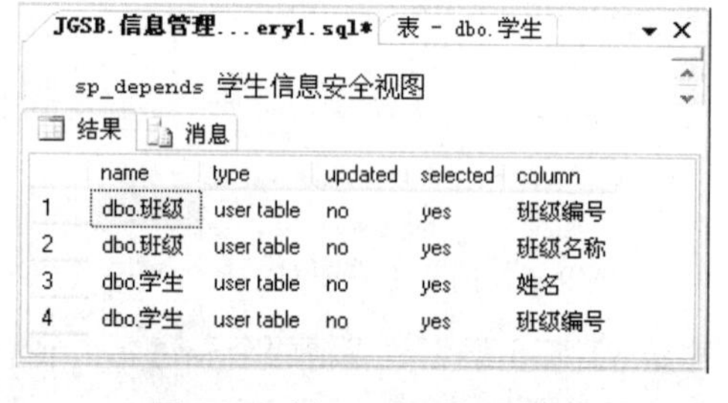

图 9-9　例 9-9 视图对话框

系统过程 sp_help 用来返回有关数据库对象的详细信息，如果不针对某一特定对象，则返回数据库中所有对象信息。其语法如下：

```
sp_help 数据库对象名称
```

【例 9-9】显示“学生列名差异视图”的详细信息，如图 9-10 所示。

系统存储过程 sp_helptext 可以从 syscomments 系统表中显示规则、默认值、未加密的存储过程、用户定义函数、触发器或视图的文本。其语法如下：

```
sp_helptext 数据库对象名称
```

【例 9-10】显示“学生成绩连接视图”的文本内容，如图 9-11 所示。

注意：使用 CREATE VIEW 语句创建视图时，不能创建临时视图，也不能以临时表为基表建立视图，而 SELECT INTO 语句需要建立临时表，所以在 CREATE VIEW 语句中不能使用 INTO 关键字。

图 9-10　例 9-10 视图对话框

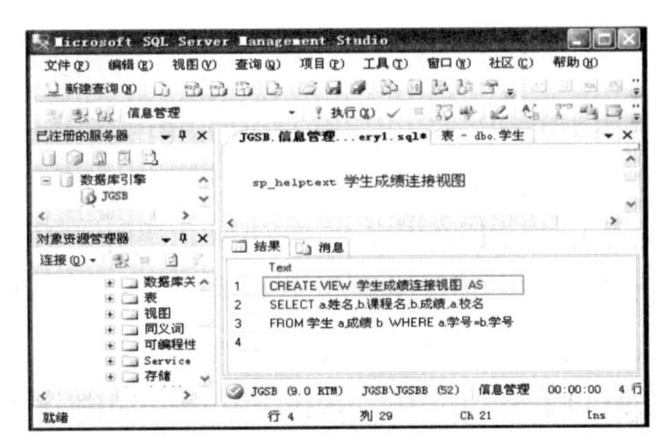
图 9-11　例 9-11 视图对话框

9.3　修改视图

视图在使用过程中，常常涉及因查询信息的要求变化而要进行修改等操作，在 SQL Server 2008 中提供了使用 SQL Server 管理平台和 Transact-SQL 命令两种方法来修改视图。

9.3.1　使用 SQL Server 管理平台修改视图

使用 SQL Server 管理平台可以完成：打开视图、修改视图、视图更名、查看依赖关系等管理，在此以修改视图为主，附带其他管理。具体步骤如下：

（1）启动 SQL Server 管理平台，在对象资源管理器中展开选定的数据库及视图结点，右击具体视图并在弹出的快捷菜单中选择“修改”命令，如图 9-12 所示。

（2）在打开的图 9-13 所示的查询设计器对话框中，右击关系图窗格可进行添加表与修改关系；右击条件窗格中可以进行“添加分组依据”等操作。

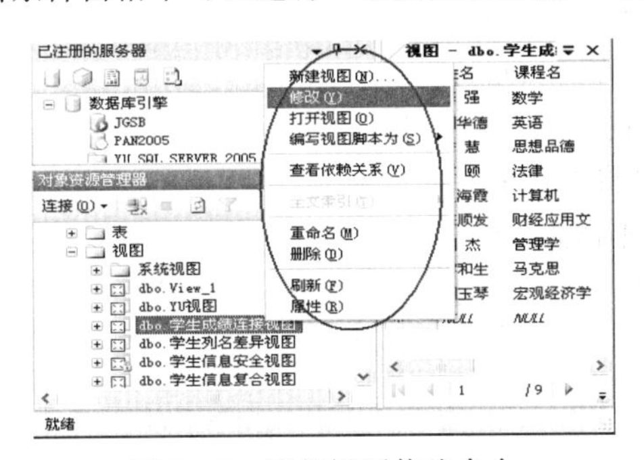
图 9-12　选择视图修改命令

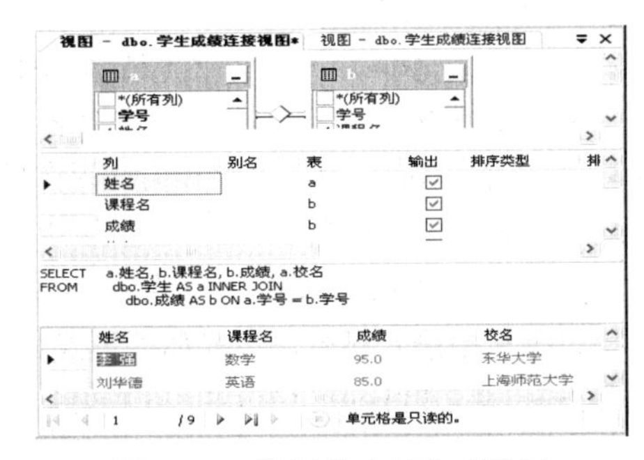
图 9-13　视图修改操作对话框

（3）若要对视图更名，则可在图 9-12 所示的对话框中选择“重命名”命令；若要打开视图，则可在图 9-12 所示的对话框中选择“打开”命令；依此类推，这里就不再赘述了。

注意：对加密的视图无法采用 SQL Server 管理平台来修改。

9.3.2　使用 Transact-SQL 修改视图

当视图建立之后，可以使用 ALTER VIEW 语句修改视图定义，不影响相关的存储过程或触发器，也不更改权限。ALTER VIEW 语句的语法格式如下：

```
ALTER VIEW [schema_name.] view_name [(column[,...n])]
```

```
    [WITH{[ENCRYPTION][SCHEMABINDING][VIEW_METADATA]}[,...n]]
        AS select_statement [;] [WITH CHECK OPTION]
```

其结构与 CREATE VIEW 语句相同，其中 view_name 为待修改的视图名称。其他详细信息请参见本章 9.2.2 节的内容。

如果使用 ALTER VIEW 更改当前正在使用的视图，SQL Server 将在该视图上放一个排他架构锁。当锁已授予，并且该视图没有活动用户时，SQL Server 将从过程缓存中删除该视图的所有副本。引用该视图的现有计划将继续保留在缓存中，但当唤醒调用时将重新编译。

【例 9-11】修改“学生视图 09”，增加部分字段列。

```
ALTER VIEW 学生视图 09
    AS  SELECT 学号,姓名,性别,校名,出生日期,区域,学分 FROM 学生
```

9.3.3 视图的更名

在完成视图定义后，可以在不除去和重新创建视图的条件下更改视图名称。重命名视图时，要遵循以下原则：

（1）要重命名的视图必须位于当前数据库中，只能重命名自己拥有的视图。

（2）新名称必须遵守标识符规则，数据库所有者可以更改任何用户视图的名称。

重命名视图并不更改它在视图定义文本中的名称。要在定义中更改视图名称，应直接修改视图。在 SQL Server 管理平台中对视图更名方法前已扼要叙述：

人们还可使用系统过程 sp_rename 来对视图更名。sp_rename 主要用于更改当前数据库中用户创建对象（如表、列或用户定义数据类型）的名称。其语法格式是：

```
sp_rename[@objname=]'object_name',[@newname=]'new_name'[,[@objtype=]'object_type']
```

参数的意义如下：

（1）object_name：用户对象（表、视图、列、存储过程、触发器、默认值、数据库、对象或规则）或数据类型的当前名称。

（2）[@newname =] 'new_name'：是指定对象的新名称。

（3）[@objtype =] 'object_type'：是要重命名的对象的类型。

重命名视图时，sysobjects 表中有关该视图的信息将得到更新。

【例 9-12】将“学生视图 09”重命名为“学生基本信息视图”。

```
EXEC sp_rename '学生视图 09', '学生基本信息视图'
```

实际上，上例中语句还可以写成如下形式：

```
sp_rename '学生视图 09','学生基本信息视图'
```

或

```
sp_rename  学生视图 09,学生基本信息视图
```

9.4 删除视图

在创建视图后，如果不再需要该视图，或想清除视图定义及与之相关联的权限，可以删除该视图。删除视图后，表和视图所基于的数据并不受到影响。任何使用基于已删除视图的对象的查询将会失败，除非创建了同样名称的一个视图。但是，如果新视图没有引用与之相关的对象所期待的对象，使用相关对象的查询在执行时将会失败。

9.4.1　使用 SQL Server 管理平台删除视图

在 SQL Server 管理平台中删除视图同删除其他数据库对象一样，可以按照以下方法进行：

（1）启动 SQL Server 管理平台，在对象资源管理器中展开选定的数据库及视图结点，右击视图并在弹出的快捷菜单中选择“删除”命令，如图 9-14 所示。

（2）在打开的图 9-15 所示的“删除对象”窗口中单击“确定”按钮，即可完成删除该视图任务。在图 9-15 所示的窗口中也可单击“显示依赖关系”按钮，进行相关处理。

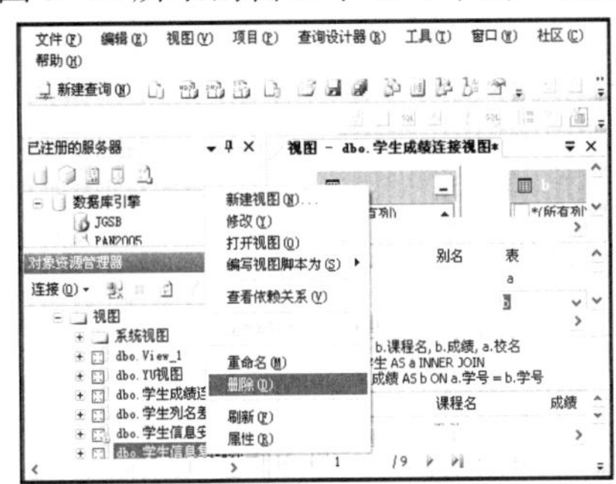

图 9-14　选择视图删除

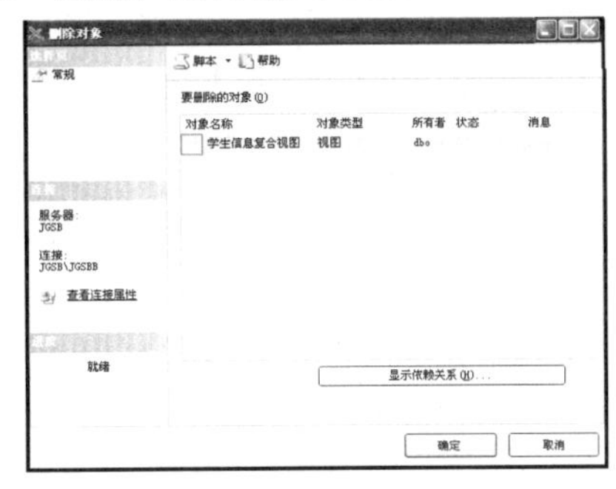

图 9-15　视图删除确认窗口

9.4.2　使用 Transact-SQL 删除视图

执行 DROP VIEW 语句也可以删除一个无用的视图。DROP VIEW 语句的语法格式如下：

```
DROP VIEW {view_name} [,…n]
```

其中，参数 view_name 是指要删除的视图名称。删除视图时，将从 sysobjects、syscolumns、syscomments、sysdepends 和 sysprotects 系统表中删除视图的定义及其他有关视图的信息。已删除的表（使用 DROP TABLE 语句除去）上的任何视图必须通过使用 DROP VIEW 显式除去。

默认情况下，将 DROP VIEW 权限授予视图所有者，该权限不可转让。然而，db_owner、db_ddladmin 和 sysadmin 角色成员可通过在 DROP VIEW 内显式指定所有者删除任何对象。

【例 9-13】用 Transact-SQL 语句删除“学生基本信息视图”，并再次建立。

```
DROP VIEW  学生基本信息视图
    CREATE  VIEW 学生基本信息视图 AS
        SELECT 学号,姓名,性别,出生日期,班级编号,学分,区域,校名 FROM 学生
```

9.5　使 用 视 图

视图通常用来集中、简化和自定义每个用户对数据库的不同认识。视图可用于安全机制，方法是允许用户通过视图访问数据，而不授予用户直接访问视图基础表的权限。从（或向）Microsoft SQL Server 2008 复制数据时也可使用视图来提高性能并分隔数据。

9.5.1　视图约束与可更新视图

1. 视图的约束

通过视图插入、更新数据和表相比，有如下限制：

（1）在一个语句中，一次不能修改一个以上的视图基表。

（2）对视图中所有列的修改必须遵守视图基表中所定义的各种数据完整性的约束条件，要符合

列的空值属性、约束、IDENTITY 属性、与表所关联的规则和默认对象等条件的限制。

（3）不允许对视图中的计算列（通过算术运算或内置函数生成的列）进行修改，也不允许对视图定义中含有统计函数或 GROUP BY 子句的视图进行修改或插入操作。

在建立视图后，可以用任一查询方式检索视图数据，对视图可使用连接、GROUP BY 子句、子查询以及它们的任意组合。在通过视图检索数据时不能检查到新表中所增加列的内容。相反，若从基表中删除视图所参照的部分列时，将导致无法再通过视图来检索数据。

在建立视图时，系统并不检查所参照的数据库对象是否存在。在通过视图检索数据时，SQL Server 将首先检查这些对象是否存在，如果视图的某个基表（或视图）不存在或被删除，将导致语句执行错误并返回一条错误消息。当新表重新建立后，视图可恢复使用。

2. 可更新视图

当向视图中插入或更新数据时，对于可更新视图所引用的表也同步执行数据的插入和更新。可更新视图满足如下条件：

（1）创建视图定义的列必须直接引用表列中的基础数据，即 SELECT 语句中不含聚合函数（AVG、COUNT、SUM、MIN、MAX、GROUPING 等）。

（2）SELECT 语句中不含 GROUP BY、HAVING、DISTINCT、UNION。

（3）不能通过表达式并通过使用计算得到的列。

（4）创建视图的 SELECT 语句的 FROM 子句需要包含一个基本表。

其他诸如可更新分区视图也可在更新视图时对所引用表执行数据的更新。

9.5.2 使用视图插入表数据

SQL Server 2008 中不仅可通过视图检索基表中的数据，且当视图为可更新视图时还能向基表中插入或修改数据。但是，所插入的数据也必须符合基表中各种约束和规则的要求。

【例 9-14】通过学生基本信息视图向学生表中插入一行数据，并且验证表中数据的同步更改，结果如图 9-16 所示。

```
INSERT INTO 学生基本信息视图
VALUES('040111','关  梅','女',1983-8-17,'04021110',485,'西南','上海交通大学')
```

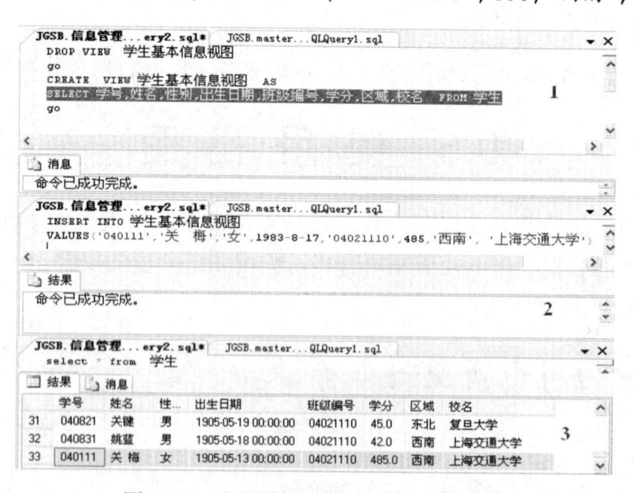

图 9-16　视图插入数据与验证对话框

9.5.3　使用视图修改表数据

【例 9-15】完成对“学生基本信息视图”中学号为 200908 记录设置性别为女。

```
UPDATE 学生基本信息视图
   SET 性别='女'
         WHERE 学号='200908'
```

在查询设计器中执行上述语句，可看到刚通过视图插入到学生表中的数据行被修改了。

9.5.4　使用视图删除表数据

【例 9-16】下面语句对刚插入的行进行删除。

```
DELETE 学生基本信息视图  WHERE 学号='040202'
```

执行上面语句，可以看到刚通过视图插入到表中的数据行被删除。

小　　结

本章主要介绍了 SQL Server 中极为重要的一个概念——视图。视图是从一个或多个表（物理表）中导出的查询结果集，虽然仍与表具有相似的结构，但它是一张虚表。和表一样，视图包括数据列和数据行，这些数据列和数据行来源于其所引用的表（称为视图的基表），用户通过视图来浏览表中感兴趣的部分或全部数据，而数据的物理存放位置仍然在视图所引用的基表中，视图中保存的只是 SELECT 查询语句。

视图以视图结构显示在用户面前的数据并不是以视图的结构存储在数据库中，而是存储在视图所引用的基表当中。视图为数据库应用提供了更为灵活的检索数据、控制数据的方法。

思考与练习

一、选择题

1. 下面几项中，关于视图叙述正确的是（　　）。

A. 视图是一张虚表，所有的视图中不含有数据

B. 用户不允许使用视图修改表数据

C. 视图只能使用所属数据库的表，不能访问其他数据库的表

D. 视图既可以通过表得到，也可以通过其他视图得到

2. SQL 的视图是从（　　）中导出的。

A. 基本表　　B. 基本库　　C. 基本触发器　　D. 基本语言

3. 创建视图过程中（　　）表示对所建信息的加密。

A. WITH sa　　B. WITH guest

C. WITH RECOMPILE　　D. WITH ENCRYPTION

4. SQL Server 2008 中，视图包括标准视图、索引视图和（　　）3 种类型。

A. 基本视图　　B. 联合视图　　C. 分区视图　　D. 恢复视图

5. SQL Server 2008 中，删除视图使用（　　）命令关键字。

A. DELETE VIEW　　B. DROP VIEW　　C. KILL VIEW　　D. DELETE DATA

6. 通常使用 SQL Server 管理平台和（　　）两种方法来创建视图。

A. Transact-SQL 语句　　B. 存储过程语句　　C. 企业管理器　　D. 视窗软件

二、思考与实验

1. 什么是视图？视图可以用来执行哪些功能？哪些方案可以使用视图？

2. 在建立视图的时候，至少要遵循哪 5 条限制？SQL Server 又提供了哪些方法建立视图？

3. 应该使用什么 Transact-SQL 语句来改变视图的定义或者从数据库中删除视图？

4. 应该使用哪些 Transact-SQL 语句在视图中插入、修改和删除数据？

5. 已知某数据库下学生表，请创建一个“学生区域”视图，要求包含“学号、姓名、性别、学分、校名、区域”信息的“华东” 区域学生，请用 Transact-SQL 语句创建视图。

6. 参照图 8-29 的输出列（不包括学分），请用 Transact-SQL 语句创建名为“筛选”的视图。

7. 如何利用 Transact-SQL 语句通过视图将数据装载到表？试以一个 INSERT 语句指定一个视图名为例加以说明。

8. 若在数据库中有一个学生基本信息视图，请问使用 SQL Server 管理平台和 Transact-SQL 语句如何删除该视图？

9. 试在“理工类”数据库下建立一个 Computer 存储过程：从“计算机”数据表中检索出所有 CPU 大于 1 500 且小于等于 3 200 MB，“内存”大于 512 MB 的客户记录，按客户号、CPU 分类后再按客户号升序输出：客户号、CPU、HD、“附件”的最大值与“价格”的平均值。

第10章　存储过程与触发器

【本章提要】在大型数据库系统中，存储过程和触发器具有很重要的作用。存储过程是SQL语句和控制流语句组成的集合，触发器是一种特殊的存储过程。本章主要介绍存储过程和触发器的概念，分类和基本操作，以及DML触发器和DDL触发器的使用等。

10.1　存储过程

存储过程（Stored Procedure）是Transact-SQL语句的预编译集合，这些语句在一个名称下存储并作为一个单元进行处理。调用一个存储过程时，一次性地执行过程中的所有语句。存储过程在处理被调用时由系统编译并存储在数据库中，编译后的存储过程经过优化处理，执行起来速度更快。存储过程可包含程序流、逻辑以及对数据库的查询。可以接受输入参数、输出参数、返回单个或多个结果集及返回值。

10.1.1　存储过程基础

SQL Server 2008不仅提供了用户自定义存储过程的功能，而且提供了许多可作为工具使用的系统存储过程，系统存储过程用于管理SQL Server和显示有关数据库和用户的信息。通常，以sp_前缀的存储过程是SQL Server提供的系统存储过程；以xp_为前缀的存储过程是扩展存储过程；关联到表上的存储过程称为触发式存储过程，当用户更新数据时被激活且自动执行。存储过程是独立于表之外的数据库对象。

1. 存储过程的优点

在SQL Server 2008中，Transact-SQL编程语言是应用程序和SQL Server数据库之间的主要编程接口。使用时既可在本地存储Transact-SQL程序，在应用程序中向SQL Server发送命令，也可将Transact-SQL程序作为存储过程存储在SQL Server中，在应用程序中调用存储过程。存储过程具有如下优点：

（1）可作为安全机制使用。即使无对应权限的用户，也可授予权限执行存储过程。

（2）可在单个存储过程中执行一系列SQL语句和引用其他存储过程。

（3）允许更快执行。存储过程在创建时即在服务器上进行编译，故执行起来比单条SQL语句快。若某操作需要大量Transact-SQL代码或需重复执行，则比批代码执行得要快。

（4）接受输入参数并以输出参数的形式将多个值返回至调用过程或批处理。

（5）可被另一个存储过程或触发器调用，并返回一个表示成功与否信息与状态代码值。

（6）允许模块化程序设计，并可独立于程序源代码而单独修改。

（7）减少网络流量。一个需要数百行Transact-SQL代码的操作由一条执行过程代码的单独语句就可实现，而不需要在网络中发送数百行代码。

存储过程虽然既可有参数，又可带有返回值，但是它与函数不同。存储过程的返回值只是指明执行是否成功，并且它不能像函数那样被直接用在表达式中。

2. 存储过程的分类

存储过程存储在 SQL Server 服务器上，是封装复用技术与方法的体现，支持用户声明的变量、条件执行和其他强大的编程功能。存储过程分为 3 种类型：系统存储过程、扩展存储过程、用户自定义存储过程。

（1）系统存储过程（System Stored Procedure）由 SQL Server 内建，存储于源数据库中，且附有前缀 sp_，用于管理 SQL Server 和显示数据库和用户信息。在 SQL Server 2008 中，可将 GRANT、DENY 和 REVOKE 权限应用于系统存储过程。当创建一个新数据库时，一些系统存储过程会在新数据库中被自动创建。系统存储过程的类型与具体名称、功效如表 10-1 所示。通过该表，人们可以很方便地找到所需的系统存储过程，如安全性存储过程类，则是将在第 12 章要大量使用的，通过联机手册可以获取帮助。

表 10-1 系统存储过程类型及作用

类　型	作　用
活动目录存储过程	用于在 Windows 活动目录中注册 SQL Server 实例和相应数据库
目录存储过程	用于实现 ODBC 数据字典功能，并隔离 ODBC 应用程序，使之不受基础系统表更改的影响
游标存储过程	用于实现游标变量功能
数据库引擎存储过程	用于 SQL Server 数据库引擎的常规维护
数据库邮件和 SQL Mail 存储过程	用于从 SQL Server 实例内执行电子邮件操作
数据库维护计划存储过程	用于设置管理数据库性能所需的核心维护任务
分布式查询存储过程	用于实现和管理分布式查询
全文搜索存储过程	用于实现和查询全文索引
日志传送存储过程	用于配置、修改和监视日志传送配置
自动化存储过程	使标准的自动化对象能够在 Transact-SQL 批次中使用
通知服务存储过程	用于管理 SQL Server 2008 系统的通知服务
复制存储过程	用于管理复制
安全性存储过程	用于管理安全性
Profiler 存储过程	SQL Server Profiler 用于监视性能和活动
SQL Server 代理存储过程	由 SQL Server 代理用于管理计划的活动和事件驱动活动
Web 任务存储过程	用于创建网页
常规扩展存储过程	提供从 SQL Server 实例到外部程序的接口，以便进行维护
XML 存储过程	用于 XML 文本管理

（2）扩展存储过程（Extended Stored Procedure）属于可以动态加载和运行的动态链接库（DLL），扩展存储过程允许用户使用编程语言（如 C）创建自己的外部例程，是 SQL Server 的实例。扩展存储程序通过 xp_前缀来标识。

（3）用户自定义存储过程（User Define Stored Procedure ）由用户自行建立，可执行用户指定任务。本章所阐述的主要是 UDSP，可以分为 Transact-SQL 或 CLR 两种类型。

① Transact-SQL 存储过程是指保存的 Transact-SQL 语句集合，可接受和返回用户提供的参数。例如，存储过程中可能包含根据客户端应用程序提供的信息在一个或多个表中插入新行所需的语句。存储过程也可能从数据库向客户端应用程序返回数据。

② CLR 存储过程是指对.NET Framework 公共语言运行时 CLR 方法的引用，可接受和返回用户提供的参数。可在.NET Framework 程序中作为类的公共静态方法实现的。该内容的创建管理可查阅联机手册，限于篇幅本文就不详细介绍了。

10.1.2　创建存储过程

通常，在 SQL Server 2008 中可使用 3 种方法来创建存储过程：

（1）使用创建存储过程模板创建存储过程。

（2）利用 SQL Server 管理平台创建存储过程。

（3）用 Transact-SQL 语句中的 CREATE PROCEDURE 命令创建存储过程。

1. 使用模板创建存储过程

使用模板创建存储过程的步骤如下：

（1）启动 SQL Server 管理平台，选择“视图”→“模板资源管理器”命令。

（2）在弹出的图 10-1 所示的“模板资源管理器”对话框中双击“Stored Procedure（存储过程）”中的“Create Stored Procedure（创建存储过程）”选项，打开模板文本。

（3）在对话框左侧的文本框中，对已提供的语句基础上进行修改与输入，创建指定存储过程的 Transact-SQL 语句，然后进行保存，即可完成利用模板创建存储过程。

2. 用 SQL Server 管理平台创建存储过程

（1）启动 SQL Server 管理平台，在对象资源管理器中展开选定的数据库结点，再展开要在其中创建过程的数据库。

（2）展开“可编程性”，右击“存储过程”图标，在弹出的快捷菜单中选择“新建存储过程”命令，弹出图 10-2 所示的“存储过程”编辑对话框。

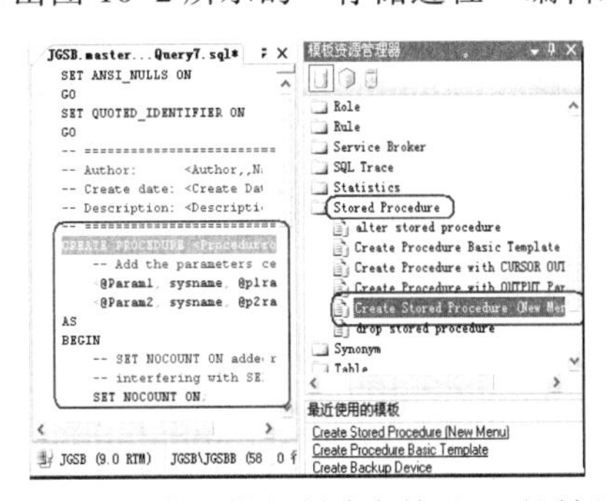

图 10-1　使用模板创建存储过程对话框

图 10-2　新建存储过程使及编辑存储对话框

（3）在编辑对话框的文本编辑区中，对已提供的语句进行修改与输入，创建指定存储过程的 Transact-SQL 语句，按【Tab】键或【Tab+Shift】组合键可以缩进存储过程的文本。

（4）完成编辑后，若要检查语法，单击“分析”按钮进行分析代码分析；单击“执行”按钮，即可创建该存储过程。退出时，按要求进行文件保存。

3. 用 Transact-SQL 语句创建存储过程

SQL Server 存储过程是用 Transact-SQL 语句 CREATE PROCEDURE 创建的，并可用 ALTER PROCEDURE 语句进行修改。存储过程定义包含两个主要组成部分：过程名称及其参数的说明，以及过程的主体（其中包含执行过程操作的 Transact-SQL 语句）。

用 Transact-SQL 语句 CREATE PROCEDURE 创建存储过程的语法形式如下：

```
CREATE {PROCEDURE|PROC}存储过程名[;分组号数]
[{@参数名 数据类型}[VARYING][=参数的默认值][OUTPUT]][,...n]
[WITH{RECOMPILE|ENCRYPTION|RECOMPILE,ENCRYPTION}]
[FOR REPLICATION]   AS SQL语句 [...n]
```

部分参数说明如下：

（1）分组号数：是可选的整数，用来对同名的过程分组，以便用一条 DROP PROCEDURE 语句即可将同组的过程一起删除。

（2）VARYING：用于指定作为输出参数支持的结果集（由存储过程动态构造，内容可以变化），该选项仅用于游标参数。

（3）OUTPUT：表示该参数是个返回参数，使用该选项的参数可把信息返回给调用过程。

（4）WITH RECOMPILE：表示该过程在运行时将重新编译。

（5）WITH ENCRYPTION：表示加密选项被指定，用户无法浏览 syscomments 系统表中存放的定义且无法将其解密，该选项防止把过程作为 SQL Server 复制的一部分发布。

（6）FOR REPLICATION：指定存储过程筛选，只能在复制过程中执行。

（7）AS：定过程执行的操作。

（8）SQL 语句：是存储过程中要包含的任意数目和类型的 Transact-SQL 语句。

成功创建存储过程后，存储过程名保存在系统表 sysobjects 中，程序文本保存在系统表 syscomments 中。当存储过程第一次被调用时，系统会做优化处理并且生成目标代码。

创建存储过程前需要考虑下列事项：

（1）不能将 CREATE PROCEDURE 语句与其他 SQL 语句组合到单个批处理中。

（2）创建存储过程的权限默认属于数据库所有者，该所有者可将此权限授予其他用户。

（3）存储过程是数据库对象，其名称必须遵守标识符规则。

（4）只能在当前数据库中创建存储过程。

创建存储过程时，需要确定存储过程的 3 个组成部分：

（1）所有输入参数以及传给调用者的输出参数。

（2）被执行的针对数据库的操作语句，包括调用其他存储过程的语句。

（3）返回给调用者的状态值，以指明调用是成功还是失败。

【例 10-1】创建一个带 SELECT 查询语句的存储过程，运行如图 10-3 所示。

```
USE 信息管理
CREATE PROC 学生_存储过程_根据性别选择
@para1 char(2)='男%'
AS  SELECT 学号,姓名,性别 FROM 学生
    WHERE 性别=@para1
RETURN
```

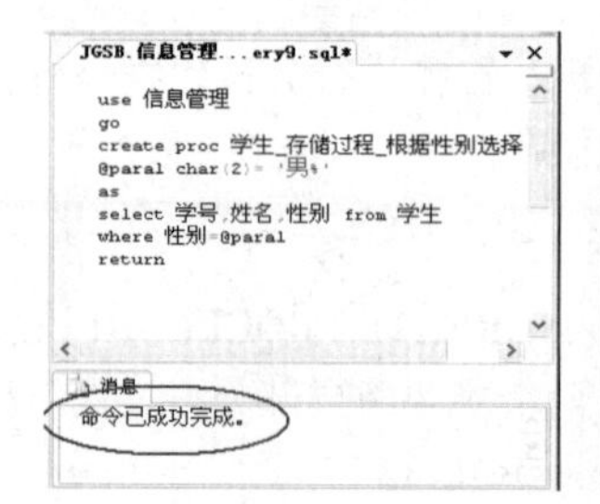

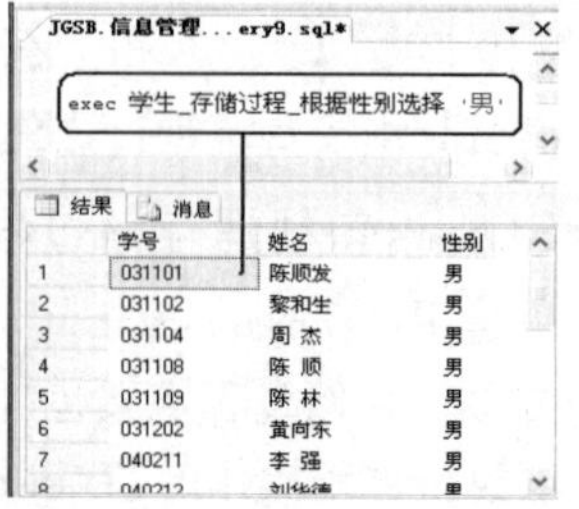

图 10-3　例 10-1 运行过程对话框

10.1.3 执行存储过程

创建好的存储过程必然要付诸应用，即执行存储过程。在 SQL Server 2008 中，既可以使用 SQL Server 管理平台执行存储过程，也可以使用 EXECUTE 执行存储过程。

1. 用 SQL Server 管理平台执行存储过程

（1）在 SQL Server 管理平台中选择服务器及“数据库”结点，展开要在其中创建过程的数据库的“可编程性”结点，再展开“存储过程”。

（2）右击要执行的存储过程名称，在弹出的快捷菜单中选择“执行存储过程”命令。

（3）在打开的图 10-4 所示的“执行过程”窗口中单击“确定”按钮，即可完成一个执行过程，运行存储过程。

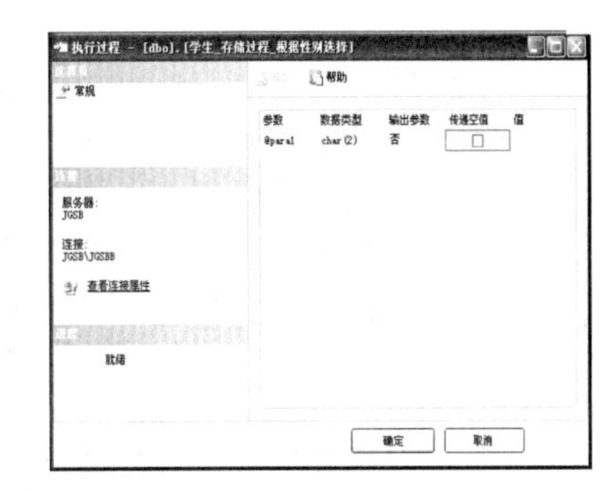

图 10-4　执行存储过程窗口

注意：若存储过程带有参数，则要在图 10-4“执行过程”窗口的“值”栏中输入参数即可。

2. 使用 EXECUTE 语句执行存储过程

SQL Server 中可用 EXECUTE 语句运行一个存储过程，也可以令存储过程自动运行。当一个存储过程标识为自动运行，在每次启动 SQL Server 时，该存储过程便会自动运行。

因为 EXECUTE 语句同时支持 Transact-SQL 批处理内的字符串执行，所以完整的 EXECUTE 语句语法格式包括“执行存储过程”和“执行字符串”两部分。执行存储过程语法格式如下：

```
[{EXEC|EXECUTE }]{[@返回状态码=]{过程名[:分组号数]|@过程名变量}}
 [[@参数名=]{参数值|@参数变}[[OUTPUT]|[DEFAULT]][,…]]
   [WITH RECOMPILE]
```

部分参数说明如下：

（1）返回状态码：可选整型变量，用于保存存储过程返回状态。0 表示成功，非 0 出错。

（2）分组号数：同创建存储过程中的 number。

（3）@参数名、参数值：在给定参数值时，若未指定参数名，则所有参数值都需要 CREATE PROC 语句中定义的顺序给出；若使用“@参数名=参数值”格式，则参数值不需要按定义时的顺序出现。只要有个参数如此，则所有的参数都必须使用这种格式。

（4）OUTPUT：是指定存储过程必须返回一个参数。若该参数不是定义为 OUTPUT，则存储过程不能执行；如果指定 OUTPUT，参数的目的是使用其返回值，那么参数传递必须使用变量，即要用“@参数名=@参数变量”这种格式。

（5）WITH RECOMPILE：强制重新编译（计划）。若无此必要，尽量少用该选项。

【例 10-2】执行存储过程“学生_存储过程_根据性别选择”。

```
USE 信息管理
    EXEC 学生_存储过程_根据性别选择 '女'
```

10.1.4 修改存储过程

在 SQL Server 2008 中，既可以使用 SQL Server 管理平台修改存储过程，也可以使用 Transact-SQL 语句修改存储过程。

1. 用 SQL Server 管理平台修改存储过程

（1）在 SQL Server 管理平台中选择服务器及“数据库”结点，展开要在其中创建过程的数据库的“可编程性”结点，再展开“存储过程”。

（2）右击要执行的存储过程名称，在弹出的快捷菜单中选择“修改”命令。

（3）在打开的图 10-5 所示的“代码编辑器”对话框中显示 Transact-SQL 代码，可进行修改该存储过程。完成编辑后，单击“分析”按钮进行分析代码分析；单击“执行”按钮即可执行修改好的存储过程，按提示信息确定最终完成与否。

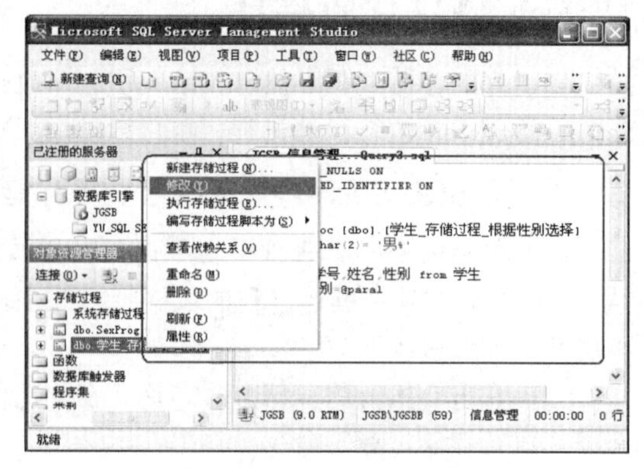

图 10-5 修改存储过程

2. 用 Transact-SQL 语句修改存储过程

Transact-SQL 语句下，如果要对存储过程中的语句或参数进行修改，可以先把原来的过程删除，再重建新的过程；也可使用 ALTER PROCEDURE 语句一次性地完成修改操作。

修改存储过程语句的语法格式如下：

```
ALTER {PROCEDURE|PROC} 存储过程名[;分组号数]
    [{@参数名 数据类型}[VARYING][=参数的默认值][OUTPUT]][,…]
    [WITH{RECOMPILE|ENCRYPTION|RECOMPILE, ENCRYPTION}]
    [FOR REPLICATION]
    AS T-SQL 语句[…]
```

可见，修改过程与创建过程的语法基本上是一致的，两者只是语句的第一个单词不相同。

若要修改存储过程的名称，可在管理平台中或用系统提供的 sp_rename 存储过程进行重命名操作。sp_rename 命令的语法形式如下：

```
sp_rename 更改前名称,更改后名称
```

10.1.5 查看存储过程

存储过程被创建之后，可以进行查看浏览。既可以通过 SQL Server 管理平台查看用户创建的存储过程，也可以使用系统存储过程来查看用户创建的存储过程。

1. 在 SQL Server 管理平台中查看存储过程

（1）在 SQL Server 管理平台中选择服务器及“数据库”结点，展开要在其中创建过程的数据库的“可编程性”结点，再展开“存储过程”。

（2）右击要查看的存储过程名称，如图 10-6 所示，在弹出的快捷菜单中可选择“新建存储过程”、“查看依赖性”、“修改”和“删除”等命令。

（3）这里选择“创建存储过程脚本为”→“CREATE 到”→“新查询编辑器窗口”命令，则可以看到存储过程的源代码，也可以进行修改存储过程的源代码。

2. 在 SQL Server 管理平台中查看依赖关系

（1）在 SQL Server 管理平台中选择服务器及“数据库”结点，展开要在其中创建过程的数据库的“可编程性”结点，再展开“存储过程”。

（2）右击要查看的存储过程名称，如图 10-7 所示，在弹出的快捷菜单中选择“查看依赖关系”命令，即可浏览查看存储的依赖关系。

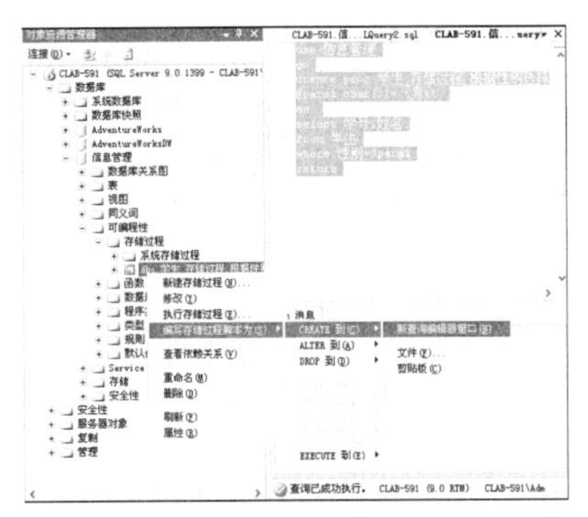

图 10-6　在管理平台中查看存储过程

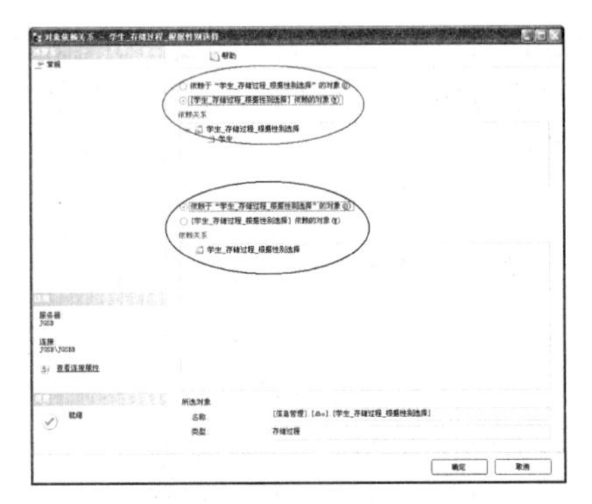

图 10-7　查看依赖关系窗口

3. 使用系统存储过程查看创建的存储过程

使用系统存储过程可以查看相关信息，这对用于创建存储过程的 Transact-SQL 脚本文件的用户是很有用的，可获得有关存储过程的信息（如存储过程的所有者、创建时间及其参数）。可列出指定存储过程所使用的对象及使用指定存储过程的过程。此信息可用来识别那些受数据库中某个对象的更改或删除影响的过程。可供使用的系统存储过程及其语法形式如下：

（1）sp_help：报告有关数据库对象、用户定义数据类型或 SQL Server 所提供的数据类型的信息（语法格式：sp_help [[@objname =] name]）。

（2）sp_helptext：用于显示规则、默认值、未加密的存储过程、用户定义函数、触发器或视图的文本（语法格式：sp_helptext [@objname =] name ）。

（3）sp_depends：用于显示有关数据库对象相关性的信息（语法格式：sp_depends [@objname =] 'object' ）。

（4）sp_stored_procedures：用于返回当前环境中的存储过程列表。

【例 10-3】 用系统存储过程 sp_help、sp_helptext、sp_depends、sp_stored_procedures 浏览查看查询例 10-1 所建立的“学生_存储过程_根据性别选择”用户存储过程，并比较分析结果，运行结果如图 10-8 所示，具体语句如下：

```
EXEC sp_help 学生_存储过程_根据性别选择
EXEC sp_helptext 学生_存储过程_根据性别选择
EXEC sp_depends 学生_存储过程_根据性别选择
EXEC sp_stored_procedures 学生_存储过程_根据性别选择
```

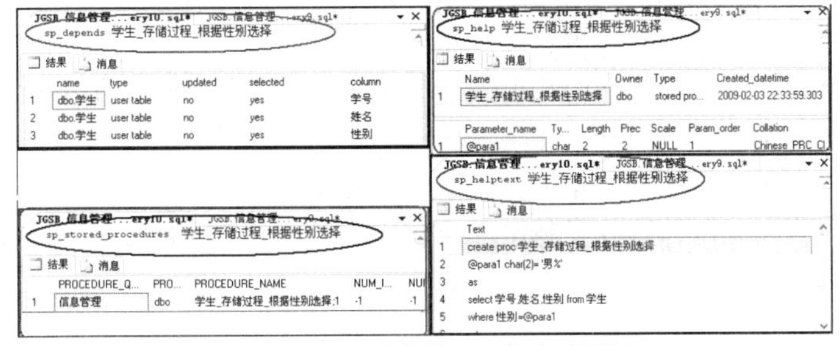

图 10-8　查看存储过程信息对话框

10.1.6　删除存储过程

不再需要存储过程时可将其删除。如果另一个存储过程调用某个已删除的存储过程，则 SQL Server 会在执行该调用过程时显示一条错误信息。但如果定义了同名和参数相同的新存储过程来替换已删除存储过程，那么引用该过程的其他过程仍能顺利执行。

存储过程分组后，将无法删除组内的单个存储过程。删除一个存储过程会将同一组内的所有存储过程都删除。在 SQL Server 2008 中，既可以使用 SQL Server 管理平台删除存储过程，也可以使用 Transact-SQL 语句删除存储过程。

1. 在管理平台中删除存储过程

（1）在 SQL Server 管理平台中选择服务器及“数据库”结点，展开要在其中创建过程的数据库的“可编程性”结点，再展开“存储过程”。

（2）右击要执行的存储过程名称，在弹出的快捷菜单中选择“删除”命令。

（3）在弹出的“删除”对话框中，单击“确定”按钮即可。

2. 用 Transact-SQL 语句删除存储过程

用 DROP PROCEDURE 语句删除存储过程的语法格式如下：

```
DROP PROCEDURE{存储过程名}[,…]
```

【例 10-4】删除例 10-1 创建的存储过程“学生_存储过程_根据性别选择”。

```
DROP  PROCEDURE  学生_存储过程_根据性别选择
```

10.2 触 发 器

触发器（Trigger）是一种特殊的存储过程，它与表紧密相连，基于表而建立，可视为表的一部分。它不能被显式调用，用户创建触发器后，当表中的数据发生插入、删除或修改时，触发器会自动运行。触发器是一种维持数据引用完整性的极好方法。设置触发器使得多个不同的用户能够在保持数据完整性和一致性的良好环境下进行修改操作。

10.2.1 触发器概述

1. 触发器及优点

触发器是一种特殊类型的存储过程，它不同于前面介绍过的存储过程。触发器主要是通过事件进行触发而被执行的，而存储过程可通过存储过程名称而被直接调用。触发器是一个功能强大的工具，它使每个站点可在有数据修改时自动强制执行其业务规则。触发器可用于 SQL Server 约束、默认值和规则的完整性检查。触发器主要优点如下：

（1）触发器是自动的：当对表中的数据做了任何修改（如手工输入或者应用程序采取的操作）之后立即被激活。

（2）触发器可以通过数据库中的相关表进行层叠更改。

（3）触发器可以强制限制，这些限制比用 CHECK 约束所定义的更复杂。

2. 触发器的限定

触发器有着广泛的用途，但就其使用而言，也有着内在约束，具体限定机制如下：

（1）触发器只在触发它的语句完成后执行，一个语句只能触动一次触发器。

（2）如果语句在表中执行违反条件约束或引起错误，触发器不会触动。

（3）触发器视为单一事务中的一部分，因此可以由原触发器复原事务，如果在事务过程中侦测到严重错误（如用户中断联机），则会自动复原整个事务。

（4）当触发器触动时若产生任何结果，就会将结果传回其调用的应用程序。

10.2.2 触发器分类

在 SQL Server 中，按照触发事件的不同将触发器分为两大类：DML 触发器和 DDL 触发器。触发器不同于前面介绍过的存储过程。触发器主要是通过事件进行触发而被执行的，而存储过程可以通过存储过程名而被直接调用。触发器是一个功能强大的工具，它使每个站点可以在有数据修改时自动强制执行其业务规则。

1. DML 触发器

DML 触发器是当服务器中发生数据操作语言（DML）事件时要执行的操作。DML 触发器及其 DML 事件在 INSERT、UPDATE 和 DELETE 语句上操作，DML 触发器主要用在数据被修改时强制执行业务规则、扩展 SQL Server 2008 约束、默认值和规则的完整性检查等。

DML 触发器又可以分为如下 3 种类型：

（1）AFTER 触发器。在执行了 INSERT、UPDATE 或 DELETE 语句操作之后执行。

（2）INSTEAD OF 触发器。在 INSERT、UPDATE 或 DELETE 语句运行时替代执行。

（3）CLR 触发器。在执行代码（如.NET Framework）中的方法，而非 Transact-SQL 存储过程。

2. DDL 触发器

DDL 触发器是 SQL Server 2008 的新增功能。当服务器或数据库中发生数据定义语言 DDL 事件时，将调用这些触发器。

DDL 触发器在 CREATE、ALTER、DROP 和其他 DDL 语句上操作，用于执行管理任务。它们应用于数据库或服务器中某一类型的所有命令。

DDL 触发器的触发事件主要是 CREATE、ALTER、DROP 以及 GRANT、DENY、REVOKE 等 DDL 型语句，而非针对表或视图的 UPDATE、INSERT 或 DELETE 语句而激发，强制影响数据库的业务规则，并且触发的时间条件只有 AFTER，没有 INSTEAD OF。DDL 触发器可用于管理任务，例如审核和控制数据库操作。

3. DML 与 DDL 的相似点

DML 与 DDL 的相似之处如下所述：

（1）两者可以使用相似的 Transact-SQL 语法创建、修改和删除 DML 触发器和 DDL 触发器，它们还具有其他相似的行为，都可以嵌套运行。

（2）两者可为同一个 Transact-SQL 语句创建多个触发器，同时，触发器和激发它的语句运行在相同的事务中，并可从触发器中回滚此事务。

（3）两者均可运行在 Microsoft .NET Framework 中创建的以及在 SQL Server 中上载的程序集中打包的托管代码。

10.2.3 创建触发器

创建一个触发器，内容主要包括触发器名称、与触发器关联的表、激活触发器的语句和条件、触发器应完成的操作等。在 SQL Server 2008 中，既可以使用 SQL Server 管理平台创建触发器，也可以使用 Transact-SQL 语句创建触发器。

1. 使用 SQL Server 管理平台创建触发器

（1）启动 SQL Server 管理平台，在对象资源管理器中展开选定的数据库结点，再展开要在其中创建触发器的具体数据库表，依次展开“数据库”→“信息管理”→“表”→“成绩”结点，右击“触发器”图标，在弹出的快捷菜单中选择“新建触发器”命令。

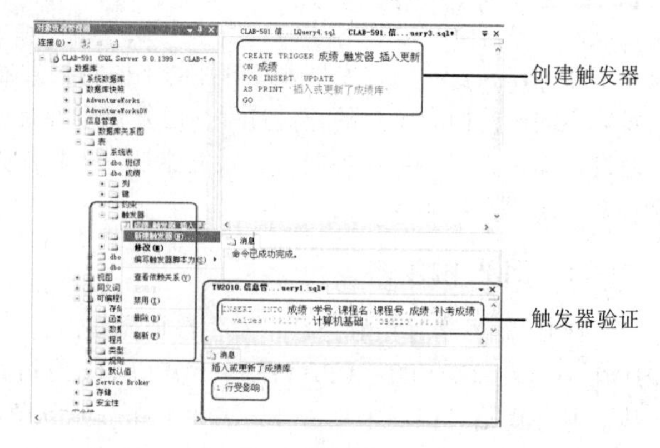

图 10-9 新建与验证触发器对话框

（2）在弹出的图 10-9 所示的“查询编辑器”对话框中显示了系统将提供的模版型规范 Transact-SQL 代码，可按需要进行修改原始格式语句，进而创建 DML 触发器或 DDL 触发器（具体语句将在使用 Transact-SQL 语句创建触发器中叙述），按【Tab】键或【Shift+Tab】组合键可以缩进存储过程的文本。

（3）完成新建触发器编辑后，单击“分析”按钮进行代码分析；单击“执行”按钮，执行修改好的创建触发器语句，即可最终完成创建触发器及显示提示信息。

2. 使用 Transact-SQL 语句创建触发器

创建触发器可以按照前文所述的分为 DML 与 DDL 两类触发器，其创建使用的语句略有差异。本书将分别叙述。

1）使用 Transact-SQL 语句创建 DML 触发器

使用 CREATE TRIGGER 语句创建 DML 触发器，其语法格式如下：

```
CREATE  TRIGGER [schema_name.] 触发器名 ON {表名|视图名}
[WITH[ENCRYPTION][EXECUTE AS Clause][,...n]]
{{FOR|AFTER|INSTEAD OF}{[INSERT][,][UPDATE][,][DELETE]}
[WITH APPEND][NOT FOR REPLICATION]
AS { sql_statement [ ; ] [...n ] | EXTERNAL NAME assembly_name.class_name.method_name }
```

2）使用 Transact-SQL 语句创建 DDL 触发器

与 DML 触发器一样，使用 Transact-SQL 语句即使用 CREATE TRIGGER 语句创建 DDL 触发器，其语法格式如下：

```
CREATE TRIGGER trigger_name  ON {ALL SERVER|DATABASE}
[WITH [ENCRYPTION][EXECUTE AS Clause][,...n]]{FOR | AFTER}{event_type|event_group}[,...n]
AS { sql_statement [;][...n ] | EXTERNAL NAME assembly_name.class_name.method_name[ ; ]}
```

3）参数说明

DML 与 DDL 触发器 CREATE TRIGGER 语句格式中的部分参数说明如下：

（1）WITH ENCRYPTION：加密选项，可防止触发器作为 SQL Server 复制的一部分发布。

（2）EXECUTE AS：指定用于执行该触发器的安全上下文。

（3）DATABASE：将 DDL 触发器的作用域应用于当前数据库。如果指定了此参数，则只要当前数据库中出现 event_type 或 event_group，就会激发该触发器。

（4）event_type：激发 DDL 触发器 Transact-SQL 事件名称。

（5）event_group：Transact-SQL 事件分组名称。

（6）ALL SERVER：将 DDL 触发器的作用域应用于当前服务器。

（7）AFTER：表示在引起触发的 SQL 语句中所有的操作成功执行后，才激活本触发器的执行；

若仅指定 FOR，则 AFTER 是默认设置，不能在视图上定义 AFTER 触发器。

（8）INSTEAD OF：指定 DML 触发器是代替 SQL 语句执行的，优先级高于触发语句操作。不能支持 DDL 触发器，不可用于 WITH CHECK OPTION 的可更新视图。每个更新语句（DELETE、INSERT、UPDATE）最多定义一个 INSTEAD OF 触发器。

（9）[DELETE][,][INSERT][,][UPDATE]：表示指定执行哪些更新语句时将激活触发器，至少要指定一个选项，若多于一个，则需要用逗号分隔。INSTEAD OF 触发器不允许指定级联操作（包括 ON UPDATE 选项）。

（10）WITH APPEND：指定应该添加现有类型的其他触发器。

（11）NOT FOR REPLICATION：在复制进程更改触发器所涉及的表时，不执行该触发器。

（12）sql_statement：DML 或 DDL 触发器等的触发条件和操作语句。

【例 10-5】创建一个 DML 触发器，当操作者试图向成绩表中添加或修改数据时，该触发器向客户端显示一条消息，语句如下，结果如图 10-9 所示。

① 创建 DML 触发器：

```
USE 信息管理
IF EXISTS (SELECT name FROM sysobjects
WHERE name='成绩_触发器_插入更新' AND type='TR')
                DROP TRIGGER 成绩_触发器_插入更新
GO
CREATE  TRIGGER  成绩_触发器_插入更新
ON 成绩
FOR  INSERT,UPDATE
AS PRINT '插入或更新了成绩库'
GO
```

解析：该 DML 触发器当 INSERT、UPDATE 操作时提示信息。其中，“插入或更新了成绩库”是触发器所发出的消息内容。PRINT 用于将用户定义的消息返回客户端。

② 验证触发器功能：

```
INSERT  INTO 成绩(学号,课程名,课程号,成绩,补考成绩)
          VALUES('091107',计算机基础','030110',98,88)
```

当输入上述插入数据语句命令后，会产生系统的触发提示信息（见图 10-9）。

【例 10-6】创建一个 DDL 触发器，当操作者试图创建、修改和删除数据库表时，该触发器向客户端显示一条消息，语句如下，结果如图 10-10 所示，请读者自行完成验证。

```
CREATE  TRIGGER  safety
ON  DATABASE
FOR  CREATE_TABLE,DROP_TABLE,ALTER_TABLE
AS
PRINT '创建与修改及删除数据库表！'
```

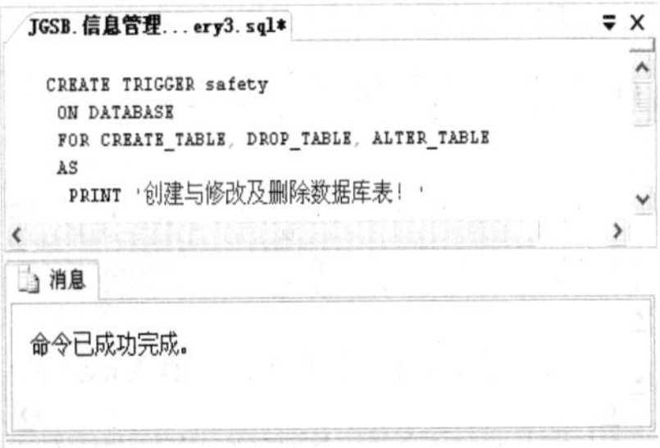

图 10-10　修改指定触发器对话框

10.2.4　修改触发器

在 SQL Server 2008 中，既可以使用 SQL Server 管理平台修改触发器，也可以使用 Transact-SQL 语句修改触发器。

1. 使用 SQL Server 管理平台修改触发器

（1）启动 SQL Server 管理平台，在对象资源管理器中展开选定的数据库结点，再展开要在其中创建触发器的具体数据库表，依次展开“数据库”→“信息管理”→“表”→“成绩”结点。

（2）展开“触发器”结点，右击要修改的触发器图标，在弹出的快捷菜单中选择“修改”命令。

（3）在弹出的“查询编辑器”对话框中显示了原建触发器的 Transact-SQL 代码，可按需要进行创建修改，按【Tab】键或【Shift+Tab】组合键可以缩进存储过程的文本。

（4）完成修改触发器编辑后，单击“分析”按钮进行分析代码分析；单击“执行”按钮，执行修改好的创建触发器语句，即可最终完成修改触发器及显示提示信息。

2. 使用 Transact-SQL 语句修改触发器正文

修改触发器定义与创建一个触发器语句及操作相类似。第一种方法是先做删除然后再重建，第二种方法是使用管理平台或 ALTER TRIGGER 语句一次性地完成修改操作。

ALTER TRIGGER 语句与 CREATE TRIGGER 语句的语法基本上是一致的，也分为 DML 与 DDL 两类触发器进行修改，但相差无几，所以这里就不再重复赘述了。

【例 10-7】 修改已建的 DML“成绩_触发器_插入更新”触发器，要求触发条件更改为“INSERT, DELETE”，提示信息追加一条“已经修改为插入或删除触发器”，语句如下，结果如图 10-11 所示，请读者自行完成验证。

```
USE 信息管理
ALTER  TRIGGER  成绩_触发器_插入更新
       ON 成绩
       FOR  INSERT, DELETE
       AS  PRINT '插入或更新了成绩库'
           PRINT '已经修改为插入或删除触发器'
GO
```

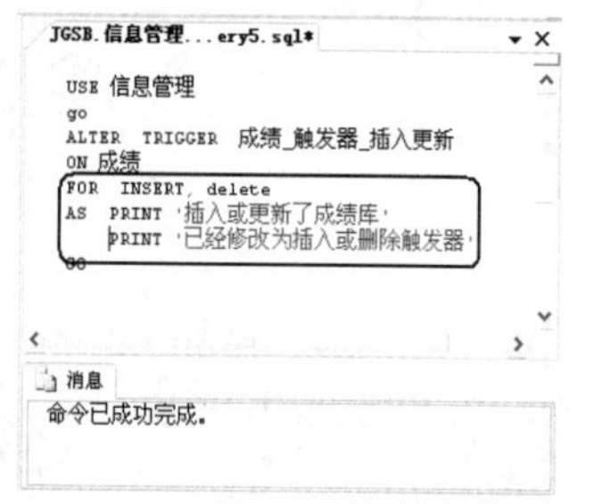

图 10-11　用 ALTER 语句修改触发器

3. 使用 sp_rename 命令为修触发器更名

若要修改触发器的名称，用系统提供的 sp_rename 存储过程进行重命名操作。

sp_rename 命令的语法形式如下：`sp_rename 更改前名称,更改后名称`

【例 10-8】 将已建的“成绩_触发器_插入更新”触发器更名为 TRIG_Ins_Del_YU。

```
sp_rename 成绩_触发器_插入更新,TRIG_Ins_Del_YU
```

10.2.5　管理触发器

在 SQL Server 2008 中，既可使用 SQL Server 管理平台管理触发器，也可使用系统存储过程管理触发器。

1. 使用管理平台查看触发器信息及依赖性

（1）启动 SQL Server 管理平台，在对象资源管理器中展开选定的数据库结点，再展开要在其中创建触发器的具体数据库表，依次展开“数据库”→“信息管理”→“表”→“成绩”结点。

（2）然后右击要查看的存储过程名称，如图 10-9 所示，在弹出的快捷菜单中可选择“新建触发器、查看依赖性、修改、删除”触发器等操作。这里选择“修改”命令，完成浏览、查阅与修改触发器信息等事务。

注意： 也可在弹出的快捷菜单中选择“禁用”命令，使得触发器被禁止使用而仍然保留，未被删除，一旦启动即可恢复使用。若查看依赖性，则在弹出的快捷菜单中选择“查看依赖性”命令即可。

2．使用系统存储过程查看触发器相关信息

使用系统存储过程查看触发器相关信息主要使用下列系统存储过程语句：

（1）sp_help '触发器名称'：用于查看触发器的名称、属性、类型和创建时间。

（2）sp_helptext '触发器名称'：用于查看触发器的正文信息。

（3）sp_depends '触发器名称/表名'：用于查看触发器所引用的表或表涉及的触发器。

（4）sp_helptrigger '表名'：返回指定表中定义的当前数据库的触发器类型。

【例 10-9】用系统存储过程 sp_help、sp_helptext、sp_depends、sp_helptrigger 浏览查询例 10-8 所更名的 TRIG_Ins_Del_YU 用户触发器或表信息，并比较分析结果。

运行如图 10-12 所示，具体语句如下：

```
EXEC sp_help  TRIG_Ins_Del_YU
    EXEC sp_helptext  TRIG_Ins_Del_YU
        EXEC sp_depends TRIG_Ins_Del_YU
            EXEC sp_depends 成绩
                EXEC  sp_helptrigger 成绩
```

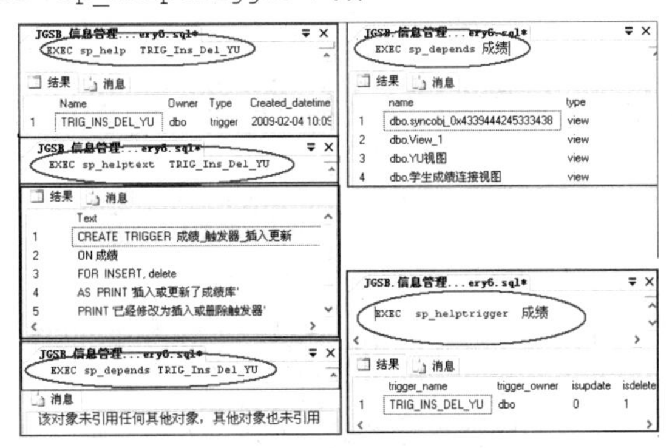

图 10-12　查看触发器信息对话框

10.2.6　删除触发器

不需要的触发器可将其删除。删除触发器所在的表时，系统将会自动删除与该表相关的触发器。通常，在 SQL Server 2008 中，既可使用 SQL Server 管理平台删除触发器，也可使用 Transact-SQL 语句删除触发器。

1．使用 SQL Server 管理平台删除触发器

（1）启动 SQL Server 管理平台，在对象资源管理器中展开选定的数据库结点，再展开要在其中创建触发器的具体数据库表，依次展开“数据库”→“信息管理”→“表”→“成绩”结点。

（2）展开“触发器”结点，右击要删除的触发器图标，在弹出的快捷菜单中选择“删除”命令，在弹出的“删除”对话框中单击“确定”按钮即可。

2．使用 Transact-SQL 语句删除触发器

使用 Transact-SQL 语句删除一个触发器时，该触发器所关联的表和数据不会受到任何影响，使用系统命令 DROP TRIGGER 删除指定的触发器，其语法形式如下：

```
DROP  TRIGGER {schema_name.触发器名}[,...n][;]
```

【例 10-10】删除名为“成绩_触发器_插入更新”的触发器。

```
USE 信息管理
DROP  TRIGGER 成绩_触发器_插入更新
```

3. 使用 Transact-SQL 语句禁用触发器

通常，创建触发器后会启用触发器。禁用触发器则不能付诸应用了，但不会删除该触发器。该触发器仍然作为对象存在于当前数据库中，且当执行编写触发器程序所用的任何 Transact-SQL 语句时，不会激发触发器。DISABLE TRIGGER 用来禁止触发器使用，可以使用 ENABLE TRIGGER 重新启用 DML 和 DDL 触发器，还可以通过使用 ALTER TABLE 来禁用或启用为表所定义的 DML 触发器。

禁用触发器 Transact-SQL 语句格式如下：

```
DISABLE  TRIGGER {[schema.] trigger_name [,...n]|ALL}
    ON {object_name|DATABASE|ALL SERVER}[;]
```

【例 10-11】禁止名为 TRIG_Ins_Del_YU 的触发器使用，然后再恢复启用。

```
USE 信息管理
    DISABLE  TRIGGER  信息管理.TRIG_Ins_Del_YU ON  成绩
    GO
    ENABLE TRIGGER  信息管理.TRIG_Ins_Del_YU ON  成绩
```

10.3 存储过程与触发器的应用

存储过程与触发器有着广泛的应用，在此简单介绍它们的具体应用。

10.3.1 存储过程应用

1. 使用局部参量

在调用存储过程时，可以传递参数给局部参量。在执行存储过程时，也可以使用变量指定输入值，即以@前缀为参数名称的前置字，让存储过程接收来自调用程序的数值，然后修改该值或利用该值以执行某种作业，继而再将新的值传回调用程序。其操作方法为在执行存储过程前，先为调用程序中的某变量分配一个值（或执行查询时在变量中插入值），再将该变量传送到存储过程中。一存储过程可指定高达 1 024 个参数。

DECLARE 关键字用于建立局部变量，在建立局部变量时，要指定局部变量名称及变量类型，而名称必须以@前缀为前置字。一旦变量声明，其值会先被设为 NULL。

局部变量可在批处理或存储过程中声明。存储过程中的变量通常用来储存条件语句传回的值，或是储存存储过程 RETURN 语句传回的值。变量也常被用来作为计数器。变量范围从变量的声明处开始，声明该变量的存储过程结束后，该变量就不再有效。

【例 10-12】建立一个包含局部变量参量的存储过程，结果如图 10-13 所示，程序代码如下：

```
USE  信息管理
CREATE TABLE 测试局部变量表 (列 1 int,列 2 char(8))
GO
CREATE PROCEDURE 插入行 @初始值 int AS
DECLARE @循环计数 int,@循环变量 int
SET      @循环变量=@初始值-1
SET      @循环计数=0
WHILE (@循环计数<5)
   BEGIN   INSERT INTO 测试局部变量表 VALUES(@循环变量+1,'新增一行')
      PRINT (@循环变量)
```

```
    SET @循环变量=@循环变量+1
    SET @循环计数=@循环计数+1 END
GO
```

图 10-13 显示了多层次的内容，具体如下：

（1）实例首先建立一个范例数据表，命名为测试局部变量表。

（2）建立存储过程，命名为“插入行”。该存储过程使用 WHILE 循环结构插入 5 条记录（2 个列）到表中。程序中使用声明的两个局部变量：@循环计数和@循环变量，且以逗号将两变量分隔。

（3）运行起始值为 1 的存储过程：EXEC 插入行 1，执行后会在“测试局部变量表”中插入 5 条记录，列 1 的值为：0、1、2、3、4 与 5；列 2 的值均为“新增一行”。

（4）通过语句 SELECT * FROM 测试局部变量表，可显示表中 5 条记录的具体内容。

【例 10-13】建立参数@性别_1。当执行存储过程时，输入性别，该存储过程就会根据性别显示学生信息，要求在建立存储过程前，要先确定是否有重复的名称存在。结果如图 10-14 所示，程序代码如下：

```
USE 信息管理
    IF EXISTS (SELECT name FROM sysobjects
            WHERE name='根据性别显示学生信息' AND type='P')
               DROP PROCEDURE 根据性别显示学生信息
               GO
CREATE PROC 根据性别显示学生信息 @性别_1 char(2)
    AS  SELECT 学号,姓名,性别 FROM 学生 WHERE 性别=@性别_1
    RETURN
    GO
```

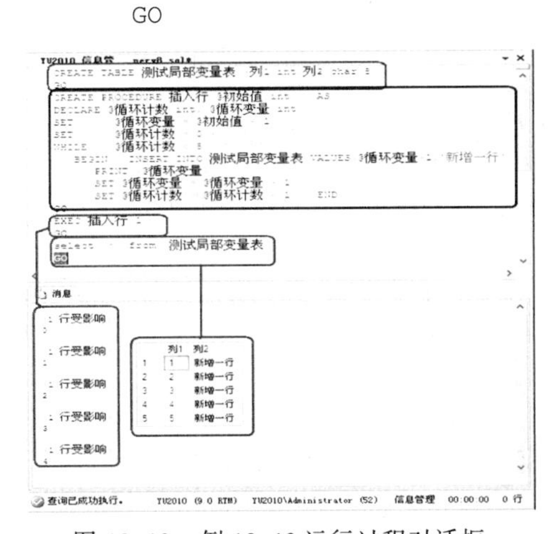

图 10-13　例 10-12 运行过程对话框

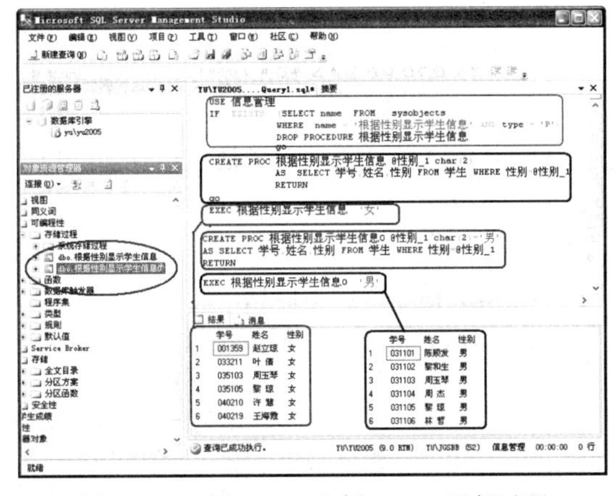

图 10-14　例 10-13 和例 10-14 运行过程

图 10-14 显示了执行此存储过程时，语句需要提供输入参数：

```
EXEC 根据性别显示学生信息  '女'
```

否则会显示如下的错误信息：

服务器：消息 201，级别 16，状态 4，过程 student_select_b，行 0

过程 ‘student_select_b’ 需要参数 ‘@para_性别’，但未提供该参数。

【例 10-14】续上例，将存储过程的参数默认值设为“男”，程序代码变更如下：

```
USE 信息管理
CREATE PROC 根据性别显示学生信息 0  @性别_1 char(2)='男'
AS SELECT 学号,姓名,性别 FROM 学生 WHERE 性别=@性别_1
RETURN
```

效果如图 10-14 所示。

（1）如果在执行根据性别显示学生信息时没有提供参数，存储过程将使用“男”为@性别_1 的默认值。

（2）当执行“EXEC 根据性别显示学生信息 0'男'”时，结果一样，即执行“EXEC 根据性别显示学生信息 0'男'”与执行“EXEC 根据性别显示学生信息 0”相同。

（3）当执行“EXEC 根据性别显示学生信息 0'女'”时，即以“女”参数覆盖默认值 0。

2. 参量值的回传

（1）使用 RETURN 回传值。如前文所述，在任何时刻使用 RETURN 关键字都可以无条件退出存储过程以回到调用程序，也可用于退出批处理。存储过程执行到 RETURN 语句即停止执行，并回到调用程序中的下一个语句。同时，RETURN 也可传回整数值。

【例 10-15】创建“根据性别显示学生信息”存储过程，修改根据参量值的性别来检查是否提供了输入值。执行不带参数的存储过程：EXEC 根据性别显示学生信息，效果如图 10-15 所示。程序代码如下：

```
USE 信息管理
  CREATE PROC 根据性别显示学生信息  @性别_1 char(2)=NULL AS
    IF @性别_1=NULL
          BEGIN
              PRINT '请输入一个性别作为存储过程的参数'
               RETURN
          END
    ELSE
          SELECT 学号,姓名 FROM 学生 WHERE 性别=@性别_1
GO
```

（2）使用 SELECT 语句回传值。在存储过程中可用 SELECT 语句回传数据，即可用 SELECT 传回变量值中结果集。

【例 10-16】新建“根据学号检查高等数学成绩是否优秀”存储过程，用 SELECT 传回一个变量值，并指定输出标题、提示信息。结果如图 10-16 所示，程序代码如下：

```
CREATE PROCEDURE 根据学号检查高等数学成绩是否优秀 @学号_1 char(6)  AS
DECLARE @变量_1 int
    IF(SELECT 成绩 FROM 成绩 WHERE 课程名='高等数学'AND 学号=@学号_1)<85
         SET @变量_1=0
    ELSE
         SET @变量_1=1
SELECT '优秀否'=@变量_1
    IF @变量_1=0
          PRINT '高等数学成绩一般，努力!'
    ELSE
          PRINT '高等数学成绩优秀，继续!'
    GO
    EXEC 根据学号检查高等数学成绩是否优秀 '040218'     //创建存储过程后执行
```

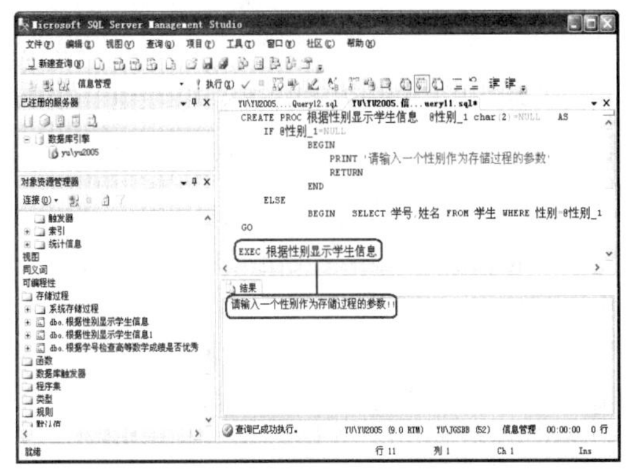

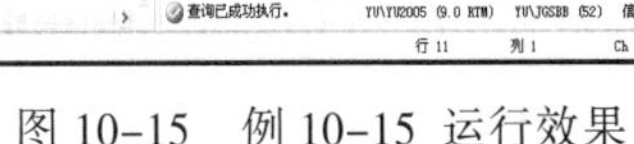

图 10-15　例 10-15 运行效果

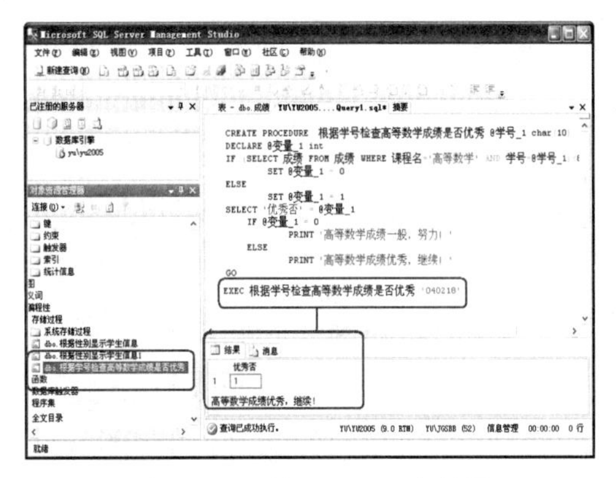

图 10-16　例 10-16 运行效果

这里可添加其他 Transact-SQL 语句用于强调使用 SELECT 传回值与使用 RETURN 传回值之间的差别。当调用 RETURN 时，存储过程跟着结束；当调用 SELECT 时，存储过程则在 SELECT 传回结果集后，继续执行。

10.3.2　触发器的应用

1. deleted 和 inserted 表

deleted 和 inserted 表是在建立触发器时，SQL Server 即为触发器建立两个暂时表（表的副本），用户可以参考这两个表，这两个表固定储存在与触发器一起的内存中，每个触发器只能访问自己的暂时表。用户可以使用这两个表比较数据修改前后状态。

两个表的结构类似于定义触发器的表。deleted 表会储存因 DELETE 及 UPDATE 语句而受影响的行副本。当行因触发器被删除或更新时，被删除或更新的行会传送到 delete 表；在触发器中即可使用 deleted 表。inserted 表会储存被 INSERT 及 UPDATE 语句影响的行副本，在插入或更新事务时，新的行会同时被加至触发器表与 inserted 表。由于执行 UPDATE 语句时，会被视为插入或删除事务，旧的行值会保留一份副本在 deleted 表中，而新的行值的副本则保留在触发器表与 inserted 表。inserted 和 deleted 表中的值只限于在触发器中使用。

2. INSERT 触发器

【例 10-17】建立一个当插入新值会显示相关信息的 DML 类 INSERT 触发器，并验证触发效果。

（1）创建 DML 触发器。

```
USE 信息管理
CREATE TRIGGER 成绩插入触发器
    ON 成绩
    FOR INSERT
    AS   SELECT * FROM inserted
          PRINT '在此输入数据时，可检验成绩插入触发器的效果！'
    GO
```

（2）验证触发器功能。

验证：当下列 INSERT 语句执行时，会激发触发器，结果如图 10-17 示。

```
INSERT INTO 成绩 VALUES(040201,'工业会计',030107,80.0,NULL)
```

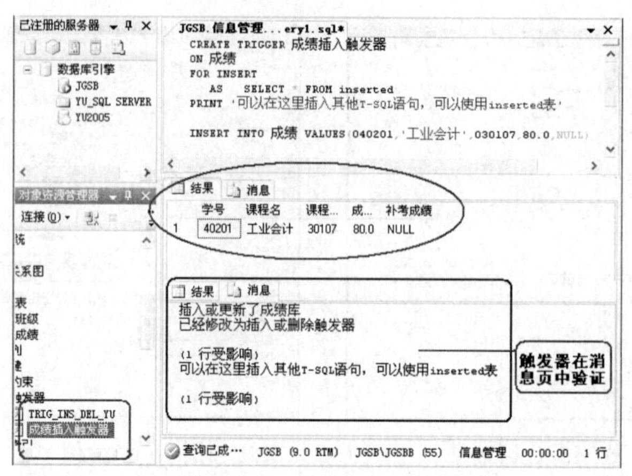

图 10-17　INSERT 触发器创建并验证触发效果运行过程

3. UPDATE 触发器

【例 10-18】建立一个 DML 类 UPDATE 触发器，当更新成绩表中的成绩列时，该触发器会检查成绩提高是否超过 10%。如果超过了 10%，将以 ROLLBACK 语句来复原触发器和调用触发器的语句，并设置数据验证触发效果，结果如图 10-18 所示。

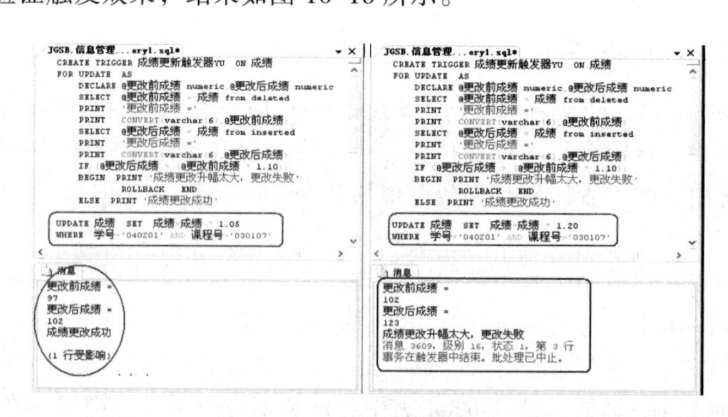

图 10-18　UPDATE 触发器创建并验证触发效果

```
USE 信息管理
    GO
CREATE ALTER TRIGGER 成绩更新触发器 YU
ON 成绩
FOR UPDATE
AS
    -- IF UPDATE(成绩) BEGIN……END   在此加 UPDATE 可指定触发器仅在特定更新时才触发！
    DECLARE @更改前成绩 numeric,@更改后成绩 numeric
    SELECT  @更改前成绩=成绩 FROM deleted
    PRINT   '更改前成绩='
    PRINT   CONVERT(varchar(6),@更改前成绩)
    SELECT  @更改后成绩=成绩 FROM inserted
    PRINT   '更改后成绩='
    PRINT   CONVERT(varchar(6),@更改后成绩)
    IF(@更改后成绩>(@更改前成绩*1.10))
        BEGIN  PRINT '成绩更改升幅太大，更改失败'
               ROLLBACK END
```

```
ELSE
    PRINT '成绩更改成功'
GO
```

分别执行以下两条语句：

（1）UPDATE 成绩 SET 成绩=成绩*1.20 WHERE 学号='040201' AND 课程号='030107'

（2）UPDATE 成绩 SET 成绩=成绩*1.05 WHERE 学号='040201' AND 课程号='030107'

分析说明：触发器触发运行后，在消息框中有提示信息，且分析比较运行结果与创建触发器程序对照，由图 10-18 可充分理解“成绩更新触发器 YU”触发器语句段的内涵效用。若在程序中启用“IF UPDATE(成绩) BEGIN...END”语句，则可使触发器仅在成绩行被更新时才检查触发。注意尝试并理解 IF UPDATE()的有效用法。

4. DELETE 触发器

【例 10-19】建立一个 DML 的 DELETE 触发器，当从学生表中删除行数据时触发提示，并显示删除记录信息。运行结果如图 10-19 所示，程序代码如下：

```
USE 信息管理
    GO
    IF EXISTS(SELECT name FROM sysobjects WHERE name='删除学生' AND type='TR')
        DROP TRIGGER 删除学生
        GO
CREATE TRIGGER 删除学生
    ON 学生  AFTER  DELETE
    AS
    PRINT '使用 DELETE 触发器从学生库中删除相关记录行：具体如下'
    SELECT * FROM deleted
```

检验测试：DELETE FROM 学生 WHERE 学号='035103'

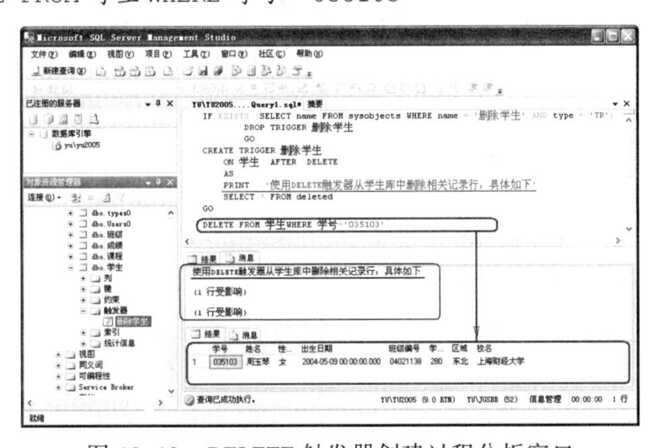

图 10-19　DELETE 触发器创建过程分析窗口

5. 嵌套触发器

嵌套触发器（Nested Trigger）是由其他触发器所激活的触发器，和递归触发器不同的地方在于触发器嵌套并不自行激活，而是当修改事件产生时，才由激活其他触发器所激活。第一个触发器可以激活第二个触发器，第二个触发器接着激活第三个触发器，依此类推，可以高达 32 个层级的触发器。在 SQL Server 2008 中，触发器嵌套的预设状态设为启用，嵌套触发器服务器设定参数可用来控制触发器能否嵌套触发。要停止触发器嵌套，可执行指令：

```
sp_configure "nested triggers",0
```

将 nested triggers 设成 0 时，则不激活触发器嵌套；反之设成 1 时，则激活触发器嵌套。

【例 10-20】建立一个基于“删除”触发的嵌套触发器，结果如图 10-20 所示。

```
CREATE TRIGGER 删除班级_YU
ON 班级 FOR  DELETE
AS
     PRINT '使用 DELETE 触发器从学生库中删除相关行——开始'
     DELETE  学生  FROM  学生,deleted  WHERE   学生.班级编号=deleted.班级编号
          PRINT   '使用 DELETE 触发器从学生库中删除相关行——结束'
               GO
CREATE TRIGGER 删除学生_YU
     ON 学生  FOR DELETE
     AS
     PRINT '使用存储过程从成绩库中删除相关行——开始'
     DELETE  成绩   FROM  成绩,deleted  WHERE   成绩.学号=deleted.学号
          PRINT   '使用存储过程从成绩库中删除相关行——结束'
          SELECT * FROM deleted
               GO
```

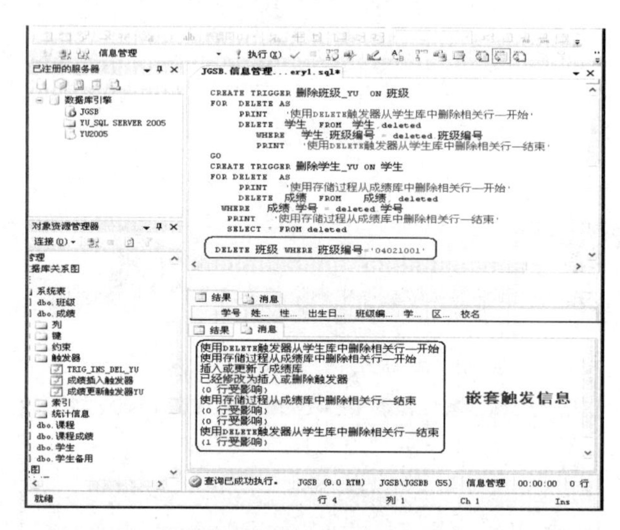

图 10-20　触发器嵌套运行连锁反应信息提示对话框

执行以下语句：

```
DELETE 班级 WHERE 班级编号='04021001'
```

当一组触发器嵌套的任一层失败，事务会被取消，且所有数据修改将被回滚（复原）至整组触发器触发前的状态。

小　结

存储过程（Stored Procedure）是 Transact-SQL 语句的预编译集合，这些语句在一个名称下存储并作为一个单元进行处理。触发器（Trigger）是一种特殊的存储过程，它与表紧密相连，基于表而建立，可视为表的一部分。它不能被显式调用，用户创建触发器后，当表中的数据发生插入、删除或修改时，触发器会自动运行。在 SQL Server 中，按照触发事件的不同将触发器分为两大类：DML 触发器和 DDL 触发器。

本章介绍了存储过程的基本概念和如何使用企业管理器与 Transact-SQL 在查询分析器中创建、

管理、执行和修改存储过程；介绍了触发器的基本概念和使用企业管理器与 Transact-SQL 在查询分析器中创建、管理、执行和修改触发器，并通过一系列实例来叙述参数、变量、SELECT 在存储过程中的使用和 INSERT、UPDATE、DELETE 和嵌套触发器的应用。

思考与练习

一、选择题

1. 关于存储过程的描述正确的一项是（　　）。
A. 存储过程独立于表，它不是数据库对象
B. 存储过程只是一些 Transact-SQL 语句的集合，非 SQL Server 的对象
C. 存储过程可以使用控制流语句和变量，大大增强了 SQL 的功能
D. 存储过程在调用时会自动编译，因此使用方便
2. 关于触发器叙述正确的是（　　）。
A. 触发器是可自动执行的，但需要一定条件下触发
B. 触发器不属于存储过程
C. 触发器不可以同步数据库的相关表进行级联更改
D. SQL 不支持 DML 触发器
3. 下列（　　）不是 DML 触发器。
A. AFTER　　B. INSTEAD OF
C. CLR　　D. UPDATE
4. 按触发事件不同将触发器分为两大类：DML 触发器和（　　）触发器。
A. DDL　　B. CLR　　C. DDT　　D. URL
5. 系统存储过程由 SQL Server（　　）。
A. 创建　　B. 触发　　C. 管理　　D. 内建
6. 使用 Transact-SQL 语句删除一个触发器时使用（　　）TRIGGER 命令关键字。
A. KILL　　B. DELETE
C. AFTER　　D. DROP
7. 创建存储过程中，（　　）表示对所建信息的加密。
A. WITH sa　　B. WITH guest
C. WITH RECOMPILE　　D. WITH ENCRYPTION
8. 一个存储过程可指定高达（　　）个参数。
A. 1 024　　B. 2 048　　C. 128　　D. 256
9. 带有 xp 前缀名的存储过程属于（　　）。
A. 系统存储过程　　B. 扩展存储过程
C. 用户自定义存储过程　　D. 以上都不是
10. 在 SQL 中，建立存储过程的命令是（　　）。
A. CREATE PROCEDURE　　B. CREATE RULE
C. CREATE TABLE　　D. CREATE FILE
11. 删除触发器 YUUser 的正确命令是（　　）。
A. DELETE TEIGGER YUUser　　B. TRUNCATE TRIGGER YUUser
C. DROP TRIGGER YUUser　　D. REMOVE TRIGGER YUUser

12. 下列（　　）操作不会同时影响到 deleted 表和 inserted 表。

A. INSERT　　B. UPDATE

C. DELETE　　D. SELECT

二、思考与实验

1. 何谓存储过程？简述其作用及分类。何谓触发器？简述其作用及分类。

2. 试说明 DML 触发器的分类及 DML 与 DDL 型触发器的应用场合。

3. 根据学号创建一个存储过程，用于显示学生学号和姓名。

4. 试完成实验：修改书中存储过程例题："根据学号检查高等数学成绩是否优秀"，要求根据不同学号有两种返回：根据成绩大于或等于 90 与否，分别输出"成绩未达到优秀！"或"成绩已达到优秀！"。

5. 试完成实验：在"成绩"表上创建一个触发器"成绩插入、更新"。当用户插入、更新记录时触发。

6. 试完成实验：在"成绩"表上创建一个触发器"成绩删除"。当用户删除记录时触发。

7. 试完成实验：在"课程"表上创建一个触发器"课程删除"。当用户删除记录时触发。

8. 试完成实验：试创建一个 DDL 触发器，当操作者试图修改和删除数据库表时，该触发器向客户端显示一条消息。

9. 简述下列程序的运行结果并完成实验，并检验效果。

```
USE 信息管理
    IF EXISTS(SELECT name FROM sysobjects
         WHERE  name='根据性别显示学生综合信息'  AND  type='P')
    DROP PROCEDURE 根据性别显示学生综合信息
    GO
CREATE PROC 根据性别显示学生信息 @性别_1 char(2)
    AS SELECT 学号,姓名 FROM 学生 WHERE 性别=@性别_1
```

10. 简述下列程序的运行结果并完成实验。

```
USE 信息管理
    IF EXISTS(SELECT name FROM sysobjects  WHERE name='CJ_IU' AND type='TR')
        DROP TRIGGER CJ_IU
    GO
CREATE TRIGGER CJ_IU
    ON cj
    FOR INSERT,UPDATE
    AS PRINT '插入或更新了 CJ 库'
    GO
```

11. 试述存储过程与触发器有什么联系与区别。

12. DDL 触发器是 SQL Server 2008 触发器类型，请叙述其特点。

第11章 游　标

【本章提要】在 SQL Server 数据库中，使用游标（Cursor）可以定位并管理数据库表中某一指定记录，即能提供对表结果集的部分行记录进行处理的机制。本章主要介绍了游标的概念、分类、定义、嵌套及游标的打开、存取、定位、修改、删除、关闭、释放等操作。

11.1 游标概述

在 SQL Server 2008 系统数据库开发过程中，执行 SELECT 语句可进行查询并返回满足 WHERE 等子句中条件的所有数据记录，这一完整的记录集称为行结果集。由于应用程序并不能总将整个结果集作为一个单元来有效地处理，因而往往需要某种机制，以便每次处理时可从某一结果集中逐一地读取一条或一部分行记录。游标是能提供这种机制对结果集的部分行记录进行处理，不但允许定位在结果集的特定行记录上，而且还可从结果集的当前位置检索若干行记录，并可实施对相应的数据进行修改。

1. 游标的概念及特点

游标是一种处理数据的方法，它可对结果集进行逐行处理，可将游标视为一种指针，用于指向并处理结果集任意位置的数据。就本质而言，游标提供了一种对表中检索出的数据进行操作的灵活手段。游标具有如下特点：

（1）允许程序对查询语句 SELECT 返回的记录行集合中的每一行执行相同或不同的操作。

（2）提供对基于游标位置的表中记录行进行删除和更新的能力。

（3）游标实际上作为面向集合的数据库管理系统（DBMS）和面向行的程序设计之间的桥梁，使这两种处理方式通过游标沟通起来。

游标的特点表明系统可借助 Cursor 来进行面向单条记录的数据处理，而不是一次对整个结果集进行同一种操作。它还提供基于游标位置而对表中数据进行删除、更新的能力，可为其他用户对显示在结果集中的数据库数据所做的更改提供不同级别的可见性支持。

2. 游标分类

SQL Server 2008 中，从应用角度出发，游标可分为如下 3 类：

（1）Transact-SQL 游标。Transact-SQL 游标是由 SQL Server 服务器实现的游标，它的具体控制和管理通过脚本程序、存储过程和触发器将 Transact-SQL 语句传给服务器来完成。

（2）API 服务器游标。API（数据库应用程序接口）游标支持在 ADO、ODBC、OLE DB 及 DB_library 中使用游标函数，主要用在服务器上，每一次客户端应用程序调用游标函数，SQL Server 系统都会将这些客户请求传送给服务器以对 API 游标进行处理。

（3）客户机游标。客户机游标是当在客户机上缓存结果集时才使用的临时性静态游标，被用来在客户机上缓存结果集，客户游标常被用做 Transact-SQL 游标与 API 游标的辅助。

由于 Transact-SQL 游标和 API 游标用于服务器端，所以被称为服务器游标，也被称为后台游标，而客户端游标被称为前台游标。本章中主要讲述服务器游标。

从范围的视野探究，游标则有全局游标和局部游标之分。前者使用 GLOBAL，后者使用 LOCAL。作为全局游标，一旦被创建就可以在任何位置上访问，而作为局部游标则只能在声明和创建的函数或存储过程中对它进行访问。

3. 游标使用步骤

应用程序对每一个游标的操作过程可分为 5 个步骤，如图 11-1 所示。

（1）用 DECLARE 声明、定义游标的类型等。

（2）用 OPEN 语句打开和填充游标。

（3）执行 FETCH 语句可从一个游标中获取信息（从结果集中提取若干行数据）。可根据需要使用 UPDATE、DELETE 语句在游标当前位置上进行操作。

（4）用 CLOSE 语句关闭游标。

（5）用 DEALLOCATE 语句释放游标。

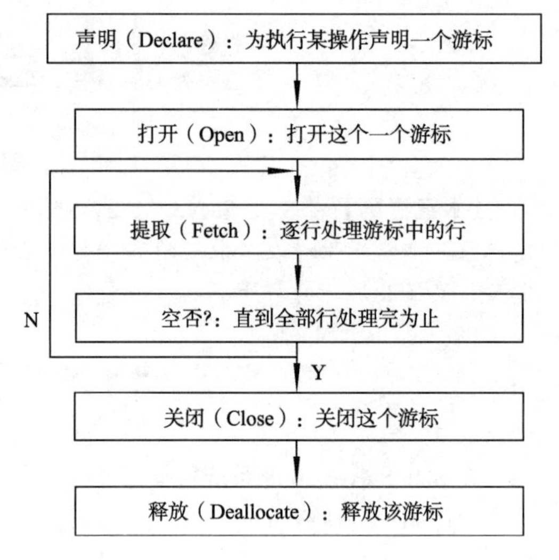

图 11-1　游标的操作过程示意图

11.2 声 明 游 标

通常人们使用 DECLARE 来声明一个游标，主要内容为游标名称、数据来源表和列、选取条件与属性。游标的声明有两种格式：SQL-92 标准定义和 Transact-SQL 扩展定义（对前者兼容），前者只能说明游标的属性，而不能定义类型；后者支持 Transact-SQL 扩展插件，允许用户使用在 ODBC 或 ADO 的数据库 API 游标函数中所使用的相同游标类型来定义游标，在此仅介绍前者。

1. 声明游标

Transact-SQL 扩展型定义游标语法格式如下，语法格式中参数简要说明如表 11-1 所示。

```
DECLARE 游标名 CURSOR
[LOCAL|GLOBAL][FORWARD_ONLY|SCROLL][STATIC|KEYSET|DYNAMIC|FAST_FORWARD]
[READ_ONLY|SCROLL_LOCKS|OPTIMISTIC][TYPE_WARNING] FOR select_语句
[FOR UPDATE [OF column_name[,...n]]]
```

表 11-1　Transact-SQL 扩展语法参数说明

参　数	参 数 说 明
游标名	给出所定义的游标名称，必须遵从标识符规则
LOCAL	指定作用域仅限在所在的存储过程、触发器或批处理中的局部游标，对应操作结束后自动释放；但可在存储过程中使用 OUTPUT 保留字而传递给该存储过程的调用者，在存储过程结束后，还可引用该游标变量
GLOBAL	指定作用域是整个当前连接全局游标。选项表明在整个连接的任何存储过程、触发器或批处理中都可以使用该游标，该游标在连接断开时会自动隐性释放
FORWARD_ONLY	提取数据时只能从首行向前滚动到末行，FETCH NEXT 是唯一支持的提取选项
SCROLL	指定所选的提取操作（如 FIRST、LAST、PRIOR、NEXT、RELATIVE、ABSOLUTE）均可用，SCROLL 增加了随意读取结果集中行数据而不必重开游标的灵活性

续表

参　　数	参 数 说 明
STATIC	定义游标为静态游标，与 INSENSITIVE 选项作用相同
KEYSET	定义游标为打开时顺序已固定的键集驱动游标。唯一标识的键集内置在 Tempdb 内一个名为 keyset 的表中。对基表中的非键值所做的更改在用户滚动游标时是可视的。如果某行已删除，则对该行的提取操作将返回@@FETCH_STATUS 值-2
DYNAMIC	定义为动态游标。即基础表的变化将反映到游标中，行的数据值、顺序和成员在每次提取时都会更改。使用该选项可保证数据一致性，不支持 ABSOLUTE 选项
FAST_FORWARD	指定启用了性能优化的 FORWARD_ONLY、READ_ONLY 游标
READ ONLY	不允许游标内数据被更新的只读状态。UPDATE、DELETE 等不能使用游标
SCROLL_LOCKS	确保通过游标完成的定位更新或删除可成功。当将行读入游标时会锁定这些行以确保其可用于以后的修改。FAST_FORWARD 与 SCROLL_LOCKS 指定时互斥
OPTIMISTIC	指明在数据被读入游标后，若游标中某行数据已发生变化，那么对游标数据进行更新或删除可能会导致失败；如果使用了 FAST_FORWARD 选项，则不能使用该选项
TYPE_WARNING	指明若游标类型被修改成与用户定义的类型不同时，将发送一个警告信息给客户端
SELECT_语句	用于定义游标所要进行处理的结果集。在标准的 SELECT 语句中，在游标中不能使用 COMPUTE、COMPUTE BY、FOR BROWSE、INTO 语句
UPDATE	用于定义游标内可更新字段列。若指定 of 字段列 [,...n]参数，则仅所列出的字段列可被更新修改，否则所有的列都将被更新修改

使用 Transact-SQL 扩展定义游标时需要注意：

（1）若在指定 FORWARD_ONLY 时不指定 STATIC、KEYSET 和 DYNAMIC 关键字，则游标作为 DYNAMIC 游标进行操作。若 FORWARD_ONLY 和 SCROLL 均未指定，除非指定 STATIC、KEYSET 或 DYNAMIC 关键字，否则默认为 FORWARD_ONLY。STATIC、KEYSET 和 DYNAMIC 游标默认为 SCROLL。FAST_FORWARD 和 FORWARD_ONLY 是互斥的；如果指定其中一个，则不能指定另一个。

（2）若指定 FAST_FORWARD，则不能也指定 SCROLL、FOR_UPDATE、SCROLL_LOCKS 和 FORWARD_ONLY。FAST_FORWARD 和 FORWARD_ONLY 是互斥的。

2. 游标变量

游标变量是一种新增数据类型，用于定义一个游标变量。可先声明一个游标，如：

```
DECLARE yu_cur SCROLL CURSOR FOR SELECT * FROM titleauthor
```

再使用 SET 语句将一游标赋值给游标变量：DECLARE @pan cursor　SET @pan = yu_cur

当然，可将声明游标语句放在游标赋值语句中。

```
DECLARE @pan CURSOR
DECLARE yu_cur SCROLL CURSOR FOR  SELECT * FROM titleauthor  SET @pan=yu_cur
```

11.3 打 开 游 标

在声明游标以后，如果要从游标中读取数据，必须打开游标。打开一个 Transact-SQL 服务器游标要使用 OPEN 命令，其语法规则是：

```
OPEN{{[GLOBAL]游标名}|cursor_variable_name}
```

各参数说明如下：

（1）GLOBAL：定义游标为一全局游标。

（2）游标名：已声明的游标名称，默认为局部游标。

（3）cursor_variable_name：为游标变量名，该名称引用一个游标。

11.4 游标函数

若要充分发挥使用游标访问一个数据表中记录功能，离不开游标函数。SQL Server 服务器为编程人员提供了 4 个常用于处理游标的函数变量：CURSOR_STATUS、@@ERROR、@@FETCH_STATUS 和@@CURSOR_ROWS。

（1）CURSOR_STATUS 函数。该函数用来返回游标的当前状态，如表 11-2 所示。

表 11-2　CURSOR_STATUS 函数状态值含义

游标值	含义
1	游标当前所处的结果集中至少包含一条记录
0	游标所处的结果集为空，即没有包含任何记录
-1	该游标已被关闭
-2	未在存储过程中定义为输出参数，或执行该函数前，相关联游标已被释放的情况下
-3	游标未被声明或已声明却没有为其分配结果集，如未执行 OPEN 命令等

CURSOR_STATUS 函数的声明形式如下：

```
CURSOR_STATUS  ({'<LOCAL>','<cursor_name>'}|{'<GLOBAL'>,'<cursor_name>'}
|{'<VARIABLE>','<cursor_variable>'})
```

其中，LOCAL、GLOBAL 和 VARIABLE 用于指示游标的类型，分别表示局部游标、全局游标和游标变量。实际应用中可在一主要过程中定义一个游标，然后再将该游标作为参数传递给另一个函数，从而使该函数获得与该游标相关的指定数据集访问的机会，且该存储过程也可通过 CURSOR_STATUS 函数将游标的当前状态返回给主过程。

（2）@@ERROR。此系全局变量，用于判断成功与否，成功则@@ERROR 为 0。

（3）@@CURSOR_ROWS 函数。用于返回当前游标最后一次被打开时所含记录数，也可使用该函数来设置打开一游标时要包含的记录数。动态游标为-1，如表 11-3 所示。

表 11-3　@@CURSOR_ROWS 变量返回值说明

返回值	返回值说明
-m	表示从基础表向游标读入数据的处理仍在进行，（-m）表示当前在游标中的数据行数
-1	表示该游标动态反映基础表的所有变化，符合游标定义的数据行经常变动，故无法确定
0	表示无符合条件的记录或游标已被关闭
n	表示从基础表读入数据已经结束，n 即为游标中已有数据记录的行数据

（4）@@FETCH_STATUS 函数。该函数为全局型函数，可用于检查上一次执行的 FETCH 语句是否成功，返回值的含义如表 11-4 所示

表 11-4　FETCH_STATUS 函数的返回值

返回值	含义
0	FETCH 操作成功，且游标目前指向合法的记录
-1	FETCH 操作失败，或者游标指向了记录集之外
-2	游标指向了一个并不存在的记录

11.5　提取游标数据

当游标被声明和成功打开后，就可以从游标中逐行地提取数据，以供相关处理。从游标中提取数据的语法格式如下，其中各参数的含义如表 11-5 所示。

表 11-5　FETCH 函数的参数表

参　数	含　义
NEXT	移至当前行的下一行，默认项。若 FETCH NEXT 是首次，则返回结果集中首记录
PRIOR	移至当前行的上一行，若 FETCH PRIOR 是首次，则无记录返回游标置于首记录前
FIRST	移至游标中的首记录并设为当前记录
LAST	移至游标中的末记录并设为当前记录
ABSOLUTE n	若 n 为正绝对位移第 n 行，反之返回游标内从末记录数据算起的第 n 行数据
RELATIVE n	若 n 为正从当前位置后移 n 行，反之前移 n 行，超值则@@FETCH_STARS 返回-1
INTO 变量	把当前行的各字段值赋给变量中，每个变量必须与游标结果集中列相对应，类型匹配

```
FETCH [[NEXT|PRIOR|FIRST|LAST|ABSOLUTE{n|@nvar}|RELATIVE {n|@nvar}]
   FROM] {{[GLOBAL]游标名}|@cursor_variable_name} [INTO @variable_name[,...n]]
```

默认情况下，使用 OPEN 命令打开该游标后，游标不指向结果集中的任何一条记录，此时需要使用 FETCH 函数将游标定位到记录集中的一条记录上。此后，可以使用 FETCH NEXT 和 FETCH PRIOR 移向当前记录的下一条和上一条记录；使用 FETCH FIRST 和 FETCH LAST 来移至首条记录或尾记录。FETCH 同样可以实现绝对位移和相对位移，此时可以使用 FETCH ABSOLUTE n 或 FETCH RELATIVE n。

执行 FETCH 语句后，可通过@@FETCH_STATUS 全局变量返回游标当前的状态。在每次用 FETCH 从游标中读取数据时都应检查该变量，以确定上次 FETCH 操作是否成功，进而可决定如何进行下一步处理。打开、提取数据操作过程的游标指针位置如图 11-2 与图 11-3 所示。

图 11-2　打开、提取数据操作过程的游标指针位置

```
use 信息管理
declare 学生_cursor cursor for
select 学号,姓名,校名 from 学生
open 学生_cursor
fetch next from  学生_cursor
while @@FETCH_STATUS=0
begin
fetch next from  学生_cursor
end
close 学生_cursor
```

	学号	姓名	校名
1	040212	刘华德	上海师范大学

	学号	姓名	校名
1	040210	许　慧	上海工程技术大学

	学号	姓名	校名
1	040201	黄向东	上海应用技术学院

	学号	姓名	校名
1	030211	叶　倩	复旦大学

图 11-3　打开、提取数据过程中游标位置

11.6　关闭释放游标

在通过一个游标完成提取或更新记录行等处理数据操作后，必须关闭游标来释放当前数据结果集，并解除定位于数据记录上行的游标锁定。CLOSE 语句可用于关闭游标，但不能释放游标占用的数据结构，可以使用 DEALLOCATE 实现释放游标（即可删除游标与游标名或游标变量之间的联系，释放游标占用的所有系统资源）。

关闭游标的语法格式如下：

```
CLOSE {{[GLOBAL] 游标名}|cursor_variable_name}
```

释放游标的语法格式如下：

```
DEALLOCATE {{[GLOBAL] 游标名}|@cursor_variable_name}
```

各参数说明：

（1）游标名：关闭或释放的游标名称，默认为局部游标。

（2）GLOBAL：说明游标为一全局游标。

（3）cursor_variable_name：为游标变量名，该名称引用一个游标。

注意：使用事务结构时，当结束事务时，游标也会自动关闭。

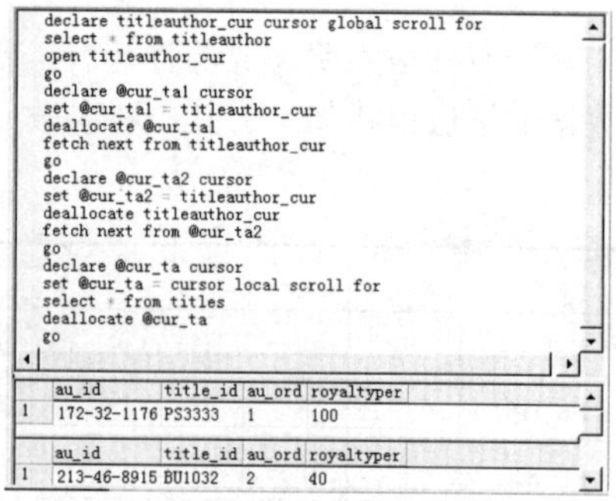

【例 11-1】建立"学生_cursor"游标，用于循环提取"信息管理"数据库中"学生"表数据，运行结果如图 11-4 所示。

```
declare titleauthor_cur cursor global scroll for
select * from titleauthor
open titleauthor_cur
go
declare @cur_ta1 cursor
set @cur_ta1 = titleauthor_cur
deallocate @cur_ta1
fetch next from titleauthor_cur
go
declare @cur_ta2 cursor
set @cur_ta2 = titleauthor_cur
deallocate titleauthor_cur
fetch next from @cur_ta2
go
declare @cur_ta cursor
set @cur_ta = cursor local scroll for
select * from titles
deallocate @cur_ta
go
```

	au_id	title_id	au_ord	royaltyper
1	172-32-1176	PS3333	1	100

	au_id	title_id	au_ord	royaltyper
1	213-46-8915	BU1032	2	40

图 11-4　DEALLOCATE 语句和游标赋值的使用

```
DECLARE 学生_cursor CURSOR FOR              --声明游标
SELECT 学号,姓名,校名 FROM 学生              --打开游标
OPEN 学生_cursor                             --提取游标数据
FETCH NEXT FROM  学生_cursor                 --循环提取游标数据
WHILE @@FETCH_STATUS=0                       --检测@@FETCH_STATUS，若仍有记录行，则继续循环
    BEGIN
        FETCH NEXT FROM  学生_cursor
    END
CLOSE 学生_cursor                            --关闭游标
DEALLOCATE 学生_cursor                       --释放游标
```

11.7　游标的应用

前面几节介绍了如何声明游标、打开游标、从游标中读取数据以及关闭释放游标的方法，下面将通过两个应用实例使读者更深刻地理解游标的原理与应用。

【例 11-2】针对 DEALLOCATE 语句和游标赋值，下面给出一个具体的例子来加深理解。

```
USE PUBS
DECLARE titleauthor_cur cursor global scroll for  /*声明并打开一个全局游标，在批处理
                                                    以外该游标仍然可见*/
SELECT * FROM titleauthor
OPEN titleauthor_cur
    GO                                   /*用游标变量引用已声明过的游标*/
DECLARE @cur_ta1 cursor
SET @cur_ta1=titleauthor_cur             /*现在释放对游标的引用*/
DEALLOCATE @cur_ta1                      /*游标 titleauthor_cur 仍旧存在*/
FETCH NEXT FROM titleauthor_cur
    GO                                   /*再引用游标*/
DECLARE @cur_ta2 cursor
SET @cur_ta2=titleauthor_cur             /*释放 titleauthor_cur 游标*/
DEALLOCATE titleauthor_cur               /*由于游标被@cur_ta2 引用所以仍旧存在*/
FETCH NEXT FROM @cur_ta2                 /*当最后一个游标变量超出游标作用域时游标将被释放*/
DECLARE @cur_ta cursor
SET @cur_ta=cursor local scroll for
SELECT * FROM titles                     /*由于没有其他变量对其进行引用，所以游标被释放*/
DEALLOCATE @cur_ta
GO
```

【例 11-3】使用游标语句修改“信息管理”数据库中“学生”学号为 040218 的学分数值，执行结果如图 11-5 所示。

```
DECLARE @xh nvarchar(6),@xm nvarchar(8),
@fs decimal
DECLARE 学分游标 cursor for
SELECT 学号,姓名,学分 from 学生  where 学号
='040218'
OPEN 学分游标              --提取游标数据
FETCH NEXT FROM  学分游标 into @xh,
@xm,@fs
PRINT '修改前:'+@xh+@xm+'同学学分为:
'+convert(varchar,@fs)
UPDATE 学生 SET 学分=学分+10
WHERE CURRENT OF 学分游标
CLOSE 学分游标
OPEN 学分游标
FETCH NEXT FROM  学分游标 INTO @xh,@xm,@fs
PRINT '修改后:'+@xh+@xm+'同学学分为: '+convert(varchar,@fs)
CLOSE 学分游标                       --关闭游标
DEALLOCATE 学分游标
GO
```

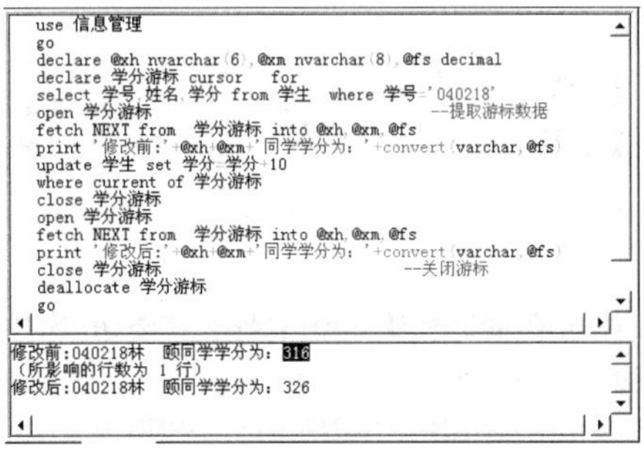

图 11-5　使用游标语句修改数据

小　　结

游标是处理数据的方法，游标总是与一条 Transact-SQL 选择语句相关联。它可对结果集进行逐行处理，可将游标视为一种指针，用于指向并处理结果集任意位置的数据。应用程序对每一个游标的操作过程可分为用 DECLARE 语句声明、定义游标的类型和属性、用 OPEN 语句打开和填充游标、执行 FETCH 语句、用 CLOSE 语句关闭游标、用 DEALLOOCATE 语句释放游标 5 个步骤。本章还介绍了如何声明游标、打开游标、从游标中读取数据以及关闭释放游标的方法等。

思考与练习

一、选择题

1. 游标是一种处理数据的方法，它可对结果集进行（　　）。

A. 逐行处理　　B. 修改处理　　C. 分类处理　　D. 服务器处理

2. 从应用角度出发游标分类不包括（　　）游标。

A. Transact-SQL　　B. API 服务器　　C. Web 服务器　　D. 客户机

3. 通常人们使用（　　）来声明一个游标。

A. Create Cursor　　B. DECLARE　　C. Connection　　D. DECLARE Cursor

二、思考与实验

1. 何谓游标？简述其特点。简述 SQL Server 2008 中游标的分类。
2. 简述游标声明的两种格式。简述在 SQL Server 2008 中打开游标的方法。
3. 简述游标的操作步骤与在 SQL Server 2008 的游标中逐行提取数据的方法。
4. 简述关闭游标的语法格式和释放游标的语法格式。

第12章 SQL Server 2008安全性管理

【本章提要】安全管理对于SQL Server 2008数据库管理系统而言是至关重要的。本章主要介绍SQL Server的安全性、安全构架、安全等级、安全验证模式、SQL Server用户账号、用户角色和权限的管理等。

12.1 SQL Server 2008安全机制

SQL Server 2008数据安全性提供了完善的管理机制和便捷的操作手段，可通过创建用户登录、配置登录权限和分配角色完成安全可靠的连接。

12.1.1 SQL Server 2008安全基础

1. 安全性

安全性是指允许那些具有相应数据访问权限的用户登录SQL Server 2008，访问数据以及对数据库对象实施各种权限范围内的操作，并拒绝所有非授权用户的非法操作。

数据的安全性是指保护数据以防因不合法的使用而造成数据的泄密和破坏。在数据库中，系统用检查口令等手段来验证用户身份，合法的用户才能进入数据库系统，当用户对数据库执行操作时，系统会自动检查用户是否具有执行这些操作的相关权限。

安全性的系统管理对于一个数据库管理系统或任意公司组织的信息系统而言都是至关重要的，是数据库管理中十分关键的环节，是数据库中数据信息被合理访问和修改的基本保证。

2. 主体

SQL Server 2008广泛使用安全主体和安全对象管理，除了继承低版本的可靠性、易用性与可编程性等特点外，还在安全性方面做了很大改进，提供了完善的安全体系，将用户与架构进行分离，引入主体的理念。

主体是可以请求SQL Server 2008资源的个体、组和过程，一个请求服务器、数据库或架构资源的实体称为安全主体。安全主体也有层次结构，如表12-1所示。主体的影响范围取决于主体定义的范围（Windows、SQL Server或数据库）、主体是否可分以及集合性。在SQL Server 2008中，每个主体都有一个唯一的安全标识符（SID）。一个请求服务器、数据库或架构资源的实体称为安全主体。

表12-1 SQL Server 2008管理中的主体及安全对象层次结构

<table>
<tr><th colspan="2">SQL Server主体</th><th colspan="2">SQL Server安全对象</th></tr>
<tr><th>主体级别</th><th>所含主体</th><th>安全对象范围</th><th>所含安全对象</th></tr>
<tr><td rowspan="3">Windows</td><td>Windows 域登录名</td><td rowspan="2">服务器</td><td rowspan="2">端点、登录账户、数据库</td></tr>
<tr><td>Windows 本地登录名</td></tr>
<tr><td>Windows 组</td><td rowspan="3">数据库</td><td rowspan="3">用户、角色、应用程序角色、程序集、消息类型、路由、服务、远程服务绑定、全文目录、证书、非对称密钥、对称密钥、约定、架构</td></tr>
<tr><td rowspan="2">SQL Server</td><td>SQL Server 登录名</td></tr>
<tr><td>SQL Server角色</td></tr>
</table>

续表

SQL Server 主体		SQL Server 安全对象	
主 体 级 别	所 含 主 体	安全对象范围	所含安全对象
数据库	数据库用户 数据库角色 应用程序角色 数据库组	架构	类型、XML 架构集合、对象

3. 安全对象

安全对象是 SQL Server 2008 数据库引擎授权系统管理的可通过权限进行保护控制的实体分层集合，是 SQL Server 数据库所能访问的资源。安全对象范围有服务器、数据库和架构（将在后文中描述）。

4. 加密机制

SQL Server 2008 内置的加密机制不是简单地提供一些加密函数，而是把日臻完善的数据安全技术引进到 SQL Server 数据库中，形成一个清晰的内置加密层次结构。根据数据加密密钥和解密密钥是否相同，可以把加密方式分为对称密钥加密法（单密钥加密）机制和非对称对称密钥加密法（双密钥加密）两种形式，其数据加密传输与分类判定如图 12-1 所示。

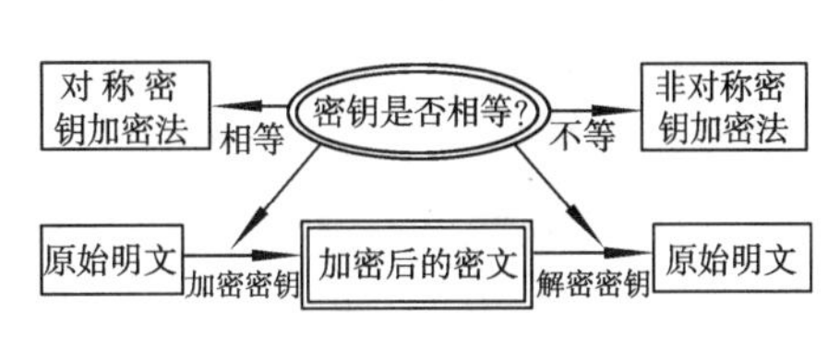

图 12-1 数据加密传输与分类判定密钥加密解密密钥

12.1.2 SQL Server 2008 安全等级

在合理实施安全性管理前，用户需要了解 SQL Server 的安全等级。迄今为止，SQL Server 2008 和绝大多数数据库管理系统（DBMS）一样，都还是运行在某个特定操作系统平台下的应用程序，因而 SQL Server 安全性机制还脱离不了操作系统平台。据此，SQL Server 2008 安全机制可分为如下 4 个等级：

（1）操作系统的安全性。

（2）SQL Server 的安全性。

（3）数据库访问的安全性。

（4）数据库对象的安全性。

每个安全等级都可视为一扇沿途设卡的"门"，若该门未上锁（没有实施安全保护），或者用户拥有开门的钥匙（有相应的访问权限），则用户可通过此门进入下一个安全等级，倘若通过了所有门，用户即可实现访问数据库中相关对象及其所有的数据，SQL Server 安全机制如图 12-2 所示。

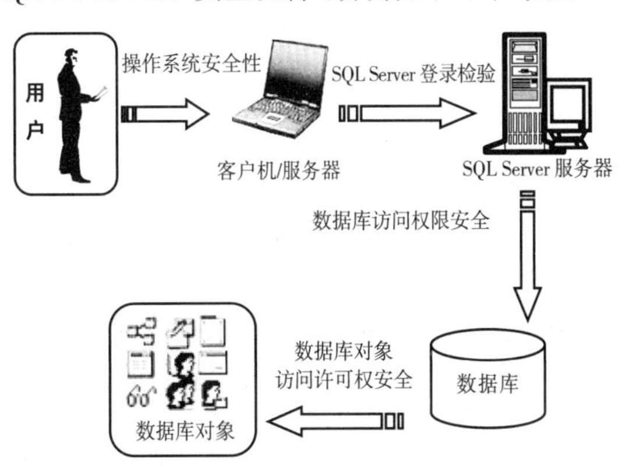

图 12-2 SQL Server 安全机制

12.1.3 SQL Server 2008 验证模式

用户在使用 SQL Server 2008 时，需要经过两个安全性阶段：身份验证和权限验证。首先是身份验证阶段，该阶段系统（Windows 2000/2003 Server）将对登录 SQL Server 用户的账户进行验证，判断该用户是否有连接 SQL Server 2008 实例的权力。如果账户身份验证成功，表示用户可以连接 SQL

Server 2008 实例，否则系统将拒绝用户的连接。然后进入权限验证阶段，对登录连接成功的用户检验是否有访问服务器上数据库的权限,为此需要授予每个数据库中映射到用户登录的账户访问权限，权限验证可以控制用户在数据库中进行的操作。

1. 身份验证

在身份验证阶段，系统需要对用户登录进行验证。Microsoft SQL Server 2008 身份验证有两种模式：Windows 身份验证模式和 SQL Server 身份验证模式。

（1）Windows 身份验证模式（集成登录模式，是默认模式），该模式使用 Windows 操作系统的安全机制验证用户身份，Windows 完全负责对客户端进行身份验证，只要用户能通过 Windows 2000/2003 Server 用户账户验证，即可连接到 SQL Server，不需要再次验证，验证界面如图 12-3 所示。

（2）SQL Server 身份验证模式（混合身份验证模式或标准登录模式，其基于 Windows 身份验证和 SQL Server 身份混合验证。在该模式下，SQL Server 2008 会首先自动通过账户的存在性和密码的匹配性来进行验证，若成功地通过验证，则进行服务器连接；否则需要判定用户账号在 Windows 操作系统下是否可信以及连接到服务器的权限。对于具有权限的可信连接用户，系统直接采用 Windows 身份验证机制进行服务器连接；若上述两者都不行，系统将拒绝该用户的连接请求，验证界面如图 12-4 所示。

图 12-3 Windows 身份验证界面

图 12-4 混合身份验证界面

无论采用何种验证方式，在用户连接到 SQL Server 2008 服务器后，它们的操作都是相同的。比较起来，Windows 身份验证模式和混合身份验证模式各有千秋。

总之，Windows 身份验证是默认模式，但对于应用程序开发人员或数据库管理人员而言，更青睐于 SQL Server 混合模式。SQL Server 2008 的安全性判定决策过程如图 12-5 所示。

2. 权限验证

当用户通过身份验证连接到 SQL Server 实例后，用户可以访问的每个数据库仍然要求其具有单独的用户账户，对于没有账户的数据库，将无法访问。这样可防止一个已连接的用户对 SQL Server 的所有数据库资源进行访问。此时，已连接用户虽然可以发送各种 Transact-SQL 语句命令，但是这些操作命令在数据库中是否能够成功地执行，还取决于该用户账户在该数据库中对这些操作的权限设置。如果发出操作命令的用户没有执行该语句的权限或者没有访问该对象的权限，则 SQL Server 不会执行该操作命令。如果没有通过数据库中的权限验证，即使用户连接到 SQL Server 实例，也无法使用数据库。

一般而言，数据库的所有者或对象的所有者可以对其他数据库用户授予权限或者解除权限。

3. 验证模式设置

在连接 SQL Server 时，需要选择服务器的验证模式，同时，对于已经选择验证模式的服务器尚可再次进行修改。通常可通过 SQL Server 管理平台来进行验证模式设置修改的。

SQL Server 2008 验证模式的设置步骤如下：

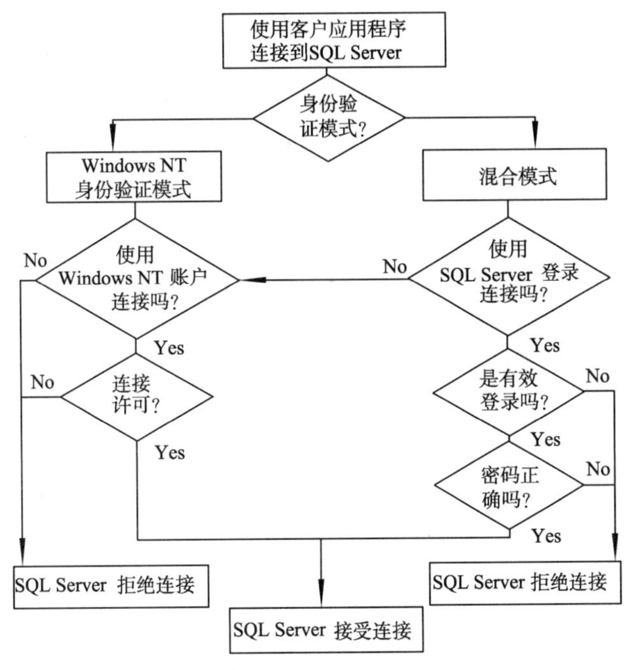

图 12-5 SQL Server 2008 安全性决策树

（1）打开 SQL Server 管理平台，在“对象资源管理器”中右击需要配置的数据库服务器实例，在弹出的快捷菜单中选择“属性”命令。

（2）弹出“服务器属性”对话框，选择“选择页”选项组中的“安全“选项，在其右侧给出了与 SQL Server 数据库服务器相关的安全属性内容。在“服务器身份验证”选项组中可以设置服务器身份验证模式：“Windows 身份验证模式”或“SQL Server 和 Windows 身份验证模式”。

（3）同时，在“登录审核”选项组中可以选择跟踪记录用户登录时的信息，如登录成功或登录失败的信息等。在“服务器代理账户”选项组中设置当启动并运行 SQL Server 2008 时的默认登录用户名称和密码。单击“确定”按钮，即可完成 SQL Server 2008 验证模式的设置。

12.2 用户登录名管理

用户是配置 SQL Server 服务器安全中的最小单位，通过使用不同用户的登录名可以配置不同的访问级别。SQL Server 2008 中用户必须通过登录账户建立自己的连接能力，以获得对 SQL Server 实例的访问权限。该登录账户必须映射到用于控制在数据库中所执行活动的 SQL Server 用户账户，以控制用户拥有的权限。

12.2.1 系统内置登录名

在 SQL Server 中有两种账户，一种是登录服务器的域登录账号，另一种是使用指定唯一的登录 ID 和密码的数据库用户账户。要访问特定的数据库，还必须具有用户名。用户名在特定的数据库中创建，并关联一个登录名。通过授权给用户，指定用户可以访问的数据库对象的权限。登录账号只是让用户以登录名的方式登录到 SQL Server 中，登录名本身并不能让用户访问服务器中的数据库。

SQL Server 2008 默认的登录名包括内置的系统管理员组、本地管理员、sa、SYSTEM 及 SQL Server 2008 内置的服务器与代理服务器等。单击“对象资源管理器”，展开“安全性”→“登录名”结点，如图 12-6 所示。部分说明如下：

（1）BUILTIN\ Administrators：一个 Windows 2000/2003 Server 系统管理员组，凡属于该组的用户账户均可作为 SQL Server 2008 的登录账户使用。

（2）distributor-admin：一个 Windows 2000/2003 创建的本地管理员账户，允许作为 SQL Server 2008 的登录账户使用。

（3）SYSTEM：是 SQL Server 服务器内置的本地账户，可设置成为 SQL Server 2008 登录账户。

（4）sa：SQL Server 2008 的系统管理员登录账户，具有最高的管理许可权限。

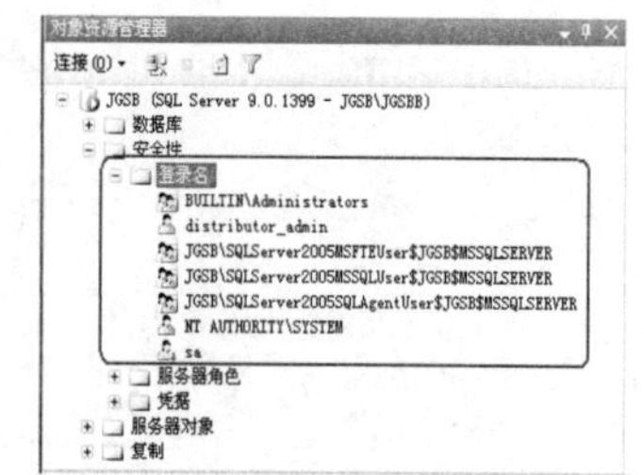

图 12-6　SQL Server 2008 系统内置登录名

若使用 Windows 2000/2005 Server 用户和组连接到 SQL Server 2008，在登录时必须选择 Windows 身份验证模式，此时不需要密码；而使用系统管理员账户 sa 接到 SQL Server 2008，必须选择 SQL Server 身份验证模式（混合模式），此时必须提供密码。SQL Server 2008 内置的服务器与代理服务器均是 SQL Server 许可的内置登录账户。

注意：在完成 SQL Server 2008 安装后，系统就自动建立了一个特殊用户 sa，sa 账户拥有服务器和所有数据库（包括系统数据库和所有由 SQL Server 2008 账户创建的数据库）的最高管理许可权限，可执行服务器范围内的所有操作。需要注意的是，在刚完成 SQL Server 2008 安装时，sa 账户并无密码，要先对 sa 账户设置密码，以防未经授权用户使用 sa 登录访问 SQL Server 实例，造成对系统的破坏。

默认情况下，系统管理员 sa 被指派给固定服务器角色 sysadmin，并不能进行更改。虽然 sa 是内置的管理员登录账户，但最好不要在日常管理中使用 sa 账户进行登录管理，而应使系统管理员成为 sysadmin 固定服务器角色的成员，并让它们使用自设的系统管理员账户来登录。只有当自建的系统管理员账户无法登录或忘记密码时才使用 sa 这个特殊账户。

12.2.2　创建 SQL Server 登录名

在对 SQL Server 2008 实施维护和管理时，通常需要添加合法的登录账户名（登录名）来连接和登录 SQL Server。12.2.1 节列出了安装 SQL Server 2008 后一些内置的登录名，由于它们都具有特殊的含义和作用，因此通常避免将它们分配给普通用户使用，而是应创建一些适合用户应用的登录名。

通常可以使用 SQL Server 管理平台和 Transact-SQL 语句来完成创建登录名（账户）。

1. 使用 SQL Server 管理平台创建登录名

使用 SQL Server 管理平台创建登录名的过程如下：

（1）启动 SQL Server 管理平台，该平台中选择服务器，展开“安全性”结点，右击“登录名”，在弹出的快捷菜单中选择“新建登录名”命令。打开图 12-7 所示的“登录名-新建”窗口，显示“常规”选项卡，在“登录名”文本框中输入 YU2009。

（2）在“登录名”下方选择登录身份验证模式，此处选择“SQL Server 身份验证”单选按钮，然后输入密码及确认密码，注意区分大小写。在“默认数据库”下拉列表框中选择“信息管理”数据库，也可保持默认项，同时设置相应的默认语言等。

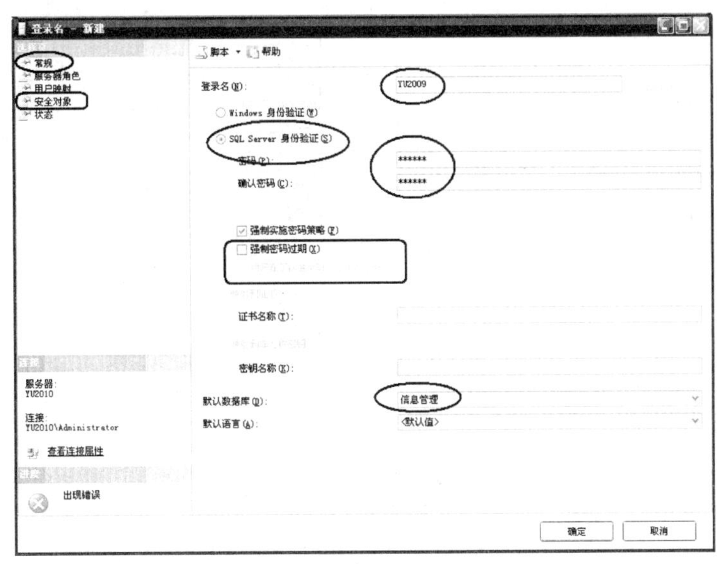

图 12-7　新建登录名的“常规”选项卡

注意：一般选择“SQL Server 身份验证”，通常取消选择“用户在下次登录时必须更改密码”与“强制实施密码策略”复选框可规避出错。

（3）用户可在“服务器角色”选项卡中设置登录的角色，如图 12-8 所示；可在“用户映射”选项卡中设置使用该登录名的映射用户和相应的数据库角色，如图 12-9 所示；可在“安全对象”选项卡中设置指定服务器范围的具体安全对象。根据所添加安全对象的不同，权限下显示的内容也略有变化，如图 12-10 所示。用户也可在“状态”选项卡中设置连接到数据库引擎的权限、登录的启用与否，显示登录锁定与否等状态。

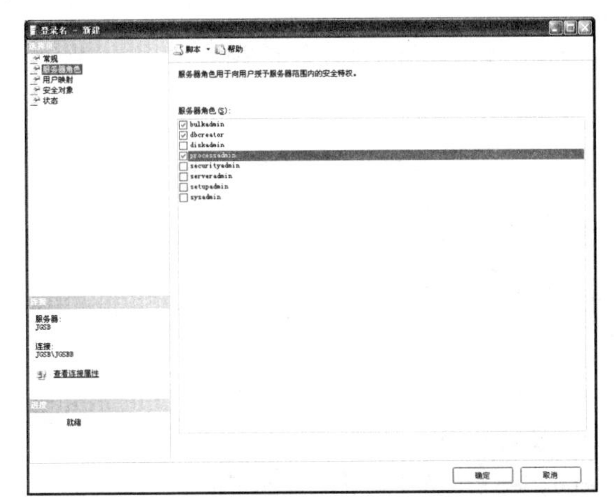

图 12-8　新建登录名的“服务器角色”选项卡

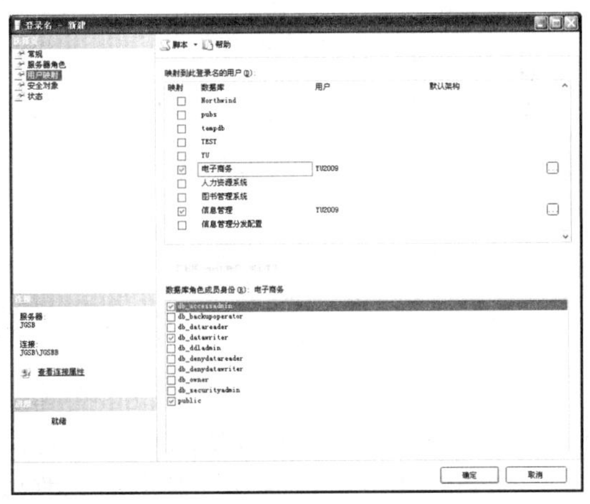

图 12-9　新建登录名的“用户映射”选项卡

（4）设置趋于完毕时，单击“脚本”按钮，系统将生成可以保留的对话过程中与具体操作相对应的 Transact-SQL 语句脚本，如图 12-11 所示，在该图中也可以查看和浏览到所创建的 YU2009 登录名。单击“确定”按钮即可完成登录名的创建的登录名。

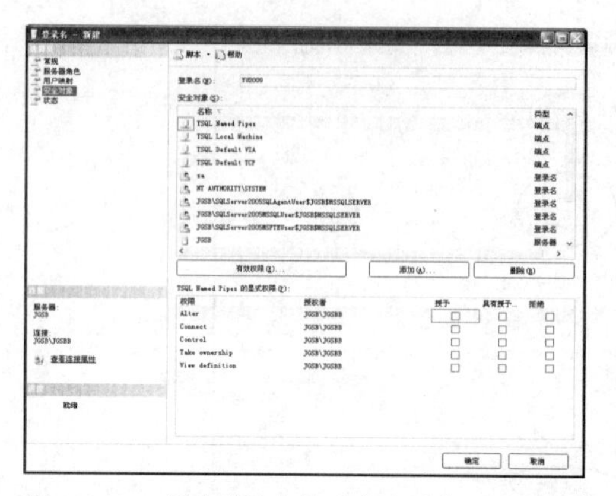

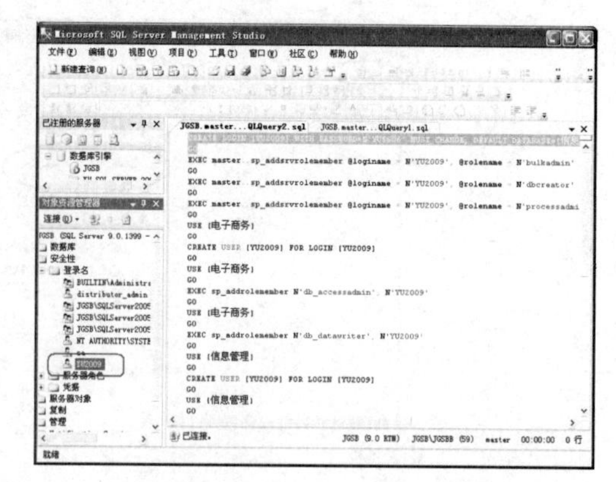

图 12-10　新建登录名的“安全对象”选项卡　　图 12-11　创建登录名 Transact-SQL 语句脚本

注意：检测所创建的登录名是否成功，可通过单击“新建查询”来连接服务器，并在“登录名”文本框中输入 YU2009，进而检测所建的登录名，如图 12-12 所示。最终单击“连接”按钮，在弹出的图 12-13 所示的界面中可看到已经连接的 YU2009 登录名。

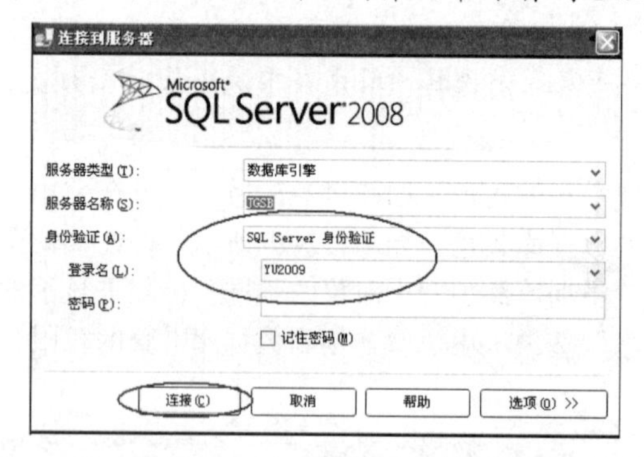

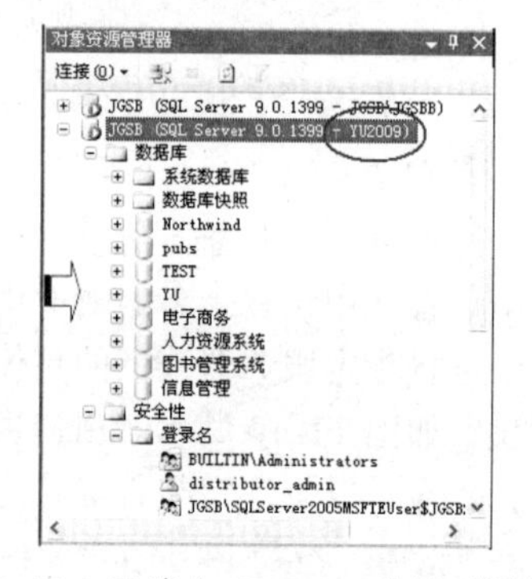

图 12-12　验证 YU2009 登录名连接服务过程对话框　　图 12-13　已连上 YU2009 登录对话框

2. 使用 Transact-SQL 语句创建登录名

（1）使用 Create Login 创建登录名。在 SQL Server 2008 中，Create Login 创建登录名的语法格式如下：

```
Create Login login_name {With PASSWORD='password'  [MUST_CHANGE]
[,SID=sid|DEFAULT_DATABASE=database|DEFAULT_LANGUAGE=language
|CHECK_EXPIRATION={ON|OFF}|CHECK_POLICY={ON|OFF}[CREDENTIAL=credential_name]
[CREDENTIAL=credential_name][,...]]|FROM WINDOWS <windows_options>[ ,...]]
[WITH DEFAULT_DATABASE=database|DEFAULT_LANGUAGE=language,...]]}
```

部分参数含义说明如下：

① login_name：指定创建的登录名。有 4 种类型的登录名：SQL Server 登录名、Windows 登录名、证书映射登录名和非对称密钥映射登录名。

② PASSWORD = 'password'：指定正在更改的 SQL Server 登录登录账户的密码。

③ DEFAULT_DATABASE = database：指定将登录名的默认数据库，默认为 master。

④ DEFAULT_LANGUAGE = language：指定将指派给登录名的默认语言。

⑤ CHECK_EXPIRATION = { ON | OFF }：指定是否对此登录名强制实施密码过期策略，仅适用于 SQL Server 登录名，默认值为否 OFF。

⑥ CHECK_POLICY={ON|OFF}：指定应对此登录名强制实施运行 SQL Server 的计算机的 Windows 密码策略。默认值为 ON，仅适用于 SQL Server 登录名。

⑦ CREDENTIAL = credential_name：将映射到 SQL Server 登录的凭据名称。

⑧ MUST_CHANGE：SQL Server 登录账户名首次使用已改登录时提示输入更新的密码。

⑨ FROM Windows：指定将登录名映射到 Windows 登录名。

⑩ DEFAULT_DATABASE：默认数据库。

⑪ DEFAULT_LANGUAGE：默认语言。

【例 12-1】首先创建名为 pan 的凭据，凭据的 Windows 用户为 Administrator。然后创建密码为 090118 的 YU0901 登录名，默认数据库为“信息管理”，默认语言为 French，映射到 pan 凭据，运行结果如图 12-14 所示，语句如下：

```
CREATE CREDENTIAL pan WITH IDENTITY='Administrator'
    Go
Create Login  YU0901  WITH PASSWORD='090118',DEFAULT_DATABASE=信息管理,
          DEFAULT_LANGUAGE=French,CREDENTIAL=pan
```

（2）使用存储过程语句 sp_addlogin 创建登录名。在 SQL Server 2008 中主要用存储过程语句 sp_addlogin 来创建新的 SQL Server 登录名连接登录实例，该方式由原 SQL Server 2000 版沿袭而来。sp_addlogin 语法格式如下：

```
sp_addlogin [@loginame=]'login'[,[@passwd=]'password'],
   [@defdb=]'database'][,[@deflanguage=]'language']
```

其中部分语法成分含义如下：

① @loginame：登录账户名，在同一个服务器上，登录账户名必须具有唯一性。

② @passwd：登录账户密码。

③ @deflanguage：登录时默认语言。

④ @defdb：设置新建登录账户的默认数据库，不经设置默认数据库为 master。

【例 12-2】创建一个名为 YUEB，密码为 060608，默认数据库为“信息管理”，默认语言为 English 的登录账户，运行结果如图 12-15 所示，语句如下：

```
EXEC sp_addlogin 'YUEB','040608','信息管理','English'
```

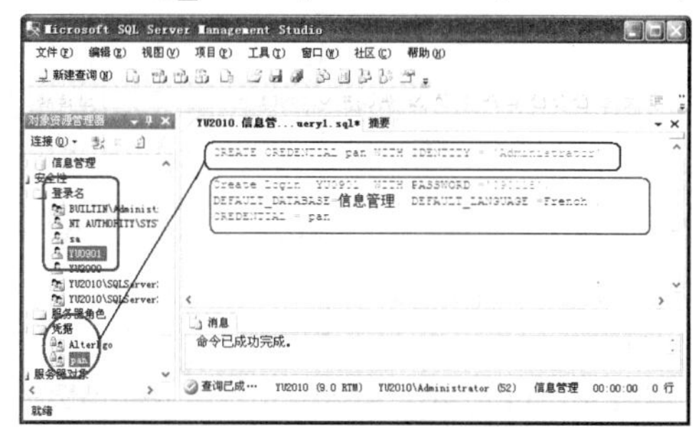

图 12-14　例 12-1 运行结果

图 12-15　例 12-2 运行对话框

【例 12-3】创建一个名为“计算机”，密码为 jsj200406，默认数据库为“电子商务”的登录账户。程序代码如下：

```
EXEC sp_addlogin '计算机','jsj200406','电子商务'
```

注意：sysadmin 或 securityadmin 固定服务器角色的成员可以执行 sp_addlogin 的权限。

```
sp_droplogin [@loginame=] 'login'
```

12.2.3　删除 SQL Server 登录名

1. 使用 SQL Server 管理平台删除登录名

使用 SQL Server 管理平台创建登录名的过程如下：

（1）启动 SQL Server 管理平台，在该平台中选择服务器，展开“安全性”结点。

（2）右击“登录名”结点，在弹出的快捷菜单中选择“删除”命令，弹出“删除对象”对话框，单击“确定”按钮，根据信息提示即可完成删除登录名。

2．使用 Transact-SQL 语句删除登录名

（1）使用存储过程语句 sp_droplogin 可以删除登录名，语法格式如下：

```
sp_droplogin [@loginame=]'login'
```

（2）使用 Transact-SQL 语句 Drop Login 可以删除登录名，语法格式如下：

```
Drop Login login_name
```

【例 12-4】 使用两种方法从 SQL Server 2008 中删除登录账户“计算机”。

```
EXEC sp_droplogin  '计算机'
Drop Login 计算机
GO
```

12.2.4　修改 SQL Server 登录名

可以使用 Transact-SQL 中 Alter Login 语句修改登录名，将早期版本中的多条系统存储过程语句融为一体，如 sp_password、sp_defaultdb、sp_defaultlanguage 等，功能比较强大。Alter Login 语句的语法格式如下：

```
Alter Login login_name  {ENABLE|DISABLE
|WITH  PASSWORD='password'|MUST_CHANGE|UNLOCK
|DEFAULT_DATABASE=database|DEFAULT_LANGUAGE=language|NAME=login_name
|CHECK_POLICY={ON|OFF}|CHECK_EXPIRATION={ON|OFF}|
CREDENTIAL=credential_name|NO CREDENTIAL[,...]}
```

部分参数含义说明如下：

（1）ENABLE | DISABLE：启用或禁用此登录。

（2）NAME = login_name：重命名的登录新名称。

（3）CREDENTIAL 或 NO CREDENTIAL：映射到 SQL Server 登录的凭据名称或不映射到 SQL Server 登录的凭据名称。

login_name、CHECK_EXPIRATION、DEFAULT_DATABASE、DEFAULT_LANGUAGE、PASSWORD、CHECK_POLICY、MUST_CHANGE 等与 Create Login 创建登录名相同。

【例 12-5】 启用“计算机”登录名，将计算机登录名的登录密码更改为 20090209，将计算机登录名更改为“互联网”，并将“互联网”登录名映射到凭据 PJ_YU，运行结果如图 12-16 所示，语句如下：

```
Alter Login 计算机 Enable
    Alter Login 计算机 WITH PASSWORD='20090209'
       Alter Login 计算机 WITH NAME=互联网
          Alter Login 互联网;WITH CREDENTIAL=PJ_YU
```

【例 12-6】 对“互联网”登录账户名强制实施密码过期策略，然后禁用“互联网”登录名。再将用户账户登录名 YU2009 的默认数据库设置为“会计”，默认语言设置为 French，运行结果如图 12-17 所示，语句如下：

```
Alter  Login  互联网 WITH CHECK_POLICY=ON
     Alter  Login 互联网 DISABLE
         Alter  Login  YU2009 WITH DEFAULT_DATABASE=信息管理
             Alter  Login  YU2009 WITH DEFAULT_LANGUAGE=French
```

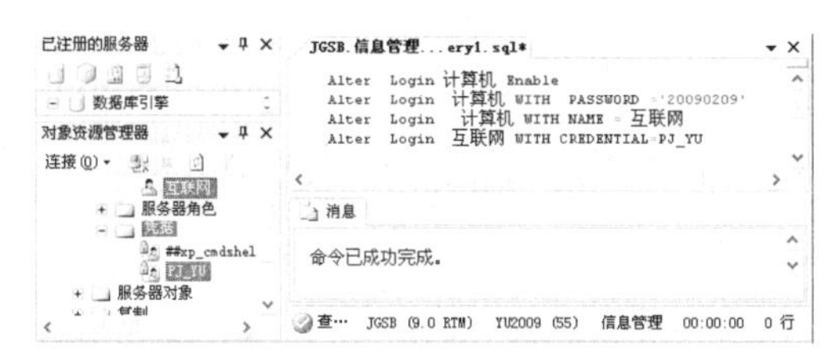

图 12-16　例 12-5 运行对话框

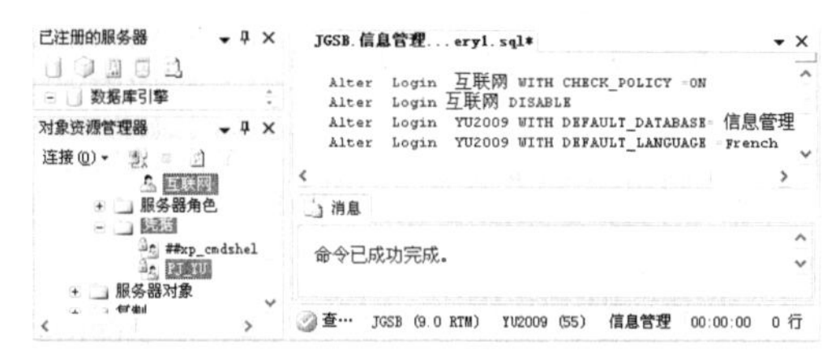

图 12-17　例 12-6 运行对话框

12.3　数据库用户管理

在实现安全登录后，如果在数据库中并没有授予该用户访问数据库的许可，则该用户仍然不能访问数据库，所以对于每个要求访问数据库的登录用户，就必须使该用户账户成为数据库用户，并授予其相应的活动访问许可等。数据库用户是数据库级的主体，是登录名在数据库中的映射，是在数据库中执行操作和活动行动者，使用数据库用户账户可限制访问数据库的范围。数据库的访问许可通过映射数据库用户与登录账户之间的关系来实现。数据库用户是数据库级的安全实体，就像登录账户是服务器级的安全实体一样。

12.3.1　特殊数据库用户

在 SQL Server 2008 中包含具有特定权限和效用的特殊（默认）数据库用户，包括数据库所有者 dbo、guest 用户、数据库对象所有者和 sys 用户等。

1．数据库所有者 dbo

在 SQL Server 2008 中，数据库所有者或 dbo 是数据库的隐性最高权利所有者，是个特殊类型的数据库用户，被授权特殊的权限，数据库的创建者即为数据库的所有者。在安装时，dbo 被设置到 model 数据库中，每个数据库都存在，具有所有数据库的操作权限，可向其他用户授权且不能被删除。固定服务器 sysadmin 角色的成员自动被映射为特殊的数据库用户，所建数据库及任何对象都自动属于 dbo，且以 sysadmin 登录，能够执行 dbo 的任何任务。在 Transact-SQL 语句限定数据库对象时，若数据库对象为 sysadmin 角色成员所建，则使用 dbo，否则使用创建者的名称限定数据库对象。

例如，如果信息管理数据库有 RS 和 CW 两个数据库用户，RS 数据库用户是固定服务器角色 sysadmin 的成员，创建了人事表，则人事表属于 dbo，限定为“dbo.人事”，而不以“RS.人事”限定；CW 数据库用户是固定数据库角色 db_owner 的成员，而非 sysadmin 的成员，创建了会计表，则会计表属于 db_owner，被限定为“CW.会计”。

2．guest

guest 是 SQL Server 2008 中的一个特殊用户账户，其允许具有 SQL Server 登录账户而在数据库中没有数据库用户者访问数据库。此时，SQL Server 会检索该数据库中是否有 guest 用户，若存在该用户，就允许其以 guest 用户权限访问数据库，否则拒绝。当满足下列条件：数据库中含有 guest 用户账户，且有访问 SQL Server 实例的权限，但没有通过自己的用户账户访问数据库权限时，登录采用 guest 用户的标识。

可以将权限应用到 guest 用户，就如同其他用户账户一样。可以在除 Master 和 Tempdb 外（在这两个数据库中它必须始终存在）的所有数据库中添加或删除 guest 用户。默认情况下，新建的数据库中没有 guest 用户账户。

3. 数据库对象所有者

SQL Server 2008 中的数据库对象涵盖表、索引、默认、规则、视图、触发器、函数或存储过程等，数据库对象创建者（数据库用户）即为该数据库对象的所有者，同时隐含具有该数据库对象的所有操作权限。

数据库对象的权限必须由数据库所有者或系统管理员授予。在授予数据库对象这些权限后，数据库对象所有者就可以创建对象并授予其他用户使用该对象的权限。在一个数据库中，不同用户可以创建同名的数据库对象，因而，用户在访问数据库对象时必须对数据库对象的所有者进行限定。

12.3.2 数据库用户管理

SQL Server 通过数据库用户对数据库对象进行操作，可用来指定哪些用户可以访问哪些数据库。在一个数据库中，用户对数据的访问权限以及对数据库对象的所有关系都是通过基于数据库的用户账号来控制的，在两个不同数据库中可以有两个相同的用户账号。

在数据库中，用户账号与登录账号是两个不同的概念，一个合法的登录账号只表明该账号通过了 Windows 身份验证或 SQL Server 混合身份验证，但不能表明其可以对数据库数据和数据对象进行某类操作。

注意：一个登录账号总是与多个数据库用户账号相对应，而一个数据库用户只能与一个已建的登录账号相对应。

数据库用户管理包括创建用户、查看用户信息、修改用户、删除用户等操作。通常可以通过 SQL Server 平台管理器和 Transact-SQL 语句等方法来实施数据库用户管理。

1. 使用 SQL Server 管理平台管理数据库用户

使用 SQL Server 管理平台创建及其他管理数据库用户的步骤如下：

（1）启动 SQL Server 管理平台，连接到本地数据库实例，在对象资源管理器中展开树状目录，选取要建立数据库用户的信息管理数据库，展开“安全性”结点。

（2）右击“用户”结点，在弹出的快捷菜单中选择“新建数据库用户”命令。打开图 12-18 所示的“数据库用户-新建”窗口，显示“常规”选项卡并弹出“选择登录名”对话框，在“用户名”文本框中输入要创建的数据库用户 YU2009，通过“登录名”文本框的选择按钮等环节浏览选择登录名 YU2009。依此类推，可通过同样方法在“默认架构”中选择 dbo，选中“拥有的架构”与“数据库角色成员身份”复选框。

（3）打开“数据库用户-新建”窗口，显示“安全对象”选项卡，如图 12-19 所示，或在“扩展属性”选项卡中进行相应的设置。

图 12-18　新建数据库用户“常规”选项卡

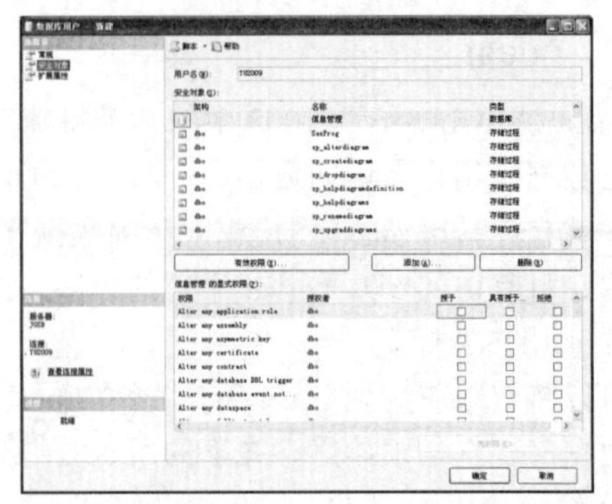

图 12-19　新建数据库用户“安全对象”选项卡

（4）单击“确定”按钮，即可完成数据库用户的创建。在即将结束设置时单击“脚本”按钮，系统将生成可以保留的体现对话过程与具体操作相对应的 Transact-SQL 语句脚本，读者可以自行尝试。

注意： 在设置的同时可以使用 SQL Server 管理平台进行数据库用户的修改、浏览数据库用户的相关属性设置等。通过展开“安全性”→“用户”结点，右击所需管理的数据库用户名，在弹出的快捷菜单中可以进行多种用户的维护性操作，如删除该用户、查看该用户的属性、新建数据库用户与编写用户脚本等操作。

2. 利用 Transact-SQL 语句管理数据库用户

（1）使用 CREATE USER 语句创建数据库用户。可以使用 CREATE USER 语句在指定的数据库中创建用户。由于用户是登录名在数据库中的映射，因此在创建用户时需要指定登录名。CREATE USER 语句语法格式如下：

```
CREATE USER user_name [{{FOR|FROM}{LOGIN login_name|CERTIFICATE cert_name
|ASYMMETRIC KEY asym_key_name}|WITHOUT LOGIN]
[WITH DEFAULT_SCHEMA=schema_name]
```

部分参数含义说明如下：

① user_name：指定数据库中用于识别该用户的名称。

② LOGIN login_name：数据库用户的有效的 SQL Server 登录名。

③ CERTIFICATE cert_name：指定要创建数据库用户的证书。

④ ASYMMETRIC KEY asym_key_name：指定要创建数据库用户的非对称密钥。

⑤ WITH DEFAULT_SCHEMA：数据库用户解析对象名时搜索的第一个架构。

⑥ WITHOUT LOGIN：指定不应将用户映射到现有登录名。

注意： 不能使用 CREATE USER 创建每个数据库中均已存在的 guest 用户。

【例 12-7】 创建名密码为 MyKhy 的 YU090201 服务器登录名，然后在“信息管理”数据库中创建具有默认架构 070208 的对应数据库用户 YU090201DBUSER。语句如下，运行结果如图 12-20 所示。

```
CREATE  LOGIN  YU090201 WITH  PASSWORD='MyKhy'
   USE 信息管理
   CREATE  USER  YU090201DBUSER FOR LOGIN  YU090201
   WITH  DEFAULT_SCHEMA=070208
   GO
```

（2）使用 ALTER USER 语句修改数据库用户。可以使用 ALTER USER 语句修改用户。修改用户包括两个方面：一是可以修改用户名；二是可以修改用户的默认架构。语句语法格式如下：

```
ALTER USER user_name  WITH  NAME=new_user_name
           |DEFAULT_SCHEMA=schema_name [,...n]
```

参数说明：

① user_name：数据库用户名。

② NAME：用户姓名。

③ DEFAULT_SCHEMA = schema_name：指定服务器在解析此用户的对象名称时搜索的第一个架构。

【例 12-8】 试将“信息管理”数据库中用户 YU090201DBUSER 的名称更改为 YUDBUSER，并将数据库用户 YUDBUSER 的默认架构设为 YU_SCHEMA。语句如下，运行结果如图 12-21 所示。

```
USE 信息管理
   ALTER USER YU090201DBUSER WITH NAME=YUDBUSER
   ALTER USER YUDBUSER  WITH DEFAULT_SCHEMA=YU_SCHEMA
   GO
```

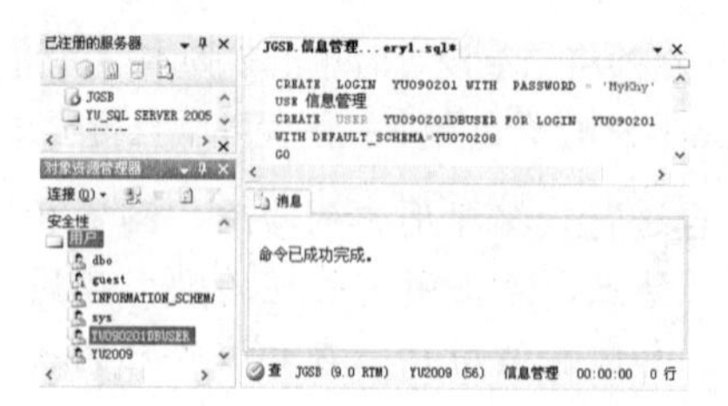

图 12-20 例 12-7 运行对话框

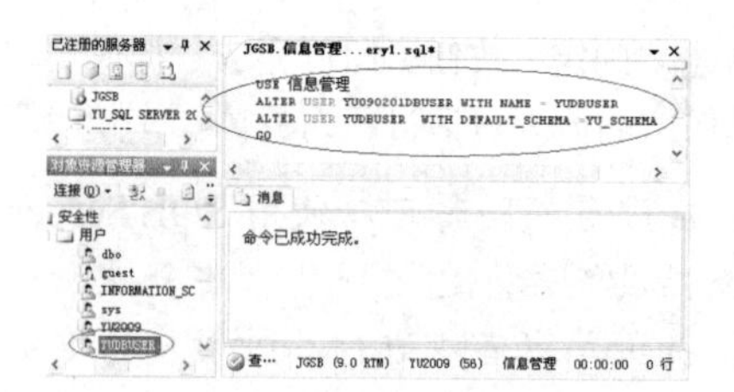

图 12-21 例 12-8 运行对话框

（3）使用系统存储过程语句管理数据库用户。SQL Server 主要使用低版本的 sp_grantdbaccess、sp_revokedbaccess、sp_helpuser 系统存储过程管理数据库用户。

① 创建新数据库用户。存储过程 sp_grantdbaccess 可用来创建新数据库用户。sp_grantdbaccess 语法格式如下：

```
sp_grantdbaccess [@loginame=]'login'[[@name_in_db=]'name_in_db'[OUTPUT]]
```

参数说明：

- @loginame：SQL Server 登录账户名。
- @name_in_db：数据库账户名。

【例 12-9】创建一个名为“计算机”，密码为 JSJ090201，默认数据库为“电子商务”的登录账户。并将其建成名为“电子商务”的数据库用户，语句如下，运行结果如图 12-22 所示。

```
EXEC sp_addlogin  '计算机',' JSJ090201','电子商务'        --可用 CREATE LOGIN 替代
    USE  电子商务
    EXEC sp_grantdbaccess  '计算机','电子商务'
    GO
```

② 删除数据库用户。存储过程 sp_revokedbaccess 用来将数据库用户从当前数据库中删除，语法格式如下：

```
sp_revokedbaccess [@name_in_db=]'name'
```

【例 12-10】删除电子商务数据库用户：“电子商务”与 Corporate\GeorgeW。语句如下，运行结果如图 12-23 所示。

```
USE  电子商务
   EXEC  sp_revokedbaccess  '电子商务'
   EXEC  sp_revokedbaccess  'Corporate\GeorgeW'
   GO
```

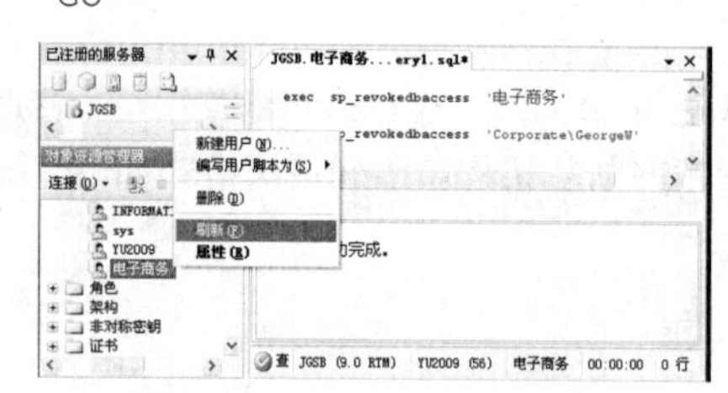

图 12-22 例 12-9 运行对话框

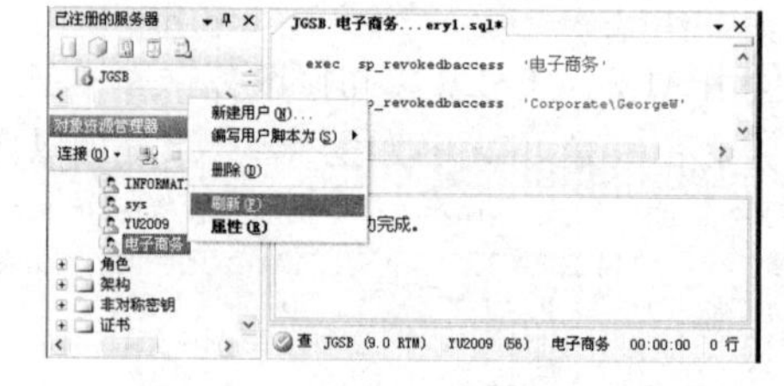

图 12-23 例 12-10 运行对话框

③ 查看数据库用户信息，存储过程 sp_helpuser 被用来显示当前数据库的指定用户信息。语法格式如下：

```
sp_helpuser [[@name_in_db=] 'security_account']
```

参数说明：

- [@name_in_db =] 'security_account'：当前数据库中 SQL Server 用户或数据库角色的名称。
- security_account 必须存在于当前的数据库中。

【例 12-11】试显示“信息管理”数据库中用户信息。

```
USE 信息管理
   EXEC  sp_helpuser
      EXEC  sp_helpuser YU2009
```

12.4 角　　色

角色（Role）是 SQL Server 引入的一种用来集中管理服务器或数据库的理念，不同的角色具有不同的权限（类同于生活中的官爵）。角色是将数据库中的不同用户集中到不同的单元中，从而以单元为单位进行权限管理。角色和权限两者之间的关系类似于 Windows 2000/2003 Server 中用户组和用户的关系，是为了方便权限管理而设置的管理单位。

角色建立后，对一个角色授予、修改或删除权限，其中的成员则均被授予、修改或删除权限。这样对于一个类似功能的用户群体就不需要分别管理每个用户，而只需要对角色进行管理、设置就可以达到管理目的，一个用户可以属于不同的角色，这样不同的分类管理将更加方便。在 SQL Server 2008 中主要有两类角色：其一是服务器级的固定服务器角色；其二是为数据库级的固定数据库角色、应用程序角色和用户定义角色。

12.4.1 服务器角色

1. 服务器角色概念

服务器角色是服务器范围内固定的服务器角色，是 SQL Server 在安装时就预定义创建的，是用于分配服务器级的管理权限的实体，其适用在服务器范围内，权限不能被修改，它是指根据 SQL Server 的管理任务及这些任务的相对重要性分成若干等级，并通过纳取成员设置方式把具有 SQL Server 管理职能的用户划分成不同的用户及组账户（包括登录账户和数据库用户），同时赋予相应的权限。各种固定服务器角色的具体含义及权限范围如表 12-2 所示。

表 12-2　固定服务器角色的权限

角色名称	权限描述
Sysadmin（系统管理员）	可以在 SQL Server 中做任何操作，权限覆盖其他服务器角色
Serveradmin（服务器管理员）	可以管理 SQL Server 服务器范围内的配置，关闭服务器
bulkadmin	可以运行 BULK INSERT 语句，实施大容量数据库导入
Setupadmin（设置管理员）	可以增加、删除与连接服务器，并执行某些系统扩展存储过程
Securityadmin（安全管理员）	可以管理登录、创建数据库权限、更改密码与读取错误日志等
Processadmin（进程管理员）	可以终止在数据库引擎实例中运行的进程
Dbcreator（数据库创建者）	可以创建数据库，并对数据库进行修改与删除及还原数据库
Diskadmin（磁盘管理员）	可以管理磁盘文件

通常可以使用 SQL Server 管理平台和 Transact-SQL 中系统存储过程语句来管理固定服务器角色。

2. 使用 SQL Server 管理平台管理服务器角色

使用 SQL Server 管理平台可查看、增加、删除服务器角色成员等，具体实施步骤如下：

（1）启动 SQL Server 管理平台，在对象资源管理器中选择具体的数据库。右击“表”，在弹出的快捷菜单中选择“新建表”命令，打开表设计器窗口。

（2）启动 SQL Server 管理平台，在 SQL Server 管理平台中选择服务器，展开“安全性”结点，右击“服务器角色”结点中具体的服务器角色，如 Securityadmin。

（3）在弹出的快捷菜单中选择“属性”命令，打开图12-24所示的“服务器角色属性”窗口，在该窗口的服务器角色成员框中可以单击“添加”或“删除”按钮进行该服务器角色成员的管理。

（4）若单击“添加”按钮，则可在弹出的对话框中添加若干具体的服务器角色成员；若选择所列的服务器角色成员，再单击“删除”按钮，则可删除相关服务器角色成员。

（5）单击“确定”按钮，即可完成可查看、增加、删除服务器角色成员等。

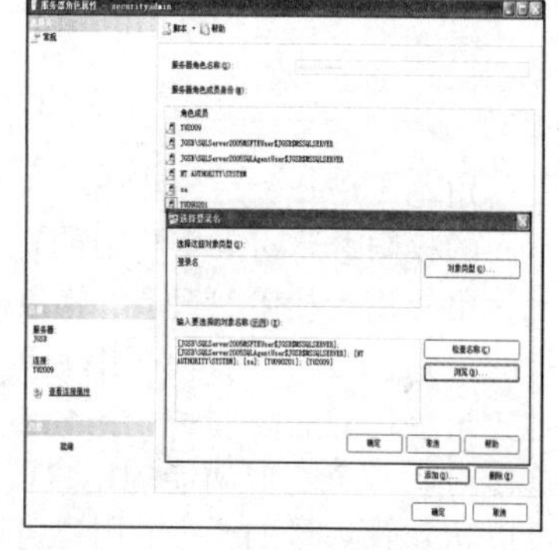

图12-24 “服务器角色属性”窗口

3. 使用存储过程管理服务器角色

在SQL Server中管理服务器角色的存储过程主要有sp_addsrvrolemember（添加服务器角色成员）、sp_dropsrvrrolemember（删除服务器角色成员）和sp_helpsrvrolemember（显示服务器角色成员信息）等。

（1）sp_addsrvrolemember是将某一登录名加入到服务器角色中，使其成为该角色的成员。

sp_addsrvrolemember语法格式如下：

```
sp_addsrvrolemember [@loginame=]'login',[@rolename=]'role'
```

【例12-12】将登录账户名YU0901加入到sysadmin角色中，再将Windows 2005 Server用户Corporate\HelenS添加到serveradmin固定服务器角色中，运行结果如图12-25（a）所示。

```
EXEC sp_addsrvrolemember  'YU0901','sysadmin'
EXEc sp_addsrvrolemember  'Corporate\HelenS','serveradmin'
GO
```

（2）sp_dropsrvrrolemember用来将某个登录账户从某个服务器角色中删除。当该成员从服务器角色中被删除后，不再具有该服务器角色所设置的权限。语法格式如下：

```
sp_dropsrvrolemember [@loginame=]'login',[@rolename=]'role'
```

【例12-13】从固定服务器角色中分别删除登录账户YU0901和Windows 2000 Server用户Corporate\HelenS，前者是sysadmin角色后者为serveradmin角色，运行结果如图12-25（b）所示。

```
EXEC sp_dropsrvrolemember  'YU0901','sysadmin'
EXEC sp_dropsrvrolemember  'Corporate\HelenS','serveradmin'
GO
```

（3）sp_helpsrvrolemember用来显示服务器角色成员的相关信息。语法格式如下：

```
sp_helpsrvrolemember  [[@srvrolename=]'role']
```

【例12-14】显示sysadmin固定服务器角色的成员信息，运行结果如图12-25（b）所示。

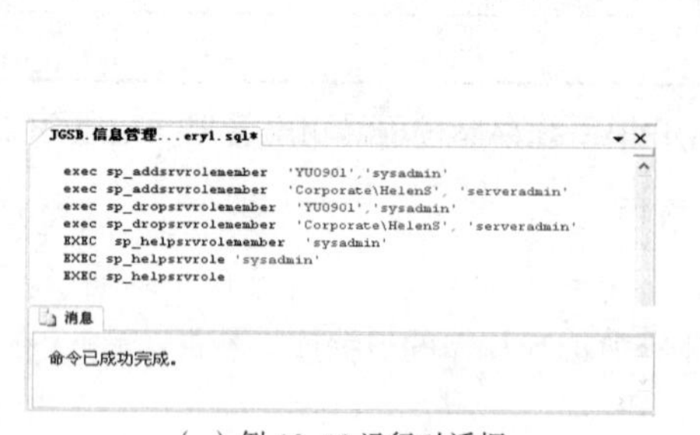

（a）例12-12运行对话框

（b）例12-13和例12-14运行对话框

图12-25 例12-12～例12-14运行对话框

```
EXEC  sp_helpsrvrolemember  'sysadmin'
```

（4）sp_helpsrvrole是返回SQL Server固定服务器角色列表的存储过程。语法格式如下：

```
sp_helpsrvrole [[@srvrolename=]'role']
```

【例 12-15】显示 sysadmin 固定服务器角色的成员信息。

```
sp_helpsrvrole 'sysadmin'
```

12.4.2 数据库角色

在 SQL Server 2008 中，数据库范围角色分为内置数据库角色、应用程序角色和用户定义角色。固定数据库角色可提供最基本的数据库权限的综合管理。固定数据库角色拥有已经应用的权限；只需要将用户加进这些角色中，该用户即可继承全部相关的权限。通常可以使用 SQL Server 管理平台和 Transact-SQL 中系统存储过程语句来管理固定数据库角色。

1. 数据库角色

数据库角色是定义在数据库级上固定的数据库角色，借助数据库角色可对数据库用户的权限进行有效管理。固定数据库角色是指在 SQL Server 安装时定义的所有具有管理访问数据库权限的角色，可提供最基本的数据库权限设置管理，并且 SQL Server 管理者不能对其所具有的权限进行任何修改。固定数据库角色能为某个用户或一组用户授予不同级别的访问、管理数据库或数据库对象的权限，这些权限是数据库专有的，而且还可以使一个用户具有属于同一数据库的多个角色，因而其功能也将更加丰富，更易于综合管理。

各种固定数据库角色的具体含义及权限范围如表 12-3 所示。

表 12-3 固定数据库角色的权限

角色名称	权限描述
db_owner	可以执行所有数据库角色的活动，该角色包含其他各角色的所有权限
db_accessadmin	可以增加或删除 Windows 用户或组登录者及 SQL Server 用户
db_datareader	能对数据库中任何表执行 SELECT 操作，从而读取所有表的信息
db_datawriter	能对库中表执行 INSERT、UPDATE、DELETE 操作，但不能执行 SELECT 操作
db_ddladmin	可以新建、删除、修改数据库中任何对象
db_securityadmin	可以管理数据库角色的角色和成员，并管理数据库中语句和对象权限
db_backupoperator	可以备份数据库
db_denydatareader	不能查看数据库中的数据
db_denydatawriter	不允许更改数据库中的数据

2. 特殊数据库角色 public

SQL Server 2008 的每个数据库中都有一个特殊的数据库角色——public 角色，每个数据库用户都属于它。该角色具有如下特点：

（1）捕获数据库中用户的所有默认权限，该角色无法删除。

（2）无法将用户、组或角色指派给它，因为默认情况下它们即属于该角色。

（3）该角色包含在每个数据库中，包括系统的和所有用户数据库。

3. 使用 SQL Server 管理平台管理数据库角色

使用 SQL Server 管理平台可以完成查看固定数据库角色的权限、增加与删除固定数据库角色成员等功能。使用 SQL Server 管理平台管理固定数据库角色的步骤如下：

（1）启动 SQL Server 管理平台，在 SQL Server 管理平台中选择服务器，展开“数据库”结点，选择具体的数据库。右击该数据库的“安全性”→“数据库角色”结点中具体的数据库角色，如 db_securityadmin。

（2）在弹出的快捷菜单中选择“属性”命令，如图 12-26 所示，打开图 12-27 所示的“数据库角色属性”窗口，可用来查看或修改所选数据库角色的属性。

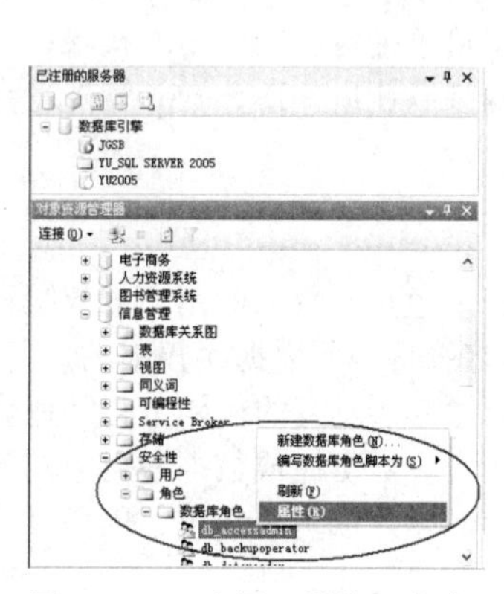

图 12-26　选择“属性”命令

图 12-27　“数据库角色属性”窗口

（3）在“角色名称”文本框中输入角色名称，若编辑现有角色，则可进行配置。在“所有者”文本框中显示角色的所有者。若单击“所有者”右侧的“浏览”按钮即可弹出“选择数据库用户或角色”对话框。在“选择数据库用户或角色”对话框中可向另一个对话框的列表中添加对象，具体说明如下：

① 选择这些对象类型：显示类型列表包括用户、应用程序角色、数据库角色。用户在“选择对象类型”对话框中选择的选项进行填充。

② 输入要选择的对象名称：输入用分号分隔的要选择的对象名称列表，所选对象要属于“选择这些对象类型”框中列出类型。可通过单击“浏览”按钮，再在列表框中选择对象。

③ 对象类型：显示对象类型列表，通过选中相应的复选框选择一个或多个类型。

④ 检查名称：验证“输入要选择的对象名称”框中的对象名称。

⑤ 浏览：单击该按钮弹出“查找对象”对话框。选中相应的复选框即可从该列表中选择对象。

（4）上述操作后，在“此角色拥有的架构”拥有的架构下选中所需的复选框，以此来选择或查看此角色拥有的架构。架构只能由一个架构或角色拥有。

（5）在“此角色的成员/角色成员”下显示从可用数据库用户列表中选择角色的成员身份，还可在该对话框的数据库角色成员框中单击“添加”或“删除”按钮，进行该数据库角色成员的管理。

（6）若单击“添加”按钮，则可在弹出的对话框中添加若干具体的服务器角色成员；若选择所列的服务器角色成员，再单击“删除”按钮，则可删除相关服务器角色成员。

（7）单击“确定”按钮，即可完成查看、增加、删除数据库角色成员等操作。

4．使用存储过程语句管理数据库角色成员

在 SQL Server 中管理固定数据库角色成员的存储过程主要有 s_addrolemember（添加数据库角色成员）、sp_droprolemember（删除数据库角色成员）和 sp_helprolemember（显示当前数据库所有角色的成员）。

（1）sp_addrolemember 用来向数据库添加某个角色（数据库角色或用户自定义角色）成员，添

加数据库角色其语法格式如下：

```
sp_addrolemember [@rolename=]'role',[@membername=]'security_account'
```

参数含义说明：

① [@rolename =] 'role'：指数据库角色。

② [@membername =] 'security_account'：添加到 SQL Server 数据库角色成员。

【例 12-16】将用户“电子商务”加入到角色 db_owner 中。

```
EXEC sp_addrolemember  'db_owner','YU2009'
```

（2）sp_droprolemember 用来删除某个数据库角色的成员。语法格式如下：

```
sp_droprolemember [@rolename=]'role',[@membername=]'security_account'
```

（3）sp_helprolemember 用来显示某个数据库角色的所有成员。语法格式如下：

```
sp_helprolemember [[@rolename=]'role']
```

注意：如果没有指明角色名称，则显示当前数据库所有角色的成员。

【例 12-17】显示 pubs 数据库中所有角色的成员，并将用户“电子商务”从角色 db_owner 中删除。

```
USE PUBS
sp_helprolemember
EXEC  sp_DROProlemember  'db_owner','电子商务'
GO
```

12.4.3 应用程序角色

1. 应用程序角色及特点

应用程序角色是一个数据库主体，它使应用程序能够用其自身的、类似用户的特权来运行。使用应用程序角色可以只允许通过特定应用程序连接的用户访问特定数据。与数据库角色相比，应用程序角色有 3 个特点：

（1）在默认情况下该角色不包含任何成员。

（2）在默认情况下该角色是非活动的，必须用 sp_setapprole 激活后才能发挥作用。

（3）该角色有密码，只有拥有应用程序角色正确密码的用户才可以激活该角色。当激活某个应用程序角色后，用户会拥有应用程序角色的权限而失去原有的权限。

应用程序角色是用户定义数据库角色的一种形式，与固定数据库角色不同。它规定了某个应用程序的安全性，用来控制通过某个应用程序对数据的间接访问。在 SQL Server 2008 系统中，可以使用 SQL Server 管理平台和 Transact-SQL 语句来完成创建应用程序角色。

2. 使用 SQL Server 管理平台创建应用程序角色

使用 SQL Server 管理平台创建应用程序角色的步骤如下：

（1）启动 SQL Server 管理平台，连接到本地数据库实例，在对象资源管理器中展开树状目录，选取要建立应用程序角色的信息管理数据库，展开“安全性”结点。

（2）右击“用户”结点下的“应用程序角色”，在弹出的快捷菜单中选择“新建应用程序角色”命令。打开图 12-28 所示“应用程序角色-新建”窗口，显示“常规”选项卡，在“角色名称”文本框中输入要创建的角色名称 YU-APPROLE；在“默认架构”文本框中指定该角色所属的架构，若单击“默认架构”右侧的“浏览”按钮即可弹出“定位架构”对话框，可以设置浏览方式使用现有的架构；在“密码”文本框中输入密码进行身份验证，并输入确认密码。

（3）在“此角色拥有的架构”列表框中选择或查看此角色拥有的架构，选择所需的复选框，可选择此角色拥有的架构。架构只能由一个架构或角色拥有。

（4）选择“安全对象”选项卡，可以查看或设置数据库安全对象的权限等，如图 12-29 所示。

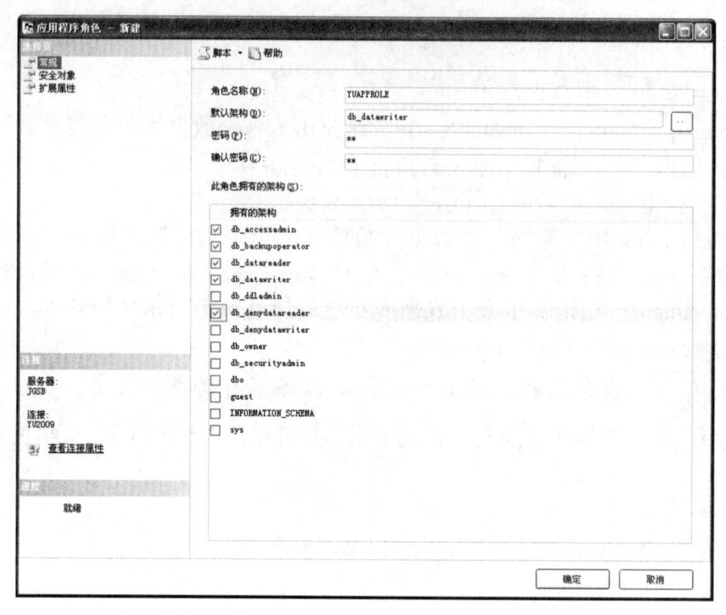

图 12-28　新建应用程序角色的“常规”选项卡

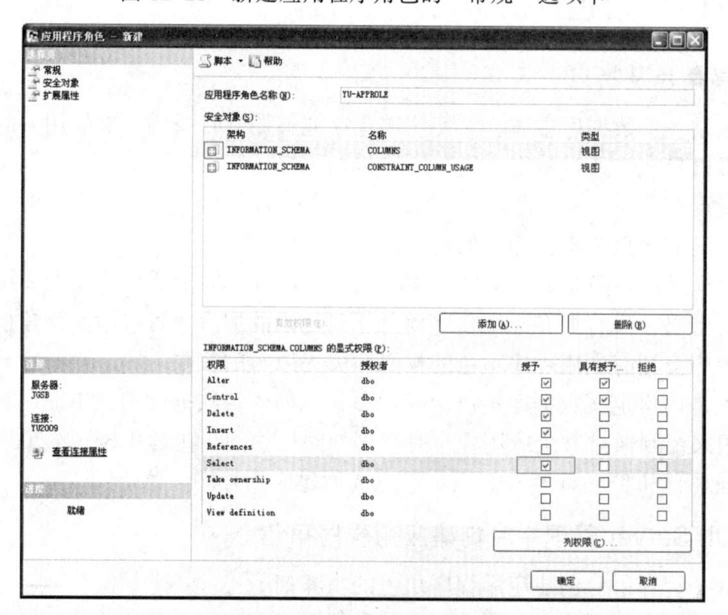

图 12-29　新建应用程序角色的“安全对象”选项卡

（5）在该对话框中可以单击“添加”或“删除”按钮，进行该角色对象的添加或删除管理。若单击“添加”按钮，则可在弹出的对话框中添加若干对象；若选择所列的架构对象，再单击“删除”按钮，则可删除相关架构对象。

（6）单击“确定”按钮，即可完成创建应用程序角色。

3. 利用 Transact-SQL 语句创建应用程序角色

可以使用 CREATE APPLICATION ROLE 语句创建应用程序角色。语法格式如下：

```
CREATE APPLICATION  ROLE application_role_name
```

```
    WITH PASSWORD='password'  [,DEFAULT_SCHEMA=schema_name]
```

【例 12-18】创建名为 YUAPPROLE0、密码为 500101 的应用程序角色，该角色使用 Sales 作为其默认架构，运行如图 12-30 所示。

```
CREATE APPLICATION ROLE YUAPPROLE0
        WITH PASSWORD='500101',DEFAULT_SCHEMA=Sales;
```

图 12-30　例 12-18 运行对话框

4. 使用应用程序角色

通常，应用程序角色在使用之前必须激活，可以通过执行 sp_setapprole 系统存储过程来激活应用程序角色。在连接关闭或执行系统存储过程 sp_unsetapprole 之前，被激活的应用程序角色都将保持激活状态。应用程序角色可以在由客户的应用程序中使用，也可以在 Transact-SQL 批处理中使用。

【例 12-19】不使用加密选项激活应用程序角色,但可以使用明文密码 Bright 激活名为 YUAPPROLE0 的应用程序角色。

```
EXEC sp_setapprole  'YUAPPROLE0','Bright'
```

5. 删除应用程序角色

如果需要删除应用程序角色，可以使用 DROP APPLICATION ROLE 语句。例如：

```
DROP APPLICATION ROLE YUAPPROLE0
```

12.4.4　用户自定义数据库角色

1. 用户自定义数据库角色概念

在 SQL Server 2008 中除了系统预定义的固定数据库角色之外，当打算为某些数据库用户设置某种权限，但是此类权限又不等同于预定义的固定数据库角色权限时，用户还可以在数据库中创建新的自定义的数据库角色，以满足、完善数据库管理的需求和发展。通常，可以使用 SQL Server 管理平台和 Transact-SQL 中存储过程语句来创建自定义数据库角色。

2. 使用 SQL Server 管理平台创建自定义数据库角色

使用 SQL Server 管理平台创建创建自定义数据库角色的步骤如下：

（1）启动 SQL Server 管理平台，连接到本地数据库实例，在对象资源管理器中展开树状目录，选中要建立自定义数据库角色的信息管理数据库，展开“安全性”结点，右击“数据库角色”结点并在弹出的快捷菜单中选择“新建数据库角色”命令。

（2）打开图 12-31 所示的“数据库角色-新建”窗口，显示“常规”选项卡，在“角色名称”文本框中输入要创建的角色名称 YUROLE；在“默认架构”文本框中指定该角色所属的架构，若单击“默认架构”右侧的“浏览”按钮即可以弹出“定位架构”对话框，可以浏览并使用现有的架构；在“密码”文本框中输入密码进行身份验证，并输入确认密码。

（3）在“此角色拥有的架构”选项组的“拥有的架构”列表框中选择或查看此角色拥有的架构，

选择所需的复选框，可选择此角色拥有的架构。架构只能由一个架构或角色拥有。

（4）选择“安全对象”选项卡，查看或设置数据库安全对象的权限等。

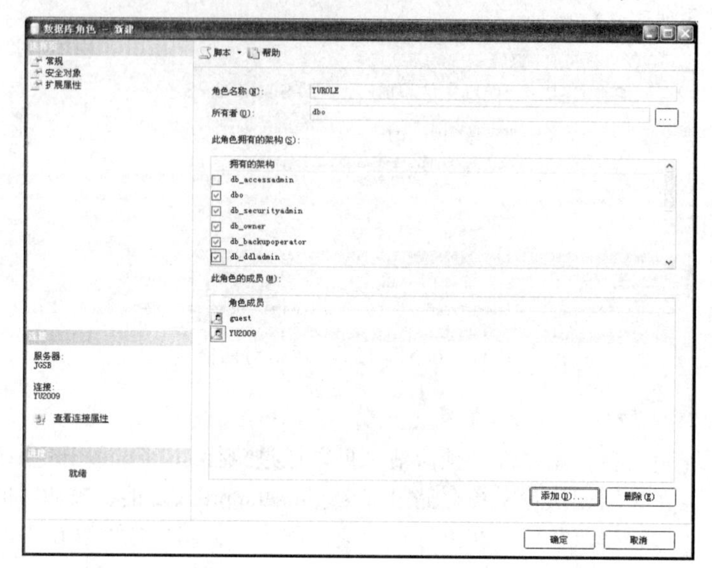

图 12-31　“数据库角色-新建”窗口

（5）在该窗口中可以单击“添加”或“删除”按钮，进行该角色对象的添加或删除管理。若单击“添加”按钮，则可在弹出的对话框中添加若干对象；若选择所列的架构对象，再单击“删除”按钮，则可删除相关架构对象。

（6）单击“确定”按钮，即可完成创建自定义数据库角色。

3. 使用 Transact-SQL 语句创建自定义数据库角色

SQL Server 2008 中，在当前数据库中创建自定义数据库角色主要用 CREATE ROLE 语句来完成。语法格式如下：

```
CREATE ROLE  role_name [AUTHORIZATION owner_name]
```

参数说明：

① role_name：待创建角色名称。

② AUTHORIZATION owner_name：将拥有新角色的数据库用户。

如果未指定用户，则执行 CREATE ROLE 的用户将拥有该角色。

【例 12-20】创建信息管理数据库中固定数据库角色 db_securityadmin 拥有的数据库角色 YUROLE0。

```
USE 信息管理
    CREATE ROLE YUROLE0  AUTHORIZATION db_securityadmin
    GO
```

4. 使用系统存储过程语句创建自定义数据库角色

在 SQL Server 中管理自定义数据库角色的存储过程主要有 sp_addrole（创建数据库角色）、sp_droprole（删除数据库角色）、sp_addapprole（添加应用程序数据库角色）、sp_dropapprole（删除应用程序数据库角色）和 sp_helprole（返回当前数据库中角色信息）。

（1）使用 sp_addrole 创建新数据库角色。sp_addrole 语法格式如下：

```
sp_addrole [@rolename=]'role'  [,[@ownername=]'owner']
```

参数说明：

① [@rolename=]'role'：要创建的数据库角色名称。

② [@ownername=]'owner'：新数据库角色的所有者，在默认情况下是 dbo。

【例 12-21】在信息管理数据库中建立新的数据库角色 yyc 和 Managers。

```
USE 信息管理
    EXEC sp_addrole 'yyc'
        EXEC sp_addrole 'Managers'
```

（2）使用 sp_droprole 可删除数据库中自定义的数据库角色。sp_droprole 语法格式如下：

```
sp_droprole [@rolename=] 'role'
```

【例 12-22】删除信息管理数据库中所建的 yyc 和 Managers 数据库角色。

```
USE 学生
    EXEC sp_droprole 'yyc'
        EXEC sp_droprole 'Managers'
```

（3）使用 sp_helprole 用来显示当前数据库中所有数据库角色的信息。sp_helprole 语法格式如下：

```
sp_helprole [[@rolename=] 'role']
```

【例 12-23】显示信息管理数据库的所有数据库角色信息。

```
USE 信息管理
    EXEC sp_helprole
```

注意： 也可以对自定义数据库角色进行浏览修改属性与删除自定义数据库角色等操作，读者可以自行尝试。

12.4.5 为角色添加成员

角色是指一组具有固定权限的描述，角色有着极强的应用性。例如，如果用户创建了一个角色成员的登录，用户用这个登录能执行这个角色许可的任何任务。

上述的服务器角色、数据库角色、应用程序角色和用户自定义数据库角色都可以指派具体的角色成员。前两种已经详细介绍了，后两种方法与前两种类似，均是在 SQL Server 管理平台中通过具体的登录名或数据库用户的“属性”来设置的。在“属性”对话框中可以将该用户设置为若干服务器角色或数据库角色成员，并可设置相关权限，从而达到设置具体用户的功能权限，拓展应用性，限于篇幅，这里就不再赘述了。

12.5 管理架构

SQL Server 2008 的新特点是使 SQL Server 2000 中隐式关联的架构具体化，架构是形成单个命名空间的数据库实体的集合，是对象的容器，用于在数据库中定义对象的命名空间，也可用于简化管理和创建可以共同管理的对象子集，架构与用户相互分离。用户拥有架构，且当服务器在查询中解析非限定对象时，总会有默认架构供服务器使用，而不必指定架构名称。

架构是数据库级的安全对象，独立于创建它们的数据库用户。架构可以在不更改架构名称的情况下转让架构的所有权，并可在架构中创建具有友好名称与明确功能的对象。架构命名空间集合中的每个元素名称都是唯一的。例如，为规避名称冲突，同一个架构中不能有两个同名的表。两个表只有在位于不同架构时才可以同名。在讨论数据库工具时，架构还指目录信息，用于说明架构或数据库中的对象。将架构与数据库用户分离对管理者和开发人员而言有下列优越性：

（1）多个用户可以通过角色成员身份或 Windows 组成员身份拥有一个架构。

（2）极大地简化了删除数据库用户的操作，多个用户可共享一个架构以进行统一名称解析。

（3）删除数据库用户不需要重命名该用户架构所包含的对象。

（4）开发人员通过共享默认架构可将共享对象存储在为特定的架构中。

（5）可以用比早期版本中粒度更大的粒度管理架构和架构包含的对象权限。

管理架构包括创建架构、查看架构的信息、修改架构及删除架构等。一个完全限定的数据库对象通过由 4 个命名部分所组成的结构来引用：<服务器>.<数据库>.<架构>.<对象>，SQL Server 2008 不允许删除其中仍含有对象的架构。

当一个应用程序引用一个没有限定架构的数据库对象时，SQL Server 将在用户的默认架构中找出该对象。若对象没有在默认架构中，则 SQL Server 尝试在 dbo 架构中寻找该对象。

12.5.1　创建架构

在 SQL Server 2008 系统中，可以使用 SQL Server 管理平台和 Transact-SQL 语句来创建架构。

1．使用 SQL Server 管理平台创建架构

使用 SQL Server 管理平台创建架构的步骤如下：

（1）启动 SQL Server 管理平台，连接到本地数据库实例，在对象资源管理器中展开树状目录，选中要建立架构的信息管理数据库，展开“安全性”结点。

（2）右击“架构”结点，在弹出的快捷菜单中选择“新建架构”命令，打开图 12-32 所示的“架构-新建”窗口。

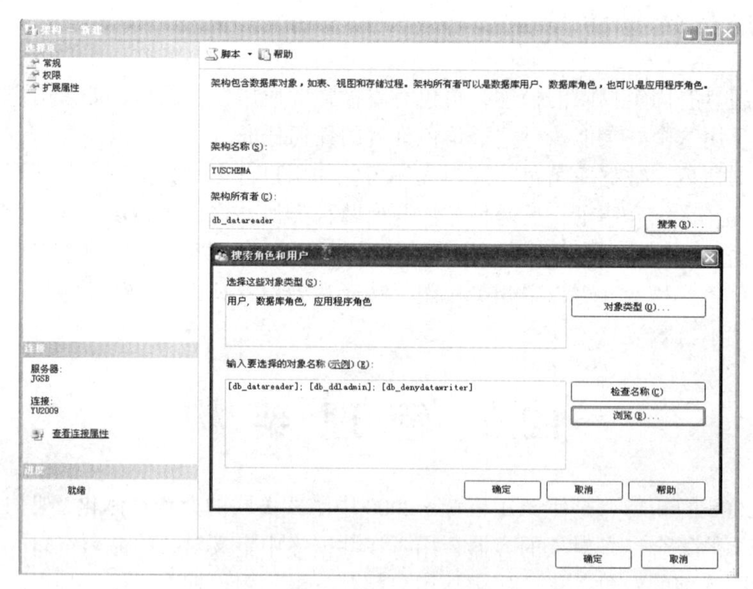

图 12-32　“架构-新建”窗口

（3）在“架构名称”文本框中输入要创建的架构名称，如 YUSCHEMA。

（4）在“架构所有者”文本框中指定该角色所属的架构，若单击“架构所有者”右侧的“搜索”按钮即可弹出“搜索角色和用户”对话框，从中可查找可能的所有者角色或用户，如 dbo 或 db_owner 等，以供引用与填充等。

（5）此时若单击“脚本”按钮，系统将生成可以保留的体现对话过程与具体操作相对应的 Transact-SQL 语句脚本，如图 12-33 所示。

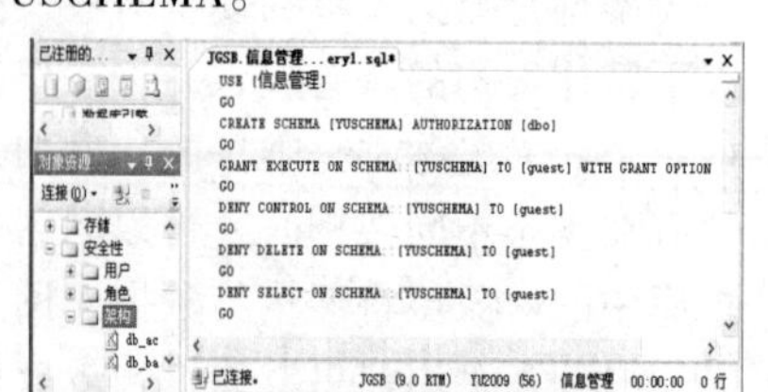

图 12-33　创建架构脚本的 Transact-SQL 语句对话框

（6）选择“权限”选项卡，可以查看或设置数据库架构安全对象的权限。

（7）单击“确定”按钮，即可完成使用 SQL Server 管理平台创建架构的过程。

2. 使用 Transact-SQL 语句创建架构

在 SQL Server 2008 中，使用 CREATE SCHEMA 语句可以创建架构及该架构所拥有的表、视图，并且可以对这些对象设置权限。语法格式如下：

```
CREATE SCHEMA {schema_name|AUTHORIZATION owner_name
|schema_name AUTHORIZATION owner_name}[{table_definition|view_definition
|grant_statement|revoke_statement|deny_statement}[,...n]]
```

部分参数含义说明如下：

（1）schema_name：在数据库中标识架构的名称。

（2）AUTHORIZATION owner_name：拥有架构的数据库级主体名称。

（3）table_definition：架构中创建表的 CREATE TABLE 语句，需要具有该语句权限。

（4）view_definition：指定在架构中创建视图的 CREATE VIEW 语句，需要具有该语句权限。

（5）grant、revoke、deny：指定可对新架构外对象授予 GRANT、REVOKE、DENY 权限。

【例 12-24】在“信息管理”数据库中创建包含 STUD 表的 YU_ Schema_stud 架构，并分别向 Mand 授予 SELECT 权限、向 Pars 拒绝授予 SELECT 权限，结果如图 12-34 所示。

```
USE 信息管理
CREATE SCHEMA YU_Schema_stud
CREATE TABLE STUD(source int,cost int,
partnumber int)
GRANT SELECT TO guest
DENY SELECT TO YU2009
```

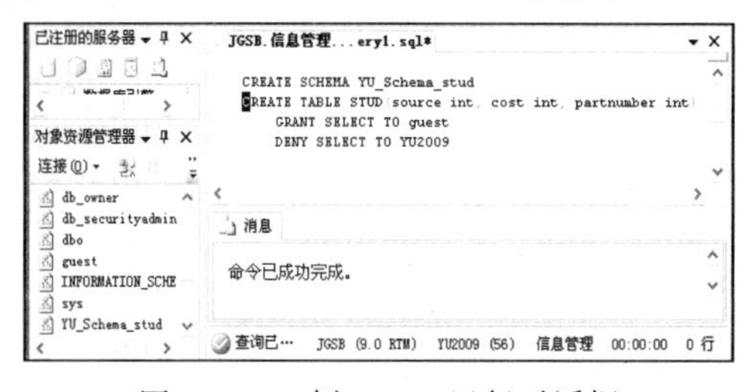

图 12-34　例 12-24 运行对话框

12.5.2　修改架构

在 SQL Server 2008 系统中，可以使用 SQL Server 管理平台和 Transact-SQL 语句来修改架构。

1. 使用 SQL Server 管理平台修改架构

使用 SQL Server 管理平台修改架构的步骤如下：

（1）打开 SQL Server 管理平台，选中要修改架构的信息管理数据库，展开“安全性”结点。

（2）右击“架构”结点，在弹出的快捷菜单中选择“属性”命令，打开“架构属性-新建”窗口，在“常规”选项卡中进行浏览与修改，余下过程与创建架构相似。

（3）单击“确定”按钮，即可完成浏览与修改架构过程。

2. 使用 Transact-SQL 语句修改架构

在 SQL Server 2008 中，使用 ALTER SCHEMA 语句可以修改架构。语法格式如下：

```
ALTER SCHEMA schema_name TRANSFER object_name
```

其中，schema_name 为架构名，会将对象移入其中。object_name 为要移入的架构名。

12.5.3　删除架构

在 SQL Server 2008 系统中，可以使用 SQL Server 管理平台和 Transact-SQL 语句来删除架构。

1. 使用 SQL Server 管理平台删除架构

使用 SQL Server 管理平台删除架构的步骤如下：

（1）打开 SQL Server 管理平台，选中要删除架构的信息管理数据库，展开“安全性”结点。

（2）右击“架构”结点下的具体架构，如 YU_Schema_stud，在弹出的快捷菜单中选择“删除”命令。弹出“删除对象”对话框，单击“确定”按钮即可完成删除架构。

2. 使用 Transact-SQL 语句修改架构

在 SQL Server 2008 中，使用 ALTER SCHEMA 语句可以修改架构。语法格式如下：

```
DROP SCHEMA schema_name
```

【例 12-25】删除 YU_Schema_stud 架构。注意必须先删除架构所包含的表。

```
DROP TABLE YU_Schema_stud.STUD
DROP SCHEMA YU_Schema_stud
GO
```

12.6 权　　限

SQL Server 2008 提供了权限（Permission）作为访问许可设置的最后一道屏障。权限是指用户对数据库中对象的使用和操作权利，用户若要进行任何涉及更改数据库或访问数据库及库中对象的活动，则必须首先要获得拥有者赋予的权限。

通常，权限管理的方法主要有基于 SQL Server 管理平台和使用 Transact-SQL 语句两种方法，而其涉及的内容则涵盖了授予权限、拒绝权限和撤销权限 3 方面。

12.6.1 权限类型

在 SQL Server 2008 中权限分为对象权限（Object Permission）、语句权限（Statement Permission）和隐式权限（Implied Permission）。

1. 对象权限

对象权限用于决定用户对特定对象、特定类型的所有对象或属于特定架构对象进行权限管理，如数据库对象、存储过程、角色等。对象权限是可授予的，权限的授予对象依赖于作用范围。对象权限的具体内容包括如下：

（1）作用于服务器级别：该层次可为服务器、站点、登录、服务器角色授予对象权限。

（2）作用于数据库级别：该范围可为程序集、应用程序角色、数据库角色、非对称密钥、架构、数据库、表、用户、视图、全文目录、自定义数据类型、同义词等授予权限。

（3）应用于表或视图操作：是否允许执行 SELECT、INSERT、UPDATE 和 DELETE 语句。

（4）应用于表或视图的字段（列）：是否允许执行 SELECT 和 UPDATE 语句。

（5）应用于存储过程和函数：是否允许执行 EXECUTE 语句。

2. 语句权限

语句权限用于控制创建数据库或数据库中对象（如表或存储过程）所涉及的操作权利，其适用于语句自身，而非数据库中定义的特定对象。语句权限指是否允许执行下列语句：CREATE DATABASE、CREATE DEFAULT、CREATE FUNCTION、CREATE PROCEDURE、CREATE TABLE、CREATE VIEW、BACKUP DATABASE、BACKUP LOG 等。

3. 隐式权限

隐式权限是指系统定义而不需要授权就有的权限，相当于一种内置权限，可由系统预定义的固定成员或数据库对象所有者执行的活动。隐式权限包括某些固定服务器角色成员、固定数据库角色成员和数据库对象所有者所拥有的权限。例如，sysadmin 固定服务器角色成员拥有在 SQL Server 中进行任何操作或查看的全部权限。数据库对象所有者也有隐式权限，可以对所拥有的对象执行一切活动。

12.6.2 权限操作

实际上，权限操作管理是就对象权限和语句权限进行的，权限可由数据库所有者和角色来进行管理。在 SQL Server 2008 中，SQL Server 权限所涉及的操作如下：

（1）授予权限（GRANT）：允许用户或角色对一个对象实施某种操作或执行某种语句。

（2）撤销权限（REVOKE）：不允许用户或角色对一个对象实施某种操作或执行某种语句，或收回曾经授予的某种权限，这与授予权限正好相反。

（3）拒绝权限（DENY）：拒绝用户访问某个对象，或删除以前授予的权限，停用从其他角色继承的权限，确保不继承更高级别的角色等的权限。

12.6.3 使用 SQL Server 管理平台管理权限

在 SQL Server 2008 中，使用 SQL Server 管理平台管理权限，视对象不同略有差异，但大多数是通过相应的“属性”来实施的，如图 12-35 与图 12-36 所示。这里以学生表为例进行说明，具体步骤如下：

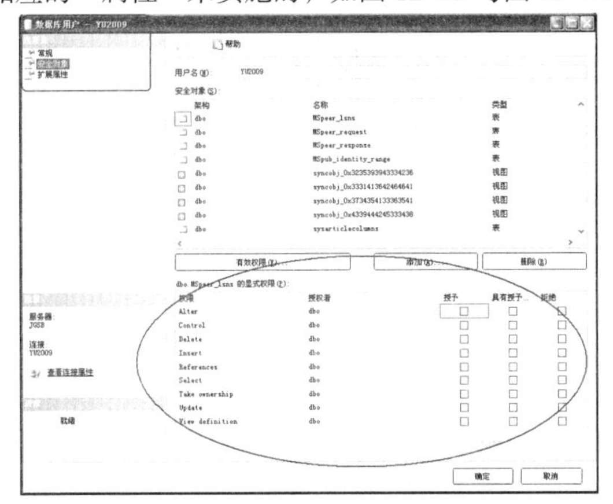

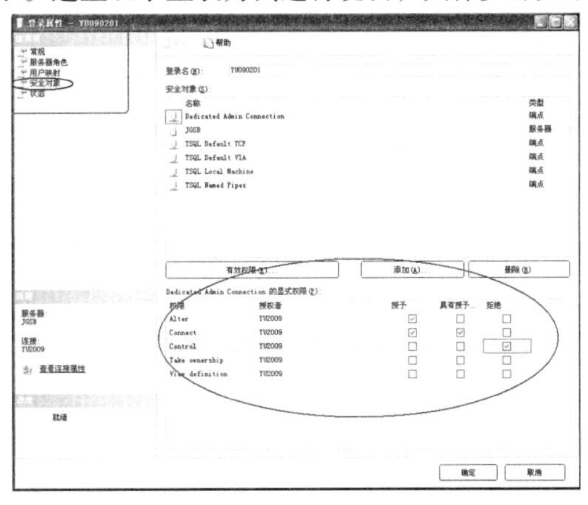

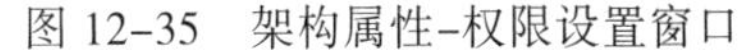

图 12-35　架构属性-权限设置窗口　　图 12-36　登录属性-权限设置窗口

（1）启动 SQL Server 管理平台，连接到本地数据库实例，在对象资源管理器中展开“数据库”结点，右击“表”结点中的“学生”表，在弹出的快捷菜单中选择“属性”命令。

（2）打开“表属性-学生”窗口，在“权限”选项卡中可以查看或设置数据库安全对象的权限。单击“添加”可以将项添加到上部网格。在上部网格中选中一个选项，然后在“显式权限”网格中为数据库表操作语句（SELECT、INSERT、UPDATE、DELETE、Control、Reference、Alter）设置适当的权限。

（3）可以将各类权限设置为“授予”、“具有授予权限”、“拒绝”，或者不进行任何设置。选中“拒绝”复选框将覆盖其他所有设置。如果未进行任何设置，将从其他组成员身份中继承权限，如图 12-36 所示。

（4）单击“确定”按钮，即可完成数据库表权限的设置操作。

12.6.4 使用 Transact-SQL 语句管理权限

在 Transact-SQL 中，主要使用 GRANT、REVOKE 和 DENY 这 3 种语句来管理权限。

1. 授予权限

GRANT 语句用来授予某一用户针对对象的操作权限。GRANT 语句的完整语法非常复杂，详见联机手册。典型的 GRANT 语法格式如下：

```
GRANT {ALL|statement[...n]}ON {table|view} TO security_account[...n] [WITH GRANT
OPTION]
```

部分参数说明如下：

（1）ALL：表示具有所有可以应用的权限。对于语句权限来说，只有 sysadmin 角色才具有所有权限；对于对象权限来说，只有 sysadmin 和 db_owner 才具有所有权限。

（2）statement：表示可以被授予权限语句。

（3）ON {table|view}：当前数据库中授予权限的表名或视图名。

（4）TO security_account：指定被授予权限的对象，可为数据库用户、角色等。

（5）WITH GRANT OPTION：该权限授予者可向其他用户授予访问数据对象的权限。

【例 12-26】授予用户 YU2009、YUDBUSER 及 Windows NT 组 YU2009\JSJ 创建存储过程、表、视图、默认值和备份数据库的语句权限，如图 12-37 所示。

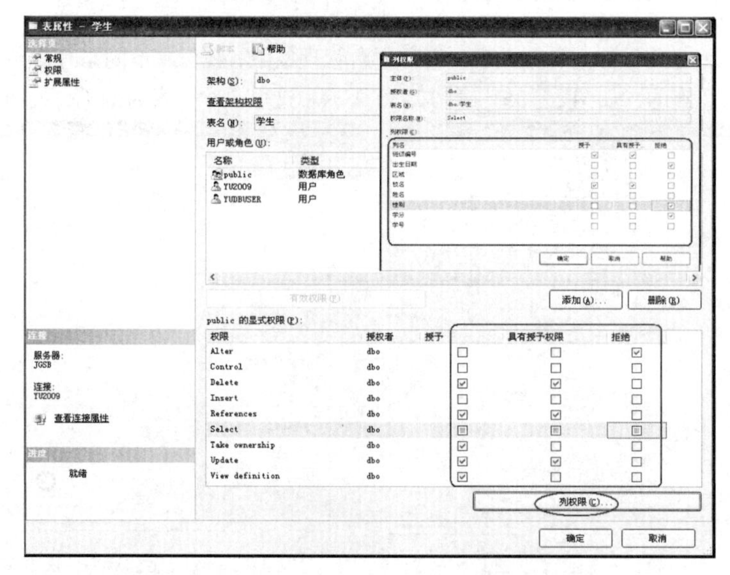

图 12-37　学生库表权限设置操作窗口

```
USE 信息管理
GRANT CREATE PROCEDURE,CREATE TABLE,CREATE VIEW,BACKUP DATABASE,CREATE DEFAULT
TO YU2009,YUDBUSER,[YU2009\JSJ]
```

【例 12-27】给 public 角色授予 SELECT 权限，并将 INSERT、UPDATE、DELETE 权限授予用户 Mary、John 和 Tom，使这些用户附有对数据库“信息管理”中“学生”表的相应对象权限，且具有向其他用户授予访问数据对象的权限，如图 12-38 所示。

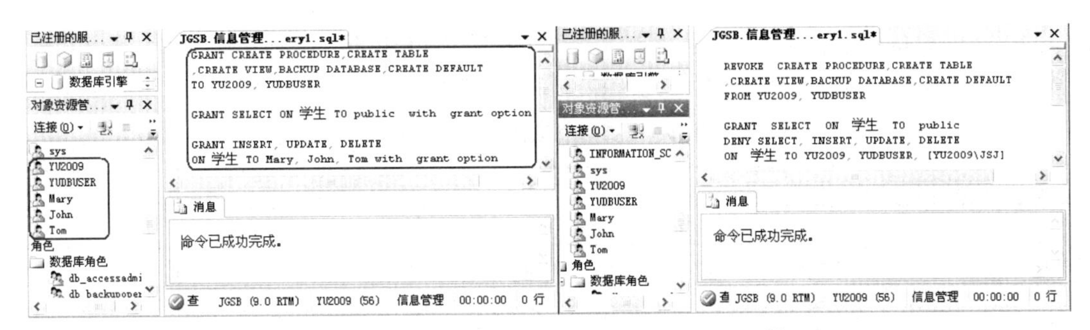

图 12-38 例 12-26 至例 12-29 运行结果对话框

```
USE 信息管理
GRANT SELECT ON 学生 TO public  with  grant option
GRANT INSERT,UPDATE,DELETE
    ON 学生 TO Mary,John,Tom with  grant option
GO
```

注意： 权限只能授予本数据库的用户或获准访问本数据库的其他用户。

① 若将权限授予 public 角色，则所有数据库用户都默认获取了该权限。

② 若将权限授予 guest 用户，则该服务器上的连接用户都默认获取了该权限。

2. 撤销销限

REVOKE 语句用来授予撤销曾在当前数据库用户上所授予或拒绝的权限；或不允许该用户执行某些操作，如 UPDATE、SELECT、DELETE、EXECUTE 、CREATE TABLE、CREATE DATABASE 等。典型的 REVOKE 语法格式如下：

```
REVOKE {ALL|statement[...n]}ON {table|view} FROM security_account[...n] [WITH
GRANT OPTION]
```

【例 12-28】 撤销例 12-25 中所授予 YU2009、YUDBUSER 及 Windows NT 组 YU2009\JSJ 创建创建存储过程、表、视图、默认值和备份数据库的语句权限，如图 12-38 右侧所示。

```
REVOKE CREATE PROCEDURE,CREATE TABLE,CREATE VIEW,BACKUP DATABASE,CREATE DEFAULT
FROM YU2009,YUDBUSER,[YU2009\JSJ]
```

3. 拒绝权限

DENY 语句用来授予禁止用户对某一对象或语句的权限操作，如 UPDATE、SELECT、DELETE、EXECUTE、CREATE、TABLE CREATE DATABASE 等。典型语法格式如下：

```
DENY{ALL|statement[...n]}ON {table|view} TO security_account[...n][WITH GRANT OPTION]
```

【例 12-29】 给 public 角色授予 SELECT 权限。然后拒绝 YU2009、YUDBUSER 及 Windows NT 组 YU2009\JSJ 用户的 SELECT、INSERT、UPDATE、DELETE 权限。使这些用户不具有“信息管理”数据库中“学生”表的相应对象权限，如图 12-38 右侧所示。

```
USE 信息管理
GRANT  SELECT  ON  学生  TO  public
DENY SELECT,INSERT,UPDATE,DELETE  ON  学生 TO YU2009,YUDBUSER,[YU2009\JSJ]
```

12.7 安全管理应用实例

在 SQL Server 2008 中，安全性管理仍可由 sp_addlogin、sp_password、sp_defaultdb、sp_helplogins、 sp_denylogin、sp_droplogin 等系统存储过程完成，相关存储过程语句的具体名称、语法格式和功能格式如表 12-4 所示，其中，有的语句已趋于淡化了，仅供参考。

表 12-4　安全性管理中常用的 Transact-SQL 语句

语句名称	语法格式	功能
1. 登录账户类		
sp_helplogins	sp_helplogins[[@LoginNamePattern =]'login']	提供数据库中登录等信息
sp_addlogin	sp_addlogin[@loginame=]'login'[,[@passwd=]'password'][,[@defdb =] 'database']…	创建 SQL Server 登录账户实例
sp_droplogin	sp_droplogin [@loginame =] 'login'	删除登录账户与禁止登录名访问
sp_password sp_defaultdb sp_defaultlanguage	sp_password[[@old=]'old_password',]{[@new=]'new_password'}[,[@loginame=]'login']	添加或更改登录名密码，趋于淡化
sp_defaultdb	sp_defaultdb[@loginame=]'login',[@defdb=]'database'	更改登录的默认数据库，趋于淡化
sp_defaultlanguage	sp_defaultlanguage[@loginame=]'login'[,[@language=] 'language']	更改登录的默认语言，趋于淡化
sp_grantlogin	sp_grantlogin [@loginame =] 'login'	调用 CREATE LOGIN 创建登录名，趋于淡化
sp_denylogin	sp_denylogin [@loginame =] 'login'	禁止 Windows 用户或组账户连接到 SQL Server，趋于淡化
sp_revokelogin	sp_revokelogin [@loginame =] 'login'	删除 Windows 登录用户趋于淡化
2. 数据库用户类		
sp_helpuser	sp_helpuser[[@name_in_db=] 'security_account']	显示当前数据库级主体信息
sp_grantdbaccess	sp_grantdbaccess [@loginame =] 'login'[,[@name_in_db=]'name_in_db'[OUTPUT]]	将用户添加到当前数据库，趋于淡化
sp_revokedbaccess	sp_revokedbaccess [@name_in_db =] 'name'	从当前数据库中删除账户，趋于淡化
3. 固定服务器角色类		
sp_helpsrvrolemember	sp_helpsrvrolemember[[@srvrolename=]'role']	返回固定服务器角色成员的信息
sp_addsrvrolemember	sp_addsrvrolemember [@loginame =] 'login'[,@rolename =] 'role'	添加登录，使其成为固定服务器角色的成员
sp_dropsrvrolemember	sp_dropsrvrolemember[@loginame =] 'login', [@rolename =] 'role'	从固定服务器角色中删除成员
sp_srvrolepermission	sp_srvrolepermission[[@srvrolename=]'role']	返回固定服务器角色的权限
4. 固定数据库角色类		
sp_helprole	sp_helprole [[@rolename =] 'role']	返回当前数据库中角色编码等
sp_helpdbfixedrole	sp_helpdbfixedrole [[@rolename =] 'role']	返回固定数据库角色的描述列表
sp_addrole	sp_addrole [@rolename =] 'role'[, [@ownername =] 'owner']	在当前数据库中创建新数据库角色，趋于使用 CREATE ROLE
sp_droprole	sp_droprole [@rolename =] 'role'	删除数据库角色，趋于使用 drop role
sp_helprolemember	sp_helprolemember [[@rolename =] 'role']	返回当前数据库某个角色成员的信息
sp_addrolemember	sp_addrolemember [@rolename =] 'role' ,[@membername =] 'security_account'	为当前数据库角色添加数据库用户、角色、Windows 登录
sp_droprolemember	sp_droprolemember [@rolename =] 'role' ,[@membername =] 'security_account	从当前数据库的固定数据库角色中删除成员账户

下面将通过列举实例来表述安全管理的综合应用。

【例 12-30】用 Transact-SQL 语句创建一个名为“上海世博”，密码是 sky2010，默认数据库为 IT2010 的账户；再将默认数据库改为“2010 上海世博会”，密码改为 SWExpo，并将该账户设置为固定服务器角色 setupadmin，最后删除账户“渤海湾”，如图 12-39 所示。

```
EXEC sp_addlogin'上海世博','sky2010','IT2010'              //创建用户
EXEC sp_defaultdb'IT2010','2010 上海世博会'                //设置默认数据库
EXEC sp_password'sky2010','SWExpo','上海世博'
EXEC sp_addsrvrolemember'上海世博','setupadmin'            //设置服务器角色成员
EXEC sp_droplogin 渤海湾
```

【例 12-31】在信息管理数据库中用 Transact-SQL 语句完成：创建一个名为“信息化世博 dbuser”数据库用户，添加角色数据库 SWExpo_role，并赋予 SELECT、INSERT、UPDATE、DELETE 权限，将“信息化世博 dbuser 用户”设置为数据库角色 SWExpo_role 成员，然后删除该数据库角色成员和数据库角色 SWExpo_role，如图 12-40 所示。

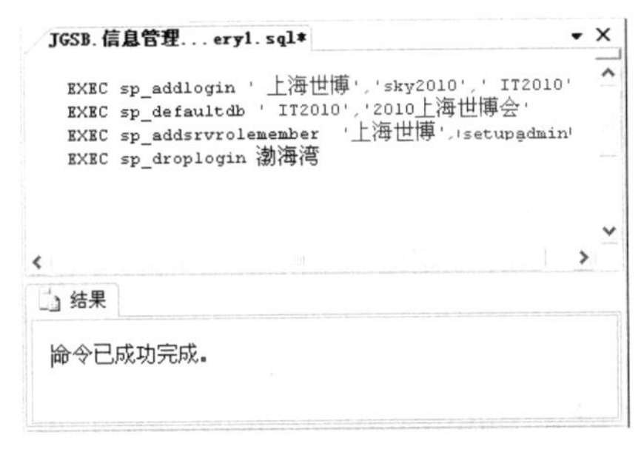

图 12-39 例 12-30 运行结果对话框

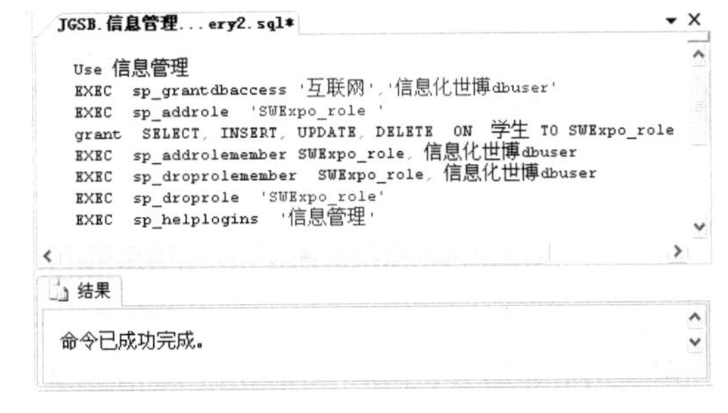

图 12-40 例 12-31 运行结果对话框

```
USE 信息管理
EXEC  sp_grantdbaccess '互联网','信息化世博 dbuser'           //设置数据库用户
EXEC  sp_addrole  'SWExpo_role'                                //添加角色
Grant  SELECT,INSERT,UPDATE, DELETE  ON  学生 TO SWExpo_role //赋予权限
EXEC  sp_addrolemember  SWExpo_role,信息化世博 dbuser         //设置数据库角色成员
EXEC  sp_droprolemember  SWExpo_role,信息化世博 dbuser        //删除数据库角色成员
EXEC  EXEC sp_droprole  'SWExpo_role'                          //删除数据库角色
EXEC  sp_helplogins  '信息管理'
GO
```

小　结

SQL Server 2008 安全机制可分为操作系统、SQL Server、数据库和数据库对象的安全 4 个等级。用户在使用 SQL Server 时，需要经过身份验证和权限验证两个安全性阶段。

SQL Server 2008 提供了权限作为访问许可设置的最后一道屏障。权限是指用户对数据库中对象的使用和操作权利，用户若要进行任何涉及更改数据库或访问数据库及库中对象的活动，则必须首先要获得拥有者赋予的权限。也就是说，用户可以执行的操作均由其被赋予的相关权限决定。SQL Server 2008 中安全账户有两大类型：其一是创建新的基于 SQL Server 2008 的账户；其二是从 Windows 组或者用户中创建或授权的安全账户。前者基于混合身份验证模式，即 SQL Server 验证方式，必须有合法的账号和密码；后者是将 Windows 组或者用户映射成为 SQL Server 2008 的登录账户，并通过授权等操作实施对数据库系统的管理。通常可以使用 SQL Server 管理平台和 Transact-SQL 语句来完成添加登录

账户。在 SQL Server 2008 中包含具有特定权限和效用的 3 种特殊的数据库用户：数据库所有者(dbo)、数据库对象所有者和 guest。数据库用户用来指定哪些用户可以访问哪些数据库。

角色是 SQL Server 2008 引进的一种用来集中管理服务器或数据库的理念，不同角色具有不同的权限。角色是将数据库中的不同用户集中到不同的单元中，从而以单元为单位进行权限管理。在 SQL Server 2008 中主要有服务器级固定服务器角色和数据库级的数据库角色。

权限是指用户对数据库中对象的使用和操作权利，用户若要进行任何涉及更改数据库、访问数据库等库中对象的活动，则必须先要获得拥有者赋予的权限。也就是说，用户可以执行的操作均由其被赋予的相关权限决定。权限分为对象权限、语句权限和隐式权限。

思考与练习

一、选择题

1. 关于登录和用户，下列各项表述不正确的是（　　）。

A. 登录是在服务器级创建的，用户是在数据库级创建的

B. 创建用户时必须存在该用户的登录

C. 用户和登录必须同名

D. 一个登录可以对应多个用户

2. 关于 SQL Server 2008 的数据库角色叙述正确的是（　　）。

A. 用户可以自定义固定服务器角色

B. 每个用户能拥有一个角色

C. 数据库角色是系统自带的，用户一般不可以自定义

D. 角色用来简化将很多权限分配给很多用户这个复杂任务的管理

3. 在 SQL 中，授权命令关键字是（　　）。

A. GRANT　　B. REVOKE　　C. OPTION　　D. PUBLIC

4. 在 SQL Server 2008 中主要有：固定（　　）与固定数据库角色等类型。

A. 服务器角色　　B. 网络角色　　C. 计算机角色　　D. 信息管理角色

5. 下列（　　）是固定服务器角色。

A. db_accessadmin　　B. Sysadmi　　C. db_accessadmin　　D. db_owner

6. 在 SQL Server 2008 中，权限分为：对象权限、（　　）和隐式权限。

A. 处理权限　　B. 操作权限　　C. 语句权限　　D. 控制权限

7. 在 Transact-SQL 中，主要使用 GRANT、（　　）和 DENY 这 3 种语句来管理权限。

A. REVOKE　　B. DROP　　C. CREATE　　D. ALTER

8. 在 Transact-SQL 中，添加服务器角色成员的语句为（　　）。

A. sp_dropsrvrolemember　　B. sp_addsrvrolemember

C. sp_addrole　　D. sp_addrolemember

9. 在 Transact-SQL 中，删除数据库角色成员的语句关键字为（　　）。

A. sp_droprolemember　　B. sp_droprole

C. sp_dropsrvrolemember CREATE　　D. drop

10. 在 SQL Server 2008 中，创建登录名的语句关键字为（　　）。

A. sp_adduser　　B. CREATE ROLE　　C. Create Login　　D. Create User

11. 在 SQL Server 2008 中，创建数据库用户的语句关键字为（　　）。

A. Create Login　　B. sp_adduser　　C. sp_addLogin　　D. Create User

12. 使用 Transact-SQL 语句创建架构的语句关键字为（　　）。

A. Create Login　　B. CREATE SCHEMA　　C. CREATE ROLE　　D. Create User

二、思考与实验

1. 何谓安全性？何谓数据的安全性？简述 SQL Server 2008 安全性等级。

2. 试问用户在使用 SQL Server 2008 时需要经历哪两个安全性阶段？简述 SQL Server 的身份验证模式。

3. 简述 SQL Server 2008 权限验证的作用。

4. 简述 SQL Server 2008 中安全登录账户的类型和必备的条件。

5. 试问 SQL Server 2008 安装后系统有哪些内置登录账户？

6. 简述添加登录账户的方法。试用这些方法创建一个“电子商务”登录账户。

7. 试将 Windows 用户“PP2004\kjgl”设定为 SQL Server 登录者。

8. 简述 sp_password、sp_defaultdb、sp_defaultlanguage、sp_helplogins、sp_revokelogin、sp_denylogin、sp_droplogin 等系统存储过程语句的功能。

9. 查询登录账户“财务管理”的相关信息。

10. 将登录账户“财务管理”的密码由 god 改为 good，然后再由 good 改为 mygod，最终密码改为“空”，并完成实验。

11. SQL Server 2008 中包含哪 3 种特殊的数据库用户？简述其作用。

12. 何谓数据库用户？简述其创建的方法和步骤。

13. 何谓角色？在 SQL Server 2008 中主要有哪两种类型的角色？

14. 简述常用固定服务器角色的权限和固定数据库角色的权限。

15. 何谓架构？将架构与数据库用户分离有何优越性？

16. 何谓权限？简述 SQL Server 2008 中权限所涉及的方法、内容和类型。

17. 用 Transact-SQL 语句创建一个名为 htgl，密码是 99551039052，默认数据库为 meg 的账户，而后将该账户设置为固定服务器角色 serveradmin，并将默认数据库改为“网络管理”，最后删除该账户，并完成实验。

18. 给 public 角色授予 SELECT 权限，并将 UPDATE、DELETE 权限授予用户 Tiger、Wolf 和 Horse，使这些用户附有对数据库 Zoo 中 Animal 表的相应对象权限，并完成实验。

19. 删除数据库 Zoo 中所建的 Tiger 和 Horse 数据库角色，并完成实验。

第13章　数据库复制

【本章提要】复制是将一组数据源向多处目标数据复制数据的技术。本章主要介绍了 SQL Server 2008 中复制的概念和特点、复制的基本要素、SQL Server 提供的 3 种复制技术、复制的结构模型、配置出版服务器、分发管理、订阅管理和复制监视器。

13.1　复 制 概 述

SQL Server 2008 提供的复制是在数据库间对数据和数据库对象进行复制和分发，即将一组数据源向多处目标复制数据并进行同步以确保其一致性的一组技术。使用复制可将数据分发到不同位置，通过网络分发给远程或移动用户，且能够使用户提高程序应用性能。

13.1.1　复制的基本要素

SQL Server 主要采用出版和订阅的方式来处理复制、描述其复制活动，如图 13-1 所示。出版服务器是数据源，负责把要发表的数据及改变情况复制到分发服务器。分发服务器是一个数据库，用来接收和保存所有的改变，再把这些改变分发给订阅服务器。SQL Server 2008 提供的复制可便捷地使用需要的数据，减轻服务器的负担，分散数据库的使用，提高系统工作效率。

SQL Server 2008 的出版/订阅活动涉及诸多要素，这些要素可用来描述 SQL Server 2008 的复制活动。出版就是向其他数据库服务器（订阅者）复制数据，订购就是从其他服务器（出版者）接收复制数据，它们之间的顺序性为先出版后订购。

SQL Server 复制涵盖的要素有：出版物和论文、出版服务器、分发服务器、订阅服务器、项目等，它们之间的关系如图 13-1 所示。下面分别介绍：

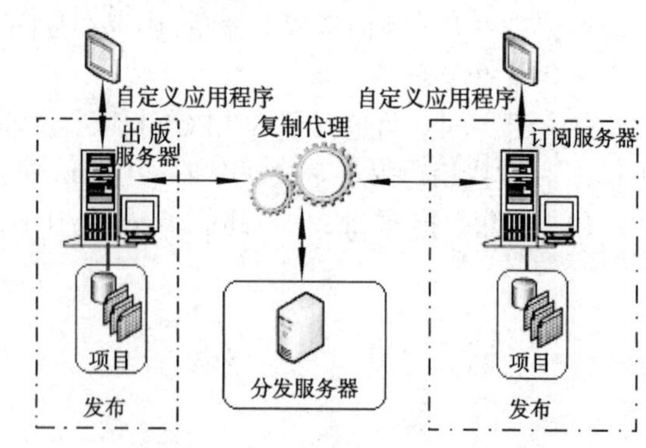

图 13-1　中心出版者分发模型

（1）出版物和论文。出版物（Publication）是指出版服务器上将要发表的一个或一组表，是论文的集合。论文（Article）是出版物中被复制的数据集合，一篇论文可以是整个表或是某个表的选择、投影等操作的结果。论文是出版物的基本组成单元。

（2）出版服务器。出版服务器（Publish Server）是指发行出版物的服务器，是被复制数据的源（提供数据）服务器。出版服务器可用于维护源数据库的信息，决定哪些数据将被复制，检测哪些复制数据发生变化，并将这些变化复制到分发者的分发数据库中。如果要进行复制，就必须拥有一台出版服务器和若干订阅服务器。

（3）分发服务器。分发服务器（Distribute Server）是指执行出版物存储与转发功能的服务器，把从出版服务器传输来的复制数据或存储过程分发至各个相关的订阅服务器，并负责维护分发数据库。分发服务器角色可由出版服务器兼任。

（4）订阅服务器。订阅服务器（Subscribe Server）是接收、复制数据的目标服务器，可维护已出版的数据服务器。订阅数据库从若干出版服务器上订阅不同的出版物。订阅服务器拥有订阅数据库，用于存放接收的出版物。

（5）项目。项目（Item）是指要复制的数据表、数据分区或数据库对象。项目可以是完整的表、某几列（使用垂直筛选：投影）、某几行（使用水平筛选：选择）、存储过程或视图定义、存储过程的执行、索引视图或用户定义函数等。

注意：复制中订购者订购的是出版物，而不是出版物中的论文。出版/分发/订阅服务器实际上并不一定是相互独立的服务器，它只是对 SQL Server 在复制过程中所扮演的不同角色的描述。系统允许一台 SQL Server 服务器扮演不同的角色，在实际应用中，是否决定让一台服务器扮演一个或多个角色在很大程度上是基于复制系统性能的考虑。

13.1.2　SQL Server 复制技术

SQL Server 提供了 3 种复制技术：快照复制、事务复制与合并复制，如表 13-1 所示。在实际应用中，选择何种复制技术主要依赖于应用系统对数据一致性、结点自主性的要求，以及现有网络资源情况（如网宽和网络传输速度），可使用一种或多种复制技术。

表 13-1　复制技术分类及功能描述

类　型	内涵及功能	适 用 情 况
快照复制	快照复制（Snapshot Replication）是指在某一时刻给出版数据库中的出版数据摄取照相，然后将数据复制到订阅服务器。快照复制的实现较为简单，其所复制的只是某一时刻数据库的瞬时数据，复制的成功与否并不影响本地出版或订阅数据库的一致性。在数据变化较少的应用环境中常使用快照复制。所供的选项可筛选已发布的数据，在发布时转换数据	数据主要是不经常更改的静态或小批量数据，一个时期内允许有已过时的数据复本，站点经常脱节，并且可接受高滞后时间（数据在一个站点上更新到其在另一个站点上更新间的时间量）
事务复制	事务复制（Transactional Replication）可连续监视出版服务器事务日志的改变，可发布修改数据的语句（UPDATE、INSERT、DELETE）及对存储过程执行等的更改。修改总是发生在出版服务器上（设置了立即更新订购者选项），订阅服务器只以读取数据的方式将修改反映到订购数据库，以避免复制冲突。数据更新频率较大且希望修改尽快复制到订购者时常使用事务复制	希望将数据修改传播到订阅服务器：需要事务是原子事务；订阅服务器通常连接到发布服务器、应用程序不能承受订阅服务器接收更改时的高延迟
合并复制	合并复制（Merge Replication）允许订购服务器对出版物进行修改，并将修改合并到目标数据库，各个结点可独立工作而不必相互连接，可对出版物进行任何操作而不必考虑事务的一致性。若在合并修改时发生冲突，则复制按照一定的规则或自定义的冲突解决策略，对冲突进行分析并接受冲突一方的修改，决定接受和向其他站点传播哪些数据。系统具有应用程序延迟请求及站点严格的独立性	多个订阅服务器需要在不同时刻更新数据并将此更改传播到发布服务器和其他订阅服务器、订阅服务器需要接收数据、脱机更改数据并将更改同步到发布服务器和其他订阅服务器

13.1.3　复制的结构模型

SQL Server 2008 支持多种结构模型，其主要基于星状拓扑结构的中心出版者/订阅者方式。该结构中，复制数据从中心出版者/分发者流向多个订阅者，订阅者之间并不进行复制数据的传递。该结构还允许将出版物进行分割，从而减少存储在每一个订购者上的数据量。但星状结构模型缺陷表现在数据的同步处理过分依赖于中心分发者/出版者，如果中心分发者/出版者失效，则整个复制体系将趋于瘫痪，数据的订购和分发也将被迫停止。

SQL Server 2008 支持的结构模型主要有中心出版者模型、远程分发者式中心出版者模型、中心订阅者模型和多订阅者、多出版者模型，功能描述如表 13-2 所示。

表 13-2　复制的结构模型描述

类　型	功 能 描 述
中心出版者模型	中心出版者（Central Publisher）是最为简单的一种星状结构模型，是默认选项。在该模型中，一台服务器既扮演出版者角色，又扮演分发者角色，同时也允许一个或多个独立的服务器扮演订阅者角色，如图 13-2 所示，适合从数据中心（如总公司）向数据使用者（如子公司）复制数据等
远程分发者式中心出版者模型	远程分发者的中心出版者（Central Publisher With Remote Distributor）模型在企业部门以局域网连接时非常有效，是较好的选择。系统可将分发者与出版者分离开，分别让独立的服务器来扮演分发者和出版者的角色，如图 13-3 所示，从而使出版者服务器从分发任务中解放出来，也可使本来需要多个广域网间连接的事务通过一个广域网与多个局域网的连接，变得迎刃而解了
中心订阅者模型和多订阅者	中心订阅者（Central Subscriber）是指多个出版服务器将数据发表到单一的订阅服务器上，如图 13-4 所示。该方案满足了在中心服务器上数据要求的统一。在设计中心订阅者模型时，涉及各个出版服务器数据的主关键字，必须保证不同场所发表的主键不会重复
多出版者模型	SQL Server 还支持多订阅者、多出版者模型，如图 13-5 所示。在该模型中，多个出版服务器、多个订阅服务器都可以具有双重角色。这是与完整分布数据最接近的实现方法，由于该模型的复杂性，一般不作为分布式数据库的复制模型

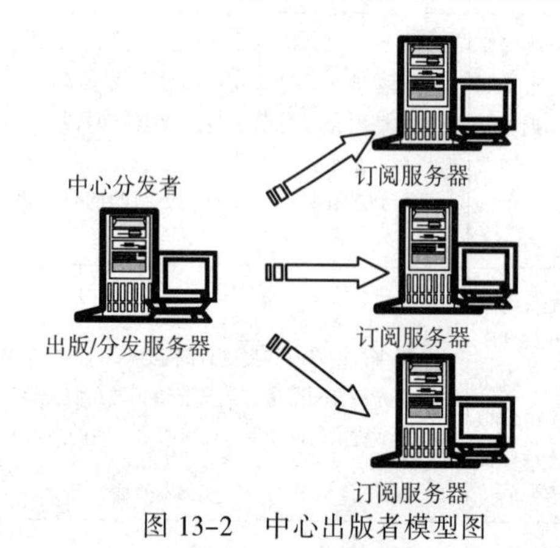

图 13-2　中心出版者模型图

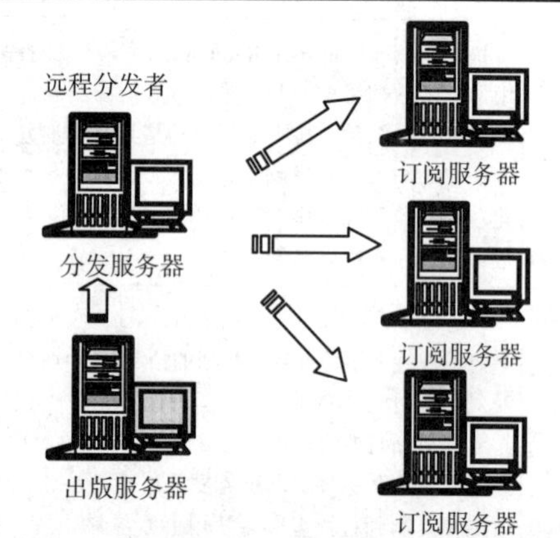

图 13-3　远程分发者式中心出版者模型

中心订阅者
订阅服务器
出版/分发服务器
出版/分发服务器
出版/分发服务器

图 13-4　中心订阅者模型

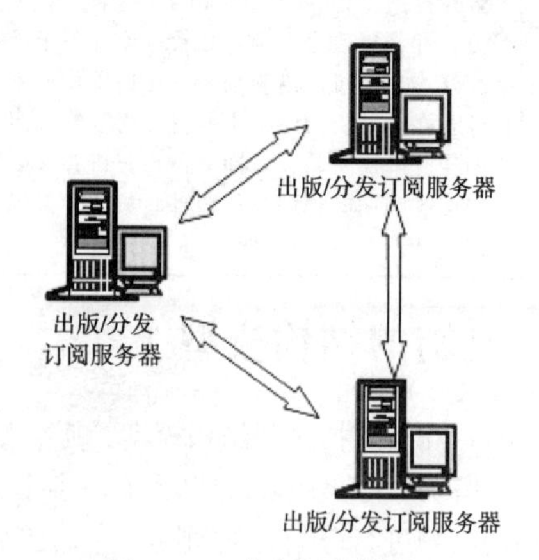

图 13-5　多出版者模型

13.2　配置分发服务器

SQL Server 2008 中若要建立数据库复制，必须先配置分发服务器。分发服务器中包含分发数据库，其中存储着所有类型复制的元数据、历史记录数据，以及事务性复制的事务。配置分发服务器将服务器配置为可供其他发布服务器使用的唯一分发服务器，多台发布服务器可共享一台分发服务器。配置分发服务器的过程如下：

（1）启动 SQL Server 管理平台，连接到 SQL Server 数据库引擎，在对象资源管理器中展开选定数据库，右击“复制”结点并在弹出的快捷菜单中选择“配置分发”命令。

（2）打开图 13-6 所示的“配置分发向导”窗口，单击“下一步”按钮，出现图 13-7 所示的“分发服务器”界面，选择“‘JGSB’将充当自己的分发服务器：SQL Server 将创建分发数据库和日志”单选按钮。

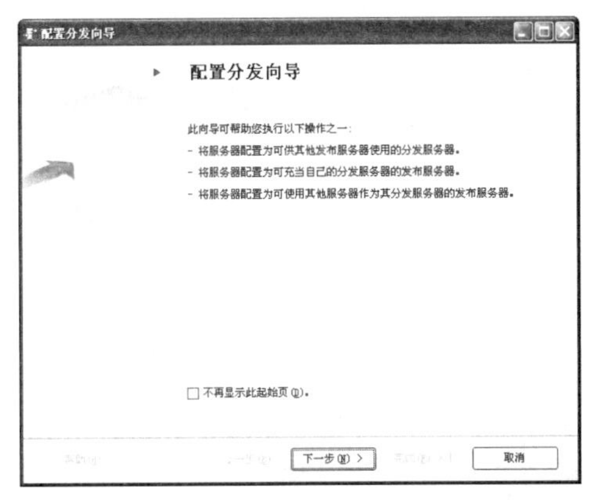

图 13-6　“配置分发向导”窗口

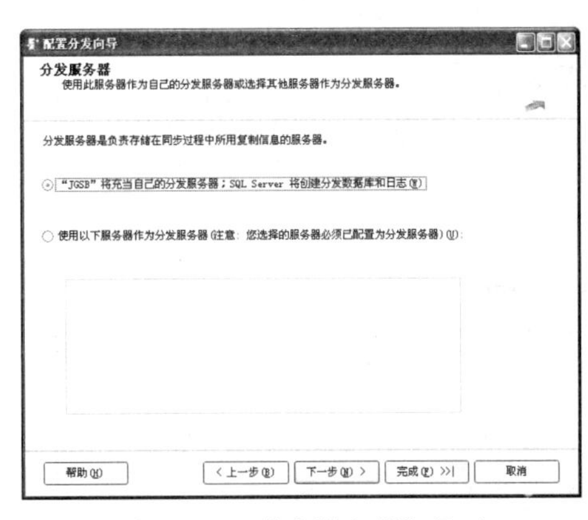

图 13-7　“分发服务器”界面

（3）单击“下一步”按钮，出现图 13-8 所示的“快照文件夹”界面，在“快照文件夹”的文本框中输入具体文件夹或取用默认值，单击“下一步”按钮，出现图 13-9 所示的“分发数据库”界面，在“分发数据库名称”文本框中输入“信息管理分发配置”，并在“分发数据库文件的文件夹”和“分发数据库日志文件的文件夹”中选择相应的文件夹，单击“下一步”按钮，出现“发布服务器”界面。

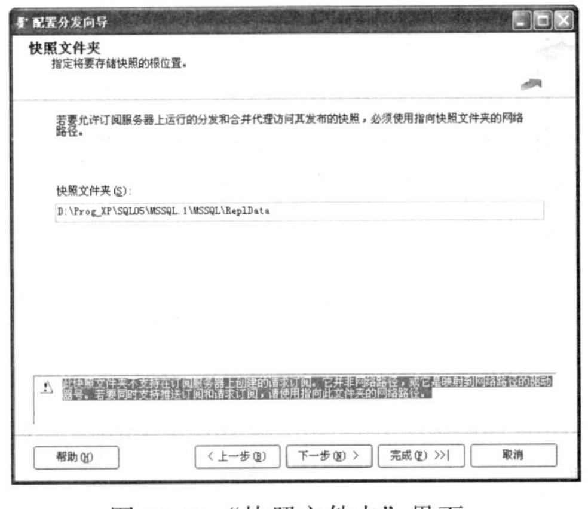

图 13-8　“快照文件夹”界面

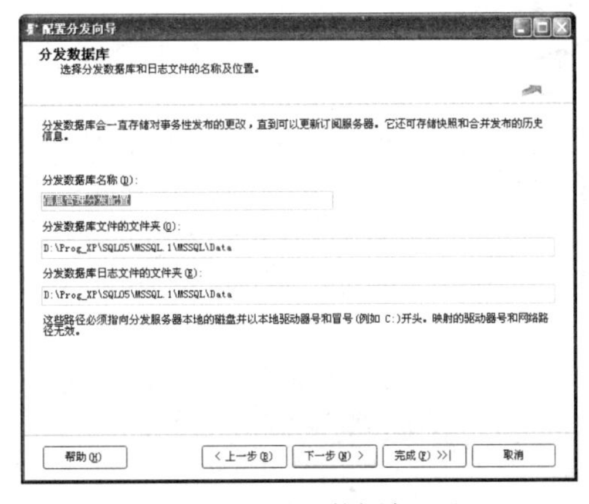

图 13-9　“分发数据库”界面

（4）在图 3-10 所示的“发布服务器”界面中浏览发布服务器名称，若单击“分发服务器”中的“浏览器”按钮即可查阅具体属性。若单击“添加”按钮，可以添加 SQL Server 2008 发布服务器。单击“下一步”按钮，出现图 13-11 所示的“向导操作”界面，选择“配置分发”复选框。

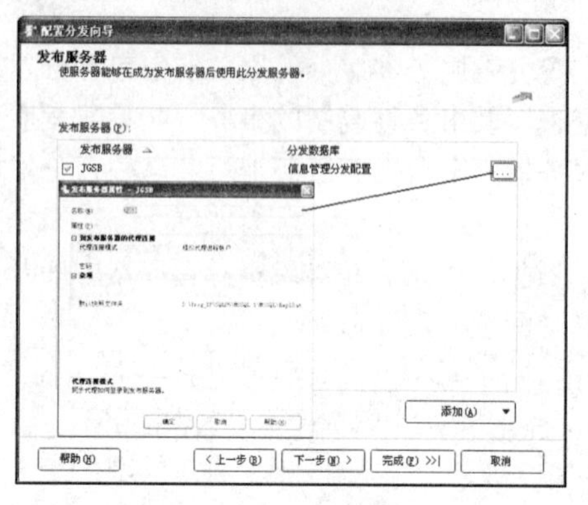

图 13-10 “发布服务器”界面

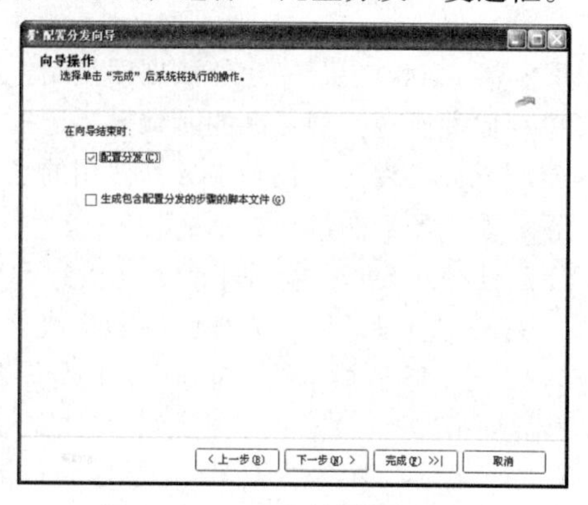

图 13-11 “向导操作”界面

（5）单击“下一步”按钮，出现图 13-12 所示的验证配置选项界面，验证后单击“完成”按钮，出现图 13-13 所示的配置分发服务器成功界面，显示具体执行过程与信息。若单击“报告”按钮，会显示详细报告信息。

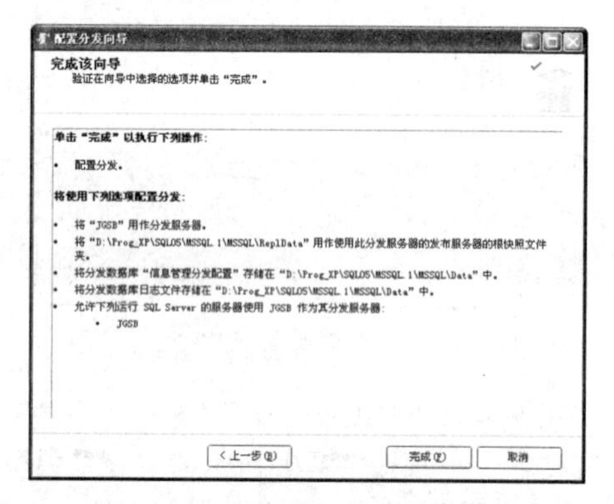

图 13-12 验证配置选项界面

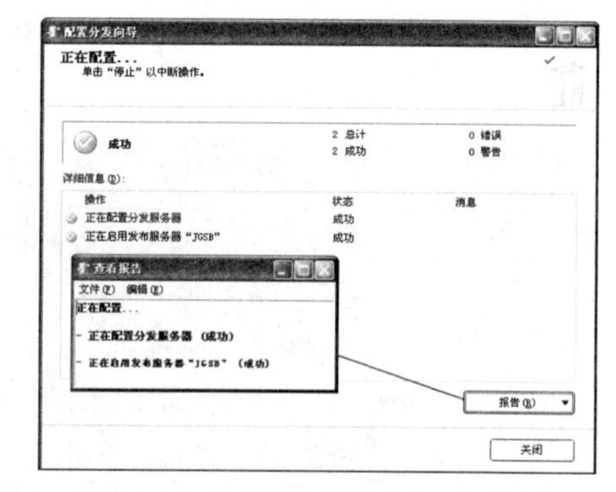

图 13-13 配置分发服务器成功界面

（6）最终系统配置成功，单击“关闭”按钮完成并结束配置分发服务器。

13.3 创 建 发 布

在完成配置分发服务器的基础上可以实施发布管理。使用 SQL Server 管理平台完成创建发布的步骤如下：

（1）启动 SQL Server 管理平台，连接到 SQL Server 数据库引擎，选定服务器并展开其“复制”结点，右击“本地发布”文件夹，在弹出的快捷菜单中选择“新建发布”命令。

（2）打开图 13-14 所示的“新建发布向导”窗口，单击“下一步”按钮，出现图 13-15 所示的“发布数据库”界面，选择“信息管理”选项，单击“下一步”按钮，出现图 13-16 所示的“发布类型”界面。发布类型涵盖如下 4 种：

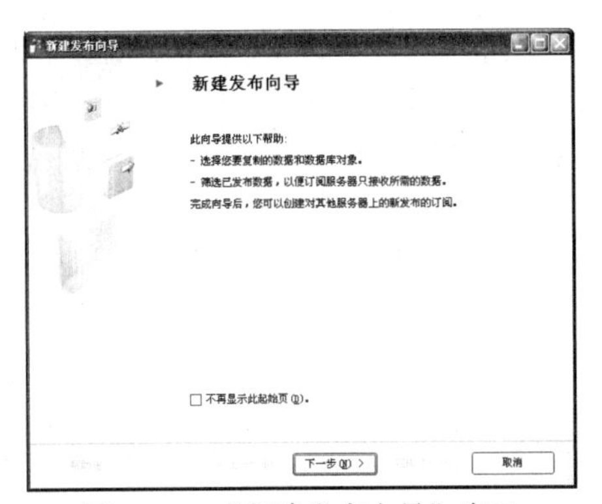

图 13-14　“新建发布向导”窗口

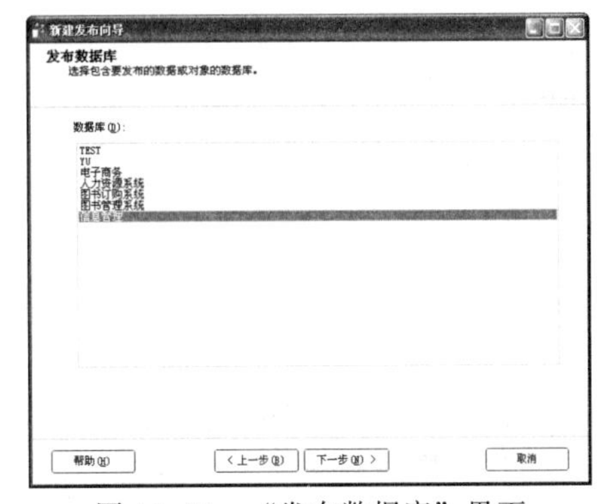

图 13-15　“发布数据库”界面

① 快照发布：发布服务器按预定的时间间隔向订阅服务器发送已发布数据的快照。

② 事务性发布：在订阅服务器收到已发布数据的初始快照后，发布服务器将事务流式传输到订阅服务器。

③ 具有可更新订阅的事务性发布：在订阅服务器收到已发布数据的初始快照后，发布服务器将事务流式传输到订阅服务器。来自订阅服务器的事务被应用于发布服务器。

④ 合并发布：在订阅服务器收到已发布数据的初始快照后，发布服务器和订阅服务器均可独立更新已发布数据，更改会定期合并。SQL Server Mobile Edition 只能订阅合并发布。

（3）在“发布类型”列表框中选择“事务性发布”选项，单击“下一步”按钮，出现图 13-17 所示的“项目”界面，从中选择项目发布的对象，单击“下一步”按钮，出现图 13-18 所示的“筛选表行”界面。若需要筛选，单击“添加”按钮，进行筛选分布操作；反之，则单击“下一步”按钮，出现图 13-19 所示的“快照代理”界面，取消选择该界面中的复选框。

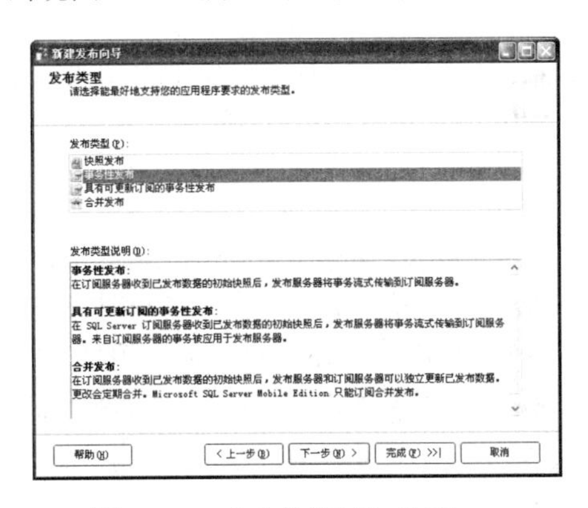

图 13-16　“发布类型”界面

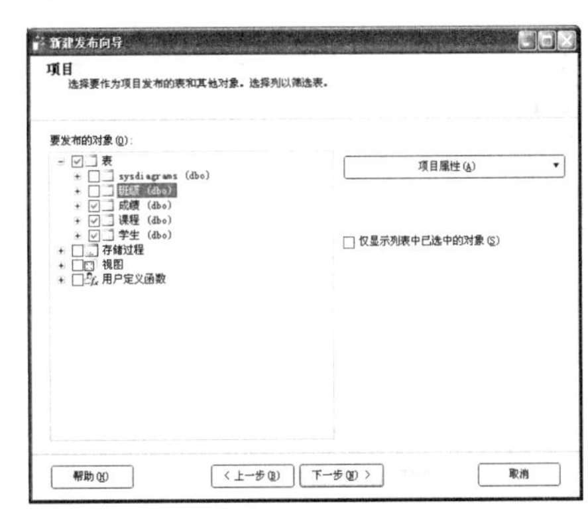

图 13-17　“项目”界面

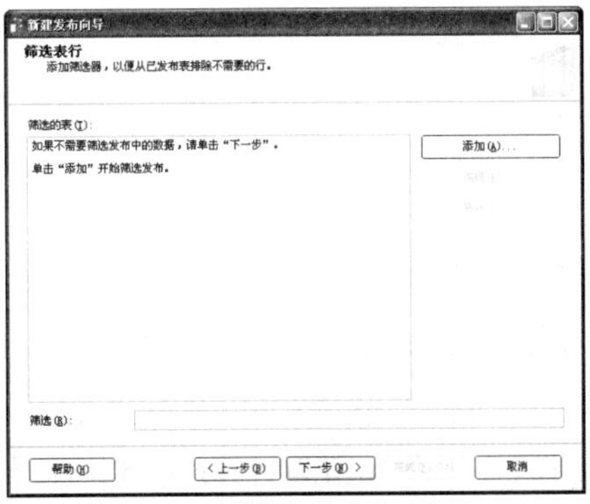

图 13-18　“筛选表行”界面

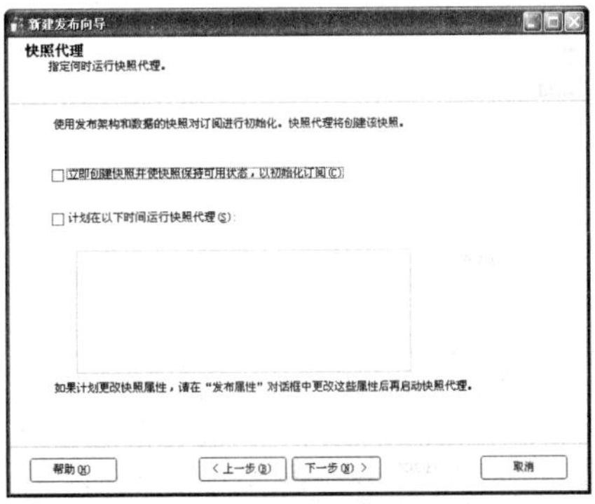

图 13-19　“快照代理”界面

（4）单击“下一步”按钮，出现“代理安全性”界面，指定运行账户及安全连接设置。单击“下一步”按钮，出现图 13-20 所示的“快照文件夹”界面，选择快照文件夹。单击“下一步”按钮，在出现的“完成该向导”界面的“发布名称”文本框中输入“信息管理发布”，确认设置的选项后，单击“完成”按钮。

（5）出现图 13-21 所示的“创建发布成功”界面，显示具体执行成功过程与相关信息。若单击“报告”按钮，会显示详细报告信息。最终系统创建发布成功，单击“关闭”完成并结束创建发布服务器。

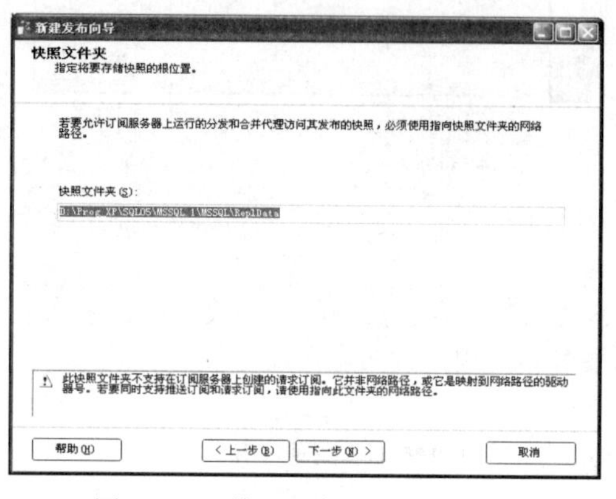

图 13-20“快照文件夹”界面

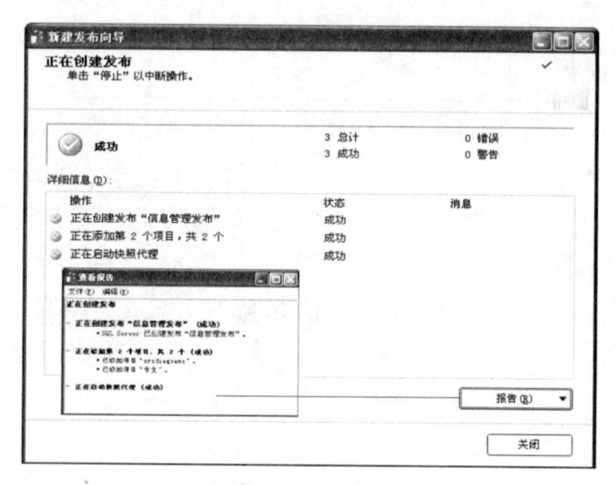

图 13-21　创建发布过程与成功界面

13.4　创 建 订 阅

在完成创建发布服务器的基础上可进行创建订阅管理。使用 SQL Server 管理平台完成创建订阅的步骤如下：

（1）启动 SQL Server 管理平台，连接到 SQL Server 数据库引擎，选定服务器并展开其“复制”结点，右击“本地订阅”文件夹，在弹出的快捷菜单中选择“新建订阅”命令。

（2）打开图 13-22 所示的“新建订阅向导”窗口，单击“下一步”按钮，出现图 13-23 所示的“发布”界面，在“发布服务器”下拉列表框中选择“<查找 SQL Server 发布服务器>”或“<查找 Oracle 发布服务器>”选项，在“数据库和发布”列表框中连接到发布服务器实例，这时可见 13.3 节创建的发布。

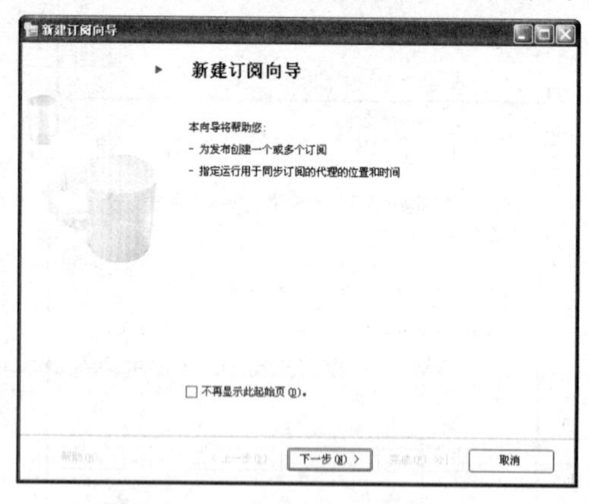

图 13-22 “新建订阅向导”窗口

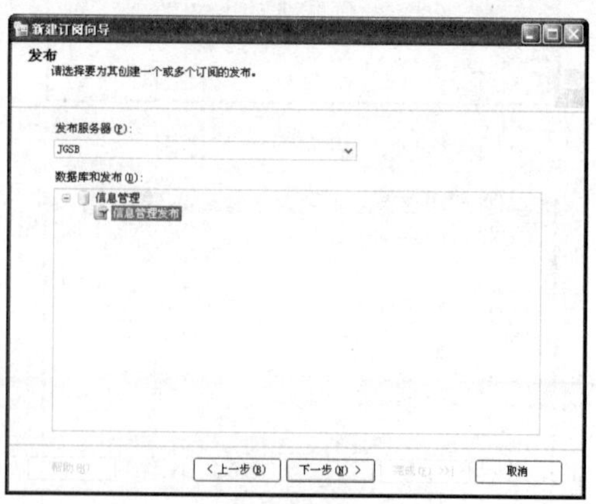

图 13-23　“发布”界面

（3）单击“下一步”按钮，出现“分发代理位置”界面，选择运行分发代理的位置。再单击“下一步”按钮，出现图 13-24 所示的“订阅服务器”界面，从中选择订阅服务器和“电子商务”订阅数据库，也可单击“添加订阅服务器”按钮，添加多个订阅服务器和订阅数据库。单击“下一步”按钮，出现“分发代理安全性”界面，可以指定用来运行分发代理（对于事务复制和快照复制）或合并代理的账户，并与复制拓扑中的计算机建立连接。

（4）单击“下一步”按钮，出现图 13-25 所示的“同步计划”界面，选择“连续运行”、“仅按需运行”或“自定义”方式。单击“下一步”按钮，出现“初始化订阅”界面，可在“立即”与“首先同步”两种方式间选择。单击“下一步”按钮，出现图 13-26 所示的“向导操作”界面，选择“创建订阅”复选框等。

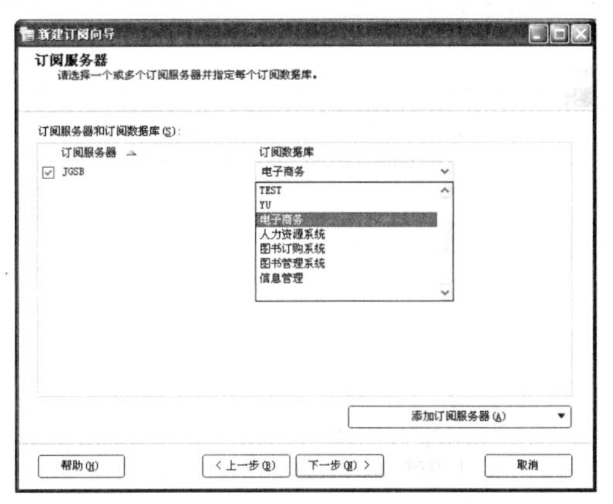

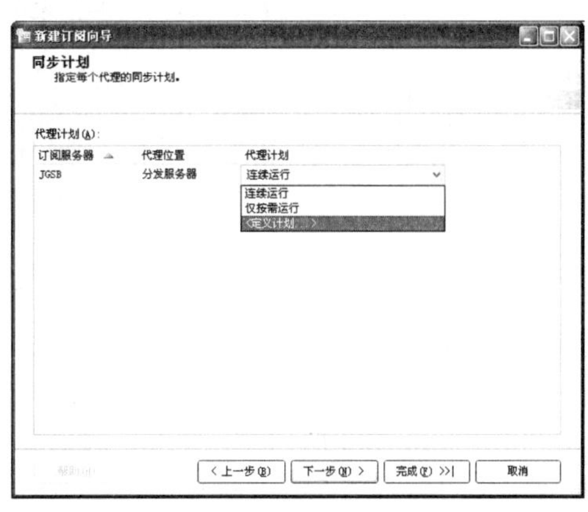

图 13-24　“订阅服务器”界面　　　　图 13-25　“同步计划”界面

（5）单击“下一步”按钮，出现图 13-27 示的“完成该向导”界面显示相应信息。确认后单击“完成”按钮。用户可以在该界面中对所做的选项进行回顾，单击“完成”以执行下列操作:

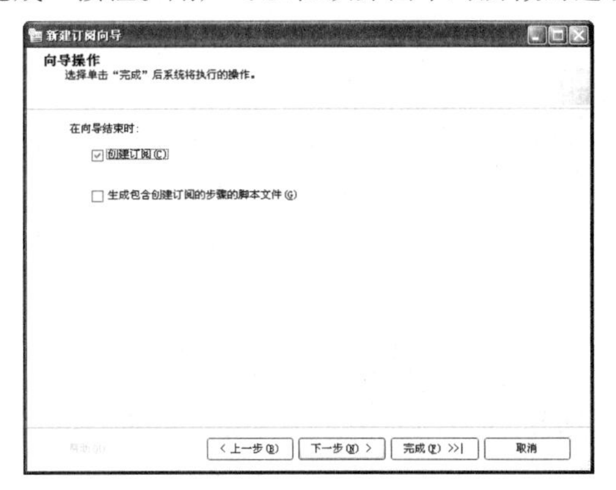

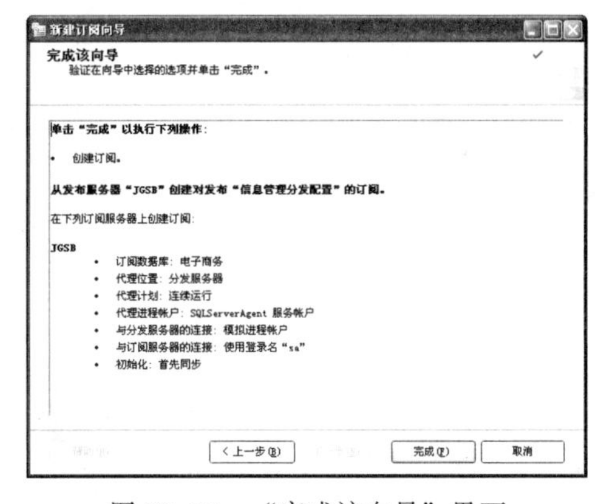

图 13-26　“向导操作”界面　　　　图 13-27　“完成该向导”界面

① 创建订阅，从发布服务器 JGSB 创建对发布“信息管理分发配置”的订阅。

② 在 JGSB 订阅服务器中创建订阅。

- 订阅数据库：电子商务。
- 代理位置：分发服务器。
- 代理计划：连续运行。
- 代理进程账户：SQLServerAgent 服务账户。
- 与分发服务器连接：模拟进程账户。
- 与订阅服务器连接：使用登录名 sa。
- 初始化：首先同步。

（6）在出现的“创建订阅成功”界面中显示具体执行成功过程与相关信息。若单击“报告”按钮，会显示详细报告信息。最终单击“关闭”按钮完成并结束创建发布服务器。

至此，SQL Server 2008 同步复制就完成了。使用复制技术，用户可以将一份客户端的数据发布到多台服务器中，从而使不同服务器用户都可在权限许可的范围内共享这份数据。复制技术可以确保分布在不同地点的数据自动同步更新，从而保证了数据的一致性。

13.5 查看复制项目属性

SQL Server 2008 中可以通过系统提供的 SQL Server 管理平台查看复制项目属性。过程如下：

（1）启动 SQL Server 管理平台，连接到 SQL Server 数据库引擎，在对象资源管理器中展开选定数据库的复制结点，右击“本地发布”文件夹的“信息管理”本地发布，在弹出的快捷菜单中选择“属性”命令。

（2）在打开的“发布属性”窗口中选择“项目”选项，可以浏览信息管理本地发布的具体信息，如图 13-28 所示。

（3）依此类推，单击“下一步”按钮，选择“常规”、“筛选行”、“快照”、“FTP 快照”、“订阅选项”、“发布访问列表”或“代理安全性”选项，可以查阅信息管理本地发布的诸多信息。

同样，也可以浏览“电子商务”本地订阅属性，如图 13-29 所示。

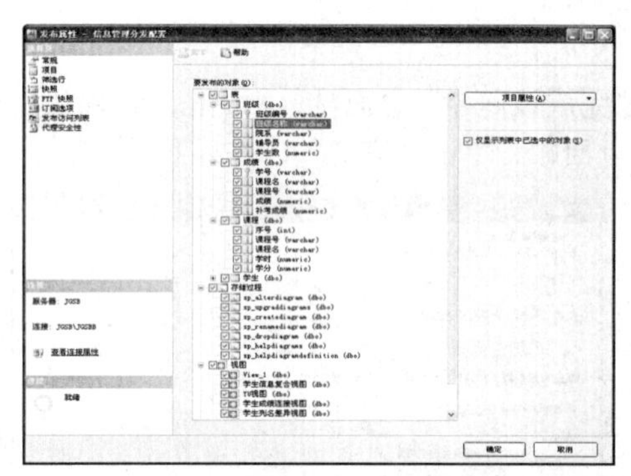

图 13-28　信息管理本地的发布属性窗口

图 13-29　电子商务本地订阅属性窗口

小　结

复制是将一组数据源向多处目标数据复制数据的技术。SQL Server 主要采用出版和订阅的方式来处理复制、描述其复制活动。出版服务器是数据源，负责把要发表的数据及改变情况复制到分发服务器中。分发服务器是一个数据库，用来接收和保存所有的改变，再把这些改变分发给订阅服务器。SQL Server 的复制要素有出版物和论文、出版服务器、分发服务器、订阅服务器、项目等。SQL Server 提供了 3 种复制技术：快照复制、事务复制与合并复制。SQL Server 2008 支持的结构模型主要有中心出版者模型、远程分发者式中心出版者模型、中心订阅者模型和多订阅者、多出版者模型。

配置复制的步骤是：标识分发服务器、在此分发服务器上创建分发数据库、启用将使用此分发服务器的发布服务器、启用出版数据库和启用将接收出版数据的订阅服务器。使用企业管理器可完成分发管理和订阅管理。

思考与练习

一、选择题

1. SQL Server 2008 提供的复制是在（　　）间对数据和数据库对象进行复制和分发。

A. 数据库　　B. 文件　　C. 对象　　D. 数据

2. SQL Server 提供了 3 种复制技术：快照复制、（　　）与合并复制。

A. 文件复制　　B. 数据复制　　C. 事务复制　　D. 对象复制

3. SQL Server 2008 中若要建立数据库复制，必须先配置（　　）。

A. 配置服务器　　B. 订阅服务器　　C. 分发服务器　　D. 出版服务器

4. 在完成创建发布服务器的基础上，可进行创建（　　）。

A. 配置管理　　B. 订阅管理　　C. 分发管理　　D. 出版管理

二、思考与实验

1. 何谓复制？简述复制所具有的特点。试问配置复制包括哪几个步骤？
2. 试问 SQL Server 2008 复制的要素包括哪些内容？
3. 试问 SQL Server 2008 提供了哪些复制技术及支持的主要结构模型？
4. 简述使用企业管理器完成分发管理的步骤与设计请求订阅的过程。
5. 简述使用复制监视器所能执行的任务。

第14章 SQL Server 2008的Web技术

【本章提要】SQL Server 2008提供了完善的Web数据库访问技术，为Web发展提供了数据库访问平台与动态网页发展基础。本章主要介绍SQL Server与Web 交互基础、HTML基础、XML数据库访问技术和SQL Server数据库的ODBC数据源设置等。

14.1 交互基础

SQL Server 2008提供了完备的Web（Internet服务）功能，通过支持具有多层体系结构的客户机/服务器模式或浏览器/服务器模式为Web应用提供高可扩展性和高可靠性。

14.1.1 SQL Server与Web 交互基础

系统既可以将信息存储在Web或XML 文档中，也可以存储在数据库中。该机制完全适合构建电子商务的运作平台，且可基于Windows 2008 Server 等网络操作平台，使各种规模的组织能在Web上方便地与客户和供应商进行商务贸易，集成新一代商务解决方案。

通常基于 Web 交互式网页发布数据主要有两种模式：推模式与拉模式。在 WWW 发展初期，Internet上发布数据主要采用推模式，如图14-1所示，该模式的用户只能被动地接收Web上发布的静态数据，无法与数据库交互获得自己所需的数据。但随着互联网技术的进一步发展，拉模式（见图14-2）逐渐成为WWW运作的主流，在此种方式下，用户向Internet服务器提出服务请求，Internet服务器再与数据库服务器进行通信，在数据库服务器中查询用户请求的数据，并将获取的数据生成网页发送给用户。

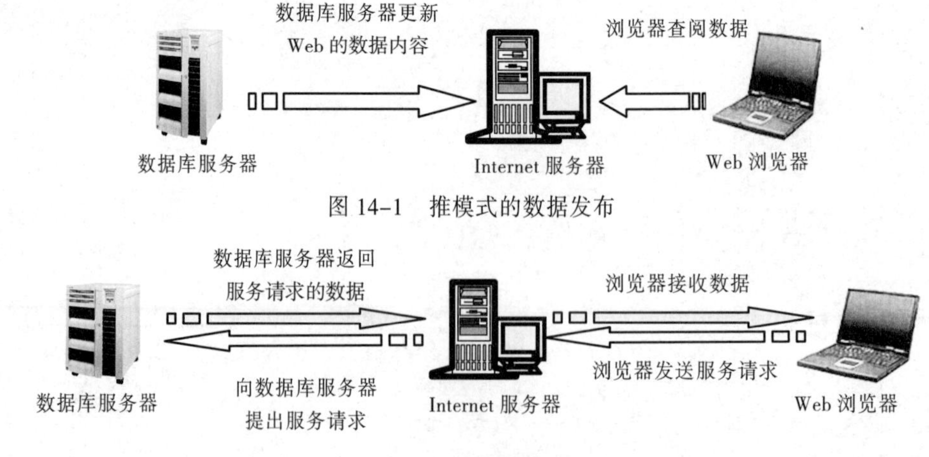

图14-1 推模式的数据发布

图14-2 拉模式的数据发布

14.1.2　HTML 基础

1. HTML 概述

超文本置标语言（HyperText Market Language，HTML）是用来描述 WWW 上超文本信息文件的语言，用于表示超媒体结构的一个命令集，是目前 Internet 广泛使用的多媒体语言之一，用 HTML 编写的文档称为 HTML 文档。所有 HTML 文件均利用一般的字符格式（例如 ASCII 码）来设计、描述多媒体超文本信息，用 HTML 可表示超链接，用 HTML 编写的文档经过浏览器的解释和执行，就成为在网上所看到的网页。

2. HTML 语法

HTML 语法主要包括 HTML 标记、HTML 注释与 HTML 文档结构 3 部分。

（1）标记。HTML 在文本文档中添加一定的标记符号，指出标记的文本采用什么格式（或类型），HTML 文档由很多元素组成，每个元素由“标记”和标记所说明的内容组成。HTML 中的标记符号是用<>括号括起来的关键字来表示的。

HTML 标记的格式如下：

<标记>

其中，“标记”由一个或多个字母组成，大小写不限。标记规定它所说明内容的显示方式，在浏览器中显示的结果由标记决定。标记可以含有属性，属性写在标记之后，与标记同在一对“< >”中，中间用空格隔开。每个属性有一个名字和一个值，用“=”连接。例如：

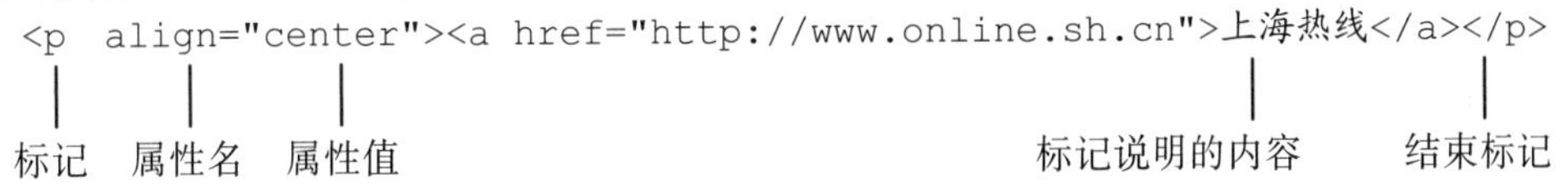

这行内容表示：文字“上海热线”是一个用于链接的单独的段落，对齐方式是居中对齐。

（2）注释。在 HTML 文档中可以加入注释，浏览器对注释内容不予执行。其格式如下：

单行注释：<! 注释内容>　　　　　　多行注释：<!--注释内容>

（3）HTML 文档结构。HTML 文档以 < HTML > 开头，以</HTML>结束，中间的内容就是网页的内容。网页内容可以分为网页头部和网页体两部分，当然其中又可再度细化。

HTML 文件常用标记部分说明如表 14-1 所示。

表 14-1　HTML 部分常用标记说明

标　记	含　　义	标　记	含　　义
<html>…</html>	网页开始与结束标记	<head>…</head>	设置网页的头部信息
<title>…</title>	设置网页的标题	<body>…</body>	设置网页除头部外的主体内容
Base…	设置基准 URL	Meta…	用于记录 HTML 文件的相关信息
Link…	定义当前网页与前页、后页间跳转关系		

14.2　XML 数据库访问技术

可扩展置标语言（Extensible Markup Language，XML）是 Web 的主导技术，可以在系统中通过 FOR XML 子句和 Open XML 函数使用 XML 数据。

14.2.1　XML 基础

XML 简单灵活，是一种基于 SGML 的语言，提供比 HTML 更为便捷、完善的方法来描述文档内容，同时通过一种与平台和操作系统无关，能够在所有计算机上运行的方法，提供了描述元数据的机制，通过引入更多的功能增强了对 XML 数据的支持。

SQL Server 2008 提供了 XML 数据类型，可以用来存储 XML 数据。XQuery 和 XSD（Extensible Schema Definition，可扩展的架构定义）支持该 XML 数据，且这种 XML 数据与 SQL Server 2008 关系型数据库引擎紧密集成的，如 SQL Server 2008 提供了对 XML 触发器、XML 数据复制、大容量的 XML 数据插入等操作的支持。

14.2.2 XML 文档格式

通常，SQL Server 2008 中的 XML 文档由 XML 文档首部和 XML 文档主体构成。

XML 文档在首部使用处理指令引出该文档的标识并给出声明。首部的文档声明包含在<?与?>标签之中，在声明中可以给出 XML 使用的版本（目前使用的成熟版为 1.0）；可以给出采用编码字符集，可以使用的编码字符集包括 UTF-8、UTF-16、gb2312 等；也可给出是否使用独立属性，该属性默认值是 no。例如下面的 XML 声明就包含这些属性：

```
<?xml version="1.0" encoding="gb2312" standalone="no "?>
```

XML 文档主体数据是通过树状结构进行组织的，一个标签引出一个元素结点，元素开始标签中可指定属性结点，一个元素允许包含其他子元素和文本内容，书写格式正确的 XML 文档需要注意：

（1）XML 标签严格区分大小写匹配，元素结点由起始标签和终止标签组成。

（2）正确格式的 XML 文档由一个且仅由一个顶级根元素组成，若不是，则为片段。

（3）在 XML 文档中元素是以树状目录组织的，子元素必须嵌套在父元素中，不能出现元素起止标签交叉使用的情况。

（4）可为元素结点设置额外的信息，适当使用注释可提高 XML 的可读性。

【例 14-1】建立一个简单的 XML 寝室文档片段。

```
<?xml version="1.0"  encoding="UTF-16"?>
    <Bedroom id="8001">
        <BedroomNo>3203</BedroomNo>
        <Type>office</Type>
        <Capacity>10</Capacity>
    </Bedroom>
    <Bedroom id="9001">
        <BedroomNo>3118</BedroomNo>
        <Type>normal</Type>
        <Capacity>59</Capacity>
    </Bedroom>
```

14.2.3 XML 数据访问基础

1. XML 数据类型

XML 数据类型是 SQL Server 2008 系统为了增强 XML 技术支持而引入的新功能。就像 INT、CHAR 等数据类型一样，XML 数据类型可用在表中列的定义、变量的定义和存储过程的参数定义中。XML 数据类型既可以存储类型化数据，也可以存储非类型化数据。

如果存储在 XML 列中的数据没有与 XSD 架构关联，那么这种数据就是非类型化数据。如果存储在 XML 列中的数据与 XSD 架构关联，那么这种数据就是类型化数据。当插入类型数据时，系统将根据定义的 XSD 架构检查数据的一致性和完整性。

【例 14-2】创建包含 XML 类型列的表 Ta，并定义一个 XML 类型的变量 T。

```
CREATE  TABLE  Ta(数量 int,复合信息 XML)         --也可以在表设计器中直接设置
DECLARE @T XML
```

2. XML 数据查询

XML 列中数据涉及 XQuery 和 FOR XML 子句操作技术，后者往往被人们关注。

(1)XQuery 技术。XQuery 是一种可查询结构化或半结构化的 XML 数据语言。由于 SQL Server 2008 系统提供了对 XML 数据类型的支持，因此可将 XML 文档存储在数据库中，然后使用 XQuery 语句进行查询。XQuery 基于现有的 XPath 查询语言，并且支持迭代、排序结果以及构造必须的 XML 功能。Transact-SQL 支持 XQuery 语言的子集。

(2)使用 FOR XML 子句。使用该子句可把 SQL Server 2008 系统表中的数据检索出来，并且自动表示成 XML 的格式。FOR XML 有 RAW、AUTO、EXPLICIT、和 PATH 多种模式。

① FOR XML RAW 是最简 FOR XML 模式之一，该模式将查询结果集中每一行转换为带有通用标识符<row>或可提供元素名称的 XML 元素。默认情况下，行集中非 NULL 的每列值都将映射为<row>元素属性，即元素名称是 row，属性名是列名或列的别名。

② 使用 FOR XML AUTO 也可返回 XML 文档。但使用 AUTO 关键字和使用 RAW 关键字得到的 XML 文档形式是不同的。使用 AUTO 关键字，SQL Server 使用表名称作为元素名称，使用列名称作为属性名。SELECT 关键字后面列的顺序用于确定 XML 文档的层次。

③ 使用 FOR XML EXPLICIT 子句可准确地得到用户需要的 XML 文档。但 FOR XML EXPLICIT 子句和前面讲过的两个子句不同。

④ 使用 FOR XML PATH 作为一种新增功能，比 ROW 或 AUTO 子句的功能强大，且比 EXCPLICIT 更简单。FOR XML PATH 子句允许用户指定 XML 树状数据中的路径，FOR XML PATH 子句可更加简单地完成 EXCPLICIT 子句具备的功能。

【例 14-3】使用 SELECT…FOR XML 从学生表中返回 XML 数据，赋予 XML 变量，其结果如图 14-3 所示。

```
DECLARE @Stud xml                    --定义 XML 类型变量
    SET @Stud=
    (SELECT  *  FROM 学生
     FOR XML AUTO)                   --将 FOR XML AUTO 的返回集赋予 XML 变量
    SELECT @Stud AS Result
```

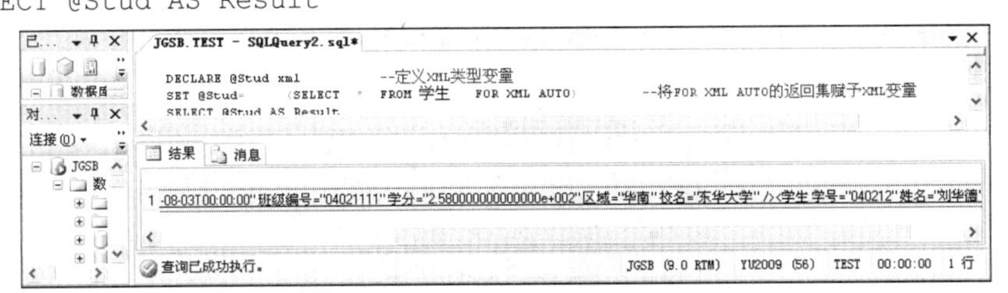

图 14-3　例 14-3 运行结果对话框

【例 14-4】使用 XML 类型变量@Stud0，将一个简单的 XML 文档片段赋予该变量，执行 Transact-SQL 查询后输出 XML 类型变量@Stud0 的值，语句如下，其结果如图 14-4 所示。

```
DECLARE  @Stud0 xml          --定义 XML 类型变量
    SET @Stud0='<root>
    <Number>50</Number>
    <Major>Computer Science</Major>
    <Department>Computer Science</Department>
    </root>'
SELECT @Stud0
```

【例 14-5】使用 FOR XML RAW 子句的 SELECT 查询语句从“学生”表中获得 XML 数据，语句如下，其结果如图 14-5 所示。

```
SELECT * FROM 学生 FOR XML RAW
```

图 14-4　例 14-4 运行结果对话框

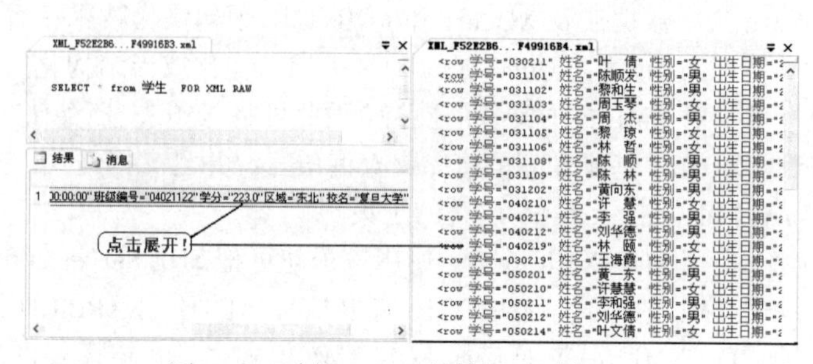

图 14-5　例 14-5 运行结果对话框

【例 14-6】使用 FOR XML AUTO 子句的 SELECT 查询语句从“成绩”表中获得 XML 数据，语句如下，其结果如图 14-6 所示。

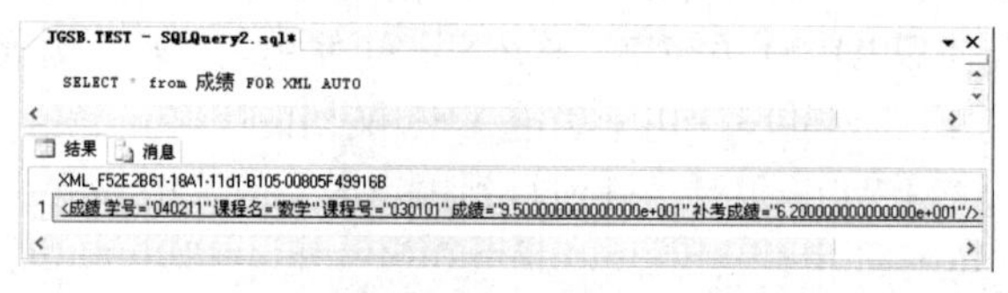

图 14-6　例 14-6 运行结果对话框

```
SELECT * FROM 成绩 FOR XML AUTO
```

【例 14-7】使用 FOR XML EXPLICIT 子句的 SELECT 查询语句从“课程”表中获得 XML 数据，语句如下，其结果如图 14-7 所示。

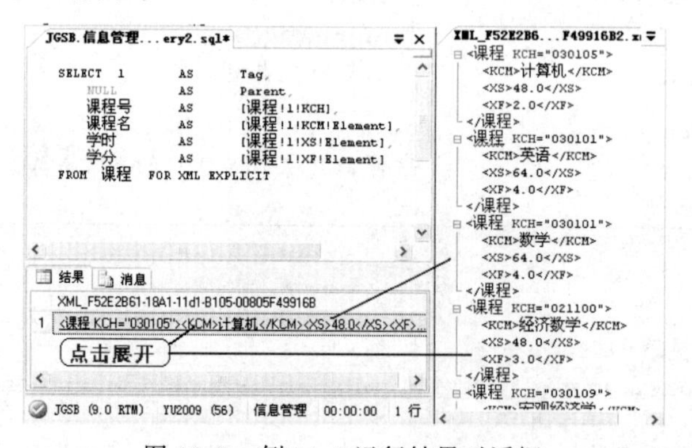

图 14-7　例 14-7 运行结果对话框

```
SELECT 1    AS  Tag,
    NULL    AS  Parent,
    课程号  AS  [课程!1!KCH],
    课程名  AS  [课程!1!KCM!Element],
    学时    AS  [课程!1!XS!Element],
    学分    AS  [课程!1!XF!Element]
   FROM 课程 FOR XML EXPLICIT
```

【例 14-8】使用 FOR XML PATH 子句的 SELECT 查询语句从“班级”表中获得 XML 数据，语句如下，其结果如图 14-8 所示。

```
SELECT * FROM 班级 FOR XML PATH
```

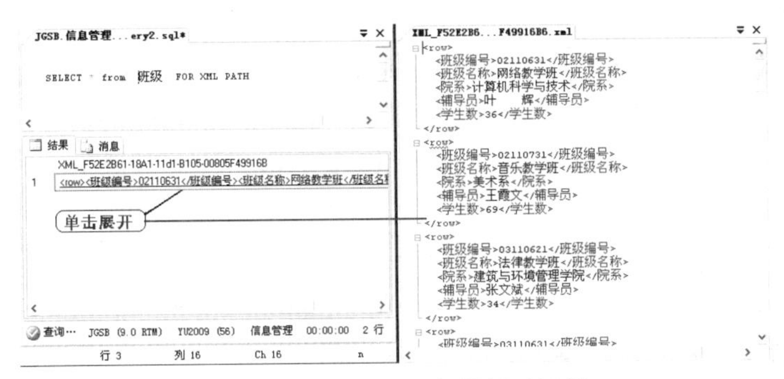

图 14-8　例 14-8 运行结果对话框

综上所述，FOR XML 查询为程序员从 SQL Server 数据库中提取数据生成 XML 文档提供了便利，该技术使得位于不同地理位置、处于不同架构中的应用能以 XML 文档格式互相交换数据。在 4 种模式中，RAW、AUTO 比较简单；EXPLICIT 相对复杂，但可以实现任意需求的 XML 格式；PATH 是 SQL Server 2008 提供的可简化 EXPLICIT 使用的新模式。

14.3　SQL Server Web 浏览技术

SQL Server 2008 提供了通过 SQL Server 管理平台实施互联网中的 Web 浏览技术。使用嵌入技术承载了 Microsoft Internet Explorer 浏览器软件，通过 Web 浏览器，用户不需要离开 SQL Server 管理平台便可用 URL 浏览网上的信息与数据。SQL Server Web 浏览技术的具体步骤如下：

（1）启动 SQL Server 管理平台，注册连接到具体的数据库服务器实例。

（2）单击“视图”菜单，选择“Web 浏览器”→“主页”命令，弹出“正在加载 URL”对话框。在 URL 栏中输入具体的网络域名或 IP 地址，如 http://www.online.sh.cn/，即可出现图 14-9 所示的网页信息与数据，完成 SQL Server 数据信息的 Web 浏览。

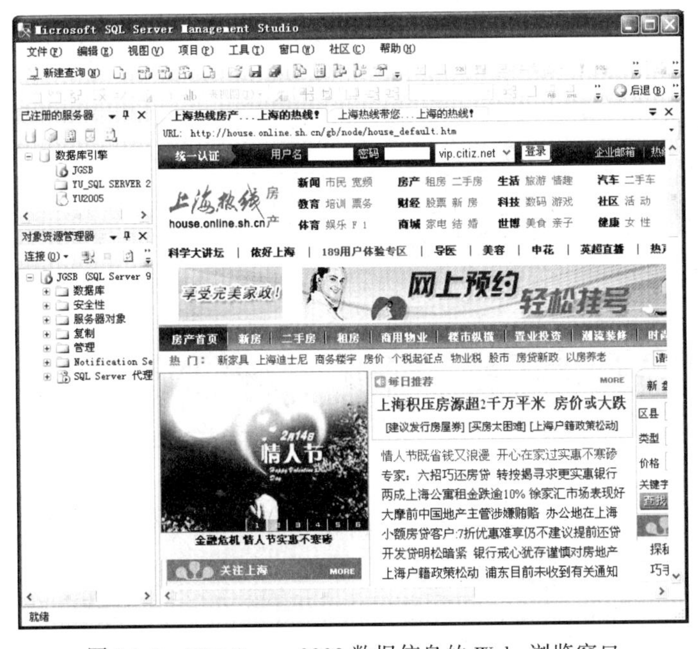

图 14-9　SQL Server 2008 数据信息的 Web 浏览窗口

14.4 SQL Server 数据库的 ODBC 设置

开放数据库系统互连（Open Database Connectivity，ODBC）是微软公司开发的一套开放数据库系统应用程序接口规范，可为应用程序提供一系列调用层接口（Call-Level Interface，CLI）函数和基于动态链接库的运行支持环境。CLI 是一个应用程序接口（API），包含由应用程序调用的函数等。该接口使 C 和 C++等应用程序可以访问来自 ODBC 数据源的数据。

14.4.1 ODBC 概述

SQL Server 包含本机 SQL Server ODBC 驱动程序，可由 ODBC 应用程序用于访问 SQL Server 中的数据。使用 ODBC 开发数据库应用程序时，应用程序调用的标准是 ODBC 和 SQL 语句，数据库的底层操作由各个数据库的驱动程序完成。ODBC 数据源包括以不同的格式存储的数据，而不仅是 SQL 数据库中的数据。应用程序使用 ODBC 驱动程序访问数据源。

ODBC 驱动程序是一个动态链接库（DLL），ODBC 驱动程序屏蔽了不同数据库间的差异，它接受对 ODBC API 函数的调用并采取任何必要的操作来处理对数据源的请求。ODBC 已被数据库程序员广泛接受，一些数据库供应商都提供 ODBC 驱动程序。Microsoft 公司的其他几个数据访问 API 在 ODBC 上被定义为简化的对象模型，如 ActiveX 数据对象（ADO）、数据访问对象（DAO）、远程数据对象（RDO）和 Microsoft 基础类（MFC）等数据库类。

14.4.2 ODBC 结构层次

ODBC 结构层由 ODBC 应用程序、驱动程序管理器、数据库驱动程序、数据源 4 个层次组成，如图 14-10 所示。ODBC 应用程序完成的主要任务包括连接数据源与向数据库发送 SQL 语句。为 SQL 语句的执行结果分配存储空间，并定义其读取的数据格式。读取 SQL 语句的执行结果与处理错误，断开与数据源的连接。

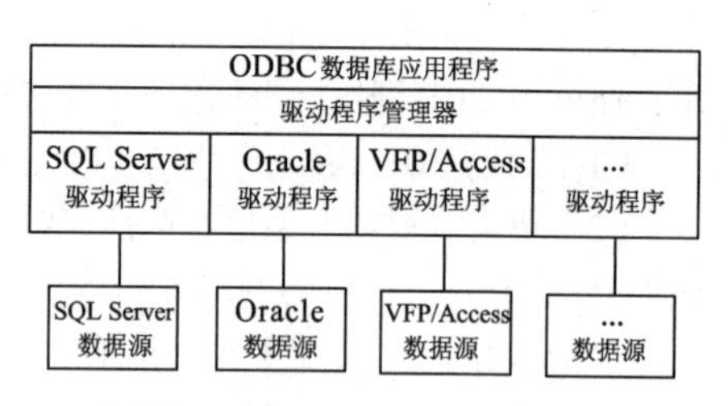

图 14-10　ODBC 体系结构

14.4.3 ODBC 设置

可通过使用 ODBC 管理器添加与 SQL Server 2008 关联的 ODBC 数据源，步骤如下：

（1）选择“开始”→“设置”→“控制面板”命令，在打开的“控制面板”中双击“管理工具”图标，再双击“数据源 ODBC”图标，打开 ODBC 数据源管理器，如图 14-11 所示。在 ODBC 数据源管理器中选择“系统 DSN”选项卡，然后单击“添加”按钮，弹出图 14-12 所示的“创建新数据源”对话框。

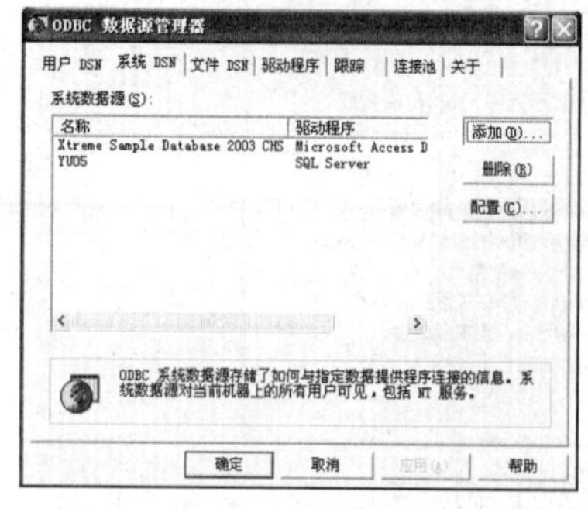

图 14-11　ODBC 数据源管理器

图 14-12　创建新数据源

（2）在“创建新数据源”对话框的列表框中选择 SQL Server 选项，然后单击“完成”按钮，弹出“创建到 SQL Server 的新数据源”对话框。在“名称”、“描述”和“服务器”文本框中分别输入图 14-13 所示的相关数据，单击“下一步”按钮，弹出图 14-14 所示的对话框。

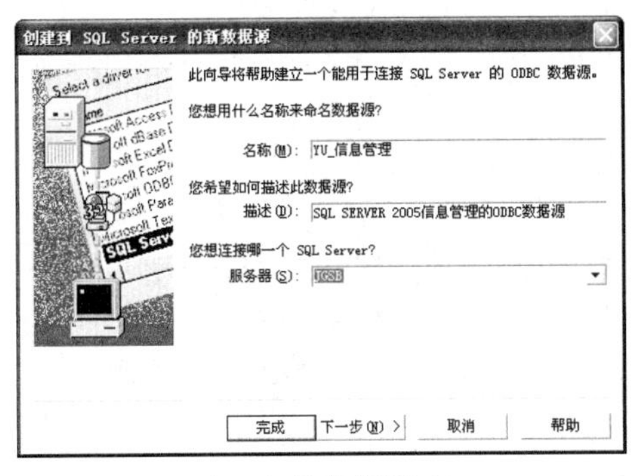

图 14-13　建立新的数据源到 SQL Server

图 14-14　ODBC 登录验证

（3）在图 4-14 所示的对话框中可以指定认证方法，并设置 Microsoft SQL Server 高级客户选项以及登录名和密码。这里选择“使用用户输入登录 ID 和密码的 SQL Server 验证”单选按钮，表示 SQL Server ODBC 驱动程序不要求到 SQL Server 的安全（或信任）连接，SQL Server 使用标准登录安全机制来建立使用此数据源的连接，必须为所有连接请求指定 SQL Server 登录 ID 和密码。若单击“客户端配置”按钮，可启动 SQL Server 客户端配置的“添加新网络库配置”对话框，选中“连接 SQL Server 以获得其他配置选项的默认设置”复选框，单击“下一步”按钮，弹出图 14-15 所示的对话框。

（4）在建立新的数据源到 SQL Server 的更改默认数据库对话框中可设定默认数据库、附加数据库等信息。该对话框中的“更改默认的数据库为”是为了使用该数据源的任意连接指定默认数据库的名称。清除时，连接使用为服务器上的登录 ID 定义的默认数据库。选定之后，文本框中命名的数据库将取代为登录 ID 定义的默认数据库。如果“附加数据库文件名称”文本框中有一个主文件的名称，则由主文件说明的数据库使用“更改默认数据库为”下拉列表框中指定的数据库名作为一个数据库被附加。

（5）单击“下一步”按钮，弹出语言字符设置对话框，在此可指定用于 SQL Server 消息的语言、字符设置转换和 SQL Server 驱动程序是否应当使用区域设置，还可控制运行时间较长的查询等。这里保持默认设置即可，单击“完成”按钮，弹出图 14-16 所示的“ODBC Microsoft SQL Server 安装”对话框。该对话框可用来验证建立的数据源，即 ODBC 安装信息与数据源测试，单击“测试数据源”按钮，弹出“SQL Server ODBC 数据源测试”对话框，在该对话框中会显示连接结果。

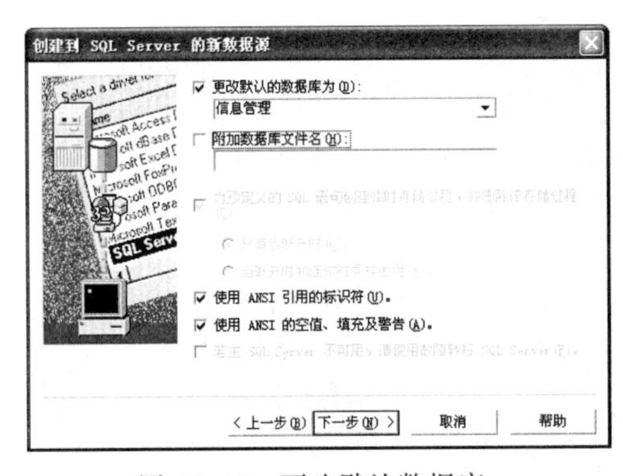

图 14-15　更改默认数据库

图 14-16　ODBC 安装信息与数据源测试

（6）单击“确定”按钮，回到“ODBC Microsoft SQL Server 安装”对话框，再单击“确定”按钮，完成 ODBC SQL Server 数据源的安装。ODBC SQL Server 数据源安装成功后，在 ODBC 数据源管理器中会出现新添加的 ODBC 数据源信息。

14.4.4 删除 ODBC 数据源

使用 ODBC 管理器可配置 ODBC 数据源，同样也可删除，步骤如下：

（1）选择“开始”→“设置”→“控制面板”命令，在打开的“控制面板”窗口中双击“数据源 ODBC”图标，打开 ODBC 数据源管理器，在 ODBC 数据源管理器中单击“系统 DSN”选项卡。

（2）选中想要删除的用户 ODBC 数据源，然后单击“删除”按钮，在弹出的提示框中单击“是”按钮，即可删除“YU_信息管理”用户数据。当然，也可使用编程方式删除 ODBC 数据源。

小　　结

SQL Server 2008 中 Web 交互式网页发布数据主要有两种模式：推模式与拉模式。HTML 是用来描述 WWW 上超文本信息文件的语言，用于表征超媒体结构的一个命令集，是目前 Internet 广泛使用的多媒体的语言之一。XML 可在系统中通过 FOR XML 子句和 Open XML 函数使用 XML 数据，是 Web 的主导技术。ODBC 是一套开放数据库系统应用程序接口规范，它是一个应用程序接口，包含由应用程序调用以获得一系列服务的函数。

思考与练习

一、选择题

1. HTML 主要包括 HTML 标记、HTML 注释与 HTML（　　）3 部分。

A. 文档结构　　B. 数据结构　　C. 文档说明　　D. 数据字典

2. 通常，XML 文档由 XML 文档首部和 XML（　　）构成的。

A. 数据主体　　B. 文档结尾　　C. 文档主体　　D. 数据结尾

3. ODBC 驱动程序是一个动态链接库（　　）。

A. DLL　　B. CLS　　C. Clear　　D. EXE

二、思考与实验

1. 简述 SQL Server 2008 的网络及数据接口处理特性。
2. 简述 Web 交互式网页发布数据的模式及特征。何谓 HTML？简述 HTML 具有的特性。
3. 试问 HTML 语法主要包括哪几部分？何谓 XML？该文档格式包括哪些内容？
4. 试使用 XML 类型变量@ Student0，并将一个简单的 XML 文档片段赋予该变量。
5. 试完成用 FOR XML RAW 的 SELECT 查询语句从“学生”表中获得 XML 数据实验。
6. 试用 FOR XML AUTO 的 SELECT 查询语句从“学生”表中获得 XML 数据。
7. 试用 FOR XMLPATH 的 SELECT 查询语句从“学生”表中获得 XML 数据。
8. 试用 FOR XML EXPLICIT 的 SELECT 查询语句从“学生”表中获得 XML 数据。
9. 何谓 ODBC？简述 ODBC 的结构层次和完成的主要任务和创建 ODBC 数据源的方法。

应用开发篇

第15章 VB访问SQLServer 2008数据库

【本章提要】数据库信息最终是要面向用户的。微软公司面向对象的可视化编程工具 VB &VB.NET 具有简单易学、灵活方便和易于扩展的特点，它与 SQL Server 2008 结合更是相得益彰。本章主要讲解如何利用 VB &VB.NET 访问 SQL Server 2008 数据库的相关技术，分别利用数据控件或 ADO 数据对象模型与数据源进行连接访问，并在用户界面添加数据组件，来实现 VB &VB.NET 对数据进行查询、添加、修改、删除等操作。

15.1 VB 访问数据库基础

1. VB 与 SQL Server 关联的常用编程接口

使用 Visual Basic 可以建立对本地或者远程数据库操作的应用程序桌面，也可创建企业级分布式的 Internet 应用程序平台。因此，VB 越来越多地用作众多公司“客户机/服务器”或“浏览器/服务器”模式下数据库和应用程序的前端开发工具，与后端（后台）的 SQL Server 相结合，能够提供一种高性能的 C/S 或 B/S 解决方案。使用 VB 开发 SQL Server 2008 数据库应用程序时，主要有以下几种常用编程接口：

（1）数据访问对象（Data Access Objects，DAO）。该对象通过 Jet 数据库引擎与 ODBC 的数据源进行通信，可以读取 Access 数据库（MDB 文件）中的数据。

（2）远程数据对象（Remote Data Objects，RDO）。该对象实质就是 ODBC API 的对象化，它提供用代码生成和操作远程 ODBC 数据库系统组件的框架。RDO 对象模型比 DAO 对象模型简单、功能多。

（3）活动数据对象（ActiveX Data Objects，ADO）。该对象改进了 DAO、RDO 等各种其他数据访问接口的缺陷，或者说它是一种更加标准的接口，架起了不同数据库、文件系统和 E-mail 服务器之间的公用桥梁。

（4）开放数据库互连（Open Database Connectivity，ODBC）。ODBC 是 OLE DB 的前身，首次对不同数据库平台提供了数据的标准接口。由于 ODBC 是 API，直接与驱动器通信，因此更快捷，但也颇难掌握。ODBC 只限于关系型数据库，因为 SQL 是向 ODBC 数据源发送请求的标准语言。

（5）OLE DB 是一组“组件对象模型（COM）”接口。它封装了 ODBC 的功能，以统一的方式访问存储在不同信息源中的数据，可为关系和非关系数据库、电子邮件和文件系统数据等提供了高性能的访问。

其中，ADO 是微软推出的新一代的数据访问技术，使用户能够编写访问 SQL Server 2008 数据库的应用程序。ADO 是目前使用最为广泛的，而 ODBC 相对于 OLE DB 来说使用得更为普遍，获得 ODBC 驱动程序较为便捷，几乎所有微软视窗软件的管理工具中都提供。这样在缺乏 OLE DB 驱动程序时，就可立即访问原有的数据系统。OLE DB、ADO、ODBC 是微软公司通用数据访问（Universal Data Access，UDA）策略的技术基础，如图 15-1 所示。

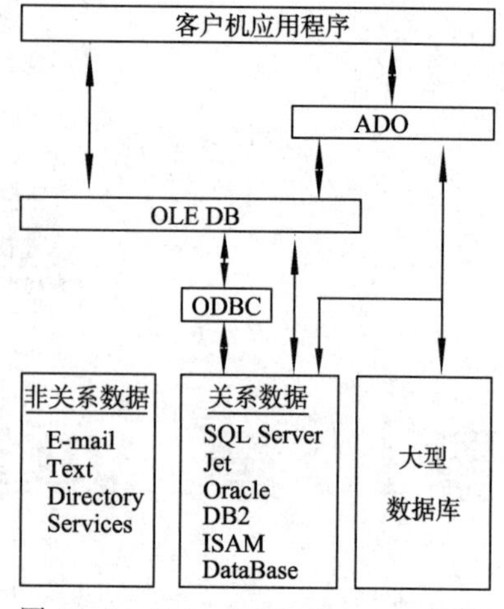

图 15-1　Universal Data Access 结构

2. 访问数据库基础

（1）引用数据源。为了更好地向读者讲述如何具体地使用 VB 访问 SQL Server，需要引用相关的数据库，表结构已在第 6 章介绍过，包括学生、课程、成绩、班级信息表，分别见表 6-2～表 6-5。

（2）连接数据源。VB 提供了 Data 控件、ADO 控件和 ADO 数据模型等多种数据源连接方式，Data 控件较为基础，本教材主要基于 ADO 方式并结合实例予以介绍，以展示、讲解具体实际的应用方法。

15.2　使用 ADO 控件访问 SQL Server 2008 数据库

Visual Basic 中，ADO 控件使用户可以使用 Microsoft ActiveX Data Objects（ADO）快速地创建一个到 SQL Server 数据库的连接，完成访问 SQL Server 2008 数据库操作。

15.2.1　ADO 控件要素分析

VB 是种面向对象的程序设计语言，它具有属性、方法和事件 3 大要素。在使用 ADO 数据控件前，先对其 3 要素进行分析。

ADO 数据控件的主要属性如表 15-1 所示，主要方法如表 15-2 所示，主要事件如表 15-3 所示。

表 15-1　ADO 数据控件的主要属性

属　性	描　　述
Caption	标题（常用来显示当前记录所处的位置）
ConnectionString	返回或设置用来建立到数据源的连接字符串。该属性通过传递包含一系列由分号分隔的“参数=值”语句的详细连接字符串指定 ADO 数据控件的数据源，其中包含 5 个主要的参数，它们都用分号分隔，相关参数如下： ① Provider：指定数据源的名称，即连接数据库的类型。此处为 SQLOLEDB.1； ② User ID：用来指定 SQL 访问用户的名称； ③ Password：用户密码，指与用户 ID 对应的密码； ④ Initial Catalog：此处用于指定默认打开的数据库； ⑤ DataSource：指定连接的数据库服务器名称。这里可以输入 IP 地址，也可以直接输入服务器主机名称，本机可使用“(local)”代替。例如： Provider=SQLOLEDB.1; User ID=sa;Password=1,initial catalog=jxufe;datasource=(local)

续表

属　　性	描　　　　述
RecordSource	返回或设置 ADO 控件的记录源值，可以是数据表名，也可以是 SQL 语句，如 SELECT * FROM 学生 WHERE (性别 = '女')
CommandType	可确定 RecordSource 是 SQL 语句、表名还是存储过程。可优化 CommandText 属性计算
recordset 属性	可使用 ADO 的 ADODB.recordset 进行实例化设置对应方法、属性和事件等，如 Dim rs as new ADODB.recoredset/Set ADODC1.recordset=rs

表 15-2　ADO 数据控件的主要方法

方　　法	描　　　　述
Refresh	用于更新集合中的对象以反映来自指定提供者的对象情况。在调用 Refresh 前，应将 Command 对象的 ActiveConnection 属性设置为有效的 Connection 对象，将 CommandText 属性设置为有效命令，且将 CommandType 属性设置为 adCmdStoredProc。语法格式为 ADODC1.Refresh
UpdateRecord	将约束控件上的当前内容写入数据库
UpdateControls	从控件 ADO Recordset 对象中获取当前行，并在绑定到此控件的控件中显示数据
Close	主要用于关闭打开的对象。该法可关闭 Connection 或 Recordset 对象以便释放所有关联的系统资源。关闭对象并将对象从内存中完全删除，可将对象变量设置为 Nothing

表 15-3　ADO 数据控件的主要事件

事　　件	描　　　　述
MoveComplete	该事件在执行挂起操作更改 Recordset 中的当前位置后调用。当执行 ADO 数据控件自动创建的记录集的 Open、MoveNext、Move、MoveLast、MoveFirst、MovePrevious、Bookmark、AddNew、Delete、Requery 以及 Resync 方法时，这两个事件将被触发
FieldChangeComplete	该事件则发生在被修改后触发。对记录集执行了 Update、Delete、CancelUpdate、UpdateBatch 或 CancelBatch 方法之前或之后，这两个事件将分别被触发
RecordsetChangeComplete	该事件发生在对 Recordset 对象挂起或修改操作后触发。若执行了 Requery、Resync、Close、Open 和 Filter 方法之前或之后，这两个事件被触发
InfoMessage	ConnectionEvent 操作成功完成，该事件被调用并且由提供者返回附加信息

15.2.2　使用 ADO 控件访问 SQL Server 2008 数据库

在此，将通过一个 ADO 控件访问 SQL Server 2008 数据库实例来解析具体过程。

【例 15-1】创建一个包含 ADO 控件（Adodcxxgl、标签、文本和表格控件）的简单 ADO 访问 SQL Server 2008 数据库的应用实例，控件设置如表 15-4 所示。下文将分为 4 个过程进行解析。

表 15-4　实例设置的数据控件属性参数

控件	属性	设置	控件	属性	设置	控件	属性	设置
Label	Name	Label1	TextBox	Name	Text1	TextBox	DataField	出生日期
	Caption	姓名		DataSource	Adodcxxgl	TextBox	Name	Text4
Label	Name	Labe2		DataField	姓名		DataSource	Adodcxxgl
	Caption	性别	TextBox	Name	Text2		DataField	校名
Label	Name	Label3		DataSource	Adodcxxgl	DataGrid	Name	DataGridxxgl
	Caption	出生日期		DataField	性别		Align	2- VBAlignBottom
Label	Name	Label4	TextBox	Name	Text3		DataSource	Adodcxxgl
	Caption	校名		DataSource	Adodcxxgl	Adodc	Name	Adodcxxgl

1. 在窗体中添加设置 ADO 数据控件

在使用 ADO 数据控件，首先需要将 ADO 数据控件添加到 VB 的工具栏中，步骤如下：

（1）打开一个新的工程，将工程的 Name 属性设置为 ADODCDemo，并且将工程保存为 ADODCDemo.vbp，将系统默认的窗体的 Name 属性设置为 frmADODC，将窗体的 Caption 属性设置为“使用 ADO 数据控件实例”，最后将窗体保存为 frmadodc.frm 文件。

（2）选择“工程”→“部件”命令，在弹出的“部件”对话框中选择“控件”选项卡，再选择“Microsoft ADO Data Control 6.0（SP6）”和“Microsoft DataGrid Control 6.0”复选框，单击“确定”按钮，可以看到 ADO 数据控件图标出现在“工具箱”中，如图 15-2 所示。

（3）将 ADO 数据控件从工具箱中拖动到窗体上，在属性窗口中将它的 Name 属性设置为 Adodcxxgl，并设置 Align 属性为 2-VbAlignBottom，即将控件放置在窗体底部，窗体设计运行界面如图 15-3 所示。

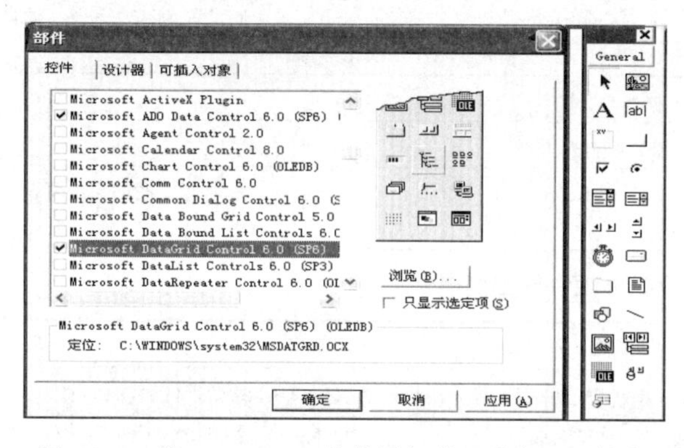

图 15-2　将 ADO DATA 控件添加并显示在工具箱中

图 15-3　使用文本框控件显示数据窗体

2. 与后台 SQL Server 2008 数据的连接

将 ADO 数据控件添加到窗体上后，可将它连接到 SQL Server 的信息管理数据库中，步骤如下：

（1）右击 ADO 数据控件，在弹出的菜单中选择“ADODC 属性”命令，或在 ADO 数据控件的属性窗口中单击“自定义”属性右侧的省略号按钮，系统会自动弹出一个“属性页”对话框，如图 15-4 所示。

（2）在“属性页”对话框中选择“通用”选项卡，选择“使用连接字符串”单选按钮（“使用 ODBC 数据源名称”方式作为课后练习），单击“确定”按钮，在弹出的图 15-5 所示的“数据连接属性”对话框中选择 Microsoft OLE DB Provider For SQL Server 选项，单击“下一步”按钮。

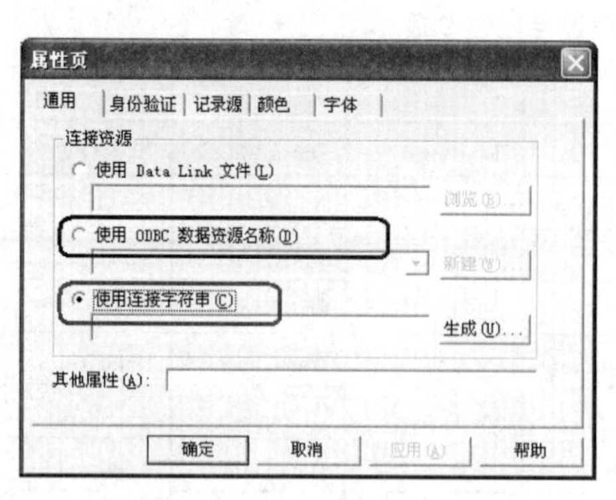

图 15-4　ADODC 属性设置对话框

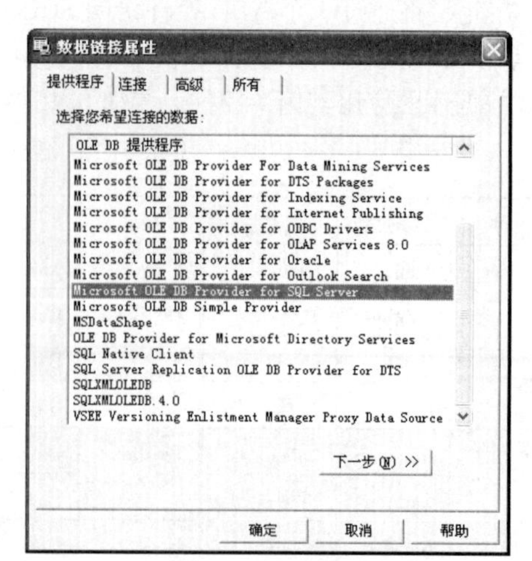

图 15-5　设置新数据源的属性

（3）显示“连接”选项卡，选择或输入服务器名称，在“输入登录服务器的信息”中按要求选择并输入用户名和密码（若系统要求，则输入）等，在服务器上选择数据库栏中选择或输入数据库名称，单击“测试连接”按钮，显示“测试连接成功”，则表示连上了 SQL Server 2008 数据库，如图 15-6 所示。

（4）在“属性页”对话框中选择“记录源”选项卡，设置记录源，如图 15-7 所示。在“命令类型”下拉式列表框中选择 2-adCmdTable 选项，表示将为 ADO 数据控件选择一个数据库中已经存在的表或视图作为数据源。

（5）在“表或存储过程名称”下拉列表框中选择“学生”表，单击“确定”按钮，关闭对话框。在窗体中选中 ADO 数据控件，在其属性窗口中将 ADO 数据控件的 EOFAction 属性设置为 2-adDoAddNew，表示在当前记录是最后一个记录并且用户单击控件上的按钮时，将自动添加一个新的记录。

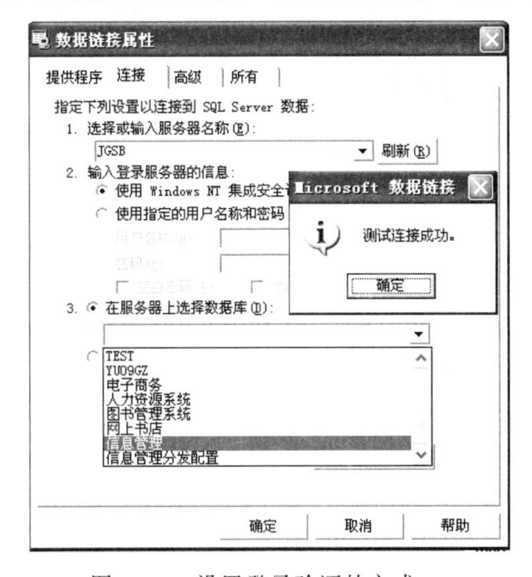

图 15-6　设置登录验证的方式

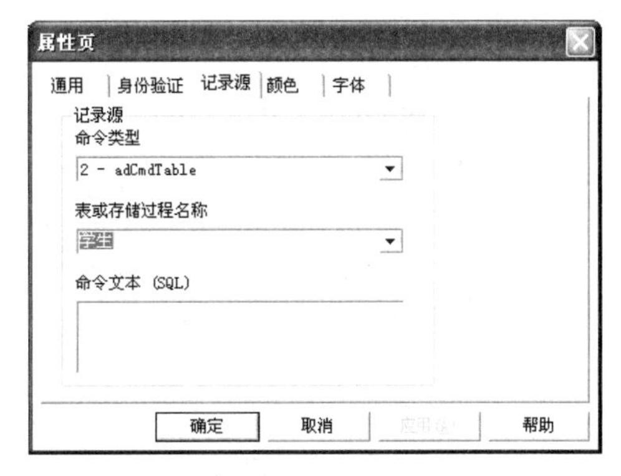

图 15-7　设置记录源对话框

3. 与常用数据控件的绑定

现已将一个 ADO 数据控件添加到窗体上，且为 ADO 数据控件创建了一个数据源，下面介绍如何用约束控件将数据库的数据显示出来。在 VB 中任何具有 DataSource 属性的控件都可以绑定 ADO 数据控件作为约束控件，可以绑定 ADO 数据控件的主要控件如表 15-5 所示，可以绑定 ADO 数据控件的主要 ActiveX 控件如表 15-6 所示。

表 15-5　可以绑定 ADO 数据控件的主要控件

控件	中文名	控件	中文名	控件	中文名	控件	中文名
TextBox	文本框控件	ComboBox	组合框控件	Listbox	列表框控件	Image	图像控件
CheckBox	复选框控件	Label	标签控件	PictureBox	图片框控件		

表 15-6　可以绑定 ADO 数据控件的主要 ActiveX 控件

控件	中文名	控件	中文名	控件	中文名
DataList	数据列表控件	DataCombo	数据组合框控件	Microsoft Chart	图表控件
DataGrid	数据网格控件	RichTextBox	RTF 文本控件	Microsoft Hierarechical FlexGrid	分层式网格控件
MonthView	月份浏览控件	ImageCombo	图像组合框控件	DateTjmePicker	日期选择控件

在窗体添加了 ADO 数据控件后，即可按表 15-4 要求在窗体上分别添加 4 个文本框控件和 4 个起标签作用的 Label 控件以及数据表格控件 DataGrid1，并设置相关属性和与 ADO 数据控件绑定，且将下面的代码添加到 frmadodc 窗体的代码窗口中。

```
PRIVATE SUB Adodcxxgl_MoveComplete(ByVal adReason AS ADODB.EventReasonEnum,_
        ByVal pError AS ADODB.Error,adStatus AS ADODB.EventStatusEnum,_
        ByVal pRecordset AS ADODB.Recordset)
        Adodcxxgl.Caption="学生基本情况: "+Str(Adodcxxgl.Recordset._
        AbsolutePosition)+"/"+Str(Adodcxxgl.Recordset.RecordCount)
END SUB
```

这些代码主要用来在窗体中显示表记录集中有几条记录及当前记录在表记录集中的位置：是第几条第几个记录，如图 15-3 所示。

4．设置 DataGrid 数据网格控件与显示数据库中的数据

DataGrid 数据网格（表格）控件可用于同时浏览或修改多个记录的数据，可将 DataGrid 控件连接到 ADO 数据控件。将一个 DataGrid 控件绑定到 ADO 数据控件的具体步骤如下：

（1）单击窗体中的 DataGrid 控件，然后将其 Name 属性设置为 DataGridxxgl，表示用来显示信息管理数据库中的数据。

（2）单击属性窗口中的 DataSource 属性，然后从其右侧的下拉式列表框中选择刚才创建的 ADODC 控件 Adodcxxgl。一旦指定了 DataGrid 控件的 DataSource 属性，DataGrid 控件将自动根据它的字段和记录数设置自己的属性，其余属性设置如图 15-8 所示。

（3）右击 DataGrid 控件，在弹出的快捷菜单中选择“检索字段”命令，可以完成表格栏名称的自动设置。

此外，在这个窗体中，可通过单击 ADO 数据控件两端的箭头按钮来实现对数据库中数据的浏览，也可以修改数据库中的记录值，还可以向数据库中添加数据。最后，按【F5】键运行应用程序，“学生”表中的数据就会显示在窗体及 DataGrid 控件中，如图 15-9 所示。

图 15-8　DataGrid 控件部分属性设置

图 15-9　使用 DataGrid 控件显示数据

15.3　使用 ADO 对象操作 SQL Server 2008 数据库

在 Visual Basic 程序设计中尚可使用 ADO 对象访问 SQL Server 2008 数据库。

15.3.1　ADO 对象基础

在 ADO 对象模型中，主要包括 4 个对象：Connection、Recordset、Command 和 Fields，如表 15-7 所示。ADO 访问数据库的基本流程如图 15-10 所示。

表 15-7　ADO 中的主要可编程对象

对　　象	名　　称	说　　　　明
Connection	连接	通过该对象的“连接”，可使应用程序访问各类数据源
Recordset	记录集	通过该记录集对象可描述来自数据库表或命令执行结果记录集合
Command	命令	该对象可用于大量数据的操作或者是对数据库表单结构的操作
Fields	字段	该对象用于操作记录集中指定列（字段）的相关信息

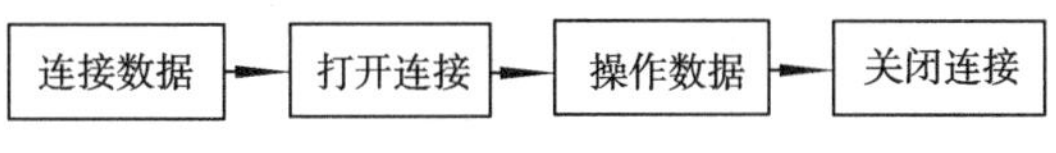

图 15-10　ADO 访问数据库流程

1．连接对象

连接（Connection）是交换数据的首要条件。在 VB 中，通过 ADO 对象访问数据库的第一步就是要建立与数据库的连接，Connection 对象用来与数据源连接，Connection 对象的常用属性和方法如表 15-8 所示。

表 15-8　Connection 对象的常用属性和方法

名　　称	说　　　　明
ConnectionString 属性	用于设置连接到数据源的信息参数
DefaultDatabase 属性	定义 Connection 对象默认数据库，如 cnn.DefaultDatabase=“信息管理”
Provider 属性	定义 Connection 对象的数据库提供者名称，如 SQL Server 等
state 属性	用于返回 Connection 连接数据库状态，若 Connection 已连接数据库，则主要属性值返回 adStateOpen(值为 1)，否则返回 adStateClosed(值为 0)
Open 方法	打开到数据库的连接，如 cnn.open connectionstring 、userid、password、options
Execute 方法	执行连接操作，如 RecordSet1=cn.Execute CommandText、RecordsAffected、option
Cancel 方法	中止当前的数据库操作，取消 Open、Execute 方法的调用
Close 方法	关闭已打开的数据库，释放 Connection 对象，如 cnn.close

2．记录集对象

VB 中，记录集（Recordset）对象是来自基本表或命令执行结果的记录集合，但在任何时候 Recordset 对象所指的当前记录均为整个记录集中的单个记录，用于指定可以检查浏览与移动的行，添加、更新与删除数据源记录。Recordset 对象的常用属性和方法如表 15-9 所示。

表 15-9　Recordset 对象的常用属性和方法

名　　称	说　　　　明
ActiveConnection 属性	设置或返回 Recordset 对象所属的 Connection 对象
Source 属性	返回生成记录集的命令字符串，其值可为 SQL 查询、表名或存储过程名

续表

名　　称	说　　　　明
Bof 属性	指示是否在首记录之前，若当前记录位置在记录集首记录之前，则返回 True
Eof 属性	指示是否在末记录之后，若当前记录位置在记录集末记录之后，则返回 True
Sort 与 Filter 属性	Sort 用于设置若干字段的排序；Filter 用于指定记录集的过滤条件
Open 方法	根据 ActiveConnection 和 Source 属性打开一个记录集
Move 与 Cancel 方法	Move 用来将行指引移动到指定记录行；Cancel 用于取消异步 OPEN 方法调用
AddNew 方法	在记录集末尾增加新记录并使其成为当前行
Requery 与 Update 方法	Requery 用于重新执行记录集查询并更新数据；Update 用于将记录集改变保存到 SQL Server 中
CancelUpdate 方法	取消任何改变并放弃调用 Update 方法之前增加的任何记录
Delete 与 Close 方法	Delete 用于删除当前记录或记录组；Close 用于关闭记录集及其与数据源的连接
Find 与 Seek 方法	Find 用于根据某个条件找到一个记录；Seek 用于索引搜索记录，目前仅在 Jet 数据提供者中支持
MoveFirst /MoveLast 方法	将行指针移动到第一条/最后一条记录
MoveNext/MovePrevious 方法	将行指针移动到下一条/上一条记录

3．命令对象

命令（Command）对象描述将对数据源执行的命令，可用于大量数据的操作。Command 对象的常用属性和方法如表 15-10 所示。

表 15-10　Command 对象的常用属性和方法

名　　称	说　　　　明
ActiveConnection 属性	指定当前命令对象属于哪个 Connection，若要为已经定义的 Connection 对象单独创建一个 Command 对象，必须将此属性设置为有效的连接字符串
CommandText 属性	指定向数据提供者发出的命令文本，如 SQL 语句、数据表名等
CommandType 属性	设置或返回 CommandText 的类型
State 属性	返回 Command 运行状态，若处于打开状态，该属性值为 1-adStateOpen(值为 1)，否则为 0-adStateClosed(值为 0)
Execute 方法	执行 CommandText 属性中指定的查询、SQL 语句或存储过程。写法：command. Execute(RecordsAffected, Parameters, Options)。其中，Parameters 传递参数值数组，RecordsAffected 返回 SQL Server 命令操作影响的记录数。Options 可取若干 CommandTypeEnum 或 ExecuteOptionEnum 值
Cancel 方法	放弃或取消 Execute 方法的调用

4．字段对象

每个记录集对象都包含字段（Field）对象的集合，其中每个字段代表该记录集的一列。数据库中的表也可视为一个记录集，因此，每个表也同样包含上述的字段对象集合。通过这个字段对象集合，在编程中就可以定位到记录集或数据表中的指定字段，然后进行相关操作。访问一个指定字段的基本语法如下：

```
Rs.fields(fldname)            //其中 rs 为数据表名或记录集名，fidname 为字符串，即字段名
```

15.3.2　使用 ADO 对象操作 SQL Server 2008 数据库实例

【例 15-2】编写一个利用 ADO 数据模型连接数据库的实例，以显示数据库记录内容，并可移动记录位置，从而进行数据的浏览，控件设置如表 15-11 所示。

表 15-11　例 15-2 各控件属性设置

控件名称	属性	属性值
Form1	Borderstyle	1-fixed single
	Caption	使用 ADO 对象操作数据记录行
	Startupposition	2-屏幕中心
Text1--Text8	Text	空
Label1--Label8	Caption	学号、姓名、性别、出生日期、班级编号、学分、区域、校名
Command1—Command7	Caption	首记录,下条记录,上条记录，尾记录、增加、删除和退出

实例运行效果如图 15-11 所示，具体设计过程如下：

（1）新建一个标准 EXE 工程，窗体名称为 Form1。在窗体中添加 8 个 Textbox 控件、8 个 Label 控件和 4 个 Command 控件，排列如图 15-11 所示。其中，Command 控件用于显示首记录、上条记录、下条记录和尾记录。

（2）在“工程”菜单中选择“引用”命令，弹出“引用-工程”对话框，选择 Microsoft Active Data Objects 2.6 library 复选框或更高版本的 ADO 组件对象，如图 15-12 所示，单击“确定”按钮后，该设置不会出现在工具栏中，但已经完成 ADO 模型的引用。接下来，使用 ADO 模型对数据库进行连接、记录集等操作。

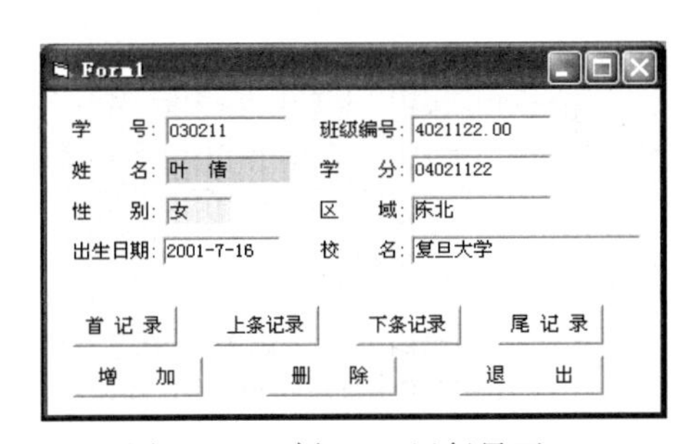

图 15-11　例 15-2 运行界面

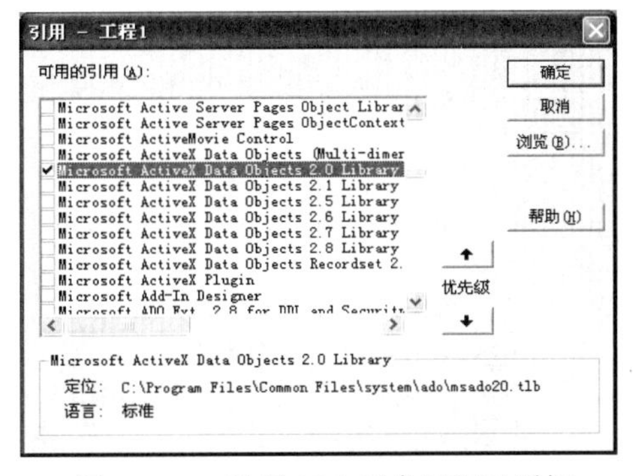

图 15-12　引用 ADO 对象过程对话框

（3）对 ADO 模型实例化，首先声明这些需要的对象，代码如下：

```
DIM db AS New ADODB.Connection
DIM adotable AS New ADODB.Recordset: DIM strcon,strsql AS String
```

编写与数据连接相关的代码（可以放在 Form 的 Load 事件中）：

```
PRIVATE SUB Form_Load()
    strcon="Provider=SQLOLEDB.1;initial catalog=jxufe;data source=(local)"
    db.ConnectionString=strcon:db.Open strcon,"sa","1",-1     '设置连接
    strsql="SELECT * FROM 学生" : adotable.Open strsql,db,3,3
    showfields          '打开并使用用户自定义 showfields 函数显示信息
END SUB
```

（4）各个 Textbox 控件需要与数据源进行连接，所以加入一个 showfields()函数，用来将当前记录分别显示在 Textbox 控件中，showfields()函数的代码如下：

```
PRIVATE SUB showfields()
    IF(Not adotable.EOF) AND (Not adotable.BOF) THEN
        Text1=adotable.Fields("学号"):      Text2=adotable.Fields("姓名")
        Text3=adotable.Fields("性别"):      Text4=adotable.Fields("出生日期")
```

```
        Text5=adotable.Fields("班级编号"):  Text6=adotable.Fields("学分")
        Text7=adotable.Fields("区域"):      Text8=adotable.Fields("校名")
    END IF
END SUB
```

（5）给记录指针添加控件代码，首记录 Command1、下条记录 Command2、上条记录 Command3、尾记录 Command4，代码如下：

```
PRIVATE SUB Command1_Click()                    '首记录
    adotable.MoveFirst:showfields
END SUB
PRIVATE SUB Command2_Click()
    IF Not adotable.EOF  THEN
        adotable.MoveNext                       '下条记录
    ELSE
        adotable.MoveLast
    END IF
    showfields
END SUB
PRIVATE SUB Command3_Click()
    IF Not adotable.BOF THEN
        adotable.MovePrevious                   '上条记录
    ELSE
        adotable.MoveFirst
    END IF
    showfields
END SUB
PRIVATE SUB Command4_Click()                    '尾记录
    adotable.MoveLast:showfields
END SUB
PRIVATE SUB Command5_Click()
    adotable.AddNew                             '添加记录
    adotable.Fields("学号")=Text1.Text: adotable.Fields("姓名")=Text2.Text
    adotable.Fields("性别")=Text3.Text:adotable.Fields("出生日期")=ctod(Text4.Text)
    adotable.Fields("班级编号")=Text5.Text:adotable.Fields("学分")=Val(Text6.Text)
    adotable.Fields("区域")=Text6.Text:adotable.Fields("校名")=Text6.Text
END SUB
PRIVATE SUB Command6_Click()                    '删除记录
    adotable.Delete:adotable.MoveNext
    IF adotable.EOF THEN
        adotable.MovePrevious
    END IF
    adotable.Update:showfields
END SUB
PRIVATE SUB Command7_Click()
  Unload Me     '退出
END SUB
```

（6）单击工具栏中的“保存”按钮，将工程保存为 VB_ADOO 对象_SQL.vbp 即可。

【例 15-3】用 ADO 对象和 DataGrid 控件编写一个实例程序，实现数据的添加、修改和删除等更新操作，结果如图 15-13 所示。

（1）按照图 15-13 所示添加 DataGrid 控件和 2 个 Command 控件。Command1 为修改记录按钮、Command2 为删除记录按钮、DataGrid1 为数据网格控件。

（2）引用 ADO 组件，在通用等对象中编写如下代码：

```
DIM db As New ADODB.Connection:Dim rs AS New
ADODB.Recordset:DIM constr AS String
```

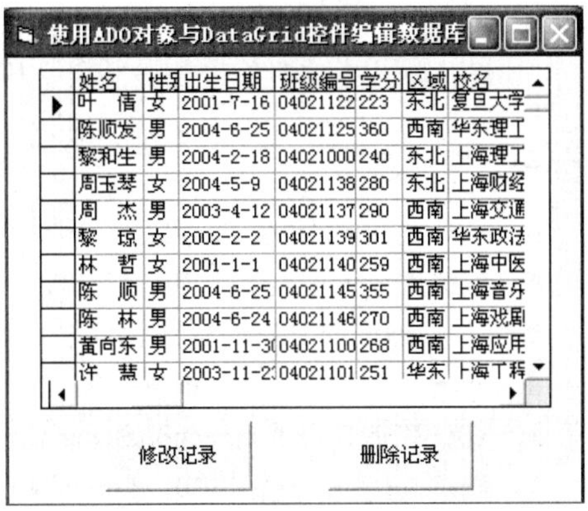

（3）在窗体的 Load()中编写如下代码：

```
PRIVATE SUB Form_Load()
DIM strsql AS String
constr="Provider=SQLOLEDB.1;initial
catalog=jxufe;data source=(local);user id=sa;
password=1"
    db.ConnectionString=constr:db.Open strcon
    strsql="SELECT * FROM student":rs.Open strsql,db,3,3
    DataGrid1.AllowAddNew=False:DataGrid1.AllowDelete=False
    DataGrid1.AllowUpdate=False:Set DataGrid1.DataSource=rs
END SUB
```

图 15-13　例 15-3 运行界面

（4）编写命令按钮的代码：

```
PRIVATE SUB Command1_Click()
IF Command1.Caption="修改记录" THEN
    Command1.Caption="确认":Command2.Enabled=False:DataGrid1.AllowUpdate=True
ELSE
   MsgBox"修改成绩",vbOKOnly+vbExclamation,"修改数据库内容提示"
   DataGrid1.AllowUpdate=False:Command1.Caption="修改记录"
   Command2.Enabled=True
END IF
END SUB
PRIVATE SUB Command2_Click()
DIM ans AS String
ans=MsgBox("你确定要删除吗? ",vbYesNo,"确定删除")
IF ans=vbYes THEN
   DataGrid1.AllowDelete=True:rs.Delete:rs.Update:DataGrid1.RefreshMsgBox "
   成功删除",vbOKOnly+vbExclamation,"删除数据":DataGrid1.AllowDelete=False
ELSE
   Exit Sub
END IF
END SUB
```

小　　结

使用 VB 开发 SQL Server 2008 数据库应用程序时，主要有 DAO、RDO、ADO、ODBC、OLE DB 几种常用编程接口。ADO 控件使用户可使用 ActiveX Data Objects（ADO）快速地创建一个到 SQL Server 数据库的连接。VB 是种面向对象的程序设计语言，它具有属性、方法和事件 3 大要素。在 ADO 对象模型中主要包括 Connection、Recordset、Command 和 Fields 这 4 个对象。

本章介绍了 VB 与 SQL Server 关联的常用编程接口访问数据库基础、使用 ADO 控件与 ADO 对象访问 SQL Server 2008 数据库等。

思考与练习

一、选择题

1. ADO是种标准接口，架起了不同（　　）、文件系统和E-mail服务器间的公用桥梁。
A. 数据库　　B. 客户机　　C. 工作站　　D. 服务器

2. VB是种面向对象的程序设计语言，它具有属性、（　　）和事件3大要素。
A. 方法　　B. 函数　　C. 过程　　D. 子程序

3. ADO数据控件ConnectionString属性的主要参数不包括（　　）。
A. Provider　　B. FormView　　C. User ID　　D. Password

4. ADO数据控件的主要方法不包括（　　）。
A. Refresh　　B. Close　　C. Clear　　D. UpdateRecord

5. 通常，数据访问标准已由ODBC、ADO方式提升至（　　）。
A. ADO.NET　　B. OLE DB　　C. ODBC　　D. SQL

6. NET数据提供程序的核心对象中与特定数据源连接的重要属性为（　　）。
A. DataReader　　B. Connection　　C. ConnectionString　　D. Command

7. 数据绑定是指使（　　）和数据源捆绑在一起，并通过它来显示或修改数据。
A. 过程　　B. 对象　　C. 方法　　D. 控件

8. 可使用（　　）对象来显式地创建连接对象。
A. Connection　　B. 控件　　C. DAO　　D. ODBC

二、思考与实验

1. 简述ADO数据控件的主要属性和方法。

2. 简述使用ADO控件与对象访问SQL Server 2008数据库的具体过程。

3. 试完成创建一个包含ADO控件、标签、文本等控件的简单ADO访问SQL Server 2008“信息管理”数据库中“学生”表的应用程序实例，并完成该实验过程。

4. 试完成创建一个包含ADO控件、标签、文本等控件的简单ADO访问SQL Server 2008“信息管理”数据库中“课程”表的应用程序实例，并完成该实验过程。

5. 试编写一个使用ADO数据对象连接访问“信息管理”数据库中“学生”表的实例，并完成实验过程。

6. 试编写一个使用ADO数据对象连接访问“信息管理”数据库中“成绩”表的实例，并完成实验过程。

第 16 章　ASP&.NET 访问 SQL Server 数据库技术

【本章提要】ASP&ASP.NET 是 Web 数据库开发技术中应用相当广泛的。本章首先介绍了如何使用 ASP 对象及 ADO 技术访问 SQL Server 2008 数据库技术，其次介绍了 ASP.NET 访问 SQL Server 2008 数据库技术，引出了 Visual Studio 200x 下 ASP.NET 数据访问技术等。

16.1　ASP 访问 SQL Server 2008 基础

动态服务器网页（Active Server Pages，ASP）是微软开发的用以替代 CGA 脚本的一种便捷、交互方式的程序开发/编辑工具，可以完成访问 SQL Server 2008 数据库。

16.1.1　ASP 及其特点

ASP 是一种 Web 应用程序开发技术和嵌入了服务器端脚本代码的编写环境，是类扩展名为.asp 的特殊网页。ASP 具有如下特点：

（1）设计方便。可用任一文本编辑器编写包含多种代码（HTML/JScript/VBScript）文件。

（2）程序无须编译和连接即可执行，程序在服务器端解释，与浏览器无关。

（3）安全性较好。它的源代码不会传给浏览器，从而有效地保护 ASP 源代码。

（4）访问数据库便捷。可利用 ADO（Active Data Object）方便地访问数据库。

16.1.2　建立与连接数据库基础

ASP 对象要访问 SQL Server 2008 数据库，若数据源还未建立，可进行数据源的建立与配置，而后要与数据库进行连接。ASP 访问后台数据库有：利用 ODBC 数据源 DSN 桥梁和基于代码直接连接（ODBC 驱动程序）等方法来完成。

例如，在 Dreamweaver 8.0 中有更为灵活的设计，人们常用 OLE DB 来连接数据库：

```
Provider={SQLserver}r;Server=[ServerName];Database=[DatabaseName];
UID=[UserID];PWD=[Password]
```

又如：

```
"driver={SQL server};Server=(local);Database=jxufe;UID=sa;PWD=1"
```

ASP 中与数据库的连接通常会用到 ADO 对象的 Connection、RecordSet、Command 等对象，此类的属性、方法与 VB 中 ADO 数据模型的 Connection 等对象基本一样。ADO 是建立在 OLEDB Provider 等基础上，可参阅第 15 章所述的 ADO 对象重要属性与方法相关内容。

1. 使用 ODBC 系统数据源

使用 ODBC 系统数据源，即 ODBC 系统 DSN 可以和各类数据库进行访问。但首先要有建立 ODBC

配置的系统数据源，然后可用 Connection 对象的 Open 方法打开到数据源的连接。在 Open 方法的连接信息中包含多个部分，各部分用分号隔开。ODBC 系统数据源代码格式如下：

```
Connection.open "DSN=datasourcename;uid=userid;PWD=password;Database=databasename"
```

以下是语句各部分功能的介绍。

（1）DSN=DataSourceName：DSN 指通过控制面板中的数据源（ODBC）建好的数据源名称。

（2）UID=UserID：用户 ID 指对指定数据库有访问权限的用户名。用户名和密码都是由数据库管理员为用户指定的。例如，SQL Server 中的 sa 用户。

（3）PWD=Password：用户密码指与用户 ID 对应的密码。

（4）Database=DatabaseName：用来指定待连接的数据库服务器上的一个数据库名称。例如，数据源的连接代码：

```
connection.open "DSN=demojxufe;uid=sa;database=jxufe"
```

这段代码连接的是一个事先用 ODBC 配置好的名为 demojxufe 的数据源，访问此数据源的用户为 sa，此用户的密码为空，其待连接的数据库为 jxufe。

在系统数据源配置好的情况下，可以对数据库进行连接，具体操作步骤如下：

（1）用 Server 对象的 CreateObject 方法建立 Connection 对象（如名为 Conn 的对象）。

```
set conn=server.createobject("ADODB.connection")
```

（2）使用 Connection 对象 Open 方法连接 ODBC 源数据：系统 DSN，即连接数据库。

```
Conn.open "DSN=demojxufe;uid=sa;pwd=1;database=jxufe"  'ODBC--系统 DSN 连接方式
```

（3）对数据库进行操作。经过上面的设置，Connection 对象已经可以对数据库进行操作。

（4）释放 Connection 对象，关闭数据库。

以下代码就是利用系统数据源进行连接数据库的。

```
<%     set conn=Server.CreateObject("ADODB.connection")   '创建 connection 对象
   conn.open "DSN=demojxufe;uid=sa;pwd=1;database=jxufe"
   set conn=nothing    %>
```

2. 使用代码直接连接

使用代码直接连接又称 ODBC 驱动程序法，免去配置 ODBC 数据源的步骤，可利用编写代码直接与数据库相连接。此时，连接数据库必定要设置 Connection 对象的连接信息 ConnectionString。连接信息中包含多个部分，各部分用分号隔开。其代码格式如下：

```
connection.connectionstring="driver={dataDriver};server=servername;
uid=userid;pwd=;database=database"
```

各部分功能如下：

（1）driver={DataDriver}：指定 ODBC 驱动程序，如 SQL Server 数据库为 SQL Server。

（2）server=ServerName：数据库服务器名，可为 IP 地址或服务器主机名，本机为 local。

（3）UID=UserID：用户 ID 指对指定数据库有访问权限的用户，如 sa 用户。

（4）PWD=Password：用户密码指与用户 ID 对应的密码。

（5）Database=DatabaseName：用来指定待连接的数据库服务器上的一个数据库名称。

以下就是一个使用编写代码直接连接的实例，这段代码连接的为一个本机的 SQL Server 数据库服务器，访问此数据库的用户为 sa，此用户的密码为空，其待连接的数据库为学生。

```
connodbc.connectionstring="drive={SQL server};server=(local);uid=sa;pwd=;database=学生"
```

使用编写代码直接连接数据库的具体操作步骤如下：

（1）利用 Server 对象的 Createobect 方法建立 Connection 对象。

（2）设置 Connection 对象的 ConnectionString（连接信息）。

（3）打开数据连接，对数据库进行操作，释放 Connection 对象，关闭数据库。

可以看出，使用编写代码直接连接与 ODBC 系统数据源的步骤基本一样，只是连接信息的设置有些不同。以下代码是使用代码直接连接进行连接数据库的。

```
<%  set connodbc=server.createobject("ADODB.connection")  '建立连接数据库字符串
   connodbc.connectionstring="driver={SQL server};server=(local);uid=sa;pwd=1;
   database=jxufe"
   connodbc.open                                          '对数据库操作语句
   set conn=nothing  %>                                   '关闭数据库
```

16.2　ASP 访问 SQL Server 2008 数据库应用实例

下面将通过若干具体应用实例来叙述 ASP 访问 SQL Server 2008 数据库过程。

16.2.1　数据查询

在网页中，数据记录查询是经常用到的技术，它只是将连接信息中对 SQL 命令增加了由 WHERE 引导的查询条件，从而实现查询的目的。例如，在 Mtable 数据表中查找“姓名”字段为“张三”的记录，其 SQL 语句应写成：

```
SELECT * FROM Mtable WHERE sname='张三'
```

【例 16-1】使用 ODBC 系统数据源编写具有查询 SQL 数据功能的访问 SQLlink.asp 实例，可从 demojxufe 数据源的 student 表中取得记录，代码如下，设计界面如图 16-1 所示。

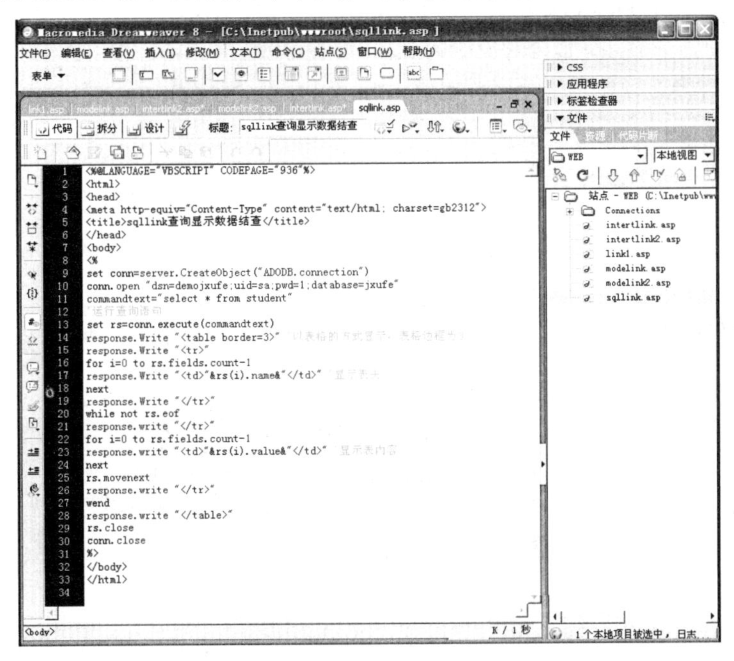

图 16-1　例 16-1 文件设计界面

```
<%  set conn=server.CreateObject("ADODB.connection")
   conn.open "dsn=demojxufe;uid=sa;pwd=1;database=jxufe"
   commandtext="SELECT * FROM student"          '运行查询语句
   set rs=conn.execute(commandtext)
```

```
	response.Write "<table border=3>"          '以表格的方式显示，表格边框为 3
	response.Write "<tr>"
		FOR i=0 TO rs.fields.count-1
			response.Write "<td>"&rs(i).name&"</td>"       '显示表头
		NEXT
	response.Write "</tr>"
	WHILE not rs.eof
		response.write "</tr>"
			FOR i=0 TO rs.fields.count-1
				response.write "<td>"&rs(i).value&"</td>" '显示表内容
		NEXT
		rs.movenext
		response.write "</tr>"
	WEND
	response.write "</table>"
	rs.close
	conn.close
%>
```

解析：程序使用一个 SQL SELECT 语句从一个表 student 中返回了所有的记录。Execute()方法返回一个记录集，记录集被分配给变量 RS。WHILE...WEND 循环用来扫描记录集 RS 中的每一条记录。当一个记录集对象中收集了数据时，当前记录总是第一条记录。

在上面的例子中，调用了记录集对象的 MoveNext 方法，使当前记录移到下一条记录。当所有的记录都显示完时，记录集对象的 EOF 属性的值将变为 True，从而退出 WHILE...WEND 循环。而 FOR...NEXT 循环用来对记录集中的所有字段进行操作，一个记录集对象有一个字段集合 Fields，包含一个或多个字段 Field 对象。一个字段对象代表表中的一个特定的字段。由于 Fields 为一集合对象，所以可利用 Count 属性得知某个 Fields 集合对象中的 Field 对象数目，并可以通过许多途径显示一个字段的值，如：

```
Rs("字段名称")   ：或  Rs(0)
Rs.fields("字段名称") 或  或  Rs.fields(0)
Rs.fields.item("字段名称") 或 Rs.fields.item(0)
```

程序的最后要关闭记录集与数据库的连接，SQLlink.asp 的运行结果如图 16-2 所示。

s_id	s_name	s_sex	s_birth	class_id	xuefen	zero	school
040212	刘华德	男	2002-8-8	04021110	388	华东	上海师范大学
040210	许 慧	女	2003-11-23	04021101	251	华东	上海工程技术大学
040201	黄向东	男	2001-11-30	04021100	268	西南	上海应用技术学院
030211	叶 倩	女	2001-7-16	04021122	223	东北	复旦大学
040219	王海霞	女	2003-6-12	04021115	540	东北	华东师范大学
040218	林 颐	女	2003-5-23	04021123	266	东南	同济大学
031101	陈顺发	男	2004-6-25	04021125	355	西南	华东理工大学
031102	黎和生	男	2004-2-18	04021000	240	东北	上海理工大学
031103	周玉琴	女	2004-5-9	04021138	280	东北	上海财经大学
031104	周 杰	男	2003-4-12	04021137	290	西南	上海交通大学
031105	黎 琼	女	2002-2-2	04021139	301	西南	华东政法学院

图 16-2 例 16-1 程序运行界面

16.2.2 增加记录

增加记录就是通过网页将记录增加到数据库中。可使用 Connection 对象的 Execute 方法运行一段 SQL 的 Insert 命令，进而将数据写入数据库中，或使用 Recordset 对象的 AddNew 方法来增加记录到数据库。

【例 16-2】使用 ODBC 系统数据源及 Connection 设计一个名为 Insertlink.asp 的增加数据记录实例程序。

程序运行结果如图 16-3 所示。

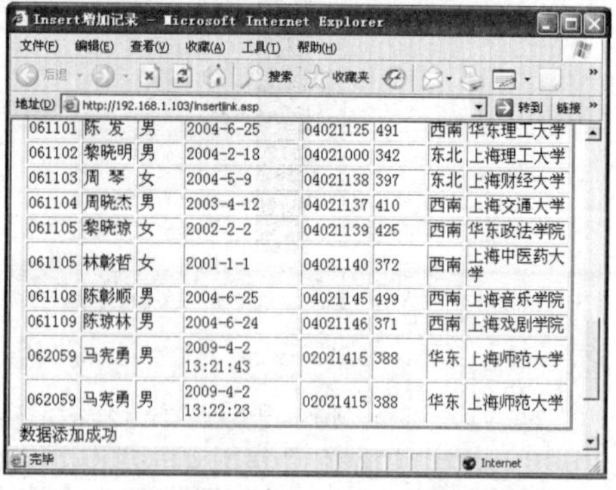

061101	陈 发	男	2004-6-25	04021125	491	西南	华东理工大学
061102	黎晓明	男	2004-2-18	04021000	342	东北	上海理工大学
061103	周 琴	女	2004-5-9	04021138	397	东北	上海财经大学
061104	周晓杰	男	2003-4-12	04021137	410	西南	上海交通大学
061105	黎晓琼	女	2002-2-2	04021139	425	西南	华东政法学院
061105	林彰哲	女	2001-1-1	04021140	372	西南	上海中医药大学
061108	陈彰顺	男	2004-6-25	04021145	499	西南	上海音乐学院
061109	陈琼林	男	2004-6-24	04021146	371	西南	上海戏剧学院
062059	马宪勇	男	2009-4-2 13:21:43	02021415	388	华东	上海师范大学
062059	马宪勇	男	2009-4-2 13:22:23	02021415	388	华东	上海师范大学

数据添加成功

图 16-3 例 16-2 运行结果

```
<% set conn=server.CreateObject("ADODB.connec
tion")
   conn.open "dsn=demojxufe;uid=sa;pwd=1;
database=jxufe"
   Commandtext="insert into student(s_id,
s_name,s_sex,s_birth,class_id,xuefen,zer
o,school) VALUES('062059','马宪勇','男',
```

```
getdate(),'02021415',388,'华东','上海师范大学')"  '插入命令
   set rs1=conn.execute(commandtext)              '增加一条记录
   commandtext="SELECT * FROM student"
   set rs=conn.execute(commandtext)
   response.write "<table border=3>"
   response.write "<tr>"
      FOR i=0 TO rs.fields.count-1
         response.write "<td>"&rs(i).name&"</td>"
      NEXT
response.write "</tr>"
   WHILE not rs.eof
      response.write "<tr>"
         FOR i=0 TO rs.fields.count -1
         response.write "<td>"&rs(i).value&"</td>"
         NEXT
      rs.movenext
      response.write "</tr>"
   WEND
response.write "</table>"
response.write "数据添加成功"
rs1.close
rs.close
conn.close
%>
```

【例 16-3】使用 ODBC 系统 DSN 设计一个名为 insertlink2.asp 的实例程序，要求使用 recordset 对象的 Addnew 方法来增加记录。程序代码如下：

```
<% set conn=server.CreateObject("ADODB.connection")
   conn.open "dsn=demojxufe;uid=sa;pwd=1;database=jxufe"
   set rs=server.CreateObject("ADODB.recordset")
   rs.open "student",conn,1,3
   rs.addnew                      '增加一条记录
   rs("s_id")="062059"
   rs("s_name")="马宪勇 1"
   rs("s_sex")="男"
   rs("s_birth")= date
   rs("class_id")="02021415"
   rs("xuefen")=388
   rs("zero")="华东"
   rs("school")="江西财经大学"
   rs.update                      '将数据回存至数据库
   response.write "数据成功添加"
   rs.close
   conn.close  %>
```

解析：使用 Addnew 方法增加新记录是逐一字段向数据表提交的，该方法增加新记录后，需要调用 UPDATE 方法以更新数据库原有信息，正确的记录才会被加入数据库。

16.2.3　修改记录

修改记录也有两种方法：其一是使用 Connection 对象的 Execute 方法运行一段 SQL 的 UPDATE 命令，通过 SQL 语句将数据写入数据库中；其二是要使用 Recordset 对象的 UPDATE 方法来修改记录。

【例 16-4】用编写代码直接连接设计一个使用 Connection 对象的 Execute 与 UPDATE 方法修改记录的实例程序。程序将数据库 jxufe 的 student 数据表中所有的 xuefen 字段值增加 10%。程序代码如下：

```
<% set con=server.createobject("ADODB.connection")    '编写代码直接连接方法
    con.connectionstring="driver={SQL server};server=(local);uid=sa;pwd=1;database=jxufe"
    con.open
    commandtext="update student set xuefen=xuefen*1.1"
    con.execute commandtext,0,1
    response.write "数据成功修改"
    con.close       %>
```

16.2.4 删除记录

删除记录包括两种方法：其一是通过 Connection 的 Execute 方法运行一段 SQL 的 Delete 命令来删除数据库中数据；其二是使用 Recordset 对象的 Delete 方法来删除数据库数据。在此仅简单地写出两种方法的主要部分。例如，从数据库的 student 表中删除 s_name=“黄向东”的表示方法如下。

（1）通过 Connection 对象的 Execute 方法来执行 SQL 语句：

```
Commandtext="delete student where s_name="黄向东"
```

（2）使用 Recordset 对象的 Delete 方法

```
WHILE not rs.eof
    IF  rs("s_name").value="黄向东" THEN
        rs.delete
        END IF
    rs.movenext
WEND
```

16.2.5 综合应用实例

学生管理网页应用程序包括 6 个 ASP 文件，它们分别是：

（1）Main.asp：为网页主框架，包括两个框架。上方框架为控制菜单，下方框架为数据显示、操作区域。

（2）Menu.asp：上方框架的来源网页，用来控制各种数据操作。

（3）List1.asp：记录显示页面。

（4）List2.asp：记录修改页面，用来修改指定记录数据。

（5）List3.asp：记录增加页面，用来增加新记录。

（6）List4.asp：记录删除页面，用来删除指定记录。

1. 主框架网页

主框架网页 Main.asp 的代码如下：

```
<HTML>  <FRAMESET ROWS="100,*">
    <FRAME NAME="Top" NORESIZE SCROLLING="No" SRC="Menu.asp">
    <FRAME NAME="Bottom" NORESIZE SRC="list1.asp">
  </FRAMSET></HTML>
```

说明：下方框架的名称为“Bottom”，各个记录操作网页都将在此打开。

2. 控制菜单网页

控制菜单网页 Menu.asp 是上方框架的来源网页。其代码如下：

```
<HTML><BODY BGCOLOR="#FFFFFF">
    <P align=center><FONT face=隶书 size=6>学生信息管理</FONT>
    <TABLE ALIGN="Center" WIDTH="100%" BORDER="0">
      <TR HEIGHT="30" BGCOLOR="#FFFFFF" ALIGN="Center">
<TD bgcolor="#FFFFFF"><A HREF="list1.asp?no=First" TARGET="Bottom">第一个</A></TD>
```

```
    <TD><A HREF="list1.asp?no=Previous" TARGET="Bottom">上一个</A>
    <TD><A HREF="list1.asp?no=next" TARGET="Bottom">下一个</A>
    <TD><A HREF="list1.asp?no=last" TARGET="Bottom">最后一个</A>
    <TD><A HREF="list2.asp" TARGET="Bottom">修改</A></TD>
    <TD><A HREF="list3.asp" TARGET="Bottom">增加</A></TD>
    <TD><A HREF="list4.asp" TARGET="Bottom">删除</A></TD>
  </TR></TABLE></BODY></HTML>
```

说明：以超链接作为控制菜单，前 4 个链接以不同的参数连接网页 Listl.asp，后 3 个链接分别连接 3 个不同的网页文件。

3. 显示数据记录

网页 List1.asp 显示记录集 Recordset 对象的单条记录，如图 16-4 所示。其代码如下：

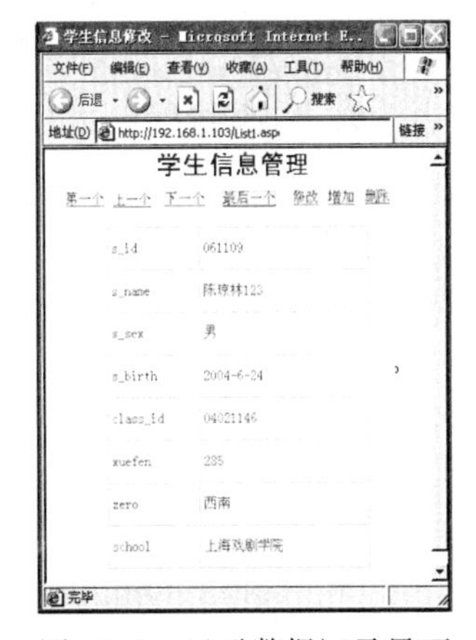

图 16-4　显示数据记录界面

```
<HTML><HEAD><title>学生信息表</title></HEAD><BODY>
<%
  Sub ShowPage(objRS,no)
    objRS.AbsolutePosition=no    '指定当前记录号显示单记录
    FOR j=0 TO objRS.Fields.Count-1
      Data="<TR><td >"&objRS.Fields(j).name
      Data=Data & "<td>"&objRS.Fields(j).Value
      Response.Write data
    NEXT
  END SUB
  set conn=server.createobject("adodb.Connection")
  conn.ConnectionString="dsn=demojxufe;uid=sa;pwd=1;"
'ODBC-系统 DSN 数据源
  conn.Open
  set rs=server.createobject("adodb.recordset")
  rs.open "student",conn,1,2,2
  IF Request("no")="" THEN
    Session("no")=1
  ELSE
    select case Request("no")
      case "First"
        Session("no")=1
      case "Previous"
        Session("no")=Session("no")-1
      case "next"
        Session("no")=Session("no")+1
      case "last"
        Session("no")=RS.RecordCount
    END select
  END IF
  IF Session("no")>RS.RecordCount THEN Session("no")=RS.RecordCount
  IF Session("no")<1 THEN Session("no")=1
  Response.write "<table border=1 align=center cellspacing=0 cellpadding=4
height=390>"
  Response.write "<TR><td width=100><td width=195>"
  ShowPage RS,Session("no")
  Response.write "</table>"
```

```
  RS.close
  set RS=nothing
  conn.close
  set conn=nothing
%> </BODY></HTML>
```

说明：

（1）记录集 Recordset 对象的 AbsolutePosition 属性返回当前记录号。

（2）表示记录集中字段的个数，用 fields.count; fields(i). name 属性表示第 i+1 个字段的名称; fields(i).value 属性则表示当前记录第 i+1 个字段的值。

（3）使用 Connection 对象和 Recordset 对象的 Close 方法关闭数据库连接，并释放对象所占用的内存空间。

4. 修改数据记录

修改数据需要用到 Recordset 对象的 Update 方法。网页 List2.asp 以文本框的形式显示待修改的记录，“确定修改”按钮用来提交修改内容，运行结果如图 16-5 所示，其代码如下：

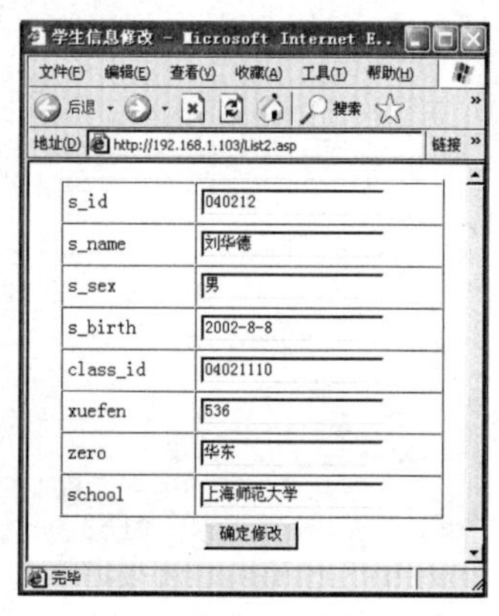

图 16-5 修改数据记录界面

```
<HTML>
  <HEAD><title>学生信息修改</title></HEAD><BODY>
    <FORM METHOD='POST' name=frm1 ACTION='list2.asp'>
    <table border=1 align=center cellspacing=0 cell
padding=4>
      <TR><td width=100><td width=195>
<%
    Sub ShowPage(objRS,no,a)
    objRS.AbsolutePosition=no
    IF len(a)>0 THEN
      FOR j=1 TO objRS.Fields.Count
        objRS.Fields(j-1).value=a(j)
      NEXT
      objRS.Update
    END IF
    FOR j=0 TO objRS.Fields.Count-1
      Data="<TR><td >"&objRS.Fields(j).name
      Data=Data&"<td><Input Type=text name='txt' value="&objRS.Fields(j).Value& ">"
    Response.Write data
          NEXT
    END SUB
    set conn=server.createobject("adodb.Connection")
    conn.ConnectionString="dsn=demojxufe;uid=sa;pwd=1;"
    conn.Open
    set rs=server.createobject("adodb.recordset")
    rs.open "student",conn,1,2,2
    IF Session("no")="" THEN
      Session("no")=1
    END IF      '以表单提交的 Txt 内容修改当前记录
      ShowPage RS,Session("no"),Request.form("txt")
    Response.write "</table>"
    RS.close
```

```
    conn.close
%>
<table border=0 align=center>
<tr><td><INPUT type=submit value="确定修改"></table></Form></BODY>
</HTML>
```

5. 增加数据记录

记录增加页面 List3.asp,用来增加新记录,程序中用到 Recordset 对象的 AddNew 方法。运行结果如图 16-6 所示。程序代码如下:

图 16-6 增加数据记录运行界面

```
<HTML><HEAD><title>增加学生信息表</title></HEAD> <BODY>
    <FORM METHOD='POST' name=frm1 ACTION='list3.asp'>
      <table  border=1  align=center  cellspacing=0
cellpadding=4>
        <TR><td width=100><td width=195>
        <TR><td>学号<td><Input Type=text name=txt1 value=''>
        <TR><td>姓名<td><Input Type=text name=txt2 value=''>
        <TR><td>性别<td><Input Type=text name=txt3 value=0>
        <TR><td>出生日期<td><Input Type=text name=txt4
value=<%=date()%>>
        <TR><td>班级编号<td><Input Type=text name=txt5
value=0>
        <TR><td>学分<td><Input Type=text name=txt6 value=0>
        <TR><td>区域<td><Input Type=text name=txt7 value=0>
        <TR><td>校名<td><Input Type=text name=txt8 value=0></table>
  <% set conn=server.createobject("adodb.Connection")
  conn.ConnectionString="dsn=demojxufe;uid=sa;pwd=1;"
  conn.Open
  set rs=server.createobject("adodb.recordset")
  rs.open "student",conn,1,2,2
   p=Request.form("txt2")
  IF len(p)>0 THEN
  bb0=Request.form("txt1")
  bb1=Request.form("txt2")
  bb2=Request.form("txt3")
  bb3=Request.form("txt4")
  bb4=Request.form("txt5")
  bb5=Request.form("txt6")
  bb6=Request.form("txt7")
  bb7=Request.form("txt8")
  RS.AddNew
  rs("s_id")=bb0
  rs("s_name")=bb1
  rs("s_sex")=bb2
  rs("s_birth")=bb3
  rs("class_id")=bb4
  rs("xuefen")=bb5
  rs("zero")=bb6
```

```
rs("school")=bb7
RS.Update
END IF
Response.write "</table>"
RS.close
conn.close %>
<table border=0 align=center><tr><td><INPUT type=submit value="确定增加">
</td></tr></table></Form></BODY></HTML>
```

6. 删除数据记录

删除数据需要用到 Recordset 对象的 Delete 方法。记录删除网页 List4.asp 的结果如图 16-7 所示。其代码如下：

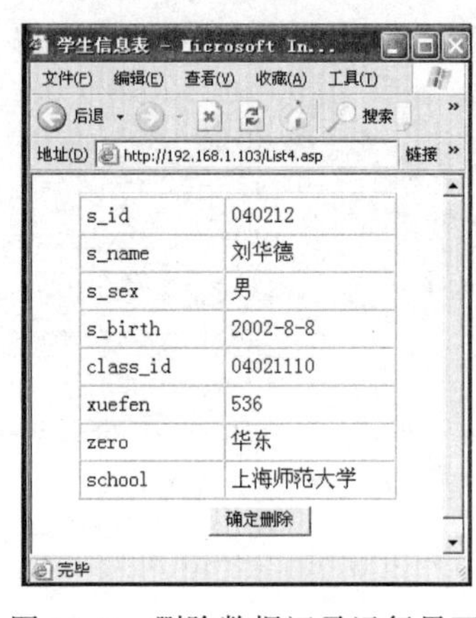

图 16-7 删除数据记录运行界面

```
<HTML><HEAD><title>删除学生信息表</title></HEAD>
<BODY>
    <FORM METHOD='POST' ACTION='list4.asp?YesNo=yes'>
  <table border=1 align=center cellspacing=0
cellpadding=4><TR><td width=100><td width=195>
<% Sub ShowPage(objRS,no)
    objRS.AbsolutePosition=no
      '显示单记录
    FOR j=0 TO objRS.Fields.Count-1
      Data="<TR><td >"&objRS.Fields(j).name
      Data=Data&"<td>"&objRS.Fields(j).Value
      Response.Write data
    Next
  END SUB
  SET conn=server.createobject("adodb.Connection")
  conn.ConnectionString="dsn=demojxufe;uid=sa;pwd=1;"
  conn.Open
  SET rs=server.createobject("adodb.recordset")
  rs.open "student",conn,1,2,2
  IF  Request("YesNo")="yes" THEN
    n=Session("no")
    RS.AbsolutePosition=n
    rs.delete
    rs.update
  END IF
  IF Session("no")="" THEN Session("no")=1
  IF Session("no")>RS.RecordCount
           THEN Session("no")=RS.RecordCount
  ShowPage RS,Session("no")
  Response.write "</table>"
  RS.close
  SET RS=nothing
  conn.close
  SET conn=nothing  %>
  <table border=0 align=center><tr><td>
  <INPUT type=submit value="确定删除"></td></tr></table></FORM></BODY></HTML>
```

16.3 .NET 开发基础

.NET（此处为 ASP.NET）提供了一个全新而强大的服务器控件结构。从外观上来看，ASP.NET 和

ASP 是相近的，但是从本质上是完全不同的。ASP.NET 几乎全是基于组件和模块化，每个页、对象、HTML 元素都是一个运行的组件对象。在开发语言上，ASP.NET 摒弃了 VBScript 和 JavaScript，而使用.NET Framework 所支持的 VB.NET、C#.NET 等语言作为其开发语言，这些语言生成的网页在后台被转换成类并编译成 DLL。由于 ASP.NET 是编译执行的，所以它比 ASP 拥有了更高的效率。ASP.NET 并未完全向下兼容 ASP，不能把 ASP.NET 称为 ASP 的升级版本。

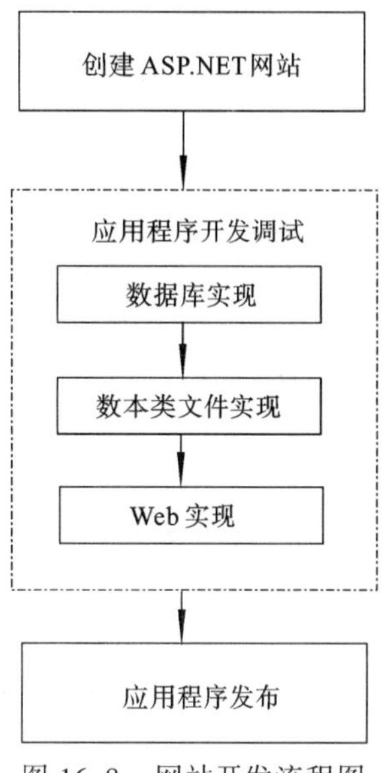

图 16-8　网站开发流程图

开发 ASP.NET Web 应用程序，首先要利用模板创建 ASP.NET 网站，然后进行开发调试，包括数据库实现、基本设置、基本类文件实现和 Web 实现，最后发布。一般 ASP.NET Web 应用程序开发流程如图 16-8 所示。

下面通过具体例子说明如何在 Visual Studio 中创建 ASP.NET 网站。

【例 16-5】 创建一个简单的 ASP.NET 网站，运行显示“祝您好运！”字符串。

（1）运行 Visual Studio，选择“文件”→“新建”→“网站”命令，在弹出的“新建网站”对话框中选择“ASP.NET 网站”模板。将“位置”设置为文件系统 D:\asp.net\WebSite1，语言设置为 Visual Basic，如图 16-9 所示。

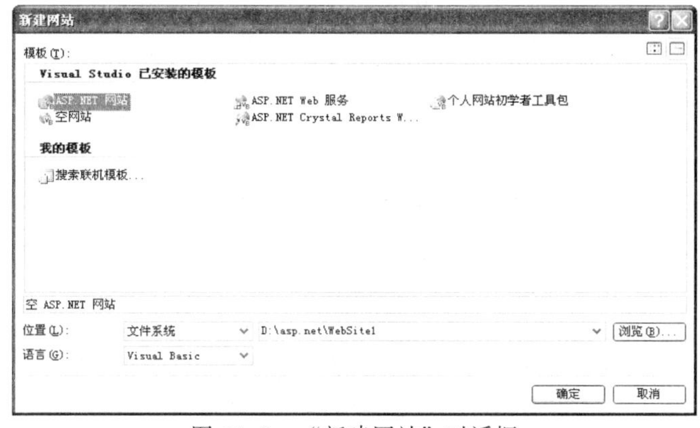

图 16-9　“新建网站”对话框

（2）单击“确定”按钮，打开图 16-10 所示的 Default.aspx 的“源”视图编辑界面。

（3）单击窗体下方的“设计”选项卡，切换到 Default.aspx 的“设计”视图，选中“工具箱”中的 Label 控件并将其拖动到设计窗体中，然后选中 Label 控件，按【F4】键让其弹出属性窗口，设置 Label 控件的 Text 属性为“祝您好运！”，如图 16-11 所示。

图 16-10　Default.aspx 的“源”视图编辑界面

图 16-11　Default.aspx 的“设计”视图编辑界面

（4）按【Ctrl+F5】组合键运行网站，打开浏览器窗口，页面显示“祝您好运!”，如图 16-12 所示。如果在图 16-10 所示的“设计”视图编辑界面中按【F5】键可调试运行网站，弹出“未启用调试”对话框，如图 16-13 所示。

此时单击“确定”按钮，将配置文件中的 compilation debug="false"改为 compilation debug="true"。但在项目开发完毕交付用户运行时应将调试选项改为 false。

图 16-12　网站运行界面

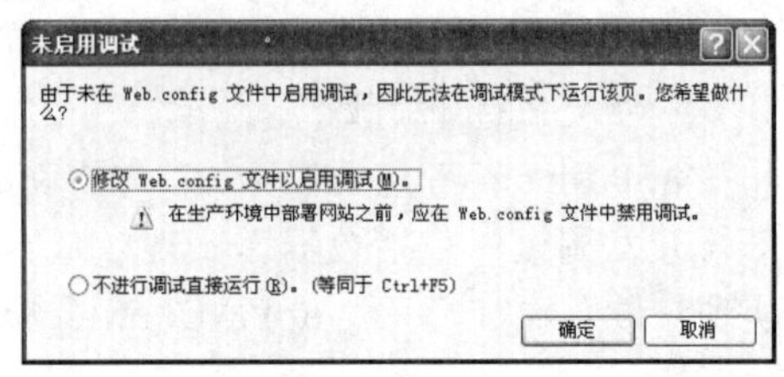

图 16-13　“未启用调试”对话框

16.4　.NET 访问 SQL Server 2008 的基础

ASP.NET 应用程序采用的数据访问模型是 ADO.NET，它是对 ADO（ActiveX Data Objects）对象模型的扩充，与 XML 紧密集成，能用于访问关系型数据库系统及其他类型的数据源。数据源可以是数据库，也可以是文本文件、Excel 表格或者 XML 文件。

16.4.1　ADO.NET 结构

ADO.NET 访问和处理数据的两大核心组件是.NET Framework 数据提供程序和 DataSet。.NET Framework 数据提供程序是专门为数据处理以及快速地只读访问数据而设计的组件。常见对象及作用如下：

（1）Connection 对象：用于提供与数据源的连接。

（2）Command 对象：用于执行返回、修改数据、运行存储过程及发送或检索参数信息的数据库命令。

（3）DataReader：用于从数据源中提供高性能的数据流。

（4）DataAdapter：提供连接 DataSet 对象和数据源的桥梁。DataAdapter 使用 Command 对象在数据源中执行 SQL 命令，以便将数据加载到 DataSet 中，并使 DataSet 中数据的更改与数据源保持一致。

ADO.NET DataSet 专门为独立于数据源的数据访问而设计的，可用于多种不同数据源、XML 数据或用于管理应用程序本地的数据。DataSet 包含一个或多个 DataTable 对象集合，这些对象由数据行和列及有关 DataTable 对象中数据的主外键、约束和关系等组成。.NET 提供程序与 DataSet 的关系如图 16-1 所示。

16.4.2　.NET 数据访问

Web 应用程序通常访问用于存储和检索动态数据的数据源，可通过编写代码来使用 System.Data 命名空间（通常称为 ADO.NET）和 System.Xml 命名空间中的类访问数据。此方法在 ASP.NET 以前版本中很常见。但是，ASP.NET 也允许用户以声明的方式执行数据绑定。ASP.NET 数据访问可便捷地完成如下操作：

（1）对数据进行排序、分页和缓存。选择和显示数据及更新、插入和删除数据。

（2）运行使用时参数筛选数据，可使用参数创建主要或详细信息方案。

ASP.NET 与声明性数据绑定模型相关的两类服务器控件为数据源控件和数据绑定控件。这些控件管理无状态 Web 模型显示和更新 ASP.NET 网页中的数据所需的基础任务。因此，用户不必了解页请求生命周期的详细信息即可执行数据绑定。

16.4.3　.NET 数据源控件

ASP.NET 包含一些数据源控件，这些数据源控件允许使用不同类型的数据源，如数据库、XML 文件或中间层业务对象。数据源控件连接到数据源，从中检索数据，并使得其他控件可以绑定到数据源而不需要代码。数据源控件还支持修改数据。数据源控件模型是可扩展的，可以创建新的数据源控件，实现与不同数据源的交互，或为现有的数据源提供附加功能。.NET Framework 包含支持不同数据绑定方案的数据源控件。

（1）ObjectDataSource。该控件使用依赖中间层业务对象来管理数据的 Web 应用程序中的业务对象或其他类。此控件旨在通过与实现一种或多种方法的对象交互来检索或修改数据。当数据绑定控件与 ObjectDataSource 控件交互以检索或修改数据时，ObjectDataSource 控件将值作为方法调用中的参数，从绑定控件传递到源对象。

源对象的数据检索需要返回 DataSet、DataTable 或 DataView 对象，或者返回实现 IEnumerable 接口的对象。若数据作为 DataSet、DataTable 或 DataView 对象返回，ObjectDataSource 控件便可缓存和筛选这些数据。若源对象接受 ObjectDataSource 控件中的页面大小和记录索引信息，用户还可实现高级分页方案。

（2）SqlDataSource。该控件使用 SQL 命令来检索和修改数据。其可用于 SQL Server、OLE DB、ODBC 和 Oracle 数据库。SqlDataSource 控件可将结果作为 DataReader 或 DataSet 对象返回。当结果作为 DataSet 返回时，该控件支持排序、筛选和缓存。使用 Microsoft SQL Server 时，该控件还有一个优点，就是当数据库发生更改时，SqlCacheDependency 对象可使缓存结果无效。

（3）AccessDataSource。该控件是 SqlDataSource 控件的专用版本，专为使用 Access.mdb 文件而设计。与 SqlDataSource 控件一样，可使用 SQL 语句来定义控件获取和检索数据的方式。

（4）XmlDataSource。该控件可以读取和写入 XML 数据，特别适用于分层的 ASP.NET 服务器控件，如 TreeView 或 Menu 控件等。XmlDataSource 控件可以读取 XML 文件或 XML 字符串。如果该控件处理 XML 文件，它可以将修改后的 XML 写回到源文件。如果存在描述数据的架构，XmlDataSource 控件可以使用该架构公开那些使用类型化成员的数据；可以对 XML 数据应用 XSLT 转换，将来自 XML 文件的原始数据重新组织成更适合绑定到 XML 数据的控件的格式；还可以对 XML 数据应用 XPath 表达式，该表达式允许筛选 XML 数据以便只返回 XML 树中的特定结点，或查找具有特定值的结点等。如果使用 XPath 表达式，将禁用插入新数据的功能。

（5）SiteMapDataSource。该控件使用 ASP.NET 站点地图，并提供站点导航数据。此控件通常与 Menu 控件一起使用。当通过并非专为导航而设计的 Web 服务器控件（如 TreeView 或 DropDownList 控件等），使用站点地图数据自定义站点导航时，该控件也很有用。

16.4.4　.NET 数据绑定控件

数据绑定控件将数据以标记的形式呈现给请求数据的浏览器。数据绑定控件可以绑定数据源控件，并自动在页请求生命周期的适当时间获取数据。数据绑定控件可以利用数据源控件提供的功能，包括排序、分页、缓存、筛选、更新、删除和插入。数据绑定控件通过其 DataSourceID 属性连接到数据源控件。

ASP.NET 包括以下数据绑定控件：

（1）列表控件：以各种列表形式呈现数据。列表控件包括 BulletedList、CheckBoxList、DropDownList、ListBox 和 RadioButtonList 控件。

（2）AdRotator：将广告作为图像呈现在网页上，可单击该图像转到与广告关联的 URL。

（3）DataList：以表的形式呈现数据。每项都使用用户定义的项模板呈现。

（4）DetailsView：以表格布局一次显示一条记录，并允许用户插入、编辑、删除、阅览多条记录。

（5）FormView：与 DetailsView 控件类似，但允许用户为每一个记录定义一种自动格式的布局。对于单个记录，FormView 控件与 DataList 控件类似。

（6）GridView：以表的形式显示数据，并支持在不编写代码情况下对数据进行编辑、更新、排序和分页。

（7）Menu：在可以包括子菜单的分层动态菜单中呈现数据。

（8）Repeater：以列表的形式呈现数据。每项都使用用户定义的项模板呈现。

（9）TreeView：以可展开结点的分层树的形式呈现数据。

16.5 .NET 访问 SQL Server 2008 应用实例

本节从 Default.aspx 的“设计”视图编辑界面（见图 16-10）开始，使用 DetailsView 数据绑定控件在网页上编辑和插入数据。

16.5.1 创建与 SQL Server 数据库的连接

创建与 SQL Server 数据库的连接过程如下：

（1）在服务器资源管理器中右击“数据连接”，在弹出的快捷菜单中选择“添加连接”命令，弹出“添加连接”对话框。若“数据源”列表框中没有显示 Microsoft SQL Server (SqlClient)选项，则单击“更改”按钮，并在弹出的“更改数据源”对话框中选择 Microsoft SQL Server 选项。

（2）如果弹出“选择数据源”对话框，则在“数据源”列表框中选择将要使用的数据源类型。这里将数据源类型设置为 Microsoft SQL Server。在“数据提供程序”下拉列表框中选择“用于 SQL Server 的.NET Framework 数据提供程序”选项，然后单击“继续”按钮。

（3）在“添加连接”对话框的“服务器名”下拉列表框中输入服务器名称，在“登录到服务器”选项组中选择适合访问正在运行的 SQL Server 数据库的单选按钮（集成安全性或特定 ID 和密码），如果需要，则输入用户名和密码。如果输入了密码，则要选择“保存密码”复选框。

（4）在“连接到一个数据库”选项组中选中“选择或输入数据库名称”单选按钮，并在下拉列表框中输入“信息管理”。修改连接和 DetailsView 任务中的修改连接子窗口，如图 16-14 所示。单击“测试连接”按钮，在确定该连接生效后单击“确定”按钮。

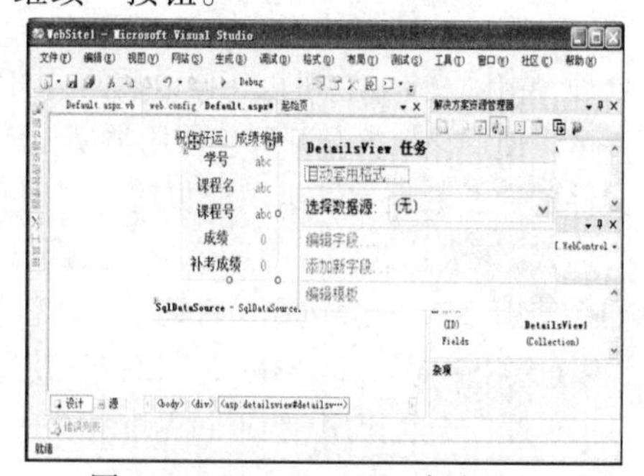

图 16-14 DetailsView 任务窗口

16.5.2 创建数据输入页并配置 DetailsView 控件

创建数据输入页并配置 DetailsView 控件过程如下：

（1）选择“文件”→“新建”→“项目”命令，弹出“新建项目”对话框。在“Visual Studio 已安装的模板”选项组中选择“ASP.NET Web 服务”选项，然后在“名称”框中输入“成绩编辑.aspx”。

（2）单击“添加”按钮，打开成绩编辑.aspx。切换到“设计”视图，输入“成绩编辑”，居中对齐。打开工具箱，将选项组中“数据”的 DetailsView 控件拖动到页面上。

（3）右击 DetailsView 控件，在弹出的快捷菜单中选择“属性”命令，然后将 AllowPaging 设置为 true。这将允许在显示各个成绩项时进行分页。

16.5.3　配置 SqlDataSource 控件显示数据

配置 SqlDataSource 控件显示数据过程如下：

（1）右击 DetailsView 控件，在弹出的快捷菜单中选择“显示智能标记”命令。显示 DetailsView 任务菜单，如图 16-14 所示。

（2）在“DetailsView 任务”菜单的“选择数据源”下拉列表框中选择“<新建数据源>”选项，弹出“数据源配置向导”对话框。在“应用程序从哪里获取数据”中单击“数据库”，保留默认名称 SqlDataSource1，然后单击“确定”按钮，则“配置数据源”向导显示“选择连接”对话框。

（3）在“应用程序连接数据库应使用哪个数据连接？”下拉列表框中选择在“创建与 SQL Server 的连接”中创建的连接，然后单击“下一步”按钮。显示“配置 Select 语句”对话框，在该对话框用户可以指定要从数据库中检索的数据，如图 16-15 所示。

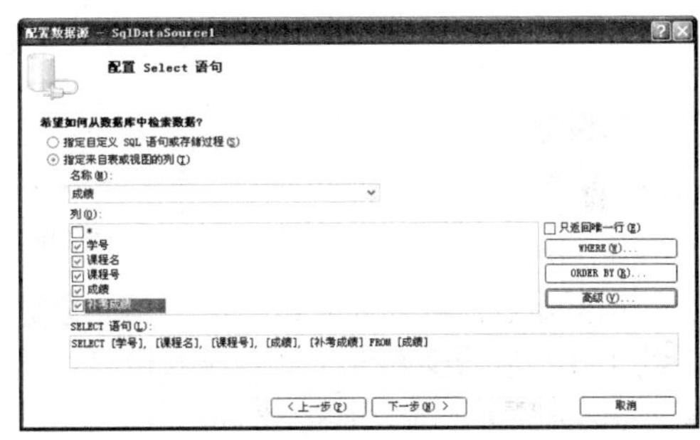

图 16-15　“配置 SELECT 语句”界面

（4）在“配置 Select 语句”对话框中选择“指定来自表或视图的列”单选按钮，然后在“名称”下拉列表框中选择“成绩”选项，在“列”列表框中选中“学号”、“课程号”、“课程名”、“成绩”和“补考成绩”复选框，然后单击“下一步”按钮。

（5）单击“测试查询”按钮可以预览数据，然后单击“完成”按钮即可。

（6）在 Visual Studio 2008 开发界面中可以通过按【Ctrl+F5】组合键运行该页进行测试，浏览器页面的 DetailsView 控件将显示第一条成绩记录。关闭浏览器将退出运行状态，返回开发状态。

16.5.4　配置 SqlDataSource 控件编辑数据

配置 SqlDataSource 控件编辑数据过程如下：

（1）在图 16-14 所示界面中单击“高级”按钮，弹出图 16-16 所示的对话框。若成绩表没有主键，则“生成 INSERT、UPDATE 和 DELETE 语句”复选框无法选择，可在管理平台中右击“信息管理”库中的“成绩表”，在弹出的快捷菜单中选择“修改”命令，右击“学号”列在弹出的快捷菜单中选择“设置主键”命令。

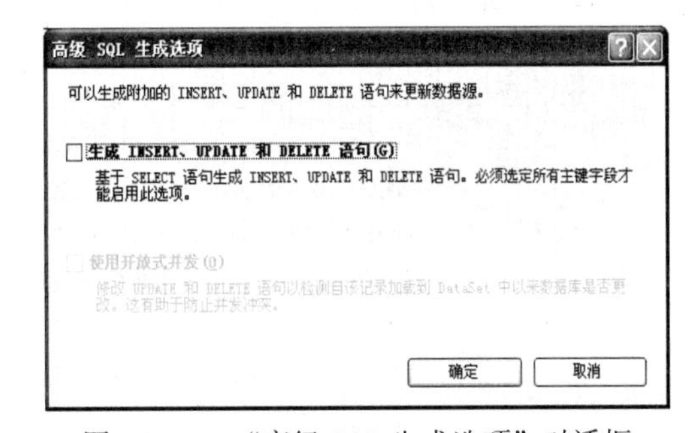

图 16-16　“高级 SQL 生成选项”对话框

（2）选中“生成 INSERT、UPDATE 和 DELETE 语句”复选框，单击“确定”按钮，将 16.5.3 节配置的 SELECT 语句为 SqlDataSource1 控件生成 Insert、Update 和 Delete 语句。另外，可通过选择“指定自定义 SQL 语句或存储过程”并输入 SQL 查询来手动创建语句。

（3）单击“下一步”按钮，再单击“完成”按钮。在“DetailsView 任务”菜单中选中“启用分页”和“启用编辑”复选框，如图 16-17 所示。与图 16-14 比较，会发现该菜单多了编辑、插入、删除 3 个按钮及分页符号。“DetailsView 任务”菜单还提供了自动套用格式和编辑模版等功能来改善 DetailsView 控件的呈现界面。

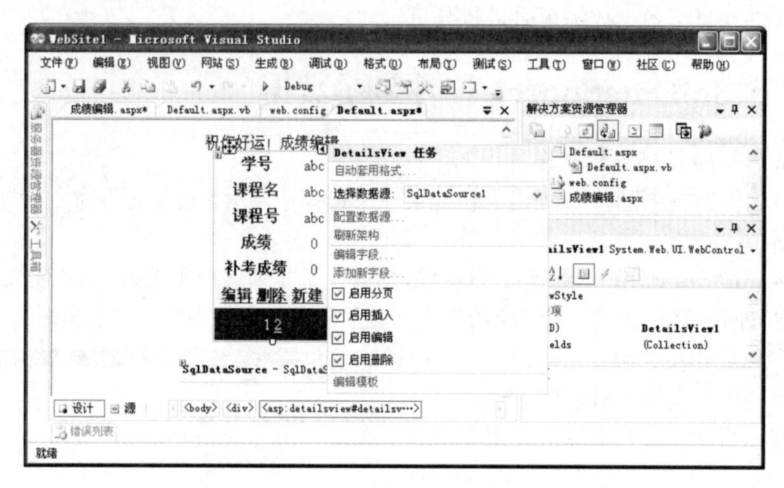

图 16-17　DetailsView 任务窗口分页、编辑、插入、删除

虽然通过向导界面可以方便地建立数据库连接，绑定数据空间，但了解每一步操作背后系统所做的工作，能看懂系统自动生成的代码还是有必要的，下面列出系统生成的主要代码。

web.config 配置文件中的 connectionStrings 代码如下：

```
<connectionStrings>
<add name="信息管理ConnectionString" connectionString="Data Source=Clab-591; Initial
Catalog=信息管理;Persist Security Info=True;User ID=sa;Password=123456"
providerName="System.Data.SqlClient" />
</connectionStrings>
```

connectionStrings 中定义了一个连接字符串“信息管理 ConnectionString”，该字符串被后面介绍的 SqlDataSource 使用。代码描述了连接到 SQL Server 2008 服务器所需的信息，服务器名 Clab-591，用户名 sa，密码 123456。具体开发时可以根据开发环境进行修改。如果开发环境的服务器名是 S1，运行环境的服务器名是 S2，只要在这里进行修改就可以了。

成绩编辑.aspx 源文件中的 SqlDataSource1 控件代码如下：

```
<asp:SqlDataSource ID="SqlDataSource1" runat="server" ConnectionString="<%$
ConnectionStrings:信息管理ConnectionString %>"
          SelectCommand="SELECT 学号,课程名,课程号,成绩,补考成绩 FROM  成绩"
          DeleteCommand="DELETE FROM  成绩  WHERE  学号=@学号"
          InsertCommand="INSERT INTO  成绩(学号,课程名,课程号,成绩,补考成绩) VALUES
          (@学号,@课程名,@课程号,@成绩,@补考成绩)"
          UpdateCommand="UPDATE  成绩  SET  课程名=@课程名, 课程号=@课程号,成绩=
          @成绩,补考成绩=@补考成绩 WHERE  学号=@学号">
          <DeleteParameters>
             <asp:Parameter Name="学号" Type="String" />
          </DeleteParameters>
          <UpdateParameters>
             <asp:Parameter Name="课程名" Type="String" />
```

```
            <asp:Parameter Name="课程号" Type="String" />
            <asp:Parameter Name="成绩" Type="Double" />
            <asp:Parameter Name="补考成绩" Type="Double" />
            <asp:Parameter Name="学号" Type="String" />
        </UpdateParameters>
        <InsertParameters>
            <asp:Parameter Name="学号" Type="String" />
            <asp:Parameter Name="课程名" Type="String" />
            <asp:Parameter Name="课程号" Type="String" />
            <asp:Parameter Name="成绩" Type="Double" />
            <asp:Parameter Name="补考成绩" Type="Double" />
        </InsertParameters>
    </asp:SqlDataSource>
```

asp:SqlDataSource 中定义了一个名为 SqlDataSource1 的数据源控件，SqlDataSource1 使用 connectionStrings 中定义的"信息管理 ConnectionString"连接字符串连接数据库。

为了实现选择、插入、删除和修改，需要 SelectCommand、InsertCommand、DeleteCommand 和 UpdateCommand 以及相应参数。可以选择 SqlDataSource 控件，通过属性窗口查看其 SeleceQuery、DeleteQuery、InsertQuery 和 UpdateQuery 属性，以便检查由向导生成的语句。还可以切换至"源"视图，检查控件的标记，以便查看已更新的控件属性。成绩编辑.aspx 源文件中 DetailsView 控件的代码如下：

```
<asp:DetailsView ID="DetailsView1" runat="server" AllowPaging="True" AutoGenera
teRows="False"DataKeyNames="学号" DataSourceID="SqlDataSource1" Height="50px"
Width="125px">
  <Fields>
   <asp:BoundField DataField="学号" HeaderText="学号" ReadOnly="True"
   SortExpression="学号" />
   <asp:BoundField DataField="课程名" HeaderText="课程名" SortExpression="课程名" />
   <asp:BoundField DataField="课程号" HeaderText="课程号" SortExpression="课程号" />
   <asp:BoundField DataField="成绩" HeaderText="成绩" SortExpression="成绩" />
   <asp:BoundField DataField="补考成绩" HeaderText="补考成绩"
   SortExpression="补考成绩" />
   <asp:CommandField ShowDeleteButton="True" ShowEditButton="True" ShowInsert
Button="True"/>
  </Fields>
 </asp:DetailsView>
```

asp:DetailsView 中定义了一个名为 DetailsView1 的数据绑定控件，其数据源为 SqlDataSource1，绑定了 SqlDataSource1 中的 5 个字段。

16.5.5　添加 GridView 控件完成连动显示

【例 16-6】 通过交互方式添加 GridView 控件并完成连动方式显示数据。

添加 GridView 控件完成连动显示过程如下：

（1）打开"工具箱"，将"数据"选项组中的 GridView 控件拖动到页面上。右击 GridView 控件，在弹出的快捷菜单中选择"显示智能标记"命令。在"DetailsView 任务"菜单的"选择数据源"下拉列表框中选择"<新建数据源>"选项，弹出"数据源配置向导"对话框。在"选择数据源类型"

列表中单击“数据库”。

（2）保留默认名称 SqlDataSource2，然后单击“确定”按钮。

（3）弹出“选择连接”对话框，在“应用程序连接数据库应使用哪个数据连接？”下拉列表框中选择“创建与 SQL Server 的连接”选项，然后单击“下一步”按钮。弹出“配置 Select 语句”对话框，在该界面中可以指定要从数据库中检索的数据。

（4）选择“指定来自表或视图的列”单选按钮，然后在“名称”下拉列表框中选择“成绩”选项，在“列”列表框中选中“学号”、“课程名”、“课程号”、“成绩”和“补考成绩”复选框，然后单击“下一步”按钮直到完成。在“GridView 任务”菜单中选择“启用选定内容”命令，修改 GridView 属性 DataKeyNames 的值为“学号”。GridView 相关代码如下：

```
<asp:GridView ID="GridView1" runat="server" AllowPaging="True" AutoGenerate Columns=
"False" DataKeyNames="学号" DataSourceID="SqlDataSource2">
  <Columns>
   <asp:CommandField ShowSelectButton="True" />
   <asp:BoundField DataField="学号" HeaderText="学号" ReadOnly="True" SortExpression=
   "学号" />
   <asp:BoundField DataField="课程名" HeaderText="课程名" SortExpression="课程名" />
   <asp:BoundField DataField="课程号" HeaderText="课程号" SortExpression="课程号" />
   <asp:BoundField DataField="成绩" HeaderText="成绩" SortExpression="成绩" />
   <asp:BoundField DataField="补考成绩" HeaderText="补考成绩"
   SortExpression="补考成绩" />
  </Columns>
 </asp:GridView>   <%    %>
 <asp:SqlDataSource ID="SqlDataSource2" runat="server" ConnectionString="<%$
 ConnectionStrings: 信息管理 ConnectionString %>"
   SelectCommand="SELECT  学号,课程名,课程号,成绩,补考成绩 FROM  成绩">
</asp:SqlDataSource>
```

（5）在“DetailsView 任务”菜单中选择“配置数据源”命令，弹出“配置数据源”对话框，单击“下一步”按钮，弹出“配置 Select 语句”对话框，单击“WHERE”按钮，弹出“添加 WHERE 子句”对话框，按图 16-18 所示进行选择。单击“添加”按钮生成 WHERE 子句，单击“确定”按钮关闭“添加 WHERE 子句”对话框，回到“配置 Select 语句”对话框。

（6）单击“下一步”按钮，弹出“测试查询”对话框，可以测试前面生成的 WHERE 子句，单击“完成”按钮结束配置数据源。DetailsView 相关受影响的代码如下：

```
SelectCommand="SELECT 学号,课程名,课程号,成绩,补考成绩 FROM 成绩 WHERE (学号=@学号)"
<SelectParameters>
…
       <asp:ControlParameter ControlID="GridView1" DefaultValue="040210" Name=
       "学号" PropertyName="SelectedValue" Type="String" />
     </SelectParameters>
```

按【Ctrl+F5】组合键运行该 ASP 程序，结果如图 16-19 所示。

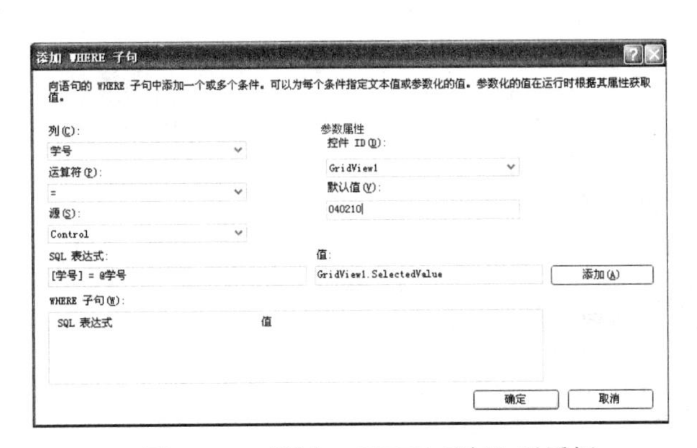

图 16-18 “添加 WHERE 子句”对话框

成绩编辑

	学号	课程名	课程号	成绩	补考成绩
选择	031101	财经应用文	030106	85	0
选择	031102	马克思	030108	85	0
选择	031103	宏观经济学	030109	84	0
选择	031104	计算机文化	030111	86	
选择	040210	思想品德	030103	83	0

学号	031103
课程名	宏观经济学
课程号	030109
成绩	84
补考成绩	0
编辑 删除 新建	

完成

图 16-19　运行 ASP 程序

小　　结

ASP 访问后台数据库有：利用 ODBC 数据源 DSN 桥梁和基于编写代码直接连接等方法来完成。使用代码直接连接，可免去了配置 ODBC 数据源的步骤，而使用 ODBC 系统数据源可以和各类数据库进行访问，较为便捷。方法是先建立 ODBC 配置的系统数据源，然后用 Connection 对象的 Open 方法实施数据源的连接。

ASP.NET 应用程序采用的数据访问模型是 ASP.NET。ASP.NET 可通过编写代码来访问数据，也可以声明的方式执行数据绑定，与声明性数据绑定模型相关的两类服务器控件为数据源控件和数据绑定控件。

本章介绍了 ASP&ASP.NET 访问数据库的概念、ASP.NET 数据访问、ASP.NET 数据源控件与数据绑定控件、ASP.NET 访问 SQL Server 2008 应用实例等。

思考与练习

一、选择题

1. ASP 的特点不包括（　　）。

A. 设计方便　　B. 安全性较好　　C. 使用 ADO　　D. 使用服务器

2. 使用编写代码直接连数据库接免去了（　　）。

A. ODBC 数据源设置　　B. ADO 设置　　C. 客户机设置　　D. 服务器设置

3. 可用 Server 对象的（　　）方法建立 Connection 对象。

A. CreateTable　　B. CreateRule　　C. CreateObjec　　D. CreateView

4. ASP 可视化数据库访问不包括（　　）。

A. 启动和配置　　B. 建立站点　　C. 测试计算机　　D. 与数据库连

5. ASP.NET 提供了一个全新而强大的（　　）控件结构。

A. 终端　　B. 客户机　　C. 工作站　　D. 服务器

6. .NET Framework 可支持不同数据绑定方案的数据源控件不包括（　　）。

A. ObjectDataSource　　B. SqlDataSource　　C. AdRotator　　D. AccessDataSource

7. ASP.NET 不包括数据绑定控件（　　）。

A. XmlDataSource　　B. AdRotator　　C. DataList　　D. FormView

8. ASP.NET 应用程序采用的数据访问模型为（　　）。

A. ADO　　B. ADO.NET　　C. DAO　　D. ODBC

二、思考与实验

1. 试述使用 ODBC 系统数据源连接数据库的步骤。
2. 简述使用编写代码直接连接数据库的步骤。
3. 试利用 SQL 语句编写一个具有学生表数据查询功能的数据库访问实例。
4. 试使用 Connection 设计一个为课程表增加数据记录的实例程序。
5. 试开发设计一个使用 Connection 对象的 Execute 方法修改记录的实例程序。
6. 试述 VBScript、JavaScript 和 ASP.NET 中哪些是解释执行的？哪些是编译执行的？
7. 简述 ADO.NET 访问和处理数据的两大核心组件是.NET Framework 数据提供程序和 DataSet。
8. 举例说明 ASP.NET 与声明性数据绑定模型相关的两类服务器控件。
9. 开发一个 ASP.NET 网站，建立班级表（班级号为主键）和学生表（学号为主键），根据班级选择学生并可以对学生表进行查插删改，并完成实验。
10. 简述 ASP.NET 所包括的主要数据绑定控件。
11. 试以图文并茂方式叙述 ASP.NET 中 Web 应用程序开发流程。

第 17 章　Java 访问 SQL Server 2008 数据库

【本章提要】 当今信息时代，数据库已成为程序开发与信息资源的基石，而 Java 在实际应用中和数据库有着密切的联系，在 Java 程序中可以对各种各样的数据库进行操作。Java 通过 JDBC（Java DataBase Connectivity）与数据库连接。本章主要讲述 SQL 和 JDBC 的基本概念，数据库应用程序设计方法，建立应用程序和数据库的连接、操作数据库以及处理操作结果。

17.1　JDBC 基础

Java 语言以其具有安全性、跨平台、面向对象、多线程、简单便捷等显著特点而著称，已成为 IT 业界程序设计语言中的佼佼者。Java 主要通过 JDBC 技术来访问 SQL Server 2008 数据库。

17.1.1　JDBC 概述

JDBC 是 Java 与数据库的接口规范。JDBC 定义了一个支持标准 SQL 功能通用低层的应用程序编程接口（API），由 Java 语言编写的类和接口组成，旨在让各数据库开发商为 Java 程序员提供标准的数据库 API。

JDBC API 定义了若干 Java 中的类，表示数据库连接、SQL 指令、结果集、数据库元数据等。它允许 Java 程序员发送 SQL 指令并处理结果。通过驱动程序管理器，JDBC API 可利用不同的驱动程序连接 SQL 数据库系统。

JDBC 与 ODBC 都是基于 X/Open 的 SQL 调用级接口，JDBC 的总体结构类似于 ODBC，也有 4 个组件：应用程序、驱动程序管理器、驱动程序和数据源。JDBC 具有良好的对硬件平台、操作系统软件等的异构性支持。而 JDBC 驱动程序管理器是内置的，无须安装、配置，且 ODBC（数据源）驱动程序通常在微软公司操作系统的管理工具中均有提供，只要在客户机上进行相应的设置操作即可。

17.1.2　JDBC 驱动程序类型

Java 应用程序开发者往往要涉及或访问多种关系数据库管理系统中的数据源，JDBC 驱动程序则是 Java 程序与数据源之间的桥梁与纽带，是 Java 与数据库的接口规范。JDBC 可实现应用程序和数据库的通信连接，要实现与数据源连接，就需要所连数据源的驱动程序。通常，JDBC 驱动程序有 4 种类型，如表 17-1 所示，它们的桥接过程如图 17-1 所示。

表 17-1　SQL Server 2008 JDBC 驱动程序类型

类　型	功　能
JDBC-ODBC 桥接	该类型驱动程序把 JDBC 转换成 ODBC 驱动器，利用 ODBC 驱动器和数据库通信。该类型适用面广，灵活、便捷、易用，但效率一般
JDBC 本地 API 驱动桥	该类型（Native API / Partly Java Driver）驱动程序内含 Java 程序代码，利用关系数据库固有驱动程序，将标准 JDBC 调用转换为客户机数据库 API 调用
网络协议 Java 驱动程序桥接	该类型（Net Protocol / All Java Driver）驱动程序是面向数据库中间件的网络协议纯 Java 代码驱动程序，中间件把应用程序 JDBC 调用映射到相应数据库网络协议驱动程序上。该类型灵活，中间件可和许多不同的数据库驱动程序建立连接
原生协议完整 Java 驱动程序桥接	该类型（Native Protocol / All Java Driver）驱动程序使用一段纯 Java 代码，把 JDBC 调用转换成数据库本地协议调用。通过实现一定的数据库协议直接和数据库建立连接，效率最高，其不足是当目标数据库类型更换时需要更换相应的驱动程序

总之，前两种是在无纯 Java 代码驱动程序时的权宜之计，后两种体现 Java 优势，具有更好的性能。JDBC-DDBC 桥接与原生协议完整 Java 驱动程序桥接是目前应用的主流类型，前者便捷易用，后者效果优越，是未来发展趋势。鉴于广大读者可能不具备相关驱动程序，本章仍基于 JDBC-DDBC 桥接类型介绍。

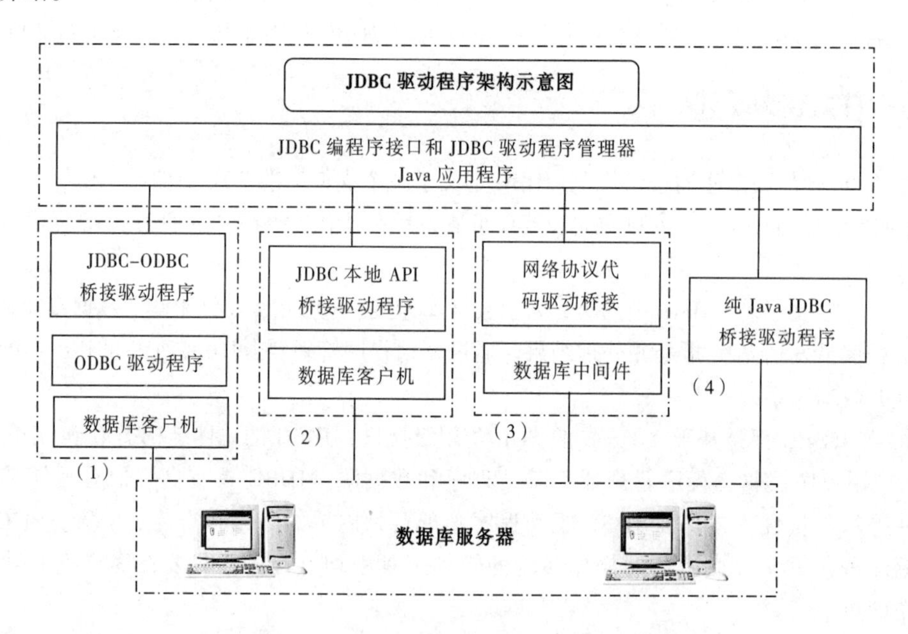

图 17-1　4 类 JDBC 驱动程序架构示意图

17.2　JDBC 访问 SQL Server 2008 数据库

JDBC 是一种可用于执行 SQL 语句的 Java 应用程序设计接口(Application Programming Interface，API)。它由一些 Java 语句、类和界面组成。JDBC 正是解决 Java 应用如何与各种类型的数据库连接的关键。

17.2.1　JDBC 数据库访问方法

JDBC 数据库访问方法主要涉及如下 3 方面：

（1）加载和建立与数据库连接。使用 Class.forName()加载数据库连接驱动程序，通过 DriverManager 类建立起与数据源的连接，这个连接将作为一个数据操作的起点，同时也是连接会话事务操作的基础。

（2）向数据库发送 SQL 命令。通过 Statement 或者 PreparedStatement 类向数据源发送 SQL 命令。在发送 SQL 命令后，调用类中相应的 Execute 方法来执行 SQL 命令。

（3）处理数据库返回的结果。数据库处理了提交的 SQL 命令后，将返回处理结果，据此可以知道操作了多少条数据。对于数据查询等操作将返回 ResultSet 结果集，获得所需的查询结果。在 JDBC 访问数据库过程中，常用的接口及类如表 17-2 所示。

表 17-2　JDBC API 的主要接口

接　口	主　要　功　能
Java.sql.DriverManager	处理驱动程序加载并建立数据库连接，为 getConnection()指定相应驱动程序
Java.sql. Connection	通过具体方法处理对特定数据库的连接，并封装了对数据库连接的操作访问
Java.sql. Statement	指定连接中处理的 SQL 语句，通过返回 ResultSet 对象来实现对数据库的查询
Java.sql. ResultSet	处理数据库操作结果集，对应于数据结果集封装了相关的判定和操作访问

17.2.2　JDBC 数据库连接编程过程

在 Java 程序中利用 JDBC（此处仅以原生协议完整 Java 驱动程序桥接方式为例，JDBC-ODBC 桥接方式则更为简单）访问数据库的主要步骤如下。

1．加载驱动程序

加载数据库连接驱动程序时首先要引用包含操作数据库的各个类与接口的包：

```
import java.sql.*;
```

其次，加载连接数据库的驱动程序：

```
Class.forName("JDBC 驱动程序");
```

JDBC 驱动程序不同 DBMS 的程序不一样。参考如下：Access 为 sun.jdbc.odbc.JdbcOdbcDriver；MySQL 为 org.gjt.mm.mysql.Driver；Oracle 为 oracle.jdbc.driver.OracleDriver；DB2 为 com.ibm.db2.jdbc.app.DB2DriverSybase 为 com.sybase.jdbc.SybDriver；Sql Server 2000 为 com.microsoft.jdbc.sqlserver.SQLServerDriver；Sql Server 2008 为 com.microsoft.sqlserver.jdbc.SQLServerDriver。例如，Access JDBC 驱动程序为：

```
Class.forName("sun.jdbc.odbc.JdbcOdbcDriver");
```

但是，通过实验可知该方式有一定的异变性与广泛性。

注意：Class.forName("sun.jdbc.odbc.JdbcOdbcDriver");在 JDBC-ODBC 桥接方式下，如果没有其他驱动程序，只要通过 ODBC 建立了与数据源连接（如与 SQL Server 2000/2005/2008 或 Access 等数据库连接），该驱动程序同样能够完成与 SQL Server 2000/2005/2008 或 Access 数据库表的连接与访问。

2. 连接数据库

加载数据库连接驱动程序后，即可连接数据库。JDBC-ODBC 桥接方式需要先建立 ODBC 数据源（参考 14.4 节相关内容）。连接数据库语句格式如下：

```
Connection 连接变量=DriverManager.getConnection(数据库url,"用户账号","密码");
```

若数据库连接成功，返回一个 Connection 对象，即可使用。例如：

```
String url="jdbc:odbc:DatabaseDSN";
Connection con=DriverManager.getConnection(url, "yu","660628");
```

或者：

```
Connection con=DriverManager.getConnection(jdbc:odbc:Mytest,"yu","660628");
```

3. 数据库查询

可通过执行 SQL 语句完成数据库查询、更改与插入数据记录，其间要创建 Statement 对象并执行 SQL 语句，以返回一个 ResultSet 对象。其语句格式如下：

```
Statement SQL 变量=连接变量=.createStatement();
```

例如：

```
Statement stmt=con.createStatement();
ResultSet rs=stmt.executeQuery("SELECT * FROM DBTableName");
```

建立了 SQL 语句变量，便可执行 SQL 语句，若要执行查询数据的 SELECT 语句，结果可以放在 ResultSet 对象中。可以通过 ExecuteQuery()来实现，要执行插入记录或更改、删除记录的 SELECT 语句，可以通过 ExecuteUpdate()来实现。ResultSet 类中有一个 next()，用于在数据表中将记录指针下移一条记录。执行完 ExecuteUpdate()后，记录指针位于首记录之前。通过 getXXX()方法（如 getString()、getObject()、getInt()、getFloat()等）可以获取当前记录的各个列值。例如，获得当前记录集中的某记录的各个字段的值的代码如下：

```
String name=rs.getString("Name");
      int age=rs.getInt("age");float wage=rs.getFloat("wage");
```

4. 关闭连接

关闭连接是关闭查询语句及与数据库的连接（注意关闭的顺序是先 rs 对象，再 stmt，最后 con）。其语法格式如下：

```
连接变量.close();
```

例如：

```
rs.close();
stmt.close();
con.close();
```

在实际应用中有可能出现异常情况，如果仅简单地关闭数据库，就有可能造成关闭失败。为了避免关闭失败，通常在异常处理 TRY...CATCH...FINALLY 语句中的 FINALLY 块关闭数据库连接，以确保数据库连接一定会被关闭。

5. JDBC 连接 SQL Server 2008 数据库的变化

Java 使用 JDBC 连接 SQL Server 2008 数据库的变化如下：

（1）准备工作。首先，操作系统中安装好 SQL Server 2000/2005/2008，如果系统中已装有多个 SQL Server 数据库程序，只打开一个即可；然后到微软网站下载 Microsoft SQL Server 2008 JDBC Driver 1.x，解压 sqljdbc_1.1.1501.101_chs.exe，把 sqljdbc_1.1 复制到%ProgramFiles%（如果系统在 C 盘，则为 C:\Program Files）。

（2）设置 classpath。JDBC 驱动程序并未包含在 Java SDK 中。因此，如果要使用该驱动程序，必须将 classpath 设置为包含 sqljdbc.jar 文件。如果 classpath 中没有 sqljdbc.jar 选项，应用程序将引发“找不到类”的常见异常。sqljdbc.jar 文件的安装位置如下：

<安装目录>\sqljdbc_<版本>\<语言>\sqljdbc.jar

语句实例：

```
classpath=.;%ProgramFiles%\sqljdbc_1.1\chs\sqljdbc.jar
classpath=:.;C:\Program Files\sqljdbc_1.1\chs\sqljdbc.jar
```

下面是用于具体应用程序的 classpath 语句实例：

```
classpath=;C:\Program Files\sqljdbc_1.1\chs\sqljdbc.jar;D:\jdk1.5.0_04\jre\lib\rt.jar;
```

注意：在 Windows 操作系统中，若目录名长于 8.3 或文件夹名中包含空格，将导致 classpath 出现问题。如果怀疑存在这类问题，应暂时将 sqljdbc.jar 文件移动到名称简单的目录中，然后测试是否解决了问题；或者，可直接在命令提示符运行的应用程序，在操作系统中配置 classpath，将 sqljdbc.jar 追加到系统的 classpath 中；还可使用 java-classpath 选项，在运行此应用程序的 Java 命令行上指定 classpath。

（3）设置 SQL Server 服务器。通常情况下，SQL Server 2008 标准版 SP2 不用配置，保持默认选项即可。若需要配置，则具体操作如下：

① 选择“开始”→“所有程序”→Microsoft SQL Server 2008→“配置工具”→“SQL Server 配置管理器”命令，在左侧窗格中展开“SQL Server 2008 网络配置”结点，选中“MSSQLSERVER 的协议”选项

② 若右侧窗格中的 TCP/IP 未启用，右击该选项并在弹出的快捷菜单中选择“启动“命令。双击 TCP/IP 选项弹出 TCP/IP 属性对话框，选择“IP 地址”选项卡，配置 IP 中的“TCP 端口”，默认为 1433。重新启动 SQL Server 即可。

（4）创建数据库。打开 SQL Server 管理平台，连接 SQL Server 服务器，新建数据库，命名为信息管理。

17.3　Java 访问 SQL Server 2008 数据库应用实例

本节将介绍使用 JDBC 技术完成表的查询、添加、修改、删除等操作，此处假设已完成 SQL Server 2008 数据库的 ODBC 设置，ODBC 数据源名称为 YUDB。

17.3.1 查询数据

查询数据同样可以通过 Statement 或者 PreparedStatement 的方式来进行，它们都返回 ResultSet 对象来对结果集进行包装。

【例 17-1】完成在 Java 中查询 SQL Server 2008 数据集，程序通过 ResultSet 对象的 Execute Query()方法执行 SQL 命令等。

```
import java.sql.*;
    class QueryDBSQL2005 {
    public static void main(String agrs[ ])  {
    System.out.println("正在加载驱动程序和连接数据库......!");
    TRY  {Class.forName("sun.jdbc.odbc.JdbcOdbcDriver");}
CATCH(ClassNotFoundException ce){System.out.println("SQLException1:"+ce.
getMessage());}
```

```
TRY {Connection con=DriverManager.getConnection("jdbc:odbc:YUDB");
System.out.println("成功加载驱动程序和连接数据库!!");
      Statement stmt=con.createStatement();
      ResultSet rs=stmt.executeQuery ("SELECT * FROM 学生 BF");
      WHILE(rs.next()) {
      System.out.println("学号"+rs.getString("学号")+"\t"+"姓名"+rs.getString("姓名")
        +"\t"+"性别"+rs.getString("性别")+"\t"+"学分"+rs.getFloat("学分"));}
    rs.close();stmt.close();}
    CATCH(SQLException e){System.out.println("SQLException2:"+e.getMessage());}
  System.out.println("Java 应用程序访问查询 SQL SERVER 2008 数据库结束!!!");
}}
```

解析：程序运行结果如图 17-2 所示。本例实现了“数据查询”功能。其中，首先需要建立 ODBC 数据源 YUDB，并利用 JDBC-ODBC 桥接驱动程序，访问 SQL Server 2008YUDB 连接中的学生表，显示表中所有学生的学号、姓名、性别、学分，再通过循环输出查询信息。

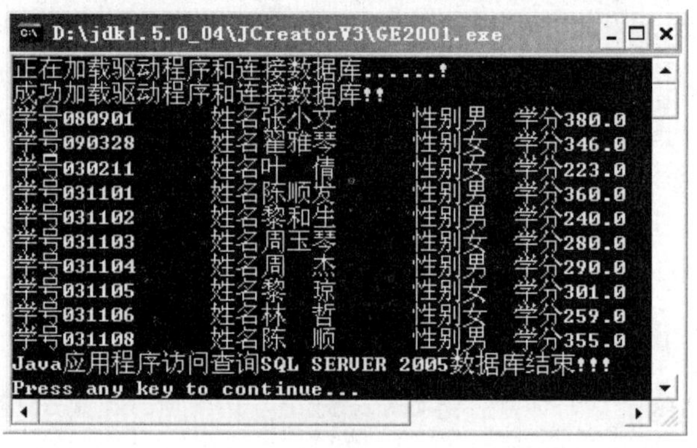

图 17-2 数据查询运行示意图

17.3.2 添加数据

获得连接后就可以开始操作数据库。首先需要定义进行操作的 SQL 命令字符串，然后通过调用的方法获得数据库连接对象 conn，再获得 Statement 对象，最后调用 ExecuteUpdate 方法来执行 SQL 命令。

【例 17-2】完成 Java 下插入两条新记录到 SQL Server 2008 信息管理库的学生表中。

```
import java.sql.*;
class InsertDBSQL2005 {
public static void main(String agrs[ ]) {
 System.out.println("正在加载驱动程序和连接数据库......!");
TRY {Class.forName("sun.jdbc.odbc.JdbcOdbcDriver");}
CATCH(ClassNotFoundException ce){System.out.println("SQLException1:"+ce.getMessage());}
TRY {Connection con=DriverManager.getConnection("jdbc:odbc:YUDB");
    System.out.println("成功加载驱动程序和连接数据库!!");
    Statement stmt=con.createStatement();
    String sqlstr="INSERT INTO 学生 bf  VALUES('080901','张小文','男',380)";
    stmt.executeUpdate(sqlstr);
    stmt.executeUpdate ("INSERT INTO 学生 bf VALUES ('090328','翟雅琴','女',346)");
    ResultSet rs=stmt.executeQuery("SELECT * FROM 学生 bf");
       WHILE(rs.next()) {
            System.out.println("学号"+rs.getString("学号")+"\t"+"姓名"+rs.getString("姓名")
```

```
        +"\t"+"性别"+rs.getString("性别")+"\t"+"学分"+rs.getFloat("学分"));}
         stmt.close();con.close();}
    CATCH(SQLException e){System.out.println("SQLException2:"+e.getMessage());}
   System.out.println("Java 应用程序访问 SQL SERVER 2008 数据库插入表数据结束!!!");}}
```

解析：本例实现了“添加新记录”的功能。假定对 SQL Server 2008 下数据库信息管理数据库已经建立了数据源 YUDB，YUDB 中有一个学生表。该实例利用 JDBC-ODBC 桥接驱动程序，访问 SQL Server 2008 数据库信息管理.mdb，在表中插入两条记录，程序运行结果如图 17-3 所示。

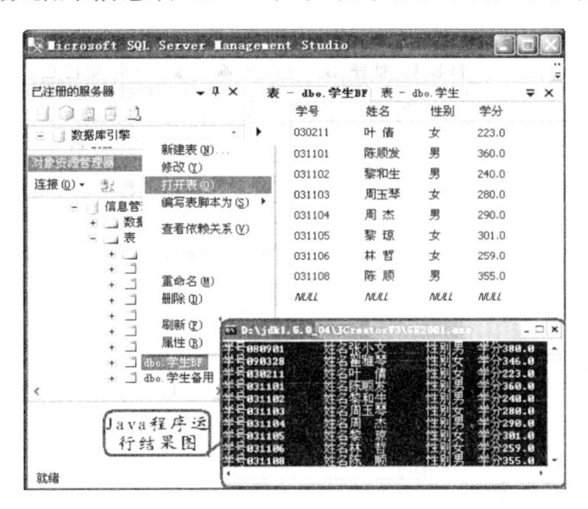
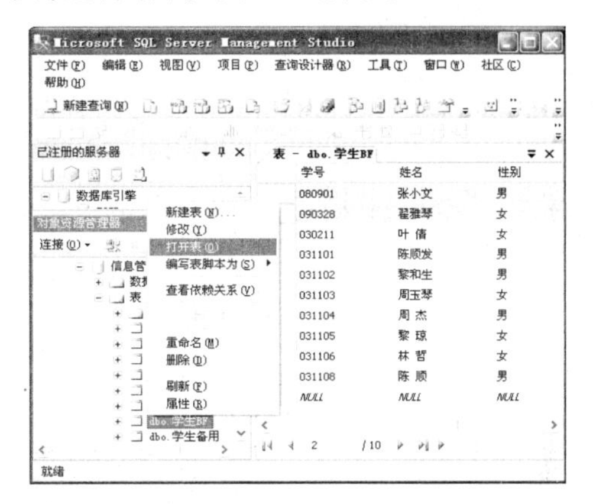

图 17-3　数据添加运行示意图

17.3.3　修改数据

【例 17-3】使用 JDBC-ODBC 桥接方式更新修改 SQL Server 2008 下信息管理数据库中学生与课程表的记录。

```
   import java.sql.*;
   class UpdateDBSQL2005 {
   public static void main(String agrs[])  {
    System.out.println("正在加载驱动程序和连接数据库......!");
    TRY{Class.forName ("sun.jdbc.odbc.JdbcOdbcDriver");}
    CATCH(ClassNotFoundException ce){System.out.println("SQLException:"+ce.getMessage());}
    TRY {Connection con=DriverManager.getConnection("jdbc:odbc:YUDB","pan","1218");
       System.out.println("成功加载驱动程序和连接数据库!!");
       Statement stmt=con.createStatement();
       String sql="UPDATE 学生 SET 学号='090329'"+" WHERE  姓名='陈娅丽'";
       stmt.executeUpdate (sql);
       sql="UPDATE 课程 SET 课程号='090329'"+" WHERE 课程名='管理学'";
       stmt.executeUpdate(sql);stmt.close();con.close();}
    CATCH(SQLException e) {System.out.println("SQLException:"+e.getMessage());}
    System.out.println("Java 应用程序访问 SQL Server 2008 数据库更新表数据结束!!!");
    }}
```

解析：该实例利用 JDBC-ODBC 桥接驱动程序访问连接 SQL Server 2008 数据库 ODBC 系统的 DSN YUDB，按条件修改了学生和课程表的数据信息。其中，sql="UPDATE 学生 SET 学号='090329'"+" WHERE 姓名='陈娅丽'";与 sql="UPDATE 课程 SET 课程号='090329'"+" WHERE 课程名='管理学'";分别为两条记录修改的 SQL 语句，pan 为用户名 1218 为密码。修改记录使用语句 stmt.executeUpdate (sql)。程序运行结果如图 17-4 所示。

```
D:\jdk1.5.0_04\JCreatorV3\GE2001.exe
正在加载驱动程序和连接数据库......!
成功加载驱动程序和连接数据库!!
Java应用程序访问SQL Server 2008数据库更新表数据结束!!!
Press any key to continue...
```

图 17-4　数据更新运行示意图

17.3.4　删除数据

【例 17-4】使用 JDBC-ODBC 桥接方式编写删除 SQL Server 2008 下信息管理数据库学生 bf 学号为 090329 的记录。

```
import java.sql.*;
public class DeleteDBSQL2005 {
public static void main(String args[]){
  System.out.println("正在加载驱动程序和连接数据库......!");
  TRY {Class.forName ("sun.jdbc.odbc.JdbcOdbcDriver");}
  CATCH(ClassNotFoundException ce){System.out.println("SQLException:"+ce.
  getMessage());}
  TRY {Connection con=DriverManager.getConnection("jdbc:odbc:YUDB","","");
  System.out.println("成功加载驱动程序和连接数据库!!");
     Statement stmt=con.createStatement();
     String sql="DELETE FROM 学生 bf WHERE 学号='090329'";
     stmt.executeUpdate(sql);
     stmt.close();con.close();}
 CATCH(SQLException e) {System.out.println("SQLException:"+e.getMessage());}
 System.out.println("Java 应用程序访问 SQL Server 2008 数据库删除数据记录结束!!!");
} }
```

解析：该实例利用 JDBC-ODBC 桥接驱动程序访问连接 SQL Server 2008 数据库 ODBC 系统的 DSN YUDB，按条件删除了学生 bf 的数据信息。其中，sql="DELETE FROM 学生 bf WHERE 学号='090329'"; 为把带条件删除记录的 SQL 语句放入变量中，删除记录执行语句为 stmt.executeUpdate (sql)。程序运行结果如图 17-5 所示。

图 17-5　数据删除运行示意图

小　　结

ODBC 总体结构包括应用程序、驱动程序管理器、驱动程序与数据源 4 个组件。JDBC 可实现应用程序和数据库的通信连接。JDBC 驱动程序包括 JDBC-ODBC 桥接驱动程序、本地 API Java 驱动程序、网络协议 Java 驱动程序、原生协议完整 Java 驱动程序 4 种类型。

Java 程序中利用 JDBC 访问数据库的主要步骤涵盖：加载数据库、连接数据库、数据库查询与关闭连接。本章先简单地介绍了数据库，其中包括基本概念和数据库操作；然后详细介绍了 JDBC，其中包括 JDBC 的基本概念、JDBC 连接数据库的方法和如何操作数据库；最后通过具体实例详细讲解了通过 JDBC 对数据库操作的整个过程。

思考与练习

一、选择题

1. JDBC 驱动程序类型有 JDBC 本地 API 驱动桥等，但不包括（　　）。

A. 网络协议 Java 驱动程序桥接　　B. 原生协议完整 Java 驱动程序桥接

C. 原生协议完整 ASP 驱动程序桥接　　D. JDBC-ODBC 桥接

2. JDBC 是一种可用于执行 SQL 语句的（　　）。

A. Java EDI　　B. PHP API　　C. JSP API　　D. Java API

3. Java 中关闭查询语句及与数据库的连接的顺序：先 rs 对象，（　　）模型。

A. 再 EDI，最后 con　　B. 再 age，最后 con

C. 再 stmt，最后 con　　D. 再 con，最后 stmt

4. JDBC API 定义了若干 Java 中的类，但不表示（　　）。

A. 数据库连接　　B. SQL 指令与结果集

C. 数据库元数据　　D. JDBC 驱动接口

5. Java.sql.Connection 通过具体方法来处理对特定数据库的（　　）等。

A. 连接操作　　B. 删除操作　　C. 插入数据　　D. 连接定义

二、思考与实验

1. 简述 JDBC 驱动程序类型及其内涵，并分析它们的差异。

2. 试问 JDBC 数据库访问过程主要涉及哪些方面?

3. 简述 JDBC 数据库连接编程步骤。

4. 试完成 Java 中查询 SQL Server 2008“信息管理”数据库中“学生”表的编写程序，并完成相应实验。

5. 试完成 Java 中插入新记录到 SQL Server 2008“信息管理”数据库的“课程”表中程序的编写，并完成相应实验。

6. 编写程序并完成使用 JDBC-ODBC 桥接方式更新修改 SQL Server 2008“信息管理”数据库的“成绩”表中数据记录的实验，并完成相应实验。

7. 试使用 JDBC-ODBC 桥接方式编写删除 SQL Server 2008 信息管理数据库中学生姓名为“罗小青”的记录程序，并完成相应实验。

第 18 章　JSP 访问 SQL Server 2008 数据库

【本章提要】基于 JSP 的 Web 数据库应用技术正在不断发展与日臻完善，在 JDBC 等关键技术的支持下，使得 JSP 访问 SQL Server 2008 数据库变得更为简单、便捷，受到人们的广泛青睐。本章主要介绍 JSP 开发环境设置、JDBC 驱动程序类型、JSP 访问 SQL Server 2008 数据库的方法与技术等。

18.1　JSP 开发基础

JSP（Java Server Pages）是由 Sun 公司在 Java 语言基础上开发出来的一种 Web 动态网页制作技术，该技术为创建显示动态生成内容的 Web 提供了一个简捷而快速的方法，JSP 与 SQL Server 2008 数据库结合更是相得益彰。然而要开发 JSP 应用程序，服务器必须设置相应的开发环境。

JSP 应用程序开发环境主要由 Java 开发工具包（Java Develo pment Kit，JDK）、JSP 服务器（Apache Tomcat）、JSP 代码编辑工具（JCreator Pro3.5 汉化版）等组成。Web 环境下，客户机/JSP 服务器/SQL Server 2008 数据库访问架构如图 18-1 所示。

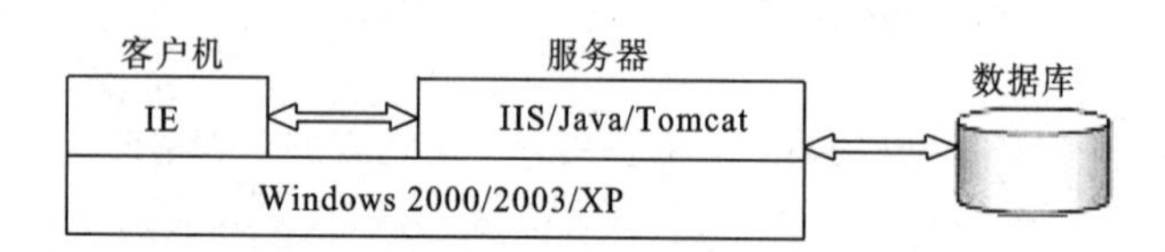

图 18-1　Java 访问 SQL Server 2008 数据库架构示意图

1. JDK

JDK 即 Java，是 Sun 公司提供的 Java 程序开发工具，是 JSP 不可缺少的开发环境之一。安装 JSP 服务器必须先行安装和设置 JDK，具体过程可参考相关书籍。

2. JSP 服务器

现今，JSP 服务器端软件主要包括 Apache Tomcat、IBM WebSphere Server、BEA WebLogical、Java Web Server 等。而 Apache Tomcat 具有安装方便、使用简捷、耗用系统资源少、配置简单等特征。Tomcat 的安装目录结构如图 18-2 所示。在 IE 浏览器中输入 http://localhost:8080 或 http://127.0.0.1:8080，若出现图 18-3 所示的 Tomcat 欢迎界面，则说明安装成功。JSP 服务器的具体安装与设置过程可参考相关书籍。

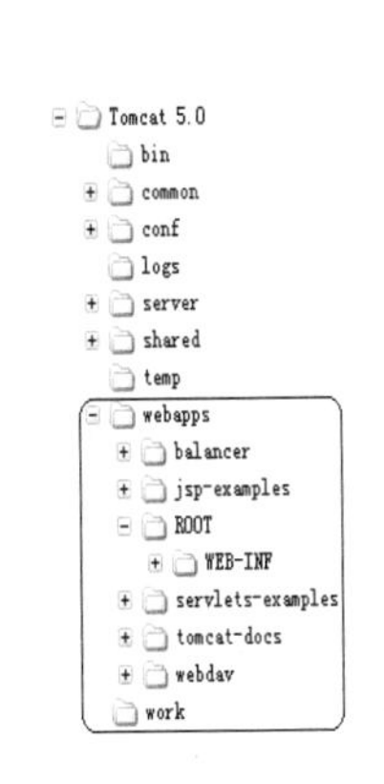

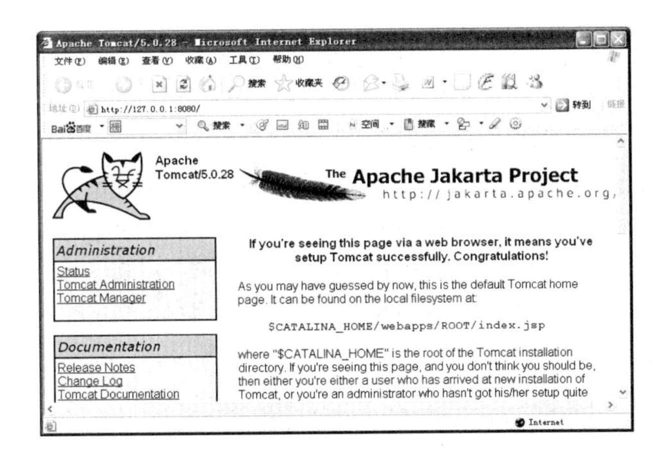

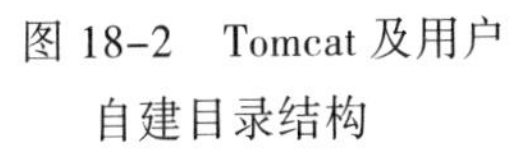
图 18-2　Tomcat 及用户自建目录结构

图 18-3　Tomcat 安装成功欢迎界面

3. JSP 代码编辑工具

常见的 Java 语言编辑工具有 JCreator、JBuilder、NetBeans、Eclipse、Java WorkShop、Visual Age for Java、Free Java 、Jpadpro、Jblue、Visual J++ 6.0 等，Jcreator（如 JCreator Pro 3.5 汉化版）以其精巧便捷、功能完善、资源占用小而受到 Java 程序开发者的青睐。

18.2　使用 JSP 访问 SQL Server 2008 数据库

18.2.1　JDBC 驱动程序类型

JDBC（Java DataBase Connectivity）是 Java/JSP 与数据库的接口规范，JDBC 定义了一个支持标准 SQL 功能的通用低层的应用程序编程接口（API），它由 Java 语言编写的类和接口组成，JDBC API 定义了若干类，表示数据库连接、SQL 指令、结果集、数据库元数据等。它允许 Java 程序员发送 SQL 指令并处理结果。JDBC 通过驱动程序可实现应用程序和数据库的数据源通信连接。JDBC 驱动程序有 4 种类型，在 17.1.2 节已经介绍。

18.2.2　JSP 访问 SQL Server 2008 数据库方法

JSP 访问 SQL Server 2008 数据库主要利用 JDBC-ODBC 桥接和纯 Java 本地驱动桥接方法，在此以 JDBC-ODBC 桥接为例进行介绍。

JDBC 建立数据库连接步骤包括建立 JDBC-ODBC 桥接器、创建 SQL 的 ODBC 数据源、利用 JSP 语句与 ODBC 数据源实施连接 3 大环节。

1. 加入命令行与加载驱动程序

所有与数据库有关的对象和方法都在 java.sql 包中，因此需要先加入命令行：

```
<%@ page import="java.sql.*"%>                    //加入命令行
```

应用 JDBC-ODBC 桥接方式连接数据库需要先加载 JDBC-ODBC 驱动程序，Class 是包 java.lang 中的一个类，该类通过调用静态方法 forName 建立 JDBC-ODBC 桥接器，即加载驱动程序。语句如下：

```
Class.forName("sun.jdbc.odbc.JdbcOdbcDriver");      //加载连接 SQL 驱动程序
```

2. 建立连接 SQL 的 ODBC 数据源

连接 SQL 的 ODBC 数据源设置见 14.4 节中所述的具体过程与方法。

3. 建立与 ODBC 数据源的连接

调用 DriverManager.getConnection 方法可以建立与 SQL 数据库的连接。DriverManager 类位于 JDBC 的管理层，作用在用户和驱动程序之间。其中涉及 ODBC 数据源名、用户名、密码等。一旦 DriverManager.getConnection 方法找到了建立连接的驱动程序和数据源，则通过用户名和密码开始与 DBMS 建立连接，若没有为数据源设置用户名和用户密码则可为空，若连接通过则完成连接建立。连接形式如下：

```
Connection conn=DriverManager.getConnection("jdbc:odbc:数据源","用户名","密码");
```

例如：

```
Connection conn=DriverManager.getConnection("jdbc:odbc:信息 ODBC","sa","");
```

4. 发送 SQL 语句与建立 ResultSet 结果集对象

Statement 类的对象由 Connection 的 createStatement 方法创建，用于发送不带参数的简单 SQL 语句，对数据库进行具体操作，如查询、修改等。在执行一个 SOL 查询语句前，必须用 createStatement 方法建立一个 Statement 类的对象。具体如下：

```
Statement stmt=conn.createStatement();          //通过对象发送 SQL 语句
```

一旦连接数据库，即可查询数据表名、列名和有关信息，并可以运行 SQL 语句对数据进行查询、添加、更新和删除等操作。JDBC 提供了 ResultSet、DatabaseMetaData 和 ResultSetMetaData 类获取数据库中的信息。ResultSet 类存放查询结果，并通过一套方法提供对数据的访问。它是 JDBC 中很重要的对象。ResultSet 包含任意数量的命名列，可以按名字访问这些列；它也包含一行或多行，可以按顺序自上而下地逐一访问。具体如下：

```
ResultSet rs;                                   //建立 ResultSet 结果集对象
```

5. 执行 SQL 语句

SQL 执行语句主要使用 executeQuery 方法来完成 SQL 语句的运行。

```
rs=stmt.executeQuery("SELECT Statement");       //执行 SQL 下 SELECT 语句
```

例如：

```
rs=stmt.executeQuery("SELECT * FROM 学生 WHERE 区域='东北'");
```

6. 关闭相关的使用对象

关闭相关使用对象包括 ResultSet 结果集对象、stmt 语句对象与连接 conn。具体如下：

```
rs.close();                                     //关闭 ResultSet 对象
stmt.close();                                   //关闭 Statement 对象
conn.close();                                   //关闭 Connection 对象
```

18.3 访问 SQL Server 2008 数据库应用实例

18.3.1 查询数据

可使用 SELECT...FROM...WHERE 及 ResultSet...Next 方法来完成 JSP 访问 SQL 数据库数据。

【例 18-1】建立一个 JSP 访问学生表的数据查询实例 ex18-01.jsp。运行结果如图 18-4 所示，代码如下：

学号	姓名	班级编号	学分	校名	区域
030211	叶 倩	04021122	223.0	复旦大学	东北
031102	黎和生	04021000	240.0	上海理工大学	东北
031103	周玉琴	04021138	280.0	上海财经大学	东北
050214	叶文倩	04021122	243.0	复旦大学	东北
061102	黎晓明	04021000	264.0	上海理工大学	东北
061103	周 琴	04021138	305.0	上海财经大学	东北
040821	关键	04021110	45.0	复旦大学	东北

图 18-4　JSP 访问 SQL 数据库的数据查询运行结果

```
//ex18-01.jsp
<%@ page contentType="text/html; charset=GB2312" %>
<%@ page import="java.sql.*" %>
<html><head><title>使用 JDBC 建立学生数据库连接</title> </head>
   <body><center>
   <font size=5 color=blue> 学  生  表  数 据 查 询</font><hr> <%
  Class.forName("sun.jdbc.odbc.JdbcOdbcDriver");         //加载驱动程序
  //建立连接
  Connection conn=DriverManager.getConnection("jdbc:odbc:YU信息管理","sa","");
  Statement stmt=conn.createStatement();                 //发送 SQL 语句
  TRY{
     ResultSet rs;                    //建立 ResultSet(结果集)对象
     rs=stmt.executeQuery("SELECT 学号,姓名,班级编号,学分,校名,区域 FROM 学生 WHERE 区域='东北'");
                                      //执行 SQL 语句
%>
<table border=3>
  <tr bgcolor=silver><b>
    <td>学号</td><td>姓名</td><td>班级编号</td><td>学分</td>
    <td>校名</td><td>区域</td>
</b></tr>
<%
WHILE(rs.next()){                     //利用 WHILE 循环将数据表中的记录列出
%>
  <tr>
     <td><font size=3><%=rs.getString("学号")%></font></td>
     <td><font size=3><%=rs.getString("姓名")%></font></td>
     <td><font size=3><%=rs.getString("班级编号")%></font></td>
     <td><font size=3><%=rs.getString("学分")%></font></td>
     <td><font size=3><%=rs.getString("校名")%></font></td>
     <td><font size=3><%=rs.getString("区域")%></font></td>
  </tr></font>
<%                 }
        rs.close();                   //关闭 ResultSet 对象
  }
  CATCH(Exception e){
```

```
    out.println(e.getMessage());}
    stmt.close();                    //关闭 Statement 对象
    conn.close();                    //关闭 Connection 对象
  %>
  </table></center></body></html>
```

18.3.2 添加数据

可使用 SQL Server 2008 中 INSERT INTO 语句来完成 JSP 在 SQL 数据库中添加数据。

【例 18-2】编制一个 JSP 程序，在 SQL Server 2008 数据库班级表中添加数据的实例，且通过 ex18-02.jsp 调用 insert.jsp 来完成。运行结果如图 18-5 与图 18-6 所示，语句如下：

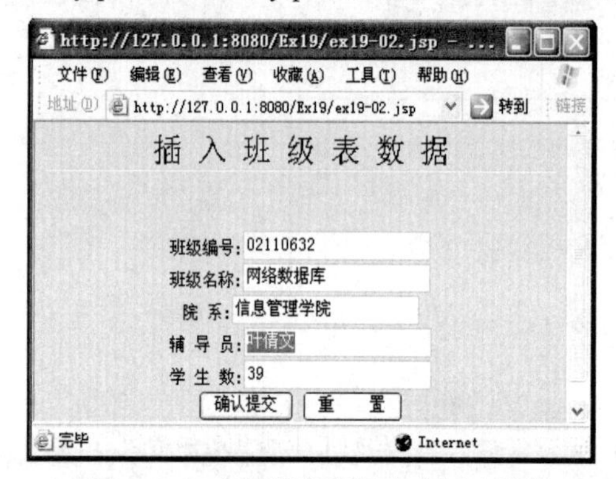

图 18-5 向数据库班级表中插入数据

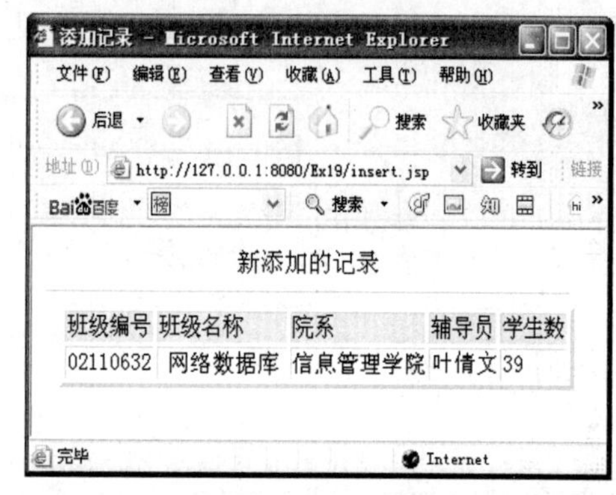

图 18-6 JSP 中 insert.jsp 数据插入结果

```
//ex18-02.jsp
<%@ page contentType="text/html;Charset=GB2312" %>
<HTML><BODY bgcolor=cyan><Font size=2>
<center><font size=5 color=blue> 插  入  班  级  表  数 据</font><hr>
   <FORM action="insert.jsp" method=post name=form>
      <BR>班级编号:<INPUT type="text" name="no" value="02110631">
      <BR>班级名称:<INPUT type="text" name="name" value="网络数据库">
      <BR>院    系:<INPUT type="text" name="dep" value="信息管理学院">
      <BR>辅 导 员:<INPUT type="text" name="vtea" value="叶倩文">
      <BR>学 生 数:<INPUT type="text" name="num" value=40></BR>
      <INPUT TYPE="submit" value="确认提交" name="submit">
      <INPUT TYPE="reset" value="重    置" >
  </FORM>
</FONT></BODY></HTML>
insert.jsp
<%@ page contentType="text/html; charset=GB2312" %>
<%@ page import="java.sql.*" %>
<html><head><title>添加记录</title></head>
<BODY><Font size=2><center>
  <% String yourno=request.getParameter("no");          //获取班级编号提交的值
     String yourName=request.getParameter("name");      //获取班级名称提交的值
     String yourdep=request.getParameter("dep");        //获取院系提交的值
     String yourvtea=request.getParameter("vtea");      //获取辅导员提交的值
     String yournum=request.getParameter("num");        //获取学生数提交的值
  %>
<font size=4 color=blue>新添加的记录</font><hr>
```

```
<%
  String sql;
  Class.forName("sun.jdbc.odbc.JdbcOdbcDriver");
  Connection conn=DriverManager.getConnection("jdbc:odbc:YU信息管理","sa","");
  Statement stmt=conn.createStatement();
  TRY {
  sql="INSERT INTO 班级(班级编号,班级名称,院系,辅导员,学生数)
  VALUES('"+yourno+"','"+yourName+"','"+yourdep+"','"+yourvtea+"',"+yournum+")";
  stmt.executeUpdate(sql);
  ResultSet rs;            //建立ResultSet(结果集)对象
  rs=stmt.executeQuery("SELECT * FROM 班级 WHERE 班级编号='"+yourno+"'");
                           //执行SQL语句
%>
<table border=3>
  <tr bgcolor=silver><b>
    <td>班级编号</td><td>班级名称</td><td>院系</td><td>辅导员</td><td>学生数</td>
  </tr>
<%
  WHILE(rs.next()) {//利用WHILE循环将数据表中的记录列出
%>
    <tr>
     <td><font size=3><%=rs.getString("班级编号")%></font></td>
     <td><font size=3><%=rs.getString("班级名称")%></font></td>
     <td><font size=3><%=rs.getString("院系")%></font></td>
     <td><font size=3><%=rs.getString("辅导员")%></font></td>
     <td><font size=3><%=rs.getString("学生数")%></font></td>
   </tr>
<%                         }
  rs.close();}                      //关闭ResultSet对象
  catch(Exception e){
  out.println(e.getMessage());}
  stmt.close();                     //关闭Statement对象
  conn.close();                     //关闭Connection对象
%>
</table></center></body></html>
```

18.3.3　修改数据

可使用 SQL Server 2008 中 UPDATE...WHERE 语句来完成 JSP 在 SQL 数据库中更新数据。

【例 18-3】编制一个在 SQL Server 2008 数据库班级表中更新数据的 JSP 程序实例，且通过 ex18-02.jsp 调用 updating.jsp 来完成。运行结果如图 18-7 与图 18-8 所示，语句如下：

```
//ex18-03.jsp
  <%@ page contentType="text/html;Charset=GB2312" %>
  <HTML><BODY bgcolor=cyan><Font size=2>
  <center><font size=5 color=blue> 更 新 班 级 表 数 据</font><hr>
  <FORM action="updating.jsp" method=post name=form>
      <BR>班级编号:<INPUT type="text" name="no" value='03110621'>
      <BR>学 生 数:<INPUT type="text" name="num" value=40></BR>
      <INPUT TYPE="submit" value="确认提交" name="submit">
      <INPUT TYPE="reset" value="重    置">
```

```
  </FORM>
</FONT></BODY></HTML>
updating.jsp
     <%@ page contentType="text/html;charset=GB2312" %>
     <%@ page import="java.sql.*" %>
     <head><title>更新班级表数据开始</title></head>
     <BODY>
     <Font size=2><center>
  <%  String yourno=request.getParameter("no");     //获取班级编号提交的值
      String yournum=request.getParameter("num");   //获取学生数提交的值
  %>
<font size=4 color=blue>更新数据记录信息</font><hr>
<%
  String sql;
  Class.forName("sun.jdbc.odbc.JdbcOdbcDriver");
  Connection conn=DriverManager.getConnection("jdbc:odbc:YU信息管理","sa","");
  Statement stmt=conn.createStatement();
  TRY {
  sql="UPDATE 班级 SET 学生数='"+yournum+"' WHERE 班级编号='"+yourno+"'";
  stmt.executeUpdate(sql);                              //执行SQL更新语句
  ResultSet rs;                                         //建立ResultSet(结果集)对象
  rs=stmt.executeQuery("SELECT * FROM 班级 WHERE 班级编号='"+yourno+"'");
%>
<table border=3>
  <tr bgcolor=silver><b>
<td>班级编号</td><td>班级名称</td><td>院系</td><td>辅导员</td><td>学生数</td>
  </tr>
<%
  while(rs.next()){      //利用while循环将数据表中的记录列出
%>
   <tr>
    <td><font size=3><%=rs.getString("班级编号")%></font></td>
    <td><font size=3><%=rs.getString("班级名称")%></font></td>
    <td><font size=3><%=rs.getString("院系")%></font></td>
    <td><font size=3><%=rs.getString("辅导员")%></font></td>
    <td><font size=3><%=rs.getString("学生数")%></font></td>
  </tr>
<%                  }
  rs.close();}              //关闭ResultSet对象
  CATCH(Exception e){
  out.println(e.getMessage());}
  stmt.close();             //关闭Statement对象
  conn.close();             //关闭Connection对象
%>
</table></center></body></html>
```

解析：updating.jsp 与 insert.jsp 相比，当对同一个数据表“班级”进行操作时，仅变化一条语句，将 INSERT 语句改为 UPDATE 即可，其他不必改变。

```
sql="UPDATE 班级 SET 学生数='"+yournum+"' WHERE 班级编号='"+yourno+"'";
```

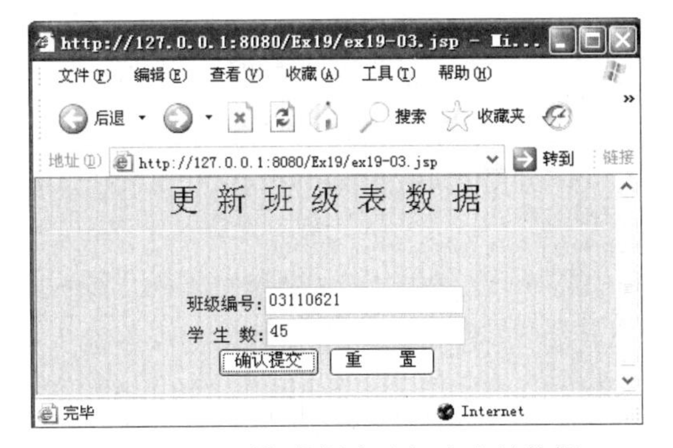

图 18-7　更新数据库班级表中的数据

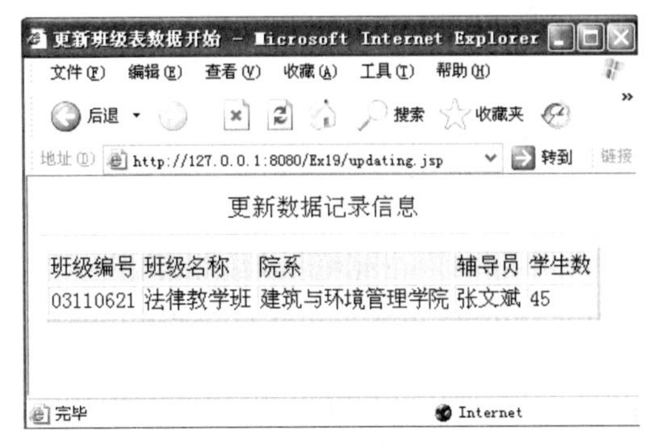

图 18-8　JSP 中 updating.jsp 数据更新结果

18.3.4　删除数据

可使用 SQL Server 2008 中 DELETE...WHERE 语句来完成 JSP 在 SQL 数据库中删除数据。

【例 18-4】编制一个 JSP 程序，在 SQL Server 2008 数据库班级表中删除数据的实例，并且通过 ex18-02.jsp 调用 Deleting.jsp 来完成，语句如下：

```
//ex18-04.jsp
  <%@ page contentType="text/html;Charset=GB2312" %>
  <HTML><BODY bgcolor=cyan><Font size=2>
  <center><font size=5 color=blue> 更 新 班 级 表 数 据</font><hr>
    <FORM action="Deleting.jsp" method=post name=form>
      <BR>班级编号:<INPUT type="text" name="no" value='02110632'>
      <INPUT TYPE="submit" value="确认提交" name="submit">
      <INPUT TYPE="reset" value="重    置" >
   </FORM>
</FONT></BODY></HTML>
Deleting.jsp
     <%@ page contentType="text/html; charset=GB2312" %>
     <%@ page import="java.sql.*" %>
     <head><title>删除班级表数据开始</title></head>
     <BODY><Font size=2><center>
   <% String yourno=request.getParameter("no");     %> //获取班级编号提交的值
<font size=4 color=blue>更新数据记录信息</font><hr>
<%
  String sql;
  Class.forName("sun.jdbc.odbc.JdbcOdbcDriver");
  Connection conn=DriverManager.getConnection("jdbc:odbc:YU信息管理","sa","");
  Statement stmt=conn.createStatement();
  TRY {
  sql="DELETE FROM 班级 WHERE 班级编号='"+yourno+"'";
  stmt.executeUpdate(sql);                          //执行 SQL 更新语句
  ResultSet rs;                                     //建立 ResultSet(结果集)对象
  rs=stmt.executeQuery("SELECT * FROM 班级");       //执行 SQL 语句
%>
<table border=3>
  <tr bgcolor=silver><b>
    <td>班级编号</td><td>班级名称</td><td>院系</td><td>辅导员</td><td>学生数</td>
</tr>
```

```
<%
  WHILE(rs.next()){                          //利用 while 循环将数据表中的记录列出
%>
    <tr>
     <td><font size=3><%= rs.getString("班级编号") %></font></td>
     <td><font size=3><%= rs.getString("班级名称") %></font></td>
     <td><font size=3><%= rs.getString("院系") %></font></td>
     <td><font size=3><%= rs.getString("辅导员") %></font></td>
     <td><font size=3><%= rs.getString("学生数") %></font></td>
   </tr>
<%   }
  rs.close();}                               //关闭 ResultSet 对象
  CATCH(Exception e){
  out.println(e.getMessage());}
  stmt.close();                              //关闭 Statement 对象
  conn.close();                              //关闭 Connection 对象
%>
</table></center></body></html>
```

小　　结

JSP 应用程序开发环境主要由 JDK、JSP 服务器、JSP 代码编辑工具等组成。JDBC 建立数据库连接步骤包括建立 JDBC-ODBC 桥接器、创建 SQL 的 ODBC 数据源、利用 JSP 语句与 ODBC 数据源实施连接 3 大过程与环节。

JDBC（Java DataBase Connectivity）是 Java/JSP 与数据库的接口规范，JDBC 定义了一个支持标准 SQL 功能的通用低层的应用程序编程接口（API），它由 Java 语言编写的类和接口组成。JDBC API 定义了若干类，表示数据库连接、SQL 指令、结果集、数据库元数据等。JDBC 可以通过 4 类 JDBC 驱动程序实现应用程序和数据库的数据源通信连接。本章是 JSP 访问 SQL Server 2008 数据库的具体开发应用与展示。

可使用 SQL Server 2008 中 INSERT INTO 语句、UPDATE...WHERE 语句、DELETE...WHERE 语句来分别完成 JSP 在 SQL 数据库中添加数据、更新数据和删除数据。

思考与练习

一、选择题

1. JSP 服务器端软件不包括（　　）等。

A. Apache Tomcat　　B. IBM WebSphere Server

C. BEA WebLogical　　D. Apache BEA

2. 常见的 Java 语言编辑工具不包括（　　）。

A. JCreator　　B. Applet　　C. Eclipse　　D. JBuilder

3. JSP 中 Request 对象包含客户端向服务器（　　）的内容。

A. 做出响应　　B. 实施操作　　C. 编辑程序　　D. 发出请求

4. JSP 中使用 SQL 语句中通过（　　）表中添加数据。

A. Add　　B. Insert　　C. Update　　D. Delete

二、思考与实验

1. 简述 JSP 应用环境的设置过程。

2. 试述 JDBC 驱动程序的类型与效用。

3. 试述 JSP 访问 SQL Server 2008 数据库的主要步骤。

4. 试建立一个 JSP 访问“信息管理”数据库中“班级”表的数据查询实例。

5. 试编制一个在 SQL Server 2008“信息管理”数据库的“学生”和“成绩”表中添加数据的 JSP 程序设计实例。

6. 试编制一个 JSP 程序，完成在 SQL Server 2008“信息管理”数据库的“学生”与“课程”表中更新数据实例的开发与实验过程。

7. 试编制一个 JSP 程序，完成在 SQL Server 2008 数据库的“成绩表”中删除所有课程名为“计算机网络”的数据记录实例的开发与实验过程。

第 19 章　SQL Server 2008 应用开发与课程设计实例

【本章提要】数据库设计是付诸应用的关键。本章从应用开发与课程设计的视野剖析实例，首先介绍了数据库设计的基本过程，而后基于开发语言和 SQL Server 2008 知识系统地介绍了学生管理信息系统实例的需求分析、功能结构、数据结构设计与具体实现、应用程序的编制等内容。

19.1　数据库规划与设计

数据库规划与设计是数据库应用、信息系统开发和建设的关键问题与核心技术。数据库规划是确定整个系统的数据信息需求，完成系统中数据库及其对象的设计、关键实体的梳理、属性及其组成关系等。数据库设计是指在一个给定的应用环境中，确定一个最优数据模型和处理模式，建立数据库及其应用系统，使之能够安全、有效、可靠地存储数据，满足各种用户的应用需求。

数据库设计的内容主要包括两个方面：其一是结构设计，即设计数据库框架或数据库结构；其二是行为设计，也就是应用程序和事务处理等的设计。

数据库的设计方法较多，不同方法设计的数据库系统步骤划分也各不相同。著名的新奥尔良方法将数据库设计划分为需求分析、概念设计、逻辑设计和物理逻辑设计 4 个步骤。随着数据库设计技术的发展与完善，人们又据此导出了新的、更贴近实际的设计步骤。通常采用 6 个步骤的数据库设计方法，即需求分析、概念结构设计、逻辑结构设计、物理结构设计、数据库实施、数据库运行和维护。图 19-1 所示为数据库设计的过程。

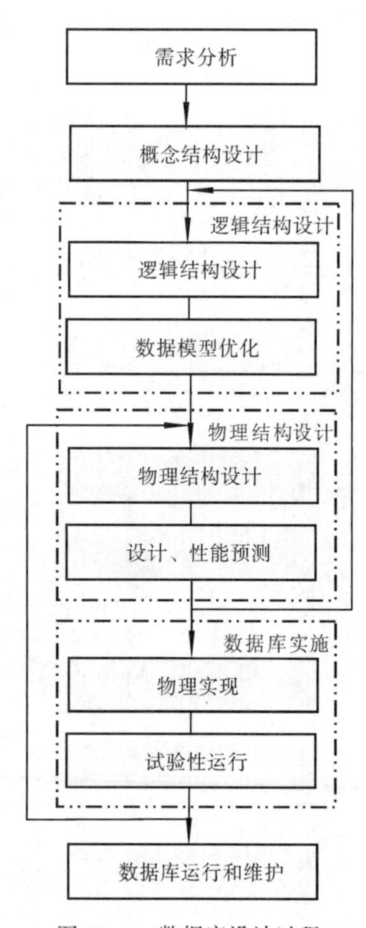

图 19-1　数据库设计过程

19.1.1　需求分析

用户对数据库的使用要求主要包括对数据及其处理的要求，对数据完整性安全性的要求。在需求分析阶段，主要通过仔细调查准确掌握每个用户对数据库的要求，提供后续设计阶段所需的一些内容，主要涉及应用环境分析、数据流程分析、数据需求的收集与分析等。需求分析是整个设计过程的基础，是最困难、最耗损时间的一步，其准确与否将直接影响后续各个设计阶段，最终将影响到设计结果是否合理和实用。

19.1.2 概念结构设计

在准确抽象出现实世界的需求并完成需求设计后，就可以考虑如何实现用户的具体要求，进行概念设计了。该阶段要做的各种工作不是直接将需求分析得到的数据存储格式转换成数据库管理系统（DBMS）能处理的数据库模式，而是将需求分析得到的用户需求抽象为反映用户观点的概念模型，即实施概念结构设计。概念结构设计是整个数据库设计的关键。描述概念结构设计的有力工具是实体-联系（E-R）模型，在此，概念结构设计就归结为 E-R 模型、方法的分析与设计。

E-R 方法是面向问题的概念性模型，与数据的存储组织、存取方法、效率等无关，即它不考虑这些数据在 DBMS 中的态势如何。运作 E-R 方法的基本步骤如下：

（1）划分和确定实体类型与关系类型。实体与实体间联系最好为一对多关系。

（2）确定属性。找出该实体所包含的实际属性，画出 E-R 图。

（3）重复步骤（1）～（2），找出所有实体、关系、属性及属性值集合。

19.1.3 逻辑结构设计

逻辑结构设计的任务是将概念结构（如 E-R 图）转换为与选用数据库管理系统（DBMS）所支持的数据模型相符的逻辑数据模型，并同时进行数据模型优化。究竟选择哪种数据库管理系统，一般由系统分析员、系统管理员和用户（企业、公司或政府部门的高级管理人员）决定，需要综合考虑数据库管理系统的性能及所设计应用系统的功能复杂程度。

在关系型数据库管理系统（RDBMS）中，逻辑结构设计是指设计数据库中所应包含的各个关系模式的结构，包括关系模式的名称、每种关系模式各属性的名称、数据类型和取值范围等内容。通常在逻辑结构设计中，概念结构转换过程分成两步进行：首先把概念结构向一般的数据模型转换，然后向特定的数据库管理系统支持的数据模型转换并进行数据模型优化。

19.1.4 物理结构设计

物理结构设计是为所给定的逻辑结构模型选择最适合应用环境的物理结构，主要是针对数据库在物理设备上的存储结构和存取方法的设计。物理结构设计是以逻辑结构设计的结果作为输入，结合具体数据库管理系统功能及其提供的物理环境与工具、应用环境与数据存储设备，进行数据的存储组织和方法设计，并实施设计与性能预测。

19.1.5 数据库实施

数据库实施的主要任务是根据逻辑结构设计与物理结构设计的结果，在系统中建立数据库的结构，载入数据，编制、测试与调试应用程序，对数据库应用系统进行试运行等。

数据库实施的具体步骤如下：

（1）数据库数据的载入和应用程序的编制与调试。建立数据库结构，将原始数据载入数据库，实施应用程序的编制与调试。

（2）数据库应用系统的试运行。测试系统逻辑功能的完善性，考察用户需求的吻合程度，对数据库进行备份。

19.1.6 数据库运行和维护

经过数据库实施阶段的试运行后，系统逻辑功能的完善性与用户需求的吻合程度均已显现并接近系统要求，且系统已处于一个比较稳定的状态，此时，即可将系统投入正式运行。在数据库系统步入运行后，还需要经常对数据库进行维护，必须不断对其进行评价、调整、修改。该阶段主要涉及如下工作：

（1）数据库的存储、恢复及数据库的安全性和完整性控制。

（2）数据库性能的检测、分析、完善，甚至还得对数据库实施更新性操作。

设计一个完整的数据库应用系统，往往是这6大阶段重复运用，不断改进、完善的结果。

19.2 SMIS需求分析与功能结构

随着教育事业的不断发展，学校规模不断扩大，学生数量及其信息量的急剧增加，有关学生的各种信息管理也随之展开。学生管理信息系统（Student Management Information System，SMIS）应运而生，它可用来管理学生信息，提高系统管理工作的效率。SMIS把Visual Basic（前台开发）与SQL Server 2008（后台管理）有机地结合，并运用流行的ADO等相关技术，完成学生信息的规范管理、科学统计和快速查询，从而可大大减少管理上的工作量。数据库在一个信息管理系统中占有非常重要的地位，数据库结构设计的好坏将直接对应用系统的效率以及实现的效果产生影响。合理的数据库结构设计可以提高数据库的存储效率，保证数据的完整性和一致性。同时，合理的数据结构也将有利于程序的顺利实现。

1. 需求分析及主要任务

系统开发的总体任务是实现学生信息关系的系统化、规范化和自动化。

需求分析是在系统开发总体任务的基础上完成的，设计数据库系统时应该充分了解用户各方面的需求，包括目前及将来可能拓展的需求态势。因而数据库结构势必要充分满足各种信息的输入和输出。据此可归结出学生信息管理系统所需完成的主体任务。SMIS的主要任务如下：

（1）基本信息的输入。包括学籍（学生基本）、班级、课程和成绩等信息的输入。

（2）基本信息的修改。包括学籍、班级、课程和成绩等信息的修改。

（3）基本信息的查询。包括学籍和成绩等信息的查询。

（4）年级信息及班级信息的设置等，学校基本课程信息的输入、修改和设置。

（5）学籍、课程、班级与成绩等信息的统计打印。

（6）软件系统的管理。包括学生信息管理系统的初始化、密码设置、用户管理等。

（7）系统帮助。包括学生信息管理系统的帮助和系统版本说明等。

2. 系统总体功能模块结构

基于需求分析及主要任务的表述，可对上述各项功能按照结构化程序设计的要求进行集中、分层结构化，自上而下逐层设置得到系统功能模块结构图，如图19-2所示。

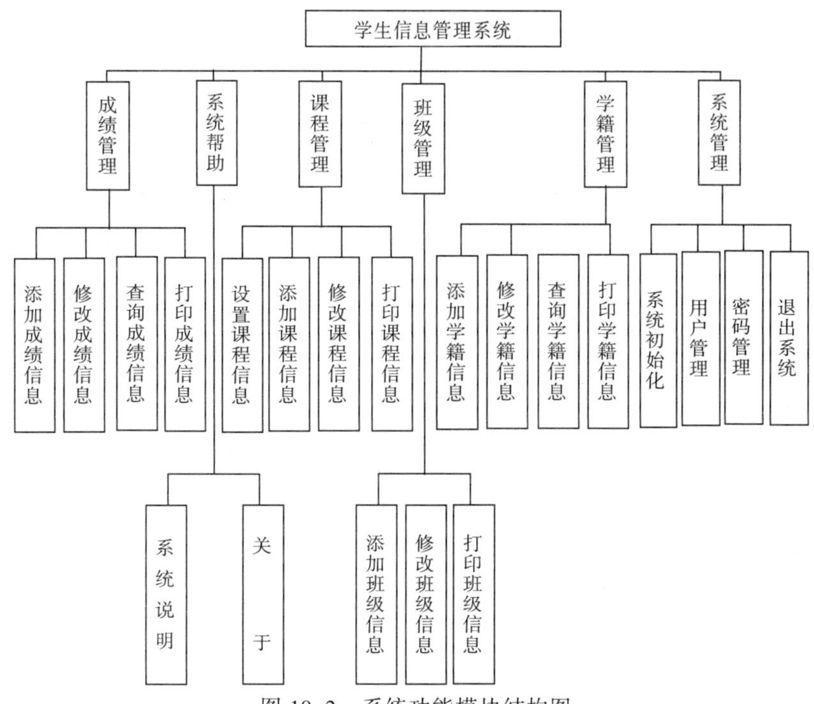

图 19-2　系统功能模块结构图

3. 系统数据流程

用户的需求具体体现在各种信息的提供、保存、更新、查询和统计打印上，这就要求数据库结构应充分满足各种信息的输入和输出。系统应定义数据结构、收集基本数据及设置数据处理的流程，组成一份详细的数据字典，为以后的具体设计打下基础。在仔细分析和调查有关学生信息管理需要的基础上，得到本系统的数据流程图，如图 19-3 所示。

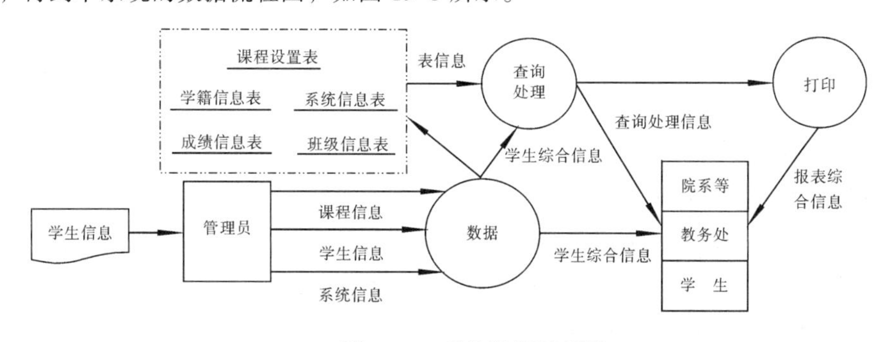

图 19-3　系统数据流程图

19.3　SMIS 数据结构设计及实现

1. 数据库概念结构设计

概念结构设计就是 E-R 方法的分析与设计，它是整个数据库设计的关键。在此，将使用实体-联系（E-R）模型来描述系统的概念结构，同时设计出能够满足用户需求的各种实体，以及它们之间的关系，为后面的逻辑结构设计打下基础。这些实体包含各种具体实际信息，通过相互之间的作用形成数据的流动。

本程序根据上面的设计规划出的实体有：学籍实体、班级实体、年级实体、课程实体与成绩实体，E-R 图如图 19-4 所示。

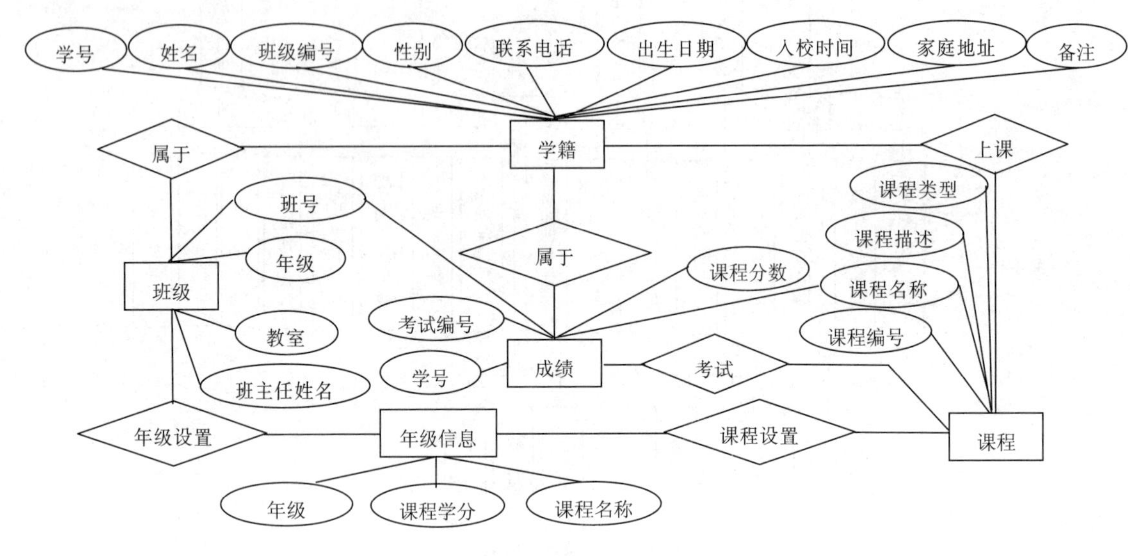

图 19-4　学生管理信息系统 E-R 图

2．数据库逻辑结构设计

针对一般学生信息管理系统的总体需求，通过对学生信息管理过程的内容和数据流程分析与系统总体功能模块梳理，可归结出系统数据库的逻辑结构，设计、产生如下的数据项和数据结构：

（1）学生基本信息（学籍信息）数据项为：学号、姓名、性别、出生日期、班级编号、联系电话、入校时间、家庭地址、备注等。

（2）班级信息数据项为：班号、年级、班主任姓名、教室等。

（3）课程信息数据项为：课程编号、课程名称、课程类型、课程描述等。

（4）年级信息数据项为：年级、课程学分、课程名称等。

（5）成绩信息数据项为：学号、考试编号、班号、课程名称、课程分数等。

3．数据库物理结构设计

基于上述的数据库概念结构与数据库逻辑结构设计的结果，现在可以实施将其转化为 SQL Server 2008 数据库系统所支持的实际数据模型：数据表对象（即为它们选择最适合的应用环境，对数据库在物理设备上的存储结构和存取方法予以设计），并形成数据库中各个表格之间的关系。学生信息管理系统数据库中各个表格的设计结果如表 19-1～表 19-6 所示。

表 19-1　student_Info 学籍信息表

列（字段）名	数据类型与长度	空　否	说　　明
student_ID	Char(4)	Not null	学号（学生学号：主键）
student_Name	Char(10)	Not null	姓名（学生姓名）
student_Gender	Char(2)	Not null	性别（学生性别）
born_Date	Datetime(8)	Not null	出生日期
class_No	Char(4)	Not null	班级编号（班号：外键）

续表

列（字段）名	数据类型与长度	空　否	说　　明
tele_Number	Char(16)	Null	联系电话
ru_Date	Datetime(8)	Null	入校时间
Address	Varchar(50)	Null	家庭地址
Comment	Varchar(200)	Null	备注

表 19-2　result_Info 学生成绩信息表

列（字段）名	数据类型与长度	空　否	说　　明
Exam_No	Char(10)	Not null	考试编号（主键）
Student_Id	Char(4)	Not null	学生学号（学号：外键）
Student_Name	Char(10)	Not null	学生姓名（姓名），可略
Class_No	Char(10)	Not null	班号（班级编号：外键）
Course_Name	Char(10)	Null	课程名称
Mark	Float(8)	Null	分数

表 19-3　class_Info 班级信息表

列（字段）名	数据类型与长度	空　否	说　　明
class_No	Char(10)	Not null	班号（班级编号：主键）
Grade	Char(10)	Not null	年级（外键）
Director	Char(10)	Null	班主任姓名
Classroom_No	Char(10)	Null	教室（所在教室）

表 19-4　gradecourse_Info 年级信息表

列（字段）名	数据类型与长度	空　否	说　　明
Grade	Char(10)	Not null	年级（主键）
course_Name	Char(10)	Not null	课程名称
course_Mark	Float(8)	Not null	课程分数

表 19-5　course_Info 课程基本信息表

列（字段）名	数据类型与长度	空　否	说　　明
Course_No	Char(10)	Not null	课程编号（主键）
Course_Name	Char(20)	Null	课程名称
Course_Type	Char(10)	Null	课程类型
Course_Des	Text	Null	课程描述

表 19-6　user_Info 系统用户表

列（字段）名	数据类型与长度	空　否	说　　明
user_ID	Char(10)	Not null	用户名称（主键）
user_PWD	Char(10)	Not null	用户密码
user_DES	Char(10)	Null	用户描述

4．数据库的实现

经过前面的需求分析和概念结构设计以后，得到数据库的逻辑结构。现在就可以在 SQL Server 2008 数据库的系统中实现该逻辑结构，利用 SQL Server 2008 数据库系统中的 SQL 查询分析器实现。

（1）创建学生数据库的语句如下：

```
CREATE DATABASE xsgl
    ON PRIMARY
    (NAME=xsgl_dat,FILENAME='D:\xsgl\xsgl.mdf',
    SIZE=10,MAXSIZE=20,FILEGROWTH=5%),
    FILEGROUP data1
     (NAME=xsglgroup_dat,FILENAME='D:\xsgl\xsglgroup.ndf',
    SIZE=2,MAXSIZE=100,FILEGROWTH=1),
    LOG ON
     (NAME='xsgl_log1',FILENAME='D:\xsgl\xsgl_log1.ldf',
    SIZE=10MB,MAXSIZE=25MB,FILEGROWTH=5% )
    GO
```

（2）创建学籍（学生基本信息）表的语句如下：

```
CREATE TABLE  student_Info(
    student_ID  char(4)  primary key,student_Name char(10),
    student_Sex char(2),born_Date datetime,
    class_NO char(4),tele_Number  char(10) NULL,
    ru_Date datetime NULL,address varchar(50)NULL,
    comment Text)
    GO
```

（3）创建学生成绩信息表的语句如下：

```
CREATE TABLE  result_Info(
    exam_No char(10) primary key,student_ID  char (4) NOT NULL,
    student_Name  char(10)  NOT  NULL,class_No  char(10)  NOT  NULL,
    course_Name char(10)  NULL,result float NULL)
    GO
```

（4）创建班级信息表的语句如下：

```
CREATE TABLE  class_Info(
    class_No  char(10) primary key,grade char(10),
    director  char(10) NULL,classroom_No char(10) NULL)
    GO
```

（5）创建年级课程信息表的语句如下：

```
CREATE TABLE [dbo].[gradecourse_Info](
    Grade  char(10) primary key,course_Name  char(10) NULL
    result float NULL)
    GO
```

（6）创建课程基本信息表的语句如下：

```
CREATE TABLE course_Info(
    course_No char(4) primary key,course_Name char(10) NULL,
    course_Type char(10) NULL,course_Des char(50) NULL)
    GO
```

（7）创建系统用户表的语句如下：

```
  CREATE TABLE  user_Info(user_ID char(10) NOT NULL,
    user_PWD char(10) NOT NULL,user_Des char(10) NULL)
    GO
```

19.4　SMIS 应用程序的编制

上述 SQL 语句在 SQL Server 2008 的查询分析执行后，可便捷地自动产生所需的数据表。将基于 Visual Basic 前台开发与 SQL Server 2008 后台管理有机结合，实施系统设置和应用程序编制，即通过

VB 来编写数据库系统的客户端程序，且系统采用 ADO 对象访问技术来访问数据库。

1. 创建主控窗体

Visual Basic 开发的应用程序界面有 SDI（单文档界面）、MDI（多文档界面）和资源管理器界面 3 种，在 MDI 程序由一个主窗体和若干 MDI 子窗体构成。本应用系统实例主要基于多文档界面，这样可以更加美观、界面更加友好、整齐有序。图 19-5 为融合菜单的学生管理信息系统主控窗体。在主窗体的 load()事件中设置了系统的登录日期与登录时间。代码如下：

```
PRIVATE SUB MDIForm_Load()
FrmMain.StatusBarMy.Panels.Item(2).Text=
"登录日期:"&Date
FrmMain.StatusBarMy.Panels.Item(3).Text=
"登录时间:"&Time
End Sub
```

图 19-5　SMIS 系统的主窗体

2. 创建公用模块

1）创建 Module1 公用模块

在 Visual Basic 中可用公用模块来存放整个工程项目中的公用函数、全局变量等。整个工程项目中的任何地方都可以调用公用模块中的函数、变量，这样可以极大地提高代码的效率。这里系统在项目资源管理器中设置了一个 Module1 公用模块，保存为 Module1.bas，用于系统共享。代码如下：

```
Public Function ExecuteSQL(ByVal SQL AS String,MsgString AS String) AS ADODB.Recordset
   DIM cnn AS ADODB.Connection
   DIM rst AS ADODB.Recordset
   DIM sTokens() AS String
      ON Error GOTO ExecuteSQL_Error
      sTokens=Split(SQL)
      SET cnn=New ADODB.Connection
      cnn.Open ConnectString
      IF InStr("Insert,Delete,Update",UCase$(sTokens(0)))  THEN
         cnn.Execute SQL
         MsgString=sTokens(0)&"query successful"
      ELSE
         SET rst=New ADODB.Recordset
         rst.Open(SQL),cnn,adOpenKeyset,adLockOptimistic
         SET ExecuteSQL=rst
         MsgString="查询到"&rst.RecordCount&"条记录"
      END IF
ExecuteSQL_Exit:
      SET rst=Nothing
      SET cnn=Nothing
      Exit Function
ExecuteSQL_Error:
      MsgString="查询错误:"&Err.Description
      Resume ExecuteSQL_Exit
End Function
Public Function ConnectString() AS String
```

```
  ConnectString="provider=sqloledb;uid=sa;pwd=sayu;database=xsgl"
End Function
Sub Main()
DIM fLogin AS New FrmLogin
   fLogin.Show vbModal
   IF Not fLogin.OK THEN
      END
   END IF
   Unload fLogin
   SET fMainForm=New FrmMain
   fMainForm.Show
End Sub
```

ExecuteSQL()函数附有两个参数：SQL 和 MsgString，前者用来存放需要执行的 SQL 语句，后者用来返回执行的提示信息。函数运行时，首先判断 SQL 语句所含的内容：当执行查询操作时，ExecuteSQL()函数将返回一个与函数同名的包含满足条件记录的记录集对象（Recordset）；否则执行添加、删除、更新等操作时，不返回记录集对象。

ExecuteSQL()函数中调用了 ConnectString()子函数，用来连接 xsgl 数据库。

由于在后面的程序中需要频繁检查、判断文本框的内容是否为空，这里还定义了一个 Testtxt()函数，以供调用使用。代码如下：

```
Public Function Testtxt(txt AS String) AS Boolean
   IF Trim(txt)="" THEN
      Testtxt=False
   ELSE
      Testtxt=True
   END IF
      End Function
```

若文本框的内容为空函数，则返回 True；否则，返回 False。

2）创建身份认证窗体

软件中设置了用户登录应用系统时的身份认证机制，通过核对用户名与密码来防止非法者使用学生管理信息系统，如图 19-6 所示。

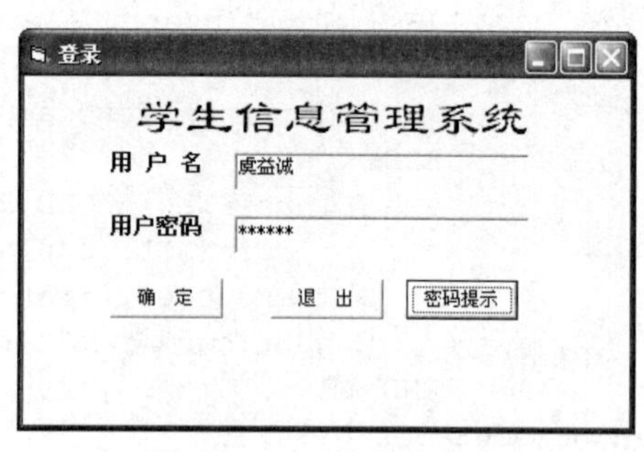

图 19-6 “登录”窗口

```
DIM txtSQL AS String,mrc AS ADODB.Recordset,
MsgText AS String
   UserName=""
   IF Trim(txtUserName.Text="") THEN
      MsgBox"用户名不为空，请重新输入！",
vbOKOnly+vbExclamation,"警告"
txtUserName.SelStart=0:txtUserName.SelLeng
th=Len(txtUserName.Text)
      txtUserName.SetFocus:Exit Sub
   ELSE
      txtSQL="SELECT * FROM user_info WHERE
user_ID='" & Trim (txtUser Name.Text) & "'"
      SET mrc=ExecuteSQL(txtSQL,MsgText)
      IF mrc.EOF=True THEN
         MsgBox"用户名出错，请重新输入！",vbOKOnly+vbExclamation,"警告"
         txtUserName.SelStart=0:txtUserName.SelLength=Len(txtUserName.Text)
         txtUserName.SetFocus:Exit Sub
      ELSE
```

```
            IF Trim(mrc.Fields(1))=Trim(txtPassword.Text) THEN
               OK=True:mrc.Close:UserName=Trim(txtUserName.Text)
               FrmMain.Show:Unload Me
            ELSE
               MsgBox"密码出错，请重新输入！",vbOKOnly+vbExclamation,"警告"
               txtPassword.Text="":txtPassword.SetFocus:Exit Sub
            END IF
         END IF
      END IF
      miCount=miCount+1
      IF miCount=3 THEN
         MsgBox"尝试数超过 3 次，您无权使用本程序",vbExclamation,"警告"
         END
      END IF
   END SUB
```

该模块允许用户登录差错 3 次，否则自动锁断系统，拒绝再次登录。

3. 创建学籍信息输入窗体

启动学籍信息输入窗体是使用主窗体的菜单完成的，具体过程及相应语句如下：

```
PRIVATE SUB mnuAddInfo_Click()
   Frmsinfo.Move 0,0
   Frmsinfo.Height=4810
   Frmsinfo.Width=6830
   Frmsinfo.Show                   '激活、启动学籍信息输入窗体
END SUB
```

选择"学籍管理"→"添加学籍信息"命令，窗体加载时通过 load()事件对窗体进行初始化，其代码如下：

```
PRIVATE SUB Form_Load()
DIM mrc AS ADODB.Recordset:DIM txtSQL AS String
DIM MsgText AS String:DIM i AS Integer
   cboGender.AddItem""
   cboGender.AddItem"男"
   cboGender.AddItem"女"
   txtSQL="SELECT * FROM class_Info"
   SET mrc=ExecuteSQL(txtSQL,MsgText)
   mrc.MoveFirst
   cboClassNumber.AddItem ""
   FOR i=1 TO mrc.RecordCount
      cboClassNumber.AddItem mrc.Fields(0)
      mrc.MoveNext
   NEXT
   mrc.Close
END SUB
```

（1）学籍信息输入窗体中的"确认添加"按钮，首先对用户输入的信息进行有效性检验，然后再把信息添加到数据库的表中。

```
//输入过程的有效性检验
PRIVATE SUB cmdOK_Click()          '添加新记录
DIM mrc AS ADODB.Recordset
DIM txtSQL AS String
DIM MsgText AS String
   IF Not Testtxt(txtId.Text) THEN
```

```
    FrmMain.StatusBarMy.Panels.Item(1).Text="请输入学号!"
    txtId.SetFocus:Exit Sub
END IF
IF Not Testtxt(txtName.Text) THEN
    FrmMain.StatusBarMy.Panels.Item(1).Text="请输入姓名!"
    txtName.SetFocus:Exit Sub
END IF
IF Not Testtxt(cboGender.Text) THEN
    FrmMain.StatusBarMy.Panels.Item(1).Text="请选择性别!"
    cboGender.SetFocus:Exit Sub
END IF
If Not Testtxt(txtBirthday.Text) Then
    FrmMain.StatusBarMy.Panels.Item(1).Text="请输入出生日期!"
    txtBirthday.SetFocus:Exit Sub
END IF
IF Not Testtxt(cboClassNumber.Text) THEN
    FrmMain.StatusBarMy.Panels.Item(1).Text="请选择班级!"
    cboClassNumber.SetFocus:Exit Sub
END IF
IF Not Testtxt(txtPhone.Text) THEN
    FrmMain.StatusBarMy.Panels.Item(1).Text="请输入联系电话!"
    txtPhone.SetFocus:Exit Sub
END IF
If Not Testtxt(txtDate.Text) Then
    FrmMain.StatusBarMy.Panels.Item(1).Text="请输入入校日期!"
    txtDate.SetFocus:Exit Sub
End If
IF Not Testtxt(txtAddress.Text) THEN
    FrmMain.StatusBarMy.Panels.Item(1).Text="请输入家庭地址!"
    txtAddress.SetFocus:Exit Sub
END IF
IF Not IsNumeric(Trim(txtPhone.Text)) THEN
    FrmMain.StatusBarMy.Panels.Item(1).Text="联系电话应该是数字型!"
    txtPhone.SelStart=0:txtPhone.SelLength=Len(txtPhone.Text)
    txtPhone.SetFocus: Exit Sub
END IF
IF Not IsNumeric(Trim(txtId.Text)) THEN
    FrmMain.StatusBarMy.Panels.Item(1).Text="学号应该是数字型!"
    txtId.SelStart=0:txtId.SelLength=Len(txtId.Text)
    txtId.SetFocus: Exit Sub
END IF
IF Not IsDate(Trim(txtBirthday.Text)) THEN
    MsgBox"出生日期输入有误! "&Chr(13)&"举例: (2003-08-08)",vbOKOnly+vbExclamation,
   "提示"
    txtBirthday.SelStart=0:txtBirthday.SelLength=Len(txtBirthday.Text)
    txtBirthday.SetFocus:Exit Sub
ELSE
    txtBirthday=Format(txtBirthday,"yyyy-mm-dd")
END IF
IF Not IsDate(Trim(txtDate.Text)) THEN
    MsgBox"入校日期输入有误! "&Chr(13)&"举例: (2003-1-1)",_vbOKOnly+
```

```
        vbExclamation,"提示"
        txtDate.SelStart=0:txtDate.SelLength=Len(txtDate.Text)
        txtDate.SetFocus:Exit Sub
    ELSE
        txtDate=Format(txtDate,"yyyy-mm-dd")
    END IF
//向数据表中写入数据信息
    txtSQL="Select*from student_Info where student_ID='"&Trim(txtId.Text)&_
 "'"&" and class_No='"&Trim(cboClassNumber.Text)&"'"
    SET mrc=ExecuteSQL(txtSQL,MsgText)
    IF mrc.EOF=False THEN
        FrmMain.StatusBarMy.Panels.Item(1).Text="该班级中已经存在此学号，请重新输入！"
        mrc.Close:txtId.SelStart=0
        txtId.SelLength=Len(txtId.Text)
        txtId.SetFocus:Exit Sub
    ELSE
         mrc.AddNew:mrc.Fields(0)=Trim(txtId.Text)
         mrc.Fields(1)=Trim(txtName.Text)
         mrc.Fields(2)=Trim(cboGender.Text)
         mrc.Fields(3)=Trim(txtBirthday.Text)
         mrc.Fields(4)=Trim(cboClassNumber.Text)
         mrc.Fields(5)=Trim(txtPhone.Text):mrc.Fields(6)=Trim(txtDate.Text)
         mrc.Fields(7)=Trim(txtAddress.Text):mrc.Fields(8)=Trim(txtComment.Text)
         mrc.Update
         FrmMain.StatusBarMy.Panels.Item(1).Text="添加学籍信息成功!"
         mrc.Close
    END IF
END SUB
```

（2）学籍信息输入窗体中的“取消添加”按钮，用来取消本次添加操作。

```
PRIVATE SUB cmdCancel_Click()              '取消本次并退出本窗体
    FrmMain.StatusBarMy.Panels.Item(1).Text=""
    Unload Me
END SUB
```

（3）学籍信息输入窗体中的“清空”按钮，用来取消在窗体中输入的学籍信息。

```
PRIVATE SUB cmdClear_Click()               '清空各添加框信息
    txtId.Text=""
    txtName.Text=""
    cboGender.ListIndex=0
    txtBirthday.Text=""
    cboClassNumber.ListIndex=0
    txtPhone.Text=""
    txtDate.Text=""
    txtAddress.Text=""
    txtComment.Text=""
    FrmMain.StatusBarMy.Panels.Item(1).Text=""
END SUB
```

4. 修改学籍信息窗体

选择“学籍管理”→“添加学籍信息”命令，出现图 19-7 所示的窗体界面。在该窗体中，既可以进行一般的浏览查询（可进行记录指针的相对移动：上一条记录、下一条记录、记录指针指向首记录和指向末记录），也可以进入修改分支，实施数据修改，改好以后更新数据、退出修改和删除记录，如图 19-8 所示。

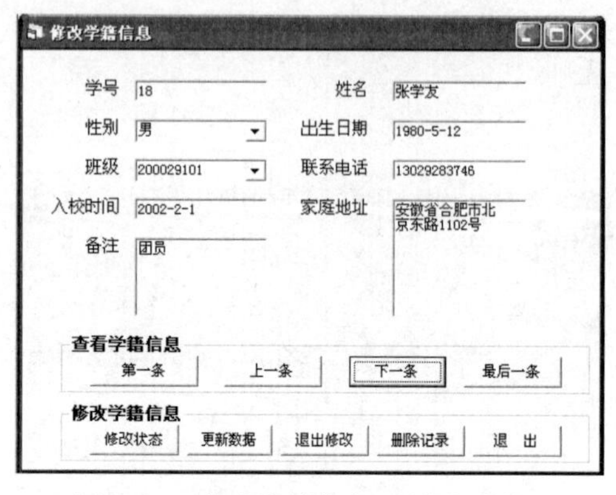

图 19-7 修改学籍信息-浏览状态窗口

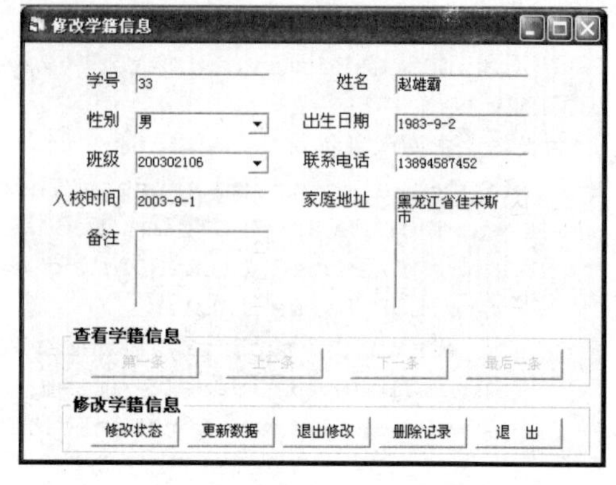

图 19-8 修改学籍信息-修改状态窗口

（1）窗体载入事件的代码如下：

```
PRIVATE SUB Form_Load()
DIM txtSQL AS String:DIM MsgText AS String
    txtSQL="SELECT * FROM student_Info":SET mrc=ExecuteSQL(txtSQL,MsgText)
    mrc.MoveFirst                        '显示第一条记录
    IF mrc.EOF THEN
        MsgBox"表信息已空!! "
    END IF
    Call viewData:mcclean=True
    txtId.Enabled=False                  '设置窗体信息不可修改
    txtName.Enabled=False
    cboGender.Enabled=False
    txtBirthday.Enabled=False
    cboClassNumber.Enabled=False
    txtPhone.Enabled=False
    txtDate.Enabled=False
    txtAddress.Enabled=False
    txtComment.Enabled=False
END SUB
```

（2）窗体信息浏览查询的代码如下：

```
PRIVATE SUB cmdFirst_Click()             '显示第一条记录
    mrc.MoveFirst:Call viewData
END SUB
PRIVATE SUB cmdPrevious_Click()          '显示当前记录的上一条记录
    mrc.MovePrevious
    IF mrc.BOF THEN
        mrc.MoveLast
    END IF
    Call viewData
END SUB
PRIVATE SUB cmdNext_Click()              '显示当前记录的下一条记录
    mrc.MoveNext
    IF mrc.EOF THEN
        mrc.MoveFirst
```

```
    END IF
    Call viewData
END SUB
PRIVATE SUB cmdLast_Click()          '显示最后一条记录
    mrc.MoveLast:Call viewData
END SUB
```

（3）修改窗体学籍信息的代码如下：

```
PRIVATE SUB cmdEdit_Click()          '进入修改状态，且移动按钮不可用！
    mcclean=False:cmdFirst.Enabled=False:cmdPrevious.Enabled=False
    cmdNext.Enabled=False:cmdLast.Enabled=False
    txtId.Enabled=True               '设置学籍信息可修改：Enabled 属性有效
    txtName.Enabled=True
    cboGender.Enabled=True:txtBirthday.Enabled=True
    cboClassNumber.Enabled=True:txtPhone.Enabled=True
    txtDate.Enabled=True:txtAddress.Enabled=True
    txtComment.Enabled=True:sFlag=txtId.Text
    FrmMain.StatusBarMy.Panels.Item(1).Text="当前是修改状态"
END SUB
```

（4）更新窗体学籍信息的代码如下：

```
PRIVATE SUB cmdUpdate_Click()              '把修改后的内容加到数据库中
DIM txtSQL AS String:DIM MsgText AS String
DIM mrc AS ADODB.Recordset
    IF mcclean THEN
        FrmMain.StatusBarMy.Panels.Item(1).Text=
        "请先点击修改记录按钮，进入修改状态"
    Exit Sub
    END IF
    IF Not Testtxt(txtId.Text) THEN
        FrmMain.StatusBarMy.Panels.Item(1).Text="请输入学号！"
        txtId.SetFocus:Exit Sub
    END IF
    IF Not Testtxt(txtName.Text) THEN
        FrmMain.StatusBarMy.Panels.Item(1).Text="请输入姓名！ "
        txtName.SetFocus:Exit Sub
    END IF
    IF Not Testtxt(cboGender.Text) THEN
        FrmMain.StatusBarMy.Panels.Item(1).Text="请选择性别！"
        cboGender.SetFocus:Exit Sub
    END IF
    IF Not Testtxt(txtBirthday.Text) THEN
        FrmMain.StatusBarMy.Panels.Item(1).Text="请输入出生日期！"
        txtBirthday.SetFocus:Exit Sub
    END IF
    IF Not Testtxt(cboClassNumber.Text) THEN
        FrmMain.StatusBarMy.Panels.Item(1).Text="请选择班级！"
        cboClassNumber.SetFocus:Exit Sub
    END IF
    IF Not Testtxt(txtPhone.Text) THEN
        FrmMain.StatusBarMy.Panels.Item(1).Text="请输入联系电话！"
        txtPhone.SetFocus:Exit Sub
```

```
        END IF
        IF Not Testtxt(txtDate.Text) THEN
            FrmMain.StatusBarMy.Panels.Item(1).Text="请输入入校日期!"
            txtDate.SetFocus:Exit Sub
        END IF
        IF Not Testtxt(txtAddress.Text) THEN
            FrmMain.StatusBarMy.Panels.Item(1).Text="请输入家庭地址!"
            txtAddress.SetFocus:Exit Sub
        END IF
        IF Not IsNumeric(txtPhone.Text) THEN
            FrmMain.StatusBarMy.Panels.Item(1).Text="联系电话应该是数字型!"
            txtPhone.SelStart=0:txtPhone.SelLength=Len(txtPhone.Text)
            txtPhone.SetFocus
            Exit Sub
        END IF
        IF Not IsNumeric(Trim(txtId.Text)) THEN
            FrmMain.StatusBarMy.Panels.Item(1).Text="学号应该是数字型!"
            txtId.SelStart=0:txtId.SelLength=Len(txtId.Text):txtId.SetFocus
            Exit Sub
        END IF
        IF Not IsDate(Trim(txtBirthday.Text)) THEN
                vbOKOnly+vbExclamation,"提示"
            FrmMain.StatusBarMy.Panels.Item(1).Text="出生日期输入有误!"_
                &Chr(13)&"举例: (1983-1-1)"
            txtBirthday.SelStart=0:txtBirthday.SelLength=Len(txtBirthday.Text)
            txtBirthday.SetFocus:Exit Sub
        ELSE
            txtBirthday=Format(txtBirthday,"yyyy-mm-dd")
        END IF
        IF Not IsDate(txtDate.Text) THEN
            FrmMain.StatusBarMy.Panels.Item(1).Text="入校日期输入有误!"_
                &Chr(13)&"举例: (2003-1-1)"
            txtDate.SelStart=0:txtDate.SelLength=Len(txtDate.Text)
            txtDate.SetFocus:Exit Sub
        ELSE
            txtDate=Format(txtDate,"yyyy-mm-dd")
        END IF
            txtSQL="SELECT * FROM student_Info WHERE student_ID='"&Trim(txtId.Text)&_
            "'"&"and class_No='"&Trim(cboClassNumber.Text)&"'"
         Set mrc=ExecuteSQL(txtSQL,MsgText)
        IF mrc.EOF=False AND Trim(txtId.Text)<>sFlag THEN
            FrmMain.StatusBarMy.Panels.Item(1).Text=
            "该班级已存在此学号，请重新输入学号!"
            txtId.SelStart=0:txtId.SelLength=Len(txtId.Text)
            txtId.SetFocus:Exit Sub
        ELSE
        txtSQL="SELECT * FROM student_Info WHERE student_ID='"&Trim(sFlag)&"'"
            SET mrc=ExecuteSQL(txtSQL,MsgText)    '更新数据
            mrc.Fields(0)=Trim(txtId.Text):mrc.Fields(1)=Trim(txtName.Text)
            mrc.Fields(2)=Trim(cboGender.Text):mrc.Fields(3)=Trim(txtBirthday.Text)
            mrc.Fields(4)=Trim(cboClassNumber.Text):mrc.Fields(5)=Trim(txtPhone.Text)
```

```
        mrc.Fields(6)=Trim(txtDate.Text):mrc.Fields(7)=Trim(txtAddress.Text)
        mrc.Fields(8)=Trim(txtComment.Text):mrc.Update
        FrmMain.StatusBarMy.Panels.Item(1).Text="修改学籍信息成功!"
        cmdFirst.Enabled=True:cmdPrevious.Enabled=True
        cmdNext.Enabled=True:cmdLast.Enabled=True
        txtId.Enabled=False:txtName.Enabled=False
        cboGender.Enabled=False:txtBirthday.Enabled=False
        cboClassNumber.Enabled=False:txtPhone.Enabled=False
        txtDate.Enabled=False:txtAddress.Enabled=False
        txtComment.Enabled=False:mcclean=True
    END IF
END SUB
```

（5）退出修改状态的代码如下：

```
PRIVATE SUB cmdCancel_Click()          '退出修改状态
    IF Not mcclean THEN
        cmdFirst.Enabled=True:cmdPrevious.Enabled=True
        cmdNext.Enabled=True:cmdLast.Enabled=True
        txtId.Enabled=False:txtName.Enabled=False
        cboGender.Enabled=False:txtBirthday.Enabled=False
        cboClassNumber.Enabled=False:txtPhone.Enabled=False
        txtDate.Enabled=False:txtAddress.Enabled=False
        txtComment.Enabled=False:mcclean=True
    END IF
    Call viewData:FrmMain.StatusBarMy.Panels.Item(1).Text=""
END SUB
```

（6）删除当前记录的代码如下：

```
PRIVATE SUB cmdDelete_Click()          '删除当前记录
    sFlag=MsgBox("是否删除当前记录？",vbOKCancel,"删除记录")
    IF sFlag=vbOK THEN
        mrc.MoveNext
        IF mrc.EOF Then mrc.MovePrevious:mrc.Delete
        ELSE  mrc.MovePrevious:mrc.Delete
              FrmMain.StatusBarMy.Panels.Item(1).Text="成功删除!"
        END IF
    ELSE
        Exit Sub
    END IF
END SUB
```

5. 查询学籍信息窗体

选择“学籍管理”→“查询学籍信息”命令，出现图 19-9 和图 19-10 所示的窗体界面。在该窗体中可以进行 3 种最常用的条件性查询：按学号条件查询、按姓名条件查询和按班级条件查询。该窗体上部是以表格的方式显示符合条件的学籍信息，下部“查询记录”中有 3 个复选框（按学号、按姓名、按班级），通过选择复选框及“查询”按钮即可显示相关信息，也可以使用“清空”按钮将窗体上部表格中的学籍信息清除。

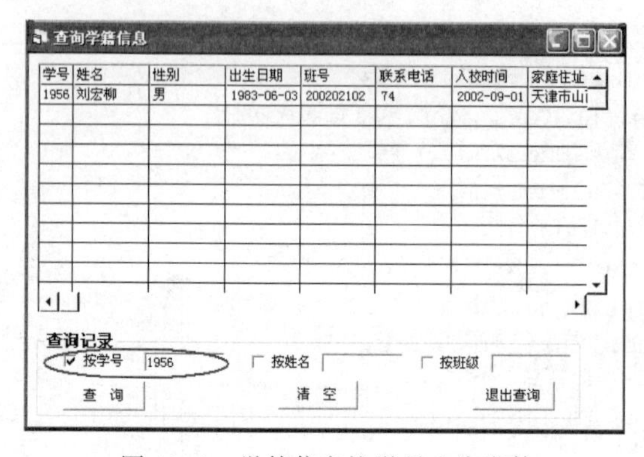

图 19-9 学籍信息按学号查询窗体

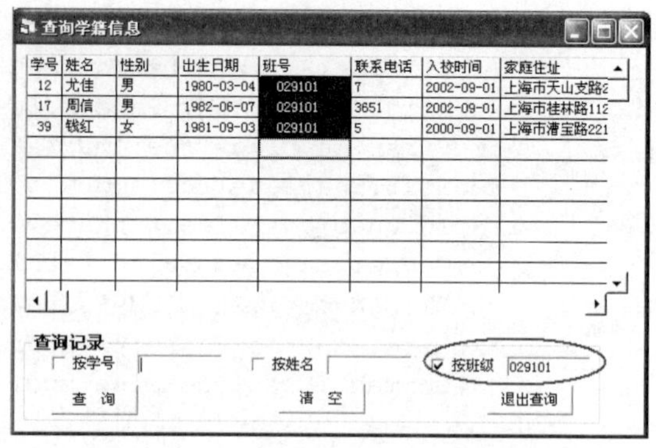

图 19-10 学籍信息按班级查询窗体

具体程序代码如下：

```
PRIVATE SUB cmdInquire_Click()              '按条件查询
DIM txtSQL AS String:DIM MsgText AS String
DIM dd(4) AS Boolean                        '记录复选框的选择情况
DIM mrc AS ADODB.Recordset
msgFlexgrid.Clear
    txtSQL="SELECT * FROM student_Info WHERE"
    IF chkId.Value=1 THEN                   '选中按学号查询
        IF Trim(txtId.Text="") THEN
          FrmMain.StatusBarMy.Panels.Item(1).Text="如果要按学号查询，请输入学号"
          txtId.SetFocus:Exit Sub
        ELSE
            IF  Not IsNumeric(Trim(txtId.Text)) THEN
                FrmMain.StatusBarMy.Panels.Item(1).Text="学号必须为数字型！"
                txtId.SetFocus : Exit Sub
            END IF
            dd(0)=True                      '设置按学号查询逻辑值
            txtSQL=txtSQL&"student_Id='"&Trim(txtId.Text)&"'"
      END IF
    END IF
    IF chkName.Value=1 THEN                 '选中按姓名查询
        IF Trim(txtName.Text="") THEN
          FrmMain.StatusBarMy.Panels.Item(1).Text="如果要按姓名查询，请输入姓名"
          txtName.SetFocus:Exit Sub
        ELSE
            dd(1)=True                      '设置按姓名查询逻辑值
            IF dd(0)=True THEN
                txtSQL=txtSQL&"and student_Name='"&Trim(txtName.Text)&"'"
            ELSE
                txtSQL=txtSQL&"student_Name='"&Trim(txtName.Text)&"'"
            END IF
      END IF
    END IF
    IF chkClassId.Value=1 THEN              '选中按班级查询
        IF Trim(txtClassId.Text)="" THEN
         FrmMain.StatusBarMy.Panels.Item(1).Text="如果要按班级查询，请输入班级"
            txtClassId.SetFocus:Exit Sub
```

```
            ELSE
                dd(2)=True                        '设置按班级查询逻辑值
                IF Not IsNumeric(Trim(txtClassId.Text)) THEN
                    FrmMain.StatusBarMy.Panels.Item(1).Text="班级必须为数字型!"
                    txtId.SetFocus:Exit Sub
                END IF
                IF dd(0)=True AND dd(1)=True THEN
                    txtSQL=txtSQL&"and class_No='"&Trim(txtClassId.Text)&"'"
                ELSE
                    txtSQL=txtSQL&"class_No='"&Trim(txtClassId.Text)&"'"
                END IF
           END IF
        END IF
        IF Not(dd(0) OR dd(1) OR dd(2) OR dd(3)) THEN
            FrmMain.StatusBarMy.Panels.Item(1).Text="您还没输入查询方式呢!"
            txtId.SetFocus:Exit Sub
        END IF
        txtSQL=txtSQL&"order by student_id":Set mrc=ExecuteSQL(txtSQL,MsgText)
        With msgFlexgrid                        '显示表格头
            .Row=1
            .CellAlignment=4
            .TextMatrix(0,0)="学号"        :   .TextMatrix(0,1)="姓名"
            .TextMatrix(0,2)="性别"        :   .TextMatrix(0,3)="出生日期"
            .TextMatrix(0,4)="班号"        :   .TextMatrix(0,5)="联系电话"
            .TextMatrix(0,6)="入校时间"    :   .TextMatrix(0,7)="家庭住址"
            DO WHILE Not mrc.EOF                '循环显示学籍信息
                .Row=.Row+1
                .CellAlignment=4
                .TextMatrix(.Row-1,0)=mrc.Fields(0)
                .TextMatrix(.Row-1,1)=mrc.Fields(1)
                .TextMatrix(.Row-1,2)=mrc.Fields(2)
                .TextMatrix(.Row-1,3)=Format(mrc.Fields(3),"yyyy-mm-dd")
                .TextMatrix(.Row-1,4)=mrc.Fields(4)
                .TextMatrix(.Row-1,5)=mrc.Fields(5)
                .TextMatrix(.Row-1,6)=Format(mrc.Fields(6),"yyyy-mm-dd")
                .TextMatrix(.Row-1,7)=mrc.Fields(7)
                mrc.MoveNext
            LOOP
        End With
        mrc.Close
    END SUB
```

6. 系统设置类窗体

学生管理信息系统还提供了若干系统选择设置类窗体，如添加用户、设置密码、设置年级课程和系统初试化等程序模块，可用来添加系统的用户（包括输入用户名、登录密码等）。使用一段时间后，用户可酌情修改密码（选择易于记忆或有意义的密码）。用户可以根据各年级不同应用特征设置相关课程，系统也可按需设置初始化性质的数据，各种专业的额定学分、基础课的增设与课时调整（如增设 3 个代表基础课、调整哲学课的学时数等）、专业课课时的调整（如强化面向应用型课程教学的课时数）等。

（1）添加用户的窗体如图 19-11 所示，代码如下：

```
PRIVATE SUB cmdOK_Click()     '添加新用户
DIM txtSQL AS String,mrc AS ADODB.Recordset,MsgText AS String
    IF Trim(txtUserName.Text)="" THEN
        FrmMain.StatusBarMy.Panels.Item(1).Text="请输入用户名"
        txtUserName.SetFocus:Exit Sub
    ELSE
        txtSQL="SELECT * FROM user_info":Set mrc=ExecuteSQL(txtSQL,MsgText)
        WHILE(mrc.EOF=False)
            IF Trim(mrc.Fields(0))=Trim(txtUserName.Text) THEN
                FrmMain.StatusBarMy.Panels.Item(1).Text="该用户已存在，请重输!"
                txtUserName.SetFocus
                txtUserName.Text="":txtPassword1.Text="":txtPassword2.Text=""
                Exit Sub
            ELSE
                mrc.MoveNext
            END IF
        WEND
   END IF
   IF Trim(txtPassword1.Text)="" THEN
        FrmMain.StatusBarMy.Panels.Item(1).Text="为了安全，密码不为空!"
        txtPassword1.SetFocus:txtPassword1.Text="":txtPassword2.Text=""
   ELSE
        IF Trim(txtUserName.Text)<>Trim(txtPassword2.Text) THEN
            FrmMain.StatusBarMy.Panels.Item(1).Text="密码输入不一致!"
            txtPassword1.SetFocus:txtPassword1.Text="":txtPassword2.Text=""
            Exit Sub
        ELSE
            mrc.AddNew                    '添加新记录并写入表中
            mrc.Fields(0)=Trim(txtUserName.Text)
            mrc.Fields(1)=Trim(txtPassword1.Text)
            mrc.Update
            mrc.Close
            Me.Hide
            FrmMain.StatusBarMy.Panels.Item(1).Text="添加用户成功!"
        END IF
  END IF
END SUB
```

（2）设置年级课程的窗体如图 19-12 所示，其中可以由组合框选择年级，单击“课程设置”按钮，在左侧的“所有课程”列表框中显示已开设的所有课程，通过单击 --> 按钮可将选中课程添加到“已选择的课程”列表框中，单击 <-- 按钮也可将选中课程移出该列表框，最后通过单击“确认添加”按钮完成年级课程的设置。设置年级课程的程序代码如下：

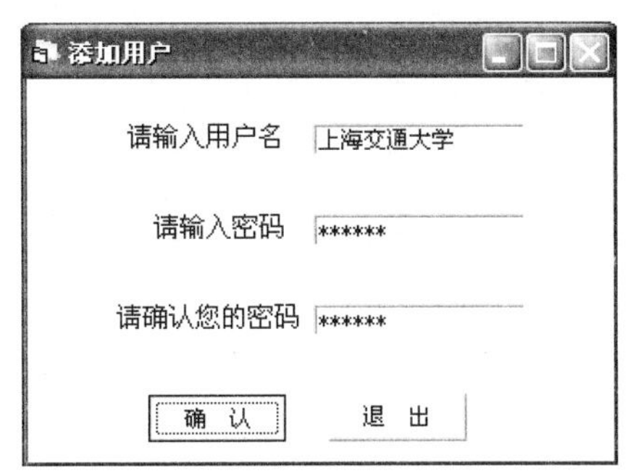

图 19-11　添加用户窗体

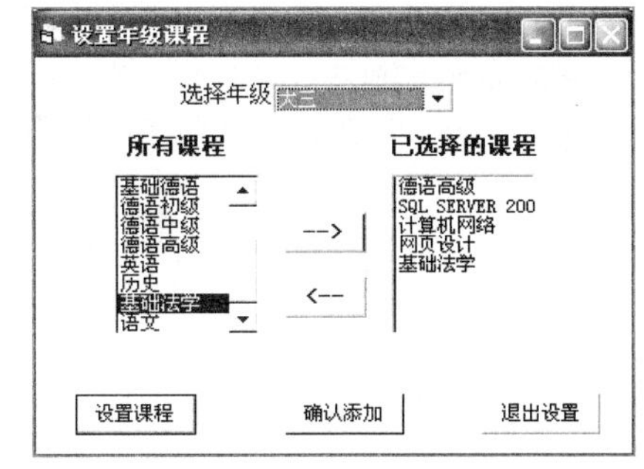

图 19-12　设置年级课程窗体

① 设置年级课程窗体的载入事件：Form_Load ()用于产生可供选择的年级项。

```
PRIVATE SUB Form_Load()
   cboGrade.AddItem" "
   cboGrade.AddItem"大一":cboGrade.AddItem"大二"
   cboGrade.AddItem"大三":cboGrade.AddItem"大四"
END SUB
```

② 选择课程到“已选择的课程”列表框中。

```
PRIVATE SUB cmdAdd_Click()
   '把 lstAllCourse(所有课程列表)的选中项添加到 lstSelectCourse(已选择的课程)中去
DIM i AS Integer
   IF lstAllCourse.ListIndex<>-1 THEN
      sFlag=0
      FOR i=1 To lstSelectCourse.ListCount
         IF Trim(lstAllCourse.List(lstAllCourse.ListIndex))=Trim(lstSelect
            Course.List(i)) THEN
             sFlag=1              '判断选中项是否存在于 lstSelectCourse 中
          END IF
      NEXT
    IF sFlag=0 THEN
      lstSelectCourse.AddItem lstAllCourse.List(lstAllCourse.ListIndex)
    END IF
   END IF
END SUB
```

③ 从“已选择的课程”列表中移出所选课程。

```
PRIVATE SUB cmdDelete_Click()   '移出 lstAllCourse()的选中项
   IF lstSelectCourse.ListIndex<>-1 THEN
      lstSelectCourse.RemoveItem lstSelectCourse.ListIndex
   END IF
END SUB
```

④ 从表中取出并显示已开设的课程。

```
PRIVATE SUB cmdSet_Click()        '功能是进入课程设置，显示已开设的课程
DIM mrc AS ADODB.Recordset:DIM txtSQL AS String:DIM MsgText AS String
DIM i AS Integer
   lstAllCourse.Enabled=True:lstSelectCourse.Enabled=True
   cmdModify.Enabled=True:cmdAdd.Enabled=True
   cmdDelete.Enabled=True
   lstAllCourse.Clear             '清空所有课程列表 lstAllCourse
   lstSelectCourse.Clear          '清空已选择课程列表 lstSelectCourse
   txtSQL="SELECT * From course_Info" '从course_Info课程表中取出所有已开设的课程
```

```
    SET mrc=ExecuteSQL(txtSQL,MsgText)
    WHILE(mrc.EOF=False)
       lstAllCourse.AddItem mrc.Fields(1):mrc.MoveNext
    WEND
    txtSQL="SELECT * From gradecourse_Info" '从gradecourse_Info表中年级与课程
    SET mrc=ExecuteSQL(txtSQL, MsgText)
    mrc.MoveFirst
    WHILE Not mrc.EOF
       IF cboGrade.Text=Trim(mrc.Fields(0)) THEN
          lstSelectCourse.AddItem mrc.Fields(1)
       END IF
       mrc.MoveNext
    WEND
    mrc.Close
END SUB
```

⑤ 单击“确认添加”按钮，确认所设置的课程。

```
PRIVATE SUB cmdModify_Click()            '功能是把最终结果加到数据库中
DIM i AS Integer:Dim mrc AS ADODB.Recordset
DIM txtSQL AS String:Dim MsgText AS String
txtSQL="SELECT * FROM gradecourse_Info WHERE grade='"&Trim(cboGrade.Text)&"'"
    SET mrc=ExecuteSQL(txtSQL,MsgText)
    IF mrc.EOF THEN
       FOR i=1 TO lstSelectCourse.ListCount
          mrc.AddNew:mrc.Fields(0)=Trim(cboGrade.Text)
          mrc.Fields(1)=Trim(lstSelectCourse.List(i-1)):mrc.Update
       NEXT
       mrc.Close
       FrmMain.StatusBarMy.Panels.Item(1).Text="课程设置成功！"
    ELSE
       txtSQL="DELETE  FROM gradecourse_Info WHERE grade='"&_
          Trim(cboGrade.Text)&"'"
       SET mrc=ExecuteSQL(txtSQL,MsgText)
       txtSQL="SELECT * FROM gradecourse_Info"
       SET mrc=ExecuteSQL(txtSQL,MsgText)
       FOR i=1 TO lstSelectCourse.ListCount
            mrc.AddNew:mrc.Fields(0)=Trim(cboGrade.Text)
            mrc.Fields(1)=Trim(lstSelectCourse.List(i-1)):mrc.Update
       NEXT
       mrc.Close:FrmMain.StatusBarMy.Panels.Item(1).Text="课程设置成功！"
   END IF
END SUB
```

7. 其他类窗体

除上述窗体外，还有添加班级信息（见图 19-13）、修改班级信息（见图 19-14）、添加课程信息（见图 19-15）、添加成绩信息（见图 19-16）、修改课程信息（见图 19-17）、修改成绩信息（见图 19-18）、打印成绩信息、查询成绩信息（见图 19-19）、系统使用说明和关于系统的版本说明（见图 19-20）等模块。

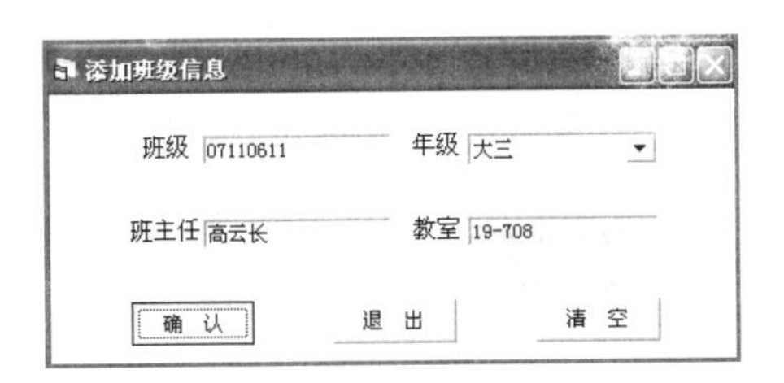

图 19-13　添加班级信息窗体

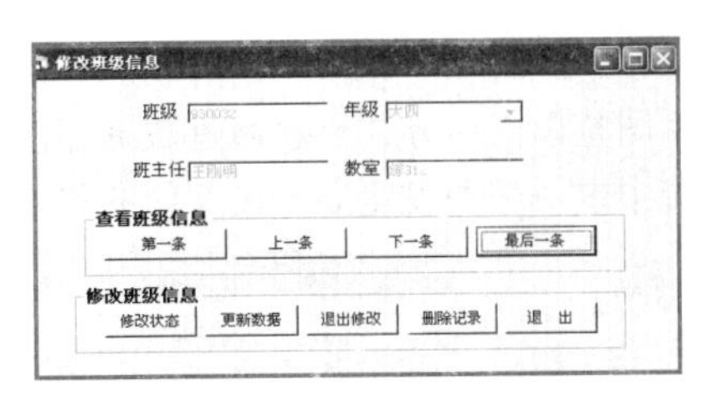

图 19-14　修改班级信息窗体

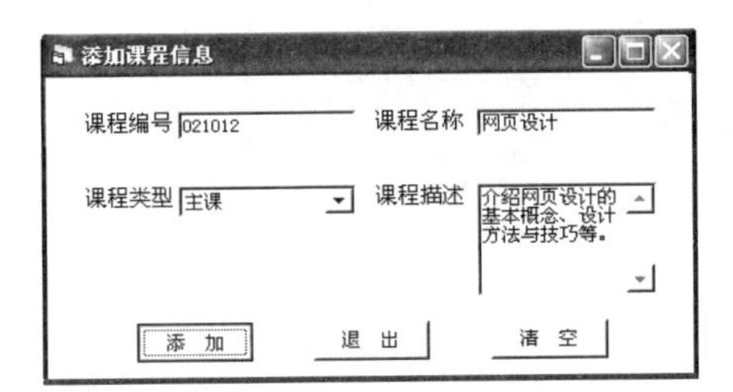

图 19-15　添加课程信息窗体

添加成绩信息
考试类型 期中考试
班级 03110131
选择学号 48
姓名 江 华
选择课程 网页设计
输入分数 3
确 认
退 出
清 空

图 19-16　添加成绩信息窗体

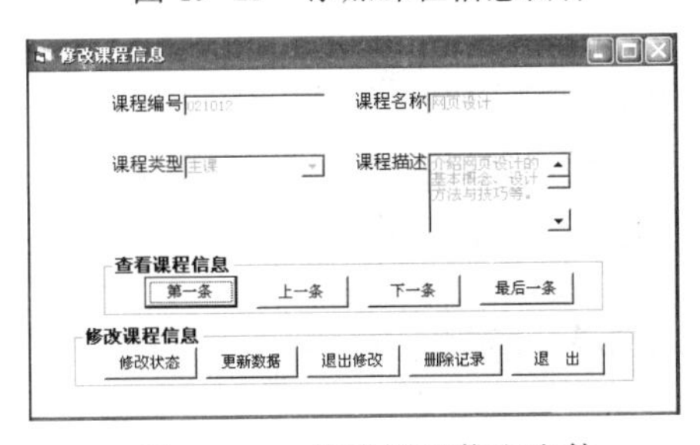

图 19-17　修改课程信息窗体

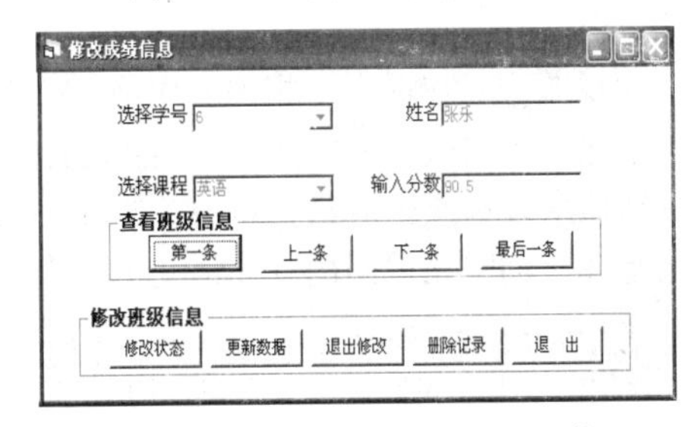

图 19-18　修改成绩信息窗体

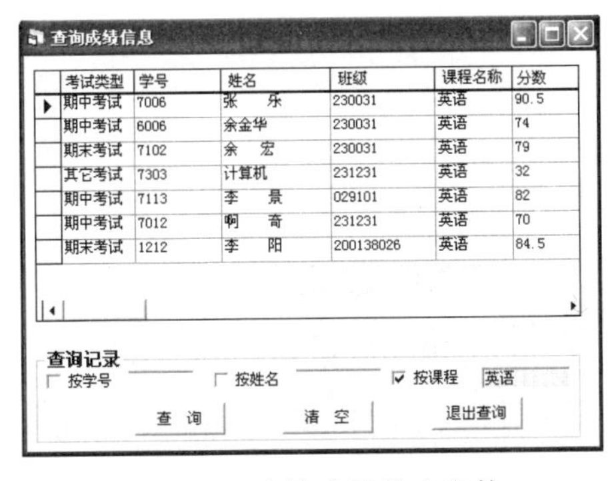

考试类型	学号	姓名	班级	课程名称	分数
期中考试	7006	张　乐	230031	英语	90.5
期中考试	6006	余金华	230031	英语	74
期末考试	7102	余　宏	230031	英语	79
其它考试	7303	计算机	231231	英语	32
期中考试	7113	李　景	029101	英语	82
期中考试	7012	啊　哥	231231	英语	70
期末考试	1212	李　阳	200138026	英语	84.5

图 19-19　查询成绩信息窗体

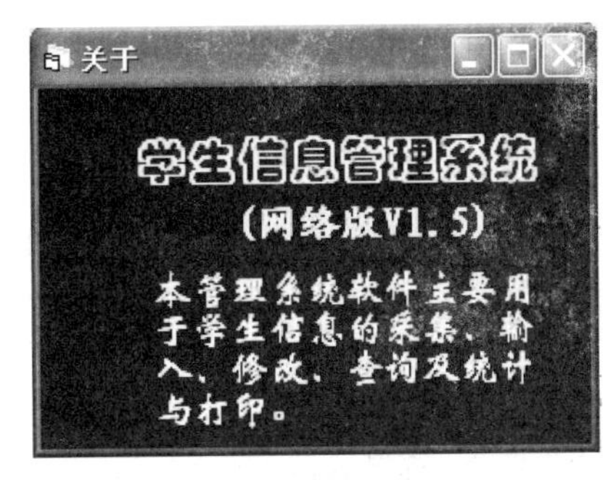

图 19-20　关于 SMIS 版本说明窗体

由于它们的语句代码编制技巧和前面所述雷同，由于篇幅有限，这里就不详细介绍了。各个窗体中的“退出”按钮代码一样，都在按钮的 Click 事件下添加 Unload Me 代码。

19.5　SQL Server 数据库对象设计

学生管理信息系统中还使用 SQL Server 2008 创建了若干数据库对象，如数据库关系图、视图、查询、存储过程、触发器、规则等，以便系统管理与程序开发。在此，鉴于篇幅仅介绍其中部分常用的内容。

1. 创建关系图

关系图是以图形方式显示通过数据连接选择的表或表结构化对象,并显示它们之间的连接关系。在本系统中也对相关表建立了彼此间的关系图，如图 19-21 所示。

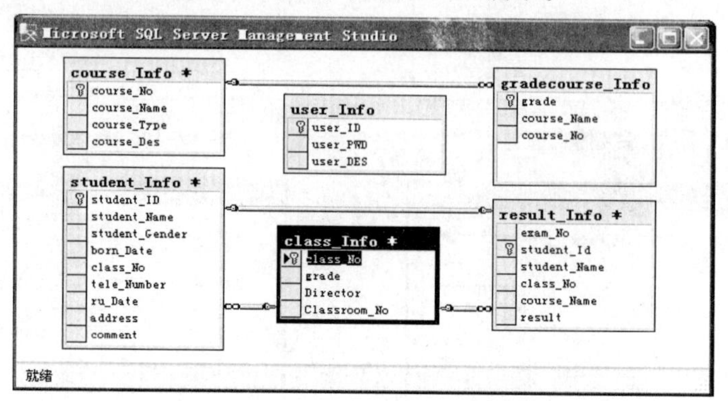

图 19-21　SMIS 中数据表间关系图

2. 创建视图

使用视图可对数据库中相关表实施 SELECT…FROM…WHERE 语句查询。图 19-22 所示为视图设计器创建视图的过程（包含关系图、设计表格、SQL 语句和执行结果），该视图为建立了学籍信息表、成绩信息表和课程信息表间的关联性关系的视图 xsglo，它包括了关系数据库的选择、投影和连接 3 大运算。创建该视图的具体语句如下：

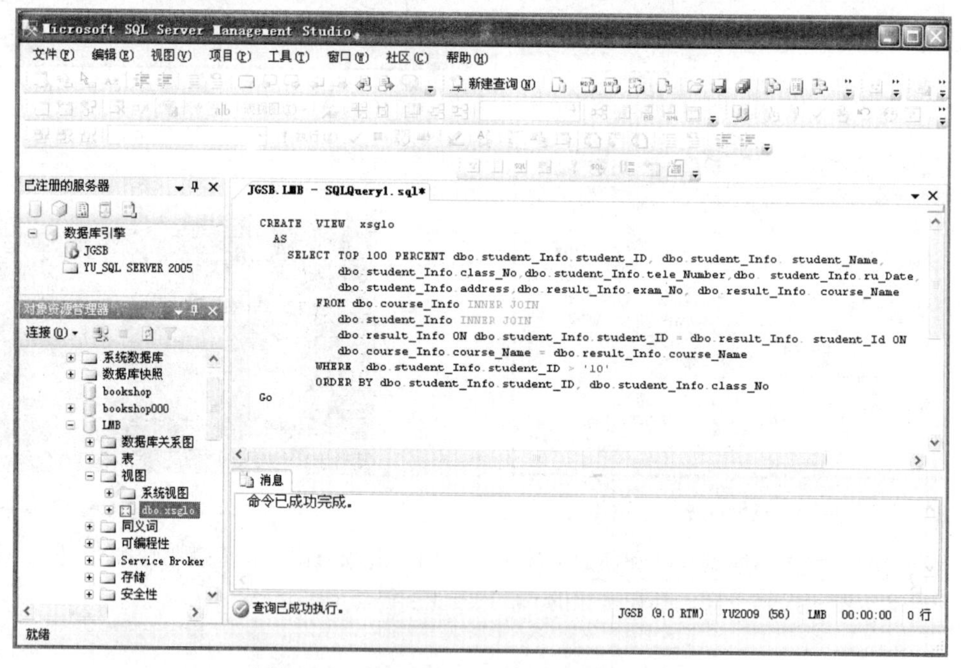

图 19-22　基于 SMIS 创建的视图及运行结果

```
CREATE  VIEW  xsglo
 AS
   SELECT TOP 100 PERCENT dbo.student_Info.student_ID,dbo.student_Info.
          student_Name,dbo.student_Info.class_No,dbo.student_Info.tele_Number,
```

```
dbo.student_Info.ru_Date, dbo.student_Info.address,dbo.result_Info.exam_No,
dbo.result_Info.course_Name
    FROM dbo.course_Info INNER JOIN
       dbo.student_Info INNER JOIN
       dbo.result_Info ON dbo.student_Info.student_ID=dbo.result_Info. student_Id ON
       dbo.course_Info.course_Name=dbo.result_Info.course_Name
    WHERE  dbo.student_Info.student_ID>'10'
    ORDER BY dbo.student_Info.student_ID,dbo.student_Info.class_No
GO
```

系统中还有其他视图，在此就不一一列举了。

3. 创建存储过程

存储过程可以使得对数据库的管理、显示数据库及其用户信息的工作变得容易。存储过程以一个名称存储并作为一个单元处理。存储过程存储在数据库中，可由应用程序通过一个调用执行，而且允许用户声明变量、有条件执行以及其他强大的编程功能。存储过程可包含程序流、逻辑以及对数据库的查询。

本系统中使用存储过程完成了对数据表进行查询的功能，建立了名为 xsglpro 的存储过程，图 19-23 所示为使用查询分析器和 Transact-SQL 语句建立的名为 xsglpro 的存储过程。语句代码如下：

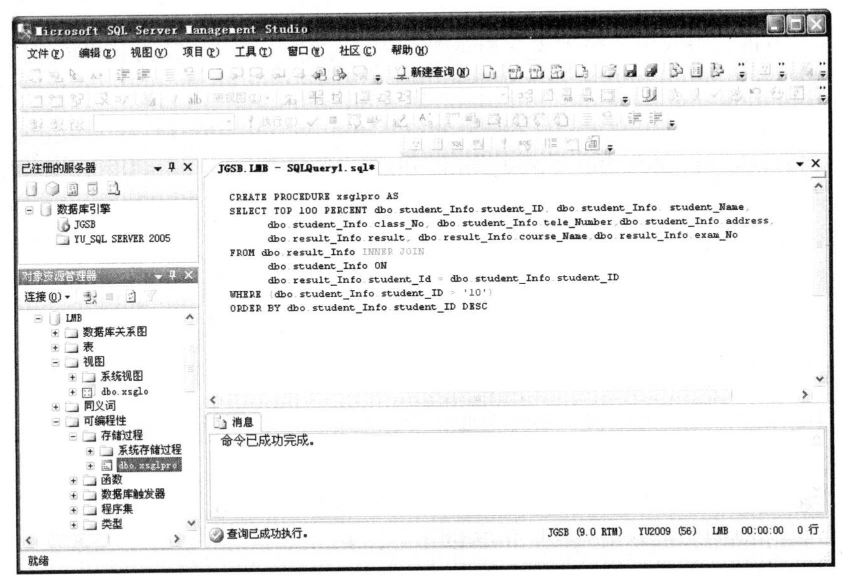

图 19-23　SMIS 所创建的存储过程

```
CREATE PROCEDURE xsglpro AS
SELECT TOP 100 PERCENT dbo.student_Info.student_ID,dbo.student_Info.student_Name,
dbo.student_Info.class_No,dbo.student_Info.tele_Number,dbo.student_Info.address,
dbo.result_Info.result,dbo.result_Info.course_Name,dbo.result_Info.exam_No
FROM dbo.result_Info INNER JOIN
     dbo.student_Info ON
     dbo.result_Info.student_Id=dbo.student_Info.student_ID
WHERE (dbo.student_Info.student_ID>'10')
ORDER BY dbo.student_Info.student_ID DESC
```

小　　结

数据库设计的内容主要包括两方面的内容：其一是结构设计，即设计数据库框架或数据库结构；其二是行为设计。其设计过程主要包括需求分析、概念结构设计、逻辑结构设计、物理结构设计、数据库实施、数据库运行和维护6个过程。本章介绍了数据库的规划与设计和学生管理信息系统实例。

学生管理信息系统实例首先介绍了系统需求分析、主要任务、系统总体功能模块结构、系统数据流程、数据库概念结构设计、数据库逻辑结构设计、数据库物理结构设计、数据库的实现；其次详细剖析了 SMIS 应用程序的编制，包括创建主控窗体、创建公用模块、创建学籍信息输入窗体、修改学籍信息窗体、查询学籍信息窗体、系统设置类窗体、视图与存储过程的使用等。

思考与练习

一、选择题

1. 新奥尔良数据库设计方法不包括（　　）步骤。

A. 需求分析　　B. 概念设计　　C. 逻辑设计　　D. 物理实施

2. 数据库设计的内容包括：结构设计和（　　）。

A. 行为设计　　B. 逻辑设计　　C. 需求设计　　D. 物理设计

3. 数据库物理结构设计主要是对数据库在物理设备上（　　）的设计。

A. 存储媒体　　B. 逻辑结构　　C. 存储结构　　D. 物理结构

4. 数据库应用系统的试运行对数据库（　　）。

A. 进行备份　　B. 逻辑恢复　　C. 存储备忘　　D. 物理恢复

5. SMIS 概念结构设计就是（　　）方法的分析与设计。

A. OOP　　B. E-R　　C. OOD　　D. OOA

二、思考与实验

1. 试问数据库设计内容主要包括哪些方面？创建 Module1 公用模块有何好处？
2. 简述数据库设计的整个过程，并简要画出其过程图。
3. 简述实施 E-R 方法的基本步骤和数据库实施的具体步骤。
4. 简述逻辑结构设计的具体任务和 SIMS 的主要任务。
5. 使用 Visual Basic/SQL Server 设计一个劳动工资信息管理系统，基本功能包括：

（1）职工基本信息的添加、删除、修改与查询。

（2）职工工资信息的添加、删除、修改与查询。

（3）职工基本信息与职工工资信息的统计和具体报表。

附　录

附录 A　SQL Server 2008 实验

A.1　SQL Server 2008 管理工具的使用

1. 实验目的

（1）理解 SQL Server 2008 服务器的安装过程与方法。

（2）掌握 SQL Server Management Studio（尤其是查询编辑器）的基本使用方法。

（3）掌握 SQL Server 配置管理器的基本使用方法。

（4）熟悉数据库中表及其他数据库对象的使用。

2. 实验准备

（1）了解 SQL Server 2008 各种版本安装的软、硬件要求和安装的过程。

（2）了解 SQL Server 2008 支持的身份验证模式与 SQL Server 2008 各组件的主要功能。

（3）对数据库、表及其他数据库对象有一个基本了解。

（4）了解在查询编辑器中执行 SQL 语句的方法。

3. 实验内容

实验内容包括如下 6 方面。

1）安装 SQL Server 2008

根据软硬件环境，参阅第 2 章，选择一个合适的 SQL Server 2008 版本进行系统安装，也可以尝试利用“模拟机软件”来虚构硬盘安装该软件。

2）SQL Server Management Studio 启动与关闭

（1）SQL Server 管理平台的启动选择“开始”→“所有程序”→Microsoft SQL Server 2008→ SQL Server Management Studio 命令。

（2）打开 SQL Server Management Studio 窗口，显示“SQL Server 2008 启动标志”后弹出“连接到服务器”对话框，如图 A-1 所示。在“连接到服务器”对话框中可采用默认设置（Windows 身份验证），再单击“连接”按钮即可连接到服务器。

（3）SQL Server Management Studio 的关闭与退出只需要单击该窗口右上角的☒按钮即可。

3）SQL Server Management Studio 组件使用

默认情况下，SQL Server 管理平台启动后将显示 3 个组件窗口，如图 A-2 所示。

（1）使用已注册的服务器组件窗口更改默认服务器。

已注册的服务器和后述的对象资源管理器具有丰富的更多的功能，尝试注册“电子商务”数据库。

① 在“已注册的服务器”工具栏中右击“数据库引擎”选项，在弹出的快捷菜单中选择“新建”→“服务器注册”命令，弹出“新建服务器注册”对话框。

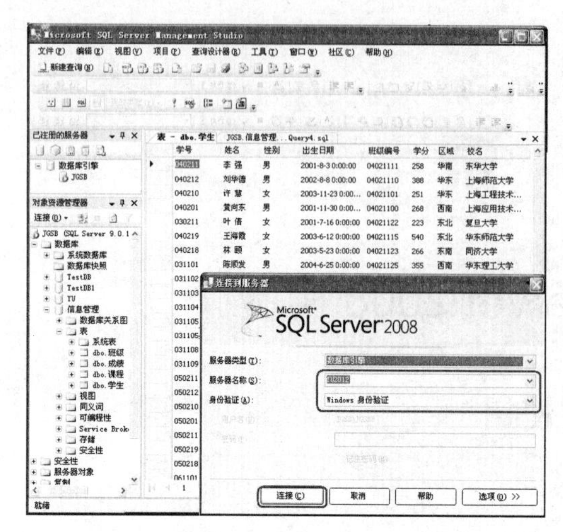

图 A-1　打开与连接 SQL Server Management Studio 过程图

图 A-2　SQL Server 管理平台组件窗口

② 在“服务器名称”文本框中输入 SQL Server 2008 实例的名称。在“已注册的服务器名称”文本框中输入要更新的服务器名称。

③ 在“连接属性”选项卡的“连接到数据库”列表框中选择“电子商务”选项，再单击“保存”按钮。

（2）对象资源管理器组件窗口。

对象资源管理器是服务器中所有数据库对象的树状视图，对象资源管理器包括与其连接的所有服务器的信息。对象资源管理器组件连接方法是：

① 在对象资源管理器的工具栏中单击“连接”右侧的下三角按钮，在弹出的下拉菜单中显示可用的连接类型，再选择“数据库引擎”命令，弹出“连接到服务器”对话框。

② 在“服务器名称”文本框中输入 SQL Server 实例的名称。

③ 单击“选项”按钮可以浏览各选项；单击“连接”按钮即可连接到服务器。如果已经连接，则返回对象资源管理器，并将该服务器设置为焦点。

连接到 SQL Server 的某个实例时，对象资源管理器的显示外观和功能与 SQL Server 2000 企业管理器非常相似，也具有很强的功能。

注意：SQL Server Management Studio 会将系统数据库放在一个单独的文件夹中。

（3）查询编辑器的使用。

SQL Server Management Studio 是一个集成开发环境，可用于编写 Transact-SQL，与以前版本的 SQL Server 查询编辑器类似。在 SQL Server Management Studio 中单击工具栏中的“新建查询”按钮，即可打开查询编辑器代码窗口，输入 SQL 语句，执行的结果将显示在查询结果窗口上。

（4）查询编辑器多代码窗口运用。

SQL Server Management Studio 可以配置多代码窗口，即以多种方式同时显示和操作多个代码窗口，方法如下：

① 在“SQL 编辑器”工具栏中单击“新建查询”按钮，打开第二个查询编辑器窗口，若要水平显示两个查询窗口并同时查看两个代码窗口，则右击查询编辑器的标题栏，在弹出的快捷菜单中选择“新建水平选项卡组”命令即可。

② 单击上面的查询编辑器窗口将其激活，再单击“新建查询”按钮 新建查询(N)，打开第三个查询窗口。该窗口显示为上面窗口中的一个选项卡。

③ 右击相应的选项卡并在弹出的菜单中选择“移动到下一个选项卡组”命令。第三个窗口将移动到下面的选项卡组中。使用这些选项，可以用多种方式配置窗口。

④ 若要关闭相关查询窗口，只要单击该对话框右上方的☒按钮即可。

（5）查询编辑器的连接与代码执行。

SQL Server 管理平台允许当与服务器断开连接时编写或编辑代码。当服务器不可用、服务器与网络资源短缺或脱机状态时该功能比较有用。用户可更改查询编辑器与 SQL Server 实例的连接，而不需要打开新的查询编辑器窗口或重新输入代码。连接到服务器运行代码的方法如下：

① 在 SQL Server Management Studio 工具栏中单击“数据库引擎查询”按钮，以打开查询编辑器。

② 输入代码。在代码编辑器中输入 Transact-SQL 语句：

```
SELECT 学生.学号, 学生.姓名, 成绩.课程名, 成绩.成绩
FROM 成绩 INNER JOIN 学生 ON 成绩.学号=学生.学号
```

代码编辑器中输入的文本按类别显示为不同颜色。代码程序语句的技巧如下：

- 注释脚本行或取消注释。利用工具栏中的注释脚本行按钮可以为当前选中的脚本行加上注释；也可以利用取消注释来为已经加上注释的脚本取消注释。
- 减少缩进或增加缩进。代码的层次缩进是增进代码可读性的重要措施，在查询编辑器中可以利用工具栏中的按钮为当前选中的行增加缩进或减少缩进。

③ 分析代码。分析代码主要是检查代码中的语法错误。

④ 执行代码。按 F5 键或单击工具栏中的“执行”按钮，即可执行脚本代码。另外，如果选中多行代码，则只执行选中部分的代码。

（6）模板资源管理器。

SQL Server Management Studio 附带了用于许多常见任务的模板，模板的作用在于能为频繁创建的复杂脚本创建自定义模板。这些模板是包含必要表达式的基本结构的文件，以便在数据库中新建对象。通过选择“视图”→“模板资源管理器”命令打开“模板资源管理器”对话框，如图 A-3 所示。若查看不同类型服务的语法模板，可通过“模板资源管理器”对话框最上方的工具行进行切换。

有 3 种不同的语法模板：SQL Server 模板、Analysis Services 模板和 SQL Mobile 模板。

图 A-3 模板资源管理器

（7）更改环境布局。

SQL Server Management Studio 的各组件会占用屏幕空间。为了获得更多空间，可以关闭、隐藏或移动其对应组件。

① 关闭和隐藏组件。

- 在已注册的服务器对话框中，单击已注册的服务器右上方的☒按钮，将其关闭隐藏。已注册的服务器窗口随即关闭。
- 在对象资源管理器中，单击带有“自动隐藏”工具提示的“图钉”按钮。对象资源管理器将被最小化到屏幕的左侧，“图钉”按钮相应变形。
- 重复单击“图钉”按钮，使对象资源管理器驻留在打开的位置。
- 在“视图”菜单中单击“已注册的服务器”，对其进行打开还原。

② MDI 环境模式的布局设置。在 SQL Server Management Studio 窗口中选择“工具”→“选项”命令，弹出“选项”对话框，展开“环境”结点，选择“常规”选项。在“设置”选项组中选择“MDI 环境”选项，再单击“确定”按钮。此时，各查询子窗口分别浮动在文档窗口中，每个查询子窗口

相当于 SQL Server 2000 的查询编辑器窗口。

4）SQL Server 配置管理器

SQL Server 配置管理器启动方法是选择“开始”→“所有程序”→ Microsoft SQL Server 2008→ SQL Server Configuration Manager 命令，打开 SQL Server 配置管理器窗口。在该窗口中可以管理服务、更改服务使用的账户、管理服务器和客户端网络协议；可以管理服务器和客户端网络协议，其中包括强制协议加密、启用、禁用网络协议，查看别名属性或启用/禁用协议等功能。

5）SQL Server Profiler

使用 SQL Server 事件探查器（SQL Server Profiler）可以执行如下操作：创建基于可重用模板的跟踪；当跟踪运行时监视跟踪结果；将跟踪结果存储在表中；根据需要启动、停止、暂停和修改跟踪结果；重播跟踪结果。SQL Server Profiler 的使用方法如下：

（1）选择“开始”→“程序”→Microsoft SQL Server 2008→“性能工具”→SQL Server Profiler 命令。

（2）选择“文件”→“新建跟踪”命令，然后连接服务器，弹出“跟踪属性”对话框，显示嵌入信息。

6）SqlCmd 命令行工具程序简单使用

使用 SqlCmd 的第一步是启动该实用工具。启动 SqlCmd 时，可以指定也可以不指定连接的 Microsoft SQL Server 实例。选择“开始”→“所有程序”→“附件”→“命令提示符”命令，打开“命令提示符”窗口，闪烁的下画线光标即为命令提示符。在该窗口中输入 SqlCmd 命令。

进入 SqlCmd 公用程序后，1> 是 SqlCmd 提示符，可以指定行号。每按一次【Enter】键，显示的数字就会加 1。顺序显示的数字代表曾使用过几个命令，而 GO 命令会把累积下来可执行的 SQL 命令传递到服务器端，并返回结果。

例如：在命令符下输入：

```
C:>SqlCmd(按【Enter】键)
1>SELECT TOP 10 学号,姓名,班级编号,学分 FROM 学生
1>GO
```

4．练习

（1）使用 SQL Server Management Studio 的对象资源管理器组件和查询编辑器查看 Northwind 数据库 Orders 表和 Customers 表的内容。

（2）完成 SQL Server Management Studio 的启动与关闭、已注册服务器的停止、重新启动与连接等实验过程。

（3）用查询编辑器完成信息管理下列多表查询实验（若无此条件数据，请自行添加创建）。

```
SELECT * FROM 课程
    WHERE EXISTS
        (SELECT * FROM 成绩  WHERE 课程名='计算机网络')
```

（4）完成查询编辑器多代码窗口的熟悉使用实验。

（5）完成熟悉模板资源管理器的使用，并据此完成创建一个学生管理数据库的实验。

（6）完成 SQL Server Management Studio 的移动组件和配置管理器的实验。

（7）利用屏幕复制与 Word 的相关功能，以图文并茂方式记载上述实验的主要过程。

A.2 创建数据库和表

1．实验目的

（1）了解 SQL Server 2008 数据库的逻辑结构和物理结构以及其结构特点。

（2）了解 SQL Server 的基本数据类型及空值的概念。

（3）掌握在 SQL Server Management Studio 中创建数据库和表。

（4）掌握在 SQL Server 管理平台的查询编辑器中使用 Transact-SQL 语句创建数据库和表。

（5）理解数据完整性约束原理与基本操作技能。

2. 实验准备

（1）创建数据库的用户必须是系统管理员，或是被授权使用 CREATE DATABASE 语句的用户。

（2）创建数据库必须要确定数据库名、所有者（即创建数据库的用户）、数据库大小（最初的大小、最大的大小、是否允许增长及增长的方式）和存储数据的文件。

（3）确定数据库所包含的表以及各表的结构，了解 SQL Server 2008 的常用数据类型，了解创建数据库和表的常用方法，了解数据完整性约束原理与基本操作技能。

3. 实验内容

实验内容包括如下 3 方面内容。

1）规划数据库与表

规划、设计与创建用于学生管理的“学生管理”数据库，该库包含 4 个名为学生、课程、成绩和班级的数据表。各表的结构分别如表 A-1～表 A-4 所示，要求创建后每表至少输入 8 条数据记录（如果在实验过程中数据条件不足，可自行修改完善）。

表 A-1　学生基本信息表结构：学生

列　　名	数据类型与长度	空　　否	说　　明
学号	varchar(6)	Not Null	学生学籍编号，主键
姓名	varchar(8)	Not Null	学生姓名
性别	Char(2)	Not Null	学生性别
出生日期	Smalldatetime	Not Null	学生出生日期
班级编号	varchar(10)	Not Null	学生所在班级编号，外键
学分	Numeric(9,1)	Null	学生所获得的学分
区域	varchar(4)	Null	学校所在区域
校名	varchar(30)	Not Null	学生所在校名
住址	varchar(30)	Null	学生居住的家庭地址
电话号码	varchar(20)	Not Null	学生所用的电话号码
特长	varchar(20)	Null	学生具有的特长与爱好

表 A-2　课程数据信息表结构：课程

列　　名	数据类型与长度	空　　否	说　　明
序号	int	Not Null	记录编号，IDENTITY 应用
课程号	varchar(8)	Not Null	课程的编号，主键
课程名	varchar(30)	Not Null	课程的名称
课程学时	Numeric(8)	Not Null	课程的学时数
课程学分	Numeric(9,1)	Not Null	课程的学分数
课程性质	varchar(4)	Not Null	该课程是考试还是考查课
课程类型	varchar(4)	Not Null	该课程是必修还是选修课

表 A-3 成绩情况信息表结构：成绩

列　名	数据类型与长度	空　否	说　明
学号	varchar(6)	Not Null	学生学籍编号，主键或唯一键
课程号	varchar(8)	Not Null	课程的编号，外键
课程名	varchar(30)	Not Null	课程的名称
成绩	Numeric(8,1)	Not Null	该课程获得的成绩
补考成绩	Numeric(8,1)	Null	该课程获得的补考成绩
所在学期	varchar(8)	Not Null	该课程开设的学期

表 A-4 班级概貌信息表结构：班级

列　名	数据类型与长度	空　否	说　明
班级编号	varchar(10)	Not Null	班级的编号，主键
班级名称	varchar(30)	Not Null	班级的名称
院系	varchar(30)	Not Null	所属学院或系
学生数	Numeric(8)	Not Null	班级包含的学生个数
辅导员	varchar(8)	Not Null	辅导员姓名
班导师	varchar(8)	Not Null	专业指导老师姓名
自修教室	varchar(18)	Null	班级学生自修的教室

2）创建学生管理数据库与相关表

（1）在 SQL Server Management Studio 中创建学生管理数据库

要求数据库 XSGL 初始大小为 10 MB，最大为 40 MB，数据库自动增长，增长方式是按 5%比例增长；日志文件初始为 2 MB，最大可增长到 10 MB，增量为 1 MB。数据库的逻辑文件名和物理文件名均采用默认值，分别为 XSGL_DATA 和 C:\program files\microsoft MSSQL\DATA\ XSGL_DATA.MDF，事务日志的逻辑文件名和物理文件名也均采用默认值，分别为 XSGL_LOG 和 C:\program files\microsoft\ MSSQL\DATA\XSGL_LOG.LDF。

以系统管理员 ADMINSTRATOR、SQL Server 2008 的 sa 用户或授权使用 CREATE DATABASE 语句的用户登录 SQL Server 服务器，启动 SQL Server Management Studio，右击数据库结点，在弹出的快捷菜单中选择“新建数据库”命令，然后在弹出的对话框中输入数据库名“学生管理”；选择“数据文件”选项卡，设置增长方式和增长比例；选择“事务日志”选项卡，设置增长方式和增长比例。

在“数据文件”选项卡和“事务日志”选项卡中可以分别指定数据库文件和日志文件的物理路径等特性，为便于附加与分离数据库、备份与恢复数据库，也可以将物理路径直接设置为 C:\XSGL 中的文件夹（XSGL 为一级文件夹）即可。

（2）用 Transact-SQL 语句创建数据库 XSGL。

按照（1）所述要求创建数据库 XSGL。打开查询编辑器，在该窗口中输入如下语句：

```
CREATE DATABASE XSGL
ON  (name='XSGL_data',
    filename='c:\program files\microsoft\mssql\data\XSGL_data.Mdf',
    size=10mb,maxsize=40mb,filegrowth=5%)
LOG ON
    (name='XSGL_log',
    filename='c:\program files\microsoft\mssql\data\XSGL_log.ldf',
    size=2mb,maxsize=10mb,filegrowth=1mb)
GO
```

单击工具栏中的“执行”按钮或按【F5】键执行上述语句，并用 SQL Server Management Studio

查看执行结果（注意输入中的全角与半角符号）。

（3）使用 SQL Server Management Studio 创建表。

在 SQL Server Management Studio 中选中数据库 XSGL，右击该数据库，在弹出的快捷菜单中选择“新建”→“表”命令，输入“学生”表中各字段信息，单击“保存”按钮，在弹出的对话框中输入表名“学生”，即创建了学生表，再按同样的步骤创建其他表，可以根据需要设置主键、唯一键、外键等。

（4）使用 Transact-SQL 语句创建学生、课程、成绩和班级表。

启动查询编辑器，在该窗口中输入如下语句：

```
USE  XSGL
GO
CREATE  TABLE 学生(学号 char(6) NOT NULL,姓名 char(8)  NOT  NULL,性别
    char(2) NOT NULL,出生日期 smalldatetime NOT NULL,班级编号 char(10) NOT NULL,
    学分 numeric(8,1) NOT NULL,区域 char(4)  NOT NULL,校名 char(24)  NOT NULL,
    住址 varchar(30),电话号码 varchar(20),特长 varchar(20),
    CONSTRAINT PK_student_id  PRIMARY KEY(学号))
    ON [PRIMARY]
GO
CREATE TABLE 课程(序号 int NOT NULL IDENTITY(1,1),课程号 char(8)  NOT NULL,
    课程名 char(30) NOT NULL,学时  char(10)  NOT  NULL  DEFAULT 0,学分  char(10)
    NOT NULL,课程性质 varchar(4) NOT NULL,课程类型 varchar(4)NOT NULL,
    CONSTRAINT PK_course_id  PRIMARY KEY(课程号))
    ON [PRIMARY]
GO
CREATE  TABLE 成绩(学号 char(6)  NOT NULL,课程号 char(8) NOT NULL,课程名
    char(30)  NOT NULL,成绩 int  NOT NULL,补考成绩 int  NOT  NULL,所在学期
    varchar(8) NOT NULL)
    ON [PRIMARY]
GO
```

单击工具栏中的“执行”按钮或按【F5】键执行上述语句，即可创建表对应表。按同样的步骤创建“班级”表，并在 SQL Server Management Studio 中查看结果，参照 6.6 节和 A.3 完成表的数据管理，主要包括表数据的插入、修改和删除。

3）管理数据库与表

（1）修改数据库：创建数据库后，可以使用 SQL Server 管理平台和 Transact-SQL 语句修改数据库，参照本书第 4 章相关内容修改数据库并完成实验。

（2）查看数据库信息：使用和修改数据库需要经常了解数据库的信息，此时可用 SQL Server 管理平台和 Transact-SQL 语句来实现，参照本书第 4 章相关内容查看数据库信息并完成实验。

（3）压缩数据库：数据库在使用一段时间后也可以进行压缩，可以使用 SQL Server 管理平台和 Transact-SQL 语句压缩数据库，参照本书相关内容压缩数据库并完成实验。

（4）删除数据库：当数据库不再被使用或因为数据库有损坏而无法正常运行时，用户可以按照需要在数据库系统中删除数据库。可以使用 SQL Server 管理平台和 Transact-SQL 语句删除数据库，参照本书相关内容删除数据库并完成实验。

（5）修改表：建立一个表后，在使用的过程中经常会发现原来创建的表可能存在结构、约束等方面的问题。在这种情况下可以进行表的修改。修改表结构一般使用两种方法：使用 SQL Server 管理平台和 Transact-SQL 语句，参照本书相关内容修改表并完成实验。

（6）删除表：一般有两种方法：使用 SQL Server 管理平台和使用 Transact-SQL 语句，参照本书相关内容删除表并完成实验。

（7）数据管理：创建表后，最需要做的是在表中进行数据管理。表数据管理主要包括表数据的

插入、修改和删除。可以使用 SQL Server 管理平台创建索引，也可以使用 Transact-SQL 语句创建索引，参照本书相关内容进行数据管理并完成实验。

（8）索引管理：SQL Server 中可以使用 SQL Server 管理平台和 Transact-SQL 语句创建索引，参照本书相关内容进行索引管理并完成实验。

（9）数据完整性管理：可以通过约束来实现，是通过限制列中数据、行中数据和表之间数据来保持数据完整性，参照本书相关内容进行约束并完成实验。

4．练习

（1）用 SQL Server Management Studio 查询编辑器创建“学生”数据库，并在该数据库中创建学生表（STUDENT）、课程表（COURSE）和选课表（SC），数据库的大小、表的名称与结构自定。

（2）完成第 6 章思考与实验中题 1、题 2、题 3 的实验过程。

（3）完成第 6 章思考与实验中题 4、题 5 的实验过程。

（4）完成第 4 章思考与实验中题 1、题 3、题 5、题 7 的实验过程。

A.3　表的插入、修改和删除

1．实验目的

（1）掌握在 SQL Server Management Studio 中对表进行插入、修改和删除数据的操作。

（2）掌握使用 Transact-SQL 语句对表进行插入、修改和删除数据的操作。

（3）了解 Transact-SQL 语句对表数据库操作的灵活控制功能。

2．实验准备

（1）理解数据库中表的插入、修改、删除都属于更新操作，对表数据的操作可以在 SQL Server Management Studio 中进行，也可以由 Transact-SQL 语句实现。

（2）掌握 Transact-SQL 中用于对表数据进行插入、修改和删除的命令，分别是 INSERT、UPDATE 和 DELETE（或 TRANCATE TABLE）。

（3）通过实验了解 Transact-SQL 语句对表数据进行插入、修改及删除与使用 SQL Server Management Studio 操作表数据间的差异性、灵活性、功能性等。

3．实验内容

实验内容包括如下 3 方面内容。

1）插入数据

可以分别使用 SQL Server 管理平台和 Transact-SQL 语句向在“A.2”中建立的“学生管理”数据库对象（学生、课程、成绩和班级表）插入多行数据信息。

（1）使用 Transact-SQL 语句在表中插入数据：在 SQL Server 管理平台的查询编辑器窗口中输入如下 Transact-SQL 语句，且在“可用数据库”列表框中选择“学生管理”数据库。

```
INSERT INTO 学生(学号,姓名,性别,出生日期,班级编号,学分,区域,校名)
    VALUES('090201','李　健','男',1981-1-17,'094021110',45,'东北','财经大学')
INSERT INTO 学生(学号,姓名,性别,出生日期,班级编号,学分,区域,校名)
    VALUES('040203','姚　青','男',1983-1-17,'09021111',42,'西南','上海交通大学')
INSERT INTO 学生                          --使用省略 INSERT 子句列表方法插入数据
    VALUES('090203','姚幕亮','男',1988-5-18,'09021110',55,'西南','上海应用技术学院')
```

（2）使用 INSERT...SELECT 语句在表中插入数据：在建立学生备用表的基础上用 INSERT...

SELECT 语句插入数据。

```
INSERT INTO 学生备用(学号,姓名,性别,学分,区域,校名)
    SELECT 学号,姓名,性别,学分,区域, 校名
    FROM 学生 WHERE 区域='西南'
```

（3）使用 SELECT INTO 语句在表中插入数据。

```
SELECT  学号,姓名,性别,出生日期,班级编号  INTO 学生 BF
        FROM 学生 WHERE 区域='东北'
```

（4）使用 SQL Server 管理平台在表中插入数据：在 SQL Server 管理平台中右击要插入数据的课程表，在弹出的快捷菜单中选择“打开表”命令，在打开的窗口中逐字段输入各记录值，输入完后关闭窗口。依此类推，可完成向学生、成绩和班级表插入数据。

2）更新数据

可以分别使用 SQL Server 管理平台和 Transact-SQL 语句在所建立的“学生管理”数据库对象(学生、课程、成绩和班级表）中更新表数据信息。

（1）使用 Transact-SQL 语句在表中更新数据：在 SQL Server 管理平台的查询编辑器窗口中输入如下语句，且在“可用数据库”列表框中选择“学生管理”数据库。

```
UPDATE 学生  SET 学分=学分*1.25
    WHERE  班级编号='09021112'
```

单击工具栏中的“执行”按钮或按【F5】键，执行上述语句。将班级编号为 09021112 的学生学分改为原学分的 1.25 倍。在 SQL Server 管理平台中打开该表，观察其变化。

（2）使用 SQL Server 管理平台在表中更新数据：在 SQL Server 管理平台中右击要更新数据的成绩表，在弹出的快捷菜单中选择“打开表”命令，在打开的窗口中逐字段输入各记录值，输入完后关闭窗口。依此类推，可完成向学生、课程和班级表插入数据。

3）删除数据

在 SQL Server 管理平台的查询编辑器窗口中输入如下语句，且在“可用数据库”列表框中选择“学生管理”数据库。

```
DELETE  FROM  学生
   WHERE 校名='华东师范大学'
```

同样，还可在 SQL Server 管理平台完成其他表的数据删除，也可以使用 TRANCATE TABLE 语句删除表中所有行。

```
USE 学生
     TRANCATE TABLE 电子商务
GO
```

4. 练习

（1）用两种方法完成向“学生”表中插入 3 条自拟数据的实验。

（2）用两种方法完成在“课程”表中更新数据、删除的实验。

A.4 视图、函数与 Transact-SQL 语句

1. 实验目的

（1）掌握视图的管理与使用方法。

（2）熟悉变量与函数的使用方法。

（3）理解 SQL 程序结构与流控制语句的使用和 SQL 程序结构语句的编写技能。

2. 实验准备

（1）了解视图的概念和使用方法。

（2）了解变量与函数等的概念与使用方法。

（3）了解程序结构与流控制语句的概念和 SQL 程序结构语句的编写技能。

3. 实验内容

实验内容包括如下 3 方面内容。

1）管理视图

（1）创建视图。

① 使用 SQL Server 管理平台创建视图，可参照本书相关内容。

② 使用 Transact-SQL 语句创建名为“学生班级”的视图，并对视图定义文本进行加密存储。

```
CREATE VIEW 学生班级 WITH  ENCRYPTION
AS SELECT a.学号,a.姓名,b.班级名称  FROM 学生 a,班级 b
   WHERE a.班级编号=b.班级编号
```

③ 按照校名计算各个学校学生的平均学分。

注意：使用函数时，必须在 CREATE VIEW 语句中为派生列指定列名。

```
CREATE VIEW 平均学分视图  AS
     SELECT 校名,AVG(学分) AS 平均学分
     FROM 学生 GROUP BY 校名
```

（2）修改与删除视图。

① 使用 SQL Server 管理平台修改视图，可参照本书相关内容。

② 修改“学生成绩”视图，调整条件参数。

```
ALTER VIEW 学生成绩
AS  SELECT * FROM 成绩  WHERE 成绩>95
     WITH CHECK OPTION
```

（3）使用 Transact-SQL 语句删除“学生成绩”。

```
DROP VIEW  学生成绩
CREATE  VIEW  学生成绩  AS
SELECT 学号,姓名,性别,学分,区域,校名  FROM 学生
```

2）函数使用

（1）数学函数的使用。

① SELECT ABS(-1.0)、ABS(0.0)、ABS(1.0)、PI()。

② 数学 RAND()函数应用：通过 RAND()函数产生的不同的随机值。

```
DECLARE @counter smallint
     SET @counter=1
     WHILE @counter<3
   BEGIN
      SELECT RAND(@counter) Random_Number
      SET NOCOUNT ON
      SET @counter=@counter+1
      SET NOCOUNT OFF
   END
GO
```

③ 数学 SIGN()函数应用：返回从-1～1 的 SIGN 数值。

```
DECLARE @value real
     SET @value=-1
     WHILE @value<2
```

```
   BEGIN
      SELECT SIGN(@value)
      SELECT @value=@value+1
   END
```

（2）聚合（统计）函数的使用。

```
USE pubs
SELECT AVG(advance),SUM(ytd_sales) FROM titles  WHERE type='business'
```

（3）字符串函数的使用。

① 字符串函数的简单使用。

```
SELECT ASCII(45),LOWER('ABC'),UPPER('xyz')
SELECT STR(-478.456,8,2),LEFT('SQL Server',3),UPPER('xyz')
SELECT RTRIM(LTRIM('头尾无空格  ')),REPLICATE('广域网',3)
```

② 字符串函数综合应用：从字符串中返回部分字符串。

```
USE 信息管理
SELECT 姓名,区域,校名,SUBSTRING(校名,4,6) FROM 学生
WHERE 校名 LIKE '%大学%' AND 区域='西南'
```

（4）日期和时间函数的使用

① 日期和时间函数的简单使用。

```
SELECT getdate(),day(getdate()),month(getdate()),year(getdate())
```

② 日期函数综合应用-返回两个指定日期的差值，结果如图 A-4 所示。

```
USE 信息管理
SELECT DATEDIFF(year,出生日期,getdate()) AS 年龄,DATEDIFF(month,出生日期, getdate()) AS 月份数
FROM 学生 WHERE 校名='复旦大学'
```

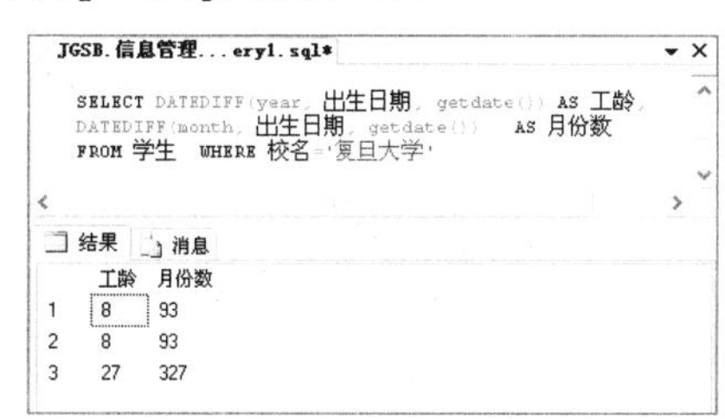

图 A-4　日期函数综合应用

3）Transact-SQL 语句

（1）IF...ELSE 结构实例：判断数值大小，打印运算结果。

```
DECLARE  @q int,@r int,@s int
SELECT  @q=4,@r=8,@s=16
IF  @q>@r
PRINT 'q>r'         -- 打印字符串"q>r"
    ELSE  IF @r>@s
          PRINT'r>s'
          ELSE PRINT 's>r'
```

（2）练习例 7-21：使用循环计算所给局部变量的变化值。

（3）练习例 7-18：用 CASE 结构的 SELECT 语句更改图书分类显示。

（4）练习例 7-10：声明局部变量 gh、xm 并赋值，并引申各种赋值形式。

4. 练习

（1）完成例 9-7、例 9-8、例 9-9 和第 9 章思考与实验中题 11 的实验过程。

（2）完成第 7 章思考与实验中题 5、题 9、题 11 的实验过程。

（3）完成附录 C 中例 C-4、例 C-6、例 C-11、例 C-12、例 C-22、例 C-26、例 C-30、例 C-49 的函数实验。

（4）完成例 7-11：查询编号为 10010001 员工姓名和工资，分别赋予变量 name 和 wage。

A.5　数据查询

1. 实验目的

（1）重点掌握 SELECT 语句及子查询（嵌套查询）的使用方法。

（2）掌握连接查询的使用方法与 COMPUTER BY 子句的作用和使用方法。

（3）掌握 SELECT 语句中统计函数的作用和使用方法。

（4）掌握 SELECT 语句中 GROUP BY 和 ORDER BY 子句的作用和使用方法。

2. 实验准备

（1）了解 SELECT 语句的基本语法格式与执行方法。

（2）了解子查询（嵌套查询）的表示方法。

（3）了解 SELECT 语句中统计函数的作用。

（4）了解 SELECT 语句中 GROUP BY 和 ORDER BY 子句的作用。

3. 实验内容

实验内容包括如下 5 方面内容。

1）查询设计器设计查询

通过查询设计器可用图形化方式设计查询，参阅 8.1.2 节相关内容建立学生表与成绩表的关联查询。要求：由查询设计器按学号降序输出校名为上海大学的学生，显示字段为学生表中学号、姓名、性别、校名和成绩表中课程号、课程名、成绩字段，关联字段为两表中的学号列。操作过程如下：

（1）可通过单击工具栏中的“在编辑器中设计查询”按钮（倘若无此按钮，则先启动“新建查询”即可），在弹出的“查询设计器”对话框中设计查询。

（2）在“添加表”对话框中添加查询关联表，如学生表、成绩表等。

（3）在关系图窗格中对所添加的表进行选择字段（列），在网格窗格中设置排序、筛选等设计操作。

（4）注意在 SQL 窗格中所显示的查询或视图的 SQL 语句，确认正确后单击“确认”按钮，即可产生相应的 SELECT...FROM 查询语句。

2）基本 SELECT 语句的使用

（1）通过查询设计器图形化方式设计查询。

打开 SQL Server 管理平台，单击“新建查询”链接，再单击工具栏中新出现的“在编辑器中设计查询”按钮，在弹出的“添加表”对话框中添加所需的表——学生与成绩表，再在关系图窗格、网格窗格及 SQL 窗格中完成多表查询，具体由同学思索、实践完成。

（2）在学生表中检索学分在 308～435 的行。

```
USE 信息管理
SELECT  *  FROM  学生
     WHERE  学分 BETWEEN  308  AND  435
```

（3）在课程表中检索出课程名末尾字符为“原理”的课程。

```
SELECT *  FROM 课程
    WHERE 课程名 LIKE '%原理'
```

（4）在学生课程表中检索学分与列表中某学分匹配的行。

```
SELECT  *  FROM  学生
    WHERE  学分 IN(305,328,335,355,375)
```

（5）试用成绩表设计一个包含指定别名的 3 种格式的应用。

```
SELECT 学号 研究生学号,(课程名+CAST(成绩 AS VARCHAR(4)))
        AS 课程成绩,二次考试成绩=补考成绩
FROM 成绩
```

3）连接查询的使用

（1）用连接完成一个课程与成绩表的内连接查询，并要求课程名末尾包括“学”字符。

```
SELECT  b.学号,a.课程号,a.课程名,a.学时,a.学分,b.成绩
    FROM 课程 a  INNER JOIN 成绩 b  ON  a.课程号=b.课程号 AND b.成绩>=80
```

```
        WHERE 课程名 LIKE '%学'
```

（2）用左向外连接完成课程与成绩表的外连接查询。

```
SELECT 课程.课程号,课程.课程名,学号,成绩.课程名 AS 成绩课程名,成绩
   FROM 课程 LEFT OUTER JOIN 成绩 ON 课程.课程号=成绩.课程号
```

4）统计函数 GROUP BY、COMPUTER BY 子句的使用

（1）按区域、校名及平均学分分类查询满足学分大于 328 的行记录。具体语句如下:

```
SELECT 区域,校名,AVG(学分)  AS 平均学分
   FROM 学生  WHERE 学分>328
       GROUP BY  区域,校名  ORDER BY 区域
```

（2）用 COMPUTER BY 子句统计成绩表中成绩的汇总值。

```
   SELECT TOP 10 学号,课程名,成绩 FROM 成绩 ORDER BY 课程名
   COMPUTE  sum(成绩)  BY  课程名
```

5）子查询的使用

（1）用 EXISTS 设计一个嵌套子查询语句程序。

```
SELECT * FROM 课程
WHERE EXISTS
     (SELECT * FROM 成绩  WHERE 课程名='网络数据库 SQL SERVER')
```

（2）查询成绩表中课程名为“数学”的学生学号、姓名、性别、校名。

```
SELECT 学号,姓名,性别,校名  FROM 学生
  WHERE 学号=ANY
 (SELECT  学号  FROM 成绩  WHERE 课程名='数学')
```

（3）完成例 8-38、例 8-39 与例 8-36 的实验过程。

4. 练习

（1）对“信息管理”数据库的学生、班级、成绩和课程表进行各种查询（包含简单查询、连接查询、子查询和模糊查询，以及分组和排序）。

（2）完成第 8 章思考与实验中题 10 的实验过程。

A.6 存储过程和触发器等的使用

1. 实验目的

（1）掌握存储过程与触发器的使用方法。

（2）掌握存储过程的概念、存储过程的创建与管理和使用方法。

（3）掌握触发器的概念、存储过程的创建与管理和使用方法。

（4）掌握规则等的创建、使用与管理。

（5）掌握默认值等的创建、使用与管理。

2. 实验准备

（1）了解存储过程的概念和创建与执行方法与过程。

（2）了解触发器的概念和使用方法及触发过程。

（3）理解规则等的创建、使用与管理的方法和技能。

（4）理解默认值等的创建、使用与管理的方法和技能。

3. 实验内容

实验内容包括如下 3 个方面内容。

1）创建与调用存储过程

（1）创建存储过程。

① 基于“信息管理”数据库的“学生”表创建一个带 SELECT 查询语句的名为“查询_pro”的存储过程（存储过程只能建立在当前数据库中，因此需要先打开指定的数据库）。

```
USE 信息管理
GO
CREATE  PROC  查询0511_pro  AS
     SELECT 学号,姓名  FROM 学生  WHERE 区域='西南'
     ORDER BY 学号 DESC
```

② 创建添加、修改、删除职工记录的存储过程 CX_Add、CX_Update、CX_Delete。

• 存储过程嵌套查询与数据插入的代码如下：

```
CREATE PROCEDURE CX_Add  AS
SELECT  学号,姓名 FROM 学生
WHERE EXISTS
        (SELECT *  FROM 成绩  WHERE 学号=学生.学号 AND 成绩>84)
     INSERT INTO 学生 VALUES('040202','关键','男',1982-1-17,'04021110',45,'西南','
     华东政法大学')
     INSERT  INTO 学生 VALUES('040203','姚蓝','男',1981-1-17,'04021110',42,'东北
     ','上海理工大学')
```

• 存储过程嵌套查询与数据修改的代码如下：

```
CREATE PROCEDURE CX_UPDATE  AS
    SELECT 学号,姓名 FROM 学生
    WHERE 学号 IN
          (SELECT 学号 FROM 成绩  WHERE 成绩>75)
    UPDATE 学生 SET 学分=学分+5  WHERE  班级编号='04021110'
    UPDATE 学生 SET 学分=学分-8  WHERE  区域='东北'
```

或

```
    USE 信息管理
    CREATE  PROC 查询_pro  AS
    SELECT 学号,姓名,FROM 学生  WHERE 区域='西南'
    ORDER BY 学号 DESC
```

• 修改、删除职工记录程序代码略。

（2）运行存储过程。

用户可用 EXECUTE 语句运行一个存储过程，也可令存储过程自动运行。通常，由 sysadmin 固定服务器角色使用 sp_procoption 过程可设置存储过程为自动运行。当一个存储过程标识为自动运行时，每次启动 SQL Server 2008，该存储过程便会自动运行。这里主要关注前者。例如：

```
Execute  CX_Add
```

2）创建触发器

（1）触发器创建。

① 当用户向学生表插入或修改一条记录时，通过触发器触发完成某些操作（在触发器中引用 SELECT 语句显示相关信息）。

```
USE  信息管理
CREATE  TRIGGER  插入或修改检测
ON  学生
FOR INSERT,UPDATE
AS
SELECT  * FROM  inserted
```

```
PRINT '可以在这里插入其他语句，可以使用 inserted 表'
```

② 创建一个触发器，当用户试图在学生表中添加或修改数据时，触发器会触发完成删除记录并向客户端显示一条消息。

```
USE 信息管理
CREATE TRIGGER 删除班级
ON 课程  FOR DELETE  AS
PRINT  '使用 DELETE 触发器从课程表中删除相关行——开始'
DELETE  学生
FROM   学生,deleted  WHERE   学生.班级编号=deleted.班级编号
PRINT  '使用 DELETE 触发器从学生库中删除相关行——结束'
```

（2）建立与测试触发器。

建立与测试触发器环节应注重它的验证环节，可参考例 10-5、例 10-17、例 10-18 等。

```
USE 信息管理
CREATE TRIGGER 删除学生表信息
ON 学生 FOR DELETE AS
PRINT '使用 DELETE 触发器从学生表中删除相关行——开始'
DELETE 学生
FROM 学生,deleted
WHERE 学生.班级编号=deleted.班级编号
PRINT '使用 DELETE 触发器从学生库中删除相关行——结束'
SELECT * FROM deleted
```

使用以下的 DELETE 语句验证触发器：

```
SELECT * FROM 学生
SELECT 学号,姓名,班级编号 FROM 学生
DELETE 学生 WHERE 班级编号='04021146' AND  学号='031101'
```

3）规则与默认值的创建与绑定

规则与默认值在 SQL Server 2000 中有着广泛的应用，但在 SQL Server 2008 中有着淡化的趋势。

（1）规则的创建与绑定。

创建规则使用 EATE RULE rule_name AS condition_expression 语句，绑定规则使用 sp_bindrule 语句，删除规则使用 DROP RULE {rule_name}语句。删除一个规则前，必须先将与其绑定的对象解除，使用 sp_unbindrule 语句。

创建学生出生日期规则 bdr，将其绑定到“学生”表的“出生日期”字段。然后先将与其绑定的对象解除，再将其删除。

```
CREATE RULE  bdr
    AS @出生日期>='1960-01-01'  AND  @出生日期<='1985-01-01'
    GO
sp_bindrule 'bdr','学生.出生日期'         --也可以使用 bdr
    GO
sp_unbindrule '学生.出生日期'              --解除前先观察，再执行此语句
GO
DROP RULE  bdr                             --删除前先观察，再执行此语句
GO
```

（2）默认值的创建与绑定。

创建默认值使用 CREATE DEFAULT default_name AS condition_expression 语句，绑定默认值使用 sp_bindefault 语句，删除默认值使用 DROP RULE {rule_name}语句。删除一个默认值前，必须先将与其绑定的对象解除，使用 sp_unbinddefault 语句。

创建成绩默认值 grade_defa，将其绑定到“成绩”表的成绩和补考成绩两个字段。然后先将与其绑定的对象解除，再将其删除。

```
CREATE DEFAULT grade_defa
AS 89
GO
sp_bindefault grade_defa,'成绩.成绩'
sp_bindefault grade_defa,'成绩.补考成绩'
GO
sp_unbindefault '成绩.成绩'
sp_unbindefault '成绩.补考成绩'
GO
DROP DEFAULT grade_defa
GO
```

4. 练习

（1）基于“信息管理”数据库的学生、班级、成绩和课程表创建存储过程与触发器（由 UPDATE、INSERT、DELETE 等语句触发）并完成某些操作。

（2）完成例 10-1、例 10-5、例 10-6 与例 10-7 的实验过程，注意验证过程。

（3）完成第 10 章思考与实验中题 9 与题 10 的实验过程。

A.7 数据转换与备份管理

1. 实验目的

（1）掌握数据传输服务的概念和导入与导出的使用方法。

（2）掌握数据库附加与分离的使用方法。

（3）掌握数据库备份与恢复的具体方法。

（4）理解数据库复制的使用方法。

2. 实验准备

（1）了解数据传输服务的概念与具体过程。

（2）了解数据库附加与分离的具体步骤。

（3）了解数据库的备份与恢复的详细步骤。

（4）了解数据库复制的具体过程与使用方法。

3. 实验内容

实验内容包括如下 4 方面内容。

1）数据的导入与导出

使用 DTS 可完成数据的导入与导出，导入与导出向导可帮助用户交互式地在源和目标数据源之间进行数据的导入、导出和转换。具体导入与导出的操作过程可以参阅本书相关内容。

2）数据库分离与附加

在系统应用开发中数据库分离与附加的使用相当广泛。分离数据库“信息管理”数据库实例过程如下，附加数据库过程参阅本书相关内容。

（1）启动 SQL Server 管理平台，连接到 SQL Server 数据库引擎，在对象资源管理器中展开“数据库”结点，并右击要分离的用户数据库名称。

（2）在弹出的快捷菜单中选择“任务”→“分离”命令，弹出“分离数据库”对话框。选中要分离的数据库“信息管理”，网格将显示“数据库名称”列中选中的数据库名称，询问该数据库是否为要分离的数据库。默认情况下，在分离数据库时会保留过期的优化统计信息等。若要更新现有的优化统计信息，则选中“更新统计信息”复选框。默认情况下，分离操作保留所有与数据库关联的全文目录。若要删除全文目录，则取消选中“保留全文目录”复选框。“状态”列将显示当前数据库“就绪状态”。

（3）分离数据库准备就绪后，单击“确定”按钮即可完成分离数据库。

3）数据库的备份与恢复

数据库的备份与恢复过程包括备份设备的创建与删除、数据库的备份与数据库的恢复。创建磁盘备份设备，备份数据库和日志文件（将数据库备份到名为 test 的逻辑备份设备上，并将日志备份到名为 testLog1 的逻辑备份设备上），最后还原数据库和删除备份设备。这里仅以 Transact-SQL 语言为例进行介绍，用户可自行尝试 SQL Server Management Studio 方法。代码如下：

```
USE master
EXEC sp_addumpdevice  'disk','test','c:\test\test.dat'
EXEC sp_addumpdevice 'disk','testLog1','c:\test\testLog1.dat'
GO
BACKUP DATABASE 信息管理 TO test
BACKUP LOG 信息管理 TO testLog1
GO
RESTORE DATABASE 信息管理 FROM test
RESTORE  LOG 信息管理  FROM  testLog1
EXEC sp_dropdevice 'test'
EXEC sp_dropdevice 'test Log1'
GO
```

4）数据库复制

SQL Server 2008 提供的复制是在数据库间对数据和数据库对象进行复制和分发的一组技术。复制能够使用户提高应用程序性能，具体可以参阅本书相关内容。

4. 练习

（1）参照教材进行数据的导入与导出、数据库的分离与附加、数据库的备份与恢复、数据库复制等操作。

（2）完成第 5 章思考与实验中题 5、题 6、题 12 与题 13 的实验过程。

A.8 SQL Server 安全性管理

1. 实验目的

（1）熟悉认证模式的概念、浏览与设置，掌握登录账户的管理方法。

（2）掌握数据库用户的管理方法。

（3）掌握固定服务器角色和固定数据库角色及其成员的管理方法。

（4）掌握用户权限管理的方法。

2. 实验准备

（1）了解认证模式的概念与设置过程，了解数据库用户的管理方法。

（2）了解登录账户的管理理念与具体方法。

（3）了解固定服务器角色和固定数据库角色的管理方法及其成员的设置方法。

（4）了解用户权限管理的概念与方法。

3. 实验内容

实验内容包括以下 5 方面内容。

1）认证模式浏览与设置

打开 SQL Server Management Studio 的“SQL Server 属性”对话框，通过 SQL Server 实例属性的“安全”选项卡浏览与设置认证模式，可参阅本书相关内容。

2）用户登录账户名管理

通常，可通过 SQL Server 管理平台和 Transact-SQL 语句来完成创建登录名（账户）。

（1）通过 SQL Server 管理平台创建登录名。

① 启动 SQL Server 管理平台，在 SQL Server 管理平台中选中服务器，展开“安全性”结点。

② 右击“登录名”结点，在弹出的快捷菜单中选择“新建登录名”命令，然后按提示逐步完成整个用户登录名的创建。

（2）使用 Transact-SQL 语句创建登录名。

用 Create Login、sp_password、sp_defaultdb、sp_defaultlanguage、sp_helplogins、sp_revokelogin、sp_denylogin、sp_droplogin 等系统存储过程语句完成创建、查询与维护登录账户名。

① 创建密码为 090428 的 YU0904 登录名，默认数据库为“学生管理”，默认语言为 French。

```
Create Login  YU0904  WITH PASSWORD='090428',DEFAULT_DATABASE=学生管理,
                            DEFAULT_LANGUAGE=French
```

② 启用 YU0904 登录名，将计算机登录名的登录密码改为 20090428，将 YU0904 登录名改为“网格”，再将“网格”登录名映射到凭据 PJ090428 中，语句如下：

```
Alter  Login YU0904  Enable
Alter  Login  YU0904 WITH  PASSWORD='20090428'
Alter  Login   YU0904 WITH NAME=网格
Alter  Login 互联网;WITH CREDENTIAL=PJ090428
```

用户可继续参阅本书相关内容完成实验。

3）数据库用户管理

通常，可通过 SQL Server 管理平台和 Transact-SQL 语句来完成数据库用户的管理。前者可参阅 12.3.2 节相关内容，下面介绍后者。

（1）创建一个名为“数据信息”，密码为 JSJ090501，默认数据库为“学生管理”的登录账户。将其建成名为“学生管理”的数据库用户，语句如下：

```
EXEC sp_addlogin  '数据信息','JSJ090501','学生管理'
     USE  学生管理
     EXEC sp_grantdbaccess  '数据信息','学生管理'
     GO
```

或者用 Create Login 完成：

```
Create  Login  数据信息 WITH  PASSWORD='JSJ090501'
    USE  学生管理
    Create  User  学生管理  FOR  Login  数据信息
    GO
```

（2）将“信息管理”数据库中用户 YU20120909DBUSER 的名称改为 20120909，并将数据库用户 YUDBUSER 的默认架构设为 YU_SCHEMA2012，语句如下：

```
USE 信息管理
     Alter User YU20120909DBUSER WITH NAME=20120909
     Alter User  20120909  WITH DEFAULT_SCHEMA=YU_SCHEMA2012
GO
```

4）固定服务器角色和固定数据库角色的管理

通常通过 SQL Server 管理平台和 Transact-SQL 语句管理固定服务器角色固定数据库角色。包括：

（1）使用 SQL Server 管理平台和 Transact-SQL 语句查看固定服务器角色和增加（如 sp_addrolemember 存储过程语句）服务器角色成员。

（2）使用 SQL Server 管理平台或 sp_droprolemember 删除某一数据库角色的成员。

（3）使用 SQL Server 管理平台或 sp_helprolemember 来显示某一数据库角色的所有成员。具体可参阅 12.4 节，以及第 12 章中的例 12-12～例 12-15。

（4）首先将登录账户名 YU2012 加入 serveradmin 角色中，其次将 Windows 2008 Server 用户 YU\mins 添加到 sysadmin 固定服务器角色中。

```
EXEC sp_addsrvrolemember  'YU2012','serveradmin'
EXEC sp_addsrvrolemember  'YU\mins','sysadmin'
GO
```

5）权限管理

使用 SQL Server 管理平台和 Transact-SQL 存储过程语句可管理权限，权限所涉及的操作包含授予、撤销、拒绝，具体可参阅 12.6 节。

试用 Transact-SQL 语句创建一个名为“世博上海”，密码是 sky201005，默认数据库为 IT201005 的账户；而后再将默认数据库改为“精彩世博会”，密码改为 SWExpo，并将该账户设置为固定服务器角色 setupadmin，最后删除账户“渤海湾”。

```
EXEC sp_addlogin '世博上海','sky201005','IT201005'          //创建用户
EXEC sp_defaultdb'IT201005','精彩世博会'                    //设置默认数据库
EXEC sp_password'sky201005',' SWExpo ','世博上海'
EXEC sp_addsrvrolemember  '世博上海','setupadmin'           //设置服务器角色成员
EXEC sp_droplogin 渤海湾
```

4. 练习

（1）参照教材进行认证模式设置、登录账户名管理、数据库用户管理、固定服务器角色和固定数据库角色及其成员的设置管理和用户权限的管理。

（2）完成第 12 章思考与实验中题 7、题 10、题 17、题 18 的实验过程。

A.9　SQL Server 2008 数据库应用开发与课程设计运用

1. 实验目的

（1）熟悉游标的使用方法与技能。

（2）掌握 VB 与 VB.NET 访问 SQL Server 2008 数据库的方法与技能。

（3）掌握 ASP 与 ASP.NET 访问 SQL Server 2008 数据库的方法与技能。

（4）掌握 Java 与 JSP 访问 SQL Server 2008 数据库的方法与技能。

（5）掌握 SQL Server 2008 应用开发与课程设计综合应用的方法与技能。

2. 实验准备

（1）了解游标的概念与使用的基本方法。

（2）了解 VB 与 VB.NET 访问 SQL Server 2008 数据库的概念与使用的基本方法。

（3）了解 ASP 与 ASP.NET 访问 SQL Server 2008 数据库的概念与使用的基本方法。

（4）了解 Java 与 JSP 访问 SQL Server 2008 数据库的概念与使用的基本方法。

（5）了解 SQL Server 2008 应用开发与课程设计的相关概念、方法与技能。

3. 实验内容

实验内容包括如下 5 方面内容。

1）游标的使用

上机验证游标的效用并了解使用方法，具体可参阅第 11 章中的相关内容，完成用 DECLARE 声明、定义游标的类型、用 OPEN 语句打开、执行 FETCH 语句，可从一个游标中获取信息，用 CLOSE 语句关闭游标，用 DEALLOCATE 语句释放游标。

2）VB 与 VB.NET 访问 SQL Server 2008 数据库

参阅第 15 章，实施并完成 VB 与 VB.NET 访问 SQL Server 2008 数据库的实验。

3）ASP 与 ASP.net 访问 SQL Server 2008 数据库

参阅第 16 章，实施并完成 ASP 与 ASP.NET 访问 SQL Server 2008 数据库的实验。

4）Java 与 JSP 访问 SQL Server 2008 数据库

参阅第 17 章、第 18 章，实施并完成 Java 与 JSP 访问 SQL Server 2008 数据库的实验。

（1）在 Java 中向 SQL Server 2008 信息管理库的学生表插入 3 条新记录。其中，先对 SQL Server 2008 中数据库信息管理数据库建立系统数据源 XTDSNDB。

```
import java.sql.*;
class InsertSQL2008 {
public static void main(String agrs[ ]) {
 System.out.println("正在加载驱动程序和连接数据库......!");
 TRY {Class.forName("sun.jdbc.odbc.JdbcOdbcDriver");}
 CATCH(ClassNotFoundException ce)
         {System.out.println("SQLException1:"+ce.getMessage());}
 TRY {Connection con=DriverManager.getConnection("jdbc:odbc: XTDSNDB");
 System.out.println("成功加载驱动程序和连接数据库!!");
   Statement stmt=con.createStatement();
   String sqlstr="INSERT INTO 学生bf VALUES('080901','张小文','男',380,'复旦大学)";
   stmt.executeUpdate(sqlstr);
   stmt.executeUpdate("INSERT INTO 学生bf VALUES ('090328','翟雅琴','女',
346,'同济大学)");
   stmt.executeUpdate("INSERT INTO 学生bf VALUES ('090428','张威','男',
308,'浙江大学)");
   ResultSet rs=stmt.executeQuery("SELECT * FROM 学生bf");
     WHILE(rs.next())    {
System.out.println("学号"+rs.getString("学号")+"\t"+"姓名"+rs.getString("姓名")
+"\t"+"性别"+rs.getString("性别")+"\t"+"学分"+rs.getFloat("学分")+"\t"
+"校名"+rs.getString("校名"));}
stmt.close();con.close();}
 CATCH(SQLException e){System.out.println("SQLException2:"+e.getMessage());}
System.out.println("Java应用程序访问SQL SERVER 2008数据库插入表数据结束!!!");}}
```

（2）建立一个 JSP 访问学生表的数据查询实例 ExJSP_SQL.jsp，语句如下。其中，先对 SQL Server 2008 中数据库信息管理数据库建立系统数据源“DSN 信息管理”。

```
//ExJSP_SQL.jsp
<%@ page contentType="text/html;charset=GB2312" %>
<%@ page import="java.sql.*" %>
<html><head><title>使用 JDBC 建立学生数据库连接</title></head>
<body><center>
<font size=5 color=blue> 学 生 表 数 据 查 询</font><hr>
<% Class.forName("sun.jdbc.odbc.JdbcOdbcDriver");              //加载驱动程序
                                                               //建立连接
  Connection conn=DriverManager.getConnection("jdbc:odbc:DSN信息管理","sa","");
  Statement stmt=conn.createStatement();                       //发送SQL语句
```

```
  TRY { ResultSet rs;                     //建立 ResultSet(结果集)对象; 执行 SQL 语句
  rs=stmt.executeQuery("SELECT 学号,姓名,班级编号,学分,校名,区域 FROM 学生 WHERE 区域=
  '东北'");    %>
<table border=3> <tr bgcolor=silver><b>
   <td>学号</td><td>姓名</td><td>班级编号</td><td>学分</td>
   <td>校名</td><td>区域</td> </b></tr>
<%  WHILE(rs.next()){                     //利用 WHILE 循环将数据表中的记录列出
%> <tr>
    <td><font size=3><%= rs.getString("学号") %></font></td>
    <td><font size=3><%= rs.getString("姓名") %></font></td>
    <td><font size=3><%= rs.getString("班级编号") %></font></td>
    <td><font size=3><%= rs.getString("学分") %></font></td>
    <td><font size=3><%= rs.getString("校名") %></font></td>
    <td><font size=3><%= rs.getString("区域") %></font></td>
  </tr></font>
<%   }
   rs.close();}
  CATCH(Exception e)  {out.println(e.getMessage());}     //下面语句为关闭对象
stmt.close();conn.close();  %>
   </table></center></body></html>
```

5）SQL Server 2008 应用开发与课程设计的综合应用

参阅第 19 章实施并完成 SQL Server 2008 应用开发与课程设计的综合应用实验。

4. 练习

（1）完成例 15–1、例 15–2、例 15–4、例 16–2、例 16–6、例 17–3、例 18–2 数据库应用实验。

（2）完成思考与实验中的实验题：第 15 章的题 4、题 6、题 8、题 13、题 14；第 16 章的题 4、题 9；第 17 章题 7；第 18 章题 6；第 19 章题 6。

附录 B　数 据 类 型

在 SQL Server 中，每个列、局部变量、表达式和参数都有一个相关的数据类型，即指定对象可拥有的数据类型的特性。数据类型是指以数据的表现方式和存储结构来划分的数据种类。在 SQL Server 中数据有两种表示特征：类型和长度。

在 SQL Server 中，系统提供的数据类型可分为如表 B–1 所示几个大类。

表 B–1　SQL Server 2008 数据类型分类

序	分　类	数 据 类 型
1	整数型数字数据类型	bit、tinyint、smallint、int、bigint
2	小数型数字数据类型	real、float、decimal、numeric
3	日期和时间型数据类型	datetime、smalldatetime、date、time
4	字符型数据类型	char、varchar、text
5	二进制型数据类型	binary、varbinary、image
6	统一码型数据类型	nchar、nvarchar、ntext
7	货币型数据类型	money、smallmoney
8	其他型数据类型	timestamp、cursor、sql_variant、table、uniqueidentifier、XML（新增）
9	用户自定义数据类型	sysname

其中，XML 类型是 SQL Server 2008 中新增加的数据类型。

B.1 数值数据类型

数值数据类型包括整数型、小数型与浮点型。

1. 整数型

整数型数字数据类型是最常用的数据类型之一，由负整数或正整数等组成，如-16、0、6 等。在 SQL Server 中，整型数据使用 bit、tinyint、smallint、int 和 bigint 数据类型存储。数值范围从小到大，具体描述如表 B-2 所示。

表 B-2　整数型数据类型描述

类型	名　称	描　　述
整数型	bit	该类型取值为 0、1 或 Null。通常用于表示逻辑数据类型，如 yes/no、true/false 等。若输入 0 或 1 以外的值将被视为 1，不能对 bit 类型的列使用索引
	tinyint	该类型存储从 0～255 间的所有整数，每个 tinyint 类型的数据占用 1 B 的存储空间
	smallint	该类型存储从-2^{15}（-32 768）～$2^{15}-1$（32 767）的整型数据，占用 2 B 的存储空间，其中 1 位表示整数值的正负号，其他 15 位表示整数值的长度和大小
	int	int（integer）类型存储从-2^{31}（-2 147 483 648）～$22^{31}-1$（2 147 483 647）的整型数据。占用 4 B 的存储空间，其中 1 位表示数值的正负号，其余 31 位表示数值的长度和大小
	bigint	该类型存储从-2^{63}（-9 223 372 036 854 775 808）～$2^{63}-1$（9 223 372 036 854 775 807）的整型数据。每个 bigint 类型的数据占用 8 B 的存储空间

2. 小数型

小数型数字数据类型可分为 decimal 与 numeric。decimal 数据包含存储在最小有效数上的数据。在 SQL Server 中，decimal 与 numeric 类型几乎等价，具体描述如表 B-3 所示。

表 B-3　小数型数据类型描述

类型	名　称	描　　述
小数型	decimal	decimal 类型可用 2～17 B 来存储从$-10^{38}-1$～$10^{38}-1$ 间的数值，可将其写为 decimal [p,[s]]的形式，p 和 s 确定了精确的比例和数位。其中，p 表示可供存储的值的总位数（不包括小数点），默认值为 18；s 表示小数点后的位数默认值为 0。例如，decimal(16,6)表示共有 16 位数，其中整数 10 位小数 6 位。decimal 存储数值所需的字节数取决于该数据的数字总数和小数点右边的位数。如存储数值 19 283.293 98 比存储 5.20 需更多的字节。表 B-3 列出了各精确度所需的字节数之间的关系
	numeric	numeric 数据类型与 decimal 数据类型完全相同。SQL Server 为了和前端开发工具配合其所支持的数据精度默认最大为 28 位，但可通过使用命令来改变默认精度

表 B-4 列出了各精确度与所需的字节数之间的关系。

表 B-4　decimal 数据类型的精度与字节数

精　度	字节数	精　度	字节数	精　度	字节数	精　度	字节数
1～2	2	10～12	6	20～21	10	29～31	14
3～4	3	13～14	7	22～24	11	32～33	15
5～7	4	15～16	8	25～26	12	34～36	16
8～9	5	17～19	9	27～28	13	37～38	17

3. 浮点型（real 与 float）

浮点数据类型可分为 real 和 float。浮点数据包括按二进制计数系统所能提供的最大精度保留的数据。例如，分数 1/3 表示成小数形式为 0.333333（循环小数），该数字不能以近似小数数据精确表示。因此，从 SQL Server 获取的值可能并不准确代表存储在列中的原始数据。又如，以 0.3、0.6、0 .7 结尾的浮点数均为数字近似值，具体描述如表 B-5 所示。

表 B-5 浮点型数据类型描述

类型	名　称	描　　述
浮点型	real	real 数据类型可精确到第七位小数，其范围为从-3.40E-38 ~ 3.40E+38 。每个 real 类型的数据占用 4 B 的存储空间
	float	float 类型可精确到第 15 位小数，其范围为从-1.79E-308 ~ 1.79E+308。每个 float 类型的数据占用 8 B 的存储空间，可写为 float [*n*]的形式，*n* 指定 float 数据的精度。为 1 ~ 15 之间的整数值。当 *n* 取 1 ~ 7 时实际上是定义了一个 real 类型的数据，系统用 4 B 存储它；当 *n* 取 8 ~ 15 时系统认为其是 float 类型的数据，用 8 B 存储

B.2 日期和时间型数据类型

日期时间型数据类型包括 datetime 和 smalldatetime，可代表日期和一天内的时间，在 SQL Server 2008 中，新的 DATE 数据类型可以实现该功能。SQL Server 2008 中引入了 4 种 DATETIME 数据类型，分别为 DATE、TIME、DATETIMEOFFSET 和 DATETIME2。由于篇幅有限，仅介绍 DATE 和 TIME，具体描述如表 B-6 所示。

表 B-6 日期和时间型数据类型描述

类型	名　称	描　　述
日期和时间型	datetime	该类型用于存储日期和时间的结合体，可存储从 1753 年 1 月 1 日零时起到 9999 年 12 月 31 日 23 时 59 分 59 秒间的日期时间，精确度可达 1/300 s，占用存储空间为 8 B，其中天数用前 4 B，分正负，时间用后 4 B 存储零时起所指定时间经过的毫秒数。若在输入数据时省略了时间，则系统将 12:00:00:000AM 作为时间默认值；若省略了日期部分，则系统将 1900 年 1 月 1 日作为日期默认值
	smalldatetime	smalldatetime 数据类型与 datetime 数据类型相似，但其日期时间范围较小为从 1900 年 1 月 1 日到 2079 年 6 月 6 日，精度较低，只能精确到分钟，其分钟个位上的数为秒数四舍五入值，即以 30 秒为界四舍五入。如 datetime 时间为 14:38:30.283 时，smalldatetime 认为是 14:39:00。smalldatetime 数据类型使用 4 B 存储数据，前 2 B 存储自 1900 年 1 月 1 日以来的天数，后 2 B 存储此日零时起所指定的时间经过的分钟数
	DATE	DATE 数据类型可完成日期的独立输出处理与存储。取值范围从 0001-01-01 到 9999-12-31。例如：DECLARE @dat as DATE SET @dat=getdate() PRINT@ dat
	TIME	TIME 数据类型可完成时间的独立输出处理与存储。取值范围从 00:00:00.0000000 到 23:59:59.9999999。若只想存储时间数据而不需要日期部分就可用 TIME 数据类型。例如：DECLARE @tas as TIME SET @tas =getdate() PRINT@ tas

下面介绍日期和时间的输入格式。

（1）日期输入格式。日期部分的输入格式常采用有英文数字格式（月份可用不分大小写的英文缩写或全名）、数字加分隔符格式（“/”、“-”、“.”）和纯数字格式，数字加分隔符还有 3 种格式：YMD（年月日）和 MDY（月日年）DMY（日月年）。

【例 B-1】设置 2009 年 5 月 1 日格式。

数字加分隔符：

YMD：	2009/5/1	2009-5-1	2009.5.1
MDY：	5/1/2009	5-1-2009	5.1.2009
DMY：	1/5/2009	1-5-2009	1.5.2009

英文数字格式：May 1 2009

纯数字格式：20090501

（2）时间输入格式。在输入时间时必须按“小时:分钟:秒:毫秒”的顺序输入。其间用冒号隔开，但可将毫秒部分用小数点（.）分隔，其后第一位数字代表1/10秒，第二位数字代表1/100秒，第三位数字代表1/1000秒。当使用12 小时制时，用AM（am）和PM（pm）分别指定时间是午前或午后，若不指定，系统默认为AM。AM与PM均不区分大小写。

【例B-2】用两种格式具体表示2009年8月28日下午5点40分59秒98毫秒，并说明10:23:5.123 AM的内涵。

```
2009-8-28 5:40:59:98 PM                /*12小时格式*/
2009-8-28 17:40:59:98                  /*24小时格式*/
```

10:23:5.123AM是指上午 10 时 23 分 5 秒 123 毫秒。

可以使用SET DATE FORMAT命令来设定系统默认的日期-时间格式。

B.3 字符型数据类型

字符型数据类型是使用最多的数据类型，它可以用来存储各种字母、数字符号与特殊符号等。SQL Server 2008 提供了char、varchar与text。一般情况下，使用字符类型数据时需要在其前后分别加上单引号（'）或双引号（"）。具体描述如表B-7所示。

表B-7 字符型数据类型描述

类型	名称	描述
字符型	char	该类型的定义形式为char(n)，即长度为n个字节的字符数据。每个字符和符号占1 B的存储空间，n表示所有字符所占的存储空间。n的取值为1～8 000，系统默认值为1。输入数据的字符数小于n空格填充；大于n则截掉超出部分。char处理速度较快
	varchar	该类型的定义形式为varchar(n)，表示长度为n个字节的可变长度字符数据，与char相似，n取值也为1～8 000，varchar数据类型的存储长度为实际数值长度。若输入的数据过长，将会截掉其超出部分；若输入数据字符数小于n，则系统不在其后添加空格来填充
	text	该类型用于存储数据量大而变长的字符文本数据，容量范围为1～2^{31}-1（2 147 483 647）个字符。text对象存储的实际是指针，指向以8 KB动态增加并被逻辑链接起来的单位数据页，以减少存储text类型的空间和磁盘处理这类数据的I/O数量

B.4 二进制型数据类型

二进制型数据类型分为固定长度（binary）、可变长度（varbinary）的二进制数据类型与image数据类型。具体描述如表B-8所示。

表B-8 二进制型数据类型描述

类型	名称	描述
二进制型	binary	该类型用于存储固定长度为n个字节的二进制数据。其定义形式为binary(n)，长度n取值为1～8 000，且n≥1，占用n+4个字节的存储空间，输入数据时须在数据前加“OX”字符作为二进制标识。例如，输入abc则应输入OXabc
	varbinary	该类型为可变长度二进制数据，其定义形式为varbinary(n)，与binary类型相似，但n为变长的取值也为1～8 000。若输入数据过长截掉超出部分；且存储长度为实际值+4个字节
	image	该类型用于存储量大的二进制数据流，可变长度介于0～2^{31}-1（2 147 483 647）字节间，用来存储图片等。文件类型为*.gif、*.jpg与*.bmp及OLE（对象连接和嵌入）对象，在输入数据时须在数据前加上字符OX。字段中image的数据不能用Insert语句输入

B.5　统一码型数据类型

统一码型数据类型用于存储 2 B 才能存储的双字节字符，如汉字等，且能确保系统产生的字符数据标识是唯一的，其可使用字符格式(如“hello，计算机世界”)或二进制格式(如 Oxff5059257981)。系统包括 nchar、nvarchar 与 ntext。具体描述如表 B-9 所示。

表 B-9　统一码型数据类型描述

类型	名称	描　述
统一码型	nchar	该类型定义形式为 nchar(*n*)，包含 *n* 个固定长度的 Unicode 字符数据。*n* 取值为 1～4 000。Unicode 标准规定每个字符占用 2 B 的存储空间，故它比非 Unicode 标准的数据类型多占用一倍的存储空间。它规避了中英文等的编码冲突现象
	nvarchar	该类型的定义形式为 nvarchar(*n*)，包含 *n* 个字符的可变长度 Unicode 字符数据，*n* 的值介于 1～4 000，字节存储大小是所输入字符个数的两倍，所输入的数据字符长度可为零
	ntext	该类型可变长度的 Unicode 数据，可用于存储长度超过 4 000 个 Unicode 标准字符，最大长度为 $2^{30}-1$（1 073 741 823）个字符。存储大小是所输入字符个数的两倍（以字节为单位）。与 text 类型相似，不同的是 ntext 类型采用 Unicode 标准字符集

B.6　货币型数据类型

货币型数据类型用于存储货币或现金值，在使用货币数据类型时，应在数据前加上货币符号。SQL Server 2008 提供了 money 和 smallmoney 两种货币数据类型。具体描述如表 B-10 所示。

表 B-10　货币型数据类型描述

类型	名　称	描　　述
货币型	money	该类型数据存储大小为 8 B（前 4 B 表示货币值整数，后 4 B 表示货币值小数），货币数据值介于 -2^{63}（-9 223 372 036 854 775 808）～$2^{63}-1$（9 223 372 036 854 775 807）之间
	Smallmoney	smallmoney 类型存储大小为 4 B(前 2 B 表示货币值的整数，后 2 B 表示货币值的小数)，货币数据值介于 -2 147 483 648～2 147 483 647 之间，数据精度也可为万分之一

【例 B-3】创建表并插入 2 条货币数据。

```
USE Northwind
CREATE TABLE TestMoney(cola INT PRIMARY KEY,colb MONEY)
SET NOCOUNT ON
                        -- The following three INSERT statements work.
INSERT INTO TestMoney VALUES (2,$123123.45)
INSERT INTO TestMoney VALUES (3,$555,123.45)
GO
```

B.7　其他数据类型

其他数据类型是指那些非前述数据类型(用户自定义数据类型独立讨论)，包括 timestamp、table、sql_variant、uniqueidentifier、Cursor、XML（新增）。具体描述如表 B-11 所示。

表 B-11　其他数据类型描述

类型	名　称	描　　述
其他数据类型	Cursor	该类型用于创建游标变量以供对游标的引用，所建变量可为空，也可定义存储过程参数
	table	该类型用于存储对表或者视图处理后的结果集。table 变量或返回值的定义包括列、数据类型、精度、每列的小数位数以及可选的 PRIMARY KEY、UNIQUE 和 CHECK 约束
	sql_variant	该类型可存储除文本图形数据 text、ntext、image 与 timestamp 数据类型外的其他合法数据，最大长度可达 8 016 B，允许单个列、参数或变量存储不同数据类型的数据值，每个实例都记录数据值和描述该值的元数据包括该值类型、最大长度、小数位数、精度等
	XML	该类型可用来保存 XML 数据文档，是 SQL Server 2008 中新增加的数据类型，可保存整个 XML 数据的数据类型，注意存储在 XML 中的数据不能超过 2 GB
	Unique- dentifier	UniqueIdentifier 类型为唯一性的标识符，可存储一个 16 位的二进制数字，在全球各地的计算机经由此函数产生的数字不会相同，主要用于在拥有多个结点、多台计算机的网络中，分配必须具有惟一性的标识符。此数字可通过调用 SQL Server 的 newid()函数获得

【例 B-4】在 INSERT 语句中应用 table 数据类型。

```
DECLARE  @TableVar TABLE (Cola int PRIMARY KEY,Colb char(10))
  INSERT INTO @TableVar VALUES (1,'计算机世界')
  INSERT INTO @TableVar VALUES (2,'数据库技术')
  SELECT  *  FROM  @TableVar
```

程序执行后的结果如下：

```
(所影响的行数为 1 行)
(所影响的行数为 1 行)
Cola              Colb
-----------------------------------------
1                 计算机世界
2                 数据库技术
(所影响的行数为 1 行)
```

【例 B-5】图 B-1 所示为在新建的 EB 表中，EB_sql_variant 列上插入不同数据的语句、检验、运行的效果图，图 B-2 是在查询分析器浏览 EB 表数据的结果图，具体语句如下。

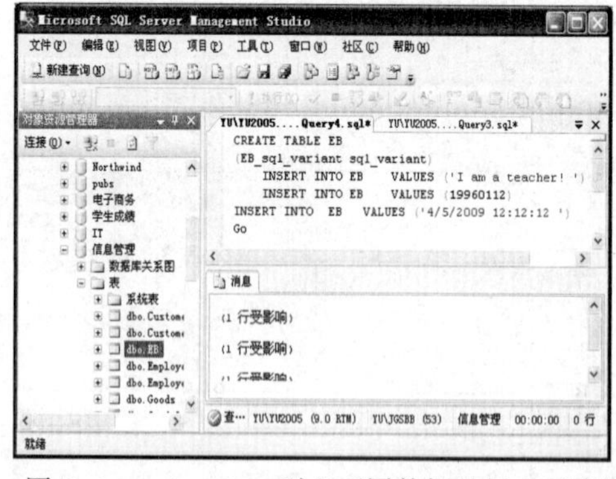

图 B-1　sql_variant 列上不同数据的插入示意图

图 B-2　EB 数据表插入的 sql_variant 列信息

```
CREATE TABLE EB
(EB_sql_variant sql_variant)
    INSERT INTO EB   VALUES ('I am a teacher!')
    INSERT INTO EB   VALUES (19960112)
    INSERT INTO  EB  VALUES ('4/5/2009 12:12:12')
    GO
```

【例 B-6】试应用 newid()函数获得一个 UniqueIdentifier 数据类型。

```
SELECT newid()
```

另外，SQL Server 2008 允许用户自定义数据类型，鉴于篇幅此版就删除该内容了，有兴趣同学可以在 www.51eds.com 资源网站上下载阅读，或阅览本书第二版及相关资料。

附录 C　函　数

SQL Server 2008 在 Transact-SQL 中提供了若干函数，用于帮助用户获取系统的相关信息、执行计算和统计功能、实现数据类型转换等操作。SQL Server 2008 函数分类及功能如表 C-1 所示。

表 C-1　函数分类表

函数分类	功　能
数学函数	对作为函数参数输入的值执行计算，返回一个数字值
聚合（统计）函数	在 SELECT 语句中使用，对一组值执行计算并返回单一的值
字符串函数	对字符串输入值执行操作，返回一个字符串或数字值
日期和时间函数	对日期和时间输入值操作，返回字符串、数字或日期和时间值
系统函数	执行操作并返回有关 SQL Server 中的值、对象和设置的信息
其他函数	以上几类之外的难以归类、但用户经常使用的函数

C.1　数学函数

SQL Server 2008 提供的数学函数可在数字型表达式(如 int、smallint、tinyint、float、real、decimal、numeric、money、smallmoney 等)上执行数学运算，实现三角运算、指数运算、对数运算等数学运算。可以在 SELECT 语句的 SELECT 和 WHERE 子句以及表达式中使用数学函数，Transact-SQL 中的主要数学函数如表 C-2 所示。

表 C-2　Transact-SQL 中的主要数学函数

函数		语法格式	功　能
通用函数	ABS	ABS(numeric_expression)	返回表达式的绝对值。返回的数据类型与表达式相同，可为 int、money、real、float 类型
	SIGN	SIGN(numeric_expression)	测试参数的正负号。返回 0 表示零值；返回 1 表示正数；返回-1 表示负数。返回的数据类型与表达式相同
	PI	PI()	返回值为 3.1415926535897936…
	RAND	RAND(integer_expression)	返回 0～1 之间的随机 float 值
	POWER	POWER (numeric_expression , numeric_expression)	返回给定表达式指定次方的值
三角函数	SIN	SIN(float_expression)	返回以弧度表示的角的正弦值
	COS	COS(float_expression)	返回以弧度表示的角的余弦值
	TAN	TAN(float_expression)	返回以弧度表示的角的正切值
	COT	COT(float_expression)	返回以弧度表示的角的余切值

续表

函数		语法格式	功能
反三角函数	ASIN	ASIN (float_expression)	返回正弦是 float 值的以弧度表示的角
	ACOS	ACOS (float_expression)	返回余弦是 float 值的以弧度表示的角
	ATAN	ATAN (float_expression)	返回正切是 float 值的以弧度表示的角
幂函数	EXP	EXP (float_expression)	返回表达式的指数值
	LOG	LOG (float_expression)	返回表达式的自然对数值
	LOG10	LOG10float_expression	返回表达式的以 10 为底的对数值
	SQRT	SQRT float_expression	返回表达式的平方根
	SQUARE	SQUARE (float_expression)	返回给定表达式的平方值
取近似值函数	CEILING	CEILING(numeric_expression)	返回大于或等于所给数字表达式的最小整数。返回类型与表达式相同，可为 integer、money、real、float 类型
	FLOOR	FLOOR(numeric_expression)	返回小于或等于所给数字表达式的最大整数。返回类型与表达式相同，可为 integer、money、real、float 类型
	ROUND	ROUND(numeric_expression,integer_expression)	返回以 integer_expression 为精度的四舍五入值。返回类型可为 integer、money、real、float 类型

【例 C-1】求绝对值数学函数应用。

```
SELECT ABS(-1.0),ABS(0.0),ABS(1.0),PI()
```

下面是结果集：

```
------------------------------------------------------
1.0  .0   1.0     3.14159265358979
 (1 row(s) affected)
DECLARE @angle float
    SET @angle = 45.175643
    SELECT 'The SIN of the angle is: ' + CONVERT(varchar,SIN(@angle))
    GO
```

下面是结果集：

```
------------------------------------------------
The SIN of the angle is: 0.929607
    (1 row(s) affected)
```

【例 C-2】数学函数综合应用：用 float 表达式返回给定角的 ATAN 值。

```
SELECT 'The ATAN of -45.01 is: ' + CONVERT(varchar,ATAN(-45.01))
```

下面是结果集：

```
----------------------------------------------
The ATAN of -45.01 is: -1.54858
    (1 row(s) affected)
```

【例 C-3】数学函数综合应用：通过 RAND()函数产生不同的随机值。

```
DECLARE @counter smallint
    SET @counter=1
WHILE @counter<3
  BEGIN
     SELECT RAND(@counter) Random_Number
     SET NOCOUNT ON
     SET @counter=@counter + 1
     SET NOCOUNT OFF
  END
```

```
GO
```

下面是结果集：

```
Random_Number
----------------------------
0.71359199321292355
(1 row(s) affected)
Random_Number
-------------------
0.7136106261841817
(1 row(s) affected)
```

【例 C-4】数学函数综合应用：声明变量，返回所给变量的指数值。

```
DECLARE @var float
    SET @var=378.615345498
    SELECT 'The EXP of the variable is: ' + CONVERT(varchar,EXP(@var))
GO
```

下面是结果集：

```
The EXP of the variable is: 2.69498e+164
(1 row(s) affected)
```

【例 C-5】数学函数综合应用：返回半径为 1 英寸、高为 5 英寸的圆柱容积。

```
DECLARE @h float,@r float
    SET @h=5
    SET @r=1
    SELECT PI()*SQUARE(@r)*@h AS'Cyl Vol'
```

下面是结果：

```
Cyl Vol
--------------------------
15.707963267948966
```

C.2 统计函数

统计函数是在数据库操作中经常使用的函数，用于对查询结果集中多个项进行统计，并返回单个计算结果，该类通常又称集函数。Transact-SQL 中常用的统计函数如表 C-3 所示。

表 C-3 Transact-SQL 中常用的统计函数

函　数	语 法 格 式	功　能
AVG	AVG([ALL|DISTINCT]expression)	返回表达式的平均值
SUM	SUM([ALL|DISTINCT]expression)	返回表达式中所有 DISTINCT 值的和
MAX	MAX([ALL|DISTINCT]expression)	返回表达式的最大值
MIN	MIN([ALL|DISTINCT]expression)	返回表达式的最小值
COUNT	COUNT([ALL|DISTINCT]expression)	返回组中项目的统计数目
STDEV	STDEV(expression)	求表达式中所有值的统计标准偏差
VAR	VAR(expression)	求表达式中所有值的统计方差

统计函数用在 SELECT 子句中作为结果数据集的字段返回的结果。

注意：函数的对象或自变量必须包括在圆括号中，如果函数需要一个以上的自变量，可用逗号隔开各个自变量。

在 SELECT 中使用函数的语法为：

```
SELECT 函数名 <列名 1 或*>,…<列名 n >  FROM 表名
```

【例 C-6】统计函数综合应用：使用 SUM()函数和 AVG()函数进行计算。

```
USE pubs
SELECT AVG(advance),SUM(ytd_sales)  FROM titles  WHERE type='business'
```

下面是结果集：

```
---------------------------
6,281.25    30788
(1 row(s) affected)
```

【例 C-7】统计函数综合应用：计算年度销售额最高的书。

```
USE pubs
   GO
   SELECT MAX(ytd_sales)  FROM titles
   GO
```

下面是结果集：

```
-----------------------
22246
(1 row(s) affected)
Warning,null value eliminated from aggregate.
```

【例 C-8】统计函数综合应用：查找作者所居住的不同城市的数量。

```
USE pubs
   SELECT COUNT(DISTINCT city)  FROM authors
```

下面是结果集：

```
--------------------------
16
(1 row(s) affected)
```

【例 C-9】统计函数综合应用：返回 titles 表中所有 royalty 值的方差。

```
USE pubs
   SELECT VAR(royalty) FROM titles
```

【例 C-10】统计函数综合应用：返回 titles 表中所有 royalty 的标准偏差。

```
USE pubs
   SELECT STDEV(royalty) FROM titles
```

【例 C-11】统计函数综合应用：求各部门的员工工资总额。

```
USE pangu
   SELECT dept_id  sum(e_wage)  FROM employee
   GROUP BY dept_id
```

运行结果如下：

```
dept_id
----------------------------
1001  15000.0000
1002  15000.0000
1003  10500.0000
3 row s affected
```

【例 C-12】统计函数综合应用：返回 employee 表中所 e_wage 的标准偏差。

```
USE pangu
SELECT stdev(e_wage)  FROM employee
```

运行结果如下：

```
------------------------
2327.9257065546781
```

C.3 字符串函数

字符串函数用来对字符串输入值执行操作，返回字符串或数字值。可以在 SELECT 语句的 SELECT

和 WHERE 子句以及表达式中使用字符串函数，Transact-SQL 中常用的字符串函数如表 C-4 所示。

表 C-4 Transact-SQL 中常用的字符串函数

函　数	语 法 格 式	功　能
ASCII	ASCII(character_expression)	返回字符表达式最左端字符的 ASCII 代码值
CHAR	CHAR (integer_expression)	将 ASCII 代码转换为字符的字符串函数
SPACE	SPACE(integer_expression)	返回表达式的最大值
NCHAR	NCHAR(integer_expression)	根据 Unicode 标准所进行的定义，用给定整数代码返回 Unicode 字符
STR	STR(float_expression[,length[,decimal]])	由数字数据转换来的字符数据
LEN	LEN(string_expression)	返回给定字符串表达式的字符（而不是字节）个数，其中不包含尾随空格
SUBSTRING	SUBSTRING(expression,start,length)	返回字符、binary、text 等表达式的一部分
LOWER	SPACE (integer_expression)	返回由重复的空格组成的字符串
UPPER	UPPER (character_expression)	将小写字符数据转换为大写的字符表达式
STUFF	STUFF(character_expression,start,ength, character_expression)	删除指定长度的字符并在指定的起始点插入另一组字符
LEFT	LEFT(character_expression,integer_expression)	返回从字符串左边开始指定个数的字符
RIGHT	RIGHT(character_expression, integer_expression)	返回字符串中从右边开始指定个数的 integer_expression 字符
LTRIM	LTRIM (character_expression)	删除起始空格后返回字符表达式
RTRIM	RTRIM (character_expression)	截断所有尾随空格后返回一个字符串
REPLACE	REPLACE('string_expression1','string_expression2','string_expression3')	用第三个表达式替换第一个字符串表达式中出现的所有第二个给定字符串表达式。
UNICODE	UNICODE('ncharacter_expression')	按照 Unicode 标准的定义，返回输入表达式中第一个字符的整数值
DIFFERENCE	DIFFERENCE(character_expression, character_expression)	以整数返回两个字符表达式的 SOUNDEX 值之差
SOUNDEX	SOUNDEX (character_expression)	返回由 4 个字符组成的代码（SOUNDEX）以评估两个字符串的相似性
PATINDEX	PATINDEX('%pattern%',expression)	返回指定表达式中第一次出现的起始位置；如果不存在，则返回零
CHARINDEX	CHARINDEX(expression1,expression2 [,start_location])	返回字符串中指定表达式的起始位置
QUOTENAME	QUOTENAME('character_string'[, 'quote_character'])	返回带有分隔符的 Unicode 字符串，并加入可使输入字符串成为有效的 SQL 分隔标识符
REPLICATE	REPLICATE(character_expression, integer_expression)	以指定的次数重复字符表达式
REVERSE	REVERSE(character_expression)	返回字符表达式的反转

【例 C-13】字符串函数综合应用：求解 ASCII 函数。

```
SELECT ascii(45)  AS '45',ascii('xy')  AS'[xy]',ascii('ab') AS '<ab>'
GO
```

运行结果如下：

```
-------------------------------
52  120  97
```

【例 C-14】字符串函数综合应用：将 ASCII 码转换为字符。

```
SELECT char(43),char(34),char(-9)
```

运行结果如下：

```
--------------------------------
+   "   NULL
```

【例 C-15】字符串函数综合应用：把字符串全部转换为大/小写。

```
SELECT lower ('ABC'),upper('xyz')
```

运行结果如下：

```
----------------------
abc     XYZ
```

【例 C-16】字符串函数综合应用：把数值型数据转换为字符型数据。

```
SELECT str(478),str(478456,5),str(-478.456,8,2),str(478.4,5),str(478.46)
```

运行结果如下：

```
-----------------------------------------------------------------
 478     *****    -478.46     478      478
```

【例 C-17】字符串函数综合应用：去除字符串头部（LTRIM）或尾部（RTRIM）的空格。

```
SELECT ltrim('计算机'),rtrim('理论'),rtrim('"数据"'),rtrim(ltrim('头尾无空格 '))
```

运行结果如下：

```
--------------------------------------------------------------------
计算机      理论      "数据"    头尾无空格
```

【例 C-18】字符串函数综合应用：从字符串中取出子字符串。

```
SELECT left('SQL Server',3),right('SQL Server',3),left(right('SQL Server',6),4)
```

运行结果如下：

```
------------------------------------
SQL  Server  Serv
```

【例 C-19】字符串函数综合应用：从字符串中返回部分字符串。

```
USE 信息管理
SELECT 姓名,区域,校名,substring(校名,4,6)  FROM 学生
WHERE 校名 LIKE '%大学%' AND 区域='西南'
```

运行结果如下：

```
-----------------------------------------------------------------------
刘华德    西南 上海师范大学        范大学
许  慧    西南 上海工程技术大学    程技术大学
王海霞    西南 华东师范大学        范大学
陈顺发    西南 华东理工大学        工大学
周  杰    西南 上海交通大学        通大学
```

【例 C-20】字符串函数综合应用：返回字符串中某个指定的子串出现的开始位置。

```
SELECT charindex('网络','广域网络技术'),patindex('%网络技术%','计算机网络技术'),
patindex('%网络技术','计算机理论网络技术')
```

运行结果如下：

```
-----------------------------------
3    4    6
```

【例 C-21】返回重复指定次数产生的字符串与指定的字符串的字符排列顺序颠倒。

```
SELECT replicate('广域网',3),replicate('网络',-2),reverse('计算机网络')
```

运行结果如下：

```
--------------------------------------------------------------------
广域网广域网广域网    NULL    络网机算计
```

【例 C-22】字符串函数综合应用：字符串替换。

```
SELECT replace('计算机网络','网络','与数据库理论'),stuff('计算机网络',4,2,'算法矩阵'),
stuff('computer',4,2,'summer')
```

运行结果如下：

```
----------------------------------------------------------------------
计算机与数据库理论    计算机算法矩阵    comsummerter
```

C.4 日期函数

日期函数用来对日期和时间输入值执行操作，并返回一个字符串、数字值或日期和时间值。Transact-SQL 中常用的日期函数如表 C-5 所示。

表 C-5 Transact-SQL 中常用的日期函数

函　数	语 法 格 式	功　能
GETDATE	GETDATE()	按格式标准返回当前系统日期和时间
DAY	DAY(date)	返回代表指定日期的日部分的整数
MONTH	MONTH(date)	返回代表指定日期月份的整数
YEAR	YEAR(date)	返回表示指定日期中年份的整数
GETUTCDATE	GETUTCDATE()	返回表示当前 UTC 时间（世界时间坐标或格林尼治标准时间）的 datetime 值
DATEPART	DATEPART(datepart,date)	返回代表指定日期的指定日期部分的整数
DATENAME	DATENAME(datepart,date)	返回代表指定日期的指定日期部分的字符串
DATEADD	DATEADD(datepart,number, date)	在指定日期加一段时间，返回新的 datetime 值
DATEDIFF()	DATEDIFF(datepart,startdate,enddate)	返回函数返回两个日期间的差值（天/月份）数等

【例 C-23】日期函数综合应用：试用 DATEDIFF 完成返回两个指定日期的差值。

```
USE 信息管理
GO
SELECT DATEDIFF(day,出生日期,getdate()) AS 天数,DATEDIFF(month,出生日期, getdate())
 AS 月份数 FROM 学生 WHERE 性别='男'
GO
```

运行结果如下：

```
--------------------------
    643      21
    894      30
    -44      -1
    84       3
    396      13
    -44      -1
    -43      -1
```

返回当前系统日期和时间。

```
SELECT GETDATE() AS  'Current Date'
GO
```

下面是结果集：

```
Current Date
---------------------------
Feb 18 1998 11:46PM
```

返回当前的月份。

```
SELECT DATEPART(month,GETDATE()) AS 'Month Number'
GO
```

下面是结果集：

```
Month Number
------------
2
```

【例 C-24】日期函数综合应用：获取系统日期函数和时间的年份、月份、日。

```
SELECT getdate(),day(getdate()),month(getdate()),year(getdate())
```

运行结果如下：

```
------------------------------------------------------------------------
2004-05-12 15:16:19.430    12        5        2004
```

【例 C-25】日期函数综合应用：返回指定日期加上额外日期后产生的新日期。

```
SELECT dateadd(day,2,'05/12/2004'),dateadd(day,12,'05/12/2004')
SELECT dateadd(month,2,'05/12/2004'),dateadd(month,6,'05/12/2004')
SELECT dateadd(year,2,'05/12/2004'),dateadd(year,6,'05/12/2004')
SELECT dateadd(week,2,'05/12/2004'),dateadd(week,6,'05/12/2004')
```

运行结果如下：

```
------------------------------------------------------------------------
2004-05-14 00:00:00.000    2004-05-24 00:00:00.000
2004-07-12 00:00:00.000    2004-11-12 00:00:00.000
2006-05-12 00:00:00.000    2010-05-12 00:00:00.000
2004-05-26 00:00:00.000    2004-06-23 00:00:00.000
```

C.5 系统函数

系统函数用于对 SQL Server 服务器和数据库对象进行操作，并可返回服务器配置和数据库对象等信息，它为用户提供了一种便捷的查询手段。系统函数可让用户在得到信息后使用条件语句，根据返回的信息进行不同的操作。与其他函数一样，可以在 SELECT 语句的 SELECT 和 WHERE 子句以及表达式中使用系统函数。Transact-SQL 中常用的系统函数如表 C-6 所示。

表 C-6 Transact-SQL 中常用的系统函数

函 数	语 法 格 式	功 能
DB_ID	DB_ID (['database_name'])	返回数据库标识（ID）号
DB_NAME	DB_NAME (database_id)	返回数据库名
FILE_ID	FILE_ID ('file_name')	返回当前库中给定逻辑文件名标识（ID）号
FILE_NAME	FILE_NAME (file_id)	返回给定文件标识（ID）号的逻辑文件名
OBJECT_ID	OBJECT_ID ('object')	返回数据库对象标识号
OBJECT_NAME	OBJECT_NAME (object_id)	返回数据库对象名
USER_ID	USER_ID (['user'])	返回用户的数据库标识号
USER	USER	返回用户在数据库中的名称
IS_SRVROLEMEMBER	IS_SRVROLEMEMBER('role'[,'login'])	指明当前的用户登录是否是指定的服务器角色的成员
IS_MEMBER	IS_MEMBER ({'group'|'role'})	确认当前用户是否是指定 Windows NT 组或 SQL Server 角色的成员
ISDATE	ISDATE (expression)	确定输入表达式是否为有效的日期
ISNULL	ISNULL(check_expression,replacement_value)	使用指定的替换值替换 NULL
APP_NAME	APP_NAME( )	返回当前会话的应用程序名称
CAST 和 CONVERT	CAST(expression AS data_type) CONVERT(data_type[(length)],expression [,style])	将某种数据类型的表达式转换为另一种数据类型。CAST 和 CONVERT 提供相似的功能
COALESCE	COALESCE (expression[,...n])	返回其参数中第一个非空表达式
COLLATIONPROPERTY	COLLATIONPROPERTY(collation_name,property)	返回给定排序规则的属性
CURRENT_TIMESTAMP	CURRENT_TIMESTAMP	返回当前的日期和时间，等价于 GETDATE()
CURRENT_USER	CURRENT_USER	返回当前的用户，等价于 USER_ NAME()
DATALENGTH	DATALENGTH (expression)	返回任何表达式所占用的字节数
fn_helpcollations	fn_helpcollations()	返回 SQL Server 支持的所有排序规则列表
fn_servershareddrives	fn_servershareddrives()	返回由群集服务器使用的共享驱动器名称
fn_virtualfilestats	fn_virtualfilestats([@DatabaseID=]database_id,[@FileID=]file_id)	返回对数据库文件（包括日志文件）的 I/O 统计

续表

函　数	语 法 格 式	功　能
FORMATMESSAGE	FORMATMESSAGE(msg_number,param_value[,...n])	从 sysmessages 现有的消息构造消息
GETANSINULL	GETANSINULL (['database'])	返回会话数据库的默认为空
HOST_ID	HOST_ID()	返回工作站标识号
HOST_NAME	HOST_NAME()	返回工作站名称
IDENT_CURRENT	IDENT_CURRENT('table_name')	返回为任何会话和任何作用域中指定表最后生成的标识值
IDENT_INCR	IDENT_INCR('table_or_view')	返回表或视图中创建标识列时指定的增量值
IDENT_SEED	IDENT_SEED('table_or_view')	返回在带有标识列的表或视图中创建标识列时指定的种子值
IDENTITY	IDENTITY(data_type[,seed,increment])AS olumn_name	在带有 INTO table 子句的 SELECT 语句中，将标识列插入到新表中
ISNUMERIC	ISNUMERIC (expression)	确定表达式是否为一个有效的数字类型
NEWID	NEWID()	创建 uniqueidentifier 类型的唯一值
NULLIF	NULLIF(expression,expression)	如果两个指定的表达式相等，则返回空值
PARSENAME	PARSENAME('object_name',object_piece)	返回对象名的指定部分
PERMISSIONS	PERMISSIONS([objectid[,'column']])	返回一个包含位图的值，表明当前用户的语句、对象或列权限
ROWCOUNT_BIG	ROWCOUNT_BIG ()	返回受执行的最后一个语句影响的行数
SCOPE_IDENTITY	SCOPE_IDENTITY()	返回插入到同一作用域的 IDENTITY 列中最后一个 IDENTITY 值
SERVERPROPERTY	SERVERPROPERTY(propertyname)	返回有关服务器实例的属性信息
SESSIONPROPERTY	SESSIONPROPERTY(option)	返回会话的 SET 选项设置
SESSION_USER	SESSION_USER	将系统为当前会话用户名提供值插入表中
STATS_DATE	STATS_DATE (table_id , index_id)	返回最后一次更新指定索引统计的日期
SYSTEM_USER	SYSTEM_USER	当未指定默认值时，允许将系统为当前系统用户名提供的值插入表中
USER_NAME	USER_NAME ([id])	返回给定标识号的用户数据库用户名

【例 C-26】 系统函数综合应用：测试当前应用程序是否为 SQL Server 查询分析器会话。

```
DECLARE @currentApp varchar(50)
   SET @currentApp=app_name
   IF @currentApp <> 'SQL Query Analyzer'
   PRINT 'This process was not started by a SQL Server Query Analyzer query session.'
```

运行结果如下：

```
--------------------------------------------------
The command s completed successfully. /*表明当前应用程序是SQL Server查询分析器*/
```

【例 C-27】 系统函数综合应用：使用 CURRENT_USER 返回当前的用户名。

```
SELECT 'The current user is: '+ convert(char(30),CURRENT_USER)
```

下面是结果集：

```
--------------------------------------------------
The current user is: dbo
(1 row(s) affected)
```

【例 C-28】 使用 HOST_ID()函数来记录那些向记录订单的表中插入行的计算机终端 ID。

```
CREATE TABLE Orders
   (OrderID       INT           PRIMARY KEY,
    CustomerID    NCHAR(5)      REFERENCES Customers(CustomerID),
    TerminalID    CHAR(8)       NOT NULL DEFAULT HOST_ID(),
    OrderDate     DATETIME      NOT NULL,
    ShipDate      DATETIME      NULL,
```

```
   ShipperID    INT          NULL REFERENCES Shippers(ShipperID))
GO
```

【例 C-29】系统函数综合应用：返回服务器端计算机的名称，结果略。

```
DECLARE @hostID char(8)
SELECT @hostID=host_id
PRINT @hostID
```

【例 C-30】系统函数综合应用：在 sysusers 中查找名称等于系统函数值的对象，结果略。

```
SELECT name
FROM sysusers
WHERE name=USER_NAME(1)
GO
```

【例 C-31】系统函数综合应用：返回当前系统的用户名。

```
@sys_usr char(30)
SET @sys_usr=system_user
   SELECT 'the current system user is: '+ @sys_usr
```

运行结果如下：

```
-----------------------------------------------------------
    The current system user is: sa
```

【例 C-32】系统函数综合应用：确定当前用户是否能够在 authors 表中插入数据行。

```
IF PERMISSIONS(OBJECT_ID('authors'))&8=8
  PRINT 'The current user can insert data into authors.'
ELSE
  PRINT 'ERROR: The current user cannot insert data into authors.'
```

运行结果如下：

```
-----------------------------------------------------------
ERROR: The current user cannot insert data into authors.
```

【例 C-33】系统函数综合应用：使用 host_name 返回服务器端计算机的名称。

```
DECLARE @hostNAME nchar(20)
   SELECT @hostNAME=host_name
   PRINT @hostNAME
```

运行结果如下：

```
-----------------------------
YUYICH
```

【例 C-34】系统函数综合应用：从 pubs 数据库中的 jobs 表返回种子值 1。

```
USE pubs
   SELECT TABLE_NAME, IDENT_SEED(TABLE_NAME) AS IDENT_SEED
   FROM INFORMATION_SCHEMA.TABLES  WHERE IDENT_SEED(TABLE_NAME) IS NOT NULL
```

运行结果如下：

```
TABLE_NAME   IDENT_SEED
--------------------------------------------
jobs            1
```

【例 C-35】系统函数综合应用：用 OBJECT_ID 函数返回数据库对象的编号。

```
SELECT OBJECT_ID('信息管理.学生')
```

运行结果如下：

```
--------------------------------------------
485576768
```

【例 C-36】系统函数综合应用：用 OBJECT_name 函数返回数据库对象的名称。

```
USE 信息管理
SELECT OBJECT_name('485576768')
```

运行结果如下：

```
--------------------------------------------
学生
```

【例 C-37】系统函数综合应用：指明当前用户是否为 sysadmin 固定服务器角色的成员。

```
IF IS_SRVROLEMEMBER('sysadmin')=1
   PRINT 'Current user''s login is a member of the sysadmin role'
ELSE IF IS_SRVROLEMEMBER('sysadmin')=0
   PRINT 'Current user''s login is NOT a member of the sysadmin role'
ELSE IF IS_SRVROLEMEMBER('sysadmin') IS NULL
   PRINT 'ERROR: Invalid server role specified'
```

运行结果如下：

```
-----------------------------------------------------------------
Current user's login is a member of the sysadmin role
```

C.6 其他函数

其他函数是指除了以上几类函数之外，还有一些难以归类的而用户经常使用的函数。

1. TEXTPTR

TEXTPTR()函数返回一个指向存储文本第一个数据库页的指针，以 varbinary 格式返回对应于 text、ntext 或 image 列的文本指针值。若未赋初值，则返回一个 NULL 指针。检索到的文本指针值可用于 READTEXT、WRITETEXT 和 UPDATETEXT 语句。TEXTPTR()函数的语法格式如下：

```
TEXTPTR <column>
```

【例 C-38】返回一个指向存储文本的值。

```
USE 信息管理
    SELECT  姓名,TEXTPTR(简历),区域 FROM 学生  WHERE 区域='东北'
    GO
```

运行结果如下：

```
---------------------------------------------------------------------
叶  倩   0xF9FF990100000000770000000100030O 东北
林  颐   0xF9FF9B01000000007700000001000500 东北
黎和生   0xF9FF9D01000000007700000001000700 东北
周玉琴   0xF9FF9E01000000007700000001000800 东北
```

2. TEXTVALID

TEXTVALID()函数用于检查指定的文本指针是否有效，如果有效则返回 1，无效则返回 0。如果列未赋予初值，则返回 NULL 值。TEXTVALID()函数的语法格式如下：

```
TEXTVALID <'table.column'> <text_ pointer>
```

【例 C-39】TEXTVALID 函数的使用。

```
USE pubs
GO
SELECT pub_id,TEXTVALID('pub_info.logo',TEXTPTR(logo))'Valid (if 1) Text data'
FROM pub_info ORDER BY pub_id
GO
```

运行结果如下：

```
-----------------------------------------
pub_id   Valid (if 1) Text data
0736     1
1389     1
1622     1
1756     1
4 row s affected
```

3. PATINDEX

PATINDEX()函数用来返回指定表达式中某模式第一次出现的起始位置；如果在全部有效的文本和字符数据类型中没有找到该模式，则返回零。PATINDEX()函数的语法格式如下：

```
PATINDEX('%pattern%',expression)
```

【例 C-40】查找模式 wonderful 在 titles 表中 notes 列的某一特定行中的开始位置。

```
USE pubs
SELECT PATINDEX('%wonderful%',notes)  FROM titles  WHERE title_id='TC3218'
GO
```

下面是结果集：

```
---------------------
46
 (1 row(s) affected)
```

4. CURSOR_STATUS

CURSOR_STATUS()函数允许存储过程的调用方确定针对一个给定参数，该过程是否返回游标和结果集。CURSOR_STATUS()函数的语法格式如下：

```
CURSOR_STATUS({'local','cursor_name'}|{'global','cursor_name'}|
{'variable','cursor_variable'})
```

说明：

① local：指定一个常量，该常量表明游标的源是一个本地游标名。

② cursor_name：游标名。游标名必须符合标识符的规则。

③ Global：指定一个常量，该常量表明游标的源是一个全局游标名。

④ Variable：指定一个常量，该常量表明游标的源是一个本地变量。

⑤ cursor_variable：游标变量的名称。必须使用 cursor 数据类型定义游标变量。

【例 C-41】创建一个名为 lake_list 的过程，并将输出结果用 CURSOR_STATUS 检验。

```
USE pubs
CREATE PROCEDURE lake_list
  ( @region varchar(30),@size integer, @lake_list_cursor CURSOR VARYING OUTPUT )
AS
BEGIN
   DECLARE @ok SMALLINT
   EXECUTE check_authority @region,username,@ok OUTPUT
   IF @ok=1
      BEGIN
      SET @lake_list_cursor=CURSOR LOCAL SCROLL FOR
         SELECT name,lat,long,size,boat_launch,cost
         FROM lake_inventory
         WHERE locale=@region AND area>=@size
         ORDER BY name
      OPEN @lake_list_cursor
      END
END
DECLARE @my_lakes_cursor CURSOR
DECLARE @my_region char(30)
SET @my_region='Northern Ontario'
EXECUTE lake_list @my_region,500,@my_lakes_cursor OUTPUT
IF Cursor_Status('variable','@my_lakes_cursor')<=0
   BEGIN
   /* Some code to tell the user that there is no list of
   lakes for him/her */
   END
ELSE
BEGIN
      FETCH @my_lakes_cursor INTO -- Destination here
      -- Continue with other code here.
END
```

C.7 用户自定义函数

前面介绍的都是 SQL Server 2005 提供的函数，为了扩展 Transact-SQL 的编程能力，系统还允许用户自定义函数。在 SQL Server 2005 中用户自定义函数是作为一个数据库对象来管理的，可以使用企业管理器或 Transact-SQL 命令来创建、修改、删除。用户可以使用 CREATE FUNCTION 语句编写自己定义的函数。

语法格式：

```
CREATE FUNCTION [owner_name.] function_name ([{@parameter_name[AS]
   scalar_parameter_data_type [=default]}[,…n]])
   RETURNS scalar_return_data_type
    [AS]
   BEGIN
   function_body
   RETURN scalar_expression
END
```

【例 C-42】返回内嵌表值函数。

```
USE pubs
GO
CREATE FUNCTION SalesByStore(@storeid varchar(30))
RETURNS TABLE
AS
RETURN(SELECT title,qty
       FROM sales s,titles t
          WHERE s.stor_id=@storeid and t.title_id=s.title_id)
```

参 考 文 献

[1] 郑阿齐，等．SQL Server 实用教程：SQL Server 2008 版[M].3 版．北京：电子工业出版社，2009.
[2] 闪四清．SQL Server 2008 基础教程[M]．北京：清华大学出版社，2010.
[3] 祝红涛，等．SQL Server 2008 数据库应用简明教程[M]．北京：清华大学出版社，2010.
[4] 高云，等．SQL Server 2008 数据库技术实用教程[M]．北京：清华大学出版社，2011.
[5] 王浩，等．零基础学 SQL Server 2008[M]．北京：机械工业出版社，2010.
[6] 王世江. SQL． Server 2008 管理实战[M]．北京：人民邮电出版社，2009.
[7] 周峰．精通 SQL Server 2008 关系数据库基础与实践教程[M]．北京：电子工业出版社，2006.
[8] 郝安林，等．SQL Server 2008 基础教程与实验指导[M]．北京：清华大学出版社，2008.
[9] 赵俊荣，等．SQL Server 2008 数据库技术及应用[M]．北京：高等教育出版社，2007.
[10] 虞益诚，等．SQL Server 2000 数据库应用技术[M]．2 版．北京：中国铁道出版社，2009.
[11] 虞益诚，等．SQL Server 2000 数据库应用技术[M]．北京：中国铁道出版社，2004.
[12] 蒋培，等．ASP.NET Web 程序设计[M]．北京：清华大学出版社，2007.
[13] 吴文虎，等．VisualBasic.NET 程序设计教程[M]．北京：中国铁道出版社，2006.
[14] 耿祥义，等．JSP 实用教程[M]. 2 版．北京：清华大学出版社，2007.
[15] 李红．数据库原理与应用[M]．北京：高等教育出版社，2003.
[16] 虞益诚，等．Java 程序设计及应用开发教程[M]．北京：科学出版社，2007.